高等学校计算机公共课程“十三五”规划教材

大学计算机基础
（Windows 7 + Office 2010）

赵 文 张华南 主 编
崔彦君 黎 红 徐 瑾 副主编
廖金祥 主 审

中国铁道出版社有限公司
CHINA RAILWAY PUBLISHING HOUSE CO., LTD.

内 容 简 介

本书由9章组成，主要介绍了信息与数据、计算机系统、中文Windows 7的应用、中文Word 2010的应用、中文Excel 2010的应用、中文PowerPoint 2010的应用、计算机网络基础与应用、多媒体技术基础与应用、常用工具软件的应用等内容。

本书以计算思维为导向，突出“应用”目标，强调“技能”训练，以实践性和实用性作为编写原则，注重操作应用与实际工作之间的联系。将实际应用案例嵌入到任务之中，循序渐进，由浅入深，既使内容通俗易懂，又着力关注应用能力的提升和学习兴趣的培养。

本书适合作为高等学校非计算机专业“大学计算机基础”课程的教材，也可作为参加全国计算机等级考试（一级）考生的复习参考书，还可供各类培训班以及自学读者参考使用。

图书在版编目（CIP）数据

大学计算机基础：Windows 7+Office 2010/ 赵文，张华南主编 . — 北京：中国铁道出版社，2016.8（2022.7 重印）
高等学校计算机公共课程“十三五”规划教材
ISBN 978-7-113-22181-2

Ⅰ. ①大… Ⅱ. ①赵… ②张… Ⅲ. ① Windows 操作系统 - 高等学校 - 教材②办公自动化 - 应用软件 - 高等学校 - 教材
Ⅳ. ① TP316.7 ② TP317.1

中国版本图书馆 CIP 数据核字 (2016) 第 206479 号

书　　名：大学计算机基础（Windows 7+Office 2010）
作　　者：赵　文　张华南

策　　划：唐　旭　祝和谊　　　　编辑部电话：（010）63549508
责任编辑：周　欣　包　宁
封面设计：付　巍
封面制作：白　雪
责任校对：汤淑梅
责任印制：樊启鹏

出版发行：中国铁道出版社有限公司（100054，北京市西城区右安门西街 8 号）
网　　址：http://www.tdpress.com/51eds/
印　　刷：三河市兴达印务有限公司
版　　次：2016 年 8 月第 1 版　2022 年 7 月第 7 次印刷
开　　本：787 mm×1 092 mm 1/16　印张：22.5　字数：549 千
印　　数：20 901 ～ 24 400 册
书　　号：ISBN 978-7-113-22181-2
定　　价：49.80 元

前言
FOREWORD

随着信息技术的快速发展和广泛应用，计算机技术在社会各行各业中的应用越来越普及，社会信息化程度不断向纵深发展，深刻地改变了人们的生活、工作与思维方式。计算机技术已经成为现在人们学习、工作和生活中不可或缺的工具。熟练掌握计算机技术的基础知识和基本技能，已是当今社会大学生就业必备的基本技能。

目前，大学计算机基础课程已经成为高等学校人才培养方案中必不可少的组成部分，计算机技术更多地融入其他学科和专业课程的教学之中，成为很多专业课教学内容的有机组成部分。由于以计算机科学为基础的计算思维是人们必须具备的基础性思维，因此，计算思维已成为大学计算机基础教学改革的重要方向。

本书以计算思维为导向，突出“应用”目标，强调“技能”训练，以实践性和实用性作为编写原则，注重操作应用与实际工作之间的联系，将实际应用案例嵌入到任务之中，循序渐进，由浅入深，既使内容通俗易懂，又着力关注应用能力的提升和学习兴趣的培养。

全书分为 9 章，第 1 章介绍了信息技术的基本知识和基本概念、计算机中信息的表示、计算思维以及大数据、物联网、云计算等信息处理新技术；第 2 章介绍了计算机的基本知识，计算机的硬件系统、软件系统以及计算机系统的性能指标；第 3 章介绍了中文 Windows 7 操作系统的基本操作、资源管理、程序管理、系统管理和 Windows 7 操作系统的使用技巧；第 4 ～ 6 章介绍了办公自动化软件 Office 2010 中的文字处理软件 Word 2010、电子表格处理软件 Excel 2010 和演示文稿制作软件 PowerPoint 2010 的操作与应用；第 7 章介绍了计算机网络的基本知识、Internet 的基本应用、小型局域网组建以及网络的基本维护；第 8 章介绍了多媒体技术的基本概念、多媒体素材及数字化、平面图像处理及平面动画制作；第 9 章介绍了系统与安全工具、文件压缩与阅读工具以及其他一些常用工具软件的使用方法。

参加本书编写的作者都是多年从事一线教学的教师，具有丰富的教学经验。在编写时注重原理与实践相结合，注重实用性和可操作性相结合；各种软件的操作方法都通过案例和操作练习来进行，这些案例都是经过作者精心设计的，书中操作练习过程中的图例都是实际操作过程中的截图，读者只要按照书中的步骤操作即可得到最终效果。

本书由赵文和张华南担任主编，崔彦君、黎红、徐瑾担任副主编，全书由廖金祥教授主审。各章编写分工如下：第 1 章和第 2 章由张华南编写，第 3 章、第 7 章和第 9 章由赵文编写，第 4 章和第 6 章由崔彦君编写，第 5 章由黎红编写，第 8 章由徐瑾编写。全书由赵文进行总体规划并负责组稿、统稿及定稿工作。

本书的出版得到了广东培正学院自编教材立项资助和中国铁道出版社的大力支持，在此表示衷心的感谢。在编写过程中，编者参考了大量文献资料和互联网资料，在此向这些文献资料和互联网资料的作者深表谢意。

由于编者水平有限，书中不足和疏漏之处在所难免，恳请各位行家和读者不吝指正，赐教邮箱：pzcczw@foxmail.com。

编　者

2016年5月

目录
CONTENTS

第1章 信息与数据

本章导读

信息犹如空气和水一样普遍存在于人类社会。从远古到当今的文明社会，信息一直在发挥着重大的作用，是人类生存和社会发展的基本资源。半个多世纪以来，以计算机技术、通信技术和控制技术为核心的信息技术飞速发展并得到了广泛应用，推动着经济发展和社会进步，对人类的工作和生活产生了巨大的影响，人类社会正在全面进入信息社会。

通过对本章内容的学习，应该能够做到：

- 了解：计算机信息的表示方法以及字符编码。
- 理解：信息与数据的概念，不同数制之间的转换。
- 应用：利用信息技术对特定数据进行分类、计算、分析、检索、管理和综合处理。

1.1 信息技术基本知识

1.1.1 信息技术概述

人类社会由工业社会向信息社会的进步和转变，其主要动力就是现代信息技术的不断发展和普遍应用。自第一台电子计算机于1946年诞生至今，只有半个多世纪，但计算机及其应用已渗透社会生活的各个领域，有力地推动了整个信息化社会的发展。计算机已经成为人们生活中不可缺少的现代化工具，从而形成了一种新的文化——“计算机文化”，形成了一种崭新的文明。

1. 信息的概念

在不同的领域，信息（Information）的含义也有所不同。1948年，信息论的创始人香农（Shannon）认为，信息是可以减少或消除不确定性的内容；1950年，控制论的创始人维纳（N.Wiener）认为，信息是控制系统进行调节活动时，与外界相互作用、相互交换的内容；我国信息论专家钟义信教授认为，信息是事物运动的状态和状态变化的方式；系统科学认为信息是物质系统中事物的存在方式或运动状态，以及对这种方式或状态的直接或间接的表述。

信息的定义是随着近代科学的不断发展而形成的，科学的信息概念可以概括为：信息是客观世界中各种事物的运动状态和变化的反映，是客观事物之间相互联系和相互作用的表征，表现的是客观事物运动状态和变化的实质内容。

信息技术是研究信息传输和信息处理的一门技术，是提高或扩展人类信息能力的方法和手段。信息技术作为一个体系，包括信息的传递、存储、控制，信息的处理和应用，信息与生产、管理系统的连接这 3 个既相互区别又相互关联的层次。

信息是关于现实世界事物的存在方式或运动形态的综合反映，是人们进行各种活动所需要的知识。在国家标准 GB/T 5271.1—2000《信息技术　词汇　第 1 部分：基本术语》中，信息是指“关于客体（如事实、事件、事物、过程或思想，包括概念）的知识，在一定的场合中具有特定的意义。”

数据是载荷信息的物理符号（又称载体）。数据用于描述事物，能够传递或表示信息。然而，并不是任何数据都能表示信息。例如，无法破译的密码不能传递或表示任何信息。即使同样的数据，不同的人也可能有不同的理解和解释，以致产生不同的决策。

信息是抽象的，是反映客观现实世界的知识，并不随着数据设备所决定的数据形式而改变。由于符号的多样性，记录数据的形式具有可选择性，但用不同的数据形式仍可以表示同样的信息。例如，同样一条新闻在报纸中以文字的形式刊登，在电台中以声音的形式广播，在电视中以视频影像的形式放映，在计算机网络中以通信的形式传播。当然，由于信息载体的形式不同，所达到的传播效果也就不同。因此，应使用适当的数据形式来传递或表示信息，以达到最好的效果。

2. 信息的主要特征

① 社会性。社会性是指信息只有经过人类的加工、处理并通过一定的形式表现出来才能成为真正意义上的信息。从这个意义上说，信息不能离开人类社会。

② 传载性。传载性是指信息必须借助于某种数据形式才能表现出来，并且在信息传递过程中，不受时间和空间的限制，而且信息源不会因信息传递而减少。

③ 不灭性。不灭性是指信息被使用后，信息本身并不会因此而消失，可以重复使用。

④ 共享性。共享性是指信息作为一种资源，可以在相同或不同时间和空间被不同的使用者使用。它与物质资源有着本质的不同，不会因一方拥有信息而使另一方失去信息。

⑤ 时效性。时效性是指信息的使用价值会因信息所表达事物的变化而变化。事物发生了变化，反映它存在方式和运动形态的信息也应发生变化。

⑥ 能动性。能动性是指信息不只是被动地被使用，而且它能控制或支配其他资源并使其他资源的价值发生变化。

3. 信息技术

在现今的信息化社会，信息技术是特指以计算机和现代通信技术为主要手段实现信息的获取、加工、传递和利用等功能的技术总和。它是一门多学科交叉综合的技术，计算机技术、通信技术、多媒体技术和网络技术相互渗透、相互作用、相互融合，形成以智能多媒体信息服务为特征的大规模信息网。

计算机的使用使信息可以高速处理；计算机网络的出现和因特网（Internet）的广泛应用，使全人类信息的高速共享成为可能，人类使用信息的水平得到空前提高。信息网络将国家、地区、单位和个人连成一体，世界上任何地区发生的政治、经济、生态事件都会立即产生全球性影响。不仅如此，信息技术还渗透人们日常生活的各个方面，IP 电话、数字视频电话、掌上电脑等各种数字化电子产品及现代通信工具已经将整个人类组织到一个“地球村”中，世界信息社会随着信息高速公路的建成而到来。

信息技术对人类社会的生产、生活有着深刻的影响。既要看到它对科学研究、经济生活、管理工作、文化、教育、电子政务、人们的思维方式和日常生活等方面的巨大促进作用，也不能忽视它给社会带来的负面影响。例如，日益泛滥的信息给人们造成了一定的心理压力，垃圾信息使人们对真实信息的信任度大大降低，计算机病毒每年给世界带来巨大的经济损失等。

4. 信息处理

信息处理就是对信息的接收、存储、转化、传送和发布等。计算机信息处理的过程实际上与人类信息处理的过程一致。人们对信息处理也是先通过感觉器官获得的，通过大脑和神经系统对信息进行传递与存储，最后通过言行或其他形式发布信息。信息既是一种抽象的概念，又是一个无处不在的实际事件。

随着计算机科学的不断发展，计算机已经从初期的以“计算”为主的一种计算工具，发展成为以信息处理为主、集计算和信息处理于一体，与人们的工作、学习和生活密不可分的一种工具。

在计算机信息处理领域，从计算机能处理的信息形式看，信息可以分为文本信息、多媒体信息和超媒体信息；从信息的结构化程度看，信息可以分为结构化信息、半结构化信息和非结构化信息。在信息安全领域，信息有公开的信息、一般保密信息和绝密信息等。因此，信息与人们的日常工作密不可分。

进一步分析计算机信息处理的过程，可以看到，信息的接收包括信息的感知、信息的测量、信息的识别、信息的获取以及信息的输入等；信息的存储就是把接收到的信息或转换、传送或发布中的信息通过存储设备进行缓冲、保存、备份等处理；信息转换就是把信息根据人们的特定需要进行分类、计算、分析、检索、管理和综合等处理；信息的传送把信息通过计算机内部的指令或计算机之间构成的网络从一地传送到另外一地；信息的发布就是把信息通过各种表示形式展示出来。

计算机信息处理的过程实际上与人类信息处理的过程一致。人们对信息处理也是先通过感觉器官获得的，通过大脑和神经系统对信息进行传递与存储，最后通过言行或其他形式发布信息。

信息处理技术是指用计算机技术处理信息，计算机运行速度极高，能自动处理大量的信息，并具有很高的精确度。

有信息就有信息处理。人类很早就开始出现了信息的记录、存储和传输，原始社会的“结绳记事”就是指以麻绳和筹码作为信息载体，用来记录和存储信息。文字的创造，造纸术和印刷术的发明是信息处理的第一次巨大飞跃，计算机的出现和普遍使用则是信息处理的第二次巨大飞跃。长期以来，人们一直在追求改善和提高信息处理的技术，大致可划分为三个时期。

（1）手工处理时期

手工处理时期是用人工方式来收集信息，用书写记录来存储信息，用经验和简单手工运算来处理信息，用携带存储介质来传递信息。信息人员从事简单而烦琐的重复性工作。信息不能及时有效地输送给使用者，许多十分重要的信息来不及处理，甚至贻误战机。

（2）机械信息处理时期

随着科学技术的发展，以及人们对改善信息处理手段的追求，逐步出现了机械式和电动式的处理工具，如算盘、出纳机、手摇计算机等，在一定程度上减轻了计算者的负担。以后又出现了一些较复杂的电动机械装置，可把数据在卡片上穿孔并进行成批处理和自动打印结果。同时，由于电报、电话的广泛应用，也极大地改善了信息的传输手段，机械式处理比手工处理提高了效率，但没有本质的进步。

（3）计算机处理时期

随着计算机系统在处理能力、存储能力、打印能力和通信能力等方面的提高，特别是计算机软件技术的发展，使用计算机越来越方便，加上微电子技术的突破，使微型计算机日益商品化，从而为计算机在管理上的应用创造了极好的物质条件。这一信息处理时期经历了单项处理、综合处理两个阶段，现在已发展到系统处理的阶段。这样，不仅各种事务处理达到了自动化，大量人员从烦琐的事务性劳动中解放出来，提高了效率，节省了行政费用，而且还由于计算机的高速运算能力，极大地提高了信息的价值，能够及时为管理活动中的预测和决策提供可靠的依据。

1.1.2 信息处理新技术

1. 大数据

随着数据存储能力的不断提升，如今的信息量越来越大，形成了庞大的数据，又称大数据（Big Data），如图 1–1 所示。对大数据的分析，通过数据挖掘技术提取所需要的信息，按照挖掘需求在大数据中进行数据采集、检索和整合，并对数据进行筛选，包括去噪、采样、过滤、合并、标准化等去除冗余和多余数据，建立待处理数据集。对数据集进行处理和分析，包括线性、非线性、因子、序列分析、线性回归、变量曲线、双变量统计等处理和分析，按照一定方式对数据进行分类、并分析数据间及类别间的关系等，然后对分类后的数据通过人工神经网络、决策树、遗传算法等方法揭示数据间的内在联系、发现深层次的模式、规则及知识。

图 1–1 大数据（Big Data）

（1）大数据的特征

① 容量（Volume）：数据的大小决定所考虑的数据的价值和潜在的信息。

② 种类（Variety）：数据类型的多样性。

③ 速度（Velocity）：指获得数据的速度。

④ 可变性（Variability）：妨碍了处理和有效地管理数据的过程。

⑤ 真实性（Veracity）：数据的质量。

⑥ 复杂性（Complexity）：数据量巨大，来源多渠道。

⑦ 价值（Value）：合理运用大数据，以低成本创造高价值。

（2）大数据的发展趋势

趋势一：数据的资源化。资源化是指大数据成为企业和社会关注的重要战略资源，并已成为大家争相抢夺的新焦点。因而，企业必须要提前制订大数据营销战略计划，抢占市场先机。

趋势二：与云计算的深度结合。大数据离不开云处理，云处理为大数据提供了弹性可拓展的基础设备，是产生大数据的平台之一。自 2013 年开始，大数据技术已开始和云计算技术紧密结合，预计未来两者关系将更为密切。除此之外，物联网、移动互联网等新兴计算形态，也将一起助力大数据革命，让大数据营销发挥出更大的影响力。

趋势三：科学理论的突破。随着大数据的快速发展，就像计算机和互联网一样，大数据很有可能是新一轮的技术革命。随之兴起的数据挖掘、机器学习和人工智能等相关技术，可能会改变数据世界里的很多算法和基础理论，实现科学技术上的突破。

趋势四：数据科学和数据联盟的成立。未来，数据科学将成为一门专门的学科，被越来越多的人所认知。各大高校将设立专门的数据科学类专业，也会催生一批与之相关的新的就业岗位。与此同时，基于数据这个基础平台，也将建立起跨领域的数据共享平台，之后，数据共享将扩展到企业层面，并且成为未来产业的核心一环。

趋势五：数据泄露泛滥。未来几年数据泄露事件的增长率也许会达到 100%，除非数据在其源头就能够得到安全保障。可以说，在未来，每个财富 500 强企业都会面临数据攻击，无论他们是否已经做好安全防范。而所有企业，无论规模大小，都需要重新审视今天的安全定义。在财富 500 强企业中，超过 50% 将会设置首席信息安全官这一职位。企业需要从新的角度来确保自身以及客户数据，所有数据在创建之初便需要获得安全保障，而并非在数据保存的最后一个环节，仅仅加强后者的安全措施已被证明于事无补。

趋势六：数据管理成为核心竞争力。数据管理成为核心竞争力，直接影响财务表现。当“数据资产是企业核心资产”的概念深入人心之后，企业对于数据管理便有了更清晰的界定，将数据管理作为企业核心竞争力，持续发展，战略性规划与运用数据资产，成为企业数据管理的核心。数据资产管理效率与主营业务收入增长率、销售收入增长率显著正相关；此外，对于具有互联网思维的企业而言，数据资产竞争力所占比重为 36.8%，数据资产的管理效果将直接影响企业的财务表现。

趋势七：数据质量是 BI（商业智能）成功的关键。采用自助式商业智能工具进行大数据处理的企业将会脱颖而出。其中要面临的一个挑战是，很多数据源会带来大量低质量数据。想要成功，企业需要理解原始数据与数据分析之间的差距，从而消除低质量数据并通过 BI 获得更佳决策。

趋势八：数据生态系统复合化程度加强。大数据的世界不只是一个单一的、巨大的计算机网络，而是一个由大量活动构件与多元参与者元素所构成的生态系统，终端设备提供商、基础设施提供商、网络服务提供商、网络接入服务提供商、数据服务使能者、数据服务提供商、触点服务、数据服务零售商等一系列的参与者共同构建的生态系统。而今，这样一套数据生态系统的基本雏形已然形成，接下来的发展将趋向于系统内部角色的细分，也就是市场的细分；系统机制的调整，也就是商业模式的创新；系统结构的调整，也就是竞争环境的调整，等等，从而使得数据生态系统复合化程度逐渐增强。

2．云计算

（1）内涵

云计算（Cloud Computing）是基于互联网的相关服务的增加、使用和交付模式，通常涉及通过互联网提供动态易扩展且经常是虚拟化的资源。云是网络、互联网的一种比喻说法。过去在图中往往用云来表示电信网，后来也用来表示互联网和底层基础设施的抽象。狭义云计算指 IT 基础设施的交付和使用模式，指通过网络以按需、易扩展的方式获得所需资源；广义云计算指服务的交付和使用模式，指通过网络以按需、易扩展的方式获得所需服务。这种服务可以是 IT 和软件、互联网相关，也可是其他服务。它意味着计算能力也可作为一种商品通过互联网进行流通。

（2）主要特点

① 基础设施投资减少，降低了计算准入门槛。服务提供商拥有基础设施，用户有频繁的非集中的计算需求，但用户不需要一次性购买基础设施。这种计算模式的典型用户是零售客户和小规模业务客户。

② 用户可以用任意设备（如计算机、手机等）在任意位置访问系统。

③ 允许多个用户共享资源，分担费用，从而实现：通过共享与分摊，降低集中式基础设施建设成本；提高高峰负载能力（用户无须在确定负载最高值等问题上花费精力）。

④ 使系统更易用、更高效。在通常情况下，系统资源的利用率只有 10% ~ 20%，云计算大大提高了系统利用率。

⑤ 在性能方面，云计算可以使系统性能更久，更易于监测；但同时也使性能容易受到带宽不足及高网络负载的影响。

⑥ 在可靠性方面，通过站点冗余方式，云计算可以提高灾难恢复能力及业务持久性。但在应对系统暂时中断这类问题时困难较大。

⑦ 在可扩展性方面，云计算可以快速满足大用户群涌现或大规模需求扩展等急剧变化的用

户需求。然而并不是所有系统都需要面对这样的需求。

⑧ 在安全性方面，云计算由于采用集中式数据管理并增强了资源的安全保障，有显著改善，但这也降低了对某些敏感数据的可控性。这方面的典型例子是用户的访问可以按日志方式记录，但对审计日志的访问却非常困难，甚至无法进行。

（3）云计算的未来发展

① 私有云将首先发展起来。大型企业对数据的安全性有较高的要求，更倾向于选择私有云方案。未来几年，公有云受安全、性能、标准、客户认知等多种因素制约，在大型企业中的市场占有率还不能超越私有云。并且私有云系统的部署量还将持续增加，私有云在 IT 消费市场所占的比例也将持续增加。

② 混合云架构将成为企业 IT 趋势。私有云只为企业内部服务，而公有云则是可以为所有人提供服务的云计算系统。混合云将公有云和私有云有机地融合在一起，为企业提供更加灵活的云计算解决方案。而混合云是一种更具优势的基础架构，它将系统的内部能力与外部服务资源灵活地结合在一起，并保证了低成本。在未来几年，随着服务提供商的增加与客户认知度的增强，混合云将成为企业 IT 架构的主导。

③ 云计算概念逐渐平民化。几年前，由于一些大企业对于云计算概念的渲染，导致很多人对于云计算的态度一直停留在"仰望"的阶段。但是其未来发展一定是平民化的。

其平民化必然经历如下几个步骤：

第一，云计算产品价格持续下降。基本上任何 IT 产品的价格都会随着在用户中的普及而逐渐降低价格，云计算也不例外。

第二，云计算定价模式简单化。定价模式的简单化有助于云计算的进一步普及，这是非常好理解的，没有人希望去购买商品的时候面对繁杂的价格计算公式，而在这一点上，目前的云计算产品显然做得还不够。众多厂商的涌入使得云服务定价标准目前比较混乱。

④ 云计算安全权责更明确。对于云计算安全性的质疑一直是阻碍云计算进一步普及的最大障碍，如何消除公众对于云计算安全性的疑虑就成了云服务提供商不得不解决的问题，在这一问题上，通过法律来明确合同双方的权责显然是一个重要的环节。

3．物联网

（1）内涵

物联网（The Internet of Things）是新一代信息技术的重要组成部分。顾名思义，物联网就是物物相连的互联网。这有两层意思：第一，物联网的核心和基础仍然是互联网，是在互联网基础上的延伸和扩展的网络；第二，其用户端延伸和扩展到了任何物品与物品之间，进行信息交换和通信。因此，物联网的定义是通过射频识别（RFID）、红外感应器、全球定位系统、激光扫描器等信息传感设备，按约定的协议，把任何物品与互联网相连接，进行信息交换和通信，以实现对物品的智能化识别、定位、跟踪、监控和管理的一种网络，如图 1–2 所示。

图 1–2　物联网（The Internet of things）

（2）关键技术

与传统的互联网相比，物联网有其鲜明的特征，物联网产业涉及的关键技术主要包括感知技术、网络和通信技术、信息智能处理技术及公共技术。

① 感知技术：通过多种传感器、RFID、二维码、定位、地理识别系统、多媒体信息等数据采集技术，实现外部世界信息的感知和识别。

物联网上部署了海量的多种类型传感器，每个传感器都是一个信息源，不同类别的传感器所捕获的信息内容和信息格式不同。传感器获得的数据具有实时性，按一定的频率周期性地采集环境信息，不断更新数据。

② 网络和通信技术：通过广泛的互连功能，实现感知信息高可靠性、高安全性进行传送，包括各种有线和无线传输技术、交换技术、组网技术、网关技术等。

物联网技术的重要基础和核心仍旧是互联网，通过各种有线和无线网络与互联网融合，将物体的信息实时准确地传递出去。在物联网上的传感器定时采集的信息需要通过网络传输，由于其数量极其庞大，形成了海量信息，在传输过程中，为了保障数据的正确性和及时性，必须适应各种异构网络和协议。

③ 信息智能处理技术：通过应用中间件提供跨行业、跨应用、跨系统的信息协同及共享和互通的功能，包括数据存储、并行计算、数据挖掘、平台服务、信息呈现、服务体系架构、软件和算法技术、云计算、数据中心等。

物联网不仅提供了传感器的连接，其本身也具有智能处理的能力，能够对物体实施智能控制。物联网将传感器和智能处理相结合，利用云计算、模式识别等各种智能技术，扩充其应用领域。从传感器获得的海量信息中分析、加工和处理出有意义的数据，以适应不同用户的不同需求，发现新的应用领域和应用模式。

④ 公共技术：主要是标识与解析、安全技术、网络管理、服务质量（QoS）管理等公共技术。

（3）未来发展

物联网将是下一个推动世界高速发展的“重要生产力”。物联拥有业界最完整的专业物联产品系列，覆盖从传感器、控制器到云计算的各种应用，产品服务智能家居、交通物流、环境保护、公共安全、智能消防、工业监测、个人健康等各种领域，构建了质量好、技术优、专业性强、成本低、满足客户需求的综合优势，持续为客户提供有竞争力的产品和服务。

1.1.3　信息化社会与信息安全

1. 信息化社会

计算机技术和网络通信技术的飞速发展将人类带入了信息社会。信息社会就是信息成为比物质或能源更为重要的资源，以信息价值的生产为中心，促使社会和经济发展的社会。目前，关于信息社会的特征说法不一。如日本未来学家、经济学家松田米津认为：信息社会发展的核心技术是计算机，计算机的发展带来了信息革命，产生大量系统化的信息、科学技术和知识；由信息网络和数据库组成的信息公用事业，是信息社会的基本结构。信息社会的主导工业是智力工业，其发展最高阶段是大量生产知识和个人计算机化。

“信息化”的概念在 20 世纪 60 年代初提出。一般认为，信息化是指信息技术和信息产业在经济和社会发展中的作用日益加强，并发挥主导作用的动态发展过程。它以信息产业在国民经济中的比重、信息技术在传统产业中的应用程度和信息基础设施建设水平为主要标志。

从内容上看，信息化可分为信息的生产、应用和保障三大方面。信息生产，即信息产业化，要求发展一系列信息技术及产业，涉及信息和数据的采集、处理、存储技术，包括通信设备、计算机、软件和消费类电子产品制造等领域。信息应用，即产业和社会领域的信息化，主要表现在利用信息技术改造和提升农业、制造业、服务业等传统产业，大大提高各种物质和能量资源的利用效率，促使产业结构的调整、转换和升级，促进人类生活方式、社会体系和社会文化发生深刻变革。信息保障，指保障信息传输的基础设施和安全机制，使人类能够可持续地提升获取信息的能力，包括基础设施建设、信息安全保障机制、信息科技创新体系、信息传播途径和信息能力教育等。

信息社会与后工业社会的概念没有什么原则性的区别。信息社会又称信息化社会，是脱离工业化社会以后，信息将起主要作用的社会。在农业社会和工业社会中，物质和能源是主要资源，所从事的是大规模的物质生产。而在信息社会中，信息成为比物质和能源更为重要的资源，以开发和利用信息资源为目的的信息经济活动迅速扩大，逐渐取代工业生产活动而成为国民经济活动的主要内容。

信息经济在国民经济中占据主导地位，并构成社会信息化的物质基础。以计算机、微电子和通信技术为主的信息技术革命是社会信息化的动力源泉。由于信息技术在资料生产、科研教育、医疗保健、企业和政府管理以及家庭中的广泛应用，从而对经济和社会发展产生了巨大而深刻的影响，从根本上改变了人们的生活方式、行为方式和价值观念。享受信息带来便利的同时，信息安全需要得到足够的重视。

2．信息安全

信息安全的实质就是要保护信息系统或信息网络中的信息资源免受各种类型的威胁、干扰和破坏，即保证信息的安全性。根据国际标准化组织的定义，信息安全性的含义主要是指信息的完整性、可用性、保密性和可靠性。信息安全是任何国家、政府、部门、行业都必须十分重视的问题，是一个不容忽视的国家安全战略。

信息安全包括3个重要因素：第一，信息安全承载环境；第二，信息安全的保护目标；第三，信息与安全目标之间的映射关系。在信息安全模型中，信息安全可以分为下面4个层次。

（1）物理安全

指对网络与信息系统物理装备的保护。主要涉及网络与信息系统的机密性、可用性、完整性等属性。物理安全所涉及的主要技术包括：

① 加扰处理和电磁屏蔽，防范电磁泄漏；

② 容错、容灾、冗余备份和生存性技术，防范随机性故障；

③ 信息验证，防范信号插入。

物理层是最底层，关心的重点是运行系统的基础设施安全，即电磁设备安全。物理安全属性集中在可靠性、稳定性、生存性和机密性等。物理安全由下列元素构成：

- 电磁设备实体集合；
- 设备提供的功能集合；
- 功率、电源频率、温度、湿度、电压、场强和屏蔽等边界条件的集合；
- 操作符号表结构。物理安全属性的关键在于可靠性、稳定性、生存性和机密性。

（2）运行安全

指对网络与信息系统的运行过程和运行状态的保护。主要涉及网络与信息系统的真实性、可控性、可用性等。运行安全主要涉及的技术如下：

① 风险评估体系和安全测评体系，支持系统评估；

② 漏洞扫描和安全协议，支持对安全策略的评估与保障；

③ 防火墙、物理隔离系统、访问控制技术和防恶意代码技术等，支持访问控制；

④ 入侵检测及预警系统和安全审计技术，支持入侵检测；

⑤ 反制系统、容侵技术、审计与追踪技术、取证技术和动态隔离技术等，支持应急响应；

⑥ 网络攻击技术、Phishing（网络仿冒）、Botnet（僵尸网络）、DDoS（Distributed Denial of Service，分布式拒绝服务）、木马等技术。

（3）数据安全

指对信息在数据收集、处理、存储、检索、传输、交换、显示和扩散等过程中的保护，使得在数据处理层面保障信息依据授权使用，不被非法冒充、窃取、篡改、抵赖等。主要涉及信息的机密性、真实性、完整性、不可否认性等。数据安全主要涉及的技术包括：

① 对称与非对称密码技术及其硬化技术、VPN（虚拟专用网络）等技术，用于防范信息泄密；

② 认证、鉴别和PKI（Public Key Infrastructure，公钥基础设施）等技术，用于防范信息伪造；

③ 完整性验证技术，用于防范信息篡改；

④ 数字签名技术，用于防范信息抵赖；

⑤ 秘密共享技术，用于防范信息破坏。

数据安全主要涉及可鉴别性和完整性。可鉴别性是信息在操作过程中源身份及目的身份均可被鉴别的概率。完整性是指数据不被随意篡改。

（4）内容安全

指对信息在网络内流动中的选择性阻断，以保证信息流动的可控能力。主要涉及信息的机密性、真实性、可控性、可用性等。内容安全主要涉及的技术包括：

① 文本识别、图像识别、流媒体识别、群发邮件识别等，用于对信息的理解与分析；

② 面向内容的过滤技术（CVP）、面向URL的过滤技术（UFP）、面向DNS的过滤技术等，用于对信息的过滤。

在信息内容安全模型中，它的符号描述中多了一个“融入符号”。从技术角度来看，信息安全是对信息与信息的占有状态（即“序”）的攻击与保护的过程。它以攻击与保护信息系统、信息自身及信息利用中的机密性、可鉴别性、可控性和可用性四个核心安全属性为目标，确保信息与信息系统不被非授权所掌握、其信息与操作是可鉴别的、信息与系统是可控的。

目前，信息安全科学技术主要面临以下四大挑战：

• 通用计算设备的计算能力越来越强带来的挑战；
• 计算环境日益复杂多样带来的挑战；
• 信息技术发展本身带来的问题；
• 网络与系统攻击的复杂性和动态性仍较难把握。

在环境方面，信息安全有越来越多的制约，特别是网络高速化、无线化给信息安全带来巨大的挑战。还有信息共享也带来了一些信息安全方面的挑战。

不论信息安全如何发展，任何国家的网络基础设施和重要信息系统的安全保障才是最核心的问题。现在网络和系统都呈现出复杂性趋势，为了解决信息系统的生存能力，还有许多问题有待研究和解决。因为网络存在着动态性特点，这就需要具有主动实时防护、网络监控与管理、恶意代码防范、应急响应等能力。可控性问题是指提升网络和系统的自主可控能力，在可信计算基、逆向分析、认证授权方面进行研究；还有高效性，提高产品和系统的测试评估能力，主要是指安全测定、风险评估等方面。

3. 计算机病毒与防范

（1）计算机病毒

“计算机病毒（Computer Virus）”一词第一次正式出现是在1985年3月的《科学美国人》杂志上。《中华人民共和国计算机信息系统安全保护条例》中明确定义：病毒是指编制或者在计算机程序中插入的破坏计算机功能或者破坏数据，影响计算机使用并且能够自我复制的一组计算机指令或者程序代码。计算机病毒作为一种程序，之所以被人们称为病毒，最主要的原因就是它对计算机的破坏作用和医学上的“病毒”对生物体的破坏作用有相似之处。

计算机病毒主要具有如下 8 个特征：

① 非授权可执行性。计算机病毒具有正常程序的一切特征，可存储、可执行，且它隐藏在合法的程序或数据中，当用户运行正常程序时，病毒伺机窃取到系统的控制权，得以抢先运行，而并非用户授权运行。

② 传染性。由于计算机病毒能够进行自我复制，因此具有很强的传染性。病毒程序一旦运行，就开始搜索能进行感染的其他程序或者介质，然后迅速传播。由于目前计算机网络日益发达，计算机病毒可以在很短的时间内，通过 Internet 传遍全世界。传染性是计算机病毒最重要的特征，是判断一段程序代码是否为计算机病毒的依据。

③ 潜伏性。计算机病毒潜入系统后，为了能在更大范围内传染，一般不立即发作。因此，不易被用户发现。只有激活了它的发作机制才进行破坏。

④ 寄生性。计算机病毒一般依附于其他媒体而存在，这些媒体有磁盘引导扇区、文件等。这些媒体称为计算机病毒的宿主，计算机病毒就寄生在这些宿主中。

⑤ 隐蔽性。计算机病毒通常是一段短小精巧的程序，它的制造者非常熟悉计算机内部结构，编程方法非常精巧，使计算机病毒可以长期隐藏在诸如操作系统、可执行文件和数据文件之中而不被人们发现，许多时候只有当它发作时，人们才知道它的存在。

⑥ 变异性。计算机病毒的制造者为了使病毒能逃避各种反病毒程序的检测，加入了在传染过程中使病毒发生变异的代码。因此，一种病毒可有多个变种。

⑦ 破坏性。任何计算机病毒发作都会对系统造成不同程度的影响，轻则影响正常使用，降低工作效率，重则导致系统崩溃，损坏计算机系统。

⑧ 可触发性。计算机病毒感染系统之后，一般不会马上发作，只有在满足其特定条件时才表现其破坏功能。发作的条件依病毒而异，有的在固定时间或日期发作；有的在遇到特定的用户标识符时发作；有的在使用特定文件时发作；有的则是当某个文件使用若干次时发作。例如，Peter-2 病毒在每年 2 月 27 日会提出 3 个问题，答错后会将硬盘加密；著名的“黑色星期五”病毒在逢 13 号的星期五发作；CIH 病毒的诸多版本都只在每月 26 日才会发作。

（2）常见的计算机病毒

① 系统病毒。系统病毒的前缀为 Win32、PE、Win95、W32、W95 等。这些病毒共有的特性是感染 Windows 操作系统的 *.exe 和 *.dll 文件，并通过这些文件进行传播，如 CIH 病毒。

② 蠕虫病毒。蠕虫病毒的前缀是 Worm。这种病毒的特性是通过网络或者系统漏洞进行自动传播和破坏，其危害之大自然不言而喻。由于系统的漏洞是无法避免的，所以各种蠕虫病毒像雨后春笋般地涌现出来，令人防不胜防。大部分蠕虫病毒都有向外发送带毒邮件、阻塞网络的特性，如冲击波（阻塞网络）、小邮差（发带毒邮件）等。

③ 木马病毒、黑客病毒。木马病毒其前缀是 Trojan，黑客病毒前缀一般为 Hack。木马病毒的特性是通过网络或者系统漏洞进入用户的系统并隐藏，然后向外界泄露用户的信息。而黑客病毒则有一个可视的界面，能对用户的计算机进行远程控制。木马、黑客病毒往往是成对出现的，即木马病毒负责侵入用户的计算机，而黑客病毒则会通过该木马病毒来进行控制。现在这两种类型都越来越趋向于整合。

④ 宏病毒。宏病毒的共有特性是能感染 Office 系列文档，寄存在 Microsoft Office 文档上的

宏代码中，然后通过 Office 通用模板进行传播。宏病毒同其他类型的病毒不同，它不特别关联于操作系统，但通过电子邮件、U 盘、Web 下载、文件传输和合作应用很容易蔓延。

（3）计算机病毒的防范措施

自计算机病毒出现以来，人们提出了许多计算机病毒防御措施，但这些措施仍不尽如人意。实际上，计算机病毒以及反病毒技术这两种对应的技术都是以软件编程技术为基础，所以，计算机病毒以及反病毒技术的发展，是交替进行、螺旋上升的。由此可见，在现有计算机体系结构基础上，彻底防御计算机病毒是不现实的。但是，应该从以下几个方面加以特别防范，尽可能地预防和清除计算机的病毒：

① 建立良好的安全习惯。例如，对一些来历不明的邮件及附件不要打开，不要登录一些不太了解的网站，不要执行从 Internet 下载后未经杀毒处理的软件等，这些必要的习惯会使计算机更安全。

② 关闭或删除系统中不需要的服务。默认情况下，许多操作系统会安装一些辅助服务，如 FTP 客户端、Telnet 和 Web 服务器。这些服务为攻击者提供了方便，而又对用户没有太大用处，如果删除它们，就能大大减少被攻击的可能性。

③ 经常升级安全补丁。据统计，有 80% 的网络病毒是通过系统安全漏洞进行传播的，如蠕虫王、冲击波、震荡波等，所以应定期到微软网站下载最新的安全补丁，以防患于未然。

④ 使用复杂的密码。许多网络病毒通过猜测简单密码的方式攻击系统，因此使用复杂的密码，将会大大提高计算机的安全系数。

⑤ 迅速隔离受感染的计算机。当计算机发现病毒或异常时应立刻断开网络连接，以防止计算机受到更多的感染，或者成为传播源，再次感染其他计算机。

⑥ 安装专业的杀毒软件进行全面监控。在病毒日益增多的今天，使用杀毒软件进行防毒，是越来越经济的选择。在安装了反病毒软件之后，应该经常进行升级，经常打开主要监控（如邮件监控、内存监控等），遇到问题要上报，这样才能真正保障计算机的安全。

⑦ 安装个人防火墙软件进行防黑。由于网络的发展，用户计算机面临的黑客攻击问题也越来越严重，许多网络病毒都采用黑客的方法攻击用户计算机，因此，应该安装个人防火墙软件，将安全级别设为中、高级才能有效地防止网络上的黑客攻击。

（4）信息安全的实现

信息安全是一个涉及面很广的问题，要想达到安全的目的，必须同时从政策法规、管理和技术 3 个层次上采取有效措施。高层的安全功能为低层的安全功能提供保护，任何单一层次上的安全措施都不可能提供真正的全方位的安全与保密。先进的技术是信息安全的根本保证；严格的安全管理是信息安全的必要手段；严肃的法律、法规是信息安全的有效保障。

虽然网络安全问题至今仍然存在，但目前的技术手段、法律手段和行政手段已经初步构成一个综合防范体系。

1.2　计算机中信息的表示

计算机中的信息，主要是指以数字形式存储的各种文字、语言、图形、图像、动画和声音等。二进制数是现代计算机内部工作所采用的数据描述形式。由于计算机硬件是由电子元器件组成的，而电子元器件大多数都有两种稳定的工作状态，可以很方便地用“0”和“1”表示。因此在计算机内部普遍采用“0”和“1”表示的二进制，任何信息都必须转换成二进制数据后才能由计算机进行处理、存储和传输。

1.2.1 常用数制

要掌握不同的进制，必须先掌握数码、基数、进位计数制、位权的概念。

数码：一个数制中表示基本数值大小的不同数字符号。如十进制有10个数码：0、1、2、3、4、5、6、7、8、9。

基数：一个数值所使用数码的个数。例如，二进制的基数为2，十进制的基数为10。

进位计数制：用“逢基数进位”的原则进行计数。例如，十进制的计数原则是“逢十进一”。

位权：一个数值中某一位上的1表示数值的大小。例如，十进制的123，1的位权是100，2的位权是10，3的位权是1。

N（2、8、10、16）进制计数制的编码符合“逢*N*进位”的规则，各位的权是以*N*为底的幂，一个数可按权展开成为多项式。

1. 十进制数

在日常生活中，人们常用十进制计数。十进制的数码为0、1、2、3、4、5、6、7、8、9，基数为10。十进制的计数原则是“逢十进一”。十进制数123.45可按权展开多项式为：

$$(123.45)_{10}=1\times10^2+2\times10^1+3\times10^0+4\times10^{-1}+5\times10^{-2}$$

2. 二进制数

计算机中采用二进制计数，二进制有两个数码0和1。其计数原则是“逢二进一”。二进制数1101.11可按权展开多项式为：

$$(1101.11)_2=1\times2^3+1\times2^2+0\times2^1+1\times2^0+1\times2^{-1}+1\times2^{-2}$$

3. 八进制数

八进制数采用0～7共8个数码，其计数原则是“逢八进一”。八进制数345.64可按权展开多项式为：

$$(345.64)_8=3\times8^2+4\times8^1+5\times8^0+6\times8^{-1}+4\times8^{-2}$$

4. 十六进制数

十六进制数采用0～9、A～F共16个符号表示，其中符号A、B、C、D、E、F分别代表十进制数值10、11、12、13、14、15，其计数原则是“逢十六进一”。十六进制数2AB.6可按权展开多项式为：

$$(2AB.6)_{16}=2\times16^2+10\times16^1+11\times16^0+6\times16^{-1}$$

1.2.2 数制间的转换

1. 十进制数转换成二进制数

十进制数转换成二进制数的方法是：整数部分采用除2取余法，即反复除以2直到商为0，取余数；小数部分采用乘2取整法，即反复乘以2取整数，直到小数为0或取到足够二进制位数。

例如，将十进制数23.375转换成二进制数，其过程如下：

（1）先转换整数部分

```
2 | 23    余数为1  ↑
2 | 11    余数为1  |
 2 | 5    余数为1  |
 2 | 2    余数为0  |
 2 | 1    余数为1  |
     0
```

转换结果为：$(23)_{10}=(10111)_2$

（2）再转换小数部分

$$
\begin{array}{rl}
0.375 & \\
\times\ \ 2 & \\
\hline
0.750 & \text{取整数部分 0，小数部分为 0.75} \\
0.75 & \\
\times\ \ 2 & \\
\hline
1.50 & \text{取整数部分 1，小数部分为 0.5} \\
0.5 & \\
\times\ \ 2 & \\
\hline
1.0 & \text{取整数部分 1，小数部分为 0 结束}
\end{array}
$$

转换结果为：$(0.375)_{10}=(0.011)_2$

最后结果：$(23.375)_{10}=(10111.011)_2$

如果一个十进制小数不能完全准确地转换成二进制小数，可以根据精度要求转换到小数点后某一位停止。

2. 二进制数转换成十进制数

二进制数转换成十进制数的方法是：按权相加法，把每一位二进制数所在的权值相加，得到对应的十进制数。各位上的权值是基数 2 的若干次幂。例如：

$$(1010.01)_2=1\times 2^3+0\times 2^2+1\times 2^1+0\times 2^0+0\times 2^{-1}+1\times 2^{-2}=(10.25)_{10}$$

3. 二进制数与八进制数、十六进制数的相互转换

每 1 位八进制数对应 3 位二进制数，每 1 位十六进制数对应 4 位二进制数，这样大大缩短了二进制数的位数。

二进制数转换成八进制数的方法是：以小数点为基准，整数部分从右至左，每 3 位一组，最高位不足 3 位时，前面补 0；小数部分从左至右，每 3 位一组，不足 3 位时，后面补 0，每组对应一位八进制数。

例如，二进制数 $(10101.11)_2$ 转换成八进制数为

$$\underset{2}{\underline{010}}\ \ \underset{5}{\underline{101}}\ .\ \underset{6}{\underline{110}}$$

即 $(10101.11)_2=(25.6)_8$

八进制数转换成二进制数的方法是：把每位八进制数写成对应的 3 位二进制数。

例如，八进制数 $(36.5)_8$ 转换成二进制数为

$$\begin{array}{ccc} 3 & 6\ . & 5 \\ \downarrow & \downarrow & \downarrow \\ 011 & 110 & 101 \end{array}$$

即 $(36.5)_8=(11110.101)_2$

同理，二进制数 $(10101.11)_2$ 转换成十六进制数为

$$\underset{1}{\underline{0001}}\ \ \underset{5}{\underline{0101}}\ .\ \underset{C}{\underline{1100}}$$

即 $(10101.11)_2=(15.C)_{16}$

十六进制数转换成二进制数的方法是：把每位十六进制数写成对应的 4 位二进制数。

例如，十六进制数 $(3E.5)_{16}$ 转换成二进制数为

3　E　.　5

↓　↓　　↓

0011 1110 0101

即 $(3E.5)_{16}=(111110.0101)_2$

4. 八进制数、十六进制数与十进制数的相互转换

八进制数、十六进制数转换成十进制数，也是采用“按权相加”法。例如：

$(345.64)_8=3\times8^2+4\times8^1+5\times8^0+6\times8^{-1}+4\times8^{-2}=(229.8125)_{10}$

$(2AB.68)_{16}=2\times16^2+10\times16^1+11\times16^0+6\times16^{-1}+8\times16^{-2}=(683.40625)_{10}$

十进制整数转换成八进制、十六进制数，采用除 8、16 取余法。十进制数小数转换成八进制、十六进制小数采用乘 8、16 取整法。十进制、二进制与十六进制转换表见表 1-1。

表 1-1　十进制、二进制与十六进制转换表

十进制数	二进制数	十六进制数	十进制数	二进制数	十六进制数
0	0000	0	8	1000	8
1	0001	1	9	1001	9
2	0010	2	10	1010	A
3	0011	3	11	1011	B
4	0100	4	12	1100	C
5	0101	5	13	1101	D
6	0110	6	14	1110	E
7	0111	7	15	1111	F

1.2.3 字符编码

1. 字符编码

在计算机中，对非数值的文字和其他符号进行处理时，要对它们进行数字化处理，即用二进制编码来表示，这就是字符编码。计算机常用的字符编码有 ASCII 码和 BCD 码，BCD 码又称为二－十进制编码。

ASCII 码是美国标准信息交换码（American Standard Code for Information Interchange），被国际标准化组织指定为国际标准，是微型计算机中普遍采用的编码。ASCII 码有 7 位码和 8 位码两种。国际通用的 7 位 ASCII 码称 ISO-646 标准，它以 7 位二进制数表示一个字符编码，其编码范围从 $(0000000\sim1111111)_2$，共有 2^7=128 个不同的编码值，相应表示 128 个不同字符编码。其中包括 10 个数码（0 ~ 9），52 个大、小写英文字母，32 个标点符号、运算符和 34 个控制码等。7 位 ASCII 码表如表 1-2 所示。

表中每个字符对应一个数值，称为该字符的 ASCII 码值。如数字“8”的 ASCII 码值为十进制 56（48+8，高位 48，低位 8），二进制为 0111000（高位 011，低位 1000）；英文字母“D”的 ASCII 码值为十进制数 68，二进制数 1000100。扩展的 ASCII 码采用 8 位二进制数表示一个

字符的编写。可表示 2^8=256 个不同字符的编码。

表 1-2　标准 ASCII 码字符集

低位＼高位	0000	0001	0010	0011	0100	0101	0110	0111
0000	NUL	DLE	空格	0	@	P	‘	p
0001	SOH	DC1	!	1	A	Q	a	q
0010	STX	DC2	“	2	B	R	b	r
0011	ETX	DC3	#	3	C	S	c	s
0100	EOT	DC4	$	4	D	T	d	t
0101	ENQ	NAK	%	5	E	U	e	u
0110	ACK	SYN	&	6	F	V	f	v
0111	BEL	ETB	‘	7	G	W	g	w
1000	BS	CAN	(	8	H	X	h	x
1001	HT	EM	)	9	I	Y	i	y
1010	LF	SUB	*	:	J	Z	j	z
1011	VT	ESC	+	;	K	[	k	{
1100	FF	FS	,	<	L	\	l	|
1101	CR	GS	–	=	M	]	m	}
1110	SO	RS	.	>	N	^	n	~
1111	SI	US	/	?	O	_	o	DEL

在计算机中，字符的比较实际是比较它们的 ASCII 码值的大小。在 ASCII 码表中，大写英文字母按 A ~ Z 的顺序排列，小写英文字母按 a ~ z 的顺序排列，数字也按 0 ~ 9 顺序排列。大写英文字母“A”的 ASCII 码值是 65，“Z”的 ASCII 码值是 90，即“Z”比“A”大，也就是说 A<B<C…<Z，小写英文字母和数字也如此，a<b<c…<z，0<1<2<…<9。小写英文字母的 ASCII 码值要比大写英文字母的 ASCII 码值大，数字的 ASCII 码值比大小写英文字母的 ASCII 码值都小。

2. 汉字编码

ASCII 码只对英文字母、数字和标点符号等作了编码。为了能在计算机中处理汉字，同样也要对汉字进行编码。从汉字编码的角度看，计算机对汉字信息的处理过程实际上是各种汉字编码间的转换过程。这些编码主要包括：汉字信息交换码、区位码、汉字内码、汉字输入码、汉字字形码等。

（1）国标码

国标码又称汉字信息交换码。是用于汉字信息处理系统之间或者与通信系统之间进行信息交换的汉字代码。它是为使系统、设备之间信息交换时采用统一的形式而制定的。我国 1981 年就颁布了国家标准 GB 2312—1980《信息交换用汉字编码字符集　基本集》，因此又称国标码。

国标码中收录了 7 445 个汉字及图形字符，其中 682 个非汉字图形字符（如序号、数字、罗马数字、英文字母、日文假名、俄文字母、汉字注音等）和 6 763 个汉字的代码，按照使用的频率分为两个级别，一级常用汉字 3 755 个，二级汉字 3 008 个。一级汉字按汉语拼音字母顺序排列，二级汉字按偏旁部首排列，部首顺序依笔画多少排序。并且所有的国标码汉字按一定的组织规划组成字库，汉字库以文件的形式保存在字库文件中。

由于一个字节只能表示 256 种编码，显然一个字节不能表示所有汉字的国标码，所以，国标码的任何一个符号和汉字都采用两个字节表示。

（2）区位码

区位码同 ASCII 码表一样，也有一张区位码表。简单来说，把 7 445 个国标码放置在一个 94 行 ×94 列的阵列中。阵列中的每一行称为一个“区”，用区号表示；每一列称为一个“列”，用列号表示。显然，区号范围是 1 ~ 94。位号范围也是 1 ~ 94。因此，每一个汉字或符号可以用其所在的区号和位号表示，其区位号就是该汉字的区位码。如“啊”字位于 16 区 01 位，所以其区位码是 1601。区位码与每个汉字之间具有一一对应的关系。国标码在区位码表中的排列是：1 ~ 15 区是非汉字区（通常为符号）；16 ~ 55 区是一级汉字区；56 ~ 87 区是二级汉字区；88 ~ 94 区是保留区，可用来存储自造汉字、符号或图形代码。实际上，区位码也是一种输入码，只是由于它一字一码，很难记忆，而这又是它最大优点：无重码字。

汉字区位码与国标码间的转换方法是：将汉字的十进制区位码分别转换成十六进制，然后分别加上 20H，就成为该汉字的国标码。如“中”字，其区位码是“5448”，转换为十六进制，分别是 36H（区号）、30H（位号），分别加上 20H 得到“中”字的国标码为“5650H”。

（3）汉字输入码

汉字的输入码是为了将汉字通过键盘输入到计算机而设计的代码，又称外码。汉字的输入方案很多，不同的编码方法有不同的汉字输入法，即有不同的输入码。如用全拼输入法输入“中”字，就要输入“zhong”，然后在显示的一组同音字中选择“中”。汉字的编码是根据汉字的发音或字形结构等属性和汉字有关规则编制的。目前，常用的汉字输入码编码方案有许多，如全拼输入法、双拼输入法、自然码输入法、五笔字型输入法等。全拼输入法和双拼输入法是根据汉字的发音进行编码的，称为音码；五笔字型输入法是根据汉字的字形结构进行编码的，称为形码。可以想象，对于一个汉字，有多少种输入法就有多少种输入码。

（4）汉字内码

汉字内码是在计算机内部对汉字进行存储、处理的汉字代码。一个汉字不管是用何种输入法输入，在计算机内部都将其转换成一种统一的代码（内码）。不同的系统使用的汉字内码有可能不同。

汉字内码用两个字节表示，在 GB 2312—1980 标准中，规定汉字的国标码的每字节最高位置 1，作为汉字的内码。汉字内码与国标码的关系是在该汉字的国标码的每个字节上加上 80H。如“中”字的国标码是“5650H”，则“中”字的内码为：5650H+8080H=D6D0H。

（5）汉字字形码

汉字的字形码是为让汉字能被显示或打印的汉字代码。在计算机内，汉字的字形主要有两种描述方法：点阵字形和轮廓字形。目前汉字信息处理系统中产生汉字字形的方式，大多数是以点阵方式形成汉字。即用一组排成方阵的二进制数字来表示一个汉字，有笔画覆盖的用 1 表示，在屏幕上显示为黑点；没笔画覆盖的用 0 表示，显示为白点；许多黑点就可以组成一个笔画或一个汉字。显然，点阵中行、列数划分越多，字形的质量越好，但存储字形码所占的存储容量也越多，如图 1-3 所示。

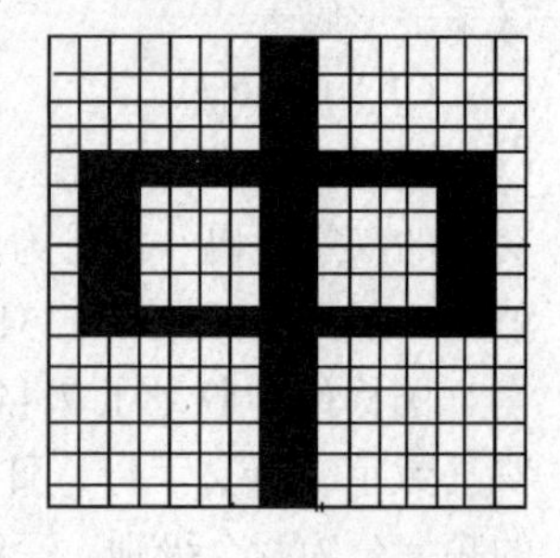

图 1-3　点阵汉字示意图

汉字的点阵有 16×16、24×24、32×32、48×48 点阵等。如果将一个汉字写在一个 16×16 的点阵方阵中，则该汉字需用 32 字节（16×16÷8=32）表示。如写在一个 32×32 的点阵方阵中，则该汉字需用 128 字节（32×32÷8=128）表示。一套汉字的所有字形的形状描述信息集中在一个字形库中，简称为字库。不同的字体（如宋体、仿宋体、黑体、楷体等）对应不同的字库。汉字的点阵字形的缺点是汉字放大后会出现锯齿现象，很不美观。

轮廓字形表示方法是把汉字或符号的笔画轮廓用直线或曲线来勾画，记下每一条直线或曲线的数学描述。Windows 中的 True Type 字库采用的就是典型的轮廓字形表示方法。这种字形可实现无级放大而不产生锯齿现象。

（6）汉字字符集简介

目前，汉字字符集有如下几种：

GB 2312—1980 汉字编码：GB 2312 码是中华人民共和国国家标准汉字信息交换用编码，由中华人民共和国国家标准总局发布，1981 年 10 月 1 日实施。习惯上称为国标码（或 GB 码）。它是一个简化字汉字的编码，通行于中国内地。新加坡等地也使用这一编码。

GBK 编码：GBK 编码是另一个汉字编码标准，全称《汉字内码扩展规范（GBK）》，中华人民共和国全国信息技术标准化技术委员会 1995 年 12 月 1 日制定。GBK 向下与 GB 2312—1980 编码完全兼容，向上支持 ISO 10646.1 国际标准。它共收录了汉字 21 003 个、符号 833 个，并提供 1 894 个造字码位，简、繁体融于一库。微软公司自 Windows 简体中文版开始，采用 GBK 代码。

ISO 10646 编码：ISO 10646 是国际标准化组织 ISO 公布的一个编码标准，简称为 UCS 编码。我国于 1994 年以 GB13000.1 国家标准的形式予以认可。ISO 10646 是一个包括世界上各种语言的书面形式以及附加符号的编码体系。其中的汉字部分称为“CJK 统一汉字”（C 指中国，J 指日本、K 指朝鲜）。而其中的中国部分，包括了源自中国内地的 GB 2312，GB 12345 以及源自中国台湾地区的 BIG–5 等汉字和符号。

BIG–5 编码。BIG–5 编码是通行于我国台湾地区、香港特别行政区的一个繁体字编码方案，俗称“大五码”。它广泛应用于计算机行业和因特网中。共收录了 13 461 个汉字和符号。其中包括：汉字 13 053 个，符号 408 个。汉字分为常用字 5 401 个和次常用字 7 652 个两部分，各部分中的汉字按笔画 / 部首排列。

1.2.4　信息存储单位

信息的存储单位有“位”“字节”“字”等。

1. 位

位（bit）是度量数据的最小单位，表示一位二进制信息。

2. 字节

一个字节（Byte，B）由八位二进制数字组成（1 B=8 bit）。字节是信息存储中最常用的基本单位。

计算机的存储器（包括内存和外存）通常也是以多少字节来表示它的容量，常用的单位有：

KB（千字节）　1 KB=1024 B

MB（兆字节）　1 MB=1024 KB

GB（千兆字节）1 GB=1024 MB

TB（太字节）　1 TB=1024 GB

3. 字

字（Word）是位的组合，是信息交换、加工、存储的基本单元（独立的信息单位）。用二进制代码表示，一个字由一个字节或若干字节构成（通常取字节的整数倍）。它可以代表数据代码、字符代码、操作码和地址码或它们的组合，字又称计算机字，用来表示数据或信息长度，它的含义取决于机器的类型、字长及使用者的要求，常用的固定字长有32位、64位等。

4. 字长

中央处理器内每个字所包含的二进制数码的位数（能直接处理参与运算寄存器所含有的二进制数据的位数）或字符的数目称为字长，它代表了机器的精度。机器的设计决定了机器的字长。一般情况下，基本字长越长，容纳的位数越多，内存可配置的容量就越大，运算速度就越快，计算精度也越高，处理能力就越强。字长是计算机硬件的一项重要的技术指标。目前微机的字长由32位转向64位为主。

1.3 计算思维

1.3.1 概述

2006年3月，美国卡内基·梅隆大学计算机科学系主任周以真（Jeannette M. Wing）教授在美国计算机权威期刊*Communications of the ACM*杂志上给出，并定义了计算思维（Computational Thinking）。周教授认为：计算思维是运用计算机科学的基础概念进行问题求解、系统设计，以及人类行为理解等涵盖计算机科学之广度的一系列思维活动。

以上是关于计算思维的一个总定义，周教授为了让人们更易于理解，又将它更进一步地定义为：通过约简、嵌入、转化和仿真等方法，把一个看来困难的问题重新阐释成一个我们知道问题怎样解决的方法；是一种递归思维，是一种并行处理，是一种把代码译成数据又能把数据译成代码，是一种多维分析推广的类型检查方法；是一种采用抽象和分解来控制庞杂的任务或进行巨大复杂系统设计的方法，是基于关注分离的方法（SoC方法）；是一种选择合适的方式去陈述一个问题，或对一个问题的相关方面建模使其易于处理的思维方法；是按照预防、保护及通过冗余、容错、纠错的方式，并从最坏情况进行系统恢复的一种思维方法；是利用启发式推理寻求解答，也即在不确定情况下的规划、学习和调度的思维方法；是利用海量数据来加快计算，在时间和空间之间，在处理能力和存储容量之间进行折中的思维方法。

计算思维吸取了问题解决所采用的一般数学思维方法，现实世界中巨大复杂系统的设计与评估的一般工程思维方法，以及复杂性、智能、心理、人类行为的理解等的一般科学思维方法。计算思维建立在计算过程的能力和限制之上，由人控制机器执行。计算方法和模型使我们敢于去处理那些原本无法由个人独立完成的问题求解和系统设计。计算思维中的抽象完全超越物理的时空观，并完全用符号来表示，其中，数字抽象只是一类特例。

与数学和物理科学相比，计算思维中的抽象显得更为丰富，也更为复杂。数学抽象的最大特点是抛开现实事物的物理、化学和生物学等特性，而仅保留其量的关系和空间的形式，而计算思维中的抽象却不仅仅如此。

计算思维的意义和作用：理论可以实现的过程变成了实际可以实现的过程；实现了从想法到产品整个过程的自动化、精确化和可控化；实现了自然现象与人类社会行为模拟；实现了海量信息处理分析，复杂装置与系统设计，大型工程组织等。计算思维大大拓展了人类认知世界和解决问题的能力和范围。

操作模式：计算思维建立在计算过程的能力和限制之上，由人控制机器执行。计算方法和模型使我们敢于去处理那些原本无法由任何个人独自完成的问题求解和系统设计。计算思维直面机器智能的不解之谜：哪方面人类比计算机做得好？哪方面计算机比人类做得好？最基本的问题是：什么是可计算的？迄今为止我们对这些问题仍是一知半解。

计算思维用途：计算思维是每个人的基本技能，不仅仅属于计算机科学家。我们应当使每个孩子在培养解析能力时不仅掌握阅读、写作和算术（Reading, wRiting, and aRithmetic——3R），还要学会计算思维。正如印刷出版促进了3R的普及，计算和计算机也以类似的正反馈促进了计算思维的传播。

计算思维是运用计算机科学的基础概念去求解问题、设计系统和理解人类的行为。它包括了涵盖计算机科学之广度的一系列思维活动。

当我们必须求解一个特定的问题时，首先会问：解决这个问题有多么困难？怎样才是最佳的解决方法？计算机科学根据坚实的理论基础来准确地回答这些问题。表述问题的难度就是工具的基本能力，必须考虑的因素包括机器的指令系统、资源约束和操作环境。

为了有效地求解一个问题，我们可能要进一步问：一个近似解是否就够了，是否可以利用一下随机化，以及是否允许误报（False Positive）和漏报（False Negative）。计算思维就是通过约简、嵌入、转化和仿真等方法，把一个看来困难的问题重新阐释成一个我们知道怎样解决的问题。

计算思维是一种递归思维：它是并行处理。它是把代码译成数据又把数据译成代码。它是由广义量纲分析进行的类型检查。对于别名或赋予人与物多个名字的做法，它既知道其益处又了解其害处。对于间接寻址和程序调用的方法，它既知道其威力又了解其代价。它评价一个程序时，不仅仅根据其准确性和效率，还有美学的考量，而对于系统的设计，还考虑简洁和优雅。

抽象和分解：来迎接庞杂的任务或者设计巨大复杂的系统。它是关注的分离（SoC方法）。它是选择合适的方式去陈述一个问题，或者是选择合适的方式对一个问题的相关方面建模使其易于处理。它是利用不变量简明扼要且表述性地刻画系统的行为。它使我们在不必理解每个细节的情况下就能够安全地使用、调整和影响一个大型复杂系统的信息。它就是为预期的未来应用而进行的预取和缓存。计算思维是按照预防、保护及通过冗余、容错、纠错的方式从最坏情形恢复的一种思维。它称堵塞为“死锁”，称约定为“界面”。计算思维就是学习在同步相互会合时如何避免“竞争条件”（亦称“竞态条件”）的情形。

计算思维利用启发式推理来寻求解答，就是在不确定情况下的规划、学习和调度。它就是搜索、搜索、再搜索，结果是一系列的网页，一个赢得游戏的策略，或者一个反例。计算思维利用海量数据来加快计算，在时间和空间之间，在处理能力和存储容量之间进行权衡。

考虑下面日常生活中的事例：当你女儿早晨去学校时，她把当天需要的东西放进背包，这就是预置和缓存；当你儿子弄丢他的手套时，你建议他沿走过的路寻找，这就是回推；在什么时候停止租用滑雪板而为自己买一副呢？这就是在线算法；在超市付账时，你应当去排哪个队呢？这就是多服务器系统的性能模型；为什么停电时你的电话仍然可用？这就是失败的无关性和设计的冗余性；完全自动的大众图灵测试如何区分计算机和人类，即CAPTCHA程序是怎样鉴别人类的？这就是充分利用求解人工智能难题之艰难来挫败计算代理程序。

计算思维将渗透到我们每个人的生活之中，到那时诸如算法和前提条件这些词汇将成为每个人日常语言的一部分，对“非确定论”和“垃圾收集”这些词的理解会和计算机科学里的含义趋近，而树已常常被倒过来画了。

我们已见证了计算思维在其他学科中的影响。例如，机器学习已经改变了统计学。就数学尺度和维数而言，统计学习用于各类问题的规模仅在几年前还是不可想象的。各种组织的统计部门都聘请了计算机科学家。计算机学院（系）正在与已有或新开设的统计学系联姻。

计算机学家们对生物科学越来越感兴趣，因为他们坚信生物学家能够从计算思维中获益。计算机科学对生物学的贡献决不限于其能够在海量序列数据中搜索寻找模式规律的本领。最终希望是数据结构和算法（我们自身的计算抽象和方法）能够以其体现自身功能的方式来表示蛋白质的结构。计算生物学正在改变着生物学家的思考方式。类似地，计算博弈理论正改变着经济学家的思考方式，纳米计算改变着化学家的思考方式，量子计算改变着物理学家的思考方式。

这种思维将成为每个人的技能组合成分，而不仅仅限于科学家。普适计算之于今天就如计算思维之于明天。普适计算是已成为今日现实的昨日之梦，而计算思维就是明日现实。

1.3.2 特性

1. 概念化，不是程序化

计算机科学不是计算机编程。像计算机科学家那样去思维意味着远不止能为计算机编程，还要求能够在抽象的多个层次上思维。

2. 根本的，不是刻板的技能

根本技能是每个人为了在现代社会中发挥职能所必须掌握的。刻板技能意味着机械地重复。具有讽刺意味的是，当计算机像人类一样思考之后，思维可就真的变成机械的了。

3. 是人的，不是计算机的思维方式

计算思维是人类求解问题的一条途径，但绝非要使人类像计算机那样思考。计算机枯燥且沉闷，人类聪颖且富有想象力。是人类赋予计算机激情。配置了计算设备，我们就能用自己的智慧去解决那些在计算时代之前不敢尝试的问题，实现“只有想不到，没有做不到”的境界。

4. 数学和工程思维的互补与融合

计算机科学在本质上源自数学思维，因为像所有的科学一样，其形式化基础建筑于数学之上。计算机科学又从本质上源自工程思维，因为我们建造的是能够与实际世界互动的系统，基本计算设备的限制迫使计算机学家必须计算性地思考，不能只是数学性地思考。构建虚拟世界的自由使我们能够设计超越物理世界的各种系统。

5. 是思想，不是人造物

不只是我们生产的软件硬件等人造物将以物理形式到处呈现并时时刻刻触及我们的生活，更重要的是还将有我们用以接近和求解问题、管理日常生活、与他人交流和互动的计算概念；而且，面向所有的人，所有地方。当计算思维真正融入人类活动的整体以致不再表现为一种显式之哲学的时候，它就将成为一种现实。

1.3.3 总结

许多人将计算机科学等同于计算机编程。有些家长为他们主修计算机科学的孩子看到的只是一个狭窄的就业范围。许多人认为计算机科学的基础研究已经完成，剩下的只是工程问题。当我们行动起来去改变这一领域的社会形象时，计算思维就是一个引导着计算机教育家、研究者和实践者的宏大愿景。我们特别需要抓住尚未进入大学之前的听众，包括老师、父母和学生，向他们传递下面两个主要信息：

① 智力上的挑战和引人入胜的科学问题依旧亟待理解和解决。这些问题和解答仅仅受限于我们自己的好奇心和创造力；同时一个人可以主修计算机科学而从事任何行业。一个人可以主修英语或者数学，接着从事各种各样的职业。计算机科学也一样。一个人可以主修计算机科学，接着从事医学、法律、商业、政治，以及任何类型的科学和工程，甚至艺术工作。

② 计算机科学的教授应当为大学新生开一门称为"怎么像计算机科学家一样思维"的课程，面向所有专业，而不仅仅是计算机科学专业的学生。我们应当使入大学之前的学生接触计算的方法和模型。我们应当设法激发公众对计算机领域科学探索的兴趣，而不是悲叹对其兴趣的衰落或者哀泣其研究经费的下降。所以，我们应当传播计算机科学的快乐、崇高和力量，致力于使计算思维成为常识。

习　　题

单项选择题

1. 微型计算机能处理的最小数据单位是（　　）。
   A. ASCII 码字符号　B. 字符　C. 字符串　D. 二进制位
2. 计算机存储容量的基本单位是（　　）。
   A. 二进制　B. 字节　C. 字　D. 双字
3. 一个字节的二进制位数是（　　）位。
   A. 2　B. 4　C. 8　D. 16
4. 在微机中，存储容量为 8 MB，指的是（　　）。
   A. 8 × 1000 × 1000 B　B. 8 × 1000 × 1024 B
   C. 8 × 1024 × 1000 B　D. 8 × 1024 × 1024 B
5. 与四进制数 123 相等的二进制数是（　　）。
   A. 11011　B. 10111　C. 11101　D. 10101
6. 使用 8 个二进制位存储颜色信息的图像能够表示（　　）颜色。
   A. 8　B. 128　C. 256　D. 512
7. 某种进位计数制被称为 r 进制，则 r 应称为该进位计数制的（　　）。
   A. 位权　B. 基数　C. 数符　D. 数制
8. 下列 4 个数中最小的是（　　）。
   A. $(217)_{10}$　B. $(332)_8$
   C. $(DB)_{16}$　D. $(11011100)_2$
9. 十进制数 14 对应的二进制数是（　　）。
   A. 111　B. 1110　C. 1100　D. 1010
10. 十六进制数 $(AB)_{16}$ 变换为等值的二进制数是（　　）。
    A. 10101011　B. 11011011　C. 11000111　D. 10101010

第2章 计算机系统

本章导读

计算机系统由硬件（Hardware）系统和软件（Software）系统组成。硬件系统是组成计算机所有实体部件的集合，通常这些部件由电子、机械等物理部件组成。软件系统是指为了运行、维护、管理、应用计算机所需的各类程序、数据及相关文档的总称，它可以提高计算机的工作效率和扩展计算机的功能。硬件是计算机的实体，软件是计算机的灵魂。

通过对本章内容的学习，应该能够做到：

- 了解：硬件系统和软件系统的基本构成，对计算机系统初步了解和基本认识。
- 理解：运算器、控制器、存储器、输入设备、输出设备在计算机系统中的作用。
- 应用：通过对计算机系统的基本结构的学习，具备对计算机系统的了解和分析能力。

2.1 计算机概述

2.1.1 计算机的发展历史

世界上第一台计算机于1946年在美国宾夕法尼亚大学诞生，取名为电子数字积分计算机（Electronic Numerical Integrator And Calculator，ENIAC）。它是为美国陆军进行新式火炮的试验所涉及复杂的弹道计算而研制的。ENIAC的设计是根据美籍匈牙利数学家冯•诺依曼（John von Neumann）提出的两点设计思想而研制的：其一是计算机内部直接采用二进制进行运算；其二是将指令和数据都存储起来，由程序控制计算机自动执行，从此，存储程序和程序控制成为区别电子计算机与其他计算工具的本质标志。ENIAC首次采用电子元件进行运算，所以，它被公认为电子计算机的始祖，如图2–1所示。

图2–1 第一台计算机（ENIAC）

从第一台电子计算机诞生以来，短短的几十年间，计算机技术以前所未有的速度迅猛发展，已经历了从电子管计算机发展到晶体管计算机、集成电路计算机、大规模超大规模集成电路计算机四个发展时代。

1. 第一代计算机（1946—1958年）

第一代计算机是电子管计算机。采用电子管作为基本元件，内存储器采用汞延迟线；外存储器采用纸带、卡片、磁鼓、磁芯和磁带等。编程语言采用机器语言，直到20世纪50年代才出现了汇编语言。而且没有操作系统，操作机器较为困难。主要应用于科学计算。这个时期计算机的特点是体积庞大，耗电量大，运算速度慢，可靠性差，内存容量小。

2. 第二代计算机（1959—1964 年）

第二代计算机是晶体管计算机。由于半导体的出现和用半导体制成的晶体管能像电子管和继电器一样，也是一种开关器件，而且体积小、质量轻、开关速度快、工作温度低。于是以晶体管为主要元件的第二代晶体管计算机也就诞生了。

晶体管计算机的内存储器采用磁性材料制成的磁芯，外存储器有磁盘、磁带等，外围设备的种类也有所增加。运算速度从每秒几万次提高到每秒几十万次，内存容量扩大到几十万字节。

与此同时，计算机软件也有了较大的发展，出现了监控程序，即操作系统的前身。编程语言开始采用高级语言，如 BASIC、C 语言、Visual FoxPro 等，使编写程序的工作变得更为简单方便。也使计算机的工作效率大大提高。

第二代计算机与第一代计算机相比，晶体管计算机体积小、质量轻、成本低、功耗低，速度快、可靠性高。其使用范围也从原来的单一科学计算扩展到数据处理和事务管理等应用领域。

3. 第三代计算机（1965—1971 年）

第三代计算机是小规模集成电路计算机。这一代的计算机使用小、中规模集成电路（SSI，MSI）作为主要元件。所谓集成电路是用特殊的制造工艺将完整的电路做在一个通常只有几平方厘米的硅片上。与第二代计算机一样，仍采用磁芯作为内存储器，但容量有很大提高，而外存储器开始采用软盘。运算速度已达到每秒百万次甚至几百万次。与晶体管计算机相比较，集成电路的体积、质量、功耗都进一步减少，运算速度和可靠性进一步提高。此外，软件产业初步形成，用户可通过分时操作系统共享计算机上的资源。提出了结构化、模块化程序设计思想，也因此出现了更多的模块化的程序设计。

第三代计算机同时向标准化、多样化、通用化、机种系列化发展。IBM-360 系列是最早采用集成电路的通用计算机，也是影响最大的第三代计算机的代表。

4. 第四代计算机（1972 年至今）

第四代计算机是大规模集成电路和超大规模集成电路计算机。随着集成电路技术的不断发展，单个硅片可容纳的晶体管的数目也迅速增加，从 20 世纪 70 年代的可容纳数千个至上万个晶体管的集成电路到现在的可容纳几千万个晶体管的超大规模集成电路（VLSI），把计算机的核心部件甚至整个计算机都做在一个硅片上。

第四代计算机采用大规模集成电路（LSI）和超大规模集成电路（VLSI）作为主要元件。磁芯存储器基本被淘汰，普遍使用了半导体存储器，外存储器的软盘和硬盘得到广泛应用，存取速度和存储容量都有了很大提高，并且引入了光盘。计算机的运算速度及可靠性得到更大的提高，功能更加完备，应用更为广泛，几乎遍及社会的各个方面。计算机网络、数据库软件相继出现和完善，程序设计语言进一步发展和改进，软件行业发展成为新兴的高科技产业。计算机的应用不断在社会的各个领域渗透。

由于大规模集成电路技术的应用，使这一代计算机比前几代计算机有了更快的发展，其趋势是大型化和微型化。即出现了速度超百亿次的巨型计算机和功能强大、价格便宜、配备灵活、使用方便的微型计算机。

5. 新一代计算机

新一代计算机又称为第五代计算机。从20世纪80年代开始，日本、美国等发达国家投入大量人力物力研制新一代计算机，其目标是要使计算机像人一样具有能听、看、说和会思考的能力。新一代计算机应具有：知识存储和知识库管理功能，能利用已有知识进行逻辑推理判断，具有联想和学习功能。新一代计算机要达到的目标相当高，它涉及很多高新技术领域，如微电子学、计算机体系结构、高级信息处理、软件工程、知识工程、人工智能和人机界面（如理解自然语言），等等。从研究的成果来看，仍需要相当长的时间。但可以预见，新一代计算机的实现将对人类社会的发展产生更深远影响。

2.1.2 计算机的特点

1. 处理速度快

计算机的处理速度通常以每秒完成多少次操作（如加法运算）或每秒能执行多少条指令来描述。随着半导体技术和计算机技术的发展，现在的计算机的运算速度已达到数百亿次至数千亿次。使人工计算需要几年或几十年才能完成的科学计算，能在几小时或更短的时间内完成，是传统的计算工具所不能比拟的。计算机的高速度，使它在金融、交通、通信等领域能实现实时、快速的服务。这里的“运算速度快”不只是算术运算速度，也包括逻辑运算速度。计算机具有逻辑判断能力，布尔代数是建立计算机逻辑运算的基础，或者说计算机就是一个逻辑机。计算机的逻辑判断能力也是计算机智能化必备的基本条件，极高的逻辑判断能力使计算机广泛应用于非数值数据处理领域。

2. 计算精度高

计算机中的计算精度主要由数据表示的字长决定，即能表示二进制数的位数。随着字长的增长和配合先进的计算技术，计算精度不断提高，可满足各类复杂计算对计算精度的要求。一般的计算机都能达到15位有效数字，在理论上计算机的精度不受任何限制，只要通过一定的技术手段便可实现任何精度要求。计算机的有效数字之多是其他计算工具望尘莫及的。

3. 存储容量大

计算机不仅能进行计算，还能把原始数据、中间结果、运算指令等信息保存起来，供使用者使用。这种类似于人的大脑的记忆能力，是电子计算机与其他计算工具的本质区别。目前一般的微型计算机的内存容量都在2～8 GB之间，加上大量的磁盘、光盘等外存储器，可以说计算机的存储容量是海量的。对于信息时代的21世纪来说，正是由于计算机有如此海量的存储容量，才使得许多需要对大量数据进行加工处理的工作可由计算机来完成。

4. 可靠性高

由于采用大规模和超大规模集成电路，使计算机具有非常高的可靠性。人们所说的“计算机错误”，通常都是软件或与计算机相连的外围设备错误。

5. 工作全自动

计算机内部的操作和运算都是在程序的控制下自动进行的。这样一来，人们就可以把需要处理的原始数据和对数据处理的过程，一一预先存储在计算机中，由计算机自动地一步步完成，直到得出最终结果。整个过程不用人去干预就能自动完成。

6. 适用范围广、通用性强

计算机作为一种工具，它广泛应用于社会的各个领域。由于是存储在计算机中的程序进行工作，所以，对于不同的领域，只要编制和运行不同的应用软件，计算机就能在该领域发挥作用。

2.1.3　计算机的分类

计算机通常按下列三种方法分类：

1. 按处理数据的形态分类

按处理数据的形态可分为数字计算机、模拟计算机、混合计算机。数字计算机处理的数据是“0”和“1”表示的二进制数字，模拟计算机处理的数据是连续的模拟量，混合计算机则集数字计算机和模拟计算机的优点于一身。

2. 按使用范围分类

按使用范围可分为通用计算机和专用计算机。目前使用最广泛的计算机都属于通用计算机，适用于一般的科学计算、学术研究、工程设计、数据处理等用途。专用计算机是为适应某种特殊需要而设计的计算机，其效率高、速度快、精度高，但适用范围小。

3. 按性能分类

这种分类方法的依据是计算机的字长、存储容量、运算速度、外围设备和价格的高低。可分为超级计算机、大型计算机、小型计算机、微型计算机和工作站五类。

① 超级计算机又称为巨型计算机。其功能最强大、速度最快、精度最高，但价格也最高。主要用于大型的数据计算和信息处理。能同时供几百个用户使用。图 2–2 所示为我国的天河超级计算机系统。

② 大型计算机也有很高的运算速度和很大的存储容量，也可同时供相当多的用户使用。但其功能不如超级计算机，故其价格也比超级计算机便宜。图 2–3 所示为 IBM 大型机。

图 2–2　天河超级计算机系统

图 2–3　IBM 大型机

③ 小型计算机从体积上要比大型机小，功能也没有大型机强。主要用在中小型企事业单位。能同时供十几个用户使用。图 2–4 所示为小型机。

④ 微型计算机又称个人计算机。其主要特点是小巧、灵活、便宜。是人们目前使用最广泛的计算机。微型计算机通常分为台式计算机和笔记本式计算机，如图 2–5 所示。

图 2–4　小型机

图 2–5　台式计算机与笔记本式计算机

⑤ 工作站是连接在网络上的一台微型计算机。

2.1.4 计算机的应用

计算机具有处理速度快、存储容量大、工作自动、可靠性高，同时又具有很强的逻辑推理和判断能力等特点，所以其应用范围已渗透科研、生产、军事、金融、交通、通信、农林业、地质勘探、教学、气象等各行各业，并且已深入文化、娱乐和家庭等领域，计算机的应用几乎渗透于各个领域。

1. 科学计算（数值计算）

最初的计算机是为科学计算的需要而研制的。科学计算所解决的大都是科学研究和工程技术中所提出的一些复杂的数学问题，科学计算的特点是需要计算的数据量相当大而且计算精度要求高、结果可靠，只有具有高性能的计算机系统才能完成。例如：高能物理方面的分子、原子结构分析；人类基因工程的细胞排列；在水利、农业方面的水利设施的设计计算；地球物理方面的气象预报、水文预报、大气环境的研究；宇宙空间探索方面的人造卫星轨道计算、宇宙飞船的控制，等等。可以说，没有计算机系统高速而精确的计算，许多学科都是难以发展的。

2. 信息处理

随着计算机技术的发展，计算机的主要应用已从科学计算逐渐转变为信息处理。信息处理是指用计算机对各种类型的数据进行处理，它包括对数据的采集、整理、存储、分类、排序、检索、维护、加工、统计和传输等一系列的操作过程。如企业管理、财务核算、统计分析、仓库管理、资料管理、图书检索等。计算机信息处理对办公自动化、管理自动化乃至社会信息化都有积极的促进作用。

3. 过程控制（实时控制）

过程控制是指用计算机及时对生产或其他过程所采集、检索到的被控对象运行情况的数据，按照一定的算法进行分析、处理，然后从中选择最佳的控制方案，发出控制信号，控制相应过程，它是生产自动化的重要手段。过程控制在机械、冶金、石油化工、电力、建筑、轻工行业得到了广泛应用，在卫星、导弹发射等国防尖端科学技术领域，更是离不开计算机的过程控制。过程控制可以提高自动化程度、减轻劳动强度、提高生产效率、降低生产成本，保证产品质量的稳定。

4. 计算机辅助系统

计算机辅助系统包括计算机辅助设计（Computer Aided Design，CAD）、计算机辅助制造（Computer Aided Manufacturing，CAM）、计算机辅助教学（Computer Aided Instrution，CAI）等。

（1）计算机辅助设计

计算机辅助设计是指设计人员利用计算机进行辅助设计。常用于飞机、轮船、建筑、机械、服装等行业的产品设计。利用 CAD 技术能提高设计质量和自动化程度，大大加快了新产品的设计与试用周期。计算机辅助设计已成为现代化生产的重要手段。

（2）计算机辅助制造

计算机辅助制造是由计算机辅助设计派生出来的，CAM 是利用 CAD 的输出信息控制、指挥生产和装配产品。CAD/CAM 使产品的设计、制造过程都能在高度自动化的环境中进行。如操纵机器的运行、控制材料的流动、处理产品制造过程中的所需数据，对产品进行检测等。目前，无论复杂的飞机还是普通的家电产品的制造都广泛利用了 CAD/CAM 技术。

（3）计算机辅助教学

计算机辅助教学是利用计算机代替教师进行教学。教师把教学内容编成各种“课件”，学生可根据自己的需要选择不同的内容进行学习，从而使教学多样化、形象化（利用计算机的动态图形来表达一些用语言和文字不容易表达清楚的概念）、个性化，便于因材施教。计算机辅助教学通常包括各种课程的辅助教学软件、试题库、教学管理软件等。

5. 系统仿真（计算机模拟）

系统仿真是利用计算机来模拟实际系统的技术。例如，利用计算机进行模拟飞行训练、航海训练、汽车驾驶员训练等。计算机模拟还可以实现现实生活中难以实现的状况，如核子反应堆的控制模拟等。

6. 人工智能

人工智能又称智能模拟，它使计算机能应用在需要知识、感知、推理、学习、理解及其他类似有认识和思维能力的任务中，从而代替人类的某些脑力劳动。人工智能是在控制论、计算机科学、仿真技术、心理学等学科基础上发展起来的边缘学科，它研究和应用的领域包括模式识别、自然语言理解与生成、专家系统、自动程序设计、定理证明、联想与思维的机理、数字智能检测等。例如，模拟医生给病人诊断病情的医疗诊断专家系统、机械手与机器人的研究和应用等。

7. 电子商务

电子商务是指通过计算机和计算机网络进行的商务活动。是 Internet 技术与传统信息技术系统相结合生成的一种网上相互关联的动态商务活动。在 Internet 上，人们可与世界各地的许多公司进行商业交易，通过网络方式与顾客、批发商、供应商、股东等取得联系，在网上进行业务往来。

电子商务利用先进的网络技术，能够提高企业的业务处理速度、降低运营成本、解决企业国际化问题、提高企业内部的工作效率等，深受各国政府和企业的广泛重视。

8. 网络通信

利用计算机网络技术可以做到资源共享，相互交流。计算机网络应用的主要技术是网络互联技术、路由技术、数据通信技术，以及信息浏览技术和网络安全技术等。利用计算机网络，可以将大学校园内开设的课程实时或批量地传送到校园以外的各个地方，使得更多的人能有机会接受高等教育。

9. 多媒体应用

随着电子信息技术特别是通信技术和计算机技术的发展，人们已经把文本、音频、视频、动画、图形和图像等各种媒体综合起来，构成一种全新的技术——多媒体技术。多媒体技术在医疗、教育、军事、工业、广播、广告、影视和出版等领域中起着越来越重要的作用。

2.2 计算机硬件系统

计算机硬件系统，是指构成计算机的物理设备，即由机械、光、电、磁器件构成的具有计算、控制、存储、输入和输出功能的实体部件。多年来，计算机系统从性能指标、运算速度、工作方式、应用领域、价格和体积等方面都发生了巨大变化，但基本结构没有变，都属于冯•诺依曼计算机。

2.2.1 计算机的基本结构

根据冯•诺依曼存储程序原理的设计思想，计算机硬件系统由 5 部分组成，它们是运算器、控制器、存储器、输入设备、输出设备。这 5 部分通过系统总线连接成有机的整体，根据指令的要求完成相应的操作。其基本构成如图 2–6 所示。图中双线箭头代表数据流，单线箭头代表指令流。

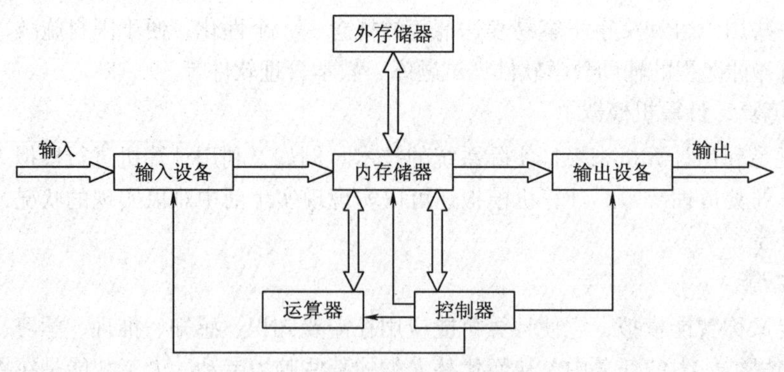

图 2-6 计算机硬件系统的组成

1. 运算器

运算器主要由算术逻辑单元（Arithmetic and Logic Unit，ALU）、寄存器、累加器等组成，它的功能是在控制器的控制下对存储器（或内部寄存器）中的数据进行算术或逻辑运算，再将运算结果送到存储器（或暂存在内部寄存器）。

2. 控制器

控制器用于控制整个计算机自动、连续、协调地完成一条条指令，是整个计算机硬件系统的指挥控制中心。它主要由指令译码器、指令寄存器、逻辑控制电路等部件组成。控制器的工作过程是依次从存储器取出各条指令，存放在指令寄存器中，再由指令译码器对指令进行分析（即译码），判断出应该进行什么操作，然后由逻辑控制电路发出相应的控制信号，指挥计算机相应的部件完成指令所规定的任务。执行完一条指令，再依次读取下一条，并译码执行，直至程序结束。

3. 存储器

存储器是存放数据和程序的载体，是计算机中各种信息存储和交流的中心。它分为内部存储器（简称内存或主存储器）和外部存储器（简称外存或辅助存储器）两种。

存储器由若干存储体组成。一个存储体包含许多存储单元，每个存储单元由 8 个相邻的二进制位（bit）组成。为了能有效地存取某个存储单元的内容，需要给所有存储单元按一定的顺序编号，此编号称为地址。整个存储器地址空间（又称编址空间）的大小，即存储器能够存储信息的总量，称为存储器的存储容量，单位是字节（B）。

若一个存储器的容量为 512 B，表示此存储器可存放 512 B 的二进制代码。字节是基本存储单位，常用的单位还有千字节（KB）、兆字节（MB）、吉字节（GB）、太字节（TB）等。

4. 输入设备

输入设备负责接收操作者输入的程序和数据，并将它们转换成计算机可识别的形式存放到内存中。常见的输入设备有键盘、鼠标、扫描仪、光笔、语音输入器、数码照相机、摄像头等。另外，磁性设备阅读机、光学阅读机也是输入设备。其中键盘和鼠标使用最为广泛，被视为微型计算机系统不可缺少的输入设备。

5. 输出设备

输出设备是将计算机的运算（或处理）结果，以人们容易识别或其他机器所能接受的形式输出的设备。输出的形式可以是数字、字符、图形、声音、视频图像等。常见的输出设备有显示器、打印机、绘图仪、扬声器（音箱）等。

输入和输出设备都是实现计算机与外界交流信息的设备。一般将各种输入/输出设备统称为计算机的外围设备。外部存储器既作为一种存储设备存储数据，又作为一种输入/输出设备输入/输出数据，所以也属于外围设备。

2.2.2　微型计算机的结构

微型计算机的硬件结构亦遵循冯·诺依曼体系结构，普遍采用总线结构。总线就是一组公共信息传输线路，包括数据总线（Data Bus，DB）、地址总线（Address Bus，AB）、控制总线（Control Bus，CB），三者在物理上是一个整体，统称为系统总线。早期的计算机采用单总线结构，即 CPU 与存储器和 I/O 设备之间都共用一个总线；随着 CPU 和存储器速度的提高，慢速的 I/O 设备成了整个系统的瓶颈，妨碍了系统整体性能的提高，为解决此问题出现了双总线结构，即 CPU 与存储器、CPU 与 I/O 设备之间的数据通道分开，各有一条总线，这大大提高了系统性能。总线在传输数据时，可以单向传输，也可以双向传输，并能在多个设备之间选择唯一的源地址和目的地址。图 2-7 所示为面向主存储器的双总线系统结构示意图。

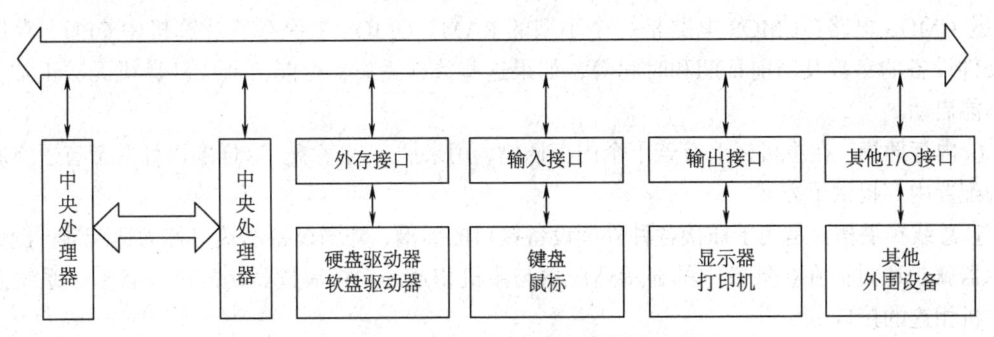

图 2-7　面向主存储器双总线的结构示意图

2.2.3　微型计算机的硬件组成

微型计算机由主机和外围设备组成。主机包括系统主板、CPU、内部存储器、软/硬盘和 CD-ROM 驱动器、显卡等各种适配器等，外围设备包括键盘、鼠标、显示器、打印机等。

1. 中央处理器（CPU）

CPU（见图 2-8）是硬件的核心，它由运算器、控制器和寄存器组成。CPU 的型号决定了微型计算机的档次。Intel 公司的 80x86 系列处理器一直是微型计算机 CPU 的主流，占据着微型计算机 CPU 的大部分市场。同一档次的 CPU，主频越高，运算速度越快，性能越好。除 Intel 公司外，AMD、IBM 等公司也都生产与 Intel CPU 兼容的产品。

图 2-8　Intel 酷睿 i7 CPU

2. 系统主板

主板又称母板或主机板（见图 2-9），它固定在主机箱内，集成了组成微型计算机的主要电路系统，如 BIOS 芯片、芯片组、CMOS 电路、I/O 控制芯片、扩展槽、软/硬盘和 CD-ROM 驱动器接口、键盘和鼠标接口、串行和并行通信端口、USB 接口、内存插槽、电源插座等。

① BIOS 芯片：BIOS 芯片是一个只读存储器，存储着微型计算机的基本输入/输出系统，BIOS 程序直接影响主板的性能，是硬件和软件的接口。另外，它还具有开机自检和引导操作系统等基本功能。

② 芯片组：芯片组又称逻辑控制芯片组，提供对 CPU 的支持、控制内存的存取、扩展总线

的输入/输出、负责中断请求等。因此，是 CPU 与所有其他硬件的接口。

图 2-9　系统主板

③ 北桥芯片就是主板上离 CPU 最近的芯片，这主要是考虑到北桥芯片与处理器之间的通信最密切，为了提高通信性能而缩短传输距离。北桥在计算机中起到的作用非常明显，在计算机中起着主导作用，所以人们又称主桥。

④ 南桥芯片（South Bridge）是主板芯片组的重要组成部分，一般位于主板上离 CPU 插槽较远的下方，PCI 插槽的附近，这种布局是考虑到它所连接的 I/O 总线较多，离处理器远一点有利于布线。相对于北桥芯片来说，其数据处理量并不算大，所以南桥芯片一般都没有覆盖散热片。南桥芯片不与处理器直接相连，而是通过一定的方式（不同厂商各种芯片组有所不同，例如 Intel 的 Intel Hub Architecture 以及 SIS 的 Multi-Threaded“妙渠”）与北桥芯片相连。

⑤ CMOS 电路：CMOS 电路是一个小型的 RAM。CMOS 中保存着计算机中 CPU、存储器等硬件设备的参数及当前日期和时间等，如果这些数据丢失，可能会造成计算机无法正常工作或不能启动。

⑥ 内存插槽：在主机板上有若干个内存插槽，用来插入内存条。这样的设计既节省了空间，又为配置内存提供了方便。

⑦ 总线扩展槽：是用于插接各种外围设备接口的插槽，外围设备的接口称为适配器。例如，显示器就是通过插在扩展槽中的显示适配器与主机相连的。扩展槽就是外围设备通过系统总线与主机相连的接口。

⑧ 计算机的控制信号和数据是通过总线从系统的一部分传送到另一部分，总线的性能直接影响计算机的性能。因此，人们一直在不断地改进总线技术，先后推出的总线标准有现已被淘汰的 PC、ISA、MCA、EISA、VESA 等，以及现在常用的 PCI、PCI-E、AGP、CNR、AMR、ACR 和较少见的 Wi-Fi、VXB 等。笔记本式计算机专用的有 PCMCIA。

⑨ USB 接口：USB 是一个外部总线标准，用于规范计算机与外围设备的连接和通信。USB 接口支持设备的即插即用和热插拔功能。USB 接口可用于连接多达 127 种外围设备，如鼠标、调制解调器和键盘等。USB 接口是在 1994 年底由 Intel、康柏（2002 年已被惠普公司收购）、IBM、Microsoft 等多家公司联合提出的，自 1996 年推出后，已成功替代串口和并口，并成为当今个人计算机和大量智能设备必配的接口之一。从 1994 年 11 月 11 日发表了 USB V0.7 版本以后，USB 版本经历了多年的发展，到现在已经发展为 3.0 版本。其中 USB 1.1 版本的传输速度可达到 12 Mbit/s，USB 2.0 标准进一步将接口速度提高到 480 Mbit/s，而 3.0 版本新规范提供了十倍于 USB 2.0 的传输速度和更高的节能效率，可广泛用于 PC 外围设备和消费电子产品。

3. 内部存储器（又称主存储器或内存）

内存是微型计算机的重要部件之一，内存的大小及其存取速度的快慢直接影响系统的运行速度，是衡量微型计算机性能的重要指标之一。

内存可以与 CPU 直接进行信息交换，用于存放当前 CPU 要用的数据和程序。内存的存取速度快，但存储容量小，存储单位信息的价格较高。

（1）随机存取存储器（Random Access Memory，RAM）

RAM 是可以随机读/写的存储器，存储单元中的内容可由用户随时读/写，断电后存储的信息会丢失。通常所说的计算机中的内存就是指 RAM。计算机在工作时，程序和数据只有通

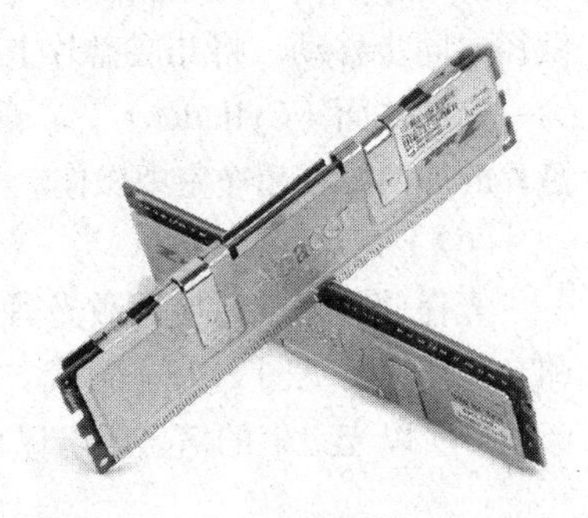
图 2–10　DDR SDRAM 内存

过输入设备存放到 RAM 中才能运行，而运算结果还要保存到 RAM 中。一般来说，RAM 的容量越大越好。微型计算机中的内存以内存条的形式插入主板的内存插槽中。目前，多数微型计算机的内存已达 4GB、8GB 等。内存按其容量可分为 1GB、2GB、4GB、8GB、16GB、32GB 等。随机存储器又分为静态随机存取存储器（SRAM）和动态随机存取存储器（DRAM）。微型计算机中的内存一般采用动态随机存取存储器，图 2–10 所示为 DDR SDRAM，即双倍数据传输率的同步动态随机存储器。

（2）只读存储器（Read Only Memory，ROM）

ROM 是只能读出信息的存储器，不能向 ROM 中写入信息，是计算机中存储固定信息的部件。ROM 中的信息不会因断电而丢失，所以系统引导程序、开机检测程序、系统初始化程序等都存放在 ROM 中，即使断电，存储在 ROM 中的信息也不会丢失。

（3）高速缓冲存储器（Cache）

由于 CPU 主频的不断提高，CPU 的运算速度越来越快，而 RAM 提供数据的速度却远远跟不上 CPU 的速度。为了协调高速的 CPU 和低速的内存之间的速度差异，引入了 Cache 技术。Cache 是比 RAM 更快的高速缓冲存储器，高速缓冲存储器的容量一般只有主存储器的几百分之一，但它的存取速度能与中央处理器相匹配，在整个处理过程中，首先将当前要执行的程序和所需数据复制到 Cache 中，CPU 读/写时，首先访问 Cache，如果中央处理器绝大多数存取主存储器的操作能为存取高速缓冲存储器所代替，计算机系统处理速度就能显著提高。目前采用高速缓冲存储器技术的计算机已相当普遍，有的计算机还采用多个高速缓冲存储器，如系统高速缓冲存储器、指令高速缓冲存储器和地址变换高速缓冲存储器等，以提高系统性能。Cache 集成度低、价格高，Cache 按结构和容量又有一级、二级甚至三级之分。一级 Cache 集成在 CPU 内，容量小；二级 Cache 一般都在处理器外，其容量相对大一些。随着 CPU 主频的提高以及主存储器容量的不断增大，高速缓冲存储器的容量也越来越大。

4. 外部存储器（又称辅存储器或外存）

外存用来存放暂时不用或需长期保存的程序和数据。它的特点是容量大，价格低，断电后信息不丢失，但存取速度慢。微型计算机中常用的外存有磁盘、光盘和闪存盘，其容量也是以字节为单位。

（1）磁盘存储器

磁盘存储器由磁盘、磁盘驱动器和驱动器接口电路组成。

磁盘分为软磁盘和硬磁盘两类，软磁盘现在已经被淘汰，硬磁盘还扮演着重要角色。

图 2–11　硬盘

硬盘（见图 2–11）的盘片由金属制成，并在两面镀镍钴合金后再涂上磁性材料。硬磁盘的盘片和硬磁盘驱动器是合为一体的，称为硬盘存储器，简称硬盘。硬盘是微型计算机的主要外存，安装到系统中的软件都存储在硬盘中。

硬盘由磁盘盘片组、读/写磁头、定位机构和传动系统等部分组成。磁盘盘片组由若干个平行安装的圆形磁盘片组成，它们同轴旋转，每个盘片的两面都装有一个读/写磁头，可沿盘片表面做径向同步移动。将几层盘片上具有相同半径的磁道（轨迹）可以看成一个圆柱，每个圆柱称为一个“柱面（Cylinder）”。盘片组及磁头等部件在净化车间被整体密封在一个腔体中，硬盘盘片的拆换要在超净室中操作。

（2）光盘存储器

光存储技术就是应用激光写入和读出信息的技术。光盘存储器由光盘驱动器（见图 2–12）和光盘盘片（见图 2–13）组成。光盘存储器使用激光进行读/写，由于激光头与介质无接触，无磨损，所以光盘上的信息可以保存很长时间（几十年以上）。

图 2–12　光盘驱动器

（a）CD–ROM

（b）DVD–ROM

（c）蓝光光盘

图 2–13　光盘盘片

常见的光盘有以下几种类型：

① CD–ROM：只读型光盘，此类光盘在盘片成型时写入数据，永远不能改变其内容。平时使用的 VCD 就属于这一类。它采用丙烯树脂做基片，表面涂一层碲合金或其他介质薄膜。5.25 in 的盘片容量为 650 MB。

② CD–R：一次写入型光盘，此类光盘的盘面只允许写入一次，整个盘面可分多次写满，但不能擦除，以后只可读取。此类盘片可用于备份永久性数据。5.25 in 的盘片容量为 650 MB 以上，3.5 in 的盘片容量为 185 MB 以上。

③ CD–RW：可擦写型光盘，此类光盘允许多次擦除和写入。5.25 in 的盘片容量为 650 MB 以上，3.5 in 的盘片容量为 185 MB 以上。

④ DVD–ROM：是 CD–ROM 的后继产品，DVD–ROM 的盘片尺寸与 CD–ROM 盘片完全一致，不同之处是采用较短波长的激光进行读 / 写。5.25 in 的盘片，其单面单层容量为 4.7 GB，单面双层容量为 8.5 GB，双面双层容量为 17 GB。另外，DVD 盘片还有 DVD–R 和 DVD–RAM 之分。

⑤ 蓝光（Blu–ray）光盘：利用波长较短（405 nm）的蓝色激光读取和写入数据，并因此而得名。而传统 DVD 需要光头发出红色激光（波长为 650 nm）来读取或写入数据，通常来说波长越短的激光，能够在单位面积上记录或读取更多的信息。因此，蓝光极大地提高了光盘的存储容量，能够在一张盘片上存储 25 GB 的文档文件。对于光存储产品来说，蓝光提供了一个跳跃式发展的机会。

光盘驱动器是读/写光盘的设备，是多媒体计算机的重要组成部分。它的重要技术参数是平均数据传输速率，指一秒所传输的数据量。常见的光盘驱动器有 CD–ROM 光驱、CD–RW 刻录机、DVD 光驱、DVD ± RW/DVD–RAM。一般通过 IDE 接口接到主板上。最初 CD–ROM 光驱的平均数据传输速率为 150 Kbit/s，现在 CD–ROM 光驱的平均数据传输速率为 150 Kbit/s 的整数倍，所以把 150 Kbit/s 称为单倍速，现在流行的 CD–ROM 光驱为 52 倍速。CD–RW 刻录机的写入、擦除、读出速度一般不同，读出速度一般高于擦除速度。

（3）闪存盘

闪存盘是目前较为流行的可移动存储介质，它的内部使用一种被称为闪存的材料，通过计算机的 USB 接口接入到计算机系统。目前，闪存盘（见图 2–14）的存储容量一般为 8 GB、16 GB、32 GB、64 GB、128 GB、256 GB 等，因其体积小、携带方便而受到用户的青睐。

图 2–14　闪存盘

5. I/O 接口电路

主机中的 CPU 和内存都由大规模集成电路组成，而外围设备却由机电装置组合而成，且种类繁多，它们之间存在速度、时序、信息格式、信息类型等方面的不匹配，不能直接交换数据。I/O 接口（输入/输出接口）就是实现微处理器与外围设备之间交换信息的连接电路，它由寄存器组、专用存储器和控制电路 3 部分组成，使主机与外围设备能协调工作。它们是通过总线与 CPU 相连的，I/O 接口又称适配器或设备控制器。一些适配器一般做成电路板的形式插在扩展槽内，所以常把它们简称为“×× 卡”，如声卡、显卡、视频卡、网卡等，计算机常见的接口如图 2–15 所示。

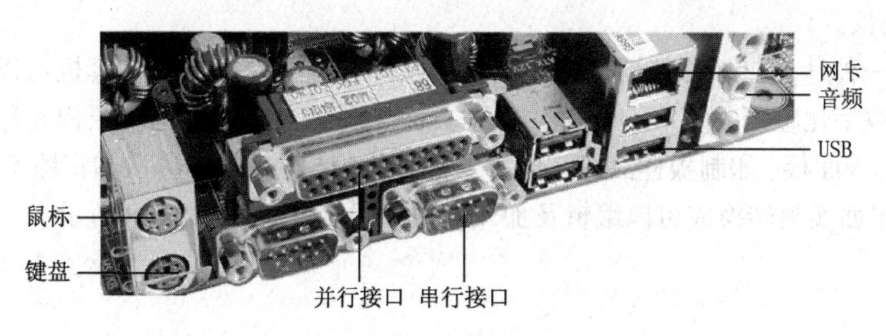

图 2–15　计算机常见接口

（1）显卡

显卡是显示器适配卡的简称，由寄存器组、显示存储器和控制电路 3 部分组成，其功能是连接显示器和主机。它插在系统主板的某个扩展槽中，显卡上的连接器同显示器连线的插头相连。随着微型计算机的发展，显卡也经历了 MGA、CGA、EGA、VGA、SVGA、AVGA 的发展过程。

根据显卡给显示器传送信号的方式，显卡分为数字型和模拟型。早期的 MGA、CGA、EGA 等数字显卡分辨率较低，已被淘汰。常用的模拟显卡为 VGA、SVGA、AVGA 等。随着微型计算机总线的改进，推出了 PCI 总线的显卡和 AGP 总线的显卡，它们均属于 VGA 显示方式，比以前 ISA 总线的 VGA 显卡的性能提高很多，一般均有 3D 加速功能，显示速度也提高很多，目前多使用 PCI Express 显卡。

（2）网卡

网卡是网络适配器的简称。它的作用是将计算机与通信线缆连接起来，保证信号匹配。安装网卡的计算机可以接入网络。网卡根据传输速率的不同，可分为 10 Mbit/s、10/100 Mbit/s 自适应、100 Mbit/s、1 000 Mbit/s、10 000 Mbit/s 网卡等。

（3）声卡

声卡又称音效卡。它的作用是对一般的语音模拟信号进行数字化，即进行采集、转换、压缩、存储、解压、缩放等快速处理，并提供各种音乐设备（录放机、CD、合成器等）的数字接口（MIDI）和集成能力。可以将声卡做成一块专用电路板插在主板的扩展槽中，也可将声卡集成在主板上。目前，大部分微型计算机的声卡均集成在主板上。

6. 输入设备

键盘和鼠标是计算机最常用的输入设备，扫描仪、磁卡阅读机等也都是输入设备。

（1）键盘

键盘是最常用也是最基本的输入设备，用来输入字符数据、文本、程序和命令，它通过电缆与主板的键盘接口相连。当用户击键时，键盘内的控制电路根据键的位置把该键的二进制码通过电缆传送给主机。目前，常用的标准键盘有101键盘、104键盘及Windows专用键盘等。另外，许多家用计算机还在键盘上增加了许多特殊功能键，以方便家庭用户使用。

标准键盘按各键的功能和位置划分为4个区域：主键盘区、数字小键盘区、功能键区、编辑键区，键盘如图2-16所示。

（2）鼠标

鼠标是一种手持式坐标定位设备，是图形界面环境下不可缺少的输入设备。鼠标的主要技术指标有分辨率（即每英寸多少点）、轨迹速度等。鼠标通过RS-232C串行口（PS/2鼠标通过6针的微型DIN接口）、USB接口或无线和主机连接。目前，鼠标有光电式鼠标和无线鼠标，如图2-17所示。

（3）扫描仪

扫描仪是一种计算机外部仪器设备，通过捕获图像并将之转换成计算机可以显示、编辑、存储和输出的数字化输入设备。对照片、文本页面、图纸、美术图画、照相底片、菲林软片，甚至纺织品、标牌面板、印制板样品等三维对象都可作为扫描对象，提取和将原始的线条、图形、文字、照片、平面实物转换成可以编辑及加入文件中的装置，如图2-18所示。

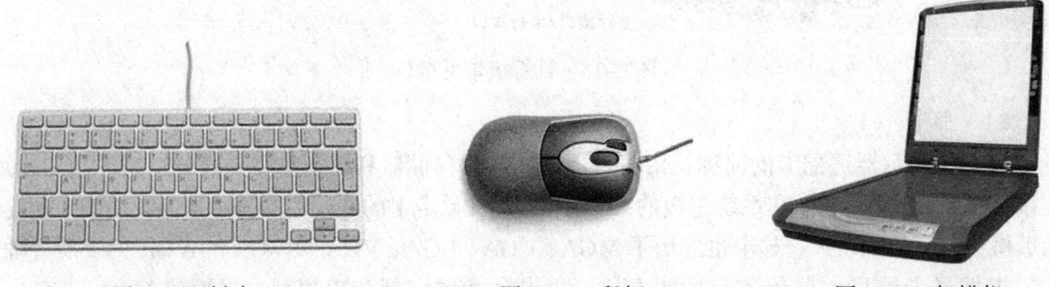

图2-16　键盘　　图2-17　鼠标　　图2-18　扫描仪

（4）游戏操纵杆

用于控制游戏程序运行的一种输入设备，只有操作方向和简单的几个按钮，其结构是在一个小盒子上伸出一个像万向头样的小棒，其倾斜度控制盒内两个电位器，从而操纵光标在X、Y坐标移动，如图2-19所示。

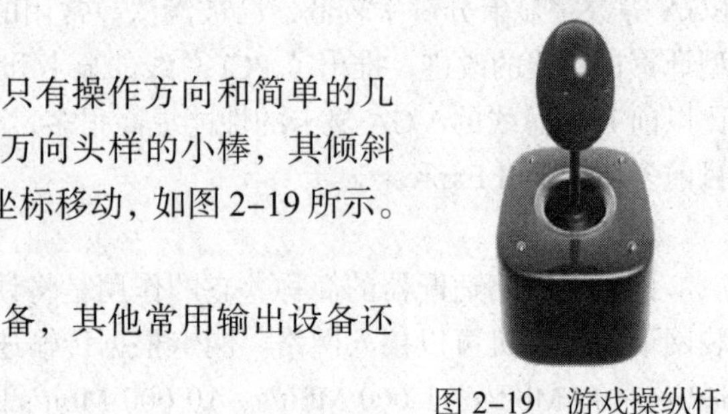

图2-19　游戏操纵杆

7. 输出设备

显示器和打印机是计算机最基本的输出设备，其他常用输出设备还有绘图仪等。

（1）显示器

显示器是微型计算机不可缺少的输出设备，它和显卡一起构成了微型计算机的显示系统。它用来显示输入的程序、数据或程序的运行结果，能以数字、字符、图形或图像等形式将数据、程序及运行结果或信息的编辑状态显示出来。显示器有以下几个主要技术参数：

① 屏幕尺寸：矩形屏幕的对角线长度，以英寸（in）为单位，表示显示屏幕的大小。主流

的有 19 in、21.5 in、22.1 in、23 in、24 in、26 in、27 in 等。

② 宽高比：屏幕横向与纵向的比例，一般显示器为 4:3，宽屏显示器为 16:9。

③ 点距：屏幕上两个相邻的荧光点之间的距离，它决定屏幕能达到的最高显示分辨率，点距越小，屏幕能达到的最高显示分辨率越高。点距规格有 0.20 mm、0.24 mm、0.25 mm、0.26mm、0.27mm、0.28mm、0.29mm、0.31 mm、0.39 mm 等，其中 0.26 mm、0.27 mm、0.28 mm、0.29mm 较为普遍。

④ 像素（px）：屏幕上能被独立控制其颜色和亮度的最小区域，即荧光点，是显示画面的最小组成单位。屏幕像素点数的多少与屏幕尺寸和点距有关。例如，14 in 显示器，横向长 240 mm，点距为 0.28 mm，相除后横向像素点数是 857。

⑤ 显示分辨率（Resolution）：屏幕像素点阵，通常写成“水平点数 × 垂直点数”的形式。一台显示器可支持多种显示分辨率，一般以可支持的最高显示分辨率作为衡量显示器的指标。显示器可支持的显示分辨率有 640 × 480、800 × 600、1024 × 768、1200 × 800、1600 × 1200 等。

⑥ 灰度和颜色（Gray Scale & Color Depth）：灰度指像素亮度的差别，在单色显示方式下，灰度的级数越多图像层次越清晰。灰度用二进制数进行编码，位数越多，级数越多。灰度编码使用在彩色显示方式时代表颜色，即一屏所能显示的颜色数。颜色种类和灰度等级主要受显示存储器容量的限制。

⑦ 刷新频率（Refresh Rate）：每秒屏幕画面更新的次数。刷新频率越高，画面闪烁越小。人眼在刷新频率低于 85 Hz 时，就会感觉到闪烁（仅为 CRT 显示器）。

（2）打印机

打印机是计算机的重要输出设备，它可以将计算机的运行结果和需要输出的中间信息打印在纸上。打印机（见图 2–20）的主要技术指标有：打印速度，用字符 / 秒或页 / 分钟表示；打印分辨率，用 dpi（点 /英寸）表示；打印纸最大尺寸。

打印机按打印颜色有单色、彩色之分；按输出方式有并行打印机和串行打印机之分；按工作方式分为击打式打印机和非击打式打印机。击打式打印机用得最多的是点阵打印机，非击打式打印机用得最多的是激光打印机和喷墨打印机。

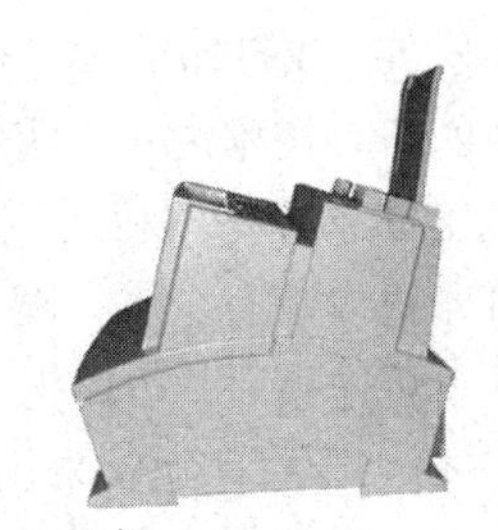

（a）激光打印机

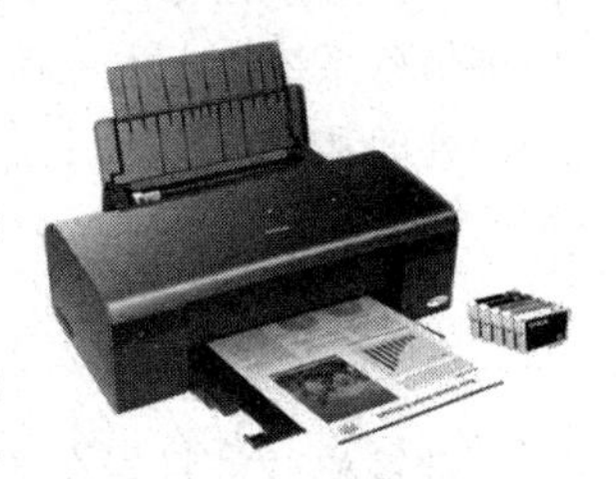

（b）喷墨打印机

图 2–20　打印机

① 点阵打印机：又称针式打印机，打印出的字符或图形以点阵的形式构成。它由走纸机构、打印头和色带组成。打印头有排列成两排的 24 根打印针，打印头左右移动，根据主机并行口送出的各种信号，一部分打印针击打色带，于是在打印纸上印出一个个由点阵构成的字符。点阵打印机噪音大、打印针易坏、速度慢，但打印成本低，可打印蜡纸。20 世纪 90 年代末，不管是办公领域还是家用市场，针式打印机逐渐被喷墨打印机和激光打印机取代。但是，针式打印机的击打式输出特点，使它可以集打印与复写功能于一体，一般均可实现 1+3 层打印，高品质的打印机甚至能够进行 7 层复写，所以，在票据打印、存折打印等场合仍然不可或缺，目前广泛应用于银行、税务、证券、邮电、商业等领域的票据输出方面。

② 喷墨打印机：使用喷墨代替针打及色带。在控制电路的控制下，墨水通过喷头喷射到纸面上，形成字符或图形从而实现印刷。喷墨打印机体积小、无噪音、打印质量高、价格便宜，适于家庭用户。但对纸张要求高，墨水消耗大，打印成本也高。目前，常用的有 HP DeskJet 系列、

Epson、Canon BJC-265CP 等。

③ 激光打印机：是激光技术与电子照相技术的复合产物。它利用电子照相原理，在控制电路的控制下，输出的字符或图形变换成数字信号来驱动激光器的打开和关闭，对充电的感光鼓进行有选择的曝光，被曝光部分产生放电现象，而未曝光部分仍有电荷，随着鼓的圆周运动，感光鼓充电部分通过碳粉盒时，使有字符式图像的部分吸附碳粉，当鼓和纸接触时，在纸的反面给以反向静电电荷，将鼓上的碳粉附到纸上，这称为转印，最后经高压区定影，使碳粉永久黏附在纸上。激光打印机打印质量高，打印时无噪音，打印速度快，但对纸要求高。常用的激光打印机有 HP LaserJet 系列、联想 LaserJet 系列、方正 A5000、Canon、Epson 系列等。

④ 热转换（Thermal Transfer）打印机：又称染色升华打印机，利用透明的染料进行打印。这种打印是让一张覆盖着青蓝色、黄色、深红色和黑色颜料的塑料胶片从一个打印头面前经过，打印头里含有大约 2 400 个热电阻，每个热电阻可以产生 255 种不同温度，电阻越热，就有越多的颜料得到传送，专用的覆盖聚酯树脂的纸张从热电阻前经过 4 次，就被染色 4 次，然后染料被升华成蒸汽扩散到覆盖层上，产生颜色点，染料密度的变化被传送到纸张上，从而产生连续的色调。热转换打印机以其极好的色彩还原特性，使用户获得近于照片质量的连续色调图片，其输出品质不仅让彩色喷墨打印机望尘莫及，就是彩色激光打印机也略逊一筹。在所有彩色输出设备中，热转换彩色打印机的彩色输出性能是最优越的，但由于其昂贵的价格和运转费用，只能定位在专业彩色输出领域。热转换打印机主要有热升华打印机、固体喷蜡打印机、热蜡打印机、微干处理打印机几种类型。

⑤ 3D 打印机："3D 打印机"是"3D 打印技术"的同义词。3D 打印技术已是全球最受关注的新兴技术之一，实际上是利用光固化和纸层叠等方式实现快速成型的技术。它与普通打印机工作原理基本相同，只是打印材料有些不同，普通打印机的打印材料是墨水和纸张，而 3D 打印机内装有金属、陶瓷、塑料、砂等不同的"打印材料"，是实实在在的原材料，打印机与计算机连接后，可以把"打印材料"一层层叠加起来，最终把计算机上的数字设计模型变成 3D 实体。3D 打印通常采用数字技术材料打印机来实现，过去常在模具制造、工业设计等领域被用于制造模型，现在逐渐用于一些产品的直接制造，已经有使用这种技术打印而成的零部件。该技术在珠宝、鞋类、工业设计、建筑、工程和施工、汽车，航空航天、牙科和医疗产业、教育、地理信息系统、土木工程、枪支以及其他领域都有所应用。3D 打印过程分为 3 步：三维设计、切片处理和完成打印。

2.3 计算机软件系统

计算机软件是指在计算机硬件上运行的各种程序、数据和一些相关的文档、资料等。一台性能优良的计算机硬件系统能否发挥其应有的功能，取决于为之配置的软件是否完善、丰富。因此，在使用和开发计算机系统时，必须要考虑到软件系统的发展与提高，必须熟悉与硬件配套的各种软件。计算机系统的软件分为系统软件和应用软件两类。

2.3.1 系统软件

系统软件一般包括操作系统（Operating System）、语言编译程序、数据库管理系统。

1. 操作系统

操作系统是最基本，最重要的系统软件。它负责管理计算机系统的全部软件资源和硬件资源，合理地组织计算机各部分协调工作，为用户提供操作和编程界面。随着计算机技术的迅速发展和计算机的广泛应用，用户对操作系统的功能、应用环境、使用方式不断提出了新的要求，因而逐步形成了不同类型的操作系统，常用的操作系统有 MS-DOS、UNIX、Linux、Windows、Mac OS 等。根据操作系统的功能和使用环境，大致可分为以下几类：

① 批处理操作系统。批处理操作系统是以作业为处理对象，连续处理在计算机系统运行的作业流。这类操作系统的特点是：作业的运行完全由系统自动控制，系统的吞吐量大，资源的利用率高。

② 分时操作系统。分时操作系统使多个用户同时在各自的终端上联机地使用同一台计算机，CPU 按优先级分配各个终端的时间片，轮流为各个终端服务，对用户而言，有“独占”这台计算机的感觉。分时操作系统侧重于及时性和交互性，使用户的请求尽量能在较短的时间内得到响应。常用的分时操作系统有 UNIX、VMS 等。

③ 实时操作系统。实时操作系统是对随机发生的外部事件在限定时间范围内做出响应并对其进行处理的系统。外部事件一般指来自于计算机系统相联系的设备的服务要求和数据采集。实时操作系统广泛用于工业生产过程的控制和事务数据处理中，常用的系统有 RDOS 等。

④ 网络操作系统。为计算机网络配置的操作系统称为网络操作系统。它负责网络管理、网络通信、资源共享和系统安全等工作。常用的网络操作系统有 NetWare、Windows NT、Windows Server 2003、Windows Server 2008 等。

⑤ 分布式操作系统。分布式操作系统是用于分布式计算机系统的操作系统。分布式计算机系统是由多个并行工作的处理机组成的系统，提供高度的并行性和有效的同步算法和通信机制，自动实行全系统范围的任务分配并自动调节各处理机的工作负载。如 MDS、CDCS 等。

2. 语言编译程序

人和计算机交流信息使用的语言称为计算机语言，又称程序设计语言。计算机语言通常分为机器语言、汇编语言和高级语言三类。

（1）机器语言（Machine Language）

机器语言是一种用二进制代码“0”和“1”形式表示的，能被计算机直接识别和执行的语言。用机器语言编写的程序，称为计算机机器语言程序。它是一种低级语言，用机器语言编写的程序不便于记忆、阅读和书写。通常不用机器语言直接编写程序。

（2）汇编语言（Assemble Language）

汇编语言是一种用助记符表示的面向机器的程序设计语言。汇编语言的每条指令对应一条机器语言代码，不同类型的计算机系统一般有不同的汇编语言。用汇编语言编制的程序称为汇编语言程序，机器不能直接识别和执行，必须由“汇编程序”（或汇编系统）翻译成机器语言程序才能运行。这种“汇编程序”就是汇编语言的翻译程序。汇编语言适用于编写直接控制机器操作的低层程序，它与机器密切相关，不容易使用。

（3）高级语言（High Level Language）

高级语言是比较接近自然语言和数学表达式的一种计算机程序设计语言。一般用高级语言编写的程序称为“源程序”，计算机不能识别和执行，要把用高级语言编写的源程序翻译成机器指令，通常有编译和解释两种方式。编译方式是将源程序整个编译成目标程序，然后通过连接程序将目标程序连接成可执行程序。解释方式是将源程序逐句翻译，翻译一句执行一句，边翻译边执行，不产生目标程序。由计算机执行解释程序自动完成。如 BASIC 语言和 Perl 语言。

常用的高级语言程序有 VB、C/C++、Java、PHP 等。

3. 数据库管理系统

数据库管理系统（Database Management System，DBMS）的作用是管理数据库。数据库管理系统是有效地进行数据存储、共享和处理的工具。目前适合于网络环境的大型数据库管理系统 Sybase、Oracle、DB2、SQL Server 等。当今数据库管理系统主要用于档案管理、财务管理、图书资料管理、仓库管理、人事管理等数据处理。

2.3.2 应用软件

应用软件（Application Software）是指计算机用户为某一特定应用而开发的软件，如文字处理软件、表格处理软件、绘图软件、财务软件、过程控制软件等。

软件技术发展需要新思想，软件技术发展速度很快，需要我们以新的思想应对新的需求。软件技术的发展有以下几个特征：软件的运行环境已经从传统的单机环境发展为网络环境，用户数量和复杂程度都急剧增加；需要解决可信性问题、多核计算环境下的“软件执行效能墙”问题、基于语义的信息资源聚合和互操作问题等；下一代互联网、网格技术、软件中间件技术、Agent 技术和云计算异军突起；软件加速向开源化、智能化、高可信和服务化方向发展。

常用的应用软件分为以下几类：

① 办公自动化软件。应用较为广泛的有 Microsoft 公司开发的 MS Office 软件，它由几个软件组成，如文字处理软件 Word、电子表格软件 Excel 等。国内优秀的办公软件有 WPS 等，IBM 公司的 Lotus 也是一套非常优秀的办公软件。

② 多媒体应用软件。多媒体应用软件是用于处理图形、图像、动画、声音、视频等的各种软件。常用的有：

- 图形图像处理类：Photoshop、CorelDRAW、Freehand。
- 动画制作类：AutoDesk Animator Pro、3ds Max、Maya、Flash。
- 声音处理类：Ulead Media Studio、Sound Forge、CoolEdit、WaveEdit。
- 视频处理类：Ulead Media Studio、Adobe Premiere。

③ 辅助应用软件。如机械、建筑辅助设计软件 AutoCAD、网络拓扑设计软件 Visio、电子电路辅助设计软件 Protel 等。

④ 网络应用软件。网页浏览器 IE，即时通信软件 QQ、微信等。

⑤ 安全防护软件。如 360 杀毒软件、金山毒霸杀毒软件等。

⑥ 系统工具软件。如文件压缩软件 WinRAR、数据恢复软件 EasyRecovery、系统优化软件 Windows 优化大师、磁盘克隆软件 Ghost 等。

2.4 计算机系统性能指标

完整的计算机系统是由多个部分构成的一个复杂系统，其功能和性能是由其系统结构、硬件组成、指令系统、软件配置等多种因素综合决定的，这也导致了计算机系统性能评价指标繁多，评价计算机系统的性能，需要结合多个因素，综合分析。

计算机的技术指标包括以下几个方面：

① 字长。字长是指 CPU 能够同时处理的二进制位数目，与运算器的二进制位数相等，有 16 位、32 位、64 位、128 位等。字长越长，计算精度越高，相应的指令长度和存储单元长度越

长，寻址范围也越大，目前，微型计算机字长主要是 32 位和 64 位。

② 主频。主频是计算机的主要性能指标之一。主频很大程度上决定了计算机的运行速度，主频的单位为兆赫兹（MHz）和吉赫兹（GHz）。现在中高档微型计算机的主频均在 3 GHz 以上。

③ 运算速度。衡量计算机运算速度的早期方法是每秒执行加法指令的次数，现在通常用等效速度或平均速度，单位为每秒多少条指令。现在计算机的运行速度快到每秒千亿条或万亿条指令。

④ 存储容量。存储器是微型计算机的重要部件，存储容量的大小及其存取速度的快慢直接影响系统的运行速度，它是衡量微型计算机性能的重要指标之一。

⑤ 存取周期。存取周期是指对内存进行一次完整存/取操作所需要的时间，即存储器进行连续存取操作所允许的最小时间间隔，一般以时间周期的倍数来描述。存取周期越短，计算机存取速度越快，从而计算机性能越好。

⑥ 运算速度。运算速度一般以每秒所能执行的指令条数来表示，其单位是百万条指令每秒（MIPS），目前微机的运算速度一般在 200 ~ 300MIPS 以上。

⑦ CPU 核数。一块 CPU 上面能处理数据的芯片组的数量。以前微型计算机的 CPU 都是单核，但目前都是双核或四核，甚至八核。核数越多处理能力就强。

⑧ 外部配置。计算机的输入/输出设备。不同的外部配置将影响计算机性能的发挥。例如显示器的分辨率影响图像质量，磁盘容量大小影响信息的存储量。

⑨ 系统可靠性和可维护性。系统可靠性是一个十分重要的指标，可用平均无故障时间来衡量。平均无故障时间越长，系统可靠性越高。系统维护性是指系统出了故障能否尽快恢复的性能，一般以平均修复时间来衡量。

⑩ 软件配置。软件配置包括安装的操作系统、工具软件、程序设计语言、数据库管理系统、网络通信、汉字处理及其他各种应用软件等。计算机只有配备了必要的系统软件和应用软件，才能高效地完成相关任务。

⑪ 性能价格比。性能一般指计算机的综合性能，包括硬件和软件等方面；价格只购买整个计算机系统（包括硬件和软件）的价格。购买时，应从实际应用领域所要求的性能和价格两个方面考虑。

习　　题

单项选择题

1. CPU 不能直接访问的存储器是（　　）。

　A. ROM　　B. RAM　　C. Cache　　D. 光盘

2. （　　）不能破坏磁盘中的数据。

　A. 强烈碰撞　　B. 强磁场　　C. 强刺激性气味　　D. 潮湿的空气

3. 存取速度、存储容量和存储器件价格这三方面的矛盾，人们提出了多层次存储系统的概念，即由（　　）共同组成计算机中的存储系统。

　A. Cache、RAM、ROM、辅存　　B. RAM、辅存

　C. RAM、ROM、软盘、硬盘　　D. Cache、RAM、ROM、磁盘

4. 微型计算机的主机，通常用（　　）组成。

A. 显示器、机箱、键盘和鼠标器　　B. 机箱、输入设备和输出设备

C. 运算控制单元、存储器及一些配件　　D. 硬盘、软盘和内存储器

5. 内存储器的每个存储单元，都被赋予唯一的序号，作为它的（　　）。

A. 地址　　B. 标号　　C. 容量　　D. 内容

6. 显示器的规格中，数据 640 × 480、1024 × 768 等表示（　　）。

A. 显示器屏幕的大小　　B. 显示器显示字符的最大列数和行数

C. 显示器的显示分辨率　　D. 显示器的颜色指标

7. 在存储器容量的表示中，M 的准确含义是（　　）。

A. 1 m　　B. 1024 K　　C. 1024 B　　D. 100 万

8. 在工作中，若微型计算机的电源突然中断，则只有（　　）不会丢失。

A. RAM 和 ROM 中的信息　　B. RAM 中的信息

C. ROM 中的信息　　D. RAM 中部分的信息

9. 所谓计算机程序（　　）。

A. 实质上是一个可执行文件　　B. 就是一串计算机指令的序列

C. 是用各种程序设计语言编写而成的　　D. 在计算机系统中属于软件系统

10. 第一代电子计算机采用的电器元件为（　　）。

A. 中小规模集成电路　　B. 晶体管

C. 电子管　　D. 超大规模集成电路

11. 用电子计算机进行地震预测方面的计算，是计算机在（　　）领域中的应用。

A. 数据处理　　B. 过程控制

C. 科学计算　　D. 计算机辅助系统

12. 计算机辅助系统中，CAD 是指（　　）。

A. 计算机辅助制造　　B. 计算机辅助设计

C. 计算机辅助教学　　D. 计算机辅助测试

13. 计算机硬件系统由（　　）组成。

A. 控制器、CPU、存储器和输入输出设备

B. CPU、运算器、存储器和输入输出设备

C. CPU、主机、存储器和输入输出设备

D. 运算器、控制器、存储器和输入输出设备

第3章 中文 Windows 7 的应用

本章导读

操作系统是协调和控制计算机各部分进行和谐工作的一个系统软件，是计算机所有软、硬件资源的管理者和组织者。计算机只有在操作系统的统一管理下，软、硬件资源才能协调一致，有条不紊地工作。本章以 Windows 7 为平台，主要介绍Windows 7操作系统的基本操作、资源管理、程序管理、系统管理和 Windows 7 操作系统的使用技巧。

通过对本章内容的学习，应该能够做到：

- 了解：操作系统的基本知识和相关概念，Windows 7 帮助和支持中心。
- 理解：快捷方式、剪贴板的含义，文件、文件夹及路径的概念，文件的关联及打开方式，Windows 7 库的概念。
- 应用：Windows 7 窗口、文件和文件夹的基本操作，资源管理器的使用，系统设置以及常用附件程序的使用。

3.1 Windows 7 操作系统概述

Windows 操作系统是由微软公司开发，具有窗口化界面的操作系统。通过多年的不断升级和完善，已成为一款使用广泛、成熟稳定的操作系统。

在 Windows 操作系统的发展历史中，深受大家喜爱的 Windows XP 版本已经发布了 10 多年，随着技术的进步和发展，新的硬件设备、大容量的物理内存、高性能的处理器，让人很明显地感受到 Windows XP 已经无法满足当前工作的需要，很多用户也已经发现 Windows XP 不再像过去一样随心应手了，微软也于 2014 年 4 月停止了对 Windows XP 的服务，Windows XP 光荣地完成了其历史使命。

Windows 7 是微软 2009 年 10 月正式推出的操作系统，它继承了 Windows XP 的实用与 Windows Vista 的华丽，并且在很多方面进行了改进，包含非常多的新特性和新功能，并且相比前一代操作系统发生了非常大的变化，Windows 7 现已成为世界上占有率最高的操作系统。

3.1.1 Windows 7 简介

1. Windows 7 的版本

对于 Windows 7 操作系统，微软共提供了 6 个不同版本，以适应不同用户群的需求：

① 简易版（Windows 7 Starter）：此版本简单、便宜、功能最少，对硬件要求低，适用于低端机型的用户。

② 家庭基础版（Windows 7 Home Basic）：此版本包含了无线应用程序、高级网络支持、增强视觉体验（支持部分 Aero 特效）、移动中心。

③ 家庭高级版（Windows 7 Home Premium）：此版本在 Basic 的基础上，又新增 Aero 玻璃特效、多点触控、多媒体、组建家庭网络组，可实现最佳娱乐体验。

④ 专业版（Windows 7 Professional）：此版本加强了网络管理、文件加密和高级网络备份等保护功能，支持域、远程桌面、位置感知打印、脱机文件夹、演示模式（Presentation Mode）等技术。

⑤ 企业版（Windows 7 Enterprise）：此版本可满足企业数据管理、共享、安全等需求，包含一系列企业增强功能，面向企业市场的高级用户。

⑥ 旗舰版（Windows 7 Ultimate）：拥有家庭高级版和专业版的所有功能，当然硬件要求也是最高的，其中 64 位旗舰版是微软公司开发的 Windows 7 系列中的终极版本，此版本最多可支持 256 核处理器。

2. Windows 7 的硬件配置要求

安装 Windows 7 的计算机需要满足一定的硬件配置要求。

（1）最低配置

CPU：1 GHz 或更高级别的处理器（包括 32 位及 64 位两种版本，安装 64 位操作系统必须使用 64 位处理器）；

内存：1 GB 及以上；

硬盘：16 GB 以上可用空间（基于 32 位）或 20 GB 以上可用空间（基于 64 位）；

显卡：带有 WDDM 1.0 驱动的支持 DirectX 9 以上级别的显卡，显存为 64 MB 以上，若要打开 Aero，则显存最低为 128 MB。

（2）推荐配置

CPU：2 GHz 及以上的多核处理器（包括 32 位及 64 位两种版本，安装 64 位操作系统必须使用 64 位处理器）；

内存：2 GB 及以上；

硬盘：40 GB 以上可用空间；

显卡：带有 WDDM 1.0 驱动的支持 DirectX 9 以上级别的显卡，显存为 64 MB 以上，若要打开 Aero，则显存最低为 128 MB。

3. Windows 7 的新特性

Windows 7 对以前版本的 Windows 系统进行了重大的升级换代式的改进和扩充，主要有以下几项新特性：

更简单：Windows 7 将会让搜索和使用信息更加简单，包括本地、网络和互联网搜索功能，直观的用户体验将更加高级，还会整合自动化应用程序提交和交叉程序数据透明性。

更易用：Windows 7 做了许多方便用户的设计，如快速最大化、窗口半屏显示、跳跃列表、系统故障快速修复等，这些新功能令 Windows 7 成为最易用的操作系统。

更安全：Windows 7 包括了改进了的安全和功能合法性，还会把数据保护和管理扩展到外围设备。Windows 7 改进了基于角色的计算方案和用户账户管理，在数据保护和坚固协作的固有冲突之间搭建沟通桥梁，同时也会开启企业级的数据保护和权限许可。

更快速：Windows 7 大幅提高了 Windows 的启动速度，据实测，在 2008 年的中低端配置下运行，系统加载时间一般不超过 20 s，这比 Windows Vista 的最快 40 s 相比，是一个很大的进步。

更好的连接：Windows 7 进一步增强移动工作能力，无论何时、何地、任何设备都能访问数据和应用程序，开启坚固的特别协作体验，无线连接、管理和安全功能将会进一步扩展，移动硬件将得到优化，多设备同步、管理和数据保护功能将被拓展。最后，Windows 7 系统将使计算基础设施更加灵活。

更低的成本：Windows 7 将帮助企业优化它们的桌面基础设施，具有无缝操作系统、应用程序和数据移植功能，并简化 PC 供应和升级。Windows 7 还将包括改进的硬件和软件虚拟化体验，并将扩展 PC 自身的 Windows 帮助和 IT 专业问题解决方案。

3.1.2　Windows 7 的启动与退出

1. Windows 7 的启动

在计算机中安装 Windows 7 操作系统后，只要打开计算机的电源开关即可自动进入 Windows 7 系统，本书以 Windows 7 旗舰版为例进行介绍。在启动过程中，用户还可以根据需要，以不同模式启动系统。具体方法是当系统进行自检时，屏幕显示自检信息，在出现 Windows 7 的启动界面之前按【F8】键，屏幕将出现启动菜单，用户通过移动光标进行选择，即可进入不同的启动模式。如果用户在安装系统时没有设置密码，Windows 7 将会自动登录并进入桌面。如果用户在安装系统时设置了密码，那么系统将会进入登录界面。首先，用户选择将要登录的用户账号，如果只有一个账号，则自动进入下一步。如图 3-1 所示，在输入框中输入正确的密码，按【Enter】键或者单击密码输入框右侧的按钮，即可进入 Windows 7 系统。

2. Windows 7 的退出

单击桌面左下角的【开始】按钮，在【开始】菜单的右下角单击【关机】按钮右侧的向右三角形按钮，展开下一级菜单，如图 3-2 所示，菜单中提供了退出 Windows 7 的不同方式。

图 3-1　Windows 7 登录界面

图 3-2　Windows 7 关闭选项

① 选择【关机】选项，可以立刻退出 Windows 7 系统，并关闭电源。

② 选择【切换用户】选项，可以在不关闭程序的基础上返回用户选择界面。

③ 选择【注销】选项，则会关闭所有程序并返回登录界面。

④ 选择【锁定】选项，则会在不关闭程序的基础上返回输入密码界面。

⑤ 选择【重新启动】选项，则退出 Windows 7 系统后，再重启计算机。

⑥ 选择【睡眠】选项，可以在短时间离开计算机时，关闭监视器和硬盘，以节省电能。

⑦ 选择【休眠】选项，则计算机会将当前的状态（包括正在使用的程序）存入硬盘中，然

后关闭计算机。下次启动时，可以快速恢复到计算机休眠前的状态。

如果 Windows 7 的【休眠】选项未显示，其开启方法是：选择【开始】|【所有程序】|【附件】|【命令提示符】选项，手工输入如下命令：powercfg –hibernate on（关闭则为 powercfg –hibernate off），命令执行之后立即就可以生效，无须重新启动系统，如执行“powercfg –a”命令，就会提示当前系统已经支持休眠、混合睡眠。如果此时【休眠】选项仍未显示，则再打开【开始】|【控制面板】|【电源选项】|【选择电源计划】|【平衡 / 节能 / 高性能】|【更改计划设置】|【更改高级电源设置】|【睡眠】|【允许混合睡眠】，更改设置为“关闭”，保存退出。

另外，关闭计算机时还应注意：在退出 Windows 7 前，最好先退出所有打开的应用程序。在关闭计算机后，不要立即再次启动计算机，最好间隔 30 s 以上，这样可避免频繁的电流冲击损坏计算机硬件或缩短其使用寿命。

3.1.3 Windows 7 的帮助和支持中心

单击桌面左下角的【开始】按钮，从【开始】菜单中选择【帮助和支持】命令，或者按【F1】键，均可打开图 3–3 所示的【Windows 帮助和支持】窗口，以帮助用户解决实际使用 Windows 过程中出现的疑问。

例如：如果用户想了解有关“记事本”的帮助信息，可以在【Windows 帮助和支持】的【搜索】栏中，输入关键词“记事本”来进行相应搜索，从而找到所需要的“记事本”的帮助信息，如图 3–3 所示。

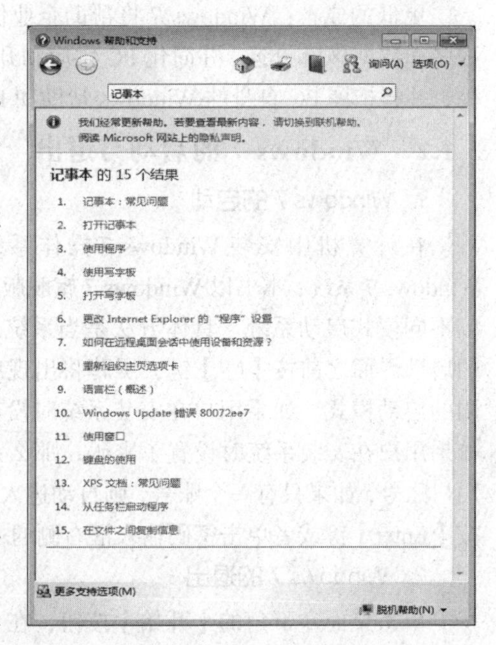

图 3–3 【Windows 帮助和支持】窗口

3.2 Windows 7 的基本操作

3.2.1 Windows 7 桌面

“桌面”是图形操作界面一种形象化的说法，计算机正常启动并登录到 Windows 之后，用户所看到的屏幕区域就是桌面，如图 3–4 所示，桌面是用户在 Windows 7 中进行各种操作、完成各项任务的工作平台。桌面主要包括桌面图标和任务栏。

1. Windows 7 图标

启动 Windows 7 后，它的桌面上显示了一系列常用程序图标，如【计算机】、【网络】、【回收站】、【控制面板】和【Internet Explorer】等，把这类桌面图标称为系统图标。在桌面上往往还有一些图标，这些图标的左下角大多有一个非常小的箭头，把这类桌面图标称为快捷方式图标，这个小箭头是快捷方式图标的标识。当然，有些快捷方式图标的左下角是不带小箭头的，比如【任务栏】中的快捷方式图标。

图 3–4 Windows 7 桌面布局

所谓快捷方式是一些指向相关应用程序或文档的快速链接，是 Windows 为快速启动程序、打开文件或文件夹而提供的一种方法。快捷方式一般存放在 3 个位置：桌面、开始菜单和任务按钮区，使用户能够更加方便地操作和使用计算机资源。

温馨提示

快捷方式只是用来快速启动程序，它并不是程序本身，它只是指向程序的一个链接命令，从而方便用户通过该指定的链接，运行特定的程序。所以，添加和删除快捷方式图标，不会影响到它所指向的程序和文件本身。

（1）添加系统图标

系统安装完成后，用户首次进入 Windows 7 操作系统时，桌面上只有一个【回收站】图标，如需添加【计算机】、【网络】、【用户的文件】和【控制面板】这些常用的系统图标，可进行如下操作：

在桌面空白处右击，在弹出的快捷菜单中选择【个性化】命令，再单击【个性化】窗口左侧的【更改桌面图标】超链接，打开【桌面图标设置】对话框，如图 3-5 所示。选中所需要的复选框，然后单击【确定】按钮，即可在桌面上添加相应的图标。

图 3-5　【桌面图标设置】对话框

（2）添加其他快捷方式图标

除了可以在桌面上添加系统图标外，还可以添加其他应用程序或文件夹的快捷方式图标。一般情况下，安装了一个新的应用程序后，都会自动在桌面上建立相应的快捷方式图标，如果该程序没有自动建立快捷方式图标，可采用如下方法进行添加。

在程序的启动图标上右击，在弹出的快捷菜单中选择【发送到】|【桌面快捷方式】命令，即可创建一个快捷方式图标，并将其显示在桌面上。

（3）排列桌面图标

当桌面上的图标杂乱无章地排列时，用户可以按照名称、大小、类型和修改日期排列桌面图标。操作方法是：在桌面空白处右击，在弹出的快捷菜单中的【排序方式】中选择相应的排序即可。

（4）对桌面图标重命名

用户可以根据自己的需要和喜好对桌面图标重新命名。操作方法是：选中要重命名的图标并右击，在弹出的快捷菜单中选择【重命名】命令，输入新的图标名称按【Enter】键即可完成图标重命名，也可在桌面其他位置单击。

（5）删除桌面图标

用户可以根据自己的需要删除桌面上的图标。操作方法是：选中要删除的图标并右击，在弹出的快捷菜单中选择【删除】命令，打开【确认删除】对话框，单击【是】按钮，即可删除该图标。

2. Windows 7 任务栏

任务栏一般位于屏幕的底部，如图 3-6 所示。任务栏从左至右依次是【开始】按钮、任务按钮区、语言栏、通知区域和【显示桌面】按钮。

图 3-6　任务栏

（1）任务栏的组成

①【开始】按钮：该按钮是 Windows 7 操作的关键部件，单击该按钮，会打开【开始】菜单，Windows 7 的所有功能设置项都可以从该菜单中找到，单击其中的任意选项均可启动对应的系统程序或应用程序。

② 任务按钮区：这里显示了用户固定在任务栏上的常用程序图标以及当前已打开的应用程序图标。对于固定在任务栏上的常用程序，只要单击该图标（不需要双击），就可以启动相应的程序。对于当前已打开的应用程序图标，单击该图标可以进行还原窗口到桌面、切换或最小化程序窗口等操作，左右拖动这些图标还可以改变它们之间的排列顺序。Windows 7 在这里还会对打开的程序进行合并归类，让相同的程序放在一起，并使用同一个图标来显示。此时，图标会表现为多层的立体图形，将鼠标悬停其上方，则会显示此组程序的预览窗口，单击其一，即可实现切换，以方便用户查看和选择。

③ 语言栏：进行文本内容输入时，可在语言栏中进行选择和设置有关输入法等操作。

④ 通知区域：显示系统日期与时间、网络与声音等正在后台运行的程序图标，单击其中的按钮可以看到被隐藏的其他活动图标。

⑤【显示桌面】按钮：位于任务栏的最右边，正常情况下是透明的。当将鼠标悬停其上，可以预览桌面。单击该按钮，可以在当前打开的窗口与桌面之间进行快速切换。

（2）定制任务栏

任务栏在默认情况下总是位于 Windows 7 桌面的底部，而且不被其他窗口覆盖，其高度只能容纳一行的按钮。但也可以对任务栏的这种状态进行调整，称为定制任务栏。

右击【任务栏】，在弹出的快捷菜单中选择【属性】命令，打开【任务栏和「开始」菜单属性】对话框，【任务栏】选项卡中列出了任务栏的若干属性，如图 3-7 所示。

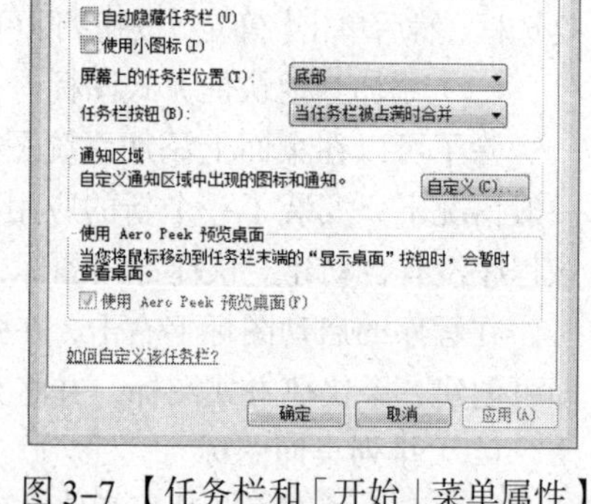

图 3-7 【任务栏和「开始」菜单属性】对话框

【任务栏外观】选项组中包含如下设置选项：

① 锁定任务栏：选中该复选框，将锁定任务栏，此时不能通过鼠标拖动的方式改变任务栏的大小或移动任务栏的位置。如果取消了锁定，可以用鼠标拖动任务栏的边框线，改变任务栏的大小；也可以用鼠标拖动任务栏到桌面的四个边上，即移动任务栏的位置。

② 自动隐藏任务栏：选中该复选框，系统将把任务栏隐藏起来。如果想看到任务栏，只要将鼠标指针移到任务栏的位置，任务栏就会显示出来。移走鼠标指针后，任务栏又会重新隐藏起来。隐藏起任务栏后可以为其他窗口腾出更多的显示空间。

③ 使用小图标：该属性使任务栏上的程序图标以小图标的样式显示。

④ 屏幕上的任务栏位置：默认是底部，单击下拉按钮，选择顶部、左侧或右侧，可以将任务栏放置在桌面的顶部、左侧或右侧。

⑤ 任务栏按钮：通过下拉列表的选取，可以将同一应用程序的多个窗口进行组合管理。

在【通知区域】选项组中可以单击【自定义】按钮，在打开的窗口中自定义通知区域中出现的图标和通知。

在【使用 Aero Peek 预览桌面】选项组中，可以选择是否使用 Aero Peek 预览桌面。当选择“使用 Aero Peek 预览桌面”复选框时，将鼠标移动到任务栏右端【显示桌面】按钮上时，所有打开的窗口都会透明化，即可暂时查看桌面。

3. Windows 7【开始】菜单

【开始】菜单是 Windows 操作系统中的重要元素，大部分应用程序和系统设置工具都在此体现，使用【开始】菜单可以访问计算机中的程序、文件夹和进行计算机设置等各项工作。

单击屏幕左下角的【开始】按钮，即可打开图 3-8 所示的【开始】菜单。

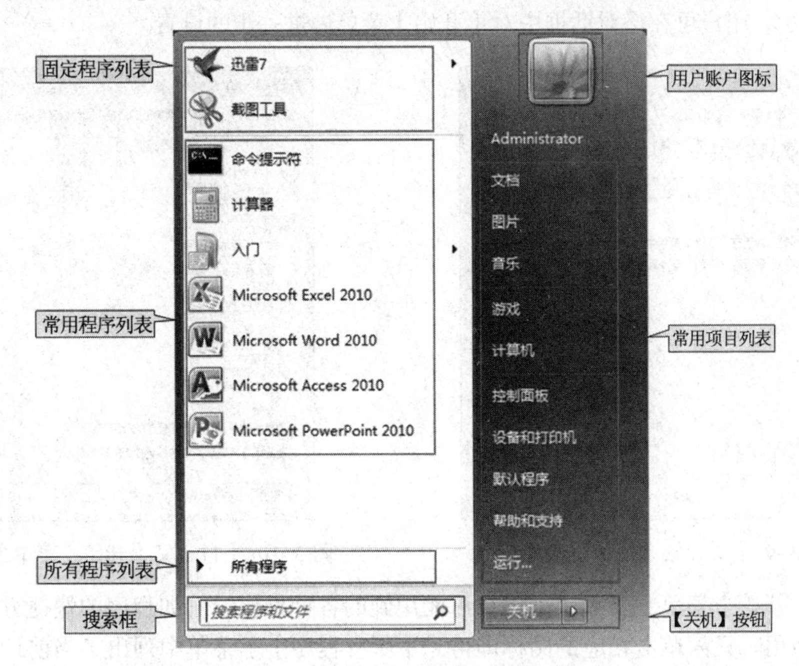

图 3-8 【开始】菜单

（1）【开始】菜单的组成

【开始】菜单右上角为当前用户账户图标和用户名。在【开始】菜单左侧一列中，由上至下依次为固定程序列表、常用程序列表、所有程序列表和搜索框；右侧一列是常用项目列表，用以显示系统中的特定位置，一般包括：文档、图片、音乐、游戏、计算机、控制面板、设备和打印机、默认程序、帮助和支持、运行等。在【开始】菜单右侧的最下方为【关机】按钮。

（2）所有程序列表

通过【开始】菜单启动应用程序方便而又快捷，但是在旧版本的操作系统中，随着计算机中安装程序的增多，【开始】菜单也会变得非常庞大，要找到某个程序需要使用肉眼进行搜索。在 Windows 7 中，新的【所有程序】菜单将以树形文件夹结构来呈现，无论有多少快捷方式，都不会超过当前【开始】菜单所占的面积，让用户查找程序更加方便。

（3）搜索框

Windows 7 的【开始】菜单中加入了强大的搜索功能，这就是搜索框。通过使用该功能，可使查找程序更加方便。

（4）自定义【开始】菜单

用户可通过自定义的方式更改【开始】菜单中显示的内容。例如用户可更改【开始】菜单中程序图标的大小和显示程序的数目等。

要自定义【开始】菜单，可在【开始】菜单上右击，在弹出的快捷菜单中选择【属性】命令，打开【任务栏和「开始」菜单属性】对话框，选择【「开始」菜单】选项卡，即可进行【开始】

菜单的设置，如图 3-9 所示。

如果用户不希望在【开始】菜单中显示最近运行的程序和文件列表以保护自己的隐私时，就可以在【隐私】选项组中取消选择“存储并显示最近在「开始」菜单中打开的程序”和“存储并显示最近在「开始」菜单和任务栏中打开的项目”这两个复选框。

在【「开始」菜单】选项卡中单击【自定义】按钮，打开【自定义「开始」菜单】对话框，如图 3-10 所示，用户可在该对话框中对【开始】菜单做进一步的设置。

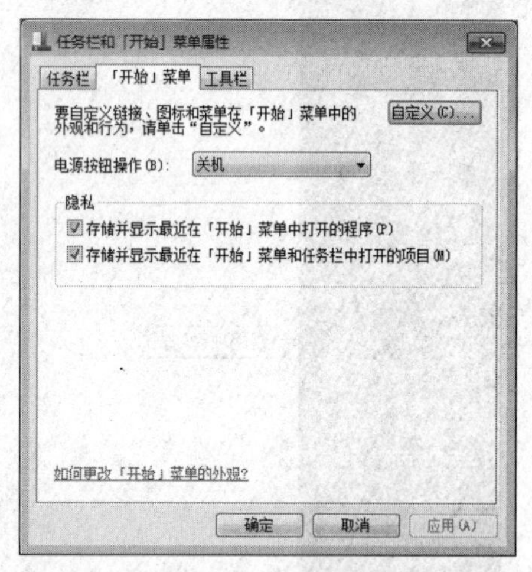

图 3-9 【「开始」菜单】选项卡

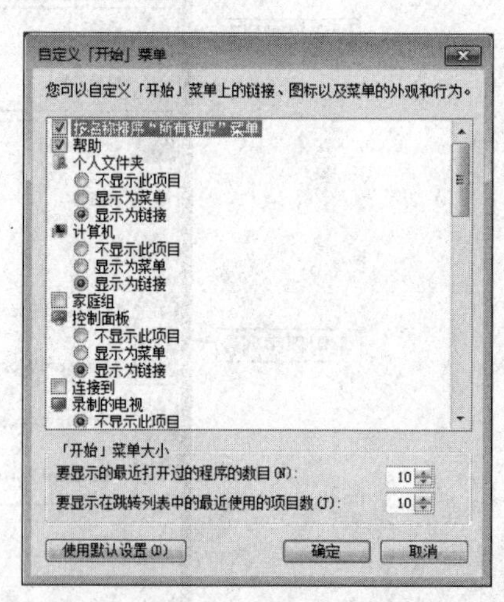

图 3-10 【自定义「开始」菜单】对话框

总之，【开始】菜单主要集中了用户可能用到的各种操作，例如程序的快捷方式、常用的文件夹等，使用时只需单击相应的图标即可。【所有程序】子菜单中列出了当前计算机中已安装的软件和程序。单击【所有程序】命令后，将显示较全面的可执行程序列表。

3.2.2 Windows 7 鼠标和键盘操作

1. 鼠标操作

在 Windows 7 中，使用鼠标在屏幕上的图标之间进行交互操作就如同现实生活中用手取用物品一样方便，使用鼠标可以充分发挥操作简单、方便、直观、高效的特点。可以用鼠标选择操作对象并对选择的对象进行复制、移动、打开、更改和删除等操作。

每个鼠标都有一个主要按钮（又称左按钮、左键或主键）和一个次要按钮（又称右按钮、右键或次键）。鼠标左按钮主要用于选定对象和文本、在文档中定位光标以及拖动项目。单击鼠标左按钮的操作被称为“左键单击”或“单击”。鼠标右按钮主要用于“打开根据单击位置不同而变化的任务或选项的快捷菜单”。该快捷菜单对于快速完成任务非常有用。单击鼠标右按钮的操作被称为“右键单击”或“右击”。现在多数鼠标在两键之间还有一个鼠标轮（又称第三按钮），主要用于“前后滚动文档”。

（1）鼠标指针符号

在 Windows 中，鼠标指针用多种易于理解的形象化的图形符号表示，每个鼠标指针符号出现的位置、含义各不相同，在使用时应注意区分。表 3-1 中给出了 Windows 7 中常用的鼠标指针形状及对应操作功能。

表 3-1　Windows 7 中常用鼠标指针形状及对应操作功能

鼠标指针形状	对应操作功能	鼠标指针形状	对应操作功能
	正常选择		垂直调整
	帮助选择		水平调整
	后台运行		沿对角线调整 1
	忙		沿对角线调整 2
+	精确选择		移动
I	文本选择		候选
	手写		连接选择
	不可用		

（2）常用鼠标操作

常用的鼠标操作有指向、单击、双击、右击和拖动，如表 3-2 所示。

表 3-2　常用鼠标操作

操　作	说　明
指向	移动鼠标，把鼠标指向某一对象或选项
单击	按下鼠标左键，再马上松开
双击	快速而连续做两次单击操作
右击	按下鼠标右键，再马上松开
拖动	选中要移动的对象，按住鼠标左键，拖动对象到目标位置，再松开鼠标左键

（3）自定义鼠标形状

Windows 7 系统为用户提供了很多鼠标指针方案，用户可以根据自己的喜好设置。此外，Internet 上提供了很多样式可爱、色彩绚丽的鼠标指针图标（扩展名为 ani 或 cur），用户可以根据自己的需要下载。

① 在桌面空白处右击，在弹出的快捷菜单中选择【个性化】命令，打开【个性化】窗口，单击左侧的【更改鼠标指针】超链接。

② 打开【鼠标属性】对话框，选择【指针】选项卡，设置不同状态下对应的鼠标图案，如选择【正常选择】选项，单击【浏览】按钮，如图 3-11 所示。

③ 打开【浏览】对话框，选择需要的图标，如图 3-12 所示。单击【打开】按钮。返回到【鼠标属性】对话框，单击【确定】按钮，即可更改鼠标形状。

2. 键盘操作

不管是输入字母还是计算数字数据，键盘都是向计算机中输入信息的主要方式。了解一些简单的键盘命令（计算机指令）可有助于提高工作效率。

（1）键盘的布局

① 主键盘区。这是标准的打字机键盘，包括字母键、数字键、专用符号键如（！，@，#，$），以及一些特殊的功能键（如【Shift】、【Enter】、【Esc】等）。有些键上标有两个字符，称为双字符键。

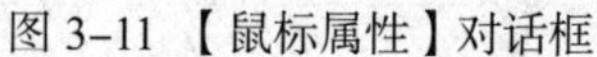
图 3-11 【鼠标属性】对话框

图 3-12 【浏览】对话框

② 功能键区。主键盘的最上一排是【F1】~【F12】这 12 个功能键，它们的作用在不同的软件系统中被定义为不同的功能。使用功能键的优点是操作简便，节省输入时间。

③ 编辑键区。在主、小键盘中间部分（中区）分上中下 3 个键位组，上面一组包括 3 个功能键，中间为 6 个编辑键，下面一组是 4 个光标控制键，控制光标在屏幕上的移动。

④ 数字键区。这是一个 17 键的小键盘，它的结构与计算器的键盘类似。它与主键盘区的数字键和编辑键区的光标控制键是重复的，主要是为方便录入大量数字时采用右手操作而设置的，如银行营业员等。

（2）各类键的使用方法

① 常用键。常用键包括【Enter】、【Backspace】、【Esc】、【Space】、【Tab】、【Print Screen】等。

【Enter】（回车键）表示执行输入的命令或信息输入的结束。

【Backspace】键删除光标前面（左侧）的一个字符，光标左移一格，俗称退格键。在进行键盘输入时，如果输入有误，可按退格键删除。

【Esc】（取消键）在 DOS 状态下可取消刚刚输入的行，在应用程序中常用来取消某个操作、退出某种状态（如退到上一级菜单）或进入某种状态等。

【Space】（空格键），按一次输入一个空格，光标右移一格。

【Tab】（制表定位键）用来定位移动光标。每按一次【Tab】键，光标就移动到下一个位置。系统隐含约定的位置是 1、8、15 等，在很多编辑软件里，用户可以根据需要定义自己的 Tab 位置。

【Print Screen】（打印屏幕键）将屏幕上显示的内容保存到剪贴板上，然后通过剪贴板可以将屏幕画面插入到文档中。如果只按该键，则将整屏复制到剪贴板；如果按住【Alt】键的同时按下该键，则只将当前活动窗口画面复制到剪贴板。

② 编辑键。编辑键在主、小键盘之间。这些键在编辑工作中（包括行编辑和屏幕编辑）被频繁使用，作用如下：

【Insert】（插入 / 改写状态转换键）在插入状态下，输入的字符插在光标之前，光标后的字符后移让位。在改写状态下，输入的字符将覆盖原有字符。

【Delete】（删除键）删除所选的字符或光标后的一个字符。删除字符后光标位置不动。

【Home】键将光标回到起始位置，如行首。

【End】键将光标放到末尾位置，如行尾。

【PgUp】键往前翻页。

【PgDn】键往后翻页。翻页键一般用于全屏幕编辑。

③ 上挡键。【Shift】键实现双字符键的输入。有些键代表两个字符，如数字 2 键上刻有 2 和 @，如果单独按此键，则输入 2，在按住【Shift】键不放时再按 2 键，输入的就是 @。【Shift】键与字母键配合使用时，可实现字母的大小写输入。如果按下字母键是小写字母时，按住【Shift】键不放再按下字母键就是大写；当按下字母键为大写字母（大写锁定）时，按住【Shift】键不放再按下字母键则为小写字母输入。另外，该键在某些软件中还有其他作用。

④ 控制键。【Ctrl】、【Alt】、【Shift】这 3 个键不能单独使用，要与其他键联合使用，才能完成各种选择功能和其他控制功能。

这 3 个键的操作方法都一样，需要先按住不放，然后再去按其他键。例如【Ctrl+S】组合键，表示在按住【Ctrl】键不放再按字母键【S】，常用来暂停翻页。再如按【Ctrl+Break】组合键可终止当前操作，它可以停止一条命令或一个程序的执行。按【Ctrl+Home】组合键可将光标移动到文件起始处，按【Ctrl+End】组合键将光标移到文件的最后。

⑤ 状态锁定键。包括【Caps Lock】、【Num Lock】、【Insert】键。

【Caps Lock】（大写锁定键），当按下此键后，键盘右上方的 Caps Lock 指示灯变亮，表明当前键盘处于大写锁定状态，此后再按字母键都是输入大写字母。在此状态下按一次【Caps Lock】键，就又回到非锁定状态，按下字母键都是输入小写字母。

【Num Lock】（数字锁定键），当按下此键后，键盘右上方的 Num Lock 指示灯变亮，表示小键盘上的数字键起数字输入作用，否则这些键起功能键的作用（如移动光标等）。

【Insert】（插入键），实现插入或改写的状态转换。一般是插入状态（在 Windows 中的状态栏上改写栏是灰色），键盘输入的字符会插入到当前光标处。如果按下此键，键盘输入的字符将会把光标后面或光标所选定的字符覆盖，此时称为改写状态（在 Windows 中的状态栏上改写栏是黑色）。

（3）Windows 中常用的快捷键及其功能

Windows 中常用的快捷键及其功能如表 3–3 所示。

表 3-3　Windows 中常用的快捷键及其功能

序　号	快　捷　键	功　　能
1	F1	帮助
2	Ctrl + C（Ctrl + Insert）	复制选中项目
3	Ctrl + X	剪切选中项目
4	Ctrl + V（Shift + Insert）	粘贴选中项目
5	Ctrl + Z	撤销
6	Ctrl + Y	重做
7	Delete（Ctrl + D）	删除选中项目至回收站
8	Shift + Delete	直接删除选中项目
9	F2	重命名选中项目
10	Ctrl + A	全选
11	F3	搜索
12	Alt + Enter	显示选中项目属性
13	Alt + F4	关闭当前项目或退出当前程序
14	Alt + 空格	打开当前窗口的快捷方式菜单
15	Alt + Tab	在当前运行的窗口中切换

续表

序　号	快 捷 键	功　能
16	Ctrl + Alt + Tab	使用方向键在当前运行的窗口中切换
17	Ctrl + 滚轮	改变桌面图标大小
18	Windows 徽标 + Tab	开启 Aero Flip3D
19	Ctrl + Windows 徽标 + Tab	使用方向键在 Aero Flip3D 程序中切换
20	Alt + Esc	在当前打开的程序间切换
21	F4	显示资源管理器的地址栏列表
22	Shift + F10	显示选中项目的快捷方式菜单
23	Ctrl + Esc	打开开始菜单
24	F10	激活当前窗口的菜单栏
25	F5（Ctrl + R）	刷新
26	Alt + ↑	资源管理器中返回文件夹的上一级菜单
27	Esc	取消当前操作
28	Ctrl + Shift + Esc	打开任务栏管理器
29	插入碟片时按住 Shift	禁止 CD/DVD 的自动运行
30	右边或左边的 Ctrl + Shift	改变阅读顺序

3.2.3 Windows 7 中文输入

1. 输入法的选择

熟悉了键盘和指法，并不意味着用户就可以自由地输入汉字了。因为默认情况下，敲击键盘输入的将是英文字母，而要输入汉字，用户还得首先选择一种汉字输入法，方法为：

单击 Windows 7 右下角语言栏中的输入法图标，在打开的输入法列表中查看并选择计算机已安装的输入法，如图 3–13 所示。

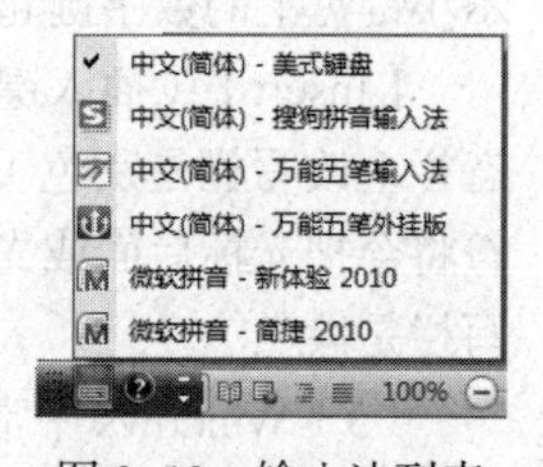

图 3–13　输入法列表

2. 输入法的状态条

当选择了汉字输入法后，语言栏上的图标将变为相应的输入法标志，同时在任务栏附近将显示相应的汉字输入法状态条。通过状态条可查看和设置输入法的属性信息。下面以万能五笔状态条为例进行讲解，如图 3–14 所示。其中各按钮的作用介绍如下：

图 3–14　万能五笔状态条

①【中英文切换】按钮中：该按钮用于在中文和英文输入状态之间切换，当其呈图案英时，表示当前输入法处于英文输入状态；当其呈图案中时，则处于汉字输入状态。

②【半/全角切换】按钮：该按钮主要是针对数字、符号而言，当其呈图案时，输入的数字形状较大，为全角状态；当其呈图案时，输入的数字为标准的数字形状，为半角状态。

③【中，英文符号切换】按钮：该按钮用于在中文和英文标点符号之间切换，当其呈图案时，输入的符号为中文标点符号；当其呈图案时，输入的符号为英文标点符号。

④【软键盘】按钮：右击【软键盘】按钮，在弹出的列表中选择需要的符号类型，随即将打开与之对应的软键盘。再在该软键盘上单击相应的符号，即可输入对应的符号。

在 Windows 中按【Ctrl+Space】组合键可以启动或关闭中文输入法；按【Ctrl+Shift】组合键在英文及各种输入法之间切换；按【Shift+Space】组合键在全角和半角之间切换。

3. 输入法的添加和删除

为了方便用户使用，Windows 7 系统中自带了一些汉字输入法，如微软拼音输入法等。此外，在实际操作中，用户也可以根据自身需要添加或删除输入法。下面以系统自带的输入法为例，分别执行删除和添加操作，其操作步骤如下：

① 在语言栏的▦图标上右击，在弹出的快捷菜单中选择【设置】命令，打开【文本服务和输入语言】对话框，如图 3–15 所示。

② 在图 3–15 中单击【添加】按钮，打开【添加输入语言】对话框。

③ 在【添加输入语言】对话框中间的列表框中选中【中文（简体，中国）】目录树下需添加的中文输入法前的复选框，如选中【简体中文全拼（版本 6.0）】复选框，单击【确定】按钮，如图 3–16 所示。

图 3–15 【文本服务和输入语言】对话框

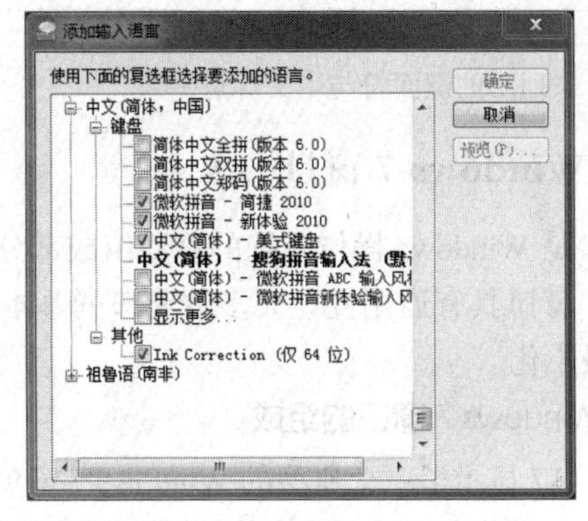

图 3–16 【添加输入语言】对话框

④ 在【文本服务和输入语言】对话框中间的列表框中选择要删除的【微软拼音 – 简捷 2010】，单击其右侧的【删除】按钮。

⑤ 返回【文本服务和输入语言】对话框，单击【确定】按钮完成操作。再次单击语言栏上的▦图标，在打开的列表中即可看到相应输入法已添加或删除。

4. 系统外汉字输入法的添加

由于 Windows 7 操作系统自带的输入法有限，在实际工作中许多用户都习惯使用其他汉字输入法，如王码五笔字型输入法、搜狗拼音输入法等。不过，这些输入法需要用户进行手动添加。要添加这些输入法，首先需要找到该输入法的安装程序，再将其安装到系统中。一般来说安装程序可以通过购买光盘得到。

5. 拼音输入法的使用

汉字是以拼音为基础，因此拼音输入法也成为输入汉字最快捷、最方便的方式之一。如今，市面上可供选择的拼音输入法很多，如搜狗拼音输入法、微软拼音输入法、智能 ABC 输入法等。拼音输入法均是以汉语拼音为基础，因此输入方式大致相同，一般来说以全拼、简拼和混拼 3 种输入方式为主。

① 全拼：依次敲击要输入汉字的所有声母和韵母，在随即打开的汉字选择框中选择要输入的汉字即可。例如，要输入“狗”字，可输入“狗”的拼音“gou”，在汉字选择框中选中该字即可。

② 简拼：只敲击输入汉字的第一位声母，在随即打开的汉字选择框中选择要输入的汉字即可，常用于输入常用词组。例如，要输入“朋友”一词，可直接输入“py”，在汉字选择框中选中该词即可。

③ 混拼：即将全拼和简拼混合输入的方式，在实际输入中应用得十分频繁。例如：输入“电脑城”，可以输入“dncheng”，在汉字选择框中即可选择要输入的汉字。

在中文标点方式下，键面符与中文标点之间有对应关系，如表 3-4 所示。

表 3-4 键面符与中文标点之间的对应关系

键 面 符	中 文 标 点	键 面 符	中 文 标 点
`	·间隔号	,	，逗号
$	￥人民币符号	.	。句号
^	……省略号	〈	《左书名号
\ 或 /	、顿号	〉	》右书名号
'	‘’单引号（第二次按为右引号）	[	【
"	“”双引号（第二次按为右引号）	]	】

注：未列出的键面符与中文标点一致。

3.2.4 Windows 7 窗口

窗口是 Windows 操作系统的重要组成部分，是程序运行的场地，很多操作都是通过窗口来完成的。窗口具有通用性，大多数窗口的基本元素都是相同的。窗口可以打开、关闭、移动、缩放和最小化。

1. Windows 7 窗口的组成

图 3-17 显示了一个典型的 Windows 7 窗口，它由边框、标题栏、菜单栏、工具栏、工作区、导航窗格、细节窗格、预览窗格和状态栏等部分组成。

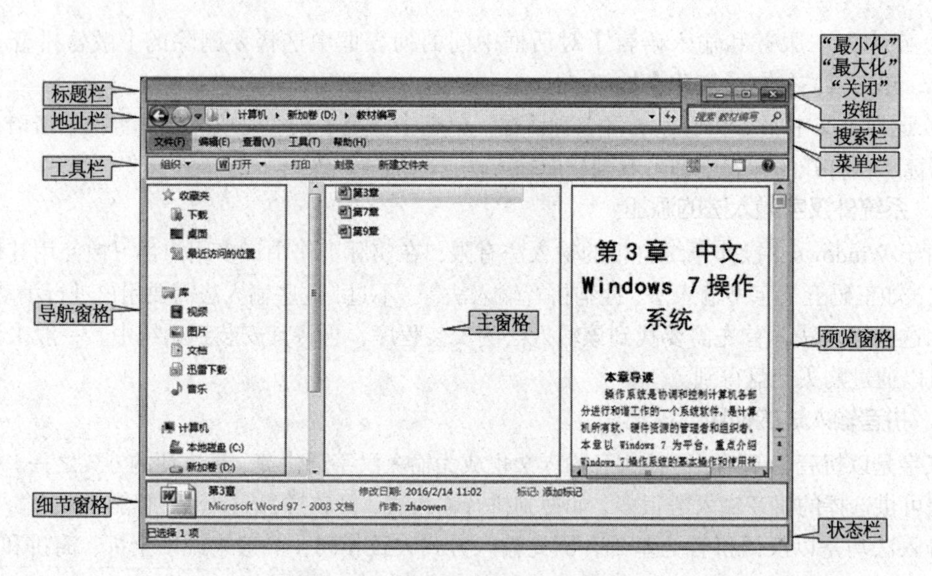

图 3-17 典型的 Windows 7 窗口

Windows 7 主要提供了 4 种不同窗口：

① 文件夹窗口，用于显示该文件夹中的文档组成内容和组织方式。

② 应用程序窗口，作为应用程序运行时的工作界面。

③ 文档窗口，该窗口只能出现在应用程序窗口之内，用于显示某文档的具体内容。

④ 对话框窗口，用来提醒用户进行某种操作。它比较简单，与其他窗口的最大区别是：对话框大小是固定的，不能改变其大小。

2. Windows 7 窗口的操作

（1）窗口最大化 / 还原、最小化和关闭

单击【最大化】按钮，使窗口充满桌面，此时按钮变成【还原】按钮，单击可使窗口还原；单击【最小化】按钮，将使窗口缩小为任务栏上的按钮；单击【关闭】按钮，将使窗口关闭，即关闭了窗口对应的应用程序。

（2）改变窗口的大小

将鼠标移动到窗口的水平/垂直边框变成水平/垂直双向箭头时，按下鼠标左键拖动窗口的水平/垂直边框，即可改变窗口水平/垂直方向的大小；将鼠标移动到窗口的四角变成 45° 双向箭头时，按下鼠标左键拖动窗口即可同时改变窗口水平/垂直方向的大小。

（3）移动窗口

用鼠标直接拖动窗口的标题栏即可随意移动窗口的位置。

（4）窗口之间的切换

当多个窗口同时打开时，单击要切换到的窗口中的某一点，或单击要切换到的窗口中的标题栏，即可切换到该窗口；在任务栏上单击某窗口对应的按钮，也可切换到该按钮对应的窗口。利用【Alt+Tab】和【Alt+Esc】组合键也可以在不同窗口间切换。

根据窗口的状态，还可以将窗口分为活动窗口和非活动窗口。当多个应用程序窗口同时打开时，处于最顶层的那个窗口拥有焦点，即该窗口可以和用户进行信息交流，这个窗口称为活动窗口（或前台程序）。其他的所有窗口都是非活动窗口（后台程序）。在任务栏中，活动窗口所对应的按钮是按下状态。

（5）在桌面上排列窗口

当同时打开多个窗口时，如何在桌面上排列窗口就显得尤为重要，好的排列方式有利于提高工作效率，减少工作量。Windows 7 提供了排列窗口的命令，可使窗口在桌面上有序排列。

在任务栏空白处右击，在弹出的快捷菜单中会出现【层叠窗口】、【堆叠显示窗口】和【并排显示窗口】3 个与排列窗口有关的命令。

① 层叠窗口：将窗口按照一个叠一个的方式，一层一层地叠放，每个窗口的标题栏均可见，但只有最上面窗口的内容可见。

② 堆叠显示窗口：将窗口按照横向两个，纵向平均分布的方式堆叠排列起来。

③ 并排显示窗口：将窗口按照纵向两个，横向平均分布的方式并排排列起来。

堆叠和并排的方式可以使每个打开的窗口均可见且均匀地分布在桌面上。

3. Windows 7 的对话框

对话框是 Windows 操作系统的一个重要元素，在 Windows 菜单命令中，选择带有省略号的命令后会在屏幕上打开一个特殊的窗口，该窗口中列出了该命令所需的各种参数、项目名称、提示信息及参数可选项，这就是对话框，如图 3-18 所示。

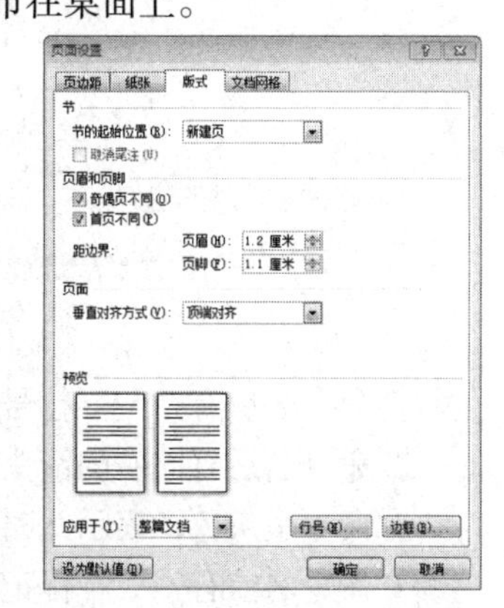

图 3-18 【页面设置】对话框

对话框是一种特殊的窗口，它没有控制菜单图标、【最大化】、【最小化】按钮，对话框的大小不能改变，但可以移动或关闭它。

Windows 对话框中通常有以下几种控件：

① 文本框（输入框）：接收用户输入信息的区域。

② 列表框：列表框中列出可供用户选择的各种选项，这些选

项称为条目，用户单击某个条目，即可选中它。

③ 下拉列表框：与文本框相似，右端带有一个下拉按钮，单击该下拉按钮会展开一个列表，在列表中选中某条目，会使文本框中的内容发生变化。

④ 单选按钮：是一组相关的选项，在这组选项中，必须选中一个且只能选中一个选项。

⑤ 复选框：在复选框选项中，给出了一些具有开关状态的设置项，可选定其中一个或多个，也可一个不选。

⑥ 微调框（数值框）：一般用来接收数字，可以直接输入数字，也可以单击微调按钮来增大数字或减小数字。

⑦ 命令按钮：当在对话框中选择了各种参数，进行了各种设置之后，单击命令按钮，即可执行相应命令或取消命令执行。

3.2.5 Windows 7 菜单

菜单和桌面一样，也是一种形象化的说法，主要是用来方便用户执行程序的某个功能或者进行相关的设置操作。在 Windows 操作系统中，菜单主要有"下拉式"菜单和"弹出式"快捷菜单两种。例如：位于应用程序窗口标题下方的菜单栏，采用的就是"下拉式"菜单方式；而右击时弹出的快捷菜单，采用的则是"弹出式"菜单方式。

温馨提示

对于快捷菜单，要注意的是：右击的对象不同，弹出的快捷菜单内容也不尽相同。

对菜单的基本操作主要包括选择菜单和选择菜单中的命令。单击菜单或按快捷键【Alt+字母】（菜单名称旁边的字母）可以选择菜单，在菜单中单击菜单项或直接使用相应快捷键，即可选择菜单中的命令。

仔细观察图 3-19 所示的菜单命令，可以发现菜单命令的表现形式也不尽相同。

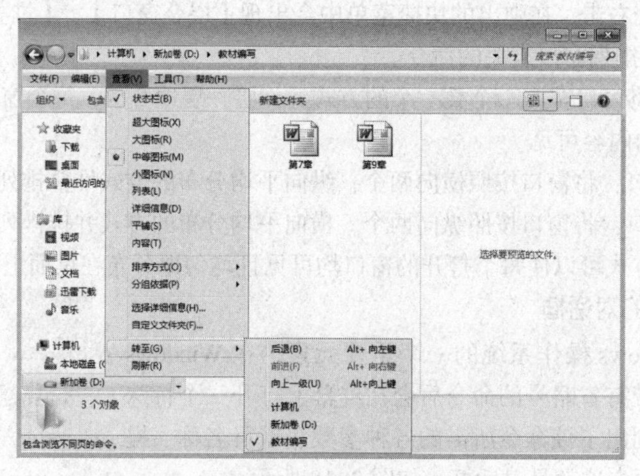

图 3-19 典型的 Windows 7 菜单命令

① 命令名后有"…"符号，表示会打开一个对话框；

② 命令名后有向右的箭头，表示会打开下一级子菜单；

③ 命令呈灰色，表示此时该命令暂不可用；

④ 命令名前有"√"标记，表示该命令已被选中（复选）；

⑤ 命令名前有"•"标记，表示该命令已被选中（单选）。

3.2.6　Windows 7 个性化设置

Windows 7 用户界面的个性化设置，主要包括桌面、任务栏、【开始】菜单、快捷方式的个性化设置。

1. 桌面主题的个性化设置

实际上，Windows 7 操作系统为了满足不同的用户需求，已经内置了一些不同显示效果的桌面主题，用户可以方便地选择和调用这些主题，使桌面更加符合自己的要求和爱好。如果用户对这些内置主题不满意，还可以设置全新的、更加符合自己个性化特色的桌面主题，使桌面变得更加协调、漂亮，具有自己的个性气息。

一般来讲，更改桌面主题就是更改 Windows 为用户提供的桌面配置方案。它主要包括桌面墙纸和图标、屏幕保护程序、窗口外观、屏幕分辨率和颜色质量等设置内容。

设置和修改桌面主题的操作方法是：右击桌面空白处，在弹出的快捷菜单中选择【个性化】命令，打开图 3-20 所示的【个性化】窗口。

在【个性化】窗口中，用户可以选择 Windows 7 自带的主题，比如图中的某个 Aero 主题。

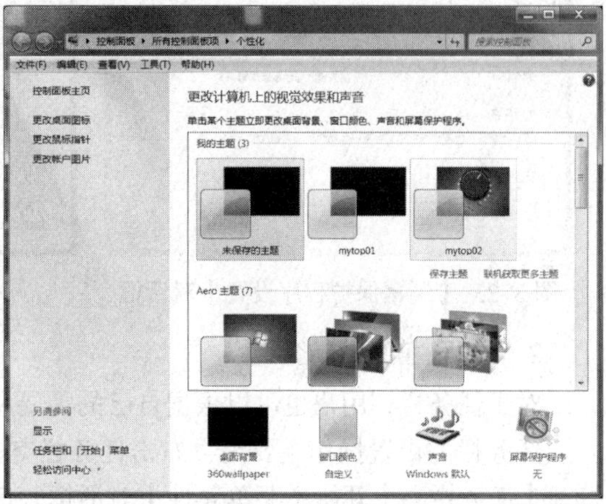

图 3-20　Windows 7 的【个性化】窗口

温馨提示

Aero 界面是 Windows 7 一种全新图形界面。其特点是：在透明的玻璃图案中，带有精致的窗口动画和新窗口颜色；包括与众不同的直观样式，将轻型透明的桌面外观与强大的图形高级功能结合在一起。用户不仅可以享受具有视觉冲击力的效果和外观，而且可以更快捷、方便地访问程序。

当然，用户也可以自定义主题。选择【桌面背景】选项（打开的窗口见图 3-21）用于设置桌面背景及图案的设置；【窗口颜色】选项（打开的窗口见图 3-22）用于设置主题颜色；【声音】选项用于更改系统音效；【屏幕保护程序】选项（打开的对话框见图 3-23）用于设置屏幕保护。

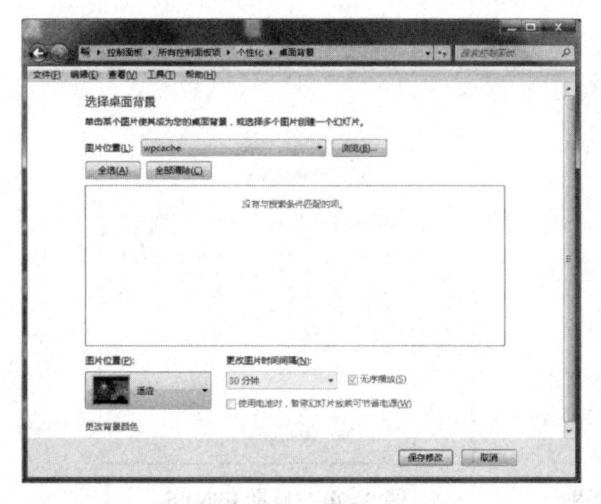

图 3-21 【桌面背景】窗口

图 3-22 【窗口颜色和外观】窗口

另外，【个性化】窗口的左侧【显示】选项（打开的窗口见图 3–24）用于设置屏幕分辨率和颜色质量等内容。

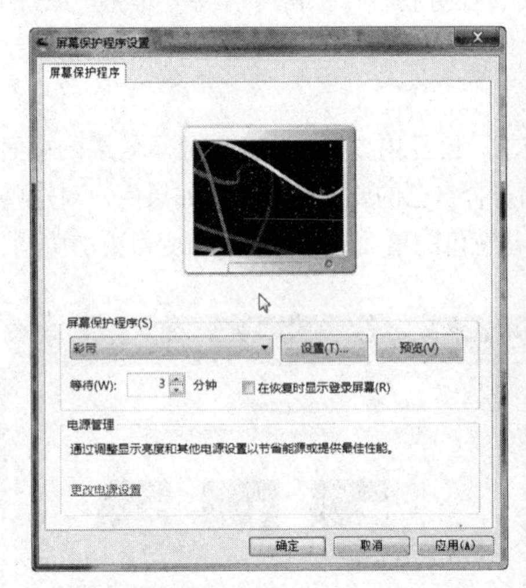

图 3–23 【屏幕保护程序设置】对话框

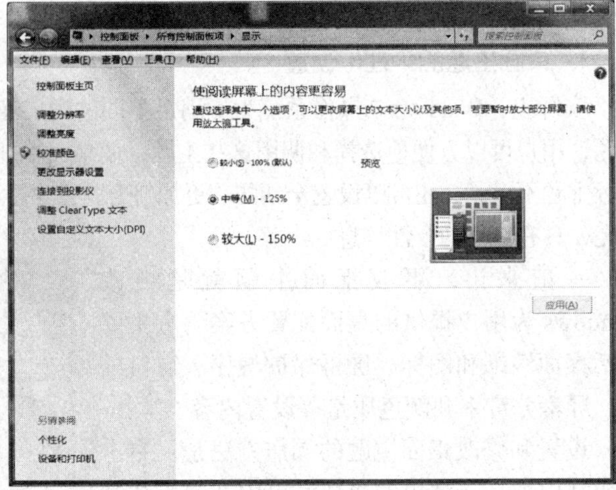

图 3–24 【显示】窗口

2. 任务栏的个性化设置

对于任务栏，用户也可以根据自己的需要和操作习惯，进行个性化设置。

任务栏的设置操作主要是：右击任务栏空白处，在弹出的快捷菜单中选择【属性】命令，打开【任务栏和「开始」菜单属性】对话框。任务栏设置的主要内容如图 3–25 所示。用户只要简单地选择这些项目，即可完成任务栏属性的设置。

同时，还可以右击任务栏空白处，在弹出的快捷菜单中选择【工具栏】|【新建工具栏】命令，打开【新建工具栏】对话框。若用户选择了【计算机】选项，就会在任务栏上创建了一个【计算机】工具栏，使用户能够快捷、方便地访问计算机中的各项资源。

另外，单击任务栏右侧【通知区域】中的时间区域，可以详细显示当前的系统时间和日期。并且可以通过单击【更改日期和时间设置】超链接（见图 3–26），打开【日期和时间】对话框，调整计算机内部使用的系统日期和时间。

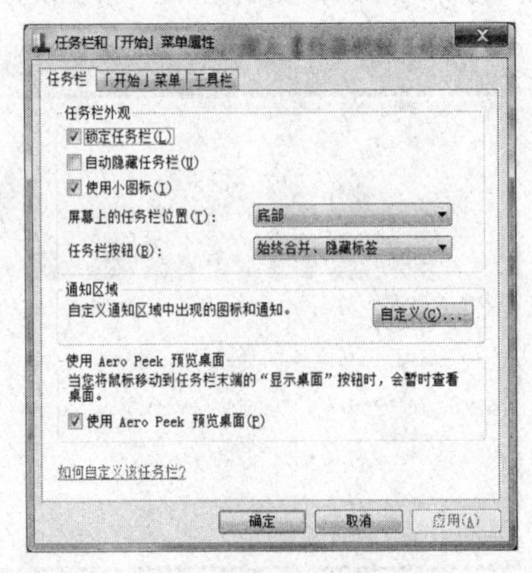

图 3–25 【任务栏和「开始」菜单属性】对话框

图 3–26 日期和时间

3. 【开始】菜单的个性化设置

Windows 7 为【开始】菜单提供了更多的用户自定义选项。要对【开始】菜单进行设置，首先右击【开始】按钮，在弹出的快捷菜单中选择【属性】命令，打开图 3–27 所示的【任务栏和「开始」菜单属性】对话框，选择【「开始」菜单】选项卡，若要自定义链接、图标和菜单在【开始】菜单中的外观和行为，可单击【自定义】按钮，打开图 3–28 所示的【自定义「开始」菜单】对话框，以设置开始菜单中需要显示的链接。还可以设置【开始】菜单中要显示的最近打开过的程序的数目等。

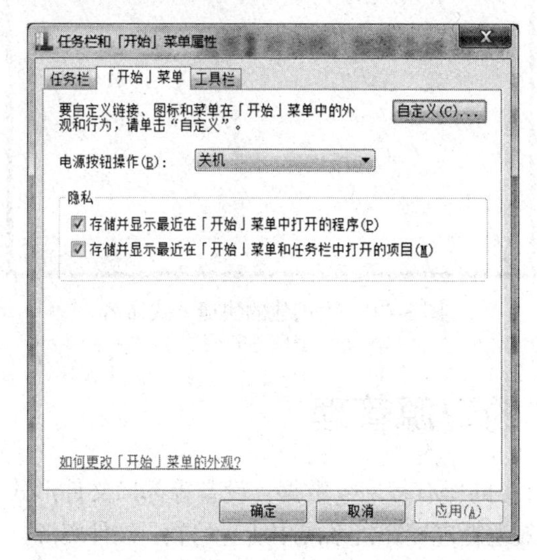

图 3–27 【任务栏和「开始」菜单属性】对话框

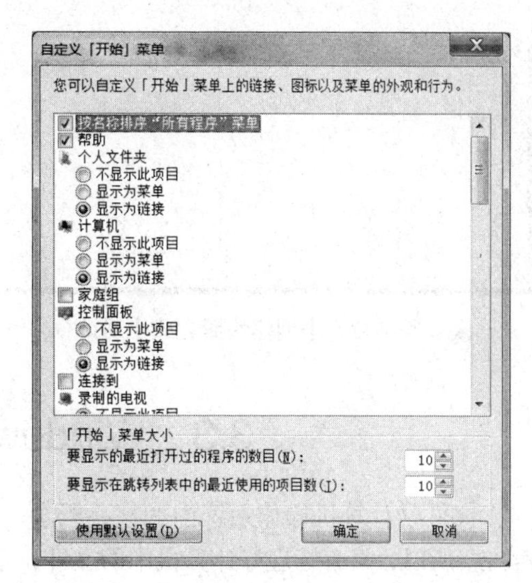

图 3–28 【自定义「开始」菜单】对话框

4. 创建快捷方式

用户可以依据自己日常操作计算机的需要，在某个位置（桌面上或者某文件夹中）创建自己最常用的程序、文档或文件夹的快捷方式。创建快捷方式的方法很多，但它们都有一些共同的关键点，就是必须明确在哪个位置（桌面或某个文件夹），创建一个指向什么对象（某个确定的程序、文档或文件夹）的快捷方式。也就是说要明确快捷方式的创建位置和指向目标。

创建快捷方式的最常用操作方法有如下两种：

① 如果已经找到了快捷方式要指向的对象，则按住鼠标右键将该对象拖动到桌面或某个文件夹窗口的内容窗格，释放右键后，从弹出的快捷菜单中选择【在当前位置创建快捷方式】命令即可。

② 如果已经知道指向目标文件的路径和名称，则可以在要创建快捷方式的文件夹窗口的空白处（创建在桌面上，则是在桌面上的空白处）右击，在弹出的快捷菜单中选择【新建】|【快捷方式】命令，在弹出的图 3–29 所示的【创建快捷方式】对话框中，直接输入指向目标文件的路径和文件名，或者通过【浏览】找到要指向的文件或文件夹，然后单击【下一步】按钮，再输入所要创建快捷方式的名称，单击【完成】按钮即可在指定位置创建一个快捷方式。图 3–29 和图 3–30 所示的界面，是在桌面上创建了一个名为"记事本"的快捷方式，双击这个快捷方式图标，将运行 C:\WINDOWS\NOTEPAD.EXE 程序。

温馨提示

特别地，若要在桌面上创建一个快捷方式，可以右击目标文件，在弹出的快捷菜单中，选择【发送到】|【桌面快捷方式】命令。

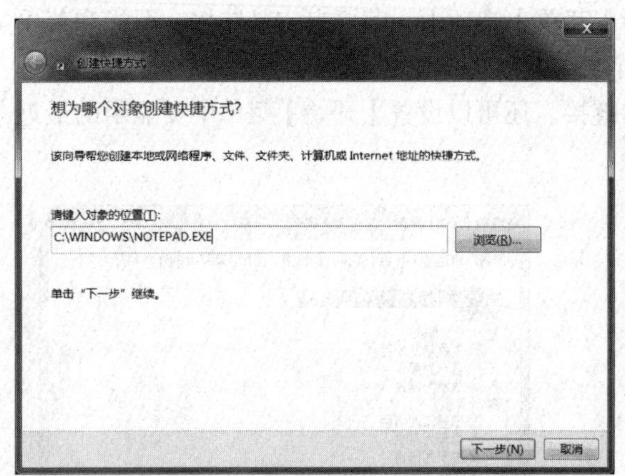

图 3-29 【创建快捷方式】对话框

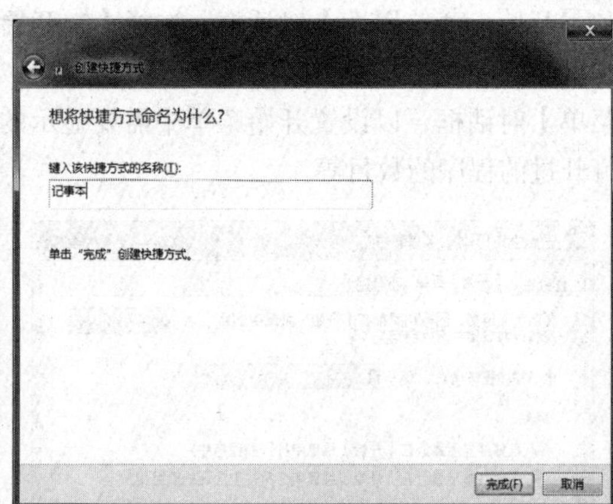

图 3-30 为创建的快捷方式命名

3.3 Windows 7 的资源管理

文件是计算机操作系统中的核心概念，计算机中的所有程序、数据、设备等都以文件形式存在。所以，只有管理好计算机中的文件，才能有效地管理计算机系统中所有的软、硬件资源。

3.3.1 文件和文件夹的概念

在计算机操作系统中，文件就是相关信息的集合。一个程序、一篇文章、一幅画、一段视频等都可以是文件的内容，它们都能以文件的形式存放在磁盘等介质上。

文件夹是组织文件的一种方式，可以把同一类型的文件保存在一个文件夹中，也可以让用途不同的文件保存在一个文件夹中，它的大小由系统自动分配。

1. 文件名

文件是 Windows 操作系统中最基本的存储单位，计算机中任何程序和数据都是以文件的形式存储的。在操作系统中，每个文件都必须有一个确定的文件名，以便进行管理。文件名一般由两部分组成，中间用点相隔，格式为：

主文件名 . 扩展名

文件名可以由字母、数字、汉字、空格和其他符号组成。其中，主文件名给出了文件的名称，扩展名给出了文件的类型。需要注意的是：“*”“？”“:”“"”“/”“\”“|”“<”“>”这 9 个字符是不能用于文件名中的。它们另有一些特殊的用途。例如：在进行文件的某些操作（如搜索与查找文件）时，文件名可以使用通配符“？”和“*”。其中，“?”表示在该位置可以是任意一个合法字符；“*”表示在该位置可以是任意若干个（一串）合法字符。

2. 文件类型

根据文件中存储信息的不同以及功能的不同，文件分为不同的类型。不同类型的文件使用不同的扩展名，在 Windows 中，一般新建文件时，根据文件类型其扩展名系统会自动给出，并且赋予相关图标。表 3-5 列出了常用文件扩展名及其含义。

表 3-5 常用文件扩展名及其含义

扩 展 名	含 义	扩 展 名	含 义
.com	系统命令文件	.doc、.docx	Word 文档
.sys	系统文件	.xls、.xlsx	Excel 文档
.exe	可执行文件	.ppt、.pptx	PowerPoint 文档
.txt	文本文件	.htm、.html	网页文件
.rtf	带格式的文本文件	.zip	ZIP 格式的压缩文件
.bas	BASIC 源程序	.rar	RAR 格式的压缩文件
.c	C 语言源程序	.avi	视频文件
.swf	Flash 动画发布文件	.bmp	位图文件
.bak	备份文件	.wav	声音文件

3. 文件夹及其组织结构

文件夹是为便于文件管理而设立的，文件夹又称为目录，是 Windows 用来组织与管理文件的方法。文件夹常用作其他对象（如子文件夹、文件）的容器，可以将相同用途或类别的文件存放在同一个文件夹中，以方便对众多文件对象进行有条理、有层次的组织和管理。文件夹的命名规则和文件基本相似，只是文件夹的名字不需要扩展名。

打开文件夹窗口，其中包含的内容以图符方式显示。如图 3-31 所示，在 Windows 中，文件目录是以树形结构进行组织的。

图 3-31 文件组织的树形结构

在目录树中，凡带有“▹”的结点，表示其有下层的子目录，单击可以展开；而带有“◢”的结点，表示其下层的子目录已经展开，单击可以折叠。

采用树形结构的优点是：层次分明，条理清晰，便于进行查找和管理。

需要注意的是，命名文件或文件夹时，大小写被认为是相同的。例如 myfile 和 MyFile 被认为是相同的文件名。它们不能同时存在于同一个文件夹下。

4. 路径

每个文件和文件夹都位于磁盘中的某个位置，要访问一个文件，就需要知道该文件的位置，即它处在哪个磁盘的哪个文件夹中。文件的位置又称文件的路径。路径是操作系统描述文件位置的地址，是描述文件位置的一条通路，它告诉操作系统如何才能找到该文件。一个完整的路径包括盘符（或称驱动器号），后面是要找到该文件所顺序经过的全部文件夹。文件夹间则用“\”隔开。例如：C:\Windows\notepad.exe，表示文件“notepad.exe”位于 C 盘根目录下的“Windows”文件夹中。

5. 文件和文件夹的属性

在 Windows 7 中，文件与文件夹主要有以下 4 种不同的属性：

① 只读：表示该文件或文件夹只能被读取而不能被修改；

② 隐藏：将该对象隐藏起来而不被显示；

③ 存档：当用户新建一个文件或文件夹时，系统自动为其设置存档属性；

④ 系统：只有 Windows 的系统文件才具有该属性，其他文件不具有系统属性。

6. 文件和文件夹属性的设置

在文件和文件夹【只读】、【隐藏】、【存档】和【系统】4 种属性中，【存档】属性是创建文件和文件夹时，系统自动设置的，而【系统】属性只有 Windows 的系统文件才具有。所以，文件和文件夹属性的设置主要就是设置其【只读】和【隐藏】属性。

文件和文件夹属性的设置方法为：右击文件或文件夹，在弹出的快捷菜单中选择【属性】命令，打开文件或文件夹属性对话框（分别见图 3-32 和图 3-33）。在【常规】选项卡中，勾选要设置的属性选项，最后单击【确定】按钮即可。

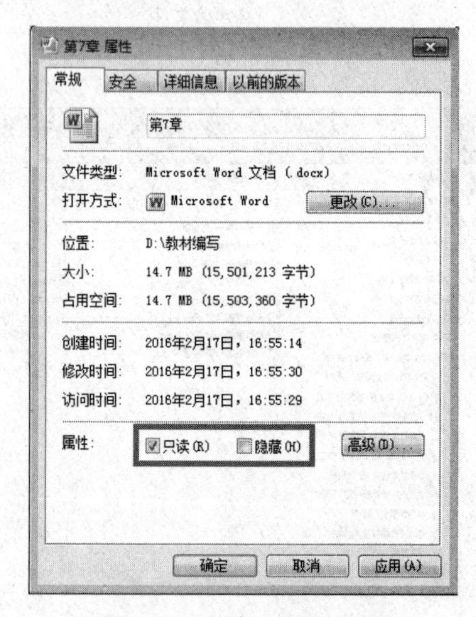

图 3-32　文件属性的设置

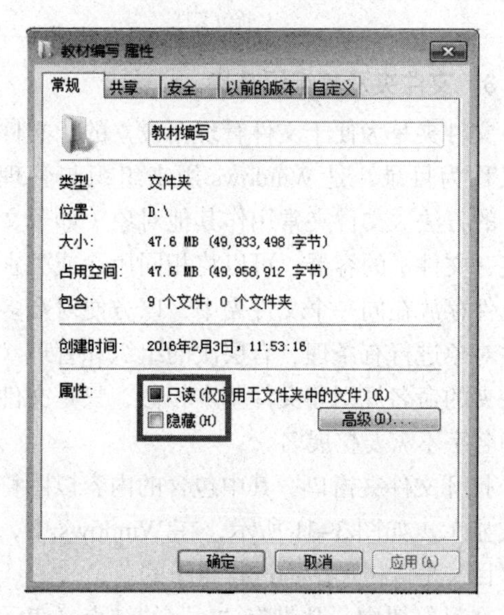

图 3-33　文件夹属性的设置

3.3.2 资源管理器

Windows 采用资源管理器来管理代表各个软、硬件资源的文件。资源管理器使用了树形结构进行目录与文件的管理，直观且便捷。

1. 资源管理器的打开

打开资源管理器一般有以下几种方法：

① 单击任务栏左侧的任务按钮区中的【Windows 资源管理器】图标；

② 右击【开始】菜单，在弹出的快捷菜单中选择【打开 Windows 资源管理器】命令；

③ 直接双击桌面【计算机】图标或者某个文件夹（或其快捷方式）；

④ 按【Win+E】组合键；

⑤ 选择【开始】|【所有程序】|【附件】|【Windows 资源管理器】命令。

2. 资源管理器外观设置

资源管理器窗口和其他程序窗口一样，有标题栏、菜单栏、工具栏、状态栏等，窗口主体部分还有左右窗格（左窗格是导航窗格，右窗格是内容窗格）。如图 3-34 所示，通过勾选组织结构的布局方式，可以设置资源管理器窗口界面的不同外观形式，以适应不同的使用需要。

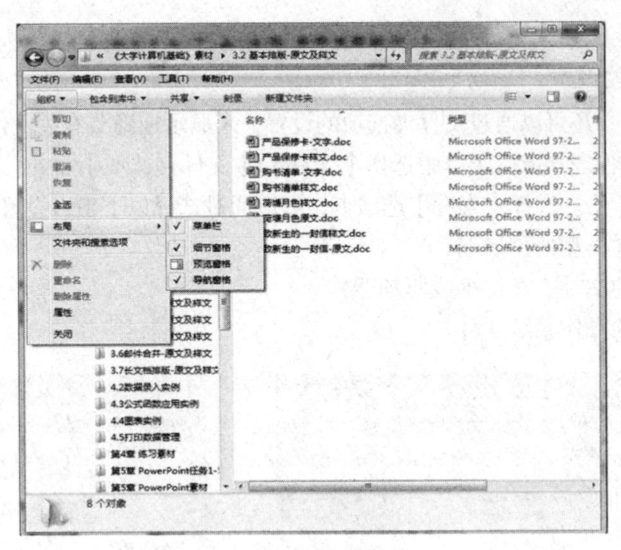

图 3-34　资源管理器窗口

3. 文件与文件夹的浏览方式

（1）文件和文件夹的查看方式

在资源管理器窗口的【查看】菜单，选择【超大图标】、【大图标】、【中等图标】、【小图标】、【列表】、【详细信息】等命令，可以按不同的形式在资源管理器的内容窗格中显示文件和文件夹的内容。其中，在【大图标】显示方式下，可以方便地看到图形文件的大致内容，如图 3-35 所示；而在【详细资料】显示方式下，则可以显示出文件更加详细的信息，如名称、大小、类型和修改时间等。

图 3-35 【大图标】显示方式

（2）文件和文件夹的排列顺序

在资源管理器窗口中，选择【查看】|【排序方式】命令，再从展开的子菜单中分别选择【名称】、【类型】、【修改日期】、【大小】等命令，并可以按照递增或递减的不同顺序显示文件夹的内容，如图 3-36 所示，按文件类型的【递增】顺序对文件和文件夹进行排序。

特别地，在【详细资料】显示方式下，可以通过单击内容窗格中的标题，如名称、大小、类型和修改日期等，方便地进行递增或递减排列，这对查找文件提供了极大的方便。

4. 文件夹选项的设置

在资源管理器中，还可以通过文件夹选项的设置，来显示或隐藏有关文件、文件夹和扩展名。操作方法是：在资源管理器窗口菜单中选择【工具】|【文件夹选项】命令，打开【文件夹选项】对话框，如图 3-37 所示。选择【查看】选项卡，可以通过选择以下项目设置来实现：

① 隐藏已知文件类型的扩展名；

② 不显示隐藏的文件、文件夹或驱动器；

③ 隐藏受保护的操作系统文件。

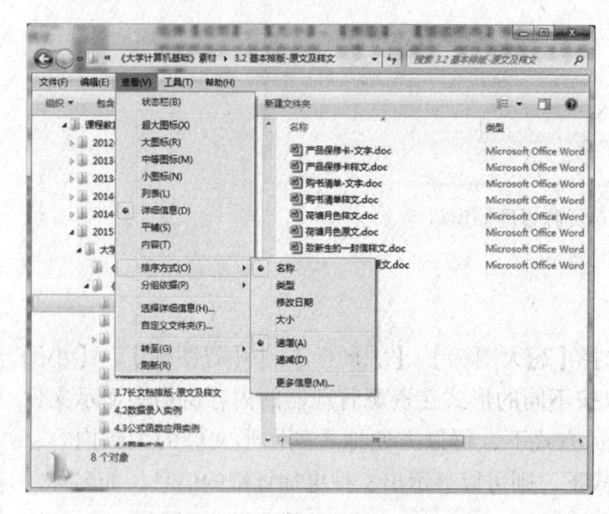

图 3-36　文件和文件夹的排序

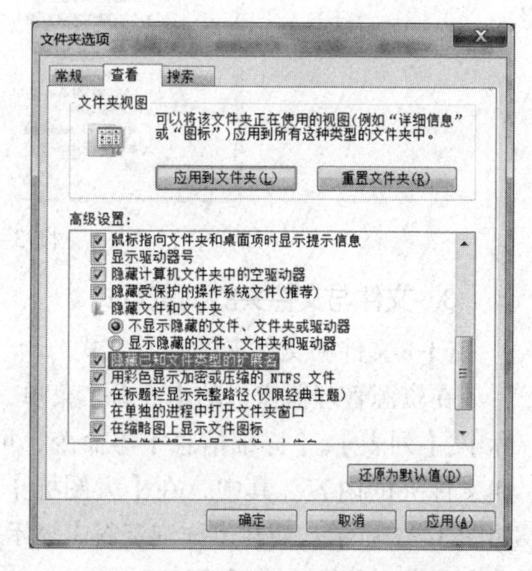

图 3-37 【文件夹选项】对话框

3.3.3　文件和文件夹的基本操作

文件和文件夹的操作是计算机中最基本的操作，文件和文件夹基本操作的内容主要包括文件和文件夹的创建、选定、打开、复制、移动、删除、重命名、显示或更改属性、查找搜索等。这些操作往往也是在资源管理器中进行的。

1. 文件和文件夹的创建

（1）创建文件夹

① 在资源管理器窗口的导航窗格中，选定要创建的文件夹位置；

② 在资源管理器窗口的内容窗格空白处右击，在弹出的快捷菜单中选择【新建】|【文件夹】命令（也可直接选择【文件】|【新建】|【文件夹】命令）；

③ 在新建文件夹的名称框中，输入文件夹名；

④ 按【Enter】键确认。

（2）创建文件

与创建文件夹操作方法类似，只不过需要选择创建文件的类型。如图 3-38 所示，选择创建一个文本文件。新建文件的内容暂时是空白的，如果需要向文件中添加内容，可以双击打开已创建

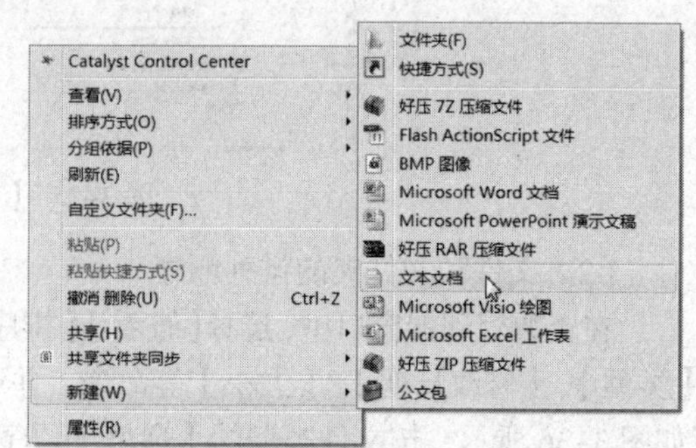

图 3-38　创建文本文件

的文件，再进一步添加与编辑其中的内容，最后保存即可。

2. 文件和文件夹的选择

在 Windows 操作系统中，很多针对文件和文件夹的操作，都必须首先明确是针对哪个或者哪些文件和文件夹进行的，所以首要任务就是选定将要进一步操作的文件和文件夹。一般来讲，按选择对象的数量可以分为：单选和多选，具体操作可采用以下方法：

（1）单选

直接单击目标文件，即可选定。

（2）多选

① 连续多选：单击第一个对象，再按住【Shift】键，单击最后一个对象。

② 不连续多选：单击第一个对象，再按住【Ctrl】键不放，依次单击各个对象。

③ 全选：选择【编辑】|【全选】命令或按【Ctrl+A】组合键。

④ 反选：先选择好不需要的各个对象，再选择【编辑】|【反向选择】命令。

3. 文件和文件夹的复制与移动

文件和文件夹的复制与移动操作的相同之处：都是要在目的位置生成一个选定的对象（文件或文件夹）；不同之处：移动操作不保留原位置的对象，而复制操作则保留了原位置的对象。复制或移动最常用的两种操作方法如下：

（1）鼠标拖动法

① 在同一磁盘上操作。在同一磁盘上用鼠标直接拖放文件或文件夹执行移动命令；若拖放时按住【Ctrl】键则执行复制操作。

② 在不同磁盘上操作。在不同磁盘之间用鼠标直接拖放文件或文件夹则执行复制命令；若拖放时按下【Shift】键则执行移动操作。

（2）剪贴板法

操作步骤如下：

① 选定对象；

② 执行【剪切】（用于移动）或【复制】（用于复制）命令；

温馨提示

剪切和复制命令可通过 3 种方法实现：右击选定对象，在弹出的快捷菜单中选择【剪切】或【复制】命令；选择【编辑】|【剪切】或【复制】命令；按【Ctrl+X】或【Ctrl+C】组合键。

③ 定位到目标位置；

④ 执行【粘贴】命令。

温馨提示

粘贴命令也可通过 3 种方法实现：右击目标位置空白处，在弹出的快捷菜单中选择【粘贴】命令；选择【编辑】|【粘贴】命令；按【Ctrl+V】组合键。

对于剪贴板法，在执行【复制】或【剪切】命令时，是将选中的内容复制或移动到剪贴板上，而执行【粘贴】命令时，则是将剪贴板上的内容取出来，放到目标位置。

温馨提示

剪贴板是 Windows 系统在内存中开辟的临时数据存储区，是内存中的一块特定区域，其作用就是作为那些待传递信息的中间存储区。

将信息存放到剪贴板的方法主要有：

① 使用【剪切】和【复制】命令，将已选定的对象信息存放到剪贴板中；

② 按【Print Screen】键，可将整个桌面的图形界面信息存放到剪贴板中；

③ 按【Alt+Print Screen】组合键，将当前活动窗口的图形界面信息存放到剪贴板中。

由于整个系统共用一块剪贴板，所以移动和复制操作不仅可以在同一应用程序和文档的窗口中进行，也可以在不同应用程序和文档的窗口中进行。

4. 文件的保存

在工作中，经常要创建和编辑文件。在编辑过程中，文件暂时存储在内存中，因为内存断电后信息易失的特点，所以在编辑过程中和编辑完成后，都需要及时把文件存储到磁盘中，以保存好自己的工作成果。

应用程序窗口一般都有【文件】菜单，其中都有【保存】和【另存为】两个命令，利用它们可以保存文件。

①【保存】命令的具体功能包括：

- 保存未命名文档——实现文档的命名与保存（须输入文件名称、选择保存路径和类型）；
- 保存已命名文档——会以修改后的文件覆盖掉原来的同名文件，实现文档的更新。

②【另存为】命令的功能主要是对文档进行新路径另存或重新命名（可输入新的名称，选择新的路径和类型）。

温馨提示

第一次选择【保存】命令时，与选择【另存为】命令一样，都会打开图 3-39 所示的【另存为】对话框。在该对话框中，设置保存路径、文件名和保存类型。

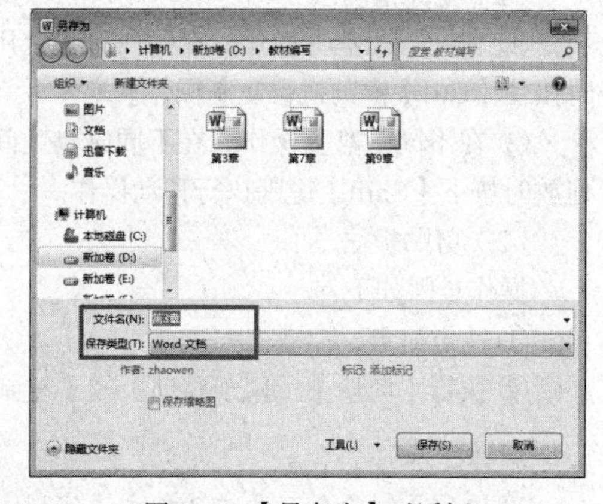

图 3-39 【另存为】对话框

5. 文件和文件夹的重命名

文件和文件夹的重命名方法相同，都可以用以下几种方法实现：

① 右击欲重命名的文件和文件夹，在弹出的快捷菜单中选择【重命名】命令，然后输入新的名称，按【Enter】键确认即可；

② 两次单击（注意：不是双击）欲重命名的文件和文件夹，然后输入新名称，按【Enter】键确认即可；

③ 选中欲重命名的文件和文件夹，按【F2】键，然后输入新名称，按【Enter】键确认即可。

温馨提示

给文件重命名时，必须先关闭文档窗口，即文件打开时是不能重命名的；给文件夹重命名时，必须先关闭该文件夹中所有已打开文件的窗口，否则重命名也无法进行；给文件重命名时，可以同时修改文件名及其扩展名，但由于修改扩展名也就更改了文件类型，所以文件的扩展名不要随便更改，以避免更改后的文件不能被正常打开；给文件重命名时，若确须更改扩展名，必须先在【文件夹选项】对话框中将文件扩展名设置为可见，然后才能更改。

6. 文件与文件夹的删除与恢复

（1）删除操作与回收站

在计算机中，对于已经不再需要的文件或文件夹可以执行删除操作，从而避免文件的多余和杂乱。为了稳妥，一般来讲，删除操作只是将欲删除的文件或文件夹放入【回收站】中，而不是简单地直接“扔掉”。回收站是操作系统在磁盘上预先划定的一块特定存储区域，专门用来存放被删除的文件和文件夹。也就是说，删除的文件和文件夹，只是暂时存放在磁盘上的一个特定区域。这样，如果发现删除失误，还可以将其恢复，如果确实不再需要，再进行彻底删除的有关操作。对于回收站，可以把它形象地理解为日常生活中的垃圾桶。在没有把垃圾桶里的垃圾倒掉之前，仍然可以找回错扔到垃圾桶里的东西；同样，也需要不定期地把垃圾桶清空，但一旦把垃圾倒掉后，也就彻底清除了垃圾桶里的垃圾。

（2）删除文件与文件夹

文件与文件夹的删除，可以采用以下几种操作方法：

① 右击欲删除的文件与文件夹，在弹出的快捷菜单中选择【删除】命令；

② 选中欲删除文件与文件夹，直接按【Delete】键；

③ 选中欲删除文件与文件夹，在资源管理器窗口中选择【文件】|【删除】命令。

由于删除操作是比较危险的操作，所以对于这样的操作，操作系统一般都会打开确认对话框，以避免误操作，如图 3–40 所示，在【删除文件】对话框中，单击【是】按钮即可执行删除操作，单击【否】按钮即可取消删除操作。

当然，有些文件或文件夹，在准备删除时，就已经非常明确地知道肯定要将其删除，那么就可以先按住【Shift】键不放，然后再执行删除操作，这样文件或文件夹将被直接删除，而不再进入【回收站】。当然，这样也就不可能再使用下述的【还原】命令将其恢复了。

（3）恢复文件与文件夹

恢复文件与文件夹，就是将已被删除到回收站中的文件与文件夹，还原到其删除前的位置。因此，还原操作是删除操作的逆操作。

要恢复已删除的文件与文件夹，首先双击桌面上的【回收站】图标（或在资源管理器中选择回收站），在图 3–41 所示【回收站】窗口中，选中欲恢复的文件与文件夹，然后可采用以下 3 种方法进行操作，即可将这些已删除的文件与文件夹恢复到原来位置。

图 3–40 【删除文件】对话框

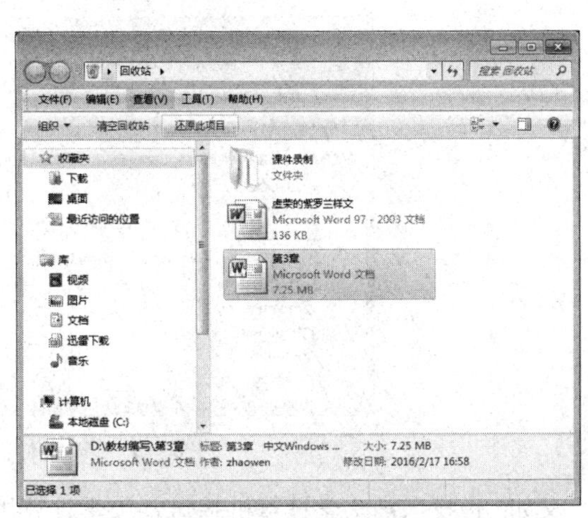

图 3–41 【回收站】窗口

① 右击欲还原的文件与文件夹，在弹出的快捷菜单中选择【还原】命令；

② 选中欲还原的文件与文件夹，单击【还原此项目】按钮；

③ 选中欲还原的文件夹，在资源管理器窗口中选择【文件】|【还原】命令。

（4）文件的彻底删除与清空回收站

在【回收站】中，如果对部分文件与文件夹进行删除操作，就可以彻底删除这部分文件与文件夹；而如果对【回收站】进行清空操作，就可以全部清空回收站，从而彻底删除回收站中的全部文件与文件夹。

温馨提示

清空回收站是彻底删除回收站中的全部文件与文件夹的操作，彻底删除的内容将不易恢复。

清空回收站操作的一般方法是：打开【回收站】窗口，单击【清空回收站】按钮，或者选择【文件】|【清空回收站】命令。

3.3.4 文件的搜索

计算机中有数以万计的各类文件，计算机操作人员要快速从中找出需要的文件，这就需要使用 Windows 的搜索功能。

1. 【开始】菜单搜索

Windows 7 的搜索可以直接在【开始】菜单的搜索框中进行。这种搜索方式可以在所有的已经加入索引的文件当中搜索目标文件。这种搜索方式面向的是计算机中所有的位置。并且需要搜索的文件必须加入索引，否则无法搜索到。

2. 文件夹窗口搜索

另外一种搜索方式，是在文件夹窗口右上方的搜索栏中进行的。如果用户能确定文件所在的大致范围，则可以打开该文件夹的窗口，在右上方的搜索栏中进行搜索。例如，要查找 C 盘 Windows 文件夹中名称为 system.ini 的文件，可以打开 C 盘的 Windows 文件夹窗口，在搜索栏中输入 system.ini；单击【搜索】按钮或者按【Enter】键，开始执行搜索。搜索结果将会出现在文件夹窗口中，如图 3–42 所示。

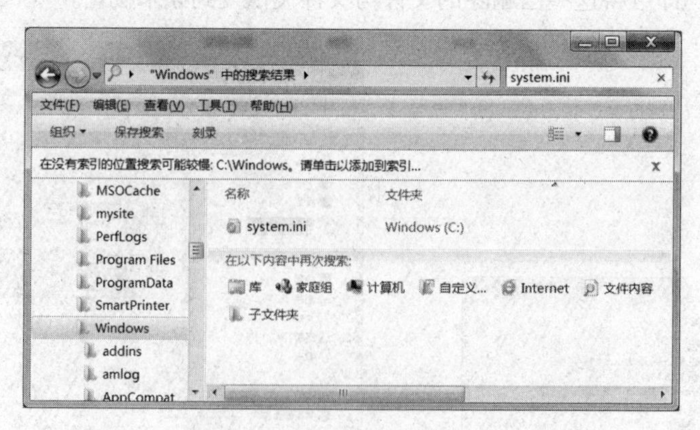

图 3–42 在文件夹中搜索文件

又如：查找“D:\大学计算机基础\《大学计算机基础》素材”文件夹下文件名以“产品”开头，扩展名为“.jpg”的所有图片文件。根据要求，可以先打开 D 盘中的“《大学计算机基础》素材”

文件夹窗口，如图 3–43 所示，在搜索栏中输入“产品 *.jpg”即可搜索到符合条件的文件。

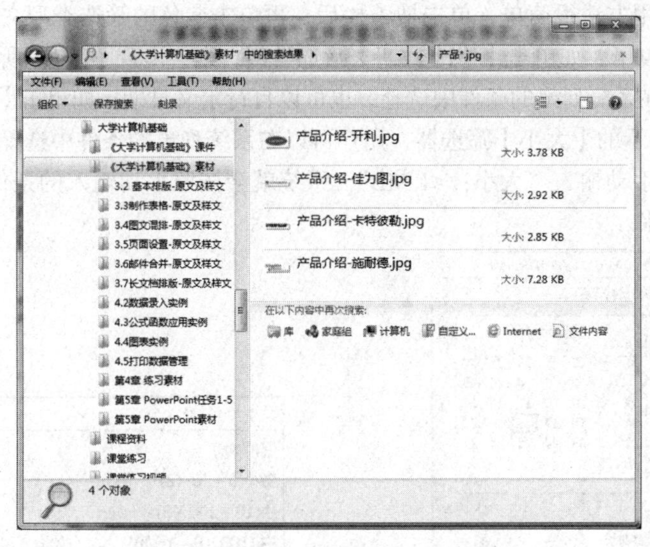

图 3–43　文件搜索中通配符的使用

温馨提示

通配符“*”，代表若干个不确定的字符；通配符“?”，仅代表一个不确定的字符。借助于通配符，可以快速搜索到符合指定条件的文件。

3. 搜索筛选器

在 Windows 7 资源管理器搜索栏中还为用户提供了搜索筛选器，用户可以在筛选器中设置搜索条件，限定搜索范围。单击搜索栏，会出现一个下拉列表，列表中列出了用户之前的搜索记录和搜索筛选器，如图 3–44 所示。

图 3–44　搜索筛选器

在【添加搜索筛选器】文字下方有【修改日期】、【大小】等可选搜索筛选器，对于不同的搜索范围，筛选条件各不相同。如在库中搜索【音乐】，搜索筛选器会出现【唱片集】、【艺术家】、【流派】等，搜索【图片】则会出现【拍摄日期】、【标记】、【类型】等，以方便用户选择筛选条件。

搜索筛选器使用方法很简单，单击搜索栏后，再单击蓝色的筛选类型文字，选择或输入需要的搜索条件就可以了。如单击【修改日期】筛选类型，则会出现图 3-45 所示的【修改日期】筛选器，用户可以在系统列出的条件中选择，也可以自行定义日期；如单击【大小】筛选类型，则会出现图 3-46 所示的【大小】筛选器，用户可以在系统列出的条件中选择，也可以手动输入自定义条件，例如手动输入“大小：<1 MB”，系统就会按照手动输入的条件搜索 <1 MB 的文件在窗口中显示出来。

图 3-45 【修改日期】筛选器

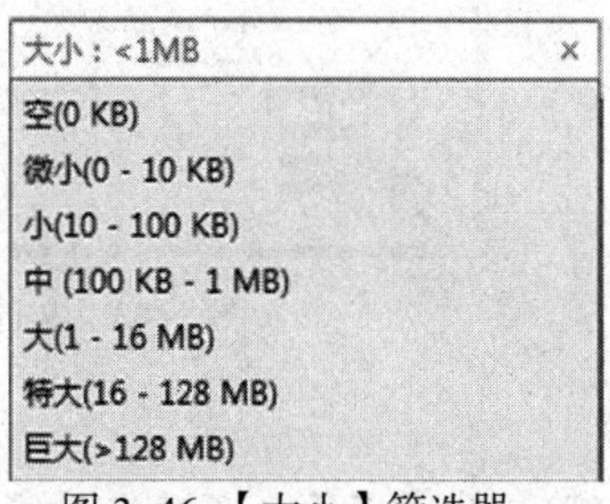

图 3-46 【大小】筛选器

3.3.5 Windows 7 的收藏夹和库

1. 收藏夹

在 Windows 7 系统中，微软提供了许多改进功能来帮助用户有效进行文件管理，Windows 7 收藏夹就是其中之一。我们都用过 IE 浏览器的收藏夹功能，Windows 7 系统也一样提供了收藏夹的功能。Windows 7 资源管理器默认的窗口布局为树形文件夹显示方式，【收藏夹】便显示在导航窗格的顶部，可以很方便地进行浏览。如果把经常访问的文件夹加入 Windows 7 的【收藏夹】，以后会很方便地找到。这样就不怕目标文件夹被一层套一层地隐藏在很深的目录中。

首先，找到想要添加到 Windows 7【收藏夹】中的文件夹，用鼠标将其拖动到收藏夹区域。然后松开鼠标，该文件夹就显示在 Windows 7 系统的【收藏夹】中了。

如果不用这个文件夹了，可以直接在 Windows 7【收藏夹】中将其删除，不用担心删除后，文件夹就被删除了，因为被拖到【收藏夹】里的只是这个文件夹的“快捷方式”。

2. 库

在 Windows 7 中，系统引入了一个【库】功能，这是一个强大的文件管理器。从资源的创建、修改，到管理、沟通、备份和还原，都可以在基于库的体系下完成，通过这个功能也可以将越来越多的视频、音频、图片、文档等资料进行统一管理、搜索，大大提高了工作效率。

（1）了解库及库功能

Windows 7 的【库】其实是一个特殊的文件夹，不过系统并不是将所有的文件保存到【库】文件夹中，而是将分布在硬盘上不同位置的同类型文件进行索引，将文件信息保存到【库】中，简单地说库里面保存的只是一些文件夹或文件的快捷方式，这并没有改变文件的原始路径，这样可以在不改动文件存放位置的情况下集中管理，提高了工作效率。

【库】的出现，改变了传统的文件管理方式，简单来说，【库】是把搜索功能和文件管理功能整合在一起的一个进行文件管理的功能。【库】所倡导的是通过搜索和索引访问所有资源，而非按照文件路径、文件名的方式来访问。搜索和索引就是建立对内容信息的管理，让用户通过文档中的某条信息来访问资源。抛弃原先使用文件路径、文件名来访问，即并不需要知道这个文件的名字、路径，就能方便地找到。

简单地讲，文件库可以将需要的文件和文件夹统统集中到一起，就如同网页收藏夹一样，只要单击【库】中的超链接，就能快速打开添加到【库】中的文件夹——而不管它们原来深藏在本地计算机或局域网当中的任何位置。另外，它们都会随着原始文件夹的变化而自动更新，并且可以以同名的形式存在于文件库中。

（2）创建库

Windows 7 系统的【库】默认有视频、音乐、图片、文档 4 个个库，用户可以根据需要创建其他库。首先在资源管理中右击【库】图标，在弹出的快捷菜单中选择【新建】|【库】命令，创建一个新库，并输入库的名称。

随后右击新建的“库”文件夹，在弹出的快捷菜单中选择【属性】命令，打开【库属性】对话框，在【属性】对话框中单击【包含文件夹】按钮，在打开的对话框中选择好下载文件夹即可。创建库后，以后只需单击该库的名称即可快速打开。

（3）文件入库

建立好自己的库之后，就可以将文件夹加入到【库】中，要将文件“入库”，有下列两种方法：

① 右击要“入库”的文件，在弹出的快捷菜单中选择【包含到库中】命令，然后选择对应的库即可。

② 单击任意一个库，然后选择【组织】|【属性】命令，在打开的对话框中单击【包含文件夹】按钮，之后就可以选择将哪些文件夹包含到库中。或者右击任意一个库，在弹出的快捷菜单中选择【属性】命令，在打开的对话框中单击【包含文件夹】按钮。

（4）在【库】中查找文件

搜索时，在【库】窗口上面的搜索框中输入需要搜索文件的关键字，然后按【Enter】键，这样系统自动检索当前【库】中的文件信息。随后在该窗口中列出搜索到的信息，【库】搜索功能非常强大，不但能搜索到文件夹、文件标题、文件信息、压缩包中的关键字信息外，还能对一些文件中的信息进行显示。

3.4　Windows 7 的程序管理

使用计算机的目的是解决各种各样的实际问题。为此，人们设计了许许多多的应用程序，而对这些形形色色的应用程序进行有效管理，就是操作系统的重要任务之一。在 Windows 7 中，提供了多种方法来运行程序。

3.4.1　程序的运行

程序的运行有多种方式，归纳起来，主要有以下 5 种：

① 在【开始】菜单中，选择打开菜单项中的程序；

② 双击程序的快捷方式图标；

③ 在资源管理器中，找到程序文件双击；

④ 双击打开任意一个与此程序关联的文档；

⑤ 选择【开始】|【所有程序】|【附件】|【运行】命令，在【运行】对话框的【打开】文本框中输入程序名称，然后单击【确定】按钮。

下面以 Windows 7 附件中的“记事本”程序为例，分别使用这 5 种不同方式打开该程序：

① 选择【开始】|【所有程序】|【附件】|【记事本】命令；

② 双击桌面上的“记事本”快捷方式图标；

③ 在资源管理器中，找到“记事本”应用程序 C:\Windows\Notepad.exe，双击该应用程序（这一方式需要预先知道“记事本”应用程序的文件名称及其所在位置）；

④ 任选一个以“.txt”为扩展名的文件，双击将其打开；

⑤ 选择【开始】|【所有程序】|【附件】|【运行】命令，打开【运行】对话框（见图 3-47），输入 notepad，再单击【确定】按钮。

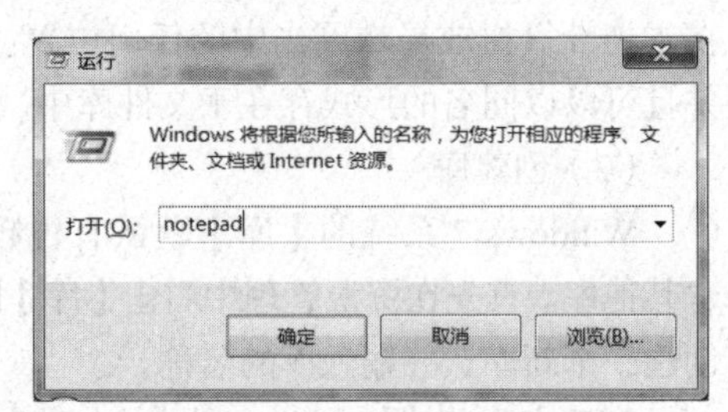

图 3-47 【运行】对话框

3.4.2 任务管理器

Windows 7 是一个多任务操作系统，可以同时运行多个程序任务。为此，Windows 7 设立了一个任务管理器。按【Ctrl+Shift+Esc】组合键，可打开【Windows 任务管理器】窗口，如图 3-48 所示。在【应用程序】选项卡中，列出了当前正在运行的所有任务及其运行状态。当运行某个程序而计算机停止响应，即所谓的“死机”时，可以打开任务管理器，会发现此时该任务的状态是“未响应”。这时，就可以选择该任务，然后单击【结束任务】按钮结束这个停止响应的程序，从而解除当前的死锁状态。

另外，通过【Windows 任务管理器】的【性能】选项卡，还可以了解当前 CPU 和内存的使用情况，如图 3-49 所示。

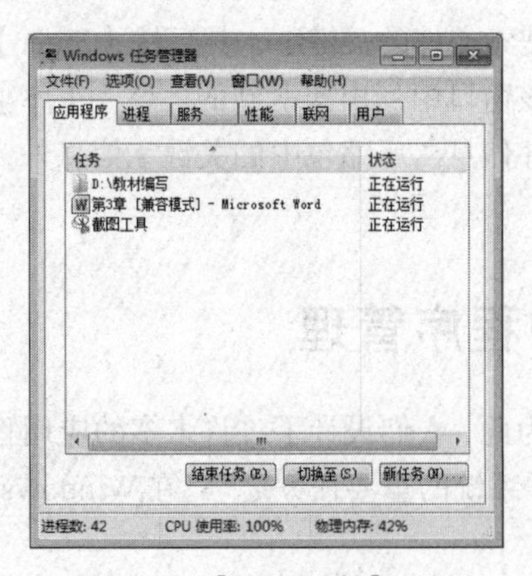

图 3-48 【应用程序】选项卡

图 3-49 【性能】选项卡

3.4.3 文件关联与打开方式

1. 文件关联

在双击某类文件时，通常会启动某一程序打开该文件，此类文件与此程序之间建立的联系，即为文件关联。例如，在“记事本”中将文本存成一个文件，其默认扩展名总是“.txt”，而在资源管理器中打开一个扩展名为“.txt”的文件，总是在“记事本”程序中被打开。由此可以说，扩展名为“.txt”的文本文件和“记事本”应用程序之间建有关联。同样，扩展名为“.docx”的文档文件和 Word 程序之间建有关联，扩展名为“.bmp”的文件和“画图”程序之间建有关联等。

2. 打开方式

能打开某类文件的程序，称为此类文件的默认打开方式。通过设置打开方式，可以改变文件关联，也就是设置一个新的文件关联。例如，要在 TXT 文件与 Word 程序之间建立关联，首先右击一个 TXT 文件，如图 3-50 所示，在弹出的快捷菜单中选择【打开方式】|【选择默认程序】命令，打开【打开方式】对话框，如图 3-51 所示，选择 Microsoft Office Word 后，单击【确定】按钮。这样就在 TXT 文本文件与 Word 程序建立了关联，即该 TXT 文本文件就不是用记事本程序而是用 Word 程序打开了。如果在图 3-51 中选择【始终使用选择的程序打开这种文件】复选框，那么以后双击任意一个 TXT 文件，将直接调用 Word 程序打开它。

在计算机中，经常有一些文件的图标是一张白纸的形状，这是因为它尚未建立任何一个与之相关联的程序文件。双击这种文件，打开【打开方式】对话框。这时，用户可以在计算机中寻找一种适当的应用程序将其打开，并可进一步让其与此程序建立永久性关联；如果用户的计算机中没有能打开它的程序文件，那么用户也可以在互联网中搜索适当的应用程序来打开它。

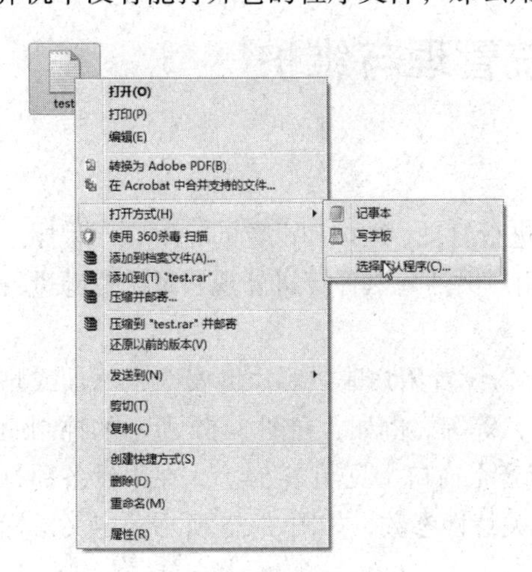

图 3-50　设置文件关联

图 3-51 【打开方式】对话框

3.4.4　应用程序的安装与卸载

1. 应用程序的安装

对于大型软件，一张光盘往往只含有一个软件。对这种软件，只要把光盘插入光驱，光盘的自启动安装程序就开始运行，用户只需根据屏幕提示进行操作即可完成安装。

对于小型软件，比如从网上下载的一些软件，在资源管理器中打开软件所在的文件夹，其中一般都会有一个安装文件 Setup.exe，双击该文件使之运行，同样只需根据屏幕提示进行操作即可。

2. 应用程序的卸载

已经安装、但不再需要使用的软件（特别是游戏软件）应及时卸载。但特别要注意的是，在 Windows 操作系统下卸载软件并不是简单的删除操作，仅删除软件文件夹是不够的。因为许多软件在 Windows 目录下安装了许多支持程序，这些程序并不在软件文件夹下，所以简单地删除软件文件夹并不会改变 Windows 的配置文件。

在 Windows 7 中，通常使用如下两种方法卸载已安装的软件：

① 利用软件自身所带的卸载程序；

② 利用控制面板中的【程序】|【卸载程序】选项，如图 3–52 和图 3–53 所示。

图 3–52 控制面板中的卸载程序

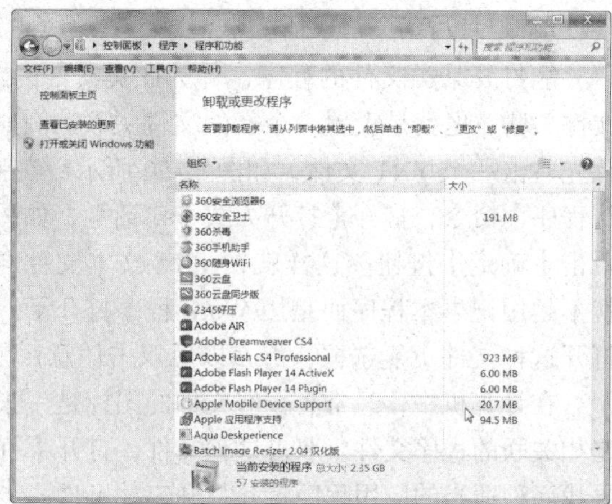

图 3–53 卸载或更改程序

3.5 Windows 7 的系统管理与维护

3.5.1 控制面板

控制面板是 Windows 7 自带的、用来对计算机系统进行管理、维护和设置的一组应用程序。如图 3–52 所示，控制面板有多个选项，这些选项可供用户灵活地对计算机外观和系统资源进行配置，包括各类硬件和软件资源的配置。

用户可通过控制面板自定义计算机的外观和个性化，设置用户账户和家庭安全，添加或删除输入法，设置网络连接，设置打印机和其他硬件资源，等等。例如，在图 3–52 所示的控制面板窗口中单击“硬件和声音”超链接，打开【硬件和声音】窗口（见图 3–54），在【设备和打印机】选项中单击【鼠标】超链接，可以设置鼠标的有关特性参数，如图 3–55 所示，定义鼠标按键的功能、双击速度、指针形态方案等参数。

图 3–54 单击【鼠标】超链接

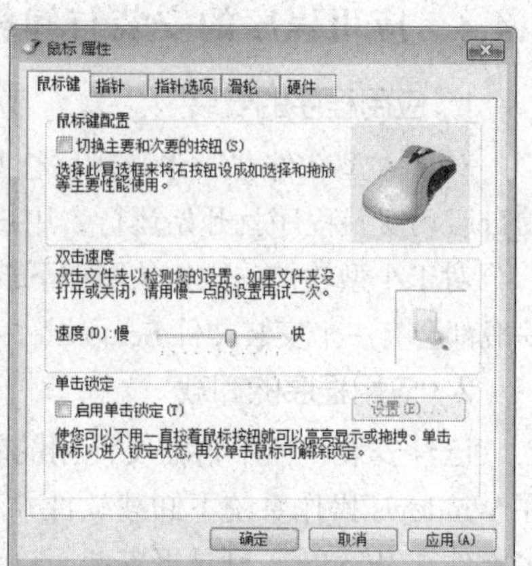

图 3–55 【鼠标 属性】对话框

又如，在图 3–52 所示的控制面板窗口中单击“时钟、语言和区域”超链接，打开图 3–56 所示的【时钟、语言和区域】窗口，单击【区域和语言】超链接，打开图 3–57 所示的【区域和语言】对话框，可以设置当前的区域位置，该选项会影响到系统的数字、货币、时间和日期的格式；而切换到图 3–58 所示的【键盘和语言】选项卡中，单击【更改键盘】按钮，打开图 3–59 所示的【文本服务和输入语言】对话框，可以添加或删除输入法。

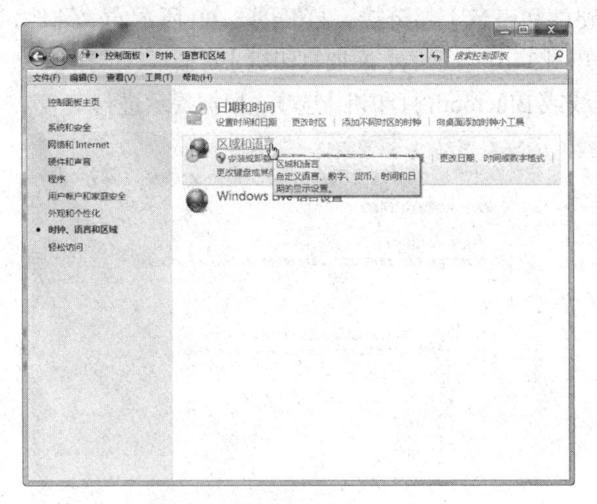

图 3–56 【键盘和语言】选项卡

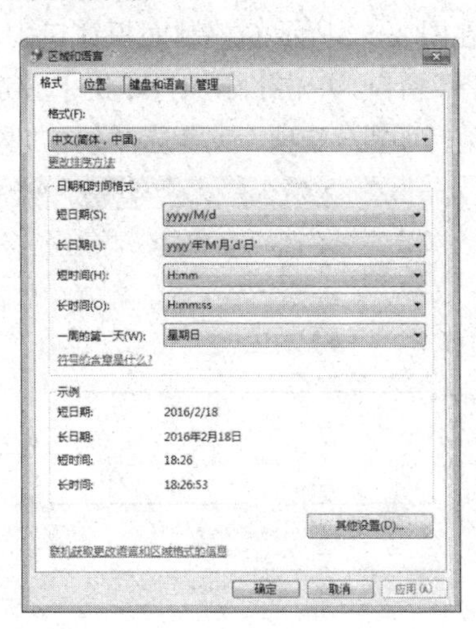

图 3–57 【区域和语言】对话框【格式】选项卡

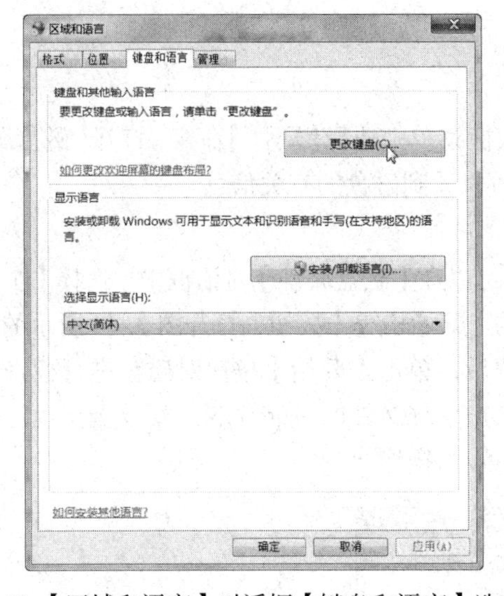

图 3–58 【区域和语言】对话框【键盘和语言】选项卡

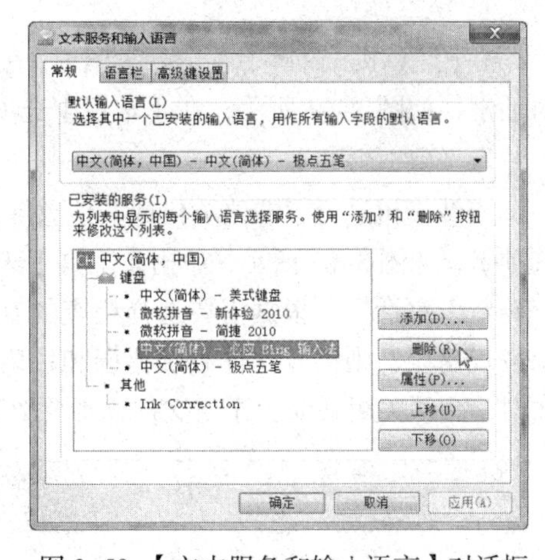

图 3–59 【文本服务和输入语言】对话框

3.5.2　硬件的安装

在 Windows 7 系统中安装新硬件，通常需要 3 个步骤：

① 将新设备正确地连接到计算机；

② 为该设备安装相应的驱动程序；

③ 设置该设备的有关属性。

Windows 7 具有硬件即插即用功能。所谓即插即用，就是指在计算机上接入一个新的硬件设备，Windows 操作系统会自动为其配备驱动程序，使该硬件正常工作。Windows 7 已经在系统中收集了大量的驱动程序，不借助外部程序就可以成功安装常见的硬件驱动程序。如果系统中没有与新添加硬件相匹配的驱动程序，则会要求用户提供。这时，应把硬件附带光盘插入光驱，以供系统读取其驱动程序。例如安装打印机，在打印机的包装中，都会带有一张驱动程序光盘。将此光盘插入光驱，运行其中的 Setup 程序即可成功安装打印机。另外，也可按照以下具体操作步骤进行安装：

在图 3-52 所示的控制面板窗口中单击【硬件和声音】超链接，打开图 3-60 所示的“硬件和声音”窗口，单击【添加打印机】超链接，打开图 3-61 所示的【添加打印机】对话框，选择【添加本地打印机】选项，或者选择【添加网络、无线或 Bluetooth 打印机】选项，根据提示进行安装。

图 3-60 单击【添加打印机】超链接

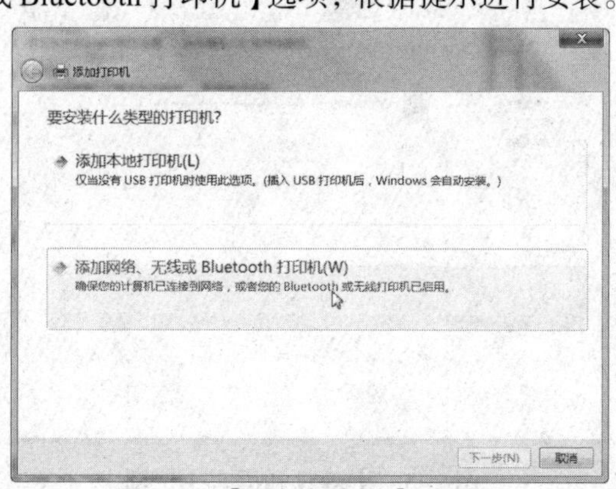

图 3-61 【添加打印机】对话框

3.5.3 磁盘管理与维护

1. 磁盘属性

在【计算机】窗口中右击磁盘图标，在弹出的快捷菜单中选择【属性】命令，打开【磁盘属性】对话框，如图 3-62 所示，在【常规】选项卡中，可以看到磁盘的有关信息。

2. 磁盘检查

当计算机进行了非法关机或其他意外操作时，可以在【磁盘属性】对话框中，选择【工具】选项卡，如图 3-63 所示，单击【工具】选项卡中的【开始检查】按钮，打开图 3-64 所示的【检查磁盘】对话框，根据需要选择检查的有关复选框后，单击【开始】按钮对磁盘进行检查。如果发现错误，则修复文件系统错误和坏扇区，以保护系统文件的可靠存取与安全。在运行此程序时，必须关闭其他程序与文件，不要对磁盘进行读/写操作。

图 3-62 【常规】选项卡

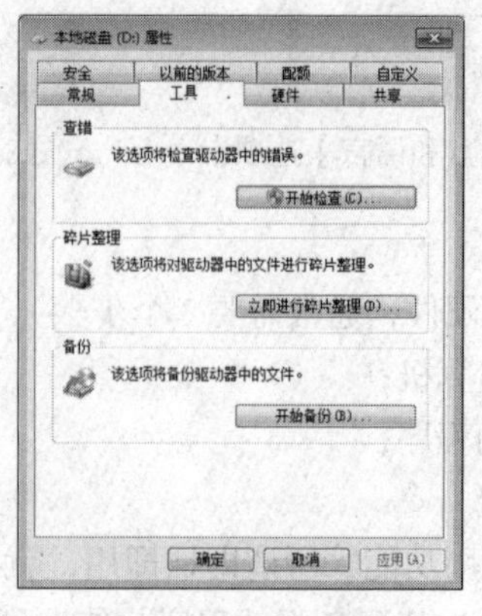

图 3-63 【工具】选项卡

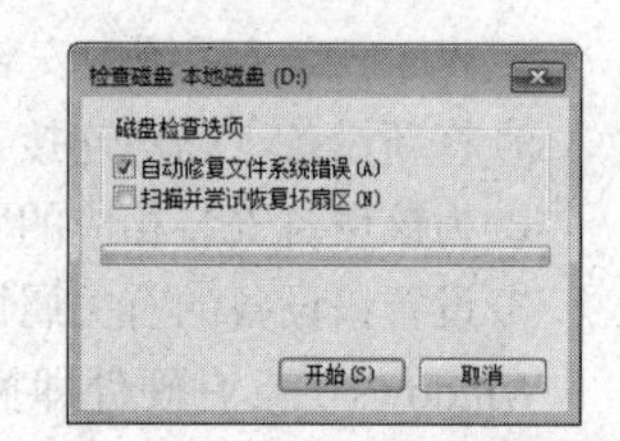

图 3-64 【检查磁盘】对话框

3. 磁盘碎片整理

计算机硬盘在使用一段时间后，由于文件的存取和删除操作，磁盘上的文件和可用空间会变得比较零散，以片段形式分布在硬盘的不同位置，人们形象地称为“碎片”。

当磁盘上的碎片较多时，文件就需要频繁地到不同的存储位置去读取，从而增加了磁头的来回移动，降低了磁盘的访问速度。为此，Windows 操作系统内置了磁盘碎片整理程序，用来整理硬盘上的文件和未使用空间。通过文件整理，使文件存放在硬盘上的连续存储空间中，同时也令磁盘可用空间变成连续的整块区域。

要运行磁盘碎片整理程序，可以在图 3-63 所示选项卡中，单击【立即进行碎片整理】按钮，打开图 3-65 所示的【磁盘碎片整理程序】窗口，选择要整理的磁盘分区，先单击【分析磁盘】按钮，再根据分析的结果，如果需要整理碎片，则执行【磁盘碎片整理】操作。

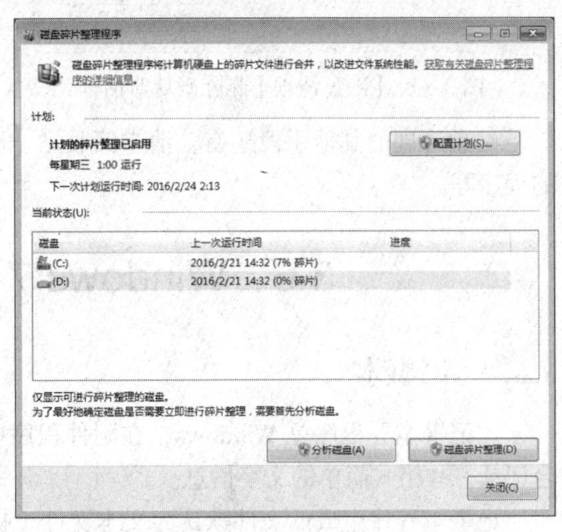

图 3-65 【磁盘碎片整理程序】窗口

温馨提示

运行此程序时，必须关闭其他程序与文件，不要对磁盘进行读/写操作。

4. 磁盘清理

计算机运行一段时间后，会产生一些垃圾文件，这些文件积累太多时，不仅占用磁盘空间，而且影响计算机的运行速度。这时，可以在图 3-62 所示的【常规】选项卡中单击【磁盘清理】按钮，启动磁盘清理程序，如图 3-66 所示，先计算可以释放的空间，然后打开图 3-67 所示的【磁盘清理】确认对话框，并列出磁盘上的各种可删除文件和程序，以释放出更多的磁盘空间；最后按图 3-68 和图 3-69 所示，实施磁盘清理操作。

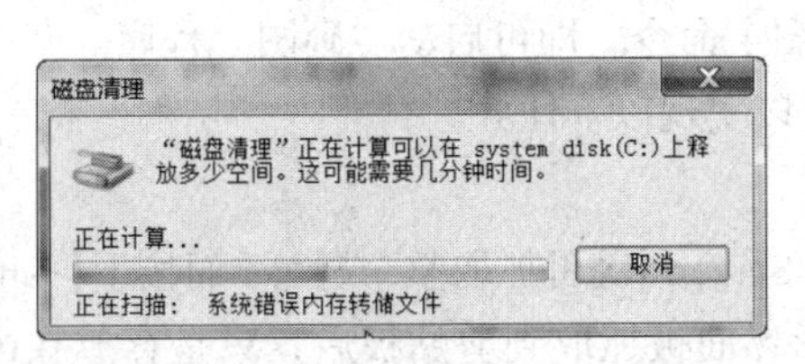

图 3-66 【磁盘清理】对话框

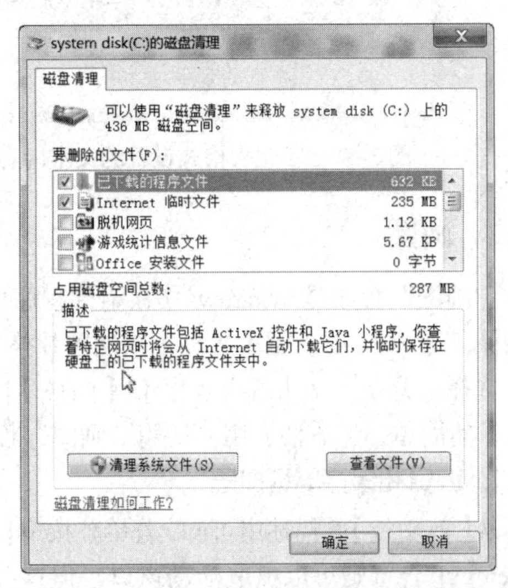

图 3-67 【磁盘清理】确认对话框

图 3-68 【磁盘清理】删除确认对话框

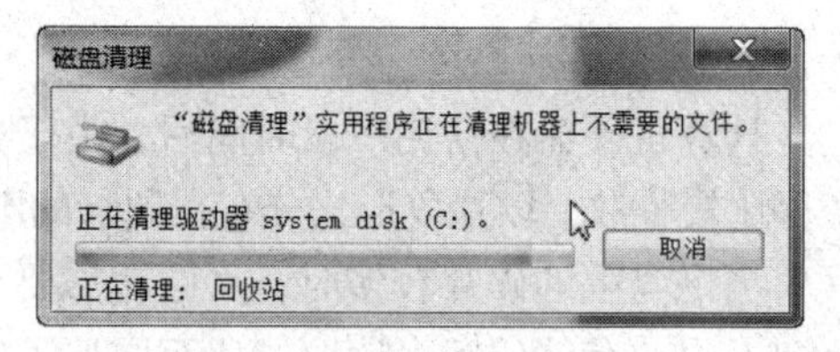

图 3-69 清理文件

磁盘清理的其他手段还有：清空回收站、删除临时文件和不再使用的文件、卸除不再使用的程序等。

3.6 Windows 7 的常用附件程序

3.6.1 记事本

“记事本”程序是 Windows 7 在附件程序中提供的一个文本编辑器，它简单实用，非常适合记录一些格式简单的文字信息。

记事本程序生成的文件默认为文本文件（扩展名为“.txt”），这种类型的文件占用磁盘空间很小。另外，还可以利用记事本程序创建和编辑其他类型的 ASCII 码文件。

单击【开始】|【所有程序】|【附件】|【记事本】命令，可以启动“记事本”程序，也可以通过双击某个 TXT 文本文件启动“记事本”程序。

记事本程序还可以在其他的情况下使用：

① 在不同应用程序之间进行文本传递；

② 消除文章格式（见图 3-70）；

③ 表格原始数据的准备（见图 3-71）。

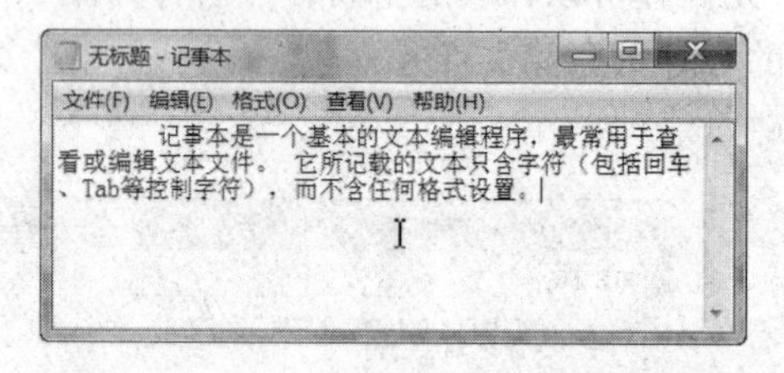

图 3-70 不包含格式设置的文本内容

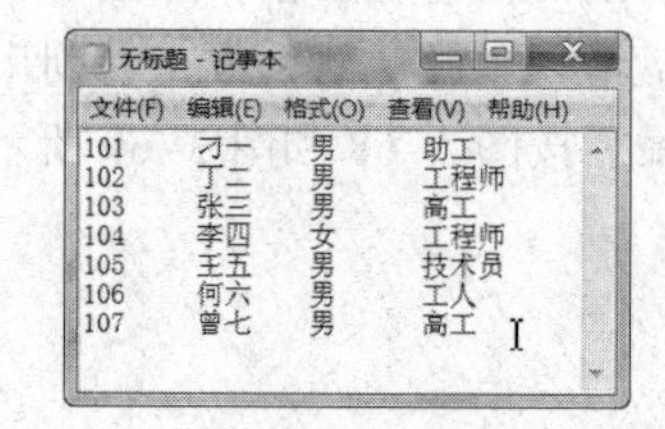

图 3-71 为表格准备原始数据

3.6.2 画图

“画图”程序是 Windows 7 在附件程序中提供的一个图形图像编辑器。该程序生成的文件可以保存为图 3-72 所示的各种不同的图片格式。

选择【开始】|【所有程序】|【附件】|【画图】命令，即可启动“画图”程序。“画图”程序虽然简单，但方便实用。使用“画图”程序可以实现以下任务。

1. 编辑和保存屏幕抓图

从【剪贴板】的描述中可知，若单独按下【Print Screen】键可抓取整个屏幕，而按下【Alt+Print Screen】组合键则可以抓取活动窗口。但这些图形界面被抓取到剪贴板后，只是存放在内存的一个临时存储区域中，断电即丢失。如果希望永久保存该图像，可以打开“画图”程序，单击

功能区的【主页】选项卡 |【剪贴板】组 |【粘贴】按钮，将其调入“画图”编辑器的编辑区。使用画图编辑器对其进行编辑后，生成图片文件保存到本地磁盘。

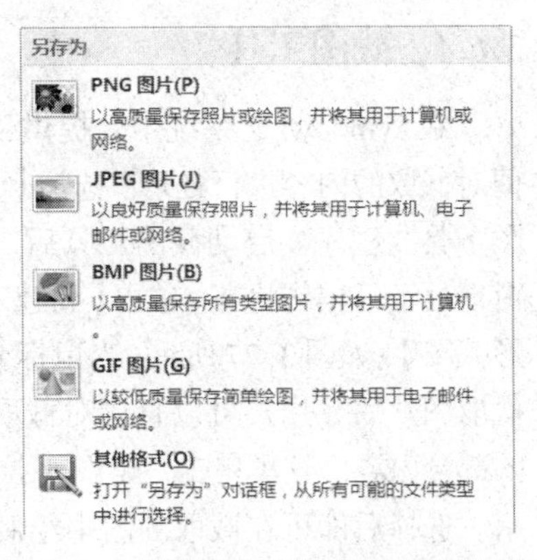

图 3–72 【画图】程序可以保存的图片文件格式

2. 图形图像的对称变换及旋转

在“画图”程序里，可以非常方便地实现图形图像的对称变换及旋转。例如，打开一幅原始图像（见图 3–73），单击功能区的【主页】选项卡 |【图像】组 |【旋转】按钮，在列表框中选择【水平翻转】命令，将出现图 3–74 所示的效果。

3. 简单的图形编辑

对于一些简单的图形，可以使用画图程序【主页】选项卡 |【形状】、【颜色】组中的各个控件，在编辑区中进行绘制。

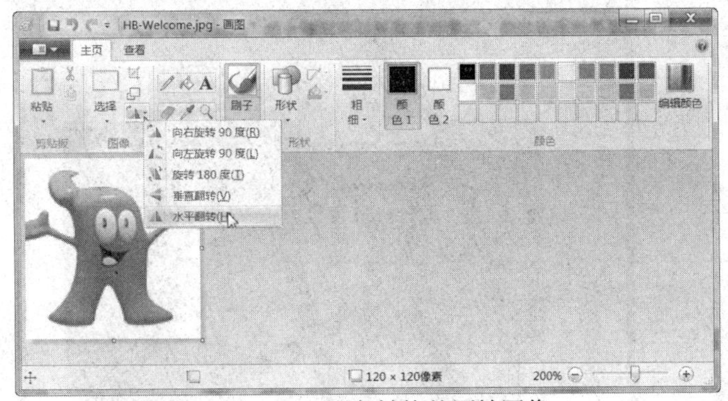

图 3–73　准备转换的原始图像

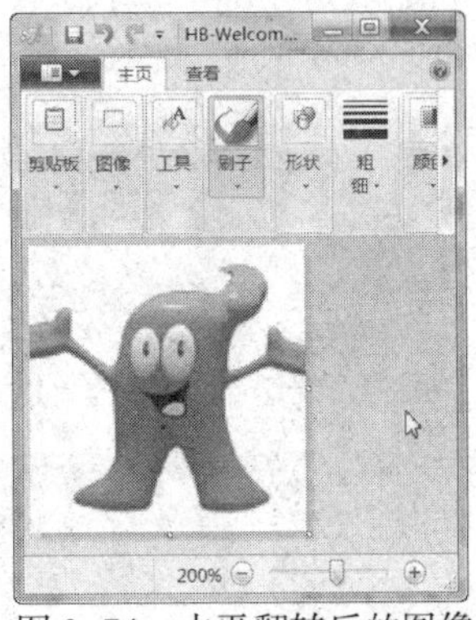

图 3–74　水平翻转后的图像

3.6.3　计算器

“计算器”程序是 Windows 7 在附件程序中提供的一个计算工具。选项【开始】|【所有程序】|【附件】|【计算器】命令，即可启动“计算器”程序。

“计算器”有 4 种不同界面，分别是：“普通标准型计算器”（见图 3–75）和“科学型计算器”（见图 3–76），还有“程序员计算器”以及“统计信息计算器”。其中，前两种较为常用，可满足日常的计算需求；后两种则为专业应用。“计算器”的 4 种类型可以通过选择【查看】菜单下的选项进行切换。

图 3–75　标准型【计算器】程序界面

图 3–76　科学型【计算器】程序界面

3.6.4 截图工具

在 Windows 7 系统中，提供了截图工具。它灵活性高，并且自带简单的图片编辑功能，方便对截取的内容进行处理。选择【开始】|【所有程序】|【附件】|【截图工具】命令，即可启动“截图工具”程序。启动截图工具后，整个屏幕会被半透明的白色覆盖，与此同时只有截图工具的窗口处于可操作状态。单击【新建】下拉按钮，在展开的列表中即可选取相应的截取模式，如【矩形截图】，如图 3-77 所示。当鼠标变成十字形时，拖动鼠标在屏幕上将希望截取的部分框选起来。截取图片后，用户可以直接对截取的内容进行处理，如添加文字标注、用荧光笔突出显示其中的部分内容。这里单击“笔”下拉按钮，在展开的下拉列表中选择【蓝笔】选项，如图 3-78 所示。选择后即可在截取的图中绘制图形或文字，处理好后，可以单击按钮，保存图片，或者单击按钮，发送截图。

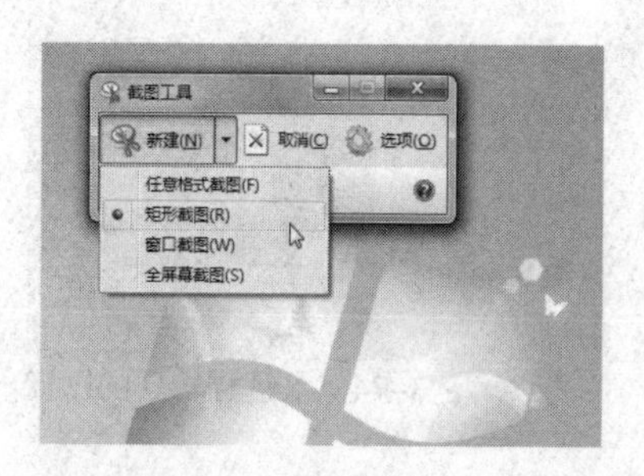

图 3-77　选择截取类型

图 3-78　编辑图形

习　题

单项选择题

1. 桌面图标的排列方式可以通过（　　）进行设定。

A. 任务栏快捷菜单　B. 桌面快捷菜单　C. 任务按钮栏　D. 图标快捷菜单

2. 在 Windows 7 的资源管理器中，对磁盘信息进行管理和使用是以（　　）为单位的。

A. 程序　B. 文件夹　C. 窗口　D. 文件

3. 在 Windows 中操作时，右击某对象，则（　　）。

A. 复制该对象的备份　B. 弹出针对该对象操作的一个快捷菜单

C. 激活该对象　D. 可以打开一个对象的窗口

4. 在 Windows 的图形界面中，按（　　）组合键可以打开【开始】菜单。

A. 【Alt+Tab】　B. 【Ctrl+Esc】

C. 【Alt+Esc】　D. 【Ctrl+Tab】

5. 在 Windows 的【开始】菜单中，为某应用程序添加一个菜单项，实际上就是（　　）。

A. 在【开始】菜单所对应的文件夹中建立该应用程序的快捷方式

B. 在【开始】菜单所对应的文件夹中建立该应用程序的副本

C. 在桌面上建立该应用程序的副本

D. 在桌面上建立该应用程序的快捷方式

6. 在 Windows 7 中，“任务栏”的作用包含（　　）。

A. 只显示当前活动程序窗口名　　B. 实现程序窗口之间的切换

C. 只显示正在后台工作的程序窗口名　　D. 显示系统的所有功能

7. 在资源管理器窗口中，若要选定多个连续文件或文件夹，则先选中第一个，然后按住（　　）键，再选择这组文件中要选择的最后一个。

A. 【Tab】　　B. 【Shift】　　C. 【Ctrl】　　D. 【Alt】

8. 在资源管理器窗口中，如果要选择多个不相邻的文件图标，则先选中第一个，然后按住（　　）键，再选择其余的文件图标。

A. 【Tab】　　B. 【Shift】　　C. 【Ctrl】　　D. 【Alt】

9. 在 Windows 7 中，与剪贴板有关的组合键是（　　）。

A. 【Ctrl+S】　　B. 【Ctrl+N】　　C. 【Ctrl+V】　　D. 【Ctrl+A】

10. 在 Windows 7 中，默认打印机的数量是（　　）个。

A. 4　　B. 3　　C. 1　　D. 2

11. （　　）是关于 Windows 的文件类型和关联的不正确说法。

A. 一种文件类型可不与任何应用程序关联

B. 一个应用程序只能与一种文件类型关联

C. 一般情况下，文件类型由文件扩展名标识

D. 一种文件类型可以与多个应用程序关联

12. 在 Windows 7 中，可以通过按【（　　）+ Print Screen】组合键复制当前窗口的内容。

A. Tab　　B. Shift　　C. Ctrl　　D. Alt

13. 在 Windows 7 中，关于文件夹的正确说法是（　　）。

A. 文件夹名不能有扩展名

B. 文件夹名不可以与同级目录中的文件同名

C. 文件夹名可以与同级目录中的文件同名

D. 文件夹名在整个计算机中必须唯一

14. 剪贴板的作用是（　　）。

A. 临时存放应用程序剪贴或复制的信息　　B. 作为资源管理器管理的工作区

C. 作为并发程序的信息存储区　　D. 在使用 DOS 时划给的临时区域

15. Windows 的文件系统规定（　　）。

A. 同一文件夹中的文件可以同名　　B. 不同文件夹中，文件不可以同名

C. 同一文件夹中，子文件夹可以同名　　D. 同一文件夹中，子文件夹不可以同名

第4章 中文 Word 2010 的应用

本章导读

Word 2010 是 Microsoft 公司推出的 Office 中的一个重要组件，是 Windows 平台下的最强大的字处理办公软件。Word 2010 可以对文字进行编辑和排版，还能制作书籍、名片、杂志、报纸等。

通过对本章内容的学习，应该能够做到：

- 了解：Word 2010 的新增功能及软件的工作环境。
- 理解：模板和样式的使用，批量制作文档——邮件合并的使用。
- 应用：熟练掌握文档的创建和编辑与基本排版，插入制作精美的表格和各种图形元素，图文混排，页面的设置与打印，毕业论文轻松排版。

4.1 Word 2010 概述

Microsoft Word 2010 软件是 Office 2010 系列软件中的一款，它主要用于文字处理，不仅能够制作常用的文本、信函、备忘录，还专门为国内用户定制了许多应用模板，如各种公文模板、书稿模板、档案模板等。Word 2010 在原有版本的基础上又做了改进，使用户能在更为合理和友好的界面环境中体验其强大的功能。

4.1.1 任务一 新建“致新生的一封信 .docx”文档

1. 任务引入

新学年开学伊始，院学生会为了迎接新同学，搞了一期“我的大学我做主”的活动，该活动由若干项任务构成，其中有一项是制作“致新生的一封信”文档，现在就让我们看看这项任务需要哪些知识吧。

2. 任务分析

这个任务比较简单，主要是使用 Word 2010 新建一个空白文档，并将其保存在 F 盘的试卷文件夹下。这需要制作者熟悉 Word 软件环境以及基本操作，从知识的系统性的角度，本节 4.1.2 ~ 4.1.4 将对这部分内容进行梳理。

4.1.2　Word 2010 启动和退出

1. Word 2010 的启动

Word 2010 的启动有如下几种方法：

（1）利用“开始”菜单启动

单击 Windows 任务栏中的按钮，在弹出的菜单中依次选择【所有程序】|【Microsoft Office】|【Microsoft Word 2010】命令，即可启动 Word 2010。

（2）利用桌面快捷方式启动

如果桌面上有 Word 2010 的快捷方式，可直接双击快捷方式图标启动 Word 2010。

（3）利用已有的 Word 文档启动

在“资源管理器”（或“计算机”）中双击扩展名为 .docx 或者 .doc（使用 Word 2003 创建的文档）的文件，即可启动 Word 2010，并在该环境下打开指定的 Word 文档。

2. Word 2010 的退出

当对文档完成了所有的编辑和设置工作之后，就可以退出 Word 了。退出 Word 2010 的方法有多种，以下是常用的退出方法：

① 单击标题栏右上角的【关闭】按钮。

② 单击【文件】选项卡 |【退出】命令。

③ 双击 Word 2010 标题栏左上角的控制菜单图标。

④ 右击系统任务栏中的 Word 2010 缩略图，在打开的菜单中选择【关闭窗口】命令。

4.1.3　Word 2010 工作环境

Word 2010 启动后，出现在我们面前的是 Word 2010 窗口，它主要由标题栏、快速访问工具栏、功能区、文档编辑区、状态栏、视图栏等组成，如图 4-1 所示。

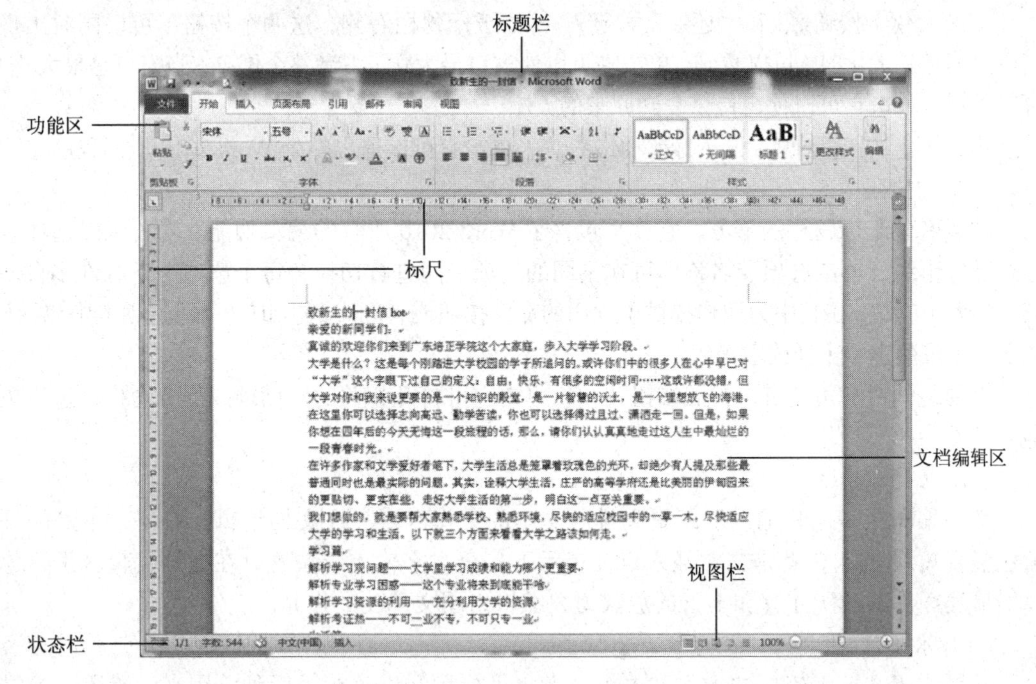

图 4-1　Word 2010 窗口的组成

（1）标题栏

标题栏位于窗口的最上方，主要由窗口控制图标、快速访问工具栏、文档标题区、窗口控制按钮组成，如图 4–2 所示。

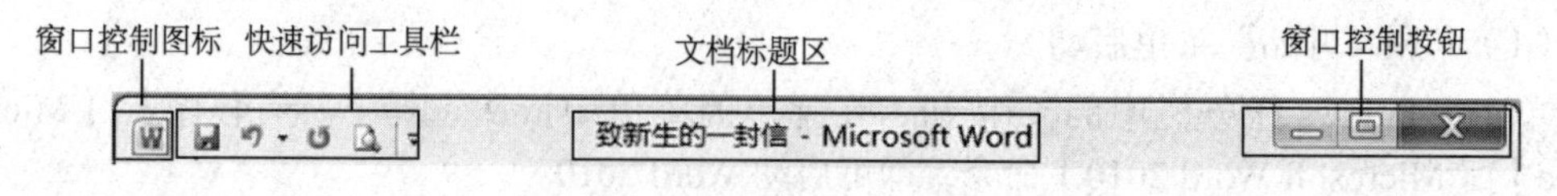

图 4–2　Word2010 标题栏

窗口控制图标：位于标题栏最左端。单击该图标会弹出一个下拉菜单，相关的命令用于控制窗口的大小、位置及关闭窗口。直接双击此按钮可以关闭整个窗口。

快速访问工具栏：位于窗口控制图标的右侧。快速访问工具栏主要用于快速执行某些常用的文档操作，它上面的工具按钮可根据需要进行添加或者删除，单击其右侧的▾按钮，在弹出的下拉菜单中选择需要添加的工具即可，如图 4–3 所示。

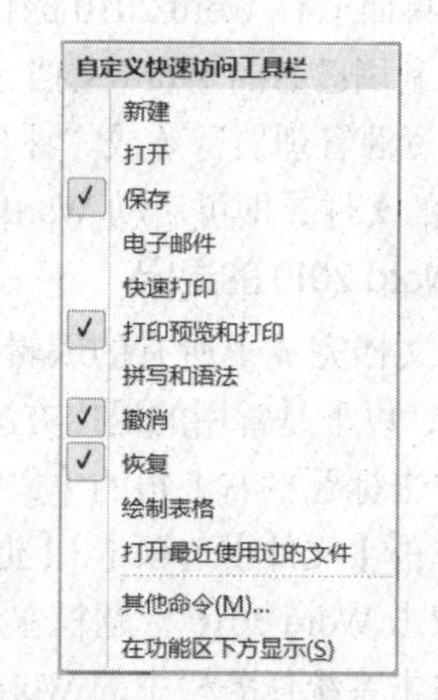

图 4–3 【自定义快速访问工具栏】下拉菜单

文档标题区：位于标题栏的中间，由 Word 文档名称和软件名称（Word）构成。

窗口控制按钮：位于标题栏右端，由【最小化】、【最大化】和【关闭】按钮构成。

【最小化】按钮：位于标题栏右侧，单击此按钮可以将窗口最小化，缩小成一个小按钮显示在任务栏上。

【最大化】按钮和“还原”按钮：位于标题栏右侧，这两个按钮不可以同时出现。当窗口不是最大化时，可以看到，单击它可以使窗口最大化，占满整个屏幕；当窗口是最大化时，可以看到，单击它可以使窗口恢复到原来的大小。

【关闭】按钮：位于标题栏最右侧，单击它可以退出整个 Word 2010 应用程序。

（2）功能区

功能区位于标题栏的下方，它几乎包含了 Word 2010 所有的编辑功能。功能区以选项卡的形式进行组织，单击选项卡名称即可在不同的选项卡间进行切换，每个选项卡下有许多自动适应窗口大小的组，在其中为用户提供了常用的命令按钮或者列表框。如【开始】选项卡中包括【字体】、【段落】、【样式】等组。

有的组的右下角还有“扩展按钮”，单击它可打开相关的对话框或任务窗格，进行更详细的设置。

（3）文档编辑区

文档编辑区是用户输入、编辑和排版文本的工作区域。在文档编辑区有一条不停闪烁的黑色竖直短线“|”，就是文本插入点，提示下一个文字输入的位置。在文档编辑区里，你可以尽情发挥你的聪明才智和丰富的想象力，编辑出图文并茂的作品。

（4）标尺

标尺位于文档编辑区的上方和左侧，有水平标尺和垂直标尺两种，用来设置段落缩进、

页边距、制表符和栏宽等。标尺的显示或隐藏可以通过选择【视图】选项卡 |【显示】组 |【标尺】复选框来实现。

（5）状态栏

状态栏位于窗口的底部左下角，显示当前文档的基本信息，如文档的当前页及总页数、字数、校对及语言、改写/插入状态等信息，如图 4–4 所示。

（6）视图栏

视图栏位于窗口的底部右下角，由视图切换区和比例缩放区构成，如图 4–5 所示。

图 4–4　Word 2010 的状态栏　　图 4–5　Word 2010 的视图栏

视图切换区有 5 个按钮，从左到右依次是“页面视图”“阅读版式视图”“Web 版式视图”“大纲视图”和“草稿视图”，单击各按钮可以切换文档的视图显示方式。下面分别介绍一下几种视图的主要特点与用途。

① 页面视图：页面视图是最常用的工作视图，也是启动 Word 后默认的视图方式。在页面视图下“所见即所得”，显示的效果与打印的效果一样，适合于排版工作。

② 阅读版式视图：如果打开文档无须编辑而仅仅是为了阅读，可以选择阅读版式视图。该视图是一种全屏阅览文档的视图模式，隐藏了选项卡、功能区及状态栏，适合阅读或审核文档。

③ Web 版式视图：Web 版式视图是专门用来创作 Web 页的视图形式。在该视图中，可以看到背景和为适应窗口而自动换行显示的文本，并且图形位置与在 Web 浏览器中的位置一致。

④ 大纲视图：大纲视图以级别化的方式显示文档的层次和结构。通常在建立一个长文档时，多数人习惯于先建立一个纲要，然后在每个纲要下添加具体内容。大纲视图提供了这样一种建立和查看文档的方式。

⑤ 草稿视图：草稿视图类似于之前版本的“普通视图”，可以显示文本的格式，但诸如页面边距、分栏、页眉和页脚以及环绕方式为非“嵌入型”的图片等元素都不会被显示。

比例缩放区位于视图切换区的右侧，由“缩放级别”按钮（即图 4–5 中的 100%）和“显示比例”滑块组成，用户可在该区域中对文档编辑区的显示比例进行设置。

4.1.4　Word 2010 文档的基本操作

1. 新建空白文档

启动 Word 2010 后，系统自动创建一个基于 Normal 模板的空白文档，并以“文档 1”作为默认文件名。若用户已经打开了一个或者多个文档，需要再创建一个新文档时，可以单击【文件】选项卡 |【新建】命令，在【新建】选项区单击【空白文档】，然后单击右下角的【创建】按钮，则会创建一个空白文档，如图 4–6 所示。

2. 利用模板创建新文档

除了新建空白文档外，Word 2010 还预置了许多文档模板。模板是预先设置好的最终文档外观框架的特殊文档。如果新建 Word 文档时没有选择模板，系统将默认使用 Normal.dotx 正文模板文件（在此模板中对正文的设置是宋体、五号字、单倍行距等格式）。此外，Word 提供了许多常见文档类型的模板，如信函、新闻稿、简历、传真等。用户可以根据这些模板快速创建文档，提高工作效率。

使用模板创建文档的操作步骤如下：

① 单击【文件】选项卡 |【新建】命令，出现图 4–6 所示的【新建】选项区。

图 4–6 【新建】选项区

② 在“可用模板”列表中显示了 Word 2010 预设的模板，单击【样本模板】，可以显示出计算机中已经存在的模板样本，选择某模板后，单击【创建】按钮，可根据该模板创建相应的文档。

除此之外，Office 2010 官方网站上还提供在线模板下载。在“Office.com 模板”列表中选择相应模板后，单击【下载】按钮，系统即可下载模板，并自动应用该模板创建一个新文档。

3. 保存文档

文档建立或修改好后，需要将其保存到磁盘上。由于编辑工作在内存中进行，断电很容易使未保存的文档丢失，所以要养成随时保存文档的习惯。

（1）保存新建文档

如果新建的文档从未保存过，则通过单击【文件】选项卡 |【保存】命令，或者单击快速访问工具栏中的【保存】按钮，打开【另存为】对话框，如图 4–7 所示。在对话框中设定保存的位置和文件名，然后单击【保存】按钮。

（2）保存已有的文档

保存已有的文档有两种形式：第一种，是将所做的编辑修改依然保存到原文档中；第二种，是以另外的文件名或位置保存。

① 如果将以前保存过的文档打开修改后，想要保存修改，直接按【Ctrl+S】组合

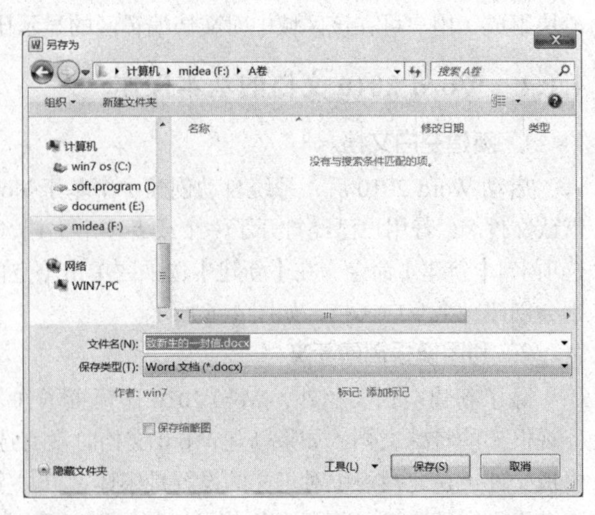

图 4–7 【另存为】对话框

键或者单击快速访问工具栏中的【保存】按钮即可。

② 如果不想破坏原文档，但是修改后的文档还需要进行保存，可以单击【文件】选项卡|【另存为】命令，打开图 4-7 所示的【另存为】对话框，为文档另外选择保存位置或者文件名，然后单击【保存】按钮即可。

（3）自动保存文档

Word 2010 提供了自动保存的功能，用户可以通过设置自动保存时间，防止在录入、编辑过程中忘记保存而导致内容丢失，也就是隔一段时间系统自动保存文档。操作步骤如下：

① 单击【文件】选项卡|【选项】命令，打开图 4-8 所示的【Word 选项】对话框。

② 在左侧选项列表中选择【保存】，在右侧根据需要进行相关保存选项的设置。例如，选中“保存自动恢复信息时间间隔”复选框，然后单击右侧的微调按钮，或者直接输入数字，用于设置两次自动保存之间的间隔时间。

③ 单击【确定】按钮。

图 4-8　【Word 选项】对话框

【拓展练习 4-1】使用模板制作一个个人简历。简历类型及内容自定，完成后以“××个人简历 .docx”为文件名保存在 F 盘的试卷文件夹中。

4.2　Word 2010 文档的基本排版

使用 Word 进行文档的基本排版是一项最基础最重要的工作，这里面涉及文档的建立、文字录入、特殊符号选择、选定文本、移动及保存等基础知识点，掌握良好的操作方法和操作习惯对完成录入工作有很大帮助，同时也为进一步的处理奠定基础。

4.2.1　任务二　输入“致新生的一封信”并进行基本排版

1. 任务引入

本任务是在任务一创建的“致新生的一封信 .docx”文档中输入文本内容后，进行基本排版。

2. 任务分析

分析该任务，我们要从以下几方面入手：

① 打开任务一创建的“致新生的一封信 .docx”，输入文本并编辑文本。

输入的内容如下（输入时不需要考虑任何的排版，如开头空两格、标题置于中间等）：

> 致新生的一封信 hot
> 亲爱的新同学们:
> 真诚地欢迎你们来到广东培正学院这个大家庭，步入大学学习阶段。
> 大学是什么？这是每个刚踏进大学校园的学子所追问的。或许你们中的很多人在心中早已对“大学”这个字眼下过自己的定义：自由，快乐，有很多的空闲时间……这或许都没错，但大学对你和我来说更重要的是一个知识的殿堂，是一片智慧的沃土，是一个理想放飞的海港。在这里你可以选择志向高远、勤学苦读，你也可以选择得过且过、潇洒走一回。但是，如果你想在四年后的今天无悔这一段旅程的话，那么，请你们认认真真地走过这人生中最灿烂的一段青春时光。
> 在许多作家和文学爱好者笔下，大学生活总是笼罩着玫瑰色的光环，却绝少有人提及那些最普通同时也是最实际的问题。其实，诠释大学生活，庄严的高等学府还是比美丽的伊甸园来得更贴切、更实在些，走好大学生活的第一步，明白这一点至关重要。
> 我们想做的，就是要帮大家熟悉学校、熟悉环境，尽快适应校园中的一草一木，尽快适应大学的学习和生活。以下就三个方面来看看大学之路该如何走。
> 学习篇
> 解析学习观问题——大学里学习成绩和能力哪个更重要
> 解析专业学习困惑——这个专业将来到底能干啥
> 解析学习资源的利用——充分利用大学的资源
> 解析考证热——不可一业不专，不可只专一业
> 生活篇
> 心理篇
> 我的大学我做主，祝大家都有一个精彩的大学。
> 院学生会
> 2016-9-4

② 对文本内容进行格式设置，包括字符格式及段落格式、边框和底纹、项目符号、首字下沉、分栏等。设置如下：

- 标题“致新生的一封信”设为华文楷体、小二号、居中；
- hot 设为五号、红色、文字位置提升 10 磅；
- 其他段落的文字设为宋体、五号，除标题段、“亲爱的新同学们”段及最后两段外，其他的首行缩进 2 个字符；
- 全文段落行距为多倍行距 1.3 倍行距，落款（最后两个段落）右对齐。
- 分栏、首字下沉、边框和底纹及项目符号和编号的设置如图 4-9 样文 1 所示。

〖致新生的一封信样文〗

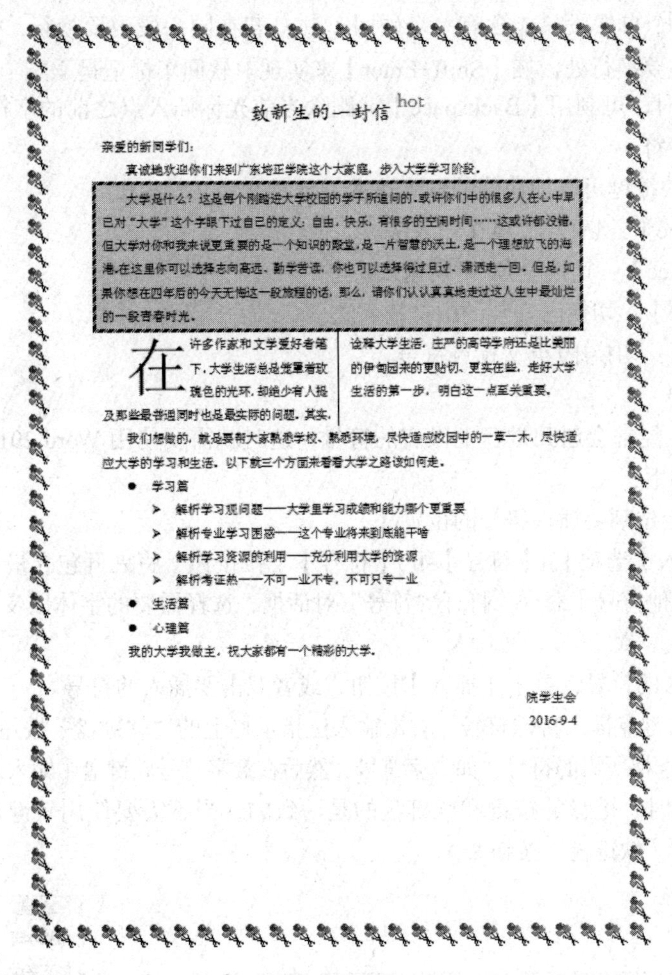

致新生的一封信 hot

亲爱的新同学们：

真诚地欢迎你们来到广东培正学院这个大家庭，步入大学学习阶段。

大学是什么？这是每个刚踏进大学校园的学子所追问的。或许你们中的很多人在心中早已对“大学”这个字眼下过自己的定义：自由，快乐，有很多的空闲时间……这或许都没错，但大学对你和我来说更重要的是一个知识的殿堂，是一片智慧的沃土，是一个理想放飞的海港。在这里你可以选择志向高远、勤学苦读，你也可以选择得过且过、潇洒走一回。但是，如果你想在四年后的今天无悔这一段旅程的话，那么，请你们认认真真地走过这人生中最灿烂的一段青春时光。

在许多作家和文学爱好者笔下，大学生活总是笼罩着玫瑰色的光环，却绝少有人提及那些最普通同时也是最实际的问题。其实，诠释大学生活，庄严的高等学府还是比美丽的伊甸园来的更贴切、更实在些，走好大学生活的第一步，明白这一点至关重要。

我们想做的，就是要帮大家熟悉学校、熟悉环境，尽快适应校园中的一草一木，尽快适应大学的学习和生活。以下就三个方面来看看大学之路该如何走。

- 学习篇
  - 解析学习观问题——大学里学习成绩和能力哪个更重要
  - 解析专业学习困惑——这个专业将来到底能干啥
  - 解析学习资源的利用——充分利用大学的资源
  - 解析考证热——不可一业不专，不可只专一业
- 生活篇
- 心理篇

我的大学我做主，祝大家都有一个精彩的大学。

院学生会

2016-9-4

图 4–9　样文 1

4.2.2 ~ 4.2.8 将对任务二中涉及的知识点进行梳理及详细讲解。

4.2.2　文本的编辑

1. 输入文本

人们在使用 Word 2010 制作文档时一般是先输入文档的文本内容，然后对内容和风格进行编辑，最后进行排版和打印输出。文档的制作是从输入文本或者从网络上获取文本这两种途径开始的。

（1）文字的录入

创建新文档或打开已有文档后即可输入文本，输入文本从当前插入点之后开始。输入文本时，应注意以下几点：

① 通过【Insert】键或双击状态栏中的“插入/改写”，可以改变当前字符输入状态为“改写”或“插入”方式。

② 输入标题和段落首行时，不需要利用输入空格进行居中或缩进，可利用段落的格式化来实现。

③ Word 2010 具有自动换行功能，只有当一个段落结束时，才按【Enter】键。因此，在 Word 2010 中，一个自然段只能含有一个硬回车↵；若在同一段内要换行，可采用软回车，方法是将插入点放在要换行处，按【Shift+Enter】来实现。软回车标记是↓。

④ 输入错误时，可利用【Backspace】键删除当前光标插入点之前的字符，利用【Del】键删除光标之后的字符。

⑤ 掌握一些快捷键可以加快你的输入速度：

- 【Ctrl+Space】：切换中/英文输入法。
- 【Shift+Space】：切换全角/半角输入状态。
- 【Ctrl+Shift】：切换已安装的中文输入法。
- 【Ctrl+. 】：切换中/英文标点符号。

（2）插入符号

输入文本时，经常会遇到键盘上没有的符号，这时就需要使用 Word 2010 提供的插入符号功能。操作步骤如下：

① 将插入点定位到要插入符号的位置。

② 单击【插入】选项卡 |【符号】组 |【符号】下拉按钮，将展开包含最近使用过的符号下拉列表，单击【其他符号】命令，打开“符号”对话框，选择需要的字体以及该字体下的符号，如图 4–10 所示。

③ 选择要插入的符号，单击【插入】按钮，或者双击要插入的符号。

也可以使用软键盘插入特殊符号，右击输入法指示栏上的“软键盘”按钮，弹出图 4–11 所示的列表，从中选择所需的符号，如数字符号，然后在数字符号软键盘中输入，如图 4–12 所示。注意，软键盘开启时，键盘的按键和软键盘的是一致的，当不需要使用软键盘时，要再次单击输入法指示栏中的“软键盘”按钮。

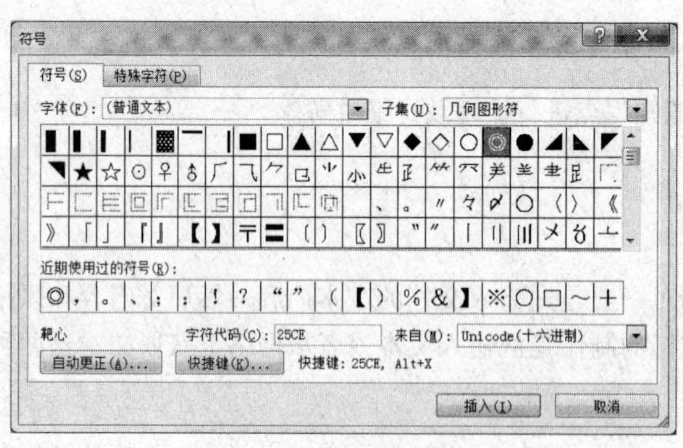

图 4–10 【符号】对话框

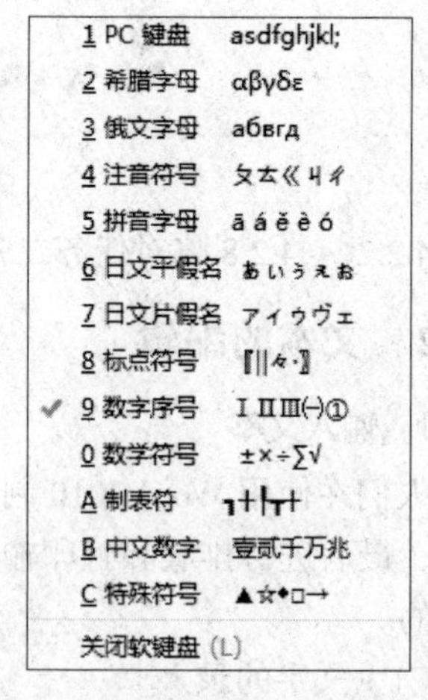

图 4–11 选择软键盘中的数字序号

（3）插入日期和时间

在 Word 2010 中，用户可以在文档中插入当前日期和时间。操作步骤如下：

① 将插入点定位到要插入日期和时间的位置。

② 单击【插入】选项卡 |【文本】组 |【日期和时间】按钮，在打开的【日期和时间】对话框中选择可用格式，单击【确定】按钮完成时间或日期的插入，如图 4–13 所示。

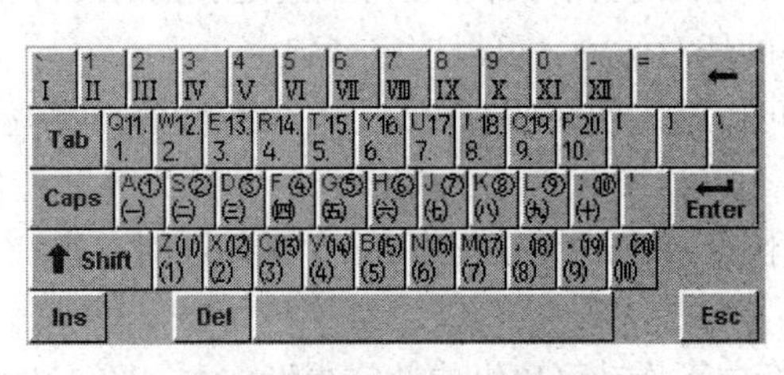

图 4-12　数字序号软键盘

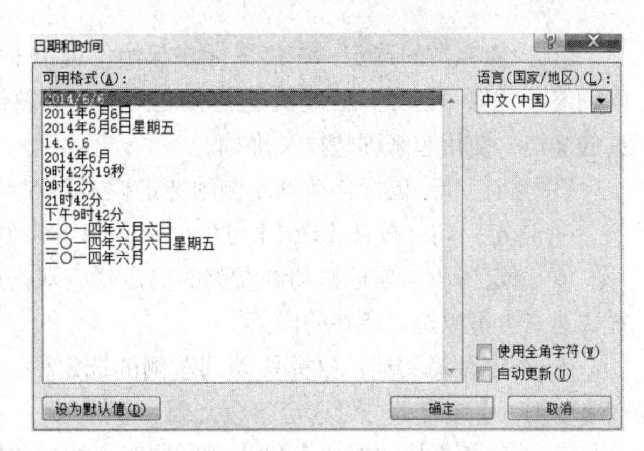

图 4-13 【日期和时间】对话框

2. 从网络上获取文字素材

制作文档时，用户除了自己输入文本，还可以从网络上复制所需的文本。由于网络上的文本多数都带有格式，而将其粘贴在文档中不需要格式，因此用户要特别注意【选择性粘贴】的使用。具体操作步骤如下：

① 在IE浏览器窗口打开的页面中选择自己所需的文本并右击，在弹出的快捷菜单中选择【复制】命令。

② 切换到 Word 文档窗口，在需要插入文本的位置单击，定位插入点。

③ 单击【开始】选项卡 |【剪贴板】组 |【粘贴】下拉按钮，在如图 4-14 所示的【粘贴选项】中，单击【只保留文本】按钮 A 。

④ 还可以在【粘贴选项】中选择【选择性粘贴】命令，打开图 4-15 所示的【选择性粘贴】对话框，从中选择【无格式文本】，单击【确定】按钮。

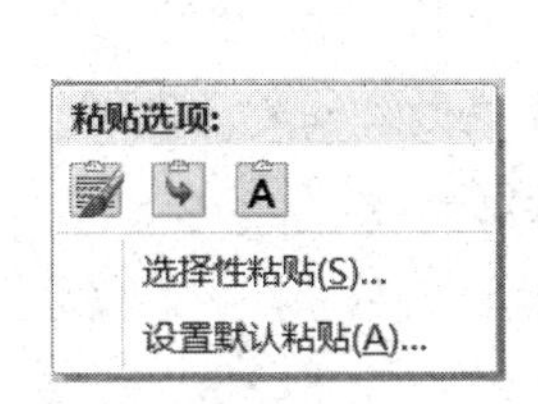

图 4-14　粘贴选项

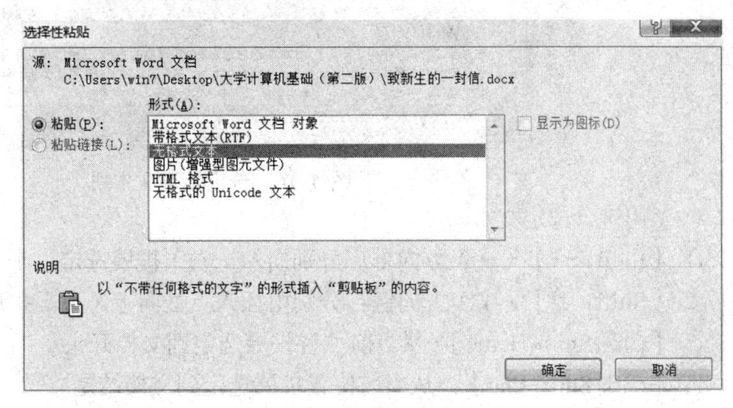

图 4-15 【选择性粘贴】对话框

3. 选取文本

对编辑区的内容进行任何的编辑操作，从简单的移动、删除到复杂的格式设置，都必须先选定文本，用户一定要遵循“先选后做”的原则，选定文本成反显状态。

选择文本的方法有多种，大体分为两大类：

（1）用鼠标选定文本

① 小块文本的选定：按住鼠标左键从起始位置拖动到终止位置，鼠标拖过的文本即被选中。这种方法适合选定小块的、不跨页的文本。

② 大块文本的选定：先用鼠标在起始位置单击一下，然后按住【Shift】键的同时、单击文本的终止位置，起始位置与终止位置之间的文本就被选中。这种方法适合选定大块的尤其是跨页的文档，使用起来即快捷又准确。

③ 选定一行：鼠标移动到左侧的选定栏，鼠标指针变成向右箭头，单击可以选定所在的一行。

④ 选定一句：按住【Ctrl】键的同时，单击句中的任意位置，可以选定一句。

⑤ 选定一段：鼠标移动到左侧的选定栏，双击可以选定所在的一段，或在段落内的任意位置快速三击可以选定所在的段落。

⑥ 选定整篇文档：鼠标移动到左侧的选定栏，快速三击或者按住【Ctrl】键的同时单击；按【Ctrl+A】组合键均可选定整篇文档。

⑦ 选定矩形块：按住【Alt】键的同时，按住鼠标向下拖动可以纵向选定矩形文本。图 4–16 所示为选定了矩形文本块。

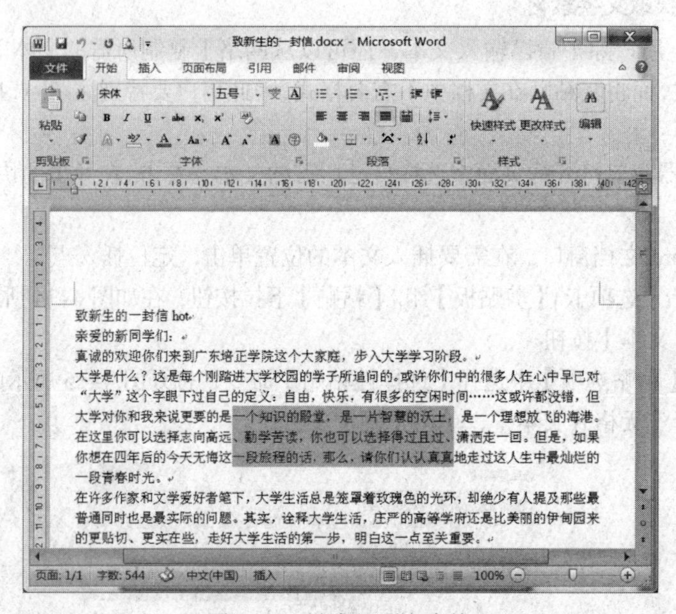

图 4–16 选定矩形文本块

（2）用键盘选定文本

①【Shift+ ←】（→）方向键：分别向左（右）扩展选定一个字符。

②【Shift+ ↑】（↓）方向键：分别由插入点处向上（下）扩展选定一行。

③【Ctrl+Shift+Home】: 从当前位置扩展选定到文档开头。

④【Ctrl+Shift+End】：从当前位置扩展选定到文档结尾。

⑤【Ctrl+A】：选定整篇文档。

（3）取消文本的选定

要取消选定的文本，用鼠标单击文档中的任意位置即可。

4. 移动、复制和删除选定文本

在 Word 中经常要对选定的文本进行移动、复制或者删除操作。

在 Windows 系统中专门在内存中开辟了一块存储区域作为移动或者复制的中转站，称为系统剪贴板。当用户选定内容（如文本或者图片），选择“剪切”或者“复制”命令后，该内容就存在于剪贴板中了；选择“粘贴”选择，剪贴板中的内容就复制到当前文档的插入点位置。

简言之，剪贴板就是用户在文档中和文档间交换多种信息的中转站。

（1）移动文本块

在编辑文档的过程中，经常需要将整块文本移动到其他位置，用来组织和调整文档的结构。常用的移动文本的方法主要有以下两种：

第一，使用鼠标拖放移动文本。

操作步骤如下：

① 选定要移动的文本。

② 鼠标指针指向选定的文本，鼠标指针变成向左的箭头，按住鼠标左键，鼠标指针尾部出现虚线方框，指针前出现一条直虚线。

③ 拖动鼠标到目标位置，即虚线指向的位置，松开鼠标左键即可。

第二，使用剪贴板移动文本。

操作步骤如下：

① 选定要移动的文本。

② 单击【开始】选项卡 |【剪贴板】组 |【剪切】按钮，也可直接按【Ctrl+X】组合键，将选定的文本移动到剪贴板上。

③ 将插入点定位到目标位置，单击【开始】选项卡 |【剪贴板】组 |【粘贴】按钮，也可直接按【Ctrl+V】组合键，从剪贴板粘贴文本到目标位置。

（2）复制文本块

复制文本块有两种方法：

第一，用鼠标拖放复制文本。

操作步骤如下：

① 选定要复制的文本；

② 鼠标指针指向选定的文本，鼠标指针变成向左的箭头，按住【Ctrl】键的同时，按住鼠标左键，鼠标指针尾部出现虚线方框和一个“+”号，指针前出现一条竖直虚线；

③ 拖动鼠标到目标位置，松开鼠标左键即可。

第二，使用剪贴板复制文本。

操作步骤如下：

① 选定要复制的文本；

② 单击【开始】选项卡 |【剪贴板】组 |【复制】按钮，也可直接按【Ctrl+C】组合键，将选定的文本移动到剪贴板上。

③ 将插入点定位到目标位置，单击【开始】选项卡 |【剪贴板】组 |【粘贴】按钮，也可直接按【Ctrl+V】组合键，从剪贴板粘贴文本到目标位置。

“复制”和“剪切”操作均将选定的内容复制到剪贴板，用户可以单击【剪贴板】组右下角的“扩展按钮”，在文档编辑窗口的左侧打开“剪贴板”任务窗格，根据自己的需要选择内容进行粘贴。

（3）删除文本块

当要删除一段文本时，首先选中它，按【Delete】键删除。

5. 查找和替换

在 Word 2010 中，可以在文档中搜索指定的内容，并将搜索到的内容替换为别的内容，还可以快速定位文档，用户在修改、编辑大篇幅文档时，使用非常方便。

（1）查找

如果要在文档中查找“大学”字符串，则可以使用“导航”任务窗格和【查找和替换】对话框两种方法进行查找。

① 在“导航”任务窗格中查找：如果要在文档中查找“大学”字符串，则应单击【开始】选项卡 |【编辑】组 |【查找】按钮，打开“导航”任务窗格，在搜索框中输入要查找的关键字后，系统将自动在文档中进行查找，并将找到的文本以高亮度方式显示，如图 4–17 所示。

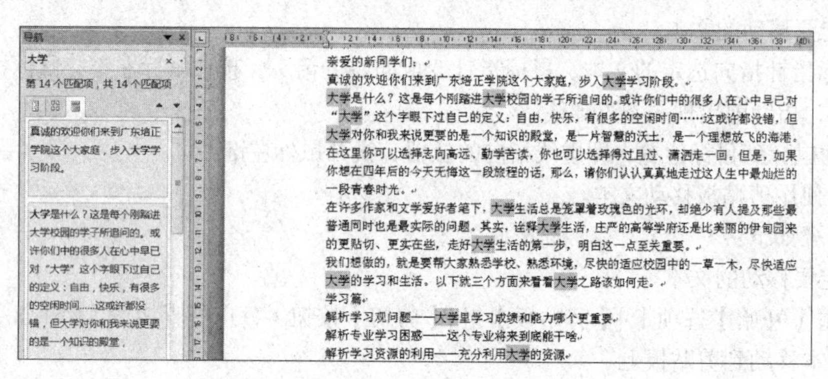

图 4–17 【导航】任务窗格的查找功能

② 使用【查找和替换】对话框查找：单击【开始】选项卡 |【编辑】组 |【查找】下拉按钮，在打开的下拉列表中选择【高级查找】命令，打开【查找和替换】对话框，如图 4–18 所示。在【查找内容】文本框中输入“大学”，然后单击【查找下一处】按钮，Word 2010 会帮助用户逐个找到要搜索的内容。

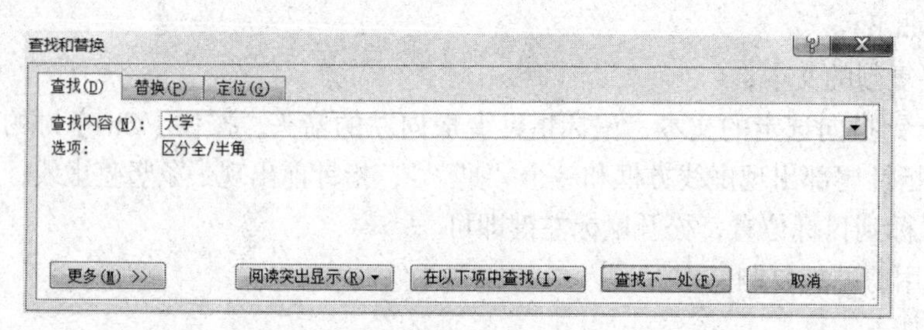

图 4–18 【查找和替换】对话框中【查找】选项卡

（2）替换

如果在编辑文档的过程中，需要将文档中所有的“大学”替换为“学院”，一个一个地手动改写，不但浪费时间，而且容易遗漏。Word 2010 提供了“替换”功能，可以轻松地解决这个问题。在文档中替换字符串的操作步骤如下：

① 单击【开始】选项卡 |【编辑】组 |【替换】按钮，或按【Ctrl+H】组合键，打开【查找和替换】对话框，如图 4–19 所示。

② 在【查找内容】文本框中输入“大学”，在【替换为】文本框中输入“学院”，然后单击【全部替换】按钮，就可以将文档中的全部“大学”替换为“学院”；如果使用【查找下一处】按钮，可以有选择地替换其中的部分。全部替换完成后，Word 2010 会提示用户已经完成了多少处替换。

在【查找和替换】对话框中可以使用【更多】按钮设置搜索选项，对查找或替换的内容进行格式上的设置，还可以进行特殊字符的查找和替换。

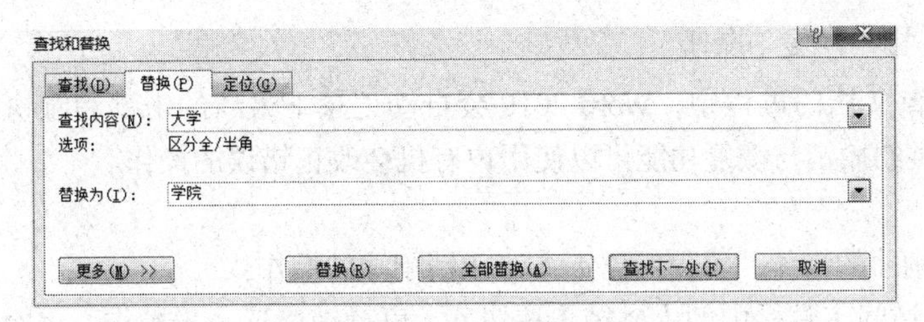

图 4–19 【查找和替换】对话框中【替换】选项卡

注意：

① 如果【查找内容】或【替换为】文本框中的格式设置错误，可以单击【不限定格式】按钮将格式去掉。例如，将全文的大学替换为红色倾斜的学院，但不小心为查找内容设置了格式，则在查找内容文本框中单击，然后单击【不限定格式】按钮即可将查找内容的格式删掉，如图 4–20 所示。

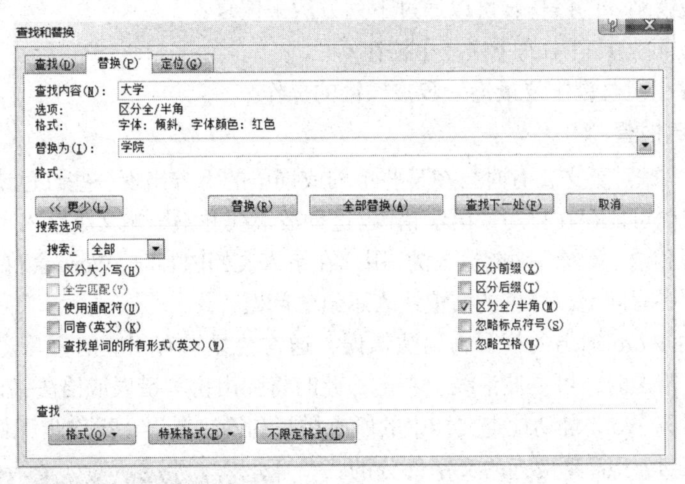

图 4–20 【查找和替换】对话框

② 使用“查找和替换”对话框还可以对文档中的特殊符号进行替换。例如，将文档中所有的“手动换行符 ↓ ”替换为“段落标记 ↵ ”，如图 4–21 所示。

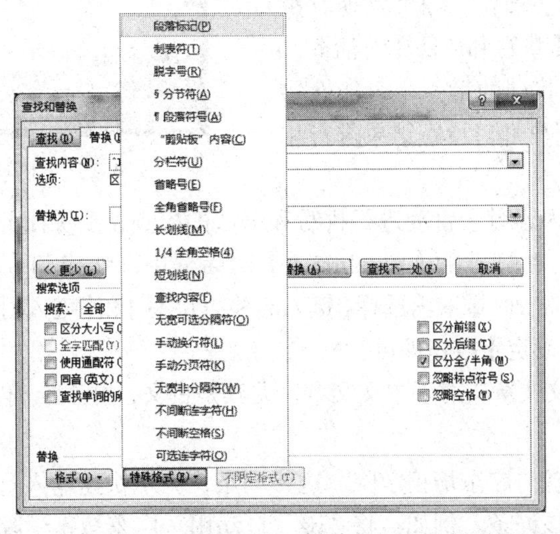

图 4–21 【查找和替换】对话框中特殊字符的使用

6. “撤销”和“恢复”操作

在输入和编辑文档的过程中，Word 2010 会自动记录下最新的击键和刚执行过的命令。利用 Word 2010 提供的撤销与恢复功能可以使用户有机会改正错误的操作。

（1）撤销

如果后悔了刚才的操作，可使用以下方法撤销刚才的操作：

① 单击快速访问工具栏中的【撤销】按钮，可撤销最近一步操作。多次单击可撤销连续的多步操作。如果单击【撤销】按钮右侧的下拉按钮，在弹出的下拉列表中记录了之前所执行的操作，选择其中的某个操作即可撤销该操作之后的多步操作。

② 按【Ctrl+Z】组合键撤销最近一步操作。

（2）恢复

在经过撤销操作后，【撤销】按钮右边的【恢复】按钮将被激活。恢复是对撤销的否定，如果认为不应该撤销刚才的操作，可以通过下列方法来恢复：

① 单击快速访问工具栏中的【恢复】按钮。

② 按【Ctrl+Y】组合键恢复最近一步被撤销的操作。

7. 拼写与语法检查

在 Word 中录入中、英文，有时会在某些单词或词语的下方出现一些红色或绿色的波浪线，这表示该单词或词语可能存在拼写或语法错误。这种波浪线并不影响文字录入，也不会打印出来。这是Word的“拼写和语法检查”功能造成的，用户在录入文档内容时，Word会自动检查你的文档，红色的波浪线表示拼写问题，绿色的波浪线表示语法问题。

对于文档中由 Word 标出的拼写与语法错误，通常会显示有相应的拼写建议或语法建议。在更正拼写或语法错误时，可在波浪线上右击，此时将弹出拼写错误或语法错误的快捷菜单。

用户也可以设置 Word 自动检查文档中的所有拼写和语法错误，操作步骤如下：

① 将插入点定位于需要检查的文字部分的起始位置。

② 单击【审阅】选项卡 |【校对】组 |【拼写与语法】按钮，Word 将自动对插入点之后的文档内容进行拼写和语法检查。如果发现有拼写和语法错误，会打开【拼写和语法】对话框，显示当前光标位置后查找到的第一个可能性错误。如图 4–22 所示，用户可对检查结果进行相关的选择。

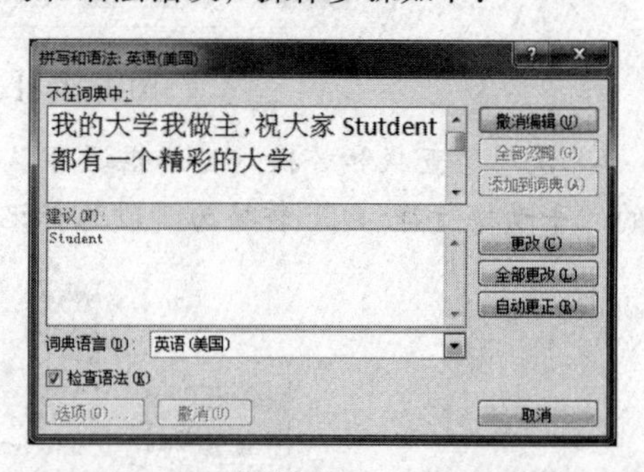

图 4–22 【拼写和语法】对话框

默认情况，在输入内容时会自动进行拼写和语法的检查，要关闭此功能，可单击【文件】选项卡 |【选项】命令，在打开的【Word 选项】对话框中，切换到【校对】选项卡，将【在 Word 中更正拼写和语法时】区域取消选择【键入时检查拼写】和【键入时标记语法错误】复选框，如图 4–23 所示，单击【确定】按钮即可。

此功能更适合于英文文章，对于中文文章，尤其是古文，并不准确。

8. 自动更正

如果文档中经常出现“广东培正学院”这一词条，为了快速输入这一词条，用户可以通过简单的英文符号去定义该词条。例如，将“pz”自动用“广东培正学院”这一词条替换，具体操作步骤如下：

① 单击【文件】选项卡 |【选项】命令，在打开的【Word 选项】对话框中，切换到【校对】选项卡。

② 单击【自动更正选项】按钮，打开【自动更正】对话框，在【替换】文本框中输入词条简写“pz”，在【替换为】文本框中输入中文完整的词条“广东培正学院”。单击【添加】按钮，成功添加该词条，如图 4-24 所示。

③ 单击【确定】按钮，返回【Word 选项】对话框，在对话框中单击【确定】按钮，完成自动更正设置。

图 4-23 【Word 选项】对话框中【校对】选项卡

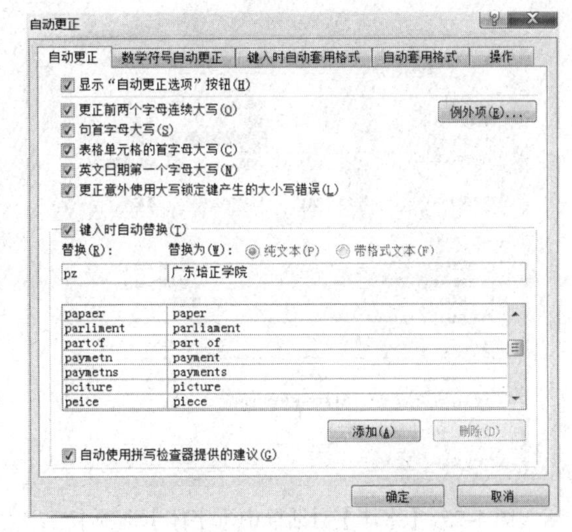

图 4-24 【自动更正】对话框

此后，当用户在文档中输入“pz”并按【Space】键后，Word 将自动用“广东培正学院”进行替换。

4.2.3 设置字体格式和段落格式

1. 字体格式

字体格式包括字体、字号、粗体、斜体、上下标、字符间距调整、字体颜色及特殊的文字效果等。

（1）通过【快捷字体工具栏】设置字体格式

选定要设置格式的文本，Word 2010 会自动弹出【快捷字体工具栏】，如图 4-25 所示。此时该工具栏显示为半透明状态，当鼠标移入工具栏区域时，工具栏将变成实体可见状态，用户可以设置选中文本的字体。

（2）通过【字体】组设置字体格式

单击【开始】选项卡 |【字体】组中的工具按钮可以对选中文本进行字体、字形、字号、颜色、下画线、特殊效果的设置，如图 4-26 所示。

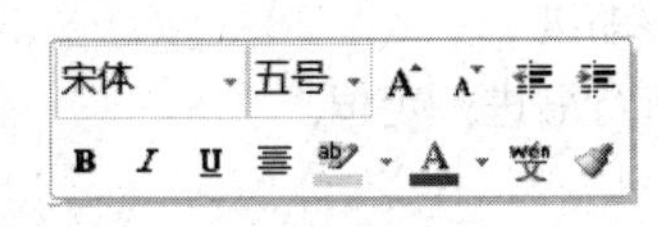

图 4-25 快捷字体工具栏

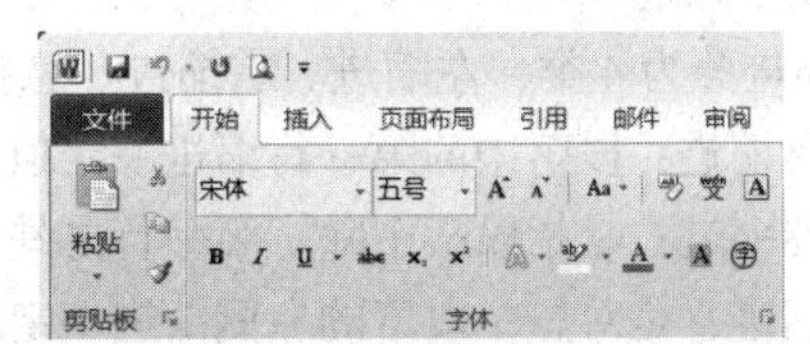

图 4-26 【开始】选项卡中的【字体】组

（3）通过【字体】对话框设置字体格式

使用【字体】对话框可以进行更加丰富的字体格式的设置。在选中要设置格式的文本后，单击【开始】选项卡 |【字体】组右下角的“扩展按钮”，打开【字体】对话框，如图 4–27 所示。

在【字体】对话框的【字体】选项卡中，用户可以设置字体、字形、字号、字体颜色、下划线线型、下划线颜色、着重号等，还可以在【效果】选项区域设置上下标、删除线等，在预览框里显示文本的字体格式设置之后的效果。在【字体】对话框的【高级】选项卡中，设置字符间距、缩放、位置等，单击下方的【文字效果】按钮，还可以设置更为丰富的文本效果格式，如文本填充、文本边框、三维格式等，如图 4–28 所示。

图 4–27 【字体】对话框中【字体】选项卡

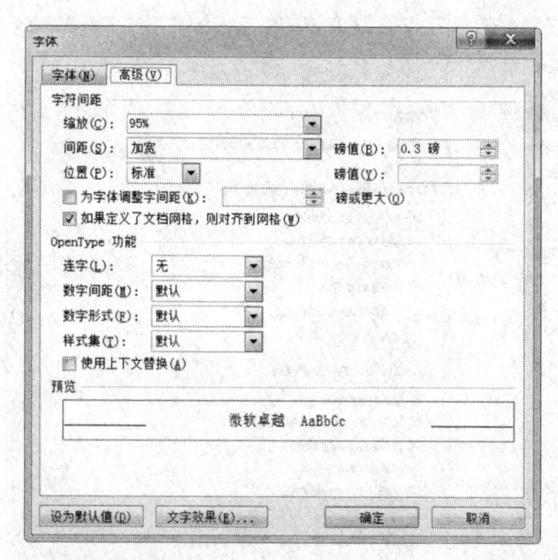

图 4–28 【字体】对话框中【高级】选项卡

温馨提示

字号大小有两种表达方式，分别以“号”和“磅”为单位。以“号”为单位的字号中，初号字最大，八号字最小；以“磅”为单位的字号中，72 磅最大，5 磅最小。当然我们还可以输入比初号字和 72 磅字更大的特大字。根据页面的大小，文字的磅值最大可以达到 1638 磅。格式化特大字的方法是：选定要格式化的文本，在【开始】选项卡 |【字体】组的“字号”文本框中输入需要的磅值后，按【Enter】键即可。

2. 段落格式

段落是 Word 文档的重要组成部分。每次按下【Enter】键时，就插入一个段落标记（↵），该标记表示一个段落的结束，同时也标志着另一个段落的开始。段落格式包括段落的对齐方式、缩进设置、段间距与行间距、分页等。

当对某一段落进行段落格式设置时，首先要选中该段落，或者将“插入点”定位到该段落中；如果对多个段落进行段落格式设置，则一定要将多个段落同时选中，再进行段落格式设置。

（1）段落缩进

段落缩进分为 4 类：左缩进、右缩进、悬挂缩进和首行缩进。

① 首行缩进：段落中的第一行缩进一定值，其余行不缩进。

② 悬挂缩进：是指段落中除了第一行之外，其余所有行缩进一定值。

③ 左缩进：是对整个段落的左侧缩进一定的距离。

④ 右缩进：是对整个段落的右侧缩进一定的距离。

设置缩进的方法如下：

第一，使用水平标尺拖动缩进标记。

段落缩进可以使用水平标尺的方法快速设置。如果水平标尺没有显示出来，可在【视图】选项卡 |【显示】组中选中【标尺】复选框，显示标尺。

文档编辑区的上方是水平标尺。在水平标尺的左侧有上、中、下三个滑块，分别表示首行缩进，悬挂缩进和左缩进，右侧只有一个滑块，表示右缩进，如图 4–29 所示。当选中需要设置缩进的段落后，即可使用相应的滑块进行缩进设置（如果需要微调，可在拖动滑块的同时按住【Alt】键）。

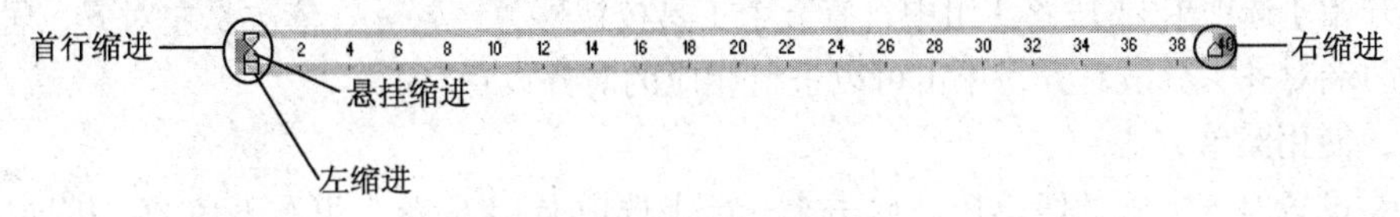

图 4–29　水平标尺上的缩进标记

第二，使用菜单方法。

使用标尺进行缩进的方法虽然快捷，但如果有具体度量单位的要求，则需要使用菜单方法。操作步骤如下：

① 选中要设置格式的段落。

② 单击【开始】选项卡 |【段落】组右下角的“扩展按钮”，或者单击【页面布局】选项卡 |【段落】组右下角的“扩展按钮”，打开图 4–30 所示的【段落】对话框。

③ 选择【缩进和间距】选项卡，在【缩进】选项区域进行相应的设置。例如，设置首行缩进 2 字符，单击【特殊格式】下拉按钮，选择【首行缩进】，在其右侧的【磅值】微调框中设置 2 字符。

拓展知识：缩进的常用度量单位主要有三种：厘米、磅和字符。度量单位的设定可以通过单击【开始】选项卡 |【选项】命令，在打开的【Word 选项】对话框中选择【高级】选项卡，在【显示】选项区域中的【度量单位】下拉列表中进行设定，如图 4–31 所示。设置完毕，单击【确定】按钮，完成度量单位的设定。

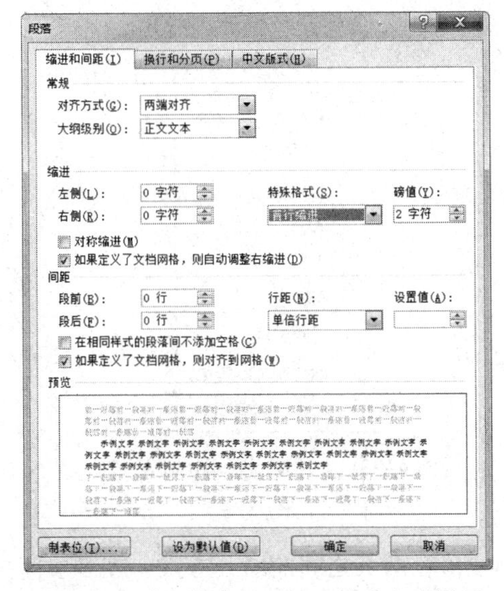

图 4–30 【段落】对话框 – 缩进方式设置

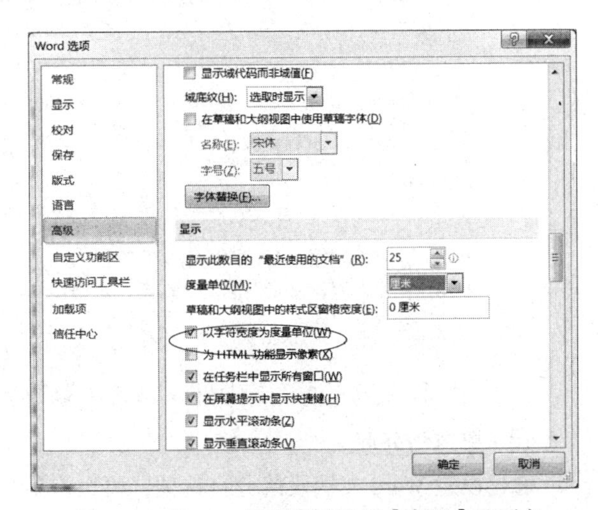

图 4–31 【Word 选项】对话框【高级】选项卡

（2）段落的对齐方式

段落对齐是指文档边缘的对齐方式，Word 2010 提供了五种段落对齐方式，分别为左对齐、居中对齐、右对齐、两端对齐、分散对齐。其中两端对齐是默认设置，除一个段落的最后一行外，该段的两侧则具有整齐的边缘，而文字的水平间距会自动进行调整。分散对齐使段落两边均对齐，当段落的最后一行不满一行时，将拉开字符水平间距使该行文字均匀分布。

设置段落对齐的方法有如下两种：

第一，使用工具按钮方法。

在【开始】选项卡 |【段落】组中，有五个工具按钮，依次是左对齐、居中对齐、右对齐、两端对齐、分散对齐，单击可以进行相应的对齐设置。

第二，使用菜单方法。

选中要设置对齐方式的段落后，单击【开始】选项卡 |【段落】组右下角的“扩展按钮”，打开【段落】对话框，在【对齐方式】下拉列表中选择对齐方式，如图 4–32 所示。

（3）段间距和行间距

有时用户需要在文档的段落与段落之间以及行与行之间留有一定距离，这就需要设置段落的段间距和行距。

① 段间距：在段前、段后分别设置一定的空白间距，通常以“行”或“磅”为单位。

② 行距：指行与行之间的距离，通常有单倍、1.15 倍、1.5 倍、2 倍、多倍行距等，用于设定标准行距相应倍数的行距。此外，还可以选择最小值、固定值，用固定的磅值作为行间距。

行距和段间距的设置可以通过单击【开始】选项卡 |【段落】组 |【行和段落间距】按钮进行设置。单击该按钮右侧的下拉按钮，打开图 4–33 所示的下拉列表，在其中进行所需设置。如果选择【行距选项】命令，则在打开的【段落】对话框中可以进行更多的段落格式设置。

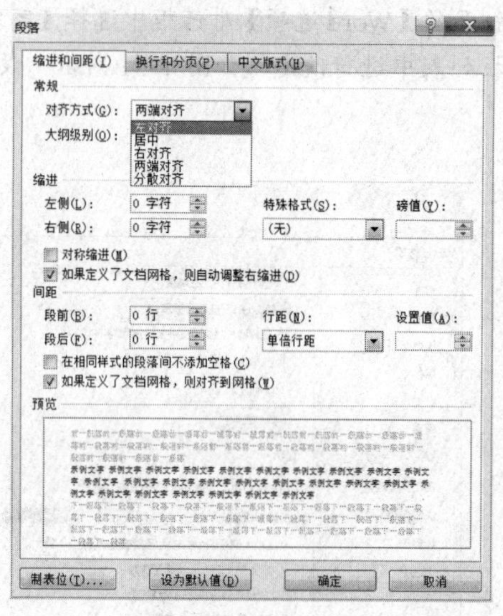

图 4–32 【段落】对话框 – 对齐方式设置

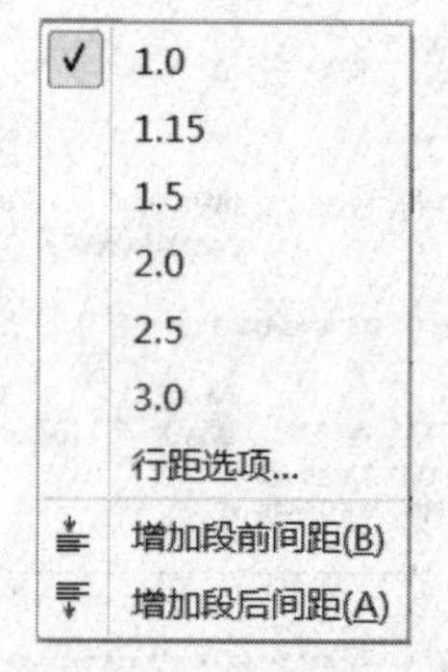

图 4–33 行和段落间距列表

（4）段落与分页

通过设置 Word 文档段落分页选项，可以有效控制段落在两页之间的断开方式。控制段落的换行和分页，操作步骤如下：

① 选择要控制换行和分页的段落，或将插入点置于此段落中。

② 单击【开始】选项卡 |【段落】组右下角的“扩展按钮”，打开【段落】对话框。

③ 选择【换行和分页】选项卡。在此选项卡中，列有 4 个分页选项：

- 孤行控制：选中此项，可以避免段落的首行出现在页面底端，也可以避免段落的最后一行出现在页面顶端。
- 与下段同页：将所选段落与下一段落归于同一页。
- 段中不分页：使一个段落不被分在两个页面中。
- 段前分页：在所选段落前插入一个人工分页符强制分页。

④ 设置完毕后，单击【确定】按钮。

4.2.4　复制格式

如果在文档的格式设置过程中发现有两部分内容的格式完全相同，可以通过“格式刷”实现格式的复制，该工具主要用于复制选定对象的格式，包括字体格式和段落格式。

1. 复制字体格式

字体格式包括字体、字形、字号、文字颜色、操作步骤如下：

① 选中要复制格式的文本。

② 单击【开始】选项卡 |【剪贴板】组 |【格式刷】按钮，此时鼠标指针呈刷子形状。

③ 按住鼠标左键刷（即拖动）要应用新格式的文字。

2. 复制段落格式

操作步骤如下：

① 选中要复制格式的整个段落（可以不包括最后的段落标记符），或将插入点定位到此段落内，也可以仅选中此段落末尾的段落标记。

② 单击【开始】选项卡 |【剪贴板】组 |【格式刷】按钮。

③ 在应用该段落格式的段落中单击。如果同时要复制段落格式和文本格式，则需拖选整个段落（可以不包括最后的段落标记符）。

温馨提示

单击【格式刷】按钮，进行一次复制格式后，按钮将自动弹起，不能继续使用；如要连续多次使用，则双击【格式刷】按钮，可多次复制格式。如要停止使用，可按键盘上的【Esc】键，或再次单击【格式刷】按钮。

4.2.5　设置项目符号和编号

使用项目符号和编号，可以使文档有条理、层次清晰、可读性强。项目符号使用的是符号，而编号使用的是一组连续的数字或字母，出现在段落前。用户可以在文档中添加已有的项目符号和编号，也可以自定义项目符号和编号。

1. 添加项目符号

添加项目符号的操作步骤如下：

① 选中需要添加项目符号的多个段落。

② 单击【开始】选项卡 |【段落】组 |【项目符号】按钮，可为多个段落添加默认的项目符号，如果单击【项目符号】按钮右侧的下拉按钮，则打开【项目符号库】列表框，如图 4–34 所示，

用户可以在列表框中选择所需的项目符号。

③ 当项目符号库中没有需要的项目符号时，用户可以添加自定义的项目符号，选择【定义新项目符号】命令，打开【定义新项目符合】对话框，如图 4–35 所示，在其中进行相应的符号、图片或字体的设置。

④ 单击【确定】按钮，完成项目符号的设置。

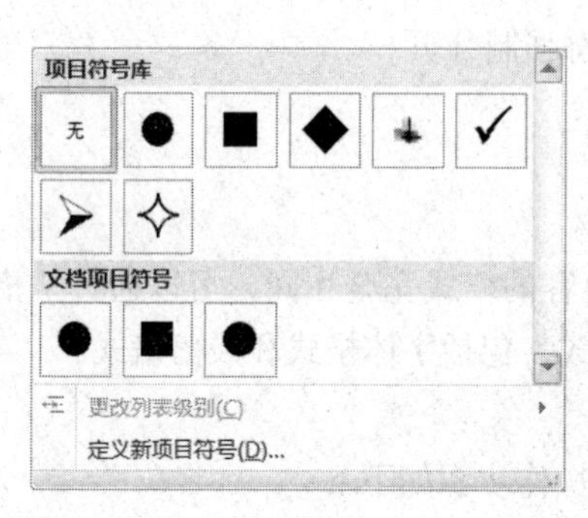

图 4–34 【项目符号库】列表框

图 4–35 【定义新项目符号】对话框

2. 添加编号

为文档中的段落添加编号的方法与添加项目符号类型，具体操作步骤如下：

① 选中需要添加编号的多个段落。

② 单击【开始】选项卡 |【段落】组 |【编号】按钮，可为多个段落添加默认的编号，如果单击【编号】按钮右侧的下拉按钮，则打开“编号库”列表框，如图 4–36 所示，用户可以在列表框中选择所需的编号。也可以通过选择【定义新编号格式】命令，打开【定义新编号格式】对话框，在其中进行新编号样式、格式及对齐方式的选择和设置，如图 4–37 所示。

③ 单击【确定】按钮，完成编号的设置。

图 4–36 【编号库】列表框

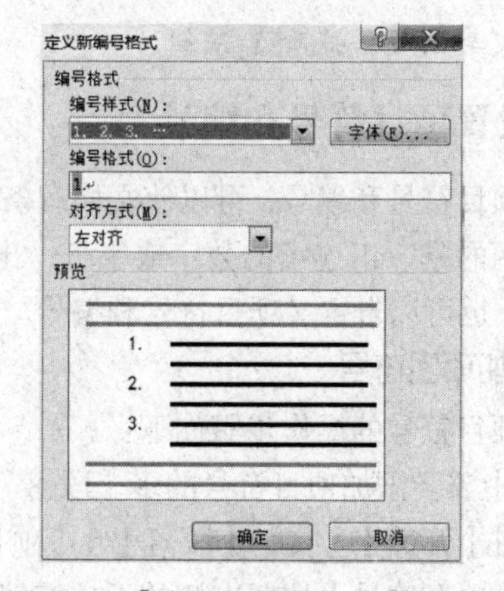

图 4–37 【定义新编号格式】对话框

样文中项目符号效果的操作步骤如下：

① 选取“学习篇”～“心理篇”七个段落，单击【开始】选项卡 |【段落】组 |【项目符号】按钮右侧的下拉按钮，选择“ ● ”项目符号。

② 选取“解析学习观问题……”～“解析考证热……”四个段落，按【Tab】键，将这四段产生缩进，单击【开始】选项卡 |【段落】组 |【项目符号】按钮右侧的下拉按钮，选择“ ➢ ”项目符号，便可以达到图 4-38 所示的效果。

- 学习篇
  - ➢ 解析学习观问题——大学里学习成绩和能力哪个更重要
  - ➢ 解析专业学习困惑——这个专业将来到底能干啥
  - ➢ 解析学习资源的利用——充分利用大学的资源
  - ➢ 解析考证热——不可一业不专，不可只专一业
- 生活篇
- 心理篇

图 4-38　任务二中的项目符号效果

4.2.6　设置边框和底纹

在 Word 2010 中，可以为选定的字符、段落、页面及各种图形设置各种颜色的边框和底纹，使文档格式达到理想的效果。具体操作步骤如下：

① 选定要添加边框或底纹的文字或段落，任务二中需要选择“大学是什么？……”这个段落。

② 单击【开始】选项卡 |【段落】组 |【框线】按钮右侧的下拉按钮，在下拉列表中选择【边框和底纹】命令，打开【边框和底纹】对话框，如图 4-39 所示。

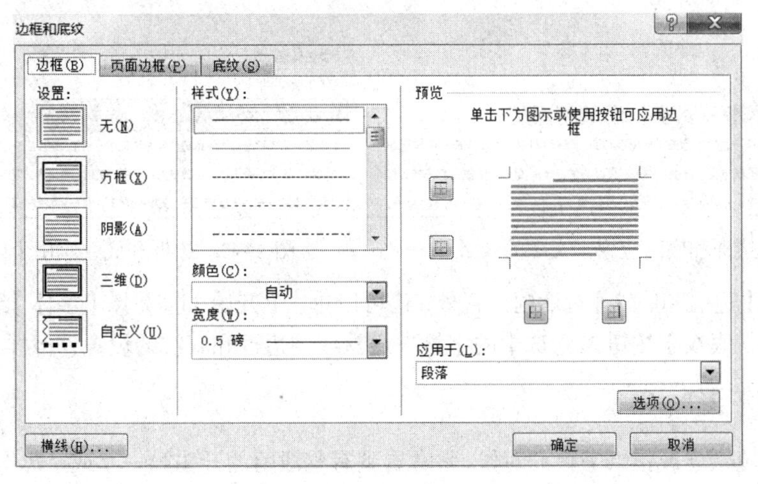

图 4-39　【边框和底纹】对话框 - 边框设置

③ 选择【边框】选项卡，分别设置边框的样式、颜色、宽度、应用范围等，应用范围可以是选定的【文字】或【段落】，对话框右侧会出现效果预览，用户可以根据预览效果随时进行调整，直到满意为止。

④ 选择【页面边框】选项卡，可以在页面四周添加边框，使文档获得不同凡响的页面外观效果。在添加页面边框时，可以为整篇文档的所有页添加边框，也可以为文档的个别页添加边框，除了线型边框外，还可以在页面周围添加艺术性边框，单击【艺术型】右侧的下拉按钮，从下拉列表中进行选择，应用范围可以是：整篇文档、本节、本节——只有首页、本节——除首页外所有页，如图 4-40 所示。

⑤ 选择【底纹】选项卡，分别设定填充底纹的图案、样式、颜色和设定应用范围等。

⑥ 所有设置完毕后单击【确定】按钮，完成边框和底纹的设置。

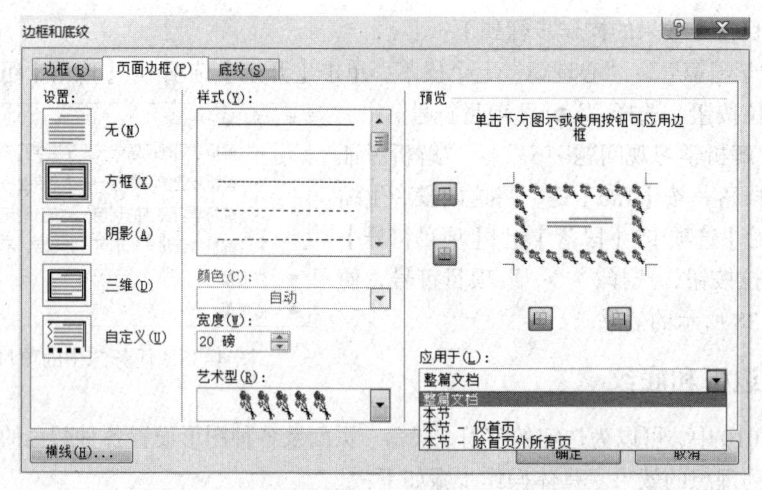

图 4–40 【边框和底纹】对话框 – 页面边框设置

注意：在“边框和底纹”对话框的“应用于”下拉列表框中可以选择【段落】和【文字】，它们的效果不同。图 4–41 和图 4–42 分别为边框和底纹应用于【文字】和【段落】的不同效果。

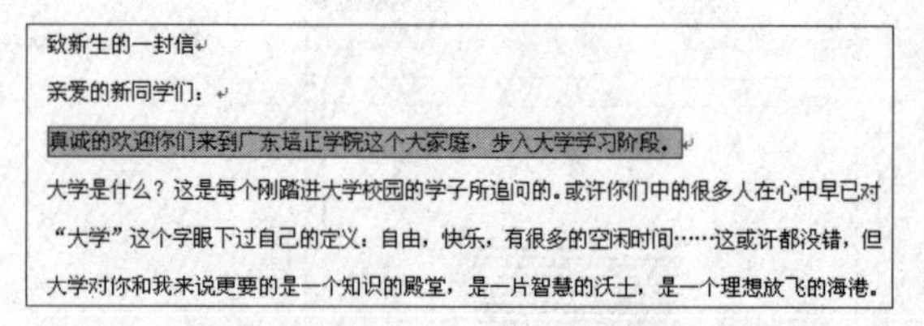
致新生的一封信
亲爱的新同学们：
真诚的欢迎你们来到广东培正学院这个大家庭，步入大学学习阶段。
大学是什么？这是每个刚踏进大学校园的学子所追问的。或许你们中的很多人在心中早已对“大学”这个字眼下过自己的定义：自由，快乐，有很多的空闲时间……这或许都没错，但大学对你和我来说更要的是一个知识的殿堂，是一片智慧的沃土，是一个理想放飞的海港。

图 4–41 边框和底纹应用于文字的效果

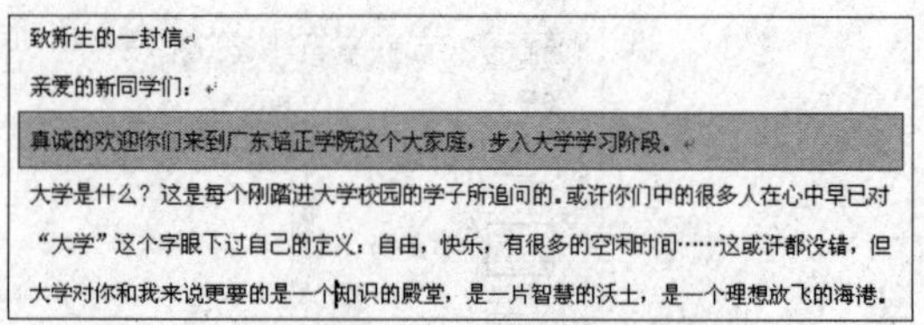
致新生的一封信
亲爱的新同学们：
真诚的欢迎你们来到广东培正学院这个大家庭，步入大学学习阶段。
大学是什么？这是每个刚踏进大学校园的学子所追问的。或许你们中的很多人在心中早已对“大学”这个字眼下过自己的定义：自由，快乐，有很多的空闲时间……这或许都没错，但大学对你和我来说更要的是一个知识的殿堂，是一片智慧的沃土，是一个理想放飞的海港。

图 4–42 边框和底纹应用于段落的效果

除了使用【边框和底纹】对话框设置外，还可以单击【开始】选项卡 |【字体】组 |【字符边框】按钮 A 和【字符底纹】按钮 A 为选中的字符进行默认的边框和底纹的设置，但样式比较单一。

4.2.7 首字下沉

我们在浏览杂志或报纸书籍的时候，常常看到有些段落的开头第一字或字母有下沉的效果，这就是首字下沉。这种效果在 Word 文档中是非常容易实现的。

在 Word 文档中，首字下沉有两种效果：【下沉】和【悬挂】。使用【下沉】效果，首字下沉后将和段落其他文字在一起，使用悬挂效果首字下沉后将悬挂在段落其他文字的左侧。设置首字下沉的操作步骤如下：

① 将光标放在要设置首字下沉的段落中。

② 单击【插入】选项卡 |【文本】组 |【首字下沉】下方的下拉按钮，在列表框中选择【首字下沉选项】命令，打开图 4–43 所示的对话框，选择“无”“下沉”或“悬挂”，同时还可以设置字体、下沉行数及距正文的距离。

图 4–43 【首字下沉】对话框

③ 单击【确定】按钮。

图 4–44 和图 4–45 分别为首字下沉三行和悬挂下沉三行的不同效果。

如果要去掉下沉的效果，可在【首字下沉】对话框中的【位置】选项组中选择“无”。

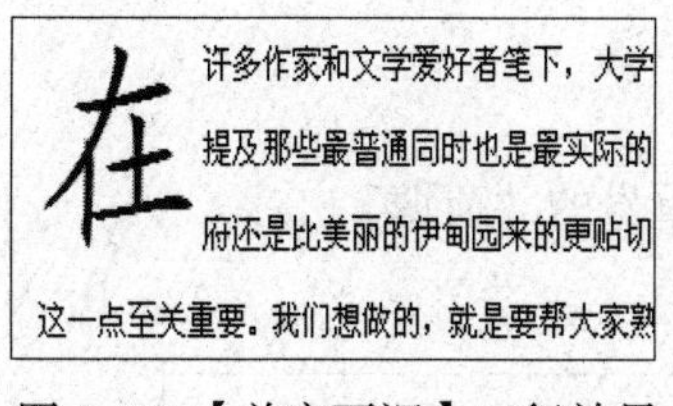

图 4–44 【首字下沉】三行效果

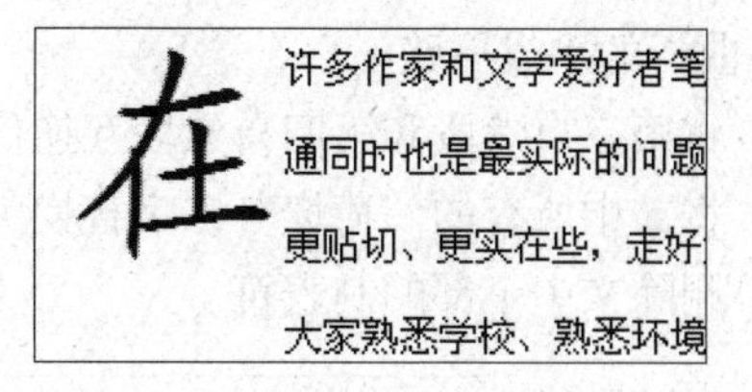

图 4–45 【悬挂下沉】三行效果

4.2.8　分栏排版

由于排版的需要，有时候可能会使用多种分栏排版样式，特别是在制作海报或报纸时，分栏更为广泛使用。分栏排版的操作步骤如下：

① 选定要进行分栏的文本，也可以把插入点定位到要进行分栏的节中。

② 单击【页面布局】选项卡 |【页面设置】组 |【分栏】按钮 分栏，在列表框中选择需要的分栏方式，也可以选择【更多分栏】命令，打开【分栏】对话框，如图 4–46 所示。

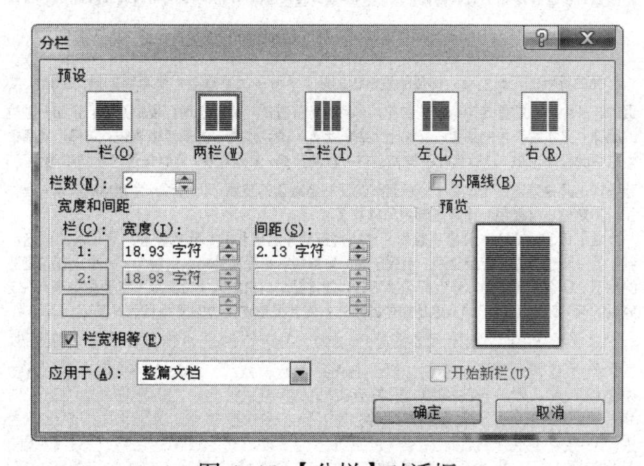

图 4–46 【分栏】对话框

③ 在【分栏】对话框中设置分栏的数目、栏宽、间距，以及是否需要分隔线等。

④ 单击【确定】按钮完成分栏操作。

要取消分栏，只需要在【预设】选择组中选择“一栏”即可。

温馨提示

如果分栏的文本在文档的最后，会出现分栏长度不相同的情况。这时，只需要把插入点移动到文档最后再按【Enter】键，让最后一段后面出现一个段落标记，选定该段落标记之前需要分栏的文本，进行分栏操作。需要注意的是只有在页面视图中才能看到分栏效果，在其他视图中，只能看到按一栏宽度显示的文本。

【拓展练习 4-2】打开“荷塘月色.docx”，按要求进行操作，完成后按原名保存，参考样文如图 4–47 所示。

要求：

① 将标题“荷塘月色”的字符格式（不包括其段落格式）复制到第一自然段（这几天心里颇不宁静……）。

② 将标题“荷塘月色”的段落格式（不包括其字符格式）复制到第二自然段（沿着荷塘，

是一条曲折的小煤屑路……）。

③ 将第三自然段和第四自然段互换位置。

④ 将文中所有的“荷塘”二字替换为蓝色、加着重号的“荷塘”二字。

⑤ 删除文中全部的制表符。

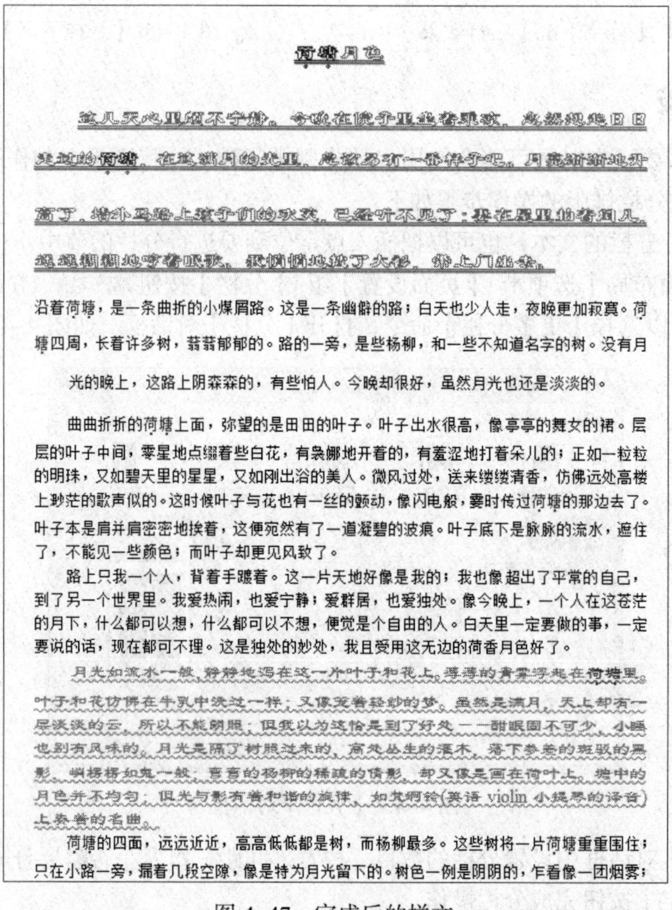

荷塘月色

这几天心里颇不宁静。今晚在院子里坐着乘凉，忽然想起日日走过的荷塘，在这满月的光里，总该另有一番样子吧。月亮渐渐地升高了，墙外马路上孩子们的欢笑，已经听不见了；妻在屋里拍着闰儿，迷迷糊糊地哼着眠歌。我悄悄地披了大衫，带上门出去。

沿着荷塘，是一条曲折的小煤屑路。这是一条幽僻的路；白天也少人走，夜晚更加寂寞。荷塘四周，长着许多树，蓊蓊郁郁的。路的一旁，是些杨柳，和一些不知道名字的树。没有月光的晚上，这路上阴森森的，有些怕人。今晚却很好，虽然月光也还是淡淡的。

曲曲折折的荷塘上面，弥望的是田田的叶子。叶子出水很高，像亭亭的舞女的裙。层层的叶子中间，零星地点缀着些白花，有袅娜地开着的，有羞涩地打着朵儿的；正如一粒粒的明珠，又如碧天里的星星，又如刚出浴的美人。微风过处，送来缕缕清香，仿佛远处高楼上渺茫的歌声似的。这时候叶子与花也有一丝的颤动，像闪电般，霎时传过荷塘的那边去了。叶子本是肩并肩密密地挨着，这便宛然有了一道凝碧的波痕。叶子底下是脉脉的流水，遮住了，不能见一些颜色；而叶子却更见风致了。

路上只我一个人，背着手踱着。这一片天地好像是我的；我也像超出了平常的自己，到了另一个世界里。我爱热闹，也爱宁静；爱群居，也爱独处。像今晚上，一个人在这苍茫的月下，什么都可以想，什么都可以不想，便觉是个自由的人。白天里一定要做的事，一定要说的话，现在都可不理。这是独处的妙处，我且受用这无边的荷香月色好了。

月光如流水一般，静静地泻在这一片叶子和花上。薄薄的青雾浮起在荷塘里。叶子和花仿佛在牛乳中洗过一样；又像笼着轻纱的梦。虽然是满月，天上却有一层淡淡的云，所以不能朗照；但我以为这恰是到了好处——酣眠固不可少，小睡也别有风味的。月光是隔了树照过来的，高处丛生的灌木，落下参差的斑驳的黑影，峭楞楞如鬼一般；弯弯的杨柳的稀疏的倩影，却又像是画在荷叶上。塘中的月色并不均匀；但光与影有着和谐的旋律，如梵婀玲(英语 violin 小提琴的译音)上奏着的名曲。

荷塘的四面，远远近近，高高低低都是树，而杨柳最多。这些树将一片荷塘重重围住；只在小路一旁，漏着几段空隙，像是特为月光留下的。树色一例是阴阴的，乍看像一团烟雾；

图 4-47　完成后的样文

操作要点：

① 复制字符格式：选中要复制格式的文本，如选中“月”字，单击【开始】选项卡|【剪贴板】组|【格式刷】按钮，此时鼠标指针显示为一个刷子图案，按住鼠标左键刷（即拖动）第一段文字。

② 复制段落格式：将插入点定位到标题段落内，单击【开始】选项卡|【剪贴板】组|【格式刷】按钮，然后在第二段中单击。

③ 段落互换位置：选中第四段，将其拖动到第三段的最前面，即“路上只我一个人”的前面即可。还有其他方法，请自己尝试。

④ 带格式的替换：单击【开始】选项卡|【编辑】组|【替换】按钮，在打开的【查找和替换】对话框的【替换】选项卡中进行图 4-48 所示的设置。

⑤ 特殊字符的删除：单击【开始】选项卡|【编辑】组|【替换】按钮，在打开的【查找和替换】对话框的【替换】选项卡中进行图 4-49 所示的设置。

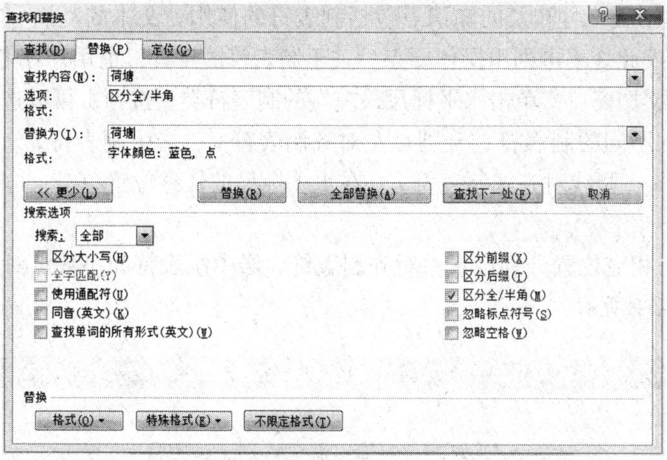

图 4–48　用【查找和替换】进行带格式替换

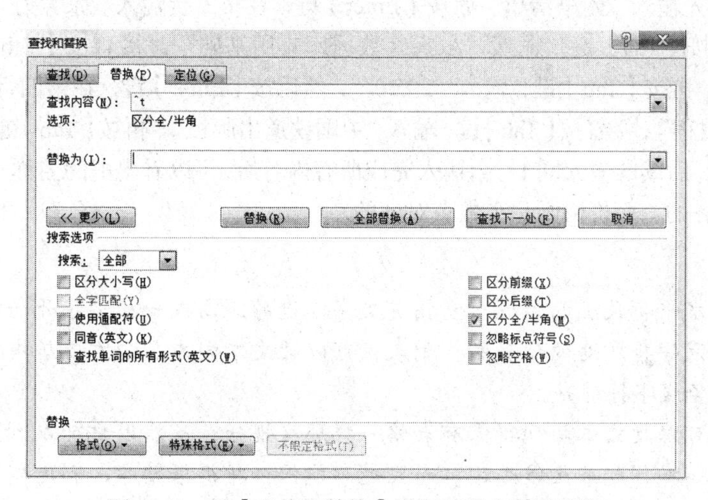

图 4–49　用【查找和替换】进行特殊字符的删除

【拓展练习 4-3】制作一个购书清单，以“购书清单 .docx”为文件名保存在 F 盘的试卷文件夹下，最终效果如图 4–50 所示。

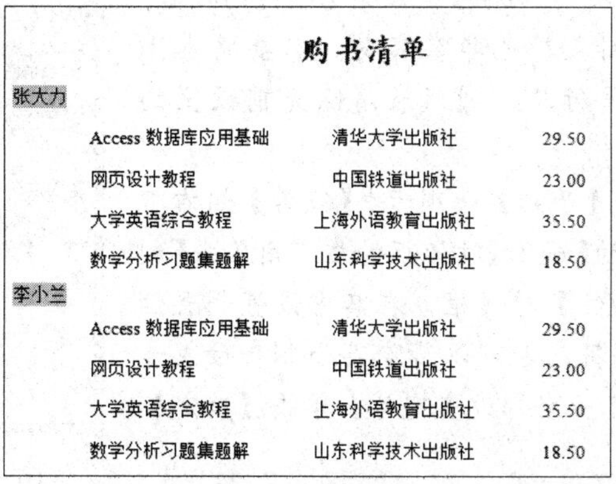

购书清单

张大力

书名	出版社	价格
Access 数据库应用基础	清华大学出版社	29.50
网页设计教程	中国铁道出版社	23.00
大学英语综合教程	上海外语教育出版社	35.50
数学分析习题集题解	山东科学技术出版社	18.50

李小兰

书名	出版社	价格
Access 数据库应用基础	清华大学出版社	29.50
网页设计教程	中国铁道出版社	23.00
大学英语综合教程	上海外语教育出版社	35.50
数学分析习题集题解	山东科学技术出版社	18.50

图 4–50　【购书清单】最终效果图

操作要点：本拓展练习涉及的知识点包括制表符的使用、文本的复制、字符底纹。对于文本的复制、字符底纹此处不再列出操作要点。关于制表符的设置，请用户参考以下操作步骤：

① 打开 Word 文档窗口，单击水平标尺最左端的制表符类型按钮，可以选择不同类型的制表符。Word 包含 5 种不同的制表符，分别是左对齐制表符、居中制表符、右对齐制表符、小数点对齐制表符、竖线对齐式制表符。在水平标尺的任意位置单击，即可创建当前类型的制表符。

② 在水平标尺相应位置分别设置左对齐制表符、居中制表符和小数点对齐制表符，具体制表符的设置如图 4–51 所示。

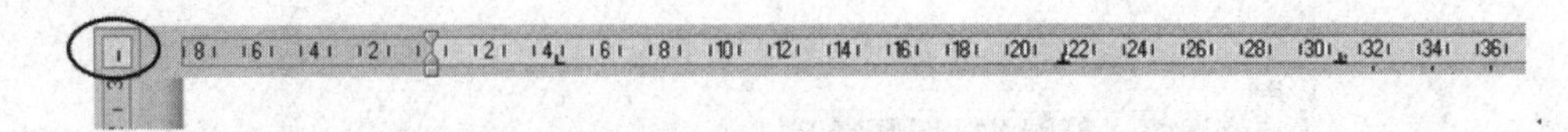

图 4–51　已设置了制表符的水平标尺

③ 在第一行先输入“购书清单”后按【Enter】键，在第二行输入“张大力”后再按【Enter】键，在第三行先按【Tab】键，输入“Access 数据库应用基础”，接着按【Tab】键，输入“清华大学出版社”，再按【Tab】键，输入“29.50”，然后按【Enter】键；在第四行先按【Tab】键，输入“网页设计教程”，接着按【Tab】键，输入“中国铁道出版社”，再按【Tab】键，输入“23.00”，然后按【Enter】键，后续的输入同上。当输入完成所有内容后，可以看出书的名称全部是左对齐的，出版社是居中对齐的，而价格则是小数点对齐的。

拓展知识

制表位是指水平标尺上的位置，它指定文字缩进的距离或一栏文字开始的位置。通俗地讲，就是用来规范字符所处的位置的。制表位可以让文本向左、向右或居中对齐，或者将文本与小数字符或竖线字符对齐。

利用制表位可以把文本排列得像有表格一样那样规矩。虽然用户可以利用空格键来规范字符的位置，但是操作起来比较烦琐，而且也不能保证排得很整齐，利用制表位可以克服以上缺点。所以，当人们给出选择题的答案、制作菜单、写价目表、编排公式都需要使用制表位。

如果在水平标尺中设置了制表符，则每按一次【Tab】键，可将光标位于下一个制表符位置；如果在水平标尺中没有设置制表符，则每按一次【Tab】键，Word 将在文档中插入一个制表符，其间隔为 0.74 cm。这个制表符本身也可以规范字符的位置。

在水平标尺上清除制表符也非常容易，只要将水平标尺中的制表符拖离水平标尺，则代表清除先前设置的制表符。

用户也可以通过单击【开始】选项卡 |【段落】组右下角的“扩展按钮”，在打开的【段落】对话框的左下角单击【制表位】按钮，打开【制表位】对话框，在其中设置制表位的位置、对齐方式、前导符，也可以清除某个制表位或者全部清除，如图 4–52 所示。全部设置完毕，单击【确定】按钮。

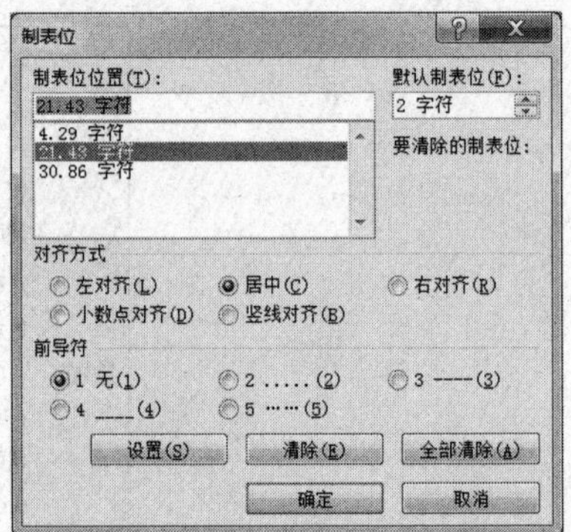

图 4–52　【制表位】对话框

4.3　Word 2010 表格的制作

表格是一种简明、直观的表达方式，一个简单的表格远比一大段文字更有说服力，更能表达清楚一个问题。在 Word 2010 中，我们不仅可以随心所欲地制作表格，还可以对表格进行编辑和格式化，使表格变得美观、大方、布局合理。

4.3.1　任务三　制作“课程表”

1. 任务引入

制作如图 4–53 所示的课程表。

2. 任务分析

分析该任务，可从以下几个方面入手：

- 插入一个 9 行 7 列的表格；
- 合并单元格；
- 输入文字；
- 设置表格的行高、列宽；
- 设置斜线表头；
- 设置单元格中文字对齐；
- 设置边框和底纹。

课 程 表

星期 / 节次		一	二	三	四	五
上午	1	计算机	大学英语	微积分	大学语文	经济学
	2	计算机	大学英语	微积分	大学语文	经济学
	3	计算机	体育	管理学		经济学
	4		体育	管理学		
下午	5	会计学		法律基础		微积分
	6	会计学		法律基础		微积分
	7	会计学			大学英语	
	8				大学英语	

图 4–53　课程表

本节 4.3.2 ~ 4.3.5 将对任务三中涉及的知识点进行梳理。

4.3.2　创建表格

在 Word 中提供了多种创建表格的方法，用户可以根据不同的需要，选择不同的创建方法。

1. 利用“插入表格”对话框创建表格

利用【插入表格】对话框可以方便地创建表格，操作步骤如下：

① 将光标插入点定位到文档中要插入表格的位置。

② 单击【插入】选项卡 |【表格】组 |【表格】按钮，在下拉列表中选择【插入表格】命令，打开【插入表格】对话框，如图 4–54 所示。

③ 在对话框中分别输入列数、行数，设置好其他各选项后，单击【确定】按钮即可。

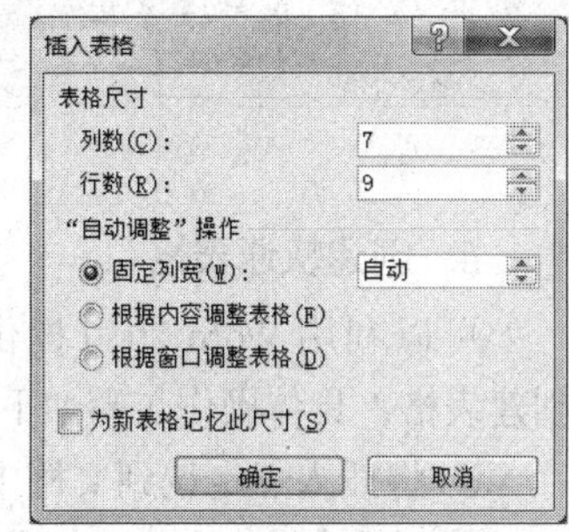

图 4–54 【插入表格】对话框

用【插入表格】对话框这种方法适合创建大型、规则的表格，表格最多可达 32 767 行和 63 列。任务三中的“课程表”需要插入一个 9 行 7 列的表格。

【插入表格】对话框中各个选项的释义如下：

- 固定列宽：为列宽指定一个固定值，按照指定的列宽创建表格。
- 根据内容调整表格：表格中的列宽会根据内容的增减而自动调整。
- 根据窗口调整表格：表格的宽度与正文区宽度一致，列宽等于正文区宽度除以列数。
- 为新表格记忆此尺寸：选中该复选框，当前对话框中的各项设置将保存为新建表格的默认值。

2. 使用【插入表格】网格创建表格

通过在【插入表格】网格区域移动鼠标也可以方便地创建表格，操作步骤如下：

① 将插入点定位到文档中要创建表格的位置。

② 单击【插入】选项卡 |【表格】组 |【表格】按钮，在下拉列表中的网格区域内移动鼠标，则行和列以橙色显示，这表示即将插入表格的行数和列数。如图 4–55 所示，代表即将插入 5 行 3 列的表格。

③ 此时单击，则在插入点处插入一个表格。

使用在【插入表格】网格拖动鼠标动创建表格尽管方便快捷，但是在表格行列数上有一定的限制，这种方法适合创建行列数较少的规则表格。

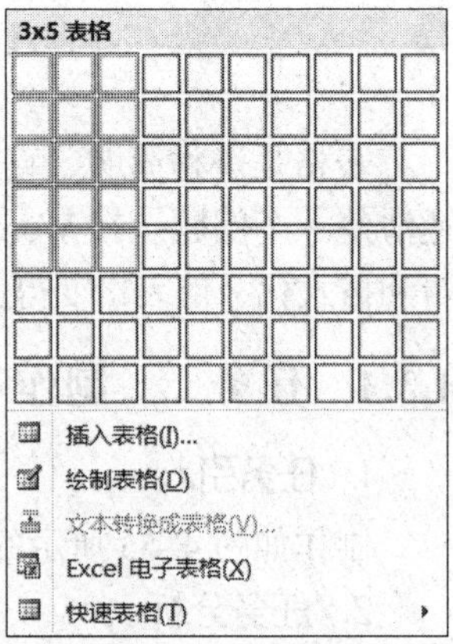

图 4–55 【插入表格】网格

3. 绘制表格

制作表格的另一种方法是使用 Word 的“绘制表格”功能。通过不断地拖放笔形图标，用户可以随心所欲制作、编辑表格，犹如拿着笔在纸上画表格一样方便。操作步骤如下：

① 将插入点定位到文档中要创建表格的位置。

② 单击【插入】选项卡 |【表格】组 |【表格】按钮，在下拉列表中选择【绘制表格】命令，此时，鼠标指针变成画笔形状。

③ 在需要绘制表格的地方单击并拖动鼠标绘制出表格的外框，形状为矩形，然后在矩形中可以绘制行、列或斜线。

④ 在绘制过程中，功能区中自动出现【表格工具/设计】选项卡，该选项卡下各个选项组如图 4–56 所示。当绘制完毕，单击【绘图边框】组 |【绘制表格】按钮，鼠标指针由画笔形状变为“I”形状，绘制表格工作完成。

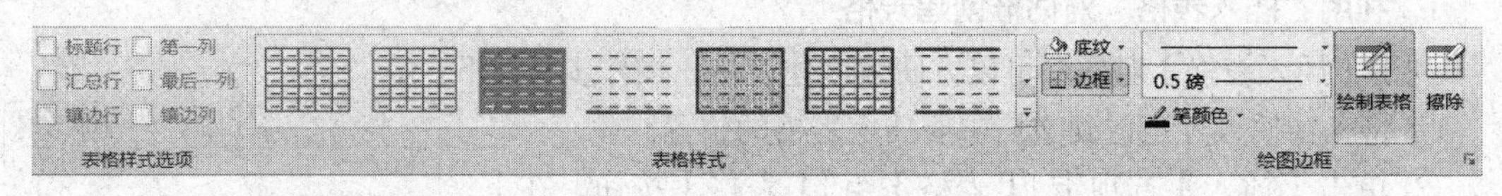

图 4–56 【表格工具/设计】选项卡

4. 创建快速表格

可以利用 Word 2010 提供的内置表格模板快速创建表格，具体操作步骤如下：

① 将插入点定位到文档中要创建表格的位置。

② 单击【插入】选项卡 |【表格】组 |【表格】按钮，在下拉列表中选择【快速表格】命令，在内置表格列表中选择需要的表格类型，如图 4–57 所示。

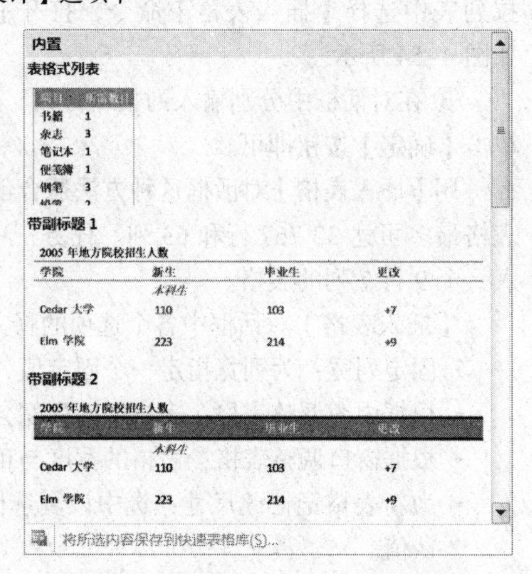

图 4–57 【快速表格】的内置表格列表

4.3.3 编辑表格

表格的编辑包括表格内容的编辑，行列的插入、删除、合并、拆分、高度、宽度的调整等，经过编辑的表格才更符合我们的实际需要。

1. 表格内容的编辑

表格创建好后即可向单元格中输入数据。表格中数据的编辑，如文字的增加、删除、更改、复制、移动，字体、字号以及对齐方式的设置等，与前面讲过的文字编辑基本相同，此处不再赘述。

插入点的移动可以用鼠标在需要编辑的单元格中单击，还可以通过键盘命令来实现：

①【↑】【↓】【←】【→】键：可以分别将插入点向上、向下、向左、向右移动一个单元格。

②【Tab】键：每按一下【Tab】键，插入点会移动到下一个单元格；按【Shift+Tab】组合键，插入点移动到上一个单元格。

③【Home】和【End】键：插入点分别移动到单元格数据之首和单元格数据之尾。

④【Alt+Home】和【Alt+End】组合键：插入点移动到本行中第一个单元格之首和本行末单元格之首。

⑤【Alt+PgUp】和【Alt+PgDn】组合键：插入点移动到本列中第一个单元格之首和本列末单元格之首。

当需要输入到单元格的数据超出单元格的宽度时，系统会自动换行，增加行的高度，而不是自动变宽或转到下一个单元格。当然也可以通过改变表格宽度来调整表格内容，使之达到最理想的效果。

2. 选定操作

在对表格进行编辑时，遵循“先选定，后操作”。表格中，选定分以下几种情形：

① 选定单元格：将鼠标移动到单元格内部的左侧，鼠标指针变成指向右上方的黑色箭头，单击可以选定一个单元格，按住鼠标左键拖动可以选定多个单元格。

② 选定行：鼠标移动到表格左侧外部的选定栏，鼠标指针变成指向右上方的空心箭头，单击可以选定该行，按住鼠标左键继续向上或向下拖动，可以选定多行。

③ 选定列：将鼠标移动到表格的顶端，鼠标指针变成向下的黑色箭头，在某列上单击可以选定该列，按住鼠标向左或向右拖动，可以选定多列。

④ 选定整表：当鼠标指针移向表格内，在表格外的左上角会出现一个“表格移动手柄”⊞，单击它可以选定整个表格。

3. 行、列的插入

制作完一个表格后，经常会根据需要增加一些内容，如在表格中插入新的行、列或单元格等，插入的操作步骤如下：

① 在需要插入新行或新列的位置，选定一行（一列）或多行（多列）（将要插入的行数（列数）与选定的行数（列数）相同）。如果要插入单元格就要先选定单元格。

② 在【表格工具 / 布局】选项卡 |【行和列】组中，按需要选择插入行、列，如图 4–58 所示。

③ 如需插入单元格，则单击【行和列】组右下角的“扩展按钮”，打开【插入单元格】对话框，如图 4–59 所示，可选择活动单元格右移或者下移。

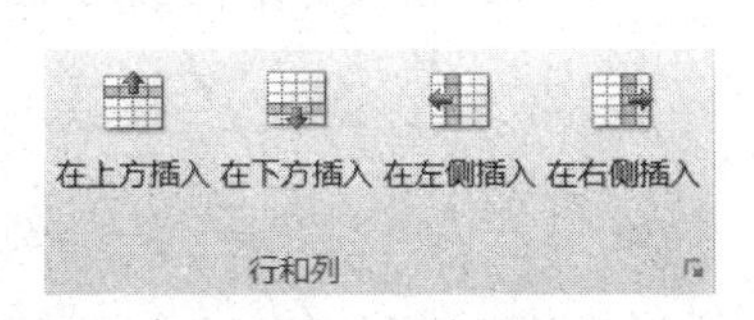

图 4–58 【行和列】组

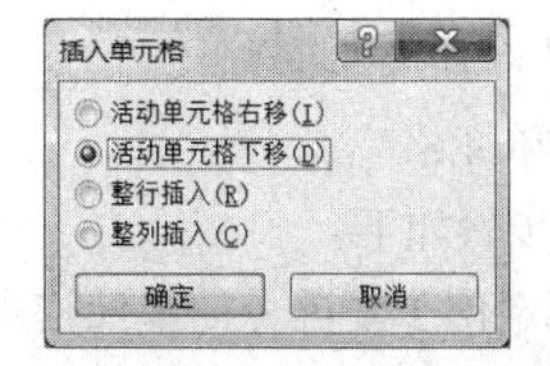

图 4–59 【插入单元格】对话框

除了用上述菜单方法插入行、列外，还可以用以下两种方法：

方法一：鼠标方法。右击选定的行或列，在弹出的快捷菜单中选择【插入】命令，展开的级联菜单如图 4-60 所示，选择需要的命令即可。

方法二：键盘方法。如果要在表格末尾插入新行，可以将插入点移动到表格的最后一个单元格中，然后按【Tab】键，即可在表格的最后一行下面添加新的一行；将插入点移动到最后一个单元格外面（即表格的右侧），然后按【Enter】键，也可在表格的最后一行下面添加新的一行。

4. 行、列的删除

如果某些行（列）需要删除，可以通过以下步骤来实现：

① 选定要删除的行或列。

② 单击【表格工具 / 布局】选项卡 |【行和列】组 |【删除】按钮，在下拉菜单中选择需要的命令，如图 4-61 所示。

除用上述菜单方法进行行、列的删除外，还可以用鼠标或者键盘方法删除行或列。

方法一：右击要删除的行或列，在弹出的快捷菜单中选【删除行】或【删除列】命令。

方法二：选定要删除的行或列，单击【Backspace】键（退格键）。

5. 合并与拆分

在进行表格编辑时，有时需要把多个单元格合并成一个单元格，有时需要把一个单元格拆分成多个单元格，从而适应表格的需要。

（1）合并单元格

具体操作步骤如下：

① 选定需要合并的多个连续单元格。

② 单击【表格工具 / 布局】选项卡 |【合并】组 |【合并单元格】按钮，或者右击选定的多个单元格，在弹出的快捷菜单中选择【合并单元格】命令，则选定的多个单元格便被合并成为一个单元格。

在任务三中，需要合并单元格的地方如图 4-62 所示。

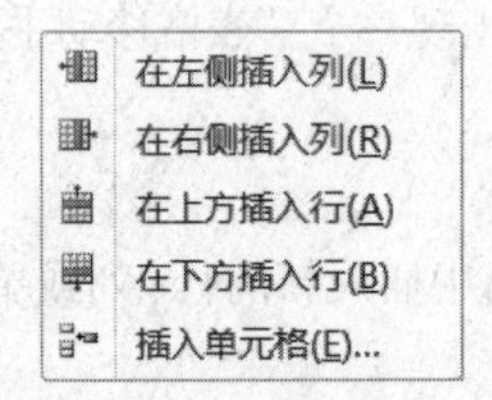

图 4-60 【插入】级联菜单

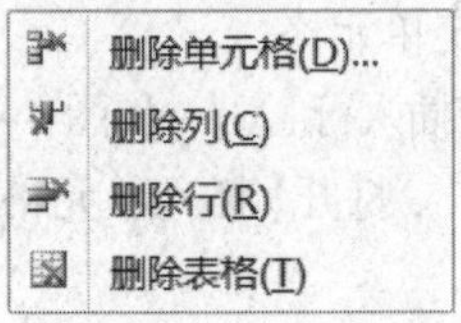

删除单元格(D)...
删除列(C)
删除行(R)
删除表格(T)

图 4-61 【删除】下拉菜单

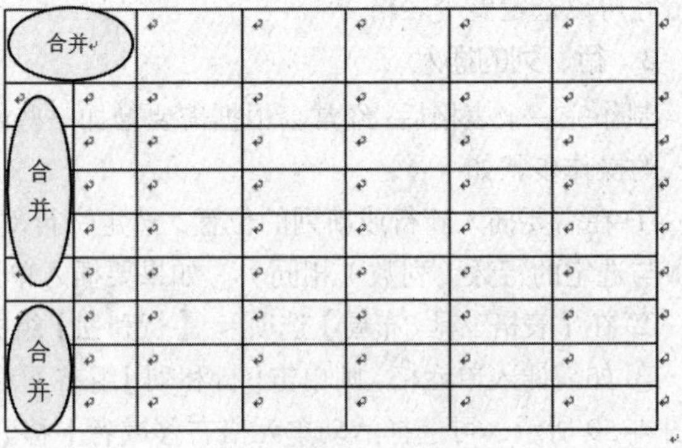

合并
合并
合并

图 4-62 需要合并单元格示意图

（2）拆分单元格

具体操作步骤如下：

① 将光标定位于要拆分的单元格内。

② 单击【表格工具 / 布局】选项卡 |【合并】组 |【拆分单元格】按钮，或右击要拆分的单元格，在弹出的快捷菜单中选择【拆分单元格】命令，均可打开【拆分单元格】对话框，如图 4-63 所示。

③ 在对话框中输入要拆分成的行数和列数，然后单击【确定】按钮。

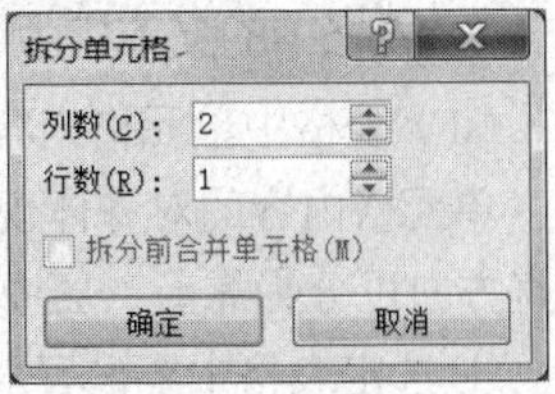

图 4-63 【拆分单元格】对话框

（3）拆分表格

在实际工作中，有时候需要将一个表格拆分成两个或多个表格，具体操作步骤如下：

① 将插入点定位到要作为第二个表格的第一行的任意一个单元格内。

② 单击【表格工具 / 布局】选项卡 |【合并】组 |【拆分表格】按钮，两个表格中间出现一个回车符，表格就一分为二了，第一步中的插入点所在的行即成为新表格的第一行。如果需要合并拆分开的表格，只需要把两个表格中间的回车符删除即可。

4.3.4　格式化表格

表格建立好后即可对表格进行格式化设置。格式化表格主要包括：设置表格的对齐和环绕方式、对单元格中的文本进行排版、设置表格的边框和底纹、调整表格宽度和高度、自动套用表格格式等内容。

1. 设置表格对齐和环绕方式

（1）表格对齐

表格的对齐是指表格在文档中的摆放位置、表格与周围文字之间的位置。简单的对齐设置，例如将整张表格居中，可以选中整张表格，再单击【开始】选项卡 |【段落】组 |【居中】按钮即可。若需要进一步设置表格与文字的对齐和环绕方式，则需要在【表格属性】对话框中进行，具体操作步骤如下：

① 选中整张表格，或者把光标置于表格中任意一个单元格中。

② 单击【表格工具 / 布局】选项卡 |【表】组 |【属性】按钮，打开【表格属性】对话框，如图 4-64 所示。

③ 选择【表格】选项卡，在其中进行相应对齐方式的设置，单击【确定】按钮。

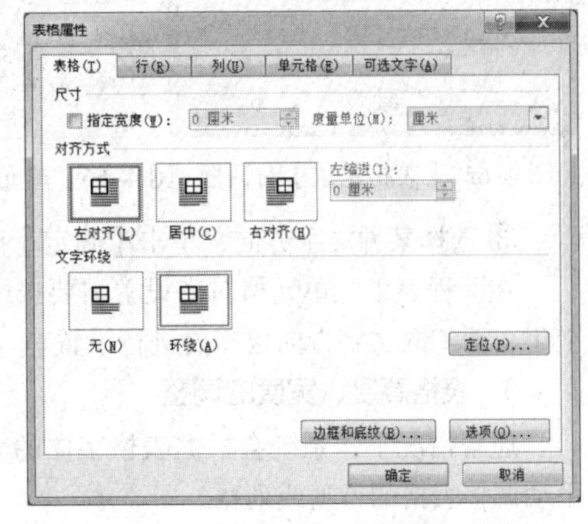

图 4-64 【表格属性】对话框【表格】选项卡

（2）表格定位

表格也可以像图片一样让文字环绕。当对表格选择【文字环绕】方式为“环绕”时，就需要将表格精确定位到一个特定位置。具体操作步骤如下：

① 选中整张表格。

② 单击【表格工具 / 布局】选项卡 |【表】组 |【属性】按钮，打开【表格属性】对话框，选择【表格】选项卡，选择【文字环绕】方式为“环绕”，单击右侧的【定位】按钮，打开【表格定位】对话框，如图 4-65 所示。

③ 在【水平】【垂直】【距正文】三个选项区输入精确的数值，在【相对于】下拉列表框中选择所需的位置距离，单击【确定】按钮。

2. 表格中的文本排版

（1）表格中单元格内容的对齐

单元格内容的对齐体现在水平和垂直两个方向，水平可分为左对齐、居中对齐、右对齐等，垂直方向可分为靠上、居中和靠下对齐。具体操作步骤如下：

① 选定表格中要设置对齐的单元格。

② 单击【表格工具 / 布局】选项卡 |【对齐方式】组中相应的对齐方式按钮，如图 4–66 所示。

（2）表格文字的方向

在表格中输入文本后，可以对表格中的文字方向进行修改，具体操作步骤如下：

① 选定表格中需要修改文字方向的单元格。

② 右击选定的单元格，在弹出的快捷菜单中选择【文字方向】命令，打开【文字方向】对话框，如图 4–67 所示。

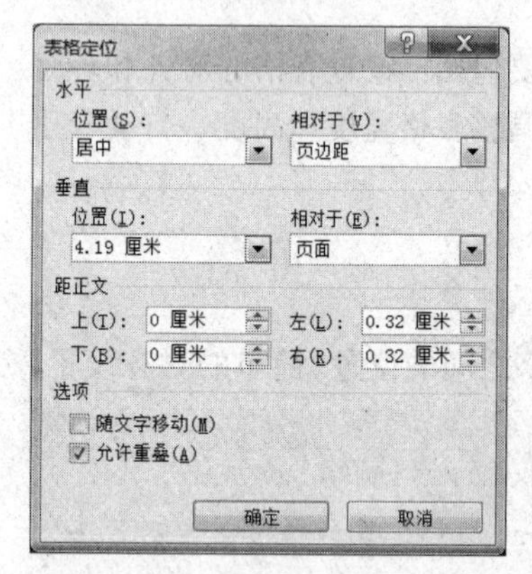

图 4–65 【表格定位】对话框

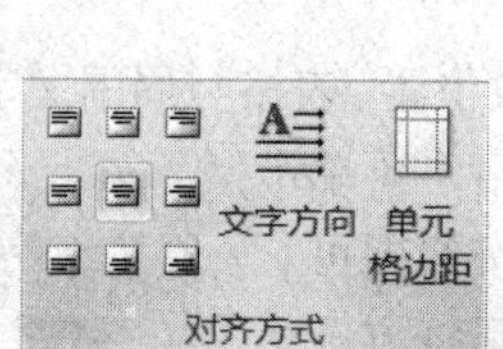

图 4–66 单元格对齐方式按钮

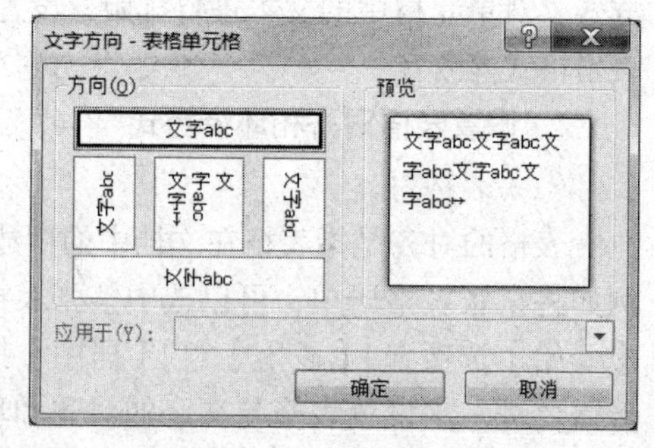

图 4–67 【文字方向】对话框

③ 选择某种文字方向，单击【确定】按钮。

在课程表中，单元格对齐设置需要选中所有单元格，再设置“中部局中”对齐方式，而上午、下午的文字方向也需要进行设置。

3. 表格高度、宽度的调整

通常情况下，系统会根据表格字体的大小自动调整表格的行高或列宽。当然，用户也可以手动调整表格的行高或列宽。

（1）用鼠标调整行高或列宽

鼠标移动到要调整行高的行线上，按住鼠标左键，鼠标指针变成⇳时，同时行线上出现一条虚线，按住鼠标左键拖放到需要的位置即可。列宽的调整与行高的调整相似，鼠标移动到要调整列宽的列线上，按住鼠标左键，鼠标指针变成⇹，同时列线上出现一条虚线，按住鼠标左键拖放到需要的位置即可。

（2）利用菜单命令调整行高或列宽

精确设定表格的行高或列宽的具体操作步骤如下：

① 选定要调整的行或列，该项任务中需要选中第 2 ～ 9 行。

② 单击【表格工具 / 布局】选项卡 |【表】组 |【属性】按钮，或者右击行或列，在弹出的快捷菜单中选择【表格属性】命令，均可打开【表格属性】对话框。

③ 在【行】和【列】选项卡（见图 4–68）中精确设定高度值或宽度值，单击【确定】按钮。

4. 设置表格的边框和底纹

默认情况下，刚创建的表格的全部边框都是 0.5 磅的黑色单实线，用户也可以根据需要为表格设置边框及底纹。

设置表格边框和底纹的具体操作步骤如下：

① 选中需要设置边框或底纹的表格。

② 单击【表格工具 / 设计】选项卡 |【绘图边框】组右下角的“扩展按钮”，或者右击选中表格，在弹出的快捷菜单中选择【边框和底纹】命令，均可打开【边框和底纹】对话框，如图 4–69 所示。

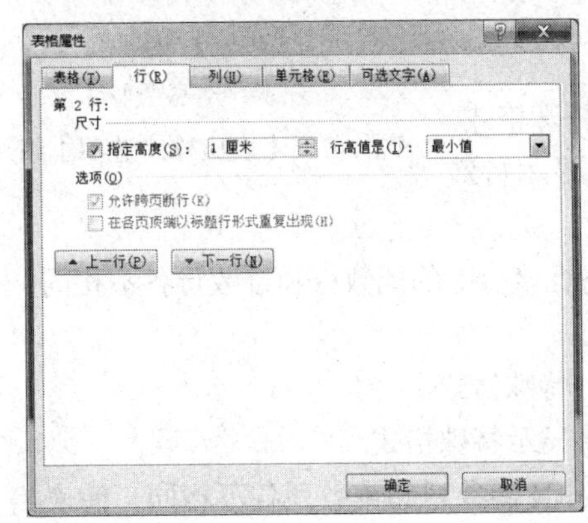

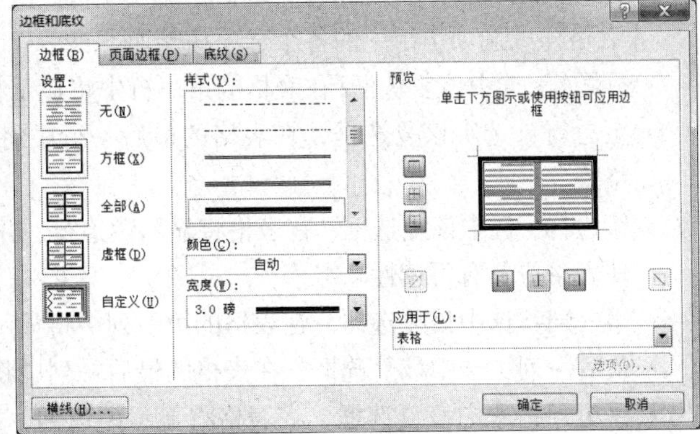

图 4–68 【表格属性】对话框【列】选项卡　　图 4–69 【边框和底纹】对话框

③ 在【边框】选项卡中可以设置边框的类型、边框线样式、颜色和宽度，在【应用于】下拉列表框中设置边框的应用范围。

④ 切换到【底纹】选项卡，可以设置填充颜色、填充图案样式和图案颜色，在【应用于】下拉列表框中设置底纹的应用范围。

⑤ 单击【确认】按钮。

除了使用【边框和底纹】对话框设置表格的边框和底纹外，还可以利用【表格工具 / 设计】选项卡 |【表格样式】组 |【底纹】按钮 底纹 /【边框】按钮 边框 进行设置。

5. 套用表格样式

表格样式是包含文字颜色、格式、边框和底纹颜色等一些组合的集合。为了加快表格的格式化速度，Word 2010 提供了 98 种默认的表格样式，以满足各种不同类型表格的需求。用户可根据实际情况应用快速样式或自定义表格样式设置表格的外观样式。

（1）应用快速样式

可以快速使得已有表格应用系统提供的表格样式。具体操作步骤如下：

① 将整个表格选中或将插入点置于表格的任一单元格内。

② 单击【表格工具 / 设计】选项卡 |【表格样式】组 |【表格样式】列表右侧的【向下滚动】按钮 或【其他】按钮 ，将打开更多样式可供选择。将光标停留在某个样式上时，表格会按该样式显示预览效果，单击该样式即可将样式应用到选定的表格上，如图 4–70 所示。

（2）修改外观样式

应用表格样式之后，用户还可以在原有样式的基础上修改表格样式的标题汇总行等内容。具体操作步骤如下：

① 将整个表格选中或将插入点置于表格的任一单元格内。

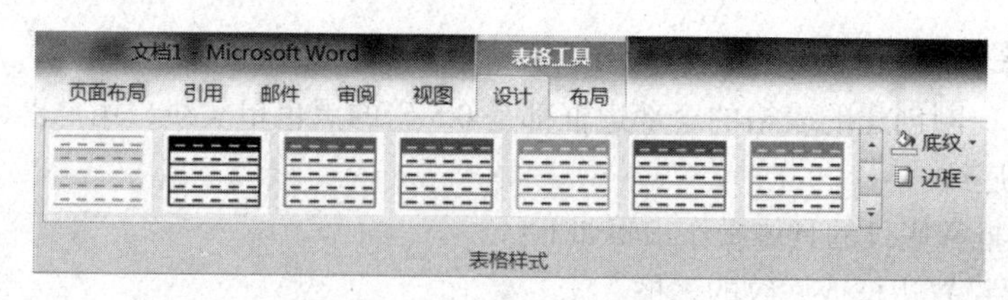

图 4-70 【表格样式】列表框

② 在【表格工具 / 设计】选项卡 |【表格样式选项】组中对各个选项按需要选取或者取消选取，如图 4-71 所示。

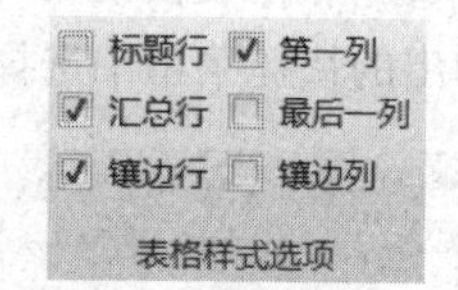

图 4-71 【表格样式选项】组

【表格样式选项】组中的各个选项功能如下：

- 标题行：选中该复选框，在表格的第一行中将显示特殊格式。
- 汇总行：选中该复选框，在表格的最后一行中将显示特殊格式。
- 镶边行：选中该复选框，在表格将显示镶边行，并且该行上的偶数行和奇数行各不相同，使表格更具有可读性。
- 第一列：选中该复选框，在表格的第一列中将显示特殊格式。
- 最后一列：选中该复选框，在表格的最后一列中将显示特殊格式。
- 镶边列：选中该复选框，在表格将显示镶边列，并且偶数列和奇数列各不相同，使表格更具有可读性。

4.3.5 表格的其他设置

Word 2010 表格的使用有很多技巧，熟练使用这些技巧对提高工作效率大有帮助。

1. 数据排序

在 Word 2010 中，用户可以按照一定的规律对表格中的数据进行排序。排序方式有四种，分别可以按笔画、数字、日期或拼音进行排序。

例如，将“表 4-1 原始的学生成绩表”经排序后，成为“表 4-2 按英语降序排序的学生成绩表”，具体操作步骤如下：

① 将插入点定位在表格的任一单元格中。

② 单击【表格工具 / 布局】选项卡 |【数据】组 |【排序】按钮，打开【排序】对话框，如图 4-72 所示。

③ 在【主要关键字】下拉列表框中选择英语，【类型】为数字，选中【降序】单选按钮，单击【确定】按钮。

若要对表格数据进行多条件排序，则设置了主要关键字后，还要设置次要关键字以及第三关键字，Word 2010 提供最多 3 个排序关键字。

表 4-1 原始的学生成绩表

姓名	高等代数	哲学	英语	民法	会计学
申旺林	95	97	85	83	75
李伯仁	78	75	59	79	93
陈静	90	70	77	70	58
魏文鼎	55	62	69	63	51
吴心	45	57	62	47	49

表 4-2 按英语降序排序的学生成绩表

姓名	高等代数	哲学	英语	民法	会计学
申旺林	95	97	85	83	75
陈静	90	70	77	70	58
魏文鼎	55	62	69	63	51
吴心	45	57	62	47	49
李伯仁	78	75	59	79	93

图 4-72 数据排序

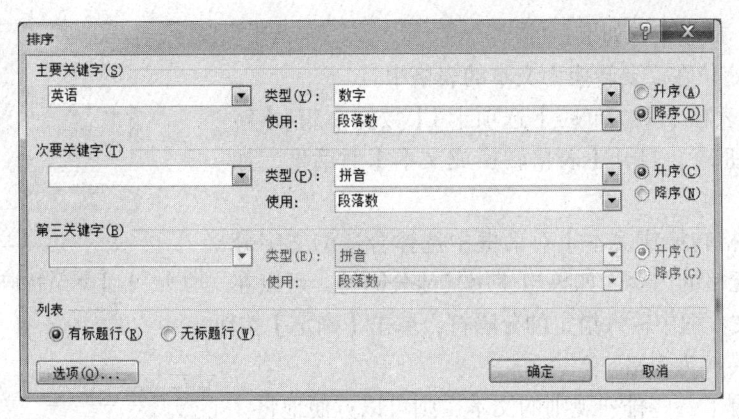

图 4–72 数据排序（续）

2. 表格数据的简单运算

利用 Word 2010 提供的表格公式功能，可以对表格中的数据进行简单的数据运算，如求和、求平均值、求最大值或最小值等。

例如：在表 4-3 学生成绩表中，求高等代数的总分。具体操作步骤如下：

① 将插入点定位在第 7 行第 2 列，即高等代数的总分单元格中。

② 单击【表格工具 / 布局】选项卡 |【数据】组 |【公式】按钮，打开“公式”对话框，如图 4–73 所示。

③ 输入公式，也可以通过【粘贴函数】下拉列表框选择所需的函数，在【编号格式】下拉列表框中选择计算结果的格式，单击【确定】按钮。

表 4-3 计算总分的学生成绩表

姓名	高等代数	哲学	英语	民法	会计学
申旺林	95	97	85	83	75
陈静	90	70	77	70	58
魏文鼎	55	62	69	63	51
吴心	45	57	62	47	49
李伯仁	78	75	59	79	93
总分	363				

公式
公式(F)：
=SUM(ABOVE)
编号格式(N)：
粘贴函数(U)：　粘贴书签(B)：
确定　取消

图 4–73 【公式】对话框

在【公式】文本框中可以输入计算数据的公式，公式中的函数参数可以用 left、right、above、below 四个参数值表示计算方向，还可以输入表示单元格引用的标识。例如，参数为 left（左边数据）、right（右边数据）、above（上边数据）、below（下边数据）指定数据的计算方向。另外，也可以用类似 Excel 的单元格地址引用的方式作为计算的参数，本题的 SUM(ABOVE)，也可以用 SUM(B2:B6) 代替，结果一样。关于单元格引用可参考第 5 章的相关内容。

注意：在表格中如果有数据变化，则通过公式计算的结果不会自动更新，用户需要右击计算结果，在弹出的快捷菜单中选择【更新域】命令，即可更新计算结果。

3. 表格与文字的相互转换

（1）表格转换成文字

Word 2010 可以将文档中的表格内容转换为由逗号、制表符、段落标记或其他指定字符分隔的普通文本。操作步骤如下：

① 将光标定位在需要转换为文本的表格中。

② 单击【表格工具 / 布局】选项卡 |【数据】组 |【转换为文本】按钮，打开【表格转换成文本】对话框，如图 4–74 所示。

③ 在【表格转换成文本】对话框中选择合适的文字分隔符来分隔单元格的内容。如果想使用其他分隔符，可以在【其他字符】文本框中输入指定的分隔符，单击【确定】按钮。

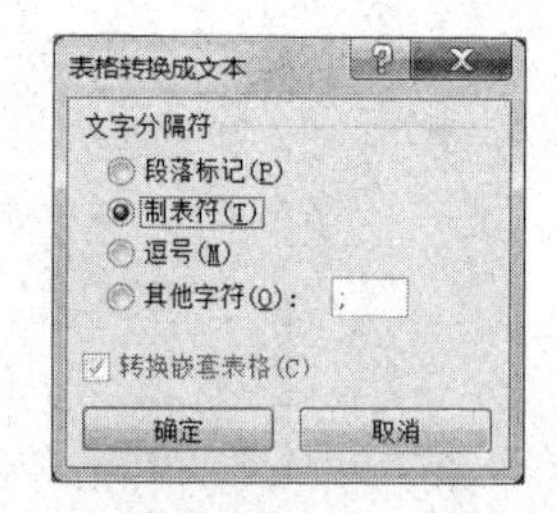

图 4–74 【表格转换成文本】对话框

（2）文字转换为表格

如果我们有了一些排列规则的文本，则可以方便地将其转换为表格。操作步骤如下：

① 选定需要转换成表格的文本。

② 单击【插入】选项卡 |【表格】组 |【表格】按钮，在列表框中选择【文本转换成表格】命令，打开【将文字转换成表格】对话框，如图 4–75 所示。

③ 在【文字分隔位置】选项区中选择要使用的分隔符，对话框中就会自动出现合适的列数、行数，单击【确定】按钮。

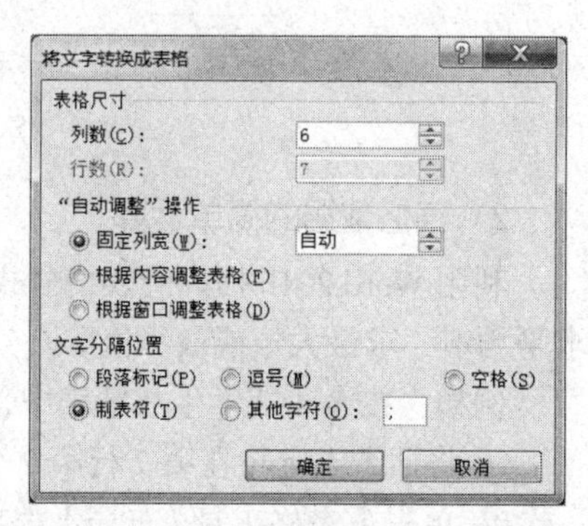

图 4–75 【将文字转换成表格】对话框

4. 重复标题行

当一张表格比较大，长度超过一页时，如果除第一页之外的其他页面没有表头，用户对某列的具体含义会比较模糊。Word 2010 中可以使用“重复标题行”来解决这个问题，使每一页的续表中都能显示表格的标题行。操作步骤如下：

① 选择一行或多行标题行。选定内容必须包括表格的第一行。

② 单击【表格工具 / 布局】选项卡 |【数据】|【重复标题行】按钮，再查看每一页表格的上方均显示表格的标题行，再次单击【重复标题行】按钮则代表取消该设置。

温馨提示

只能在页面视图或阅读版式视图中才可看到重复的表格标题。

5. 绘制斜线表头

在处理表格时，斜线表头是经常用到的一种表格格式，表头是指表格第一行第一列的单元格。例如任务三的课程表中，表格的左上角的单元格即用到了斜线表头，具体操作步骤如下：

① 将表格第一行的行高值调整得大些，方法是在【表格工具 / 布局】选项卡 |【单元格大小】组 |“行高”微调框中输入或者微调行高值，如设置为 1.5 cm。

② 选择第一行第一个单元格，单击【表格工具 / 设计】选项卡 |【绘图边框】组 |【绘制表格】按钮，此时光标变为画笔形状，在单元格中绘制一条斜线，绘制完毕后再次单击【绘制表格】按钮，返回文本编辑状态。

③ 输入表头的文字“星期”和“节次”，通过【Space】键和【Enter】键控制适当的位置，利用文本对齐可以设置文字在单元格的左侧或者右侧。

【拓展练习 4-4】文字与表格的转换及自动套用格式。

新建一个 Word 文档，以“成绩表 .docx”为文件名保存在 F 盘的 A 卷下，在文档中输入如图 4–76 所示的文字，注意使用逗号（统一为英文逗号）作为分隔符号。将这些文字转换为表格，最终效果如图 4–77 所示。

姓名, 高等代数, 哲学, 英语, 民法, 会计学
申旺林,95, 97, 85, 83, 75
李伯仁,78, 75, 59, 79, 93
陈静,90, 70, 77, 70, 58
魏文鼎,55, 62, 69, 63, 51
吴心,45, 57, 62, 47, 49

图 4–76　需要输入的文字

姓名	高等代数	哲学	英语	民法	会计学
申旺林	95	97	85	83	75
李伯仁	78	75	59	79	93
陈静	90	70	77	70	58
魏文鼎	55	62	69	63	51
吴心	45	57	62	47	49

图 4–77　文字转换成表格效果图

操作要点：

① 按题目要求输入文字后，将文字全部选中。

② 单击【插入】选项卡 |【表格】组 |【表格】按钮，在列表框中选择【文本转换成表格】命令，打开【将文字转换成表格】对话框，系统自动检测到文字分隔符为“逗号”，并自动设置了列数，选择【根据内容调整表格】单选按钮，单击【确定】按钮，所选文本即可转换成表格。

【拓展练习 4-5】打开“工资表 .docx”，使表格的前两行出现在每一页表格的开头，最后将文档按原名存盘。

设置完毕后，在阅读版式视图中前两页的效果如图 4–78 所示。

职工工资表			
工号	姓名	性别	工资
31001	邓曦	女	6000
31002	蓝斌	女	4000
31003	陈慧华	女	3300
31004	严少瑜	女	5300
31005	陈梅	女	5600
31007	杜慧斌	女	3300
31008	谢伟杰	男	3400
31009	刘志锐	男	5300
31010	林泽伟	男	5200
31013	许志怡	女	3500
31014	庄壁平	男	4500
31015	陈怡	女	5600
31016	王穗洁	女	5000
31017	余美玲	女	6100
31018	杨丹宇	女	5000
31019	黄智萍	女	5800
31022	王广钊	男	5000
31023	邱碧嵩	男	3600
31024	邵桂琼	女	5000

职工工资表			
工号	姓名	性别	工资
31025	钟艳鸣	女	6000
31026	何昆玉	女	4000
31027	谢小玲	女	3300
31029	高娟	女	5300
31030	李艳芬	女	5600
31031	林晓晖	男	3300
31032	赵珊	女	3400
31033	李毓珊	女	5300
31034	曾燕谊	女	5200
31035	张莉	女	3500
31036	杨洁	女	4500
31038	江丽妍	女	5600
31039	陈倩如	女	5000
31040	叶志成	男	6100
31041	马扬	男	5000
31042	欧阳旭	男	5800
31043	洪海强	男	5000
31045	潘伟忠	男	3600
31046	黄敏	女	5000

图 4–78　设置【重复标题行】后的阅读版式视图效果

操作要点：打开“工资表 .docx”，选中表格第一、二两行，单击【表格工具 / 布局】选项卡 |【数据】组 |【重复标题行】按钮。

4.4 邮 件 合 并

在实际工作中，人们经常要制作“邀请函”“成绩通知单”等信函，这些信函主要内容、格式都相同，只是少部分数据有变化，使用 Word 2010 邮件合并能减少这类重复工作，提高工作效率。

4.4.1 任务四 批量制作“面试通知书”

1. 任务引入

新学期，学院的社团招干了，许多同学报名参加，经初步挑选后，需要向入围面试的同学发面试通知书。这些面试通知书有个共同的特点，就是仅姓名、社团名称、时间和地点这些信息不同，其他内容都相同，若是一封一封的制作，工作量大且容易出错，在 Word 中利用“邮件合并”功能可以轻松、快速地制作出满足要求的信函。

最终合并后的面试通知书如图 4-79 所示。

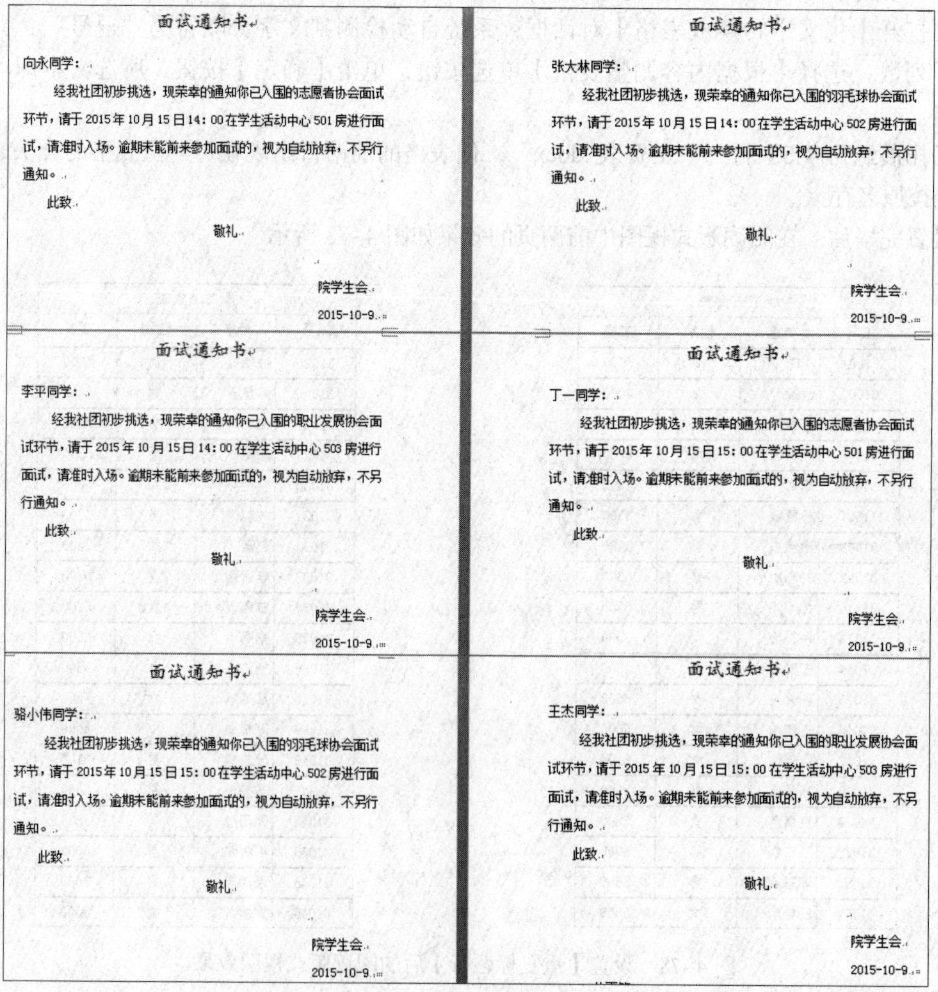

面试通知书

向永同学：

经我社团初步挑选，现荣幸的通知你已入围的志愿者协会面试环节，请于 2015 年 10 月 15 日 14：00 在学生活动中心 501 房进行面试，请准时入场。逾期未能前来参加面试的，视为自动放弃，不另行通知。

此致

敬礼

院学生会

2015-10-9

面试通知书

张大林同学：

经我社团初步挑选，现荣幸的通知你已入围的羽毛球协会面试环节，请于 2015 年 10 月 15 日 14：00 在学生活动中心 502 房进行面试，请准时入场。逾期未能前来参加面试的，视为自动放弃，不另行通知。

此致

敬礼

院学生会

2015-10-9

面试通知书

李平同学：

经我社团初步挑选，现荣幸的通知你已入围的职业发展协会面试环节，请于 2015 年 10 月 15 日 14：00 在学生活动中心 503 房进行面试，请准时入场。逾期未能前来参加面试的，视为自动放弃，不另行通知。

此致

敬礼

院学生会

2015-10-9

面试通知书

丁一同学：

经我社团初步挑选，现荣幸的通知你已入围的志愿者协会面试环节，请于 2015 年 10 月 15 日 15：00 在学生活动中心 501 房进行面试，请准时入场。逾期未能前来参加面试的，视为自动放弃，不另行通知。

此致

敬礼

院学生会

2015-10-9

面试通知书

骆小伟同学：

经我社团初步挑选，现荣幸的通知你已入围的羽毛球协会面试环节，请于 2015 年 10 月 15 日 15：00 在学生活动中心 502 房进行面试，请准时入场。逾期未能前来参加面试的，视为自动放弃，不另行通知。

此致

敬礼

院学生会

2015-10-9

面试通知书

王杰同学：

经我社团初步挑选，现荣幸的通知你已入围的职业发展协会面试环节，请于 2015 年 10 月 15 日 15：00 在学生活动中心 503 房进行面试，请准时入场。逾期未能前来参加面试的，视为自动放弃，不另行通知。

此致

敬礼

院学生会

2015-10-9

图 4-79 合并后的面试通知书

2. 任务分析

分析该任务，用户需要掌握邮件合并的操作步骤，主要有四步：

① 创建主文档；

② 创建数据源；

③ 建立主文档与数据源的关联，在主文档中插入合并域；

④ 合并到新文档。

具体知识点的解析详见“4.4.2 邮件合并的过程”的内容。

4.4.2 邮件合并的过程

邮件合并是在两个文件间进行的，一个是主文档，另一个是数据源，合并后的文档便是用户需要的“面试通知书”。主文档包含合并后文档中固定不变的文字及图形等内容。数据源包含合并后文档中要变化的数据。

1. 创建主文档

主文档是指信函中相同的部分。输入主文档中的文本部分，加底纹的书名号内的文字为变化的信息，不用输入，在插入合并域时，将域插入到书名号所在位置即可，完成后将该文档以“面试通知 .docx”保存并关闭。主文档如图 4-80 所示。

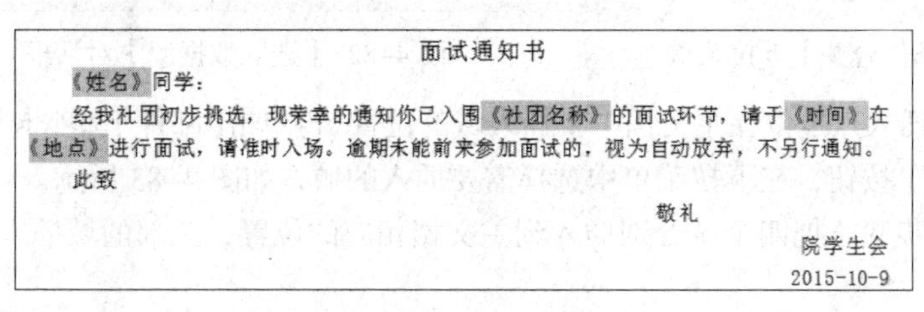

面试通知书

《姓名》同学：

经我社团初步挑选，现荣幸的通知你已入围《社团名称》的面试环节，请于《时间》在《地点》进行面试，请准时入场。逾期未能前来参加面试的，视为自动放弃，不另行通知。

此致

敬礼

院学生会

2015-10-9

图 4-80　主文档

2. 建立数据源

数据源包含合并后文档中要变化的数据，以表格的形式存储，表格的第一行必须为域名称，也就是列标题（如姓名、时间、地点等），其他各行则代表一条条记录。数据源可以是 Word 文档、Excel 表格或者 Access 数据库表。本任务的数据源是在 Word 文档下建立的一张表，内容如表 4-1 所示，完成后以“面试名单 .docx”保存并关闭。

表 4-1　面试名单的内容

社团名称	姓　名	时　间	地　点
志愿者协会	向永	2015 年 10 月 15 日 14：00	学生活动中心 501 房
羽毛球协会	张大林	2015 年 10 月 15 日 14：00	学生活动中心 502 房
职业发展协会	李平	2015 年 10 月 15 日 14：00	学生活动中心 503 房
志愿者协会	丁一	2015 年 10 月 15 日 15：00	学生活动中心 501 房
羽毛球协会	骆小伟	2015 年 10 月 15 日 15：00	学生活动中心 502 房
职业发展协会	王杰	2015 年 10 月 15 日 15：00	学生活动中心 503 房

3. 邮件合并

建立了主文档和数据源后，就可以进行邮件合并了，操作步骤如下：

① 打开主文档“面试通知 .docx”。

② 单击【邮件】选项卡|【开始邮件合并】组|【开始邮件合并】按钮，在下拉菜单中选择【信函】命令，如图 4-81 所示。

③ 单击【邮件】选项卡|【开始邮件合并】组|【选择收件人】按钮，在下拉菜单中选择【使用现有列表】命令，打开“选取数据源”对话框，选择前面已经做好的数据源文件“面试名单.docx”，单击【打开】按钮，如图 4-82 所示。

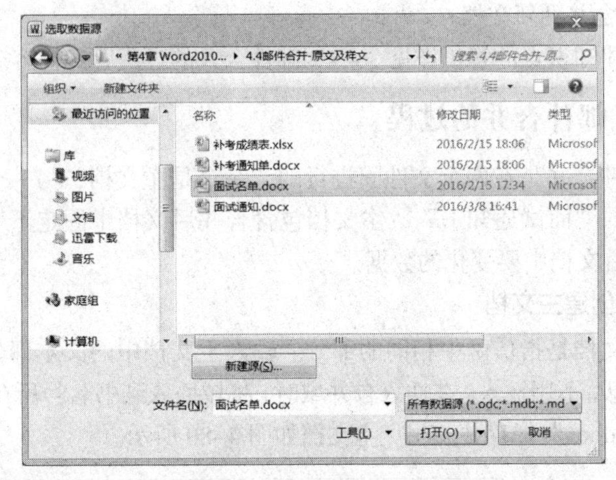

图 4-81 【开始邮件合并】下拉菜单　　图 4-82 【选取数据源】对话框

④ 先将光标插入点定位在主文档中要插入域的位置，再单击【邮件】选项卡|【编写和插入域】组|【插入合并域】按钮，在下拉菜单中选择需要插入的域，如图 4-83 所示。

⑤ 重复第④步骤，把四个域分别插入到主文档相应的位置，全部的域插入完毕的主文档如图 4-84 所示。

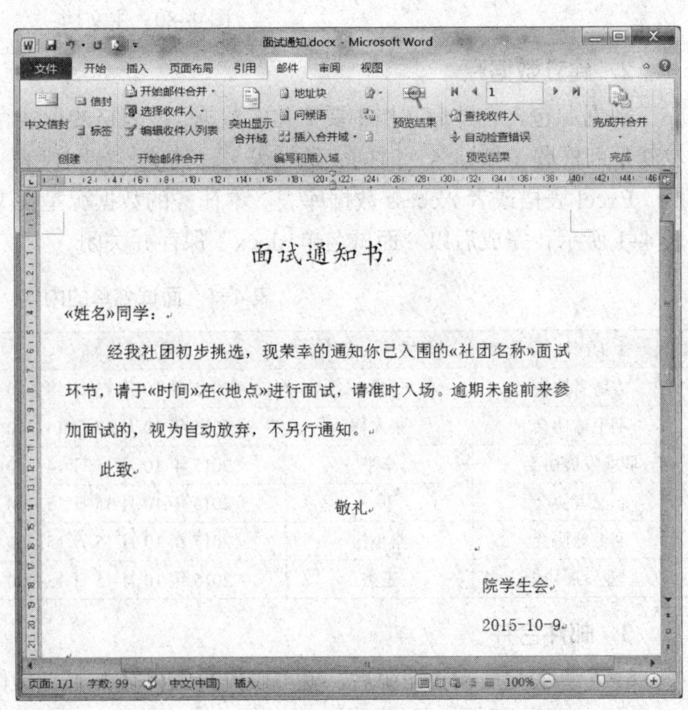

图 4-83 【插入合并域】下拉菜单　　图 4-84 相应的域插入完毕后的文档界面

⑥ 单击【邮件】选项卡 |【完成】组 |【完成并合并】按钮，在下拉菜单中选择【编辑单个文档】命令，打开【合并到新文档】对话框，如图 4–85 所示。也可以单击【打印文档】按钮，直接将合并后的文档打印出来。

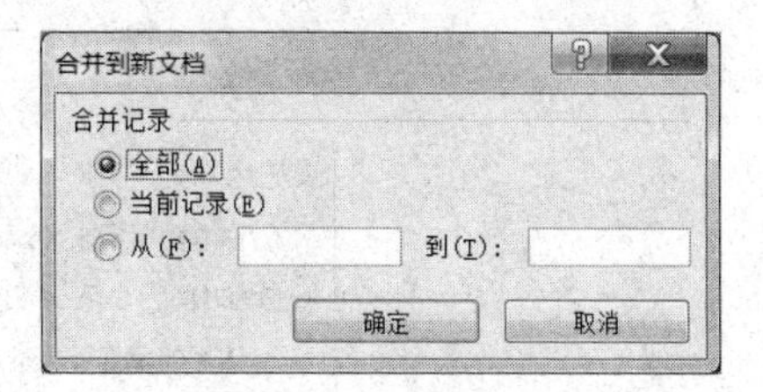

图 4–85 【合并到新文档】对话框

⑦ 在【合并到新文档】对话框中进行合并记录的选择，如“全部”，单击【确定】按钮。合并后的文档保存在一个新文档中，默认文件名为“信函 1.docx”，用户需要对其进行保存，文件名为“合并后 – 面试通知书 .docx”。本任务的数据源中有 6 条记录，当全部合并后，合并后的文档将有 6 页，每条记录独占一页，如图 4–86 所示。

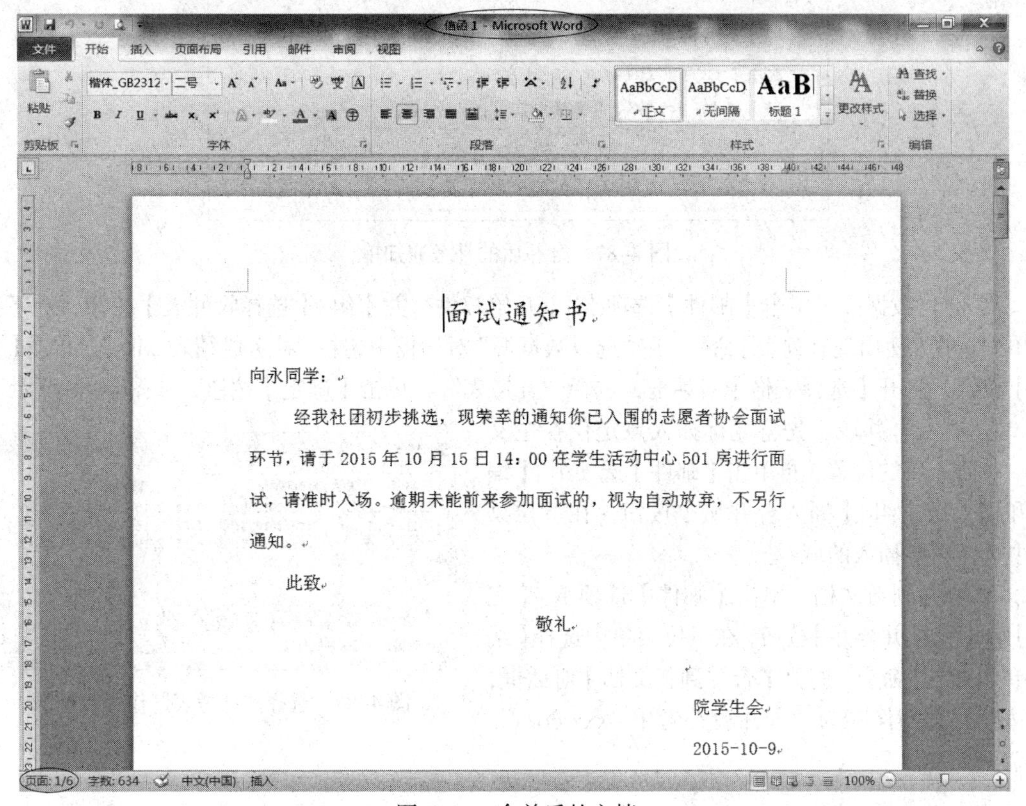

面试通知书

向永同学：

经我社团初步挑选，现荣幸的通知你已入围的志愿者协会面试环节，请于 2015 年 10 月 15 日 14：00 在学生活动中心 501 房进行面试，请准时入场。逾期未能前来参加面试的，视为自动放弃，不另行通知。

此致

敬礼

院学生会

2015-10-9

图 4–86　合并后的文档

【拓展练习 4-6】以“补考通知单 .docx”为主文档，以“补考成绩表 .xlsx”文件的“补考表”中的数据为数据源进行邮件合并，合并结果保存为“合并后补考单 –xxx.docx”，放于 F 盘的 A 卷文件夹中（即你的考试文件夹）。

合并后的文档共有六页，每页上面都对应一个同学的补考通知单，在草稿视图下的样文如图 4–87 所示。

操作要点：

① 创建主文档。打开“补考通知单 .docx”，单击【邮件】选项卡 |【开始邮件合并】组 |【开始邮件合并】按钮，在下拉菜单中选择【信函】命令。

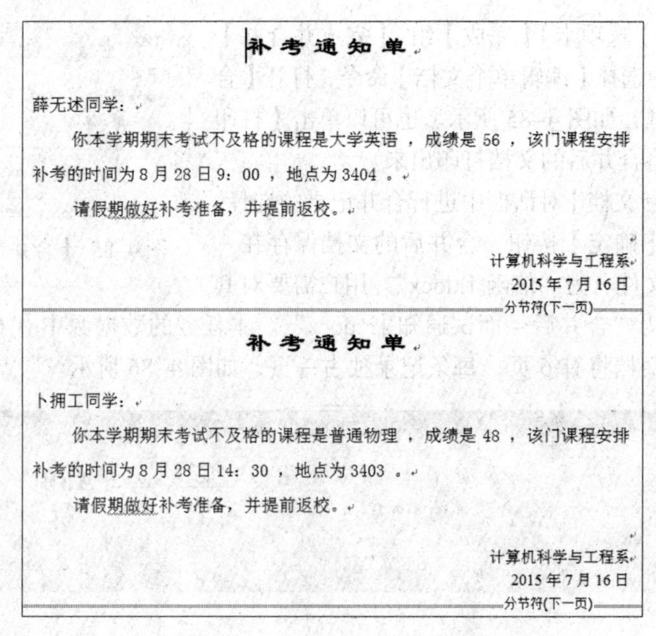

补考通知单

薛无述同学：

你本学期期末考试不及格的课程是大学英语，成绩是 56，该门课程安排补考的时间为 8 月 28 日 9：00，地点为 3404。

请假期做好补考准备，并提前返校。

计算机科学与工程系
2015 年 7 月 16 日

分节符(下一页)

补考通知单

卜拥工同学：

你本学期期末考试不及格的课程是普通物理，成绩是 48，该门课程安排补考的时间为 8 月 28 日 14：30，地点为 3403。

请假期做好补考准备，并提前返校。

计算机科学与工程系
2015 年 7 月 16 日

分节符(下一页)

图 4-87　合并后的补考通知单

② 创建数据源。单击【邮件】选项卡 |【开始邮件合并】组 |【选择收件人】按钮，在下拉菜单中选择【使用现有列表】命令，在“选取数据源”对话框中选择“补考成绩表 .xlsx”，单击【打开】按钮，打开【选择表格】对话框，选择“补考表”，单击【确定】按钮，如图 4-88 所示。

③ 插入合并域。先将光标插入点定位在主文档中要插入域的位置，再单击【邮件】选项卡 |【编写和插入域】组 |【插入合并域】按钮，在下拉菜单中选择需要插入的域。

④ 合并到新文档。单击【邮件】选项卡 |【完成】组 |【完成并合并】按钮，在下拉菜单中选择【编辑单个文档】命令，打开【合并到新文档】对话框，合并后的文档保存为“合并后补考单 -xxx.docx”存盘。

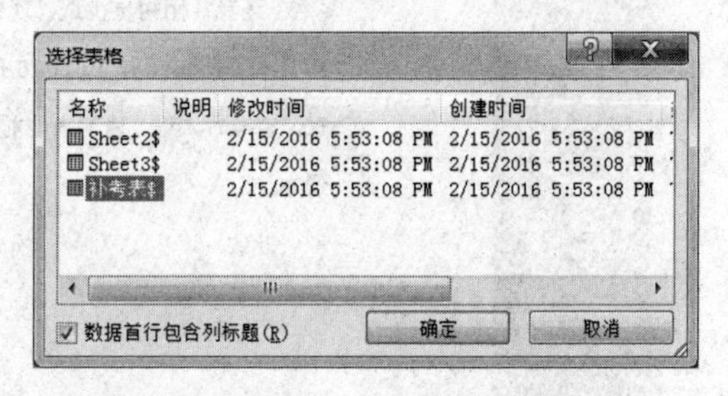

图 4-88　选择“补考表”作为数据源

4.5　Word 2010 图文混排

Word 2010 中的图形元素包括图片、形状、艺术字、文本框、公式、SmartArt 图形等。用户可以在文档中插入图形元素，制作出图文并茂的文章，增强文章的表现效果。

4.5.1　任务五　制作“班级板报”

1. 任务引入

新学期，学院进行了一次班级板报比赛，要求用 Word 制作一个图文混排的班报作品。制作的班报效果图如图 4-89 所示。

〖班报样文〗

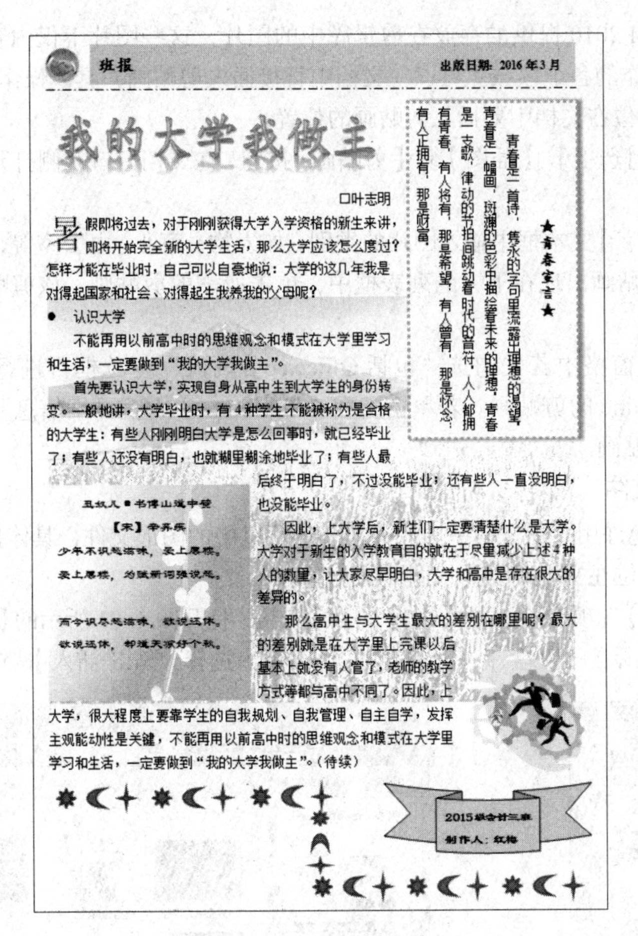

班报　　出版日期：2016 年 3 月

★青春宣言★

青春是一首诗，隽永的字句里流露出理想的渴望，青春是一幅画，斑斓的色彩中描绘着未来的理想，青春是一支歌，律动的节拍间跳动着时代的音符。人人都拥有青春，有人将有，那是希望，有人曾有，那是怀念，有人正拥有，那是财富。

我的大学我做主

□叶志明

暑假即将过去，对于刚刚获得大学入学资格的新生来讲，即将开始完全新的大学生活，那么大学应该怎么度过？怎样才能在毕业时，自己可以自豪地说：大学的这几年我是对得起国家和社会、对得起生我养我的父母呢？

- 认识大学

不能再用以前高中时的思维观念和模式在大学里学习和生活，一定要做到“我的大学我做主”。

首先要认识大学，实现自身从高中生到大学生的身份转变。一般地讲，大学毕业时，有 4 种学生不能被称为是合格的大学生：有些人刚刚明白大学是怎么回事时，就已经毕业了；有些人还没有明白，也就糊里糊涂地毕业了；有些人最后终于明白了，不过没能毕业；还有些人一直没明白，也没能毕业。

因此，上大学后，新生们一定要清楚什么是大学。大学对于新生的入学教育目的就在于尽量减少上述 4 种人的数量，让大家尽早明白，大学和高中是存在很大的差异的。

那么高中生与大学生最大的差别在哪里呢？最大的差别就是在大学里上完课以后基本上就没有人管了，老师的教学方式等都与高中不同了。因此，上大学，很大程度上要靠学生的自我规划、自我管理、自主自学，发挥主观能动性是关键，不能再用以前高中时的思维观念和模式在大学里学习和生活，一定要做到“我的大学我做主”。（待续）

丑奴儿●书博山道中壁

【宋】辛弃疾

少年不识愁滋味，爱上层楼。

爱上层楼，为赋新词强说愁。

而今识尽愁滋味，欲说还休。

欲说还休，却道天凉好个秋。

2015级会计三班

制作人：红梅

图 4–89　班级板报效果图

2. 任务分析

分析该任务，要从以下两个方面入手，文本的基本格式设置和图文混排设置。

打开“班报原文 .docx”，对文本内容进行基本格式设置，包括字符格式及段落格式、边框和底纹、项目符号、首字下沉、分栏等，而图文混排设置包括以下几个方面：

① 插入剪贴画或来自文件的图片，并设置图片属性，包括图片大小，版式等；

② 插入艺术字；

③ 插入横排或者竖排文本框，对文本框的大小、边框、填充颜色、阴影、版式进行设置；

④ 插入形状，并在其中添加文字；

⑤ 组合多个图形，并复制、翻转组合图形；

⑥ 为文档设置图片水印。

本节 4.5.2 ~ 4.5.8 将对任务五中涉及的图文混排知识点进行梳理。

4.5.2　使用图片

使用图片是利用 Word 2010 中强大的图像功能，在文档中插入剪贴画或图片，并设置图片的大小、样式、排列等效果。

1. 插入剪贴画

剪贴画是 Word 2010 提供的存放在剪辑库中的图片，这些图片不仅内容丰富、实用，而且涵盖了用户日常工作的各个领域。可以在文档中直接插入剪贴画，具体操作步骤如下：

① 将插入点定位在文档中要插入剪贴画的位置。

② 单击【插入】选项卡 |【插图】组 |【剪贴画】按钮，在文档窗口右侧打开图 4-90 所示的【剪贴画】任务窗格。

③ 在【搜索文字】文本框中输入图片的类别，如人物、商业、办公室等，单击【搜索】按钮，该类别下的所有剪贴画出现在下方的列表框中，单击所需的剪贴画，该剪贴画即插入到插入点所在位置。

在剪贴画任务窗格中若先勾选“包括 Office.com 内容”复选框再进行搜索，可搜索来自 Microsoft Office Online 的剪贴画。若单击“在 Office.com 中查找详细信息”超链接，可在网上手动搜索需要的剪贴画。

2. 插入图片文件

Word 2010 还允许用户在文档中插入存在于计算机中的图形文件，具体操作步骤如下：

① 将插入点定位在文档中要插入图片的位置。

② 单击【插入】选项卡 |【插图】组 |【图片】按钮，打开图 4-91 所示的【插入图片】对话框。

③ 对图形文件所在的磁盘、路径、类型、文件名做出选择，单击【插入】按钮，完成图片的插入。

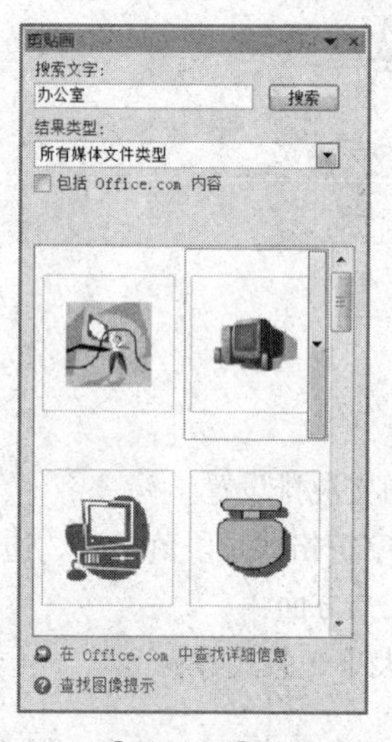

图 4-90 【剪贴画】任务窗格

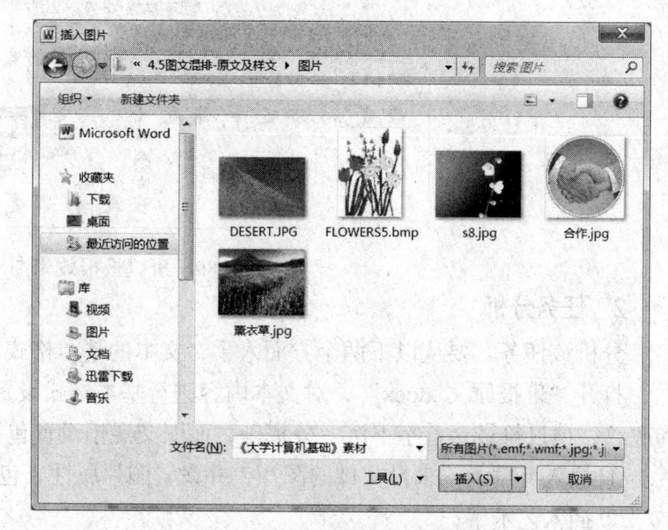

图 4-91 【插入图片】对话框

3. 插入屏幕截图

Word 2010 新增了屏幕截图功能，该功能会智能监视活动窗口（打开且没有最小化的窗口），可以快速截取整个窗口图像，也可以截取窗口的某个区域，并直接插入到文档中。屏幕截图的具体操作步骤如下：

① 将插入点定位在文档中要插入屏幕截图的位置。

② 单击【插入】选项卡 |【插图】组 |【屏幕截图】按钮，在下拉列表的【可用视窗】栏中，将以缩略图的形式显示当前所用的活动窗口，单击需要插入的窗口缩略图。图 4-92 所示为“屏幕截图”界面。

③ 在图 4–92 所示的屏幕截图界面的下拉列表中选择【屏幕剪辑】命令，则需截图的整个屏幕将朦胧显示，鼠标指针呈十字显示，这时用户按住鼠标左键拖选截取区域，被选中的区域将清晰显示。选好截取区域后，松开鼠标左键，则截取的屏幕图像会自动插入到文档中。

提示： 截取屏幕截图时，选择【屏幕剪辑】命令后，屏幕中显示的内容是打开当前文档之前所打开的窗口或对象。

4. 编辑图片

（1）图片对象的选定

对图片对象进行编辑时，首先要选定对象，只要用鼠标单击对象即可。对象被选定时，周围会出现 8 个句柄。

（2）调整对象的大小

单击选定的对象，鼠标指向句柄，鼠标指针变成双向箭头，按住鼠标左键拖动就可以随意改变对象的大小。按住【shift】键，拖动对角控制点↘时，可以等比例缩放图片。

如果需要对图片的大小进行精确设置，则需要在选中图片后，单击【图片工具 / 格式】选项卡 |【大小】组，在【形状高度】/【形状宽度】微调框中输入或微调高度和宽度的值。另外，单击【大小】组右下角的“扩展按钮”，打开【布局】对话框，选择【大小】选项卡，可以进一步设置图片大小，如图 4–93 所示。

图 4–92　屏幕截图

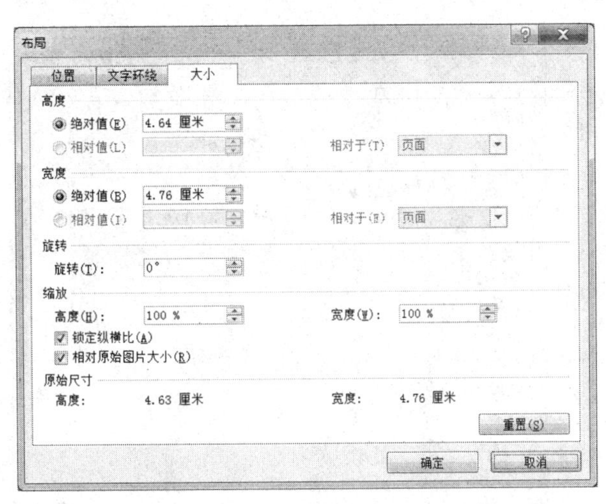

图 4–93　设置图片大小对话框

（3）对象的移动

用鼠标左键按住浮动式对象可以将其拖放到页面的任意位置，鼠标左键按住嵌入式对象可以将其拖放到有插入点的任意位置。还可以利用剪贴板，使用“剪切”与“粘贴”的方法实现对象的移动。

（4）对象的复制

复制对象的方法主要有两种：一种是用鼠标拖动对象的同时按住【Ctrl】键，就可以实现对象的复制。另一种方法是利用剪贴板，使用“复制”与“粘贴”的方法实现对象的复制。

（5）对象的删除

对象被选定后，按【Delete】键就可以将其删除。

5. 设置图片格式

插入剪贴画和图片后，功能区中将显示【图片工具 / 格式】选项卡，通过该选项卡，可以设置图片格式，包括调整图片的大小、排列方式、设置图片样式和环绕方式等格式，以增加文档的美观度和合理度。

（1）裁剪图片

在文档中插入的图片，有时可能只需其中的一部分，这时就需要将图片中多余的部分裁剪掉。操作步骤如下：

① 选中要裁剪的图片，图片周围出现 8 个句柄。

② 单击【图片工具 / 格式】选项卡 |【大小】组 |【裁剪】按钮，图片的四周出现黑色的断续边框。将鼠标放置于任一尺寸控点，按下左键向图片内部拖动，完成后按【Enter】键即可裁剪掉多余的部分。

③ 单击【图片工具 / 格式】选项卡 |【图片样式】组右下角的“扩展按钮”，打开【设置图片格式】对话框，在【裁剪】选项组中可以进一步设置需要裁剪图片的大小，如图 4-94 所示，单击【关闭】按钮完成设置。

④ Word 2010 还可以让用户把图形裁剪成各种形状。单击【图片工具 / 格式】选项卡 |【大小】组 |【裁剪】按钮的下拉按钮，鼠标移至【裁剪为形状】，在展开的列表中有更多的裁剪形状选择，如图 4-95 所示。

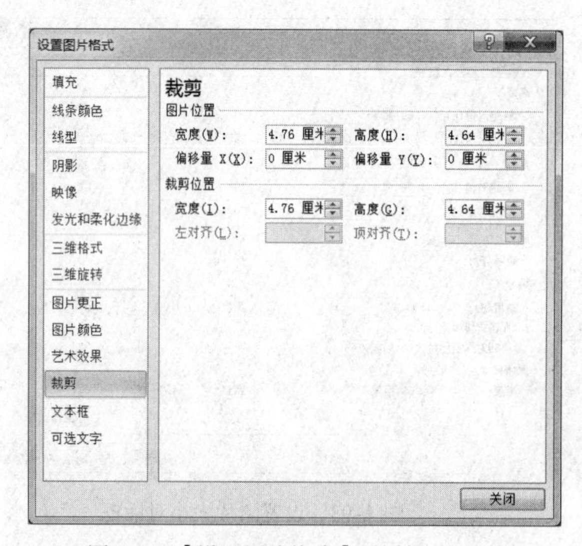

图 4-94 【设置图片格式】对话框

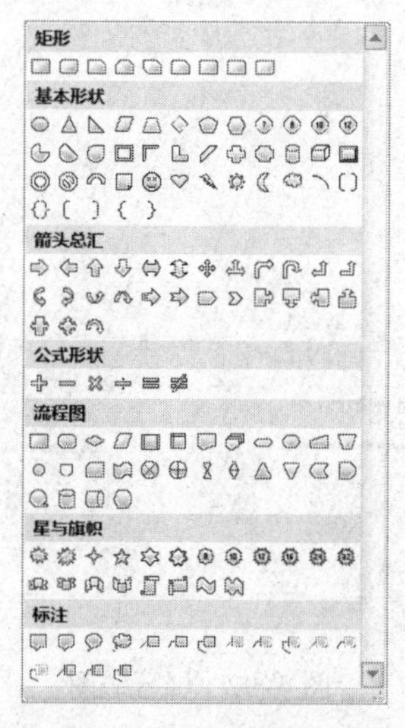

图 4-95 【裁剪为形状】列表

（2）排列图片

插入图片之后，用户可以根据不同的文档内容与工作需求调整图片的层次、设置文字环绕、设置对齐方式等。

在 Word 2010 中，图片的位置排列方式主要有两种版式：一种是嵌入文本行，一种是文字环绕。文字环绕方式下可以将图片放置到页面的相应位置，并允许与其他对象组合，还可以与正文实现多种形式的环绕。嵌入文本行方式的图片只能放置到有文档插入点的位置，不能与其他对象组合，可以与正文一起排版，但不能实现环绕。

插入的剪贴画和图形文件默认的位置是嵌入文本行。修改图片位置的操作步骤如下：

① 选中图片。

② 单击【图片工具 / 格式】选项卡 |【排列】组 |【位置】按钮，在下拉列表中选择不同的图片位置排列方式，如图 4–96 所示。

图 4–96　【设置图片位置】列表

可以进一步设置图片的环绕效果，操作步骤如下：

① 选中图片。

② 单击【图片工具 / 格式】选项卡 |【排列】组 |【自动换行】按钮，在下拉列表中选择不同的环绕效果，如图 4–97 所示。在列表中选择【其他布局选项】命令，打开图 4–98 所示的【布局】对话框，选项【文字环绕】选项卡，可以设置更多的环绕方式和环绕文字的位置以及距正文的位置；在“位置”选项卡中可以设置更多更详细的水平及垂直位置。

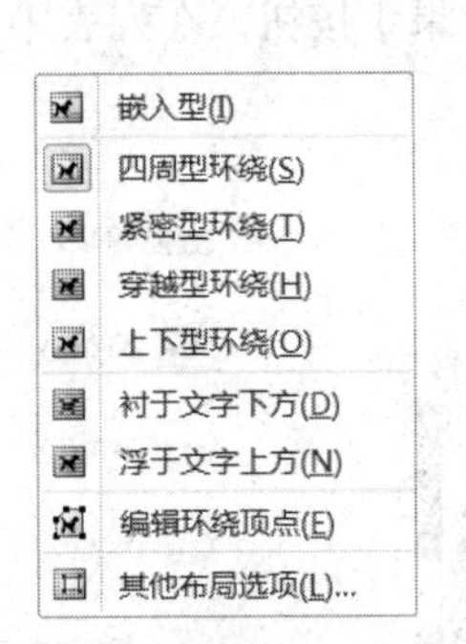

图 4–97 【文字环绕】下拉列表

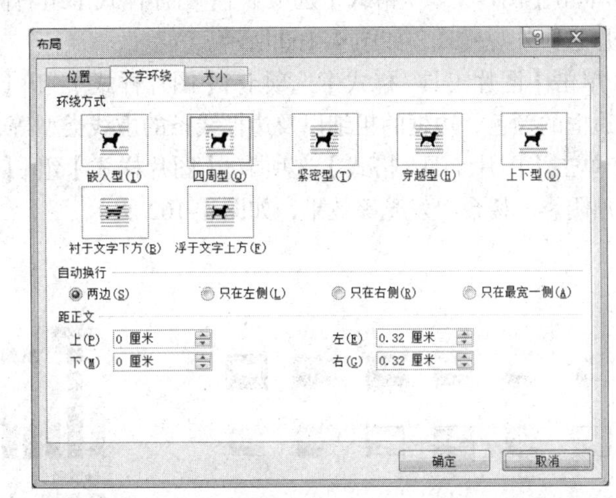

图 4–98　【布局】对话框 –【文字环绕】选项卡

当文档中存在多幅图片时，用户可以单击【图片工具 / 格式】选项卡 |【排列】组 |【上移一层】或者【下移一层】按钮来设置图片的叠放次序，即将所选图片设置为置于顶层、上移一层、下移一层、置于底层或衬于文字下方。需要注意的是，在默认的“嵌入型”环绕方式下是无法调整图片层次的。

单击【图片工具 / 格式】选项卡 |【排列】组 |【选择窗格】按钮，在【选择和可见性】窗格中，可以选择单个对象，并更改其顺序及可见性，如图 4–99 所示。但是如果文档中的对象为“嵌入型”环绕方式，则无法对其进行隐藏操作，也无法对它对应的名称项进行排序操作。

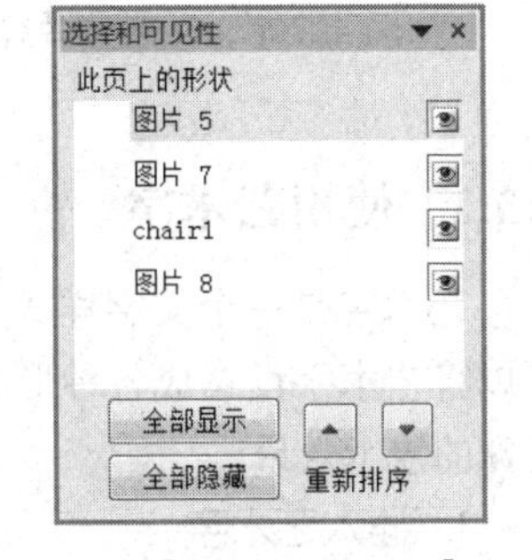

图 4–99 【选择和可见性】窗格

① 单击【图片工具 / 格式】选项卡 |【排列】组 |【对齐】按钮，可以精确设置图形位置，使多个图形在水平或者垂直位置上精确定位。

② 单击【图片工具 / 格式】选项卡 |【排列】组 |【组合】按钮，将多个图形对象组合在一起，以便把多个图形作为一个整体对象进行操作，如移动或复制等。

③ 单击【图片工具 / 格式】选项卡 |【排列】组 |【旋转】按钮，可以旋转图片时根据度数将图片向左、向右旋转，也可以在水平方向或垂直方向翻转图形。

温馨提示

【文字环绕】下拉列表（见图 4–97）中的【编辑环绕顶点】选项只有在“紧密型环绕”和“穿越型环绕”时才可用。

单击【图片工具 / 格式】选项卡 |【排列】组 |【对齐】和【组合】按钮时，需要选择多个图形对象，方法是按住【Shift】键，依次单击要选择的图形，将多个图形同时选中。另外，用户需要注意的是在默认的“嵌入型”环绕类型中无法调整图片的层次和进行组合。

（3）图片样式

Word 2010 为用户提供了 28 种内置样式，用来设置图片的外观样式、图片的边框与效果。设置图片样式的操作步骤如下：

① 选中图片。

② 单击【图片工具 / 格式】选项卡 |【图片样式】组右侧的【其他】按钮，在列表中进行选择图片总体外观样式，如图 4–100 所示。

③ 单击【图片工具 / 格式】选项卡 |【图片样式】组 |【图片边框】按钮，在列表中可以设置图片边框的颜色、边框的粗细以及边框线条的虚线类型等，如图 4–101 所示。

④ 单击【图片工具 / 格式】选项卡 |【图片样式】组 |【图片效果】按钮，在列表中可以为图片添加阴影、棱台、发光等效果，如图 4–102 所示。

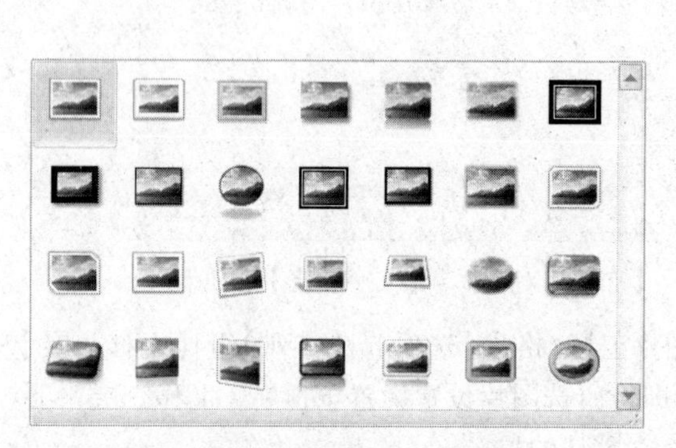

图 4–100　28 种图片样式列表

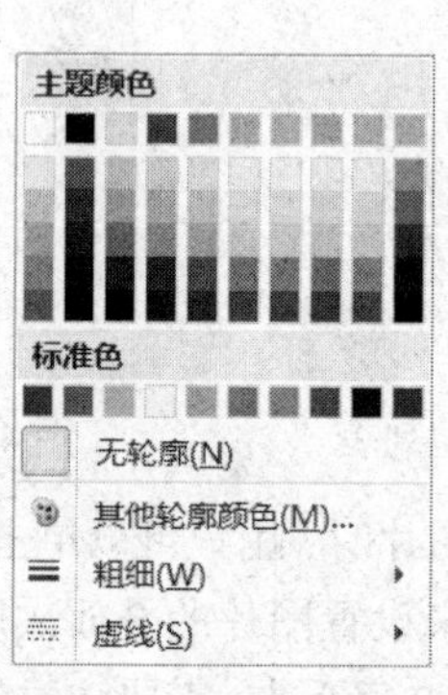

图 4–101【图片边框】下拉列表

图 4–102【图片效果】下拉列表

4.5.3　使用艺术字

艺术字是一个文字样式库，不仅可以将艺术字添加到文档中以制作出装饰性效果，而且还可以将艺术字设置成各种形状，添加阴影与三维效果的样式。在文档中插入艺术字，能够取得特殊的艺术效果。

1. 插入艺术字

插入艺术字的具体操作步骤如下：

① 将插入点定位到文档中需要插入艺术字的位置。

② 单击【插入】选项卡 |【文本】组 |【艺术字】按钮，在下拉列表中选择需要的艺术字样式，如图 4–103 所示。

③ 单击【请在此放置您的文字】编辑框，在其中输入要设置成艺术字的文字，也可以设置

字体和字号，如图 4–104 所示。Word 将把输入的文字以艺术字的效果插入到文档中。如需修改艺术字，单击艺术字，在艺术字编辑框中直接修改文字即可。

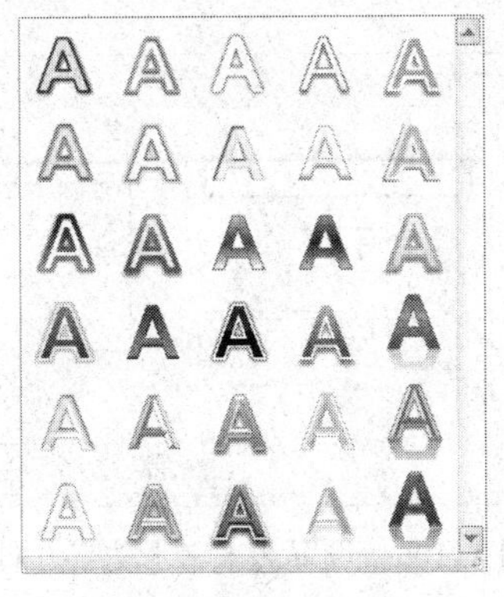

图 4–103　艺术字

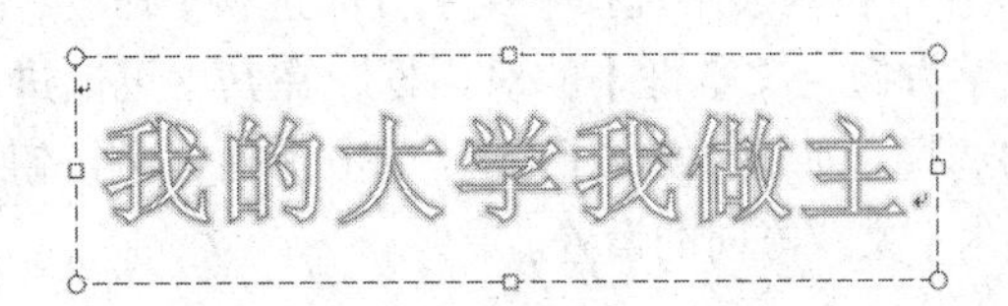

图 4–104　插入艺术字

2. 设置艺术字格式

为了使艺术字更具美观性，可以像设置图片格式那样设置艺术字的样式、设置文字方向、间距等艺术字格式。

（1）设置艺术字样式

快速更改艺术字样式和更改形状的操作步骤如下：

① 单击艺术字使其处于编辑状态。

② 单击【绘图工具 / 格式】选项卡 |【艺术字样式】组 |【快速样式】按钮，在其下拉列表中选择相应的艺术字样式。

③ 单击【绘图工具 / 格式】选项卡 |【艺术字样式】组 |【文字效果】按钮，鼠标指向下拉列表中的【转换】选项，在打开的艺术字形状列表中选择需要的形状即可，如图 4–105 所示。当鼠标指向某一种形状时，Word 文档中的艺术字将即时呈现实际效果。

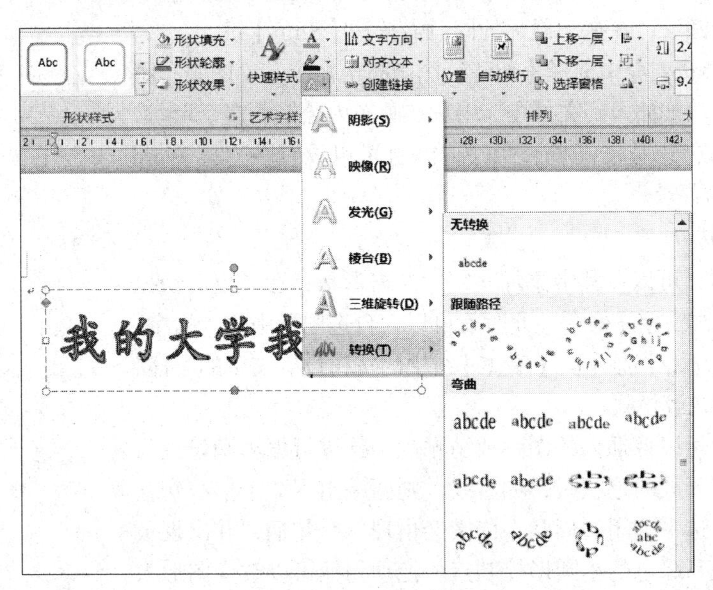

图 4–105　转换艺术字形状

（2）设置艺术字文字方向

Word 2010 中的艺术字具有文本框的特点，用户可以根据排版需要将艺术字设置为垂直或水平文字方向，具体操作步骤如下：

① 选中需要设置文字方向的艺术字。

② 单击【绘图工具 / 格式】选项卡 |【文本】组 |【文字方向】按钮，用户在下拉列表中可以进行“水平”“垂直”“将所有文字旋转 90°”等文字方向的设置。

③ 在下拉列表中选择【文字方向选项】命令，打开【文字方向 – 文本框】的对话框，在其中可以进行相应的选择，如图 4–106 所示。单击【确定】按钮，完成艺术字文字方向的设置。

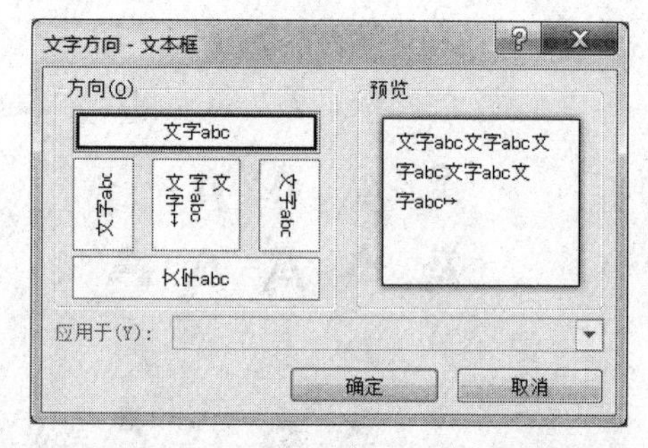

图 4–106　设置艺术字【文字方向】对话框

4.5.4　使用形状

在 Word 2010 中，不仅可以通过使用图片来增加文档的美观程度，同时也可以通过使用形状来适应文档内容的需求。例如，在文档中使用箭头或线条说明文档内容中的流程、步骤等内容，使文档更具条理性和客观性。

1. 插入形状

Word 2010 为用户提供了线条、基本形状、箭头总汇、流程图、标注、星与旗帜等形状。插入形状的操作步骤如下：

① 将插入点定位到文档中需要插入形状的位置。

② 单击【插入】选项卡 |【插图】组 |【形状】按钮，在“形状”下拉列表中选择需要的形状，如图 4–107 所示。

③ 此时鼠标指针变成“十”字形，拖动鼠标绘制出合适大小的形状，绘制的形状默认版式为浮于文字上方。如果要绘制正方形、等边三角形或者圆形，在拖动鼠标的同时需按住【Shift】键。

④ 如果在形状列表中选择【新建绘图画布】命令，绘图画布将根据页面大小自动被插入到文档中，用户在画布内绘制的多个形状，可以作为一个整体来移动和调整大小，并且可以设置独立于 Word 2010 文档页面的背景。

2. 编辑形状

插入形状后，可以在其中添加文字。右击形状，在弹出的快捷菜单中选择【添加文字】命令，此时就可以在自选图形中输入文字。用户可以单击【开始】选项卡 |【字体】组中的按钮设置文字的字体、字号、字形、颜色等格式。

绘制的形状可以像插入的图片或剪贴画一样进行编辑和设置格式。当绘制的是开放的形状时，如直线，则两端出现 2 个空心句柄代表选中形状；选中封闭的形状，周围会出现 8 个句柄，并出现黄色小菱形控制点和绿色的小圆形控制点。拖动句柄可以改变图形大小，拖动黄色小菱形控制点可以改变图形的形状，拖动绿色的小圆形控制点可以旋转图形。

图 4–107 【形状】下拉列表

3. 设置形状格式

单击【绘图工具 / 格式】选项卡 |【形状样式】组 |【形状填充】按钮或【形状轮廓】按钮或【形状效果】按钮可以设置选中形状的格式，也可以单击【形状样式】组右下角的“扩展按钮”，打开【设置形状格式】对话框，在其中分别设置形状的填充、线条颜色、线型，以及设置三维立体效果等格式，如图 4–108 所示。

4. 组合与取消组合图形

组合图形对象是将多个图形对象组合在一起，以便把多个图形作为一个整体对象进行操作，如移动或复制等。组合图形对象的操作步骤如下：

① 按住【Shift】键，用鼠标依次单击要组合的图形，将多个图形同时选中。

② 单击【绘图工具 / 格式】选项卡 |【排列】组 |【组合】按钮，在下拉菜单中选择【组合】命令，或者右击某一选中图形，在弹出的快捷菜单中选择【组合】|【组合】命令，这样就可以将所有选中的图形组合成一个图形，组合后的图形可以作为一个图形对象进行处理。当选中组合图形后，图形整体会出现句柄。图 4-109 就是一个由多个基本形状组合而成的流程图。

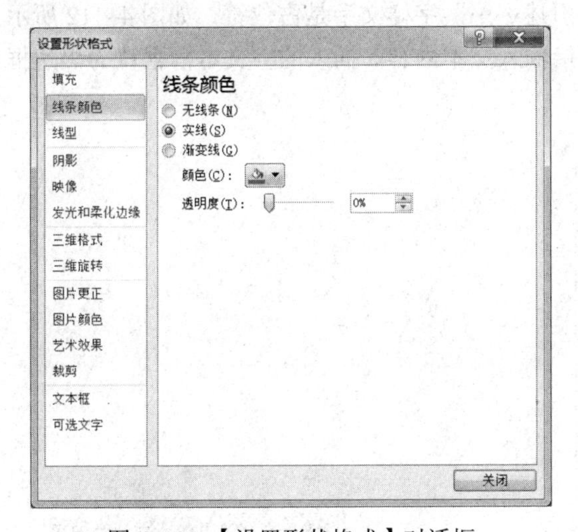

图 4–108 【设置形状格式】对话框

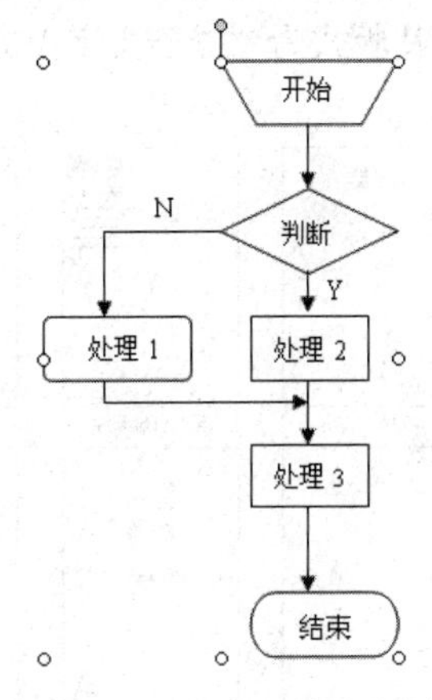

图 4–109　组合后的流程图

解散组合图形的过程称为取消组合。取消组合的操作方法如下：右击组合图形，在弹出的快捷菜单中选择【组合】|【取消组合】命令即可。

注意：如果需要将各种图形组合成一个图形，首先要将嵌入式对象变成浮动式对象，然后才能进行组合。

5. 图形的叠放次序

对于插入的形状，Word 将按插入的顺序将它们放于不同的对象层中。如果对象之间有重叠，则上层对象会遮盖下层对象。当需要显示下层对象时，可以通过调整它们的叠放次序来实现。改变图形的叠放次序的操作步骤如下：

① 选中要改变叠放次序的图形，如果图形对象的版式为嵌入型，需要先将其改为其他的浮动型版式。

② 单击【绘图工具 / 格式】选项卡 |【排列】组 |【上移一层】或【下移一层】按钮，在

下拉菜单中选择一种设置叠放次序。或者右击选中的图形，在弹出的快捷菜单中选择【置于顶层】或【置于底层】命令，然后在级联菜单中进一步选择，如图 4–110 所示。

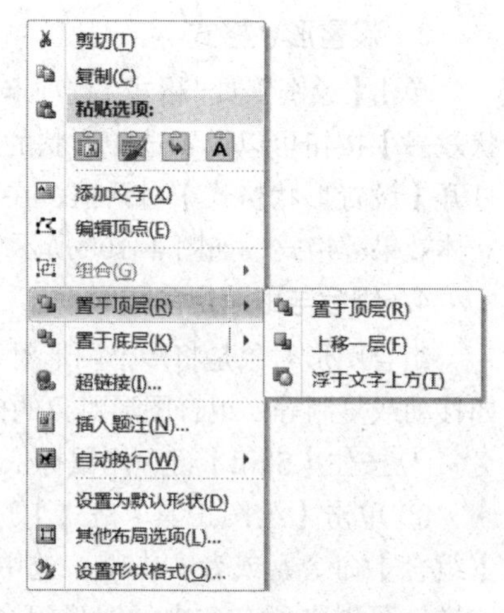

图 4–110 【置于顶层】级联菜单

4.5.5 文本框

文本框是 Word 绘图工具所提供的一种绘图对象，文本框内可以输入文本，也允许插入图片，文本框对象可移动、可调大小，还可以与其他图形产生重叠、环绕、组合等各种效果。

1. 插入文本框

单击【插入】选项卡 |【文本】组 |【文本框】按钮，在下拉列表中选择需要的文本框样式，如图 4–111 所示。也可在下拉列表中选择【绘制文本框】或者【绘制竖排文本框】命令，将鼠标移动到文档编辑区，鼠标指针变为“十”字形，可用鼠标左键拖动绘制文本框。插入文本框后，文本框内的“键入文档的引述……”字样文字是占位符，如图 4–112 所示。默认情况下，占位符为选中状态，此时可直接输入文本内容。插入的空文本框默认为黑边框、白色填充，其版式为“浮于文字上方”。

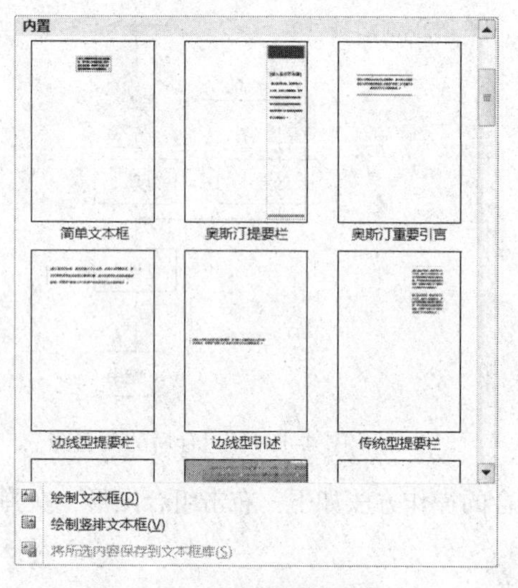

图 4–111 文本框下拉列表

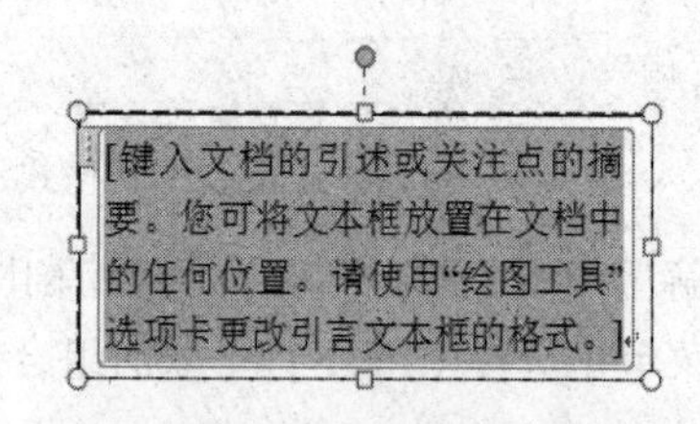

图 4–112 文本框文字占位符

2. 编辑文本框

在 Word 2010 文档中插入文本框后，若要对其进行美化操作，同样在【绘图工具 / 格式】选项卡中实现。若要设置文本框的填充效果、轮廓样式等，可以通过【形状样式】组实现；若要对文本框内的文本内容进行艺术修饰，可先选中文本内容，然后通过【艺术字样式】组实现。

样文中的文本框就是先绘制一个空白的文本框，在其中输入宋词，然后设置文本框的填充效果和轮廓样式，再将文本框和绿叶图片的大小设置为相同大小之后，将文本框移至绿叶图片之上的效果，如图 4–113 所示。

3. 文本框的链接

为了充分利用版面空间，需要将文字安排在不同版面的文本框中，此时可以运用文本框的链接功能实现上述要求。创建链接和断开链接的操作步骤如下：

① 在同一个文档中建立两个或两个以上的文本框。除第一个文本框外其他的文本框必须为空。

② 选中第一个文本框，单击【绘图工具 / 格式】选项卡 |【文本】组 |【创建链接】按钮，此时文档中的鼠标指针变为一只直立的水杯。当直立的水杯移动到可以链接的文本框时，鼠标指针会变为倾倒的水杯，此时单击即可建立链接。

丑奴儿·书博山道中壁

【宋】辛弃疾

少年不识愁滋味，爱上层楼。
爱上层楼，为赋新词强说愁。

而今识尽愁滋味，欲说还休。
欲说还休，却道天凉好个秋。

图 4–113　样文中的文本框

③ 如果要取消链接，则单击第一个文本框，再单击【绘图工具 / 格式】选项卡 |【文本】组 |【断开链接】按钮即可。

4.5.6　水印和背景

1. 为文档设置水印

水印是一种特殊的背景，在 Word 2010 中，添加水印的操作非常方便，用户可以使用文字或图片作为水印。操作步骤如下：

① 将插入点定位在文档中。

② 单击【页面布局】选项卡 |【页面背景】组 |【水印】按钮，在下拉列表中选择【自定义水印】命令，打开【水印】对话框，如图 4–114 所示。

③ 在对话框中设置需要的图片或者文字的水印效果，这样设置的水印是在文档的每一页均有水印效果。

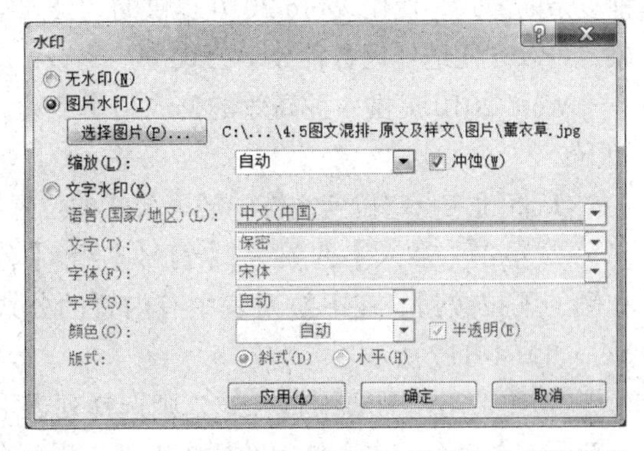

图 4–114　在【水印】对话框中选择图片作为水印

④ 如果要删除水印，只需单击【页面布局】选项卡 |【页面背景】组 |【水印】按钮，在下拉列表中选择【删除水印】命令即可。

2. 为文档设置背景

为文档添加背景可以增强文本的视觉效果，背景效果在打印文档时不会被打印出来。在 Word 中可以用某种颜色或过渡色、图案、图片作为背景。操作步骤如下：

① 将插入点定位在文档中。

② 单击【页面布局】选项卡 |【页面背景】组 |【页面颜色】按钮，在下拉列表中选择页面背景颜色，如图 4–115 所示。

③ 如果需要用图案或者图片作为文档背景，则单击【填充效果】命令，在打开的【填充效果】对话框中进行相应的设置，如图 4–116 所示。单击【确定】按钮，完成背景填充效果的设置。

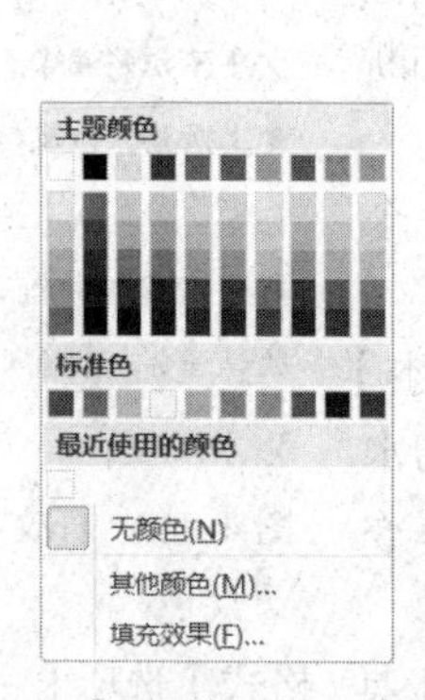

图 4-115 【页面颜色】下拉列表

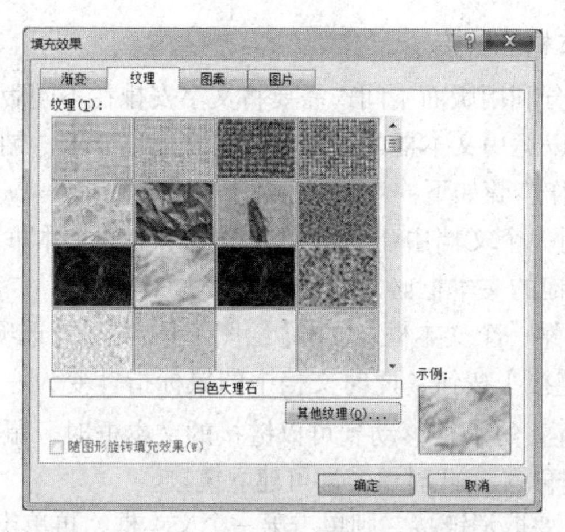

图 4-116 【填充效果】对话框

4.5.7 制作公式

在编辑科技类的、数学类的文档时，常需要输入各种复杂的公式，使用 Word 2010 提供的“公式编辑器”对象，可以方便地处理各种数学公式。

Word 2010 提供一种高效的公式制作工具，操作步骤如下：

① 将插入点定位到文档中插入公式的位置。

② 单击【插入】选项卡 |【符号】组 |【公式】按钮右侧的下拉按钮，在下拉列表中有内置的公式供用户选择，如图 4-117 所示。

③ 如果用户需要编辑公式，则选择列表下方的【插入新公式】命令，在文档中的插入点处出现一个公式编辑框，同时文档窗口功能区自动切换到【公式工具 / 设计】选项卡下，如图 4-118 所示。利用公式设计工具，就可以设计各种各样的公式了。

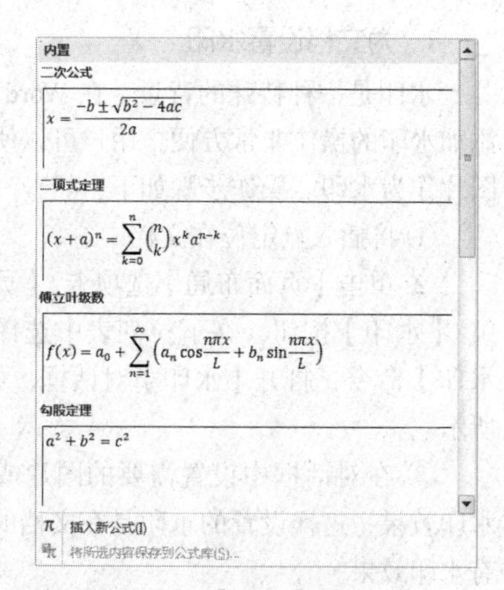

图 4-117 【公式】下拉列表

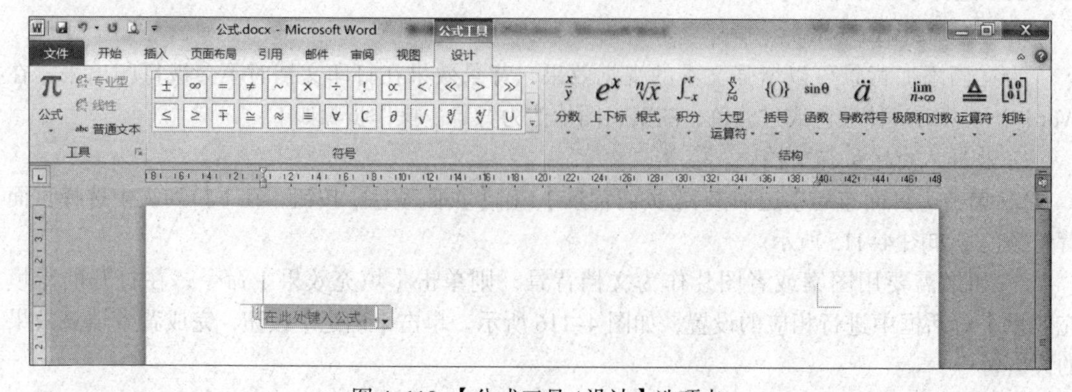

图 4-118 【公式工具 / 设计】选项卡

如果公式有误需要修改，再次单击公式进入公式编辑状态即可修改。在公式编辑状态下，公式右侧的公式选项可以进行格式方面的设置。单击【公式选项】按钮，在下拉菜单中进行相关设置，如图 4–119 所示。

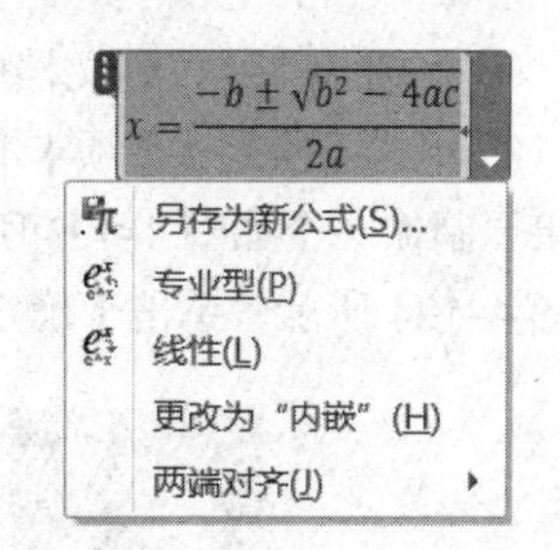

图 4–119 【公式选项】下拉菜单

对于习惯于使用 Word 2003 公式的用户，以下的插入公式方法可能更加熟悉，操作步骤如下：

① 将插入点定位到文档中插入公式的位置。

② 单击【插入】选项卡 |【文本】组 |【对象】按钮，打开【对象】对话框，如图 4–120 所示。在【新建】选项卡的【对象类型】列表框中选择"Microsoft 公式 3.0"选项，单击【确定】按钮。

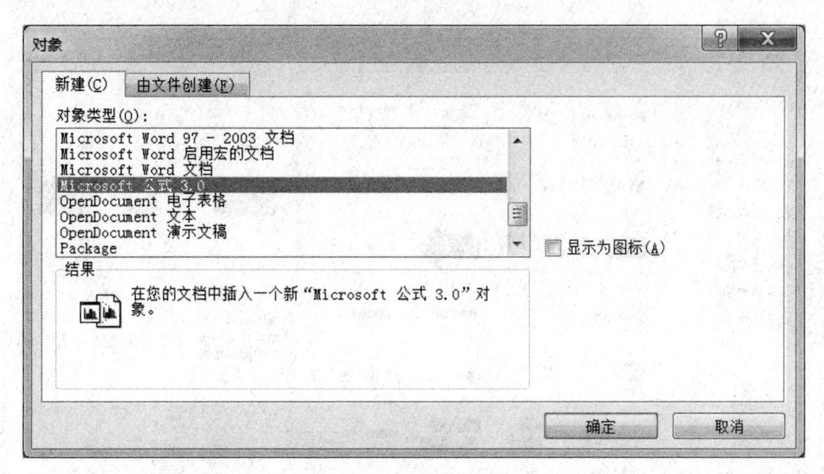

图 4–120 【对象】对话框

③ 文档窗口中弹出图 4–121 所示的【公式】工具栏，并且进入公式编辑状态，如图 4–122 所示。文档窗口也随之发生了很大的变化，功能区自动隐藏起来。

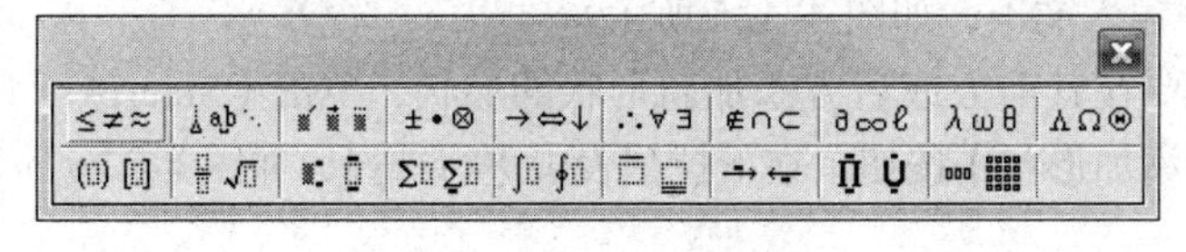

图 4–121 【公式】工具栏

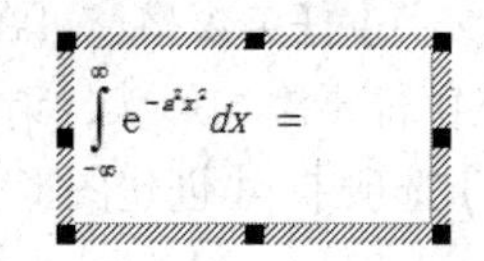

图 4–122　公式编辑器窗口

④ 从公式插入点处开始输入公式。输入完毕，单击文档中公式外的任意区域，即可返回文档编辑状态。

对于这种方法创建的公式其默认的版式是嵌入式的。右击公式，在弹出的快捷菜单中选择【设置对象格式】命令，打开【设置对象格式】对话框，从中可以改变公式的大小、填充颜色、线条以及版式等。要修改公式，必须进入公式编辑状态。双击要修改的公式，即可进入公式编辑窗口对公式进行编辑和修改。

4.5.8　插入 SmartArt 图形

SmartArt 图形是信息的视觉表示，相对于简单的图片和形状图形，它具有更高级的图形选项。使用 SmartArt 可以轻松制作示意图、流程图、组织结构图等图示。

1. 插入 SmartArt 图形

插入 SmartArt 图形的操作步骤如下：

① 将插入点定位到文档中需要插入 SmartArt 图形的位置。

② 单击【插入】选项卡 |【插图】组 |【SmartArt】按钮，打开【选择 SmartArt 图形】对话框，如果要制作一个如图 4-123 所示的购物流程，则需要【流程】选项下的具体流程图列表进行选择，如图 4-124 所示。单击【确定】按钮，所选形状出现在文档插入点处。

图 4-123　利用 SmartArt 图形制作的购物流程

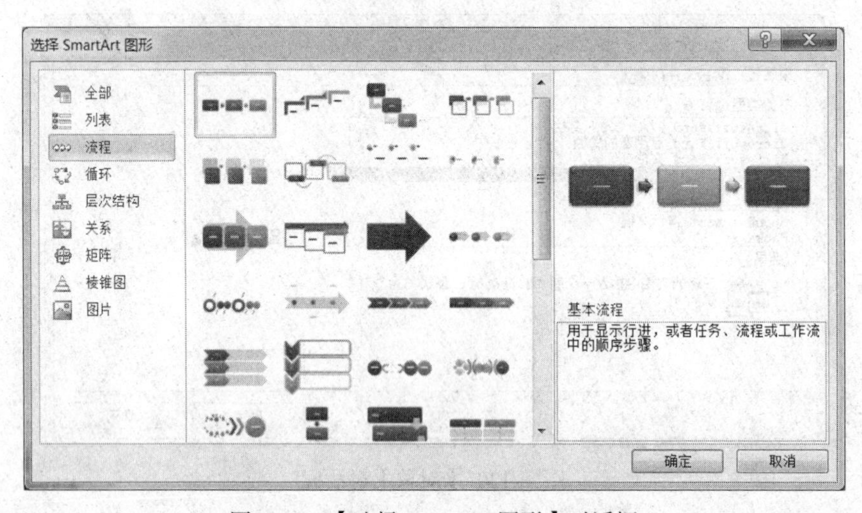

图 4-124 【选择 SmartArt 图形】对话框

③ 单击形状，在其中添加文字，或者单击 SmartArt 图形左侧的三角按钮，打开【在此处键入文字】任务窗格，可在窗格中输入文本，如图 4-125 所示。

④ 若要添加形状，请先选择要在其前方或后方添加新形状的形状，单击【SmartArt 工具 / 设计】选项卡 |【创建图形】组 |【添加形状】按钮，在下拉列表中进行选择，如图 4-126 所示。

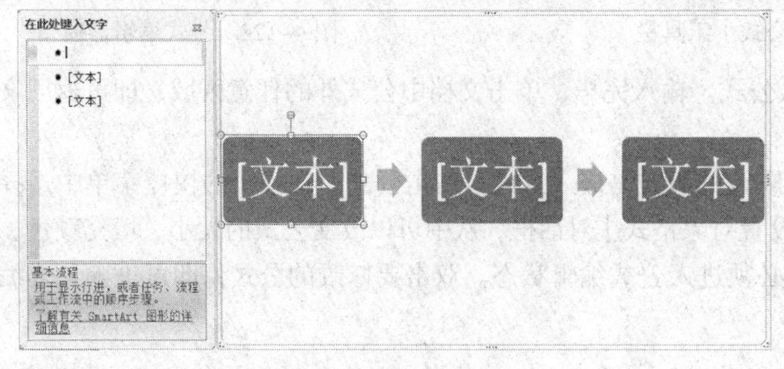

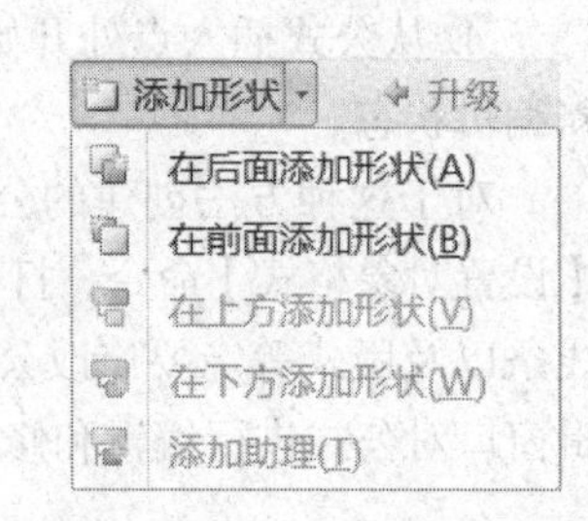

图 4-125　添加文字　　图 4-126　添加形状

2. 编辑 SmartArt 图形

插入 SmartArt 图形后，功能选项卡中将显示【SmartArt 工具 / 设计】和【SmartArt 工具 / 格式】两个选项卡，通过这两个选项卡，可对 SmartArt 图形的布局、样式等进行编辑，如图 4-127 和图 4-128 所示。读者可针对不同类型的 SmartArt 图形进行编辑美化，详细功能此处不再一一赘述。

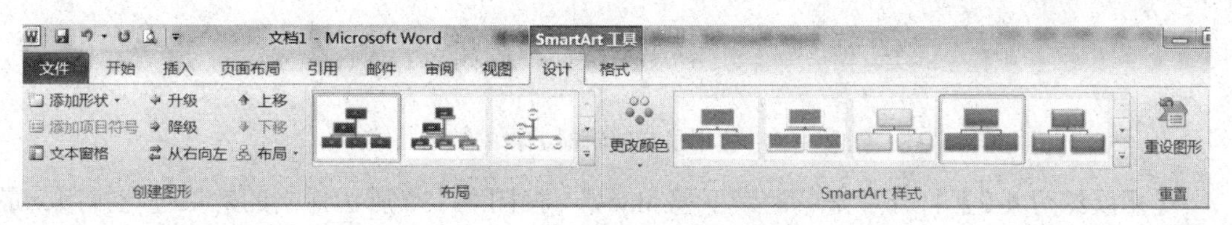

图 4-127 【SmartArt 工具 / 设计】选项卡

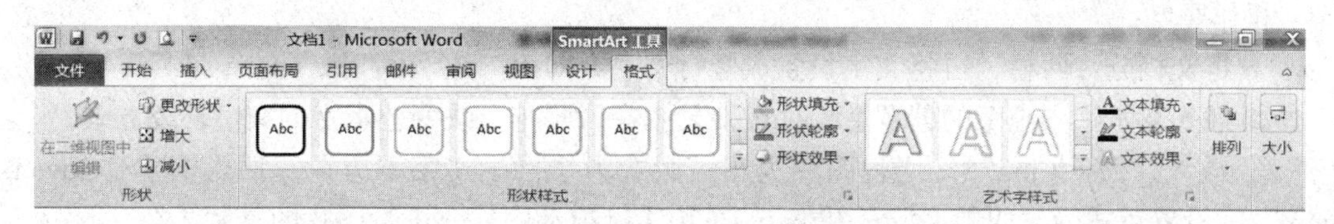

图 4-128 【SmartArt 工具 / 格式】选项卡

【拓展练习 4-7】制作一个公司组织结构图，以“华大公司组织结构 .docx”为文件名保存在 F 盘的试卷文件夹下。

制作过程的初稿及最终效果图分别如图 4-129 和图 4-130 所示。

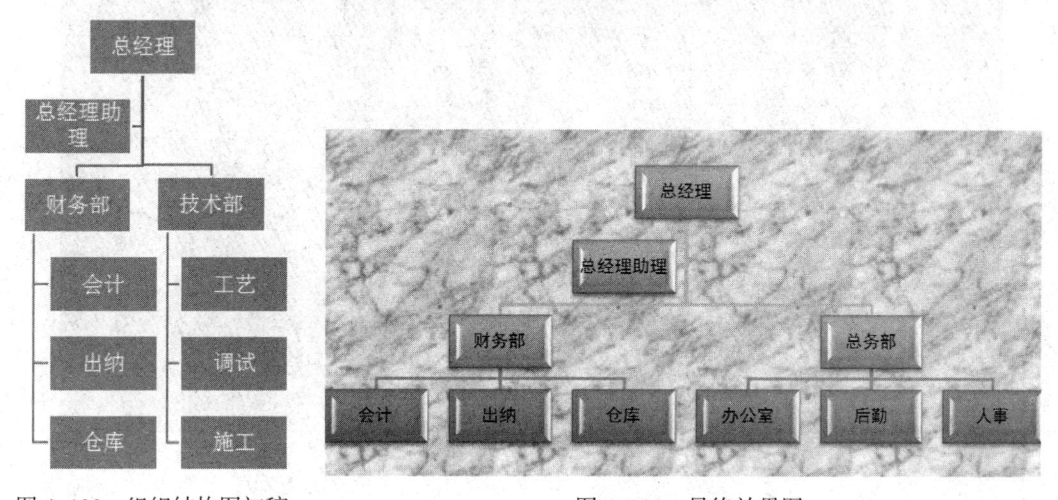

图 4-129　组织结构图初稿　　　　图 4-130　最终效果图

操作要点：

① 新建名为“华大公司组织结构图 .docx”的 Word 文档。

② 在文档中插入层次结构的 SmartArt 形状。

③ 依次输入文字，更改文字颜色、字体、字号等设置。

④ 选中财务部，单击【SmartArt 工具 / 设计】选项卡 |【创建图形】组 |【布局】按钮，选择“标准”，同样再设置“总务部”的布局为“标准”。

⑤ 单击【SmartArt 工具 / 设计】选项卡 |【SmartArt 样式】组 |【更改颜色】按钮，选择“彩色范围 - 强调文字颜色 5 至 6”。

⑥ 将 SmartArt 图形的【形状填充】设置为“纹理——白色大理石”。

【拓展练习 4-8】制作如图 4-131 所示的数学公式，以“公式 .docx”为文件名保存在 F 盘的试卷文件夹下。

$$x=\frac{-b\pm\sqrt{b^2-4ac}}{2a}\quad m=\sqrt{\frac{x-y}{x+y}}\quad(\int_{\frac{\pi}{4}}^{\frac{3\pi}{4}}(1+\sin^2x)\,dx+\cos 30^0)\times\sum_{i=1}^{100}(x_i+y_i)$$

图 4-131　使用公式编辑器编辑的数学公式

【拓展练习 4-9】打开“虚荣的紫罗兰 .docx”，按图 4-132 所示样文的效果进行排版，最后以原名保存。

操作要点：

① 将文档分为两栏，再将文字设置成竖行文字方向。

② 插入艺术字“虚荣的紫罗兰”，改变艺术字为竖排，改变艺术字的文字环绕方式。

③ 插入“desert.jpg”，调整图片大小，版式为“衬于文字下方”；插入图片“flower.wmf”，设置版式为“四周型”，并按下【Ctrl】键拖动图片，进行图片的复制。

图 4-132　样文效果

4.6　页面设置与打印

文档排版的最终目的是打印输出，本节主要就打印前的页面设置、页眉和页脚设置以及打印输出的具体设置进行讲解。

4.6.1　任务六　打印“我的大学我做主”

1. 任务引入

“我的大学我做主”文档制作好了，在打印之前需要进行相应的页面设置，包括页边距、纸张大小、分页、分节以及页眉和页脚的设置，之后即可进入最后的打印环节，最终要逐份打印 10 份分发到各学院及系部。

最终的打印预览效果如图 4-133 所示。

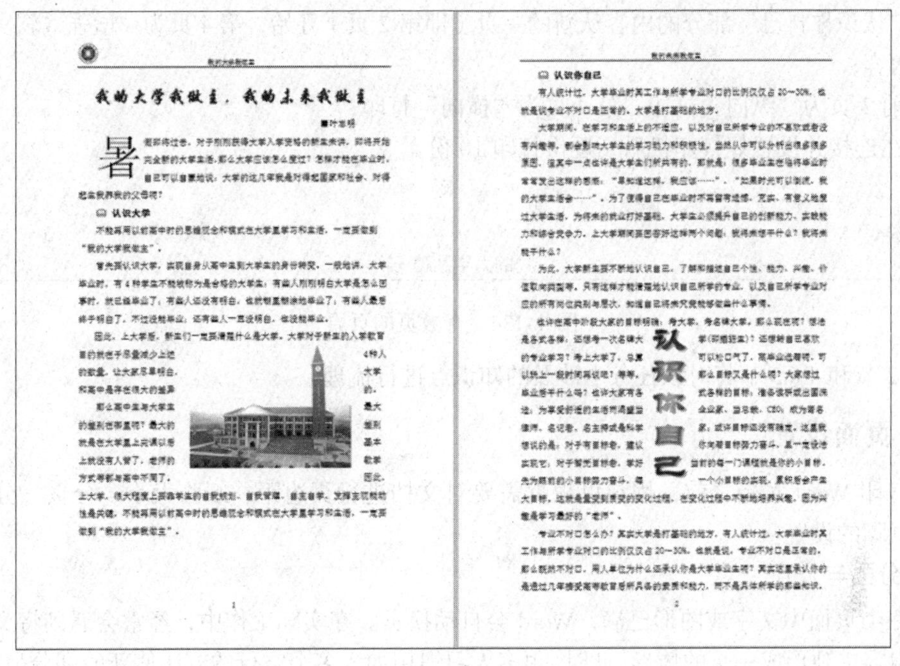
我的大学我做主，我的未来我做主

■叶京明

认识大学

认识你自己

认识你自己

（a）　第 1、2 页的效果图

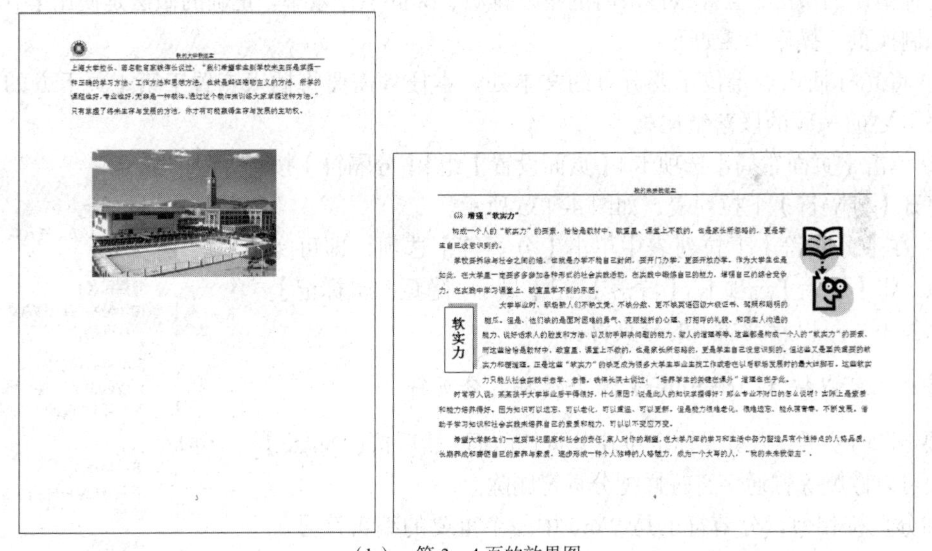
增强"软实力"

软实力

（b）　第 3、4 页的效果图

图 4-133　“我的大学我做主”预览效果

2. 任务分析

分析该任务，要从以下几方面入手：

打开“我的大学我做主 – 打印原文 .docx”，原文共 4 页，对文本内容进行如下设置：

① 设置整篇文档的页边距为：上、下页边距为 2.5 cm，左、右页边距为 3 cm；

② 设置奇偶页不同的页眉，奇数页页眉的左侧为学院的 logo，中间是文字“我的大学我做主”，如图 4–134 所示，偶数页页眉为居中的文字“我的未来我做主”，页脚为居中设置从 1 开始的阿拉伯数字；

③“认识你自己”部分的内容从新的一页（即第 2 页）开始，第 4 页为“增强‘软实力’”部分的内容；

④ 前 3 页为“纵向”打印，第 4 页为“横向”打印；

⑤ 在连接并设置好打印机后，逐份打印 10 份。

图 4–134　奇数页的页眉

4.6.2 节和 4.6.3 节将对该任务中涉及的知识点进行梳理。

4.6.2　页面设置

在打印 Word 文档之前，用户可根据需要对文档进行页边距、纸张大小、分页、分节以及页眉和页脚的设置。

1. 分页与分节

当一个页面中文字或图形已满，Word 会自动换页。在实际工作中，经常会遇到将文档的某一部分内容单独形成一页的情形，此时，很多人习惯用加入多个空行的方法使新的部分另起一页，这是一种错误的做法，会导致修改时的重复排版，降低工作效率。正确的做法是使用【分页符】进行强制换页。操作步骤如下：

① 将光标插入点定位于要分页的文本处。本任务需要将插入点置于第 1 页下方的“认识你自己”之前一段的段落结尾处。

② 单击【页面布局】选项卡 |【页面设置】组 |【分隔符】按钮，打开【分隔符】下拉列表，如图 4–135 所示。

③ 在【分隔符】下拉列表中单击【分页符】选项，即可实现分页。将【开始】选项卡 |【段落】| 组【显示 / 隐藏编辑标记】按钮 ↵ 按下，可以看到插入的分页符。

注：也可以按【Ctrl+Enter】组合键插入分页符。

要删除分页符，需将光标定位在分页符前面，然后按【Delete】键，便可以像删除普通字符一样把分页符删除。

和分页符相似，分节符也是 Word 中一个重要的编辑符号。在 Word 中可以对文档进行分节。“节”是文档的一部分，可以是几页一节，也可以是几个段落一节。通过分节，可以把文档变成几个部分，然后针对不同的节进行不同的页面设置，如页边距、纸张大小和纸张方向、不同的页眉和页脚、不同的分栏方式等。

分节符是在节的结尾处插入的一个标记，每插入一个分节符，表示文档的前面与后面是不同的节。插入分节符的操作步骤如下：

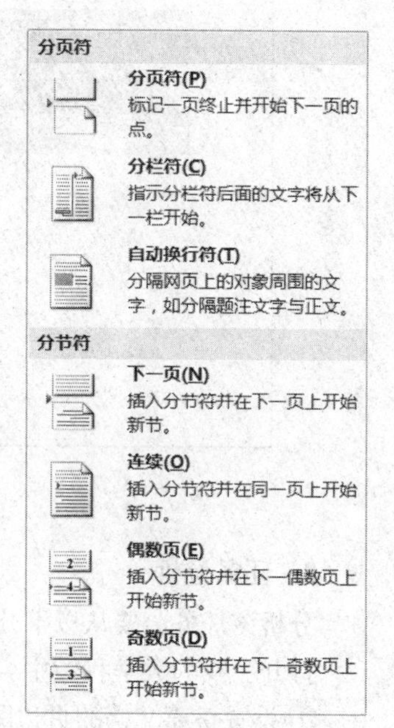

图 4–135　【分隔符】下拉列表

① 将光标插入点定位于要分节的文本处。本任务中，需要将插入点置于“增强‘软实力’”之前一段的段落结尾处。

② 单击【页面布局】选项卡 |【页面设置】组 |【分隔符】按钮，打开下拉列表，选择相应

的“分节符”类型，就会在当前光标位置插入一个分节符。由于本任务中需要分页，并对所分的第 4 页进行“横向”的设置，则此处应插入“下一页”分节符。

要删除分节符，需将光标定位在分节符前面，然后按【Delete】键即可。

2. 设置页码

Word 在进行分页时会自动记录页码，页码的显示位置和显示格式可以进行设置。插入页码的操作步骤如下：

① 单击【插入】选项卡 |【页眉和页脚】组 |【页码】按钮，在下拉列表中选择需要插入页码的位置，如图 4–136 所示。

② 如需在页面底端创建页码，则鼠标移动到【页面底端】命令，在弹出的级联菜单中选择页码需出现的位置及对齐方式，如图 4–137 所示。

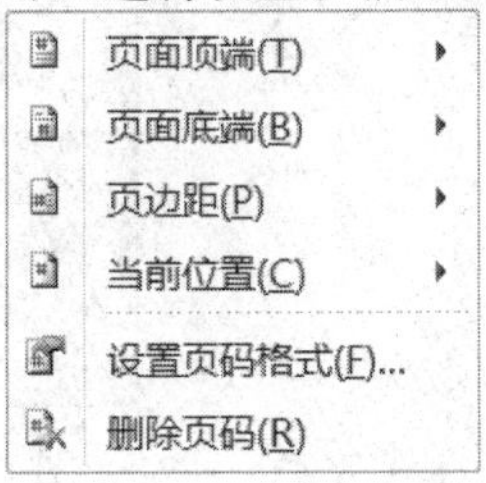

页面顶端(T)
页面底端(B)
页边距(P)
当前位置(C)
设置页码格式(F)...
删除页码(R)

图 4–136　插入页码下拉列表

③ 如果要设置页码的格式，则选择图 4–136 所示下拉列表中的【设置页码格式】命令，在打开的【页码格式】对话框中可以设置页码的格式，如图 4–138 所示。设置好页码格式及页码编号方式后，单击【确定】按钮。

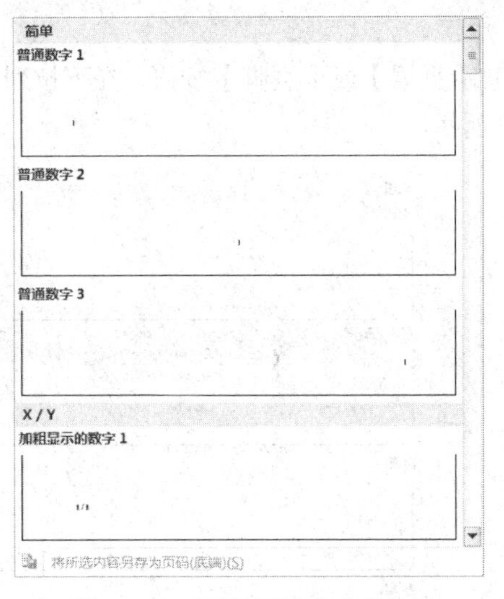

图 4–137　页码显示格式及位置

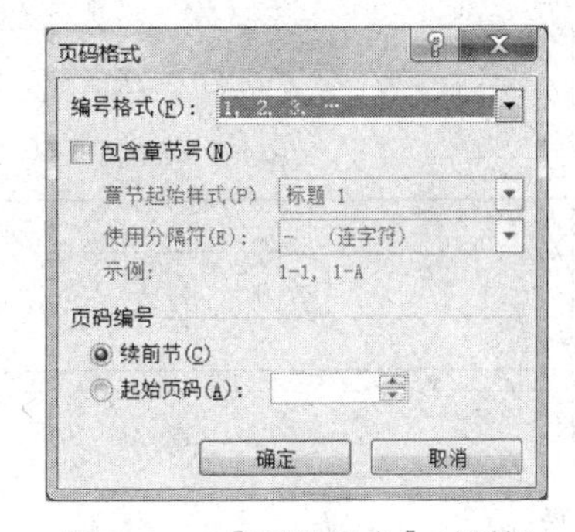

图 4–138 【页码格式】对话框

在 Word 2010 中，有时需要文档的第 1 页不显示页码，第 2 页的页码在页面底端居中从 1 开始显示，设置的操作步骤如下：

① 单击【插入】选项卡 |【页眉和页脚】组 |【页码】按钮，在下拉列表中选择【页面底端】创建页码，在弹出的级联菜单中选择“普通数字 2”，则在文档的底端居中插入数字页码。

② 插入页码后功能区会自动切换到【页眉和页脚工具 / 设计】选项卡，单击【页眉和页脚】组 |【页码】按钮，在下拉列表中选择【设置页码格式】命令，在打开的【页码格式】对话框中可以设置页码的格式，将【页码编号】设置为起始页码为 0，单击【确定】按钮，如图 4–139 所示。

③ 在【页眉和页脚工具 / 设计】选项卡 |【选项】组中勾选【首页不同】复选框，如图 4–140 所示，即可在封面上不显示页码，而正文的页码从 1 开始。

要删除页码，需要进入页眉和页脚编辑区进行操作。将鼠标移动到页码所在位置双击，进入【页眉和页脚】编辑区，删除页码后，单击【页眉和页脚工具 / 设计】选项卡 |【关闭】组 |【关

闭页眉和页脚】按钮，或者直接在文档区双击，即可退出页眉页脚编辑区。

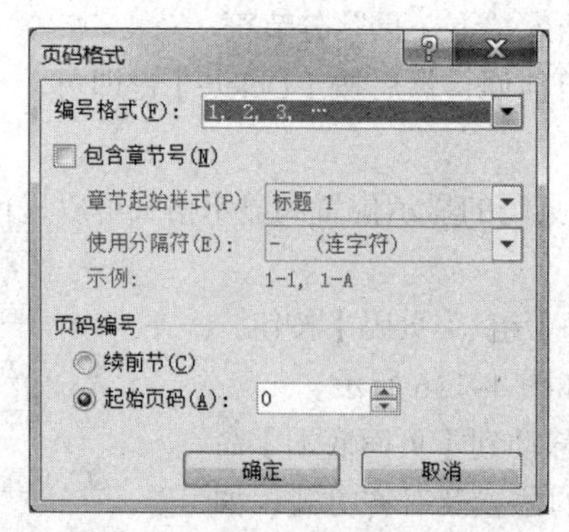

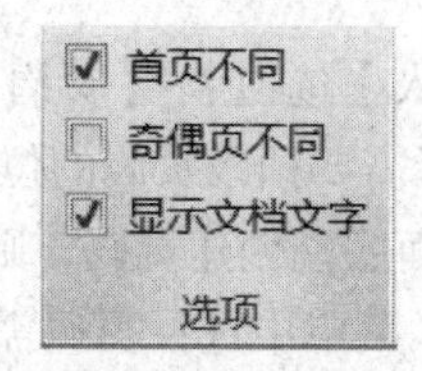

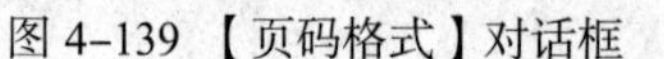

图 4-139 【页码格式】对话框　　图 4-140 【选项】组 - 首页不同

3. 页眉和页脚

在 Word 中，可以添加页眉和页脚来显示文档的附加信息，如页码、日期、作者名称、单位名称、章节标题等。其中，页眉被打印在页面的顶部，页脚被打印在页面的底部。添加页眉和页脚的操作步骤如下：

① 单击【插入】选项卡 |【页眉和页脚】组 |【页眉】或【页脚】按钮，在下拉列表中选择系统内置的页眉或页脚，如图 4-141 和图 4-142 所示。

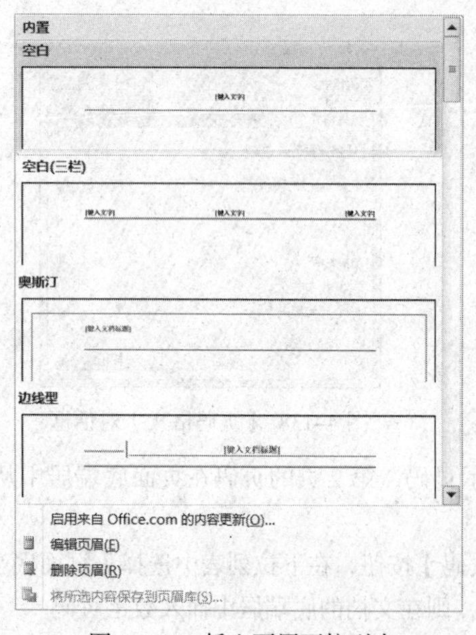

图 4-141　插入页眉下拉列表

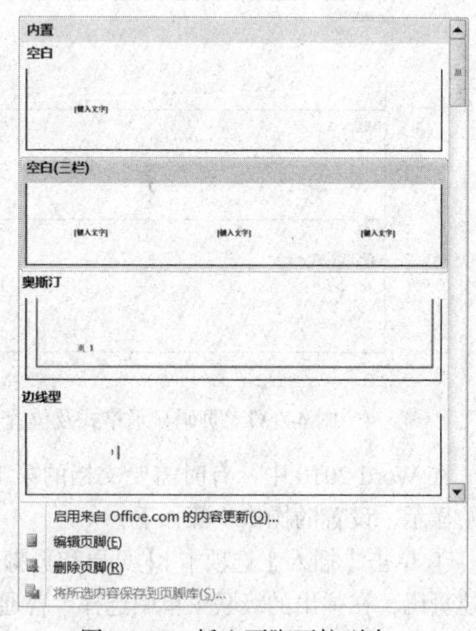

图 4-142　插入页脚下拉列表

② 用户也可在下拉列表中选择【编辑页眉】或【编辑页脚】命令，自行输入、编辑页眉或页脚。在【页眉和页脚工具 / 设计】选项卡的【插入】组中，还可以插入日期和时间、图片等，单击【文档部件】按钮，还可以选择插入自动图文集和文档属性，如图 4-143 所示。

③ 双击文档区，完成页眉和页脚的编辑，返回到文档中。

用户除了用上述方法为文档添加页眉和页脚外，还可以为一篇较长的文档设置奇偶页不同的页眉和页脚，操作步骤如下：

① 单击【页面布局】选项卡 |【页面设置】组右下角的“扩展按钮”，打开【页面设置】对话框，选择【版式】选项卡，在【页眉和眉脚】选项区中勾选【奇偶页不同】复选框，如图 4–144 所示，单击【确定】按钮。

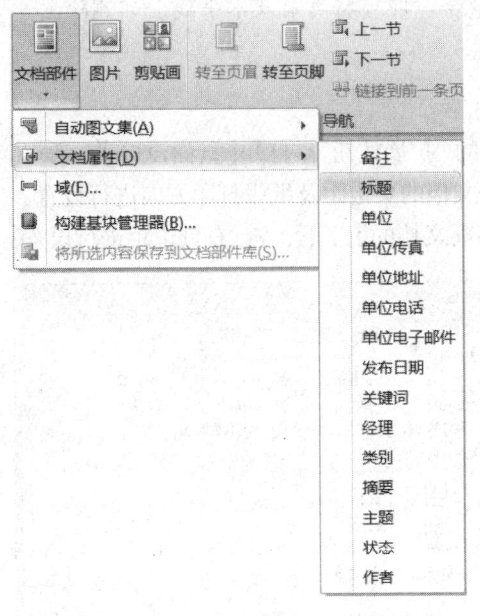

图 4–143　在页眉 / 页脚中插入文档部件

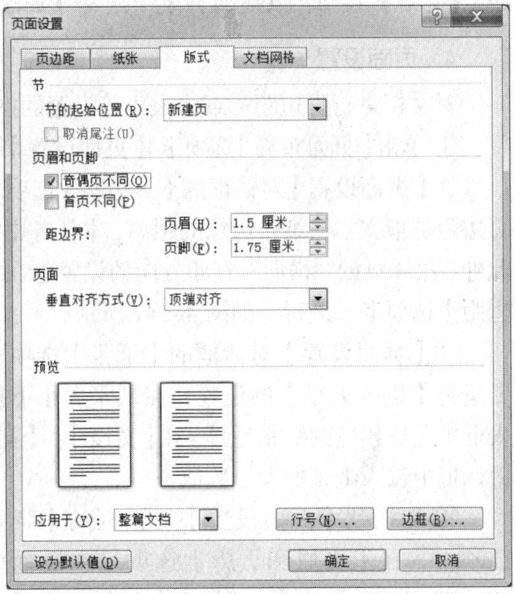

图 4–144　奇偶页不同的设置

② 单击【插入】选项卡 |【页眉和页脚】组 |【页眉】按钮，在下拉列表中选择【编辑页眉】命令，进入页眉编辑界面，光标在奇数页页眉编辑区中闪烁，输入奇数页页眉内容。单击【页眉和页脚工具 / 设计】选项卡 |【导航】组 |【下一节】按钮，将光标移到偶数页页眉编辑区，输入偶数页页眉内容，如图 4–145 和图 4–146 所示。同理页脚也可以修改。

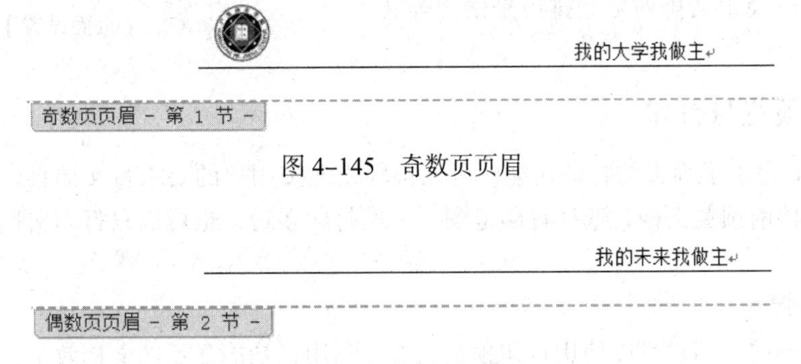

图 4–145　奇数页页眉

图 4–146　偶数页页眉

温馨提示

为文档设置页眉后，页眉位置就保留了一条水平线，可以去除这条多余的水平线。去除 Word 页眉的横线可以选用下面 3 种方法：

方法一：进入【页眉和页脚】编辑区，选中页眉内容，单击【页面布局】选项卡 |【页面背景】组 |【页面边框】按钮，在打开的【边框和底纹】对话框中，将【边框】选项卡下的边框设置为“无”；

方法二：进入【页眉和页脚】编辑区，选中页眉内容，单击【开始】选项卡|【样式】组右下角的“扩展按钮”，在【样式】任务窗格中执行“全部清除”操作。

方法三：进入【页眉和页脚】编辑区，单击【页眉和页脚工具/设计】选项卡|【页眉和页脚】组|【页眉】按钮，在下拉列表中选择【删除页眉】命令，即可将页眉及水平线全部删除。

4. 页面设置

对文档进行页边距、纸张大小等设置的操作步骤如下：

① 单击【页面布局】选项卡|【页面设置】组右下角的“扩展按钮”，打开【页面设置】对话框。

②【页面设置】对话框的【页边距】选项卡主要对文档的页边距及纸张打印方向进行设置。页边距是指文本与纸张边缘的距离，本任务中需要对整篇文档的上、下、左、右页边距进行设置。此外，第4页的“横向”打印方向的设置也在【页边距】选项卡下进行，如图4-147所示。

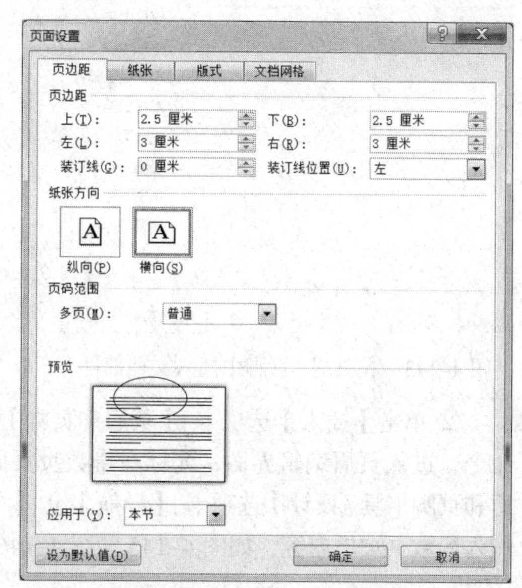

图4-147 【页面设置】对话框

③【页面设置】对话框的【纸张】选项卡主要进行【纸张大小】的设置。在纸张大小下拉列表框中选择相应的纸张型号，在【宽度】和【高度】微调框中输入纸张的大小数值。

④ 切换到【页面设置】对话框的【版式】选项卡，在【页眉和页脚】选项组中设置页眉和页脚，勾选【奇偶页不同】复选框，设置文档奇数页和偶数页使用不同的页眉和页脚，勾选【首页不同】复选框则设置文档首页的页眉和页脚不同于其他页。

⑤【页面设置】对话框中的【文档网格】选项卡用于设定每页的行数、每行的字数、每页的垂直分栏数，以及正文排列是竖排还是横排等文本排列方式。

4.6.3 打印预览与打印

Word 2010提供了强大的打印功能，可以很轻松地按用户的要求将文档打印出来，它可以做到在打印文档前预览文档、选择打印范围、一次打印多份，也可以只打印文档的奇数页或偶数页。

1. 打印预览

在进行打印前，用户可以使用打印预览功能。利用该功能显示的文档效果，实际上就是打印的真实效果，这就是所谓的所见即所得功能。

要进行打印预览，单击快速访问工具栏中的【打印预览】按钮，或者单击【文件】选项卡|【打印】命令，在打印区域的右侧显示文档的打印预览，如图4-148所示。用户可以从中预览文档的打印效果，在预览中显示的文档页面与打印出的效果完全一致。拖动右下角的水平滑尺，可以调整当前文档的显示比例，也可以通过拖动右侧垂直滚动条中的滚动块，或单击下方的【上一页】按钮或者【下一页】按钮，切换到其他页面。

图 4-148　文档打印预览

2. 打印文档

文档排版完成并经过打印预览查看满意后，可将文档打印输出。用户可以根据不同要求设置打印方式，打印文档的操作步骤如下：

① 打开要打印的文档。

② 单击快速访问工具栏中的【打印预览】按钮，或者单击【文件】选项卡 |【打印】命令，在图 4-148 所示窗口的中间区域进行打印设置。

③ 在打印选项设置窗口的【份数】微调框中输入要打印的份数。

④ 如果用户只想打印文档中的某一部分，或是只想打印某一页或某几页的内容，而不想打印整篇文档，单击【设置】下方的按钮，在下拉列表中进行选择，如图 4-149 所示。

- 选择【打印所有页】选项，将打印文档中的全部内容。
- 选择【打印当前页】选项，只打印当前光标所在的页。
- 选择【打印自定义范围】选项，在其下方的【页数】文本框中输入页码或页码范围，Word 将根据所输入的数据进行打印。如输入“1-3,5”，则打印第 1 至第 3 页和第 5 页。

⑤ 如果用户需要对同一篇文档打印多份时，设置好份数后，再单击【调整】按钮，在下拉列表中可以设置是否要逐份打印，如图 4-150 所示。【调整】即为逐份打印，即完成第 1 份打印完所有页之后继续打印出第 2 份、第 3 份……【取消排序】即第 1 页打印 10 份，第 2 页再打印 10 份……

⑥ 单击【打印】按钮，即可按设置进行打印。

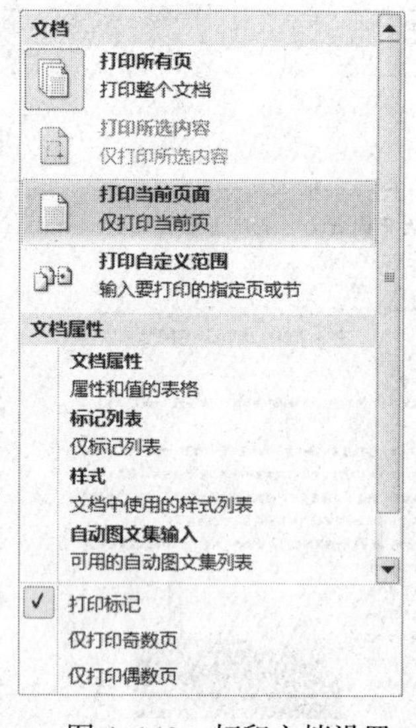

图 4-149　打印文档设置

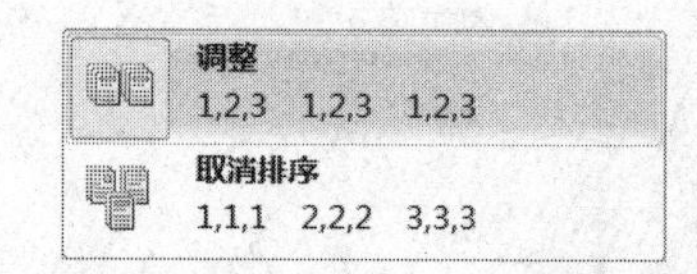

图 4-150　调整是否逐份打印

4.7　长文档排版

在编排书籍、论文、报告等长文档时，一般先要列出文章的大纲，在此基础上充实内容。论文写好了，要进行排版，论文每页页眉和页脚的位置上用简洁文字标出文章的题目、页码等信息，同时需要对缩写词以及引用文献的来源等加以注释，最后还要生成论文的目录。

4.7.1　任务七　制作与排版毕业论文

1. 任务引入

文军今年大四，准备写毕业论文了，学院对毕业生的毕业论文文本结构和排版格式有具体的要求。毕业论文不仅文档长，而且格式多，例如，为章节和正文快速设置相应的格式、自动生成目录、为奇偶页及不同的节添加不同的页眉等，处理起来比一般的文档要复杂得多。本任务将以毕业论文的编制和排版为例，详细介绍长文档的排版方法与技巧。

2. 任务分析

为了将毕业论文此类长文档的制作和排版讲解详尽，此处以某学院的毕业论文文本结构及打印规范要求为例展开该任务。

（1）文本结构

毕业论文必须按照学校规定的文本结构组织，下面是某学院毕业论文的文本结构：

① 封面及第 2 页、第 3 页。

• 封面为中文题目及学生姓名、指导教师等内容。

• 第 2 页为英文标题。

• 第 3 页为郑重声明。

② 中文摘要：论文第 4 页开始为中文摘要，为了便于文献检索，应在摘要下方另起一行注明论文的关键词（3 ～ 5 个）。

③ 英文摘要：中文摘要后另起一页为英文摘要，内容应与中文摘要相同。

④ 目录：在英文摘要后另起一页生成文档的目录。

⑤ 正文：正文中的章节编号要求采用“英式编号”，以第 1 章为例，格式如下：

第 1 章 ××× （第一级标题） 1.1 ××× （第二级标题） 1.1.1 ××× （第三级标题）

通常论文设置三级标题，不提倡使用三级以上标题。

⑥ 参考文献：列出作者直接阅读过、在正文中被引用过的正式发表的文献资料。参考文献应按照《信息与文献 参考文献著录规则》（GB/T 7714—2005）书写。参考文献一律放在论文结论后，不得放在各章之后。

⑦ 致谢：致谢对象限于在学术方面对论文的完成有较重要帮助的团体和人士。

（2）排版规范

当按上述格式完成毕业论文的内容后，就需要进行排版设置，最后进入打印环节。排版的具体格式要求如下：

① 封面字体、字号要求：

- 中文题目：楷体一号，题目一行排不下时可排两行，行间距为 1.2 行；
- 英文题目：“Times New Roman”二号，字体加粗；
- 学生姓名、指导教师、专业等内容：宋体 4 号，行间距为 1.5 行。

② 论文字体及字号要求：

- 大标题黑体三号；
- 一级节标题黑体三号；
- 二级节标题黑体四号；
- 正文宋体小四号；
- 表题与图题宋体五号；
- 参考文献宋体五号。

③ 段落及行间距要求：

正文段落和标题一律为“固定行间距 20 磅”。

按照标题的不同，分别采用不同的段后间距：

- 大标题 30 ～ 36 磅；
- 一级节标题 18 ～ 24 磅；
- 二级节标题 12 ～ 15 磅；

（在上述范围内调节标题的段后行距，以利于控制正文合适的换页位置。）

参考文献的段后间距为 30 ～ 36 磅。参考文献正文取固定行距 17 磅，段前加间距 3 磅。

④ 页眉和页脚及页码的要求：

页眉。学位论文从正文开始各页均加页眉，格式为居中、五号宋体。

- 奇数页眉：所在章题序及标题（如第 1 章 绪论）
- 偶数页眉：某大学学位论文

页脚：页脚处添加页码，要求从中文摘要开始添加 I、II、III……的罗马字符页码，从正文（即第 1 章）开始添加 1、2、3……的阿拉伯数字页码。

上述内容是某学院的毕业论文文本结构及打印规范要求，虽然不同的学校对此要求不尽相同，但基本都涉及以下几个知识点：

- 样式的应用。
- 长文档大纲的编制。
- 基本格式的设置。
- 页眉和页脚、页码的设置。
- 生成目录。

4.7.2 节 ~ 4.7.7 节主要就毕业论文的编制及排版方面的知识点进行梳理。

4.7.2 使用样式

样式就是应用于文档中各种元素的一套格式特征，它是 Word 中最重要的排版工具之一，使用样式可以方便地设置文档各部分的格式，得到风格统一的文字效果。

1. 套用系统内置样式

Word 2010 自带了一个样式库，通过该样式库可以快速地为选定的文本或段落应用预设的样式。根据应用的对象不同，样式可分为字符样式、段落样式、链接样式、表格样式、列表样式，下面就这些样式进行简单介绍。

- 字符样式包含可应用于文本的格式特征，例如字体、字形、字号、颜色等，应用字符样式时，首先需选择要设置格式的文本。
- 段落样式除了字符样式所包含的格式外，还可以包含段落格式，如行距、对齐方式、段落缩进等。应用段落样式，首先需要选择段落。选择段落时，只需将光标定位在该段落上即可，不需要选择该段落的所有文字。
- 链接样式既可以作为字符样式，又可作为段落样式，这取决于用户选择的内容。若用户选择文本应用链接样式，则该样式包含的字符格式特征将应用于选择的文本上，段落格式不会被应用；若用户选择段落（或将光标定位在段落上）应用链接样式，则该样式将作为段落样式应用于选中段落。
- 表格样式确定表格的外观，包括标题行的文本格式，网格线以及行和列的强调文字颜色等特征。
- 列表样式决定列表外观，包括项目符号样式或编号方案，缩进等特征。

用户可以利用【快速样式】列表或【样式】任务窗格来设置需要的样式。

（1）利用【快速样式】列表

具体操作步骤如下：

① 选定要应用样式的文本或段落。

② 在【开始】选项卡的【样式】组中列出了样式库中的样式，如图 4-151 所示。

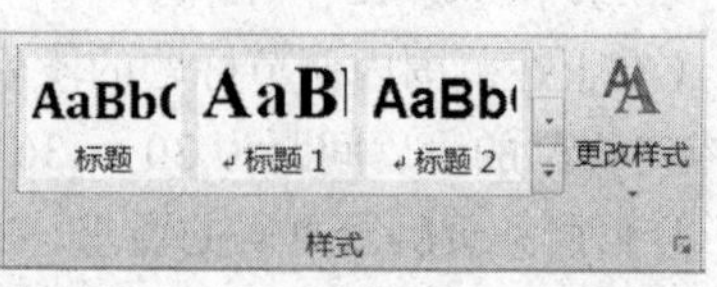

图 4-151 【样式】组中的【快速样式】列表

③ 单击样式列表右侧的【向下滚动】按钮 或【其他】按钮 ，将展开更多样式供选择。将光标停留在某个样式上时，所选中的文本或段落就会按该样式显示预览效果，单击样式名称即可将该样式应用到选定文本或段落上。

（2）利用“样式”任务窗格

具体操作步骤如下：

① 选定要应用样式的文本或段落。

② 单击【开始】选项卡 |【样式】组右下角的“扩展按钮”，打开【样式】任务窗格。该任务窗格中列出了系统自带的各种样式，将鼠标指针移动到某个样式上，系统会自动给出该样式的具体描述，如图 4–152 所示。

③ 单击【样式】任务窗格中某一样式名称即可将该样式应用到当前选中文本或段落上。

需要注意的是，应用字符样式，必须要选中文本内容；如果某一段应用段落样式，则将插入点定位到该段落中即可。

2. 创建样式

Word 2010 为用户提供的系统内置样式，能够满足一般文档格式化的需要。但在实际工作中常会遇到一些特殊格式的文档，这时就需要用户新建样式，用户可以根据自己的需要创建字符样式或段落样式。

创建一个名为“A 样式”的字符样式的操作步骤如下：

① 单击【开始】选项卡 |【样式】组右下角的“扩展按钮”，打开【样式】任务窗格。

② 单击【样式】任务窗格左下角的【新建样式】按钮，打开【根据格式设置创建新样式】对话框，如图 4–153 所示。

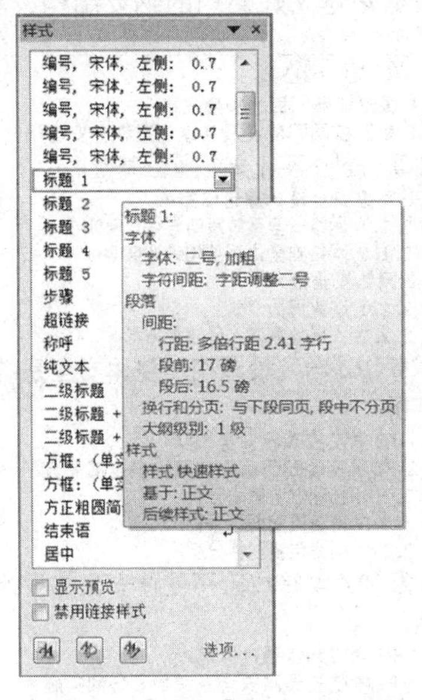

图 4–152 【样式】任务窗格及某样式的具体描述

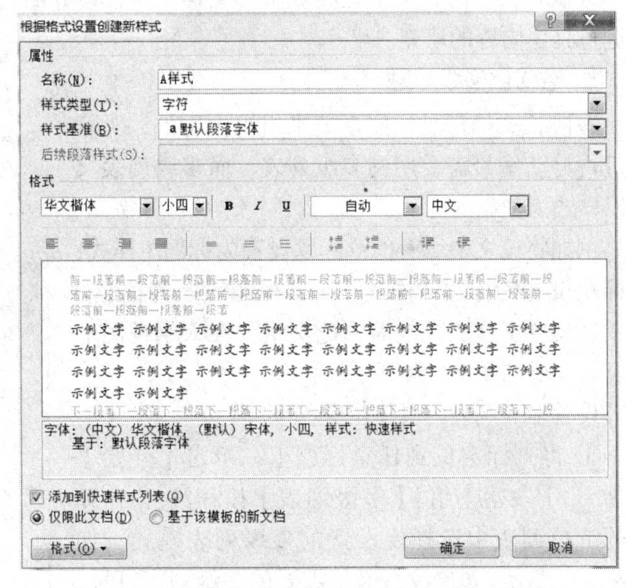

图 4–153 【根据格式设置创建新样式】对话框

③ 在【名称】文本框中输入样式的名称“A 样式”，在【样式类型】下拉列表框中选择【字符】选项。在【样式基准】下拉列表框中选择一种样式作为基准。

④ 单击【格式】按钮，根据需要进行字符格式的设置。

⑤ 所有格式设置完成后，单击【确定】按钮，完成样式的创建。

此时，在【样式】任务窗格的样式列表中可以看到新建的“A 样式”，其名称右侧有一个 a 图标，表示该样式是字符样式。如果样式名称右侧是 ↵ 图标，则表示该样式是段落样式。

创建段落样式的操作方法和创建字符样式相似，在段落样式中，可以组合多种字符格式和段落格式。

3．修改、删除样式

用户在使用样式时，有些样式不符合自己排版的要求，可以对样式进行修改，甚至删除。修改、删除样式要在【样式】任务窗格中进行。修改样式的操作步骤如下：

① 单击【开始】选项卡 |【样式】组右下角的“扩展按钮”，打开【样式】任务窗格。

② 将鼠标指向需要修改的样式名称上，单击其右侧的下拉按钮，在弹出的下拉菜单中选择【修改】命令，打开【修改样式】对话框。修改样式的操作方法与新建样式时设置样式格式的方法相同。

③ 单击【确定】按钮，完成样式的修改。

当修改了样式后，在文档中应用该样式的文本或段落的格式也会随之变化。

要删除已有的样式，只需要在【样式】任务窗格中将鼠标指向需要删除的样式名称上，单击其右侧的下拉按钮，在弹出的下拉菜单中选择【删除】命令，在弹出的消息提示框中单击【是】按钮即可。系统只允许删除用户自己创建的样式，而 Word 的内置样式只能修改，不能删除。

4.7.3 编制长文档大纲

编制长文档时，为了提高效率和文档质量，最好的做法是先建立好文档的纲要结构，然后再进行具体内容的填充。

1．格式化多级标题

一般长文档都是按照章节来组织内容的，为章节进行自动编号需要用到多级列表，而多级列表又是以样式为基础的。

例如将论文中所有的章标题设置为标题 1 样式，节标题设置为标题 2 样式，小节标题设置为标题 3 样式。设置了多级标题后的论文纲要在大纲视图下的显示效果如图 4-154 所示。

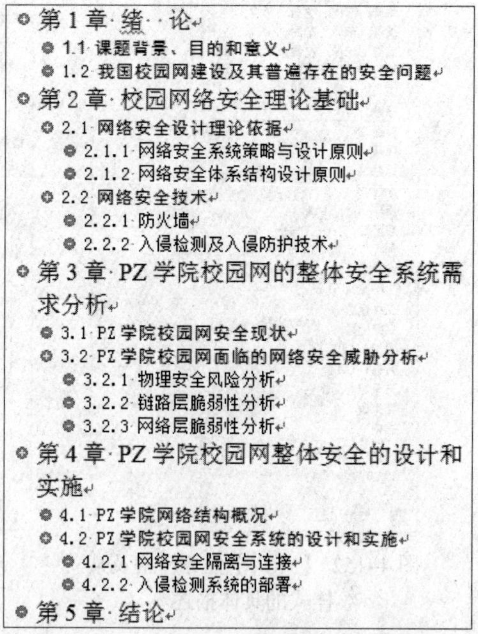

设置多级列表的具体步骤如下：

① 将光标定位到任意标题上，单击【开始】选项卡 |【段落】组 |【多级列表】按钮，在弹出的下拉列表中选择要设置的多级列表模式，如图 4-155 所示。如果没有满足需要的多级列表符号，则选择的【定义新的多级列表】命令，在打开的【定义新多级列表】对话框中自行设定多级列表的模式，如图 4-156 所示。

- 第 1 章 绪 论
  - 1.1 课题背景、目的和意义
  - 1.2 我国校园网建设及其普遍存在的安全问题
- 第 2 章 校园网络安全理论基础
  - 2.1 网络安全设计理论依据
    - 2.1.1 网络安全系统策略与设计原则
    - 2.1.2 网络安全体系结构设计原则
  - 2.2 网络安全技术
    - 2.2.1 防火墙
    - 2.2.2 入侵检测及入侵防护技术
- 第 3 章 PZ 学院校园网的整体安全系统需求分析
  - 3.1 PZ 学院校园网安全现状
  - 3.2 PZ 学院校园网面临的网络安全威胁分析
    - 3.2.1 物理安全风险分析
    - 3.2.2 链路层脆弱性分析
    - 3.2.3 网络层脆弱性分析
- 第 4 章 PZ 学院校园网整体安全的设计和实施
  - 4.1 PZ 学院网络结构概况
  - 4.2 PZ 学院校园网安全系统的设计和实施
    - 4.2.1 网络安全隔离与连接
    - 4.2.2 入侵检测系统的部署
- 第 5 章 结论

图 4-154 大纲视图下的论文纲要

② 设置一级编号。选中【单击要修改的级别】列表框中的“1”，在【编号格式】选项区中设定【此级别的编号样式】为阿拉伯数字，在【输入编号的格式】文本框中“1”的左侧输入“第”字，右侧输入“章”字，使编号格式为“第 1 章”，可以看到“1”是有灰色底纹的，此处是域，是自动编号的，而“第”“章”二字是普通文本。单击对话框左下角的【更多】按钮，在右侧展开的更多选项设置中，【将级别链接到样式】选择“标题 1”，如图 4-157 所示。

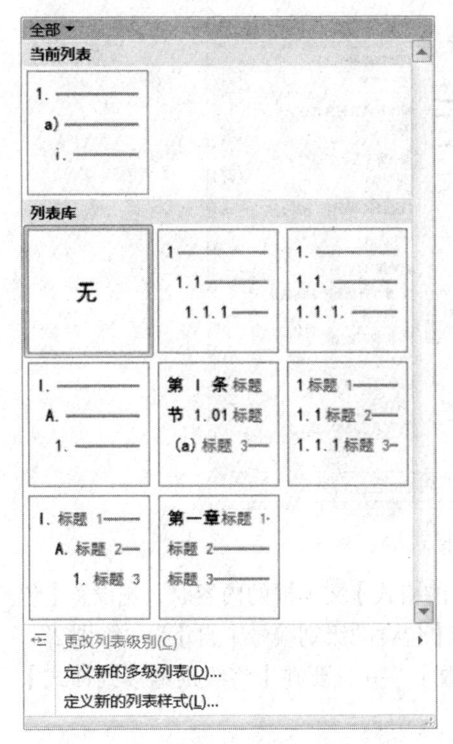

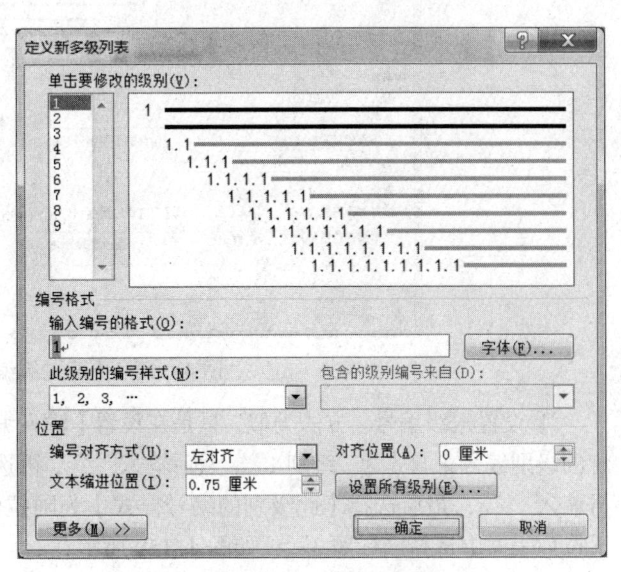

图 4-155　多级列表　　图 4-156 【定义新多级列表】对话框

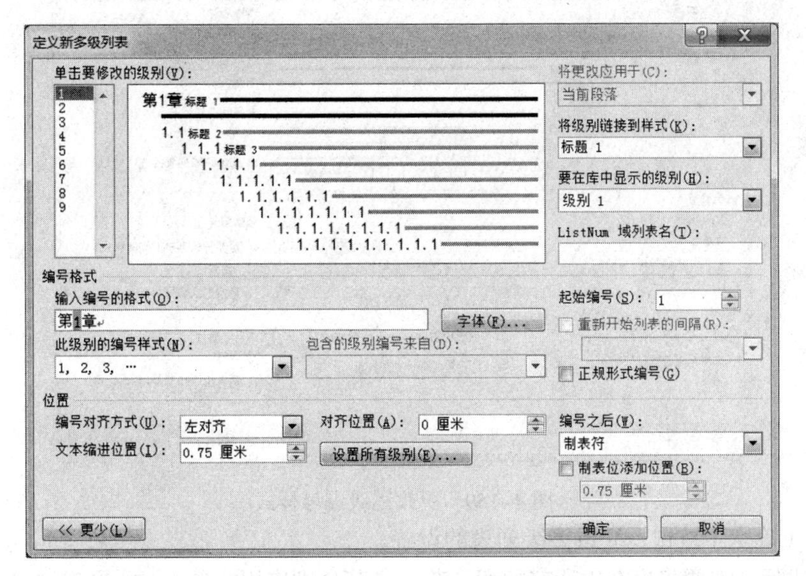

图 4-157　更改一级编号样式

③ 设置二级编号。仍旧在图 4-156 所示的对话框中，选中【单击要修改的级别】列表框中的“2”，将【输入编号的格式】文本框的内容清空，选择【包含的级别编号来自】为“级别 1”，可以在【输入编号的格式】文本框中看到自动编号“1”，然后在数字后输入点号“.”，再选择【此级别的编号样式】为阿拉伯数字，最后在【将级别链接到样式】下拉列表框中选择“标题 2”，如图 4-158 所示。

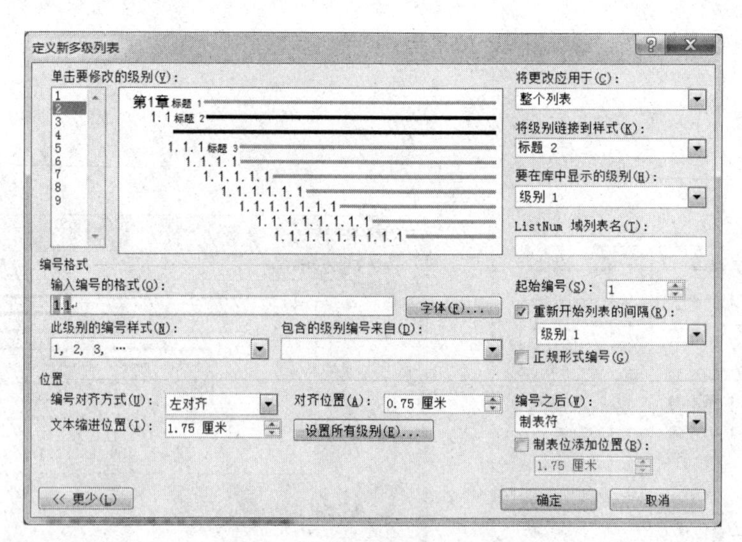

图 4-158　更改二级编号样式

④ 设置三级编号。方法类似，只是在设置【输入编号的格式】文本框的内容时，先设置【包含的级别编号来自】为“级别 1”，然后输入“.”，再选择【包含的级别编号来自】为“级别 2”，再输入“.”，最后选择【此级别的编号样式】为阿拉伯数字，并且要在【将级别链接到样式】下拉列表框中选择“标题 3”，如图 4-159 所示。

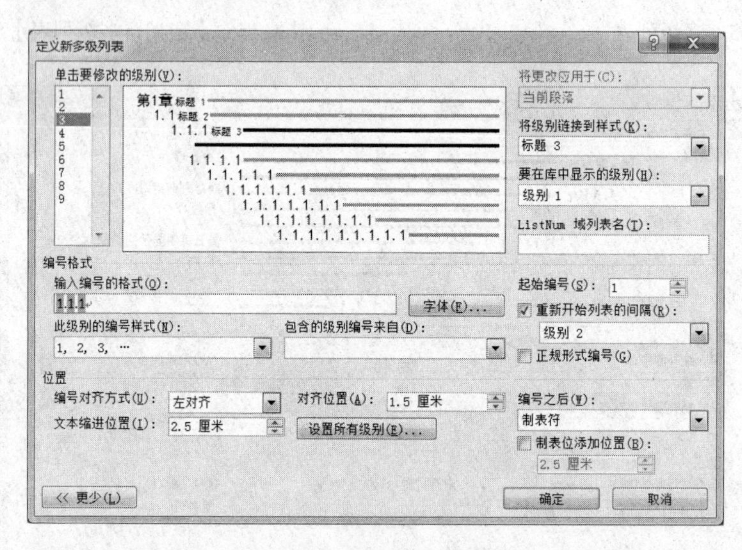

图 4-159　更改三级编号样式

⑤ 单击【确定】按钮，完成多级列表的设置。

设置完成后，需要将论文中所有的章、节、小节分别应用标题 1、标题 2、标题 3 样式，这样生成的论文纲要在大纲视图下的效果如图 4-154 所示。

2. 使用大纲视图

在大纲视图中，可以方便地查看文档的结构，可以折叠或展开标题，还可以通过拖动标题来移动、复制或重新组织大段的文本内容。设置文档纲要的操作步骤如下：

① 单击【视图】选项卡 |【文档视图】组 |【大纲视图】按钮，切换到【大纲视图】下，窗口上方最左侧出现【大纲】选项卡，【大纲工具】组中的一些按钮是专门为建立和调整文档纲

要结构设计的，如图 4–160 所示。

② 将光标插入点定位于“第 1 章 绪论”段落中，单击【提升至标题 1】按钮，可以看到“第 1 章 绪论”这一段落自动应用了标题 1 的样式并设置级别为 1 级。也可以直接设置这一段落的样式为“标题 1”样式。

③ 同样，将光标插入点定位于“1.1 课题背景、目的和意义”段落中，将其【提升至标题 1】后，再单击【大纲工具】组中的【降级】按钮，即可以将“1.1 课题背景、目的和意义”降低为“标题 2”，也可以直接设置这一段落的样式为“标题 2”样式。

依此类推，对论文中章标题应用“标题 1”样式，节标题应用“标题 2”样式，小节标题应用“标题 3”样式。本任务中的毕业论文的纲要设置完毕后，在【大纲视图】下显示级别设置为 3 时的界面，如图 4–161 所示。

图 4–160　大纲工具

摘　要
ABSTRACT
第 1 章 绪　论
1.1 课题背景、目的和意义
1.2 我国校园网建设及其普遍存在的安全问题
第 2 章 校园网络安全理论基础
2.1 网络安全设计理论依据
2.1.1 网络安全系统策略与设计原则
2.1.2 网络安全体系结构设计原则
2.2 网络安全技术
2.2.1 防火墙
2.2.2 入侵检测及入侵防护技术
第 3 章 PZ 学院校园网的整体安全系统需求分析
3.1 PZ 学院校园网安全现状
3.2 PZ 学院校园网面临的网络安全威胁分析
3.2.1 物理安全风险分析
3.2.2 链路层脆弱性分析
3.2.3 网络层脆弱性分析
第 4 章 PZ 学院校园网整体安全的设计和实施
4.1 PZ 学院网络结构概况
4.2 PZ 学院校园网安全系统的设计和实施
4.2.1 网络安全隔离与连接
4.2.2 入侵检测系统的部署
第 5 章 结 论
参考文献
致　谢

图 4–161　大纲视图下显示级别为 3 的毕业论文

通过每一段落前附加的标记可以知道段落是标题还是正文。凡标记为“加号”或“减号”的段落是标题，而标记为“圆”的是正文。表示还有下一级标题或从属文本（即标题下的正文）；反之，则以标记。对标记为加号的标题可以进行折叠，以便将其下级标题和从属文本隐藏起来，方便查看文档结构。

在大纲视图下，对于大块区域的内容需要调整位置，也变得相对容易。例如，在图 4–161 所示的大纲视图界面下，如果要将“4.2.2 入侵检测系统的部署”部分的内容移动到“2.2.2 入侵检测及入侵防护技术”之后，可将鼠标指针移动到“4.2.2 入侵检测系统的部署”前的十字标记处，将其拖动到“2.2.2 入侵检测及入侵防护技术”的下方，即可快速调整该部分区域的位置，这样可将该标题下的文字内容一起移动。

3．查看和修改文章的层次结构

文章比较长时，定位会比较麻烦。采用样式之后，由于“标题 1”～“标题 9”样式具有级别，就能方便地进行层次结构的查看和定位。切换到【视图】选项卡，选中【显示】组中的“导航窗格”

复选框。在【导航】窗格会显示文档的层次结构，如图 4-162 所示。在左侧窗格的标题上单击，即可快速定位到相应位置，显示在右侧的文档窗口中。

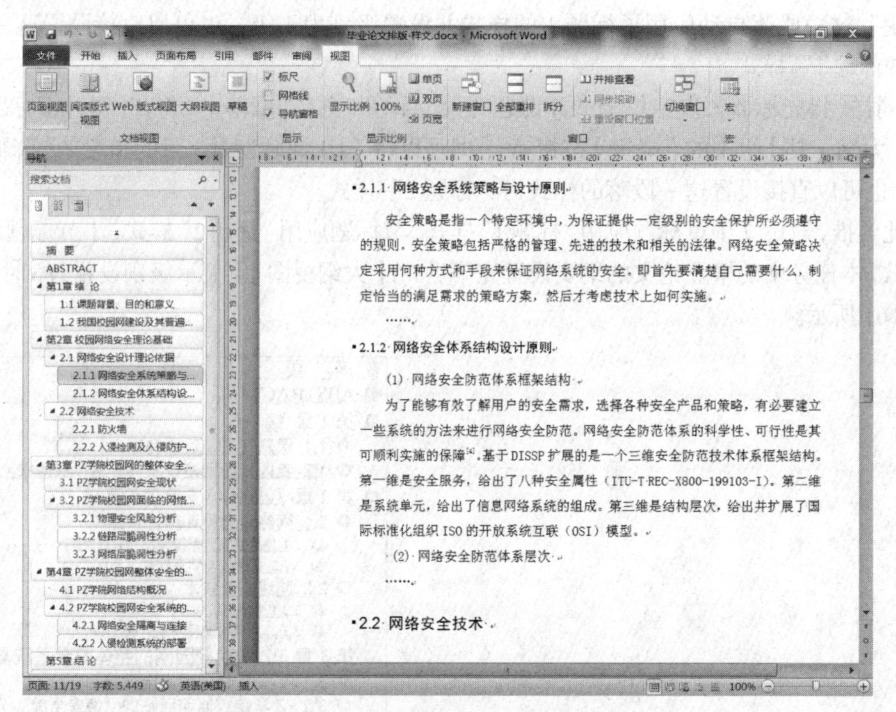

图 4-162　毕业论文的导航窗格与页面视图

4.7.4　设置不同节的页眉和页脚

文章的不同部分通常会另起一页开始。例如，封面是论文的中文标题等信息，第二页是论文的英文标题信息，第三页是郑重声明，等等。要实现上述的分页要求，可以通过加入多个空行或者插入分页符的方法实现，但在长文档中，特别是对页眉和页脚有复杂的要求时，则要用插入下一页的分节符，将不同的部分分成不同的节，这样就能分别针对不同的节进行设置。

对于本任务中的中文标题、英文标题及郑重声明均独立成页，以及随后的摘要独立成页、目录独立成页、各章的分页等，均采用插入下一页的分节符的方式将它们设在不同的节。

1. 为不同的节添加不同的页眉

在任务七中，要求从正文页（第 1 章 绪论）开始为不同的节设置奇偶页不同的页眉，这项设置在对论文进行分节的基础上实现起来并不困难。

设置页眉和页脚时，最好从论文最前面开始，这样不容易混乱。为不同的节添加不同的页眉的具体操作步骤如下：

① 单击【页面布局】选项卡|【页面设置】组右下角的“扩展按钮”，打开【页面设置】对话框，选择【版式】选项卡，在【页眉和页脚】选项区勾选“奇偶页不同”复选框，单击【确定】按钮。

② 按【Ctrl+Home】组合键快速定位到文档开始处，单击【插入】选项卡|【页眉和页脚】组|【页眉】按钮，在下拉列表中选择【编辑页眉】命令，进入【页眉和页脚】编辑状态。

③ 当进入页眉和页脚编辑状态时，不断单击【页眉和页脚工具 / 设计】选项卡 |【导航】组 |【下一节】按钮 下一节，直到左侧显示“奇数页页眉 - 第 7 节 -”的提示文字。将【链接到

前一条页眉】按钮 链接到前一条页眉 的选中状态取消，再在编辑区输入“第 1 章 绪论”，如图 4–163 所示。

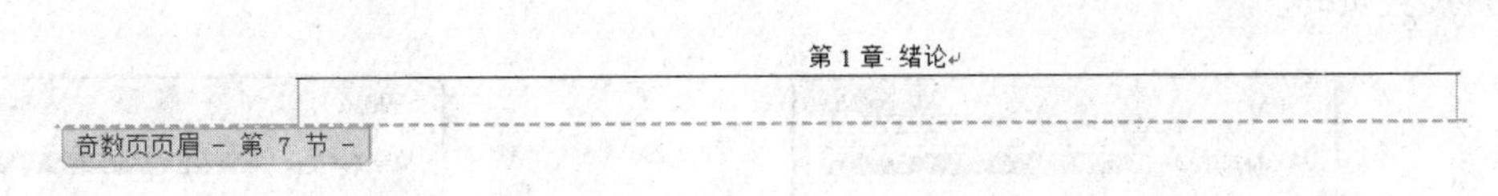

图 4–163　第 7 节的奇数页页眉

这里需要对第③步骤详细说明：进入“页眉和页脚”编辑状态后，在页眉编辑区的左上角显示有“首页页眉 – 第 1 节 –”的提示文字，表明当前是对第 1 节设置页眉。由于第 1 节是封面，不需要设置页眉，因此可在【导航】组中不断单击【下一节】按钮 下一节，显示并设置下一节的页眉。按本任务的毕业论文排版要求第 2 节到第 6 节都不需要页眉，因此继续单击【下一节】按钮，直到出现第 7 节的奇数页页眉，注意页眉编辑区的右侧显示有“与上一节相同”提示，表示第 7 节的页眉与前面各节相同。如果此时在页眉区域输入文字，则此文字将会出现在所有节的奇数页页眉中，因此不要急于设置。在【导航】组中有一个【链接到前一个】按钮，默认情况下它处于选中状态，单击此按钮，取消选中状态，这时页眉右侧的“与上一节相同”提示消失，表明当前节的页眉与前一节不同。

④单击【导航】组 |【下一节】按钮，则显示第 7 节的偶数页页眉，将【链接到前一个】按钮选中状态取消，再输入“W 大学学位论文”，如图 4–164 所示。

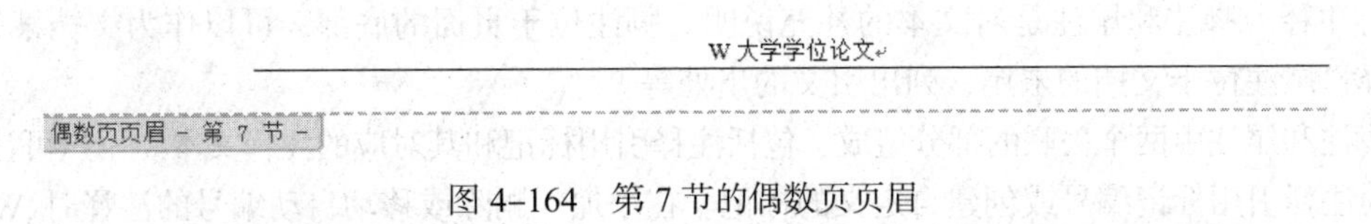

图 4–164　第 7 节的偶数页页眉

⑤ 单击【下一节】按钮，出现第 8 节的奇数页页眉的提示文字，重复第③ ~ ④步骤，直至后面所有节奇偶页页眉设置完毕。

⑥ 单击【页眉和页脚工具 / 设计】选项卡 |【关闭】组 |【关闭页眉和页脚】按钮，或者双击文档区，退出页眉和页脚的编辑状态。

2. 在指定位置添加页码

在任务七的毕业论文排版中，要求前三页不插入页码，从第四页即“摘要”页开始插入 I、II、III 等罗马数字格式的页码，而从正文即第 1 章开始插入 1、2、3 等阿拉伯数字的页码。通常很多人习惯通过【插入】选项卡 |【页眉和页脚】组 |【页码】按钮插入页码，这样的操作将会在所有页都添加页码。任务七中排版页码的操作步骤如下：

① 按【Ctrl+Home】组合键快速定位到文档开始处，单击【插入】选项卡 |【页眉和页脚】组 |【页脚】按钮，在下拉列表中选择【插入页脚】命令，进入到【页脚】编辑状态。

② 在【页眉和页脚工具 / 设计】选项卡 |【导航】组中不断单击【下一节】按钮 下一节，直到页脚区域的左侧显示“奇数页页脚 – 第 4 节 –”的提示文字 奇数页页脚 - 第 4 节 -。单击【页眉和页脚】组 |【页码】按钮，选择下拉列表中的【设置页码格式】命令，在打开的“页码格式”对话框中将该节的页码格式按图 4–165 所示进行设置，完成后单击【确定】按钮。后面的第 5 节、第 6 节的页码无须再设置，因为页脚的默认设置为“同前”，而且页码格式默认设置均为“续前节”，将会自动为每节编排页码。

③ 不断单击【下一节】按钮，直到页脚区左侧显示“奇数页页脚 - 第 7 节 -”的提示文字，将该节的页码格式按图 4-166 所示进行设置，完成后单击【确定】按钮。第 7 节之后的其他节也无须再设置页码。

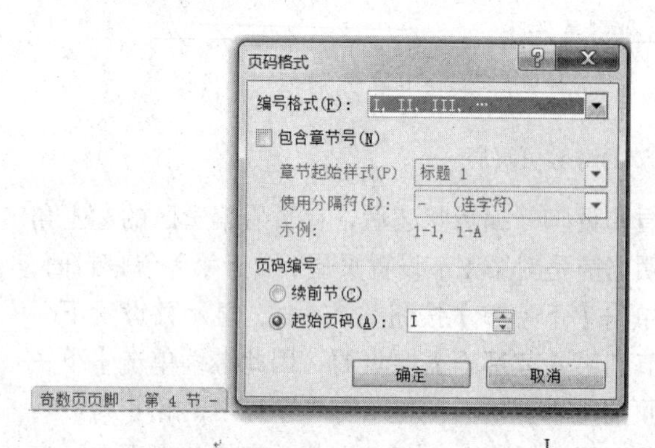

图 4-165　第 4 节页码格式的设置

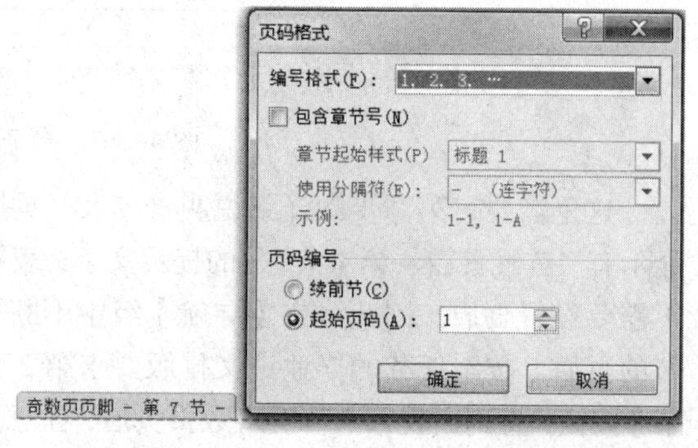

图 4-166　第 7 节页码格式的设置

④ 在文档区双击鼠标，退出页脚编辑状态。

4.7.5　脚注和尾注

对文档进行了基本编辑操作后，可能还要对文档中的一些比较专业的词汇或一些引用的内容进行注释。脚注和尾注是对文本的补充说明。脚注位于页面的底部，可以作为文档某处内容的注释；尾注位于文档的末尾，列出引文的出处等。

脚注和尾注由两个关联的部分组成，包括注释引用标记和其对应的注释文本。用户可让 Word 自动为注释引用标记编号或创建自定义的标记。在添加、删除或移动自动编号的注释时 ,Word 将对注释引用标记重新编号。

1. 插入脚注和尾注

插入脚注和尾注的操作步骤如下：

① 将插入点定位到要插入脚注和尾注的位置。

② 单击【引用】选项卡 |【脚注】组 |【插入脚注】按钮或者【插入尾注】按钮，也可以单击【脚注】组右下角的“扩展按钮”，打开图 4-167 所示的【脚注和尾注】对话框。

③【位置】选项区用于“脚注”或者“尾注”的位置选择。

④【格式】选项区用于对编号格式及编号方式等参数进行设置。如选择了【编号】方式为【连续】时，Word 就会给所有脚注或尾注连续编号，当添加、删除、移动脚注或尾注引用标记时重新编号。

⑤ 单击【确定】按钮，即可在脚注或尾注区域输入注释文本。

下面是为一首宋词添加尾注和脚注的效果。如图 4-168 和图 4-169 所示。

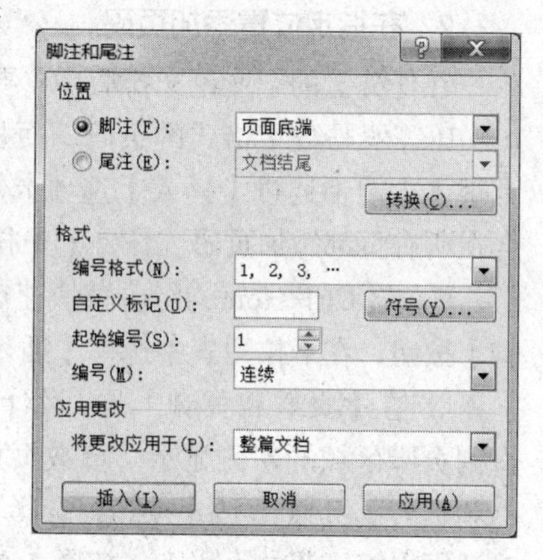

图 4-167　【脚注和尾注】对话框

丑奴儿①·书博山②道中壁
【宋】辛弃疾1
少年③不识愁滋味④，爱上层楼。
爱上层楼，为赋新词强说愁⑤。
而今识尽⑥愁滋味，欲说还休⑦。
欲说还休，却道天凉好个秋。
尾注引用标记
脚注引用标记

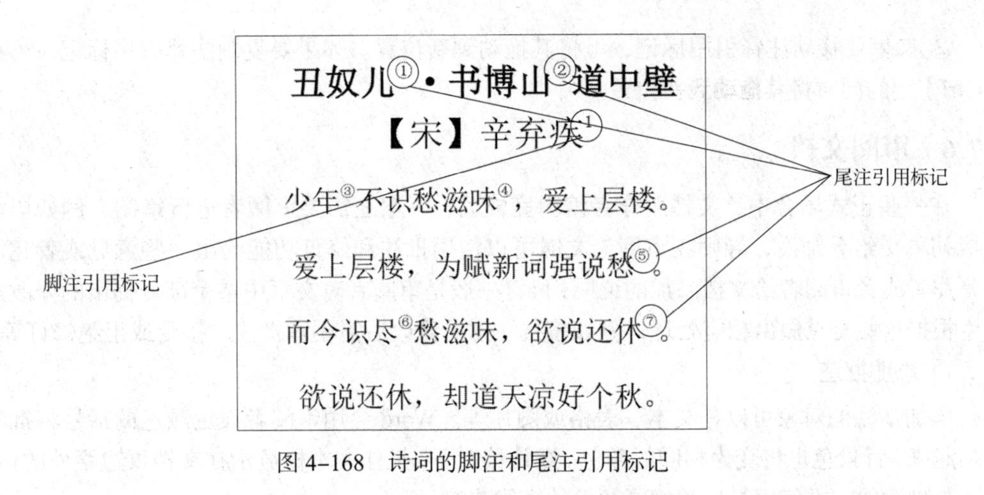

图 4-168　诗词的脚注和尾注引用标记

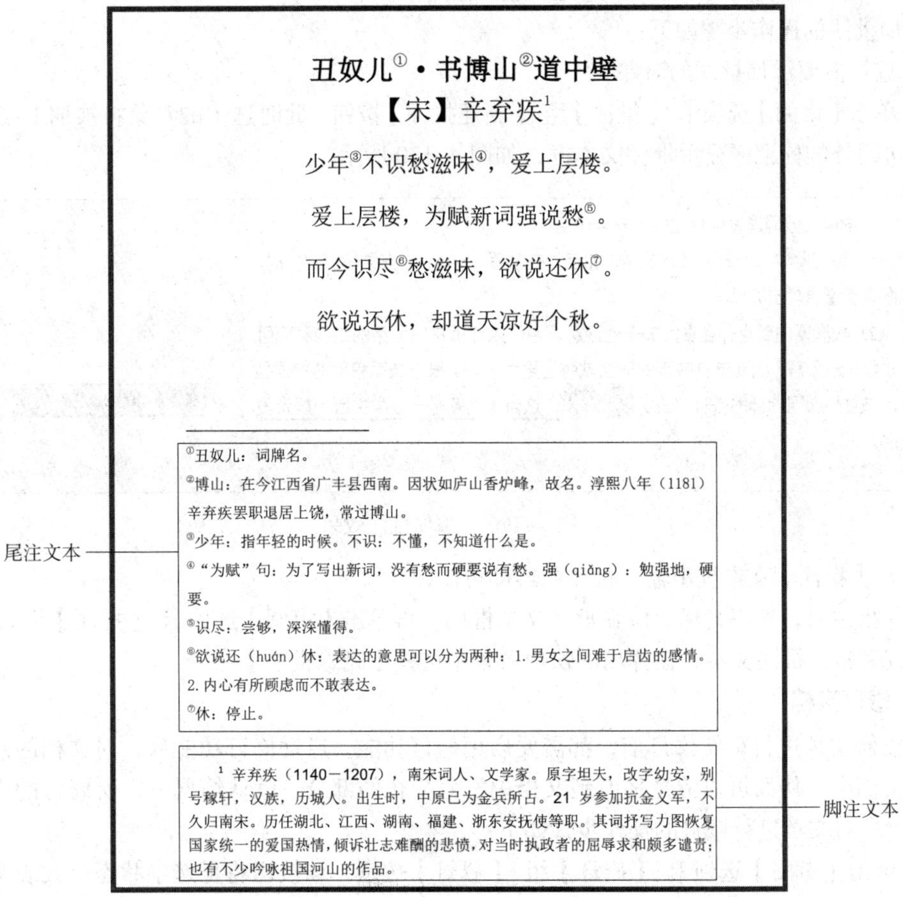

丑奴儿①·书博山②道中壁
【宋】辛弃疾1
少年③不识愁滋味④，爱上层楼。
爱上层楼，为赋新词强说愁⑤。
而今识尽⑥愁滋味，欲说还休⑦。
欲说还休，却道天凉好个秋。
①丑奴儿：词牌名。
②博山：在今江西省广丰县西南。因状如庐山香炉峰，故名。淳熙八年（1181）辛弃疾罢职退居上饶，常过博山。
③少年：指年轻的时候。不识：不懂，不知道什么是。
④“为赋”句：为了写出新词，没有愁而硬要说有愁。强（qiǎng）：勉强地，硬要。
⑤识尽：尝够，深深懂得。
⑥欲说还（huán）休：表达的意思可以分为两种：1. 男女之间难于启齿的感情。2. 内心有所顾虑而不敢表达。
⑦休：停止。
1 辛弃疾（1140－1207），南宋词人、文学家。原字坦夫，改字幼安，别号稼轩，汉族，历城人。出生时，中原已为金兵所占。21 岁参加抗金义军，不久归南宋。历任湖北、江西、湖南、福建、浙东安抚使等职。其词抒写力图恢复国家统一的爱国热情，倾诉壮志难酬的悲愤，对当时执政者的屈辱求和颇多谴责；也有不少吟咏祖国河山的作品。
尾注文本
脚注文本

图 4-169　诗词的脚注和尾注文本

2. 移动或复制脚注和尾注

要移动或复制注释时，需要对文档窗口中的注释引用标记进行操作，而不是对脚注文本或尾注文本进行操作。在移动或复制一个注释引用标记后，Word 会自动对其余的注释重新编号。具体操作步骤如下：

① 在文档中选定要移动或复制的注释的引用标记。

② 如果要移动注释引用标记，可将其拖动到新位置。如果要复制注释引用标记，可在按住【Ctrl】键的同时将其拖动到新位置。

4.7.6 审阅文档

在一些正式场合中，文档由作者编辑完成后，一般还需要审阅者进行审阅，例如毕业论文完成初稿交给导师后，导师在审阅论文时可以使用批注和修订功能给出一些意见或者建议。批注是作者或者审阅者给文档添加的说明，修订一般是审阅者对文章中某个部分提出的修改意见。学生根据这些意见做出相应处理，例如按批注意见修改后需删除批注、接受或拒绝修订等。

1. 添加批注

添加批注的对象可以是文本、表格或图片等。Word 会用审阅者设定颜色的括号将批注的对象括起来，背景色也将变为相同的颜色。默认情况下，批注文本框显示在文档页边距外的标记区，批注与批注的文本使用与批注相同颜色的直线连接。

添加批注的操作步骤如下：

① 选择需要添加批注的对象。

② 单击【审阅】选项卡|【批注】组|【新建批注】按钮，此时选中的对象将被加上红色底纹，并在页边距外的标记区显示批注文本框，如图 4-170 所示。

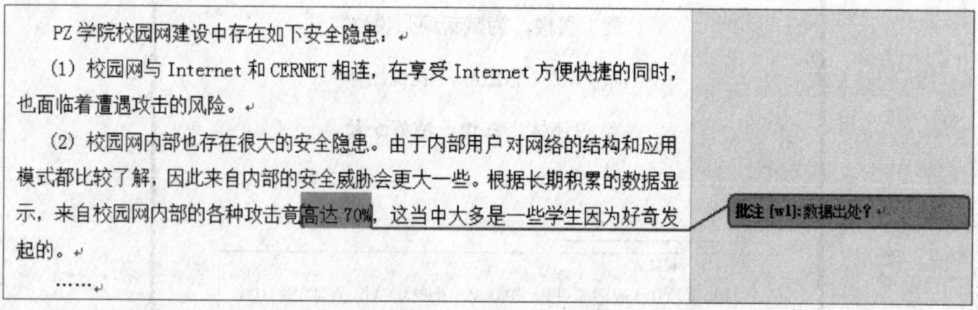

PZ 学院校园网建设中存在如下安全隐患：

(1) 校园网与 Internet 和 CERNET 相连，在享受 Internet 方便快捷的同时，也面临着遭遇攻击的风险。

(2) 校园网内部也存在很大的安全隐患。由于内部用户对网络的结构和应用模式都比较了解，因此来自内部的安全威胁会更大一些。根据长期积累的数据显示，来自校园网内部的各种攻击竟高达 70%，这当中大多是一些学生因为好奇发起的。

……

批注 [w1]: 数据出处？

图 4-170　添加批注效果

③ 在【批注】文本框中输入批注内容即可。

删除批注时，先将光标定位在批注文本框内，再单击【审阅】选项卡|【批注】组|【删除】按钮，或者右击批注文本，在弹出的快捷菜单中选择【删除批注】命令。

2. 修订文档

对任何文档进行审阅修订前，都需要启用修订功能。启动修订功能后，对文档的修改均会反映在文档中，从而可以清楚地看到文档中发生变化的部分。默认情况下，所修订的内容将以红色显示。对文档进行修订的操作步骤如下：

① 单击【审阅】选项卡|【修订】组|【修订】按钮，该按钮将呈选中状态，代表文档进入修订状态。

② 此后在文档中所做的修改，系统都会自动做出标记，以设定的状态显示出来，如图 4-171 所示。

③ 修订完成后再次单击【修订】按钮，可退出修订状态，退出修订状态后再对文档所做的修改则不会做出标记。

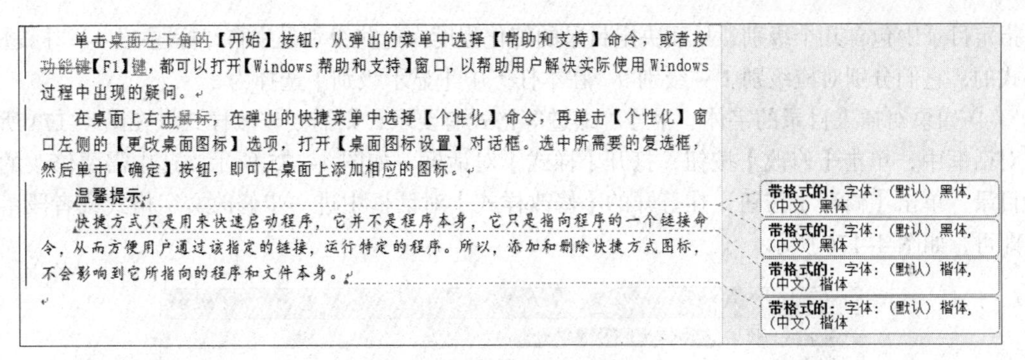

图 4-171　文档修订标记

提示：单击【修订】按钮下方的下拉按钮，在下拉列表中选择【修订选项】命令，可在打开的【修订选项】对话框中设置修订标记的显示格式。

3. 接受或拒绝修订

对于修订过的文档，作者可对修订做出接受或拒绝操作。若接受修订，文档会保存为审阅者修改后的状态；若拒绝修订，文档会保存为修改前的状态。

在选中某一处修订文本后，如果接受修订，则单击【审阅】选项卡|【更改】组|【接受】按钮或【接受】按钮下方的下拉按钮，在弹出的下拉菜单中选择相应的命令，如图 4-172 所示。其中的【接受对文档的所有修订】命令表示接受所有对文档的修订，则文档中凡是修订过的位置都用修订后的内容和格式替换之前的内容和格式。如果不接受修订，单击右侧的【拒绝】按钮即可。

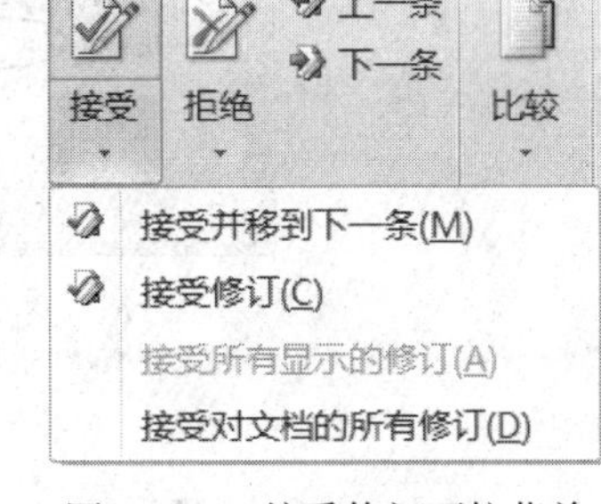

图 4-172　接受修订下拉菜单

温馨提示

使用鼠标右击某条修订，在弹出的快捷菜单中可选择【接受修订】或【拒绝修订】命令。

4.7.7　插入目录

要成功添加目录，应该正确采用带有级别的样式，例如“标题 1”～“标题 9”样式，采用带级别的样式是插入目录最方便的一种方法。将要生成目录的段落文本应用相应的标题样式后，插入目录的操作步骤如下：

① 定位到需要插入目录的位置，通常用一个空白页放置目录。

② 单击【引用】选项卡|【目录】组|【目录】按钮，在下拉列表中选择所需的目录样式即可插入目录，如图 4-173 所示。

③ 如果插入目录时需要进一步的设定，则要用到自定义目录样式。在目录下拉列表中选择【插入目录】命令，打开【目录】对话框，在【目录】选项卡的【显示级别】微调框中，

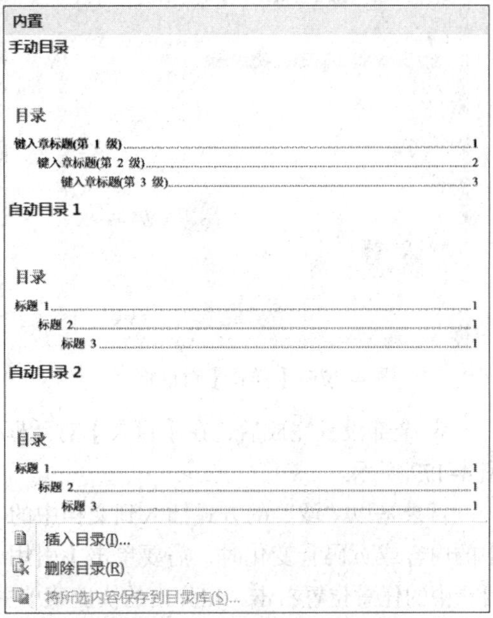

图 4-173　插入目录下拉列表

可指定目录中包含几个级别，从而决定目录的细化程度。这些级别是来自“标题 1”～“标题 9”样式的，它们分别对应级别 1～级别 9。在本任务中【显示级别】选择为 3。

④ 如果对插入目录的字体、字号、缩进等格式有要求，则需要修改样式。在图 4–174 所示的对话框中，单击【修改】按钮，打开【样式】对话框，如图 4–175 所示。选中需要修改的某级目录，单击【修改】按钮，在打开的【修改样式】对话框中进一步修改文字格式或者段落格式即可，如图 4–176 所示。

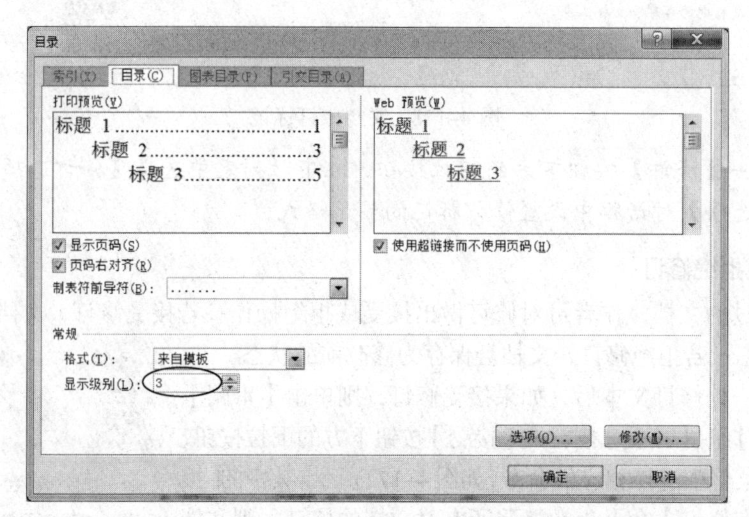

图 4–174 【目录】对话框—【目录】选项卡

图 4–175 【样式】对话框

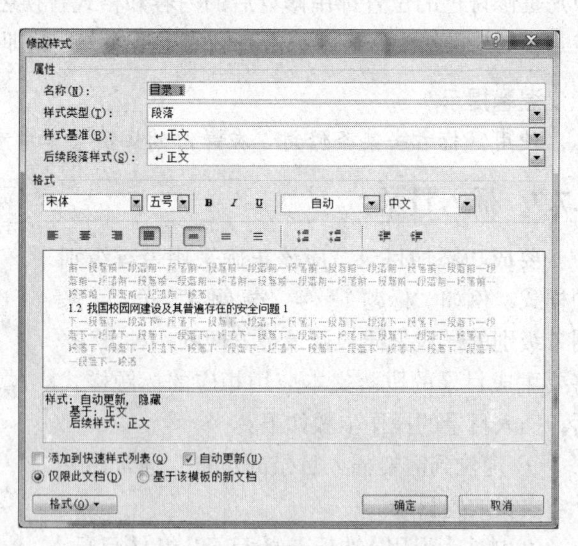

图 4–176 【修改样式】对话框

⑤ 全部设置完成后，在【目录】对话框中单击【确定】按钮，在毕业论文中插入的目录如图 4–177 所示。

目录是以“域”的方式插入到文档中的（会显示灰色底纹），因此可以进行更新。当文档中的内容或页码有变化时，需要单击【引用】选项卡 |【目录】组 |【更新目录】按钮，或者在目录中的任意位置右击，在弹出的快捷菜单中选择【更新域】命令，打开【更新目录】对话框，如图 4–178 所示。如果只是页码发生改变，可选择【只更新页码】单选按钮。如果有标题内容

的修改或增减，可选择“更新整个目录”单选按钮。

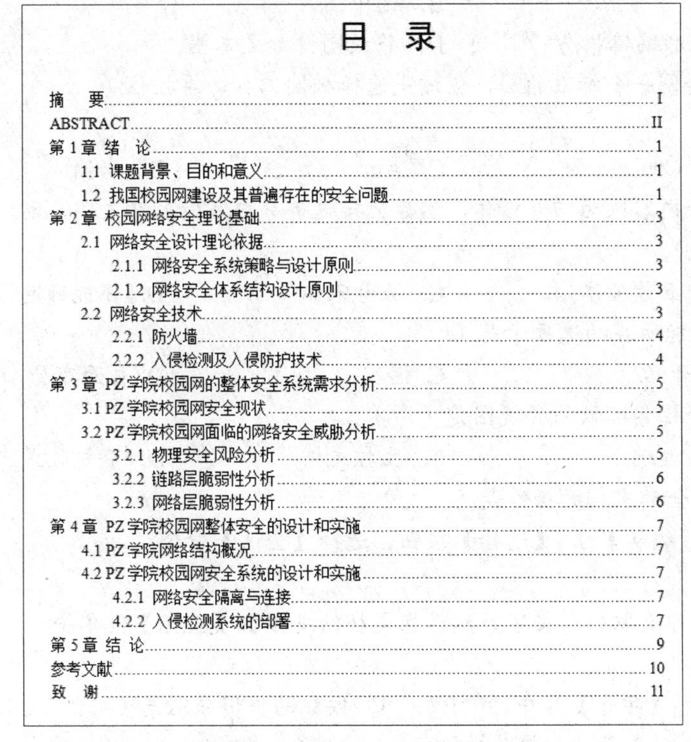

目　录

图 4-177　插入目录后的效果图

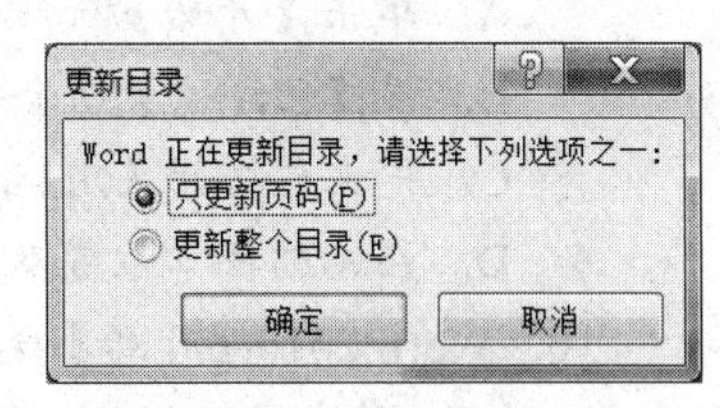

图 4-178 【更新目录】对话框

至此，毕业论文排版完毕。在整个排版过程中，特别要注意样式和分节的重要性。采用样式，可以实现快速排版，修改样式时能够使整篇文档中多处用到的某个样式的文字或者段落自动更改格式，并且易于进行文档的层次结构的调整和生成目录。对文档的不同部分进行分节，有利于对不同的节设置不同的页眉和页脚。

【拓展练习 4-10】打开“毕业论文排版素材 .docx”及“毕业论文格式要求 .docx”，按照“毕业论文格式要求”中排版要求，完成最终论文的排版。

习　题

单项选择题

1. Word 2010 文档的默认扩展名为（　　）。

   A. txt　　B. doc　　C. docx　　D. jpg

2. 关于 Word 2010，以下说法中错误的是（　　）。

   A. “剪切”功能将选取的对象从文档中删除，并存放在剪贴板中

   B. “粘贴”功能将剪贴板中的内容粘贴到文档中插入点所在的位置

   C. 剪贴板是外存中一个临时存放信息的特殊区域

   D. 剪贴板是内存中一个临时存放信息的特殊区域

3. 下列视图中不是 Word 2010 视图模式的是（　　）。

   A. 页面视图　　B. 特殊视图　　C. 大纲视图　　D. 普通视图

4. 在 Word 2010 中，单击文档中的图片，产生的效果是（　）。

A. 弹出快捷菜单　　B. 选中图片

C. 启动图形编辑器进入图形编辑状态　　D. 将该图片加文本框

5. 在 Word 2010 中，若想要绘制一个标准的圆，应该先选择椭圆工具，再按住（　）键，然后拖动鼠标。

A. Tab　　B. Ctrl　　C. Alt　　D. Shift

6. 在 Word 2010 中，将一部分内容改为四号楷体，然后紧接这部分内容输入新文字，则新输入的文字字号和字体为（　）。

A. 四号楷体　　B. 五号楷体　　C. 五号宋体　　D. 不能确定

7. Word 2010 中的文本替换功能所在的选项卡是（　）。

A. 文件　　B. 开始　　C. 插入　　D. 页面布局

8. 在 Word 2010 中，能看到分栏实际效果的视图是（　）。

A. 页面　　B. 大纲　　C. 主控文档　　D. 联机版式

9. 在 Word2010 中，不能选取全部文档的操作是（　）。

A. 单击【开始】选项卡 |【编辑】组 |【选择】按钮，选择【全选】命令

B. 按【Ctrl+A】组合键

C. 先在文档开头用拖动操作选取一段文字，然后在文档结尾按住【Shift】键单击

D. 在文档任意位置双击

10. Word 2010【开始】选项卡 |【字体】组中的“B”“I”按钮的作用分别是（　）。

A. 前者是“倾斜”操作，后者是“加粗”操作

B. 前者是“加粗”操作，后者是“倾斜”操作

C. 前者的快捷键是【Ctrl+X】，后者的快捷键是【Ctrl+Z】

D. 前者的快捷键是【Ctrl+C】，后者的快捷键是【Ctrl+V】

11. 下面有关 Word 2010 表格功能的说法不正确的是（　）。

A. 可以通过表格工具将表格转换成文本　　B. 表格中可以插入图片

C. 表格的单元格中可以插入表格　　D. 不能设置表格的边框线

12. 给每位家长发送一份《期末成绩通知单》，用（　）实现最简便。

A. 复制　　B. 信封　　C. 邮件合并　　D. 标签

13. 在 Word 2010 中，要改变文档中整个段落的字体，必须（　）。

A. 把光标移到该段落段首，然后选择【格式】菜单中的【字体】命令

B. 选定该段落，再选择【开始】选项卡【段落】组中【段落设置】命令

C. 选定该段落，再选择【开始】选项卡【段落】组中【字体设置】命令

D. 选定该段落并右击，在弹出的快捷菜单中选择【字体】命令

14. 以下关于 Word 2010 表格行高的说法，正确的是（　）。

A. 行高不能修改

B. 行高只能用鼠标拖动来调整

C. 行高的调整既可以用鼠标拖动来调整，也可以用菜单命令来设置

D. 行高只能用菜单命令来设置

15. 在 Word 2010 文档编辑窗口中，将选定的一段文字从一个位置拖到另一个位置，则

完成（　　）。

A. 移动操作　　B. 复制操作　　C. 删除操作　　D. 非法操作

16. 在 Word 2010 中，对图片版式设置不能用（　　）。

A. 嵌入型　　B. 滚动型　　C. 四周型　　D. 紧密型

17. 关于 Word 2010 中使用图形，以下说法错误的是（　　）。

A. 图片可以进行大小调整，也可以进行裁剪

B. 插入图片可以嵌入文字中间，也可以浮于文字上方

C. 图片可以插入到文档中已有的图文框中，也可以插入到文档中的其他位置

D. 只能使用 Word 2010 本身提供的图片，而不能使用从其他图形软件中转换过来的图片

18. 在 Word 2010 中，用鼠标拖动选择矩形文字块的方法是（　　）。

A. 按住【Ctrl】键拖动鼠标　　B. 按住【Shift】键拖动鼠标

C. 按住【Alt】键拖动鼠标　　D. 按住【Ctrl+Shift】组合键拖动鼠标

19. 【打印】对话框中【页面范围】选项卡下的【当前页】专指（　　）。

A. 当前光标所在的页　　B. 当前窗口显示的页

C. 第一页　　D. 最后一页

20. 在同一个页面中，如果希望页面上半部分为一栏，后半部分为两栏，应插入的分隔符号为（　　）。

A. 分页符　　B. 分栏符

C. 分节符（连续）　　D. 分节符（奇数页）

第 5 章

中文 Excel 2010 的应用

本章导读

Excel 2010 是 Microsoft 公司推出的 Office 2010 中的一个组件。本章从最基本的知识入手，介绍 Excel 2010 的基本组成元素：工作簿、工作表和单元格，以及对它们的简单操作，还将介绍工作表格式设置、图表处理、数据处理等方面的操作方法和使用技巧。

通过对本章内容的学习，应该能够做到：

- 了解：表格处理的全部方法。
- 理解：Excel 中的数据管理及数据运算。
- 应用：能够按照自己的需要制作出各种样式的表格；同时进行数据管理以完成办公应用中的许多高难度的数据运算。

5.1 Excel 2010 概述

Excel 2010 是 Microsoft Office 2010 组件中一个功能强大、使用方便的电子表格处理软件。本节主要介绍 Excel 2010 的基本功能、Excel 2010 的启动与退出以及 Excel 2010 的窗口组成。

5.1.1 Excel 2010 的基本功能

Excel 2010 可以建立、编辑、计算大型电子表格。它提供了多种数据格式，可以进行复杂的数学计算、工程计算和数据的统计分析。通过 Excel 2010 提供的强有力的数据展现功能，根据源数据可制作出精美的图表，用图形方式展现表格中的数据；Excel 2010 还提供了强大的数据共享能力，可以非常方便地与其他 Office 组件（Word、PowerPoint、Access）进行数据交换。

5.1.2 Excel 2010 的启动与退出

1. 启动

启动 Excel 2010 有多种方法，常用的有以下几种：

① 从程序菜单启动。依次执行【开始】|【所有程序】|【Microsoft Excel】命令。

② 双击桌面上的 Excel 2010 的快捷方式图标。

③ 在【Windows 资源管理器】或【计算机】窗口中找到 Excel 2010 文件并双击。

2. 退出

退出 Excel 2010 的方法有：

① 单击窗口右上角的【关闭】按钮。

② 在控制菜单中选择【关闭】命令。

③ 单击【文件】选项卡 |【退出】命令。

在退出时，如打开了“是否保存对‘XXX.xlsx’的更改？”对话框，根据需要单击【是】或【否】按钮即可安全退出。

5.1.3　Excel 2010 的窗口组成

启动 Excel 2010 后，可看到它的窗口组成如图 5-1 所示。

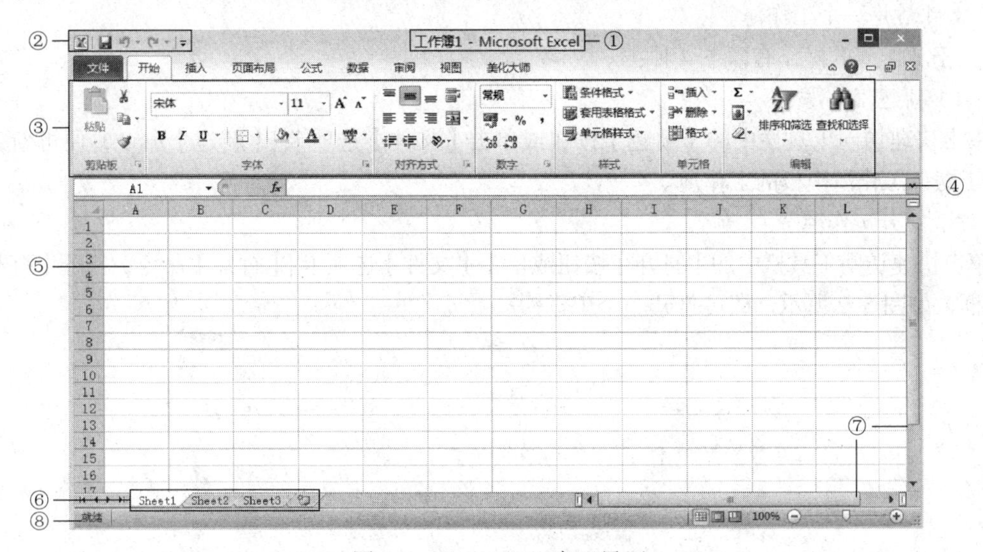

图 5-1　Excel 2010 窗口界面

① 标题栏：用来显示当前工作簿的名称。标题栏最右边的 3 个按钮分别是最小化、最大化 / 恢复按钮和关闭按钮。

② 快速访问工具栏：该工具栏位于工作界面的左上角，包含一组用户使用频率较高的工具，如“保存”“撤销”“恢复”。用户可单击快速访问工具栏右侧的下拉按钮，在展开的列表中选择要在其中显示或隐藏的工具按钮。

③ 功能区：位于标题栏的下方，是一个由 9 个选项卡组成的区域。Excel 2010 将用于处理数据的所有命令组织在不同的选项卡中。选择不同的选项卡，可切换功能区中显示的工具命令。在每个选项卡中，命令又被分类放置在不同的组中。组的右下角通常都会有一个扩展按钮，用于打开与该组命令相关的对话框，以便用户对要进行的操作做更进一步的设置。

④ 编辑栏：编辑栏主要用于输入和修改活动单元格中的数据。当在工作表的某个单元格中输入数据时，编辑栏会同步显示输入的内容。

⑤ 工作表编辑区：用于显示或编辑工作表中的数据。

⑥ 工作表标签：位于工作簿窗口的左下角，默认名称为 Sheet1、Sheet2、Sheet3……，单击不同的工作表标签可在工作表间进行切换。

⑦ 滚动条：分为垂直滚动条和水平滚动条两种。拖动滚动条，可以显示在当前屏幕上没有显示出来的部分表格内容。

⑧ 状态栏：用来显示执行过程中选定操作或命令的信息。

5.1.4 Excel 2010 的基本组成元素

Excel 2010 是一个电子表格软件，而工作簿、工作表和单元格则是构成 Excel 2010 电子表格的 3 个基本元素。

1. 工作簿

工作簿就像是我们日常生活中的账本，而账本中的每一页账表就是工作表，账表中的一格就是单元格，工作表中包含了数以百万计的单元格。

在 Excel 中生成的文件称为工作簿，Excel 2010 的文件扩展名是 .xlsx。也就是说，一个 Excel 文件就是一个工作簿。

关于工作簿的操作有以下 4 种：

（1）新建工作簿

单击快速访问工具栏中的【新建】按钮或单击【文件】选项卡 |【新建】命令，便可新建一个基于默认工作簿模板的工作簿。

（2）打开工作簿

单击快速访问工具栏中的【打开】按钮或单击【文件】选项卡 |【打开】命令，打开【打开】对话框，如图 5-2 所示，即可打开一个工作簿。

图 5-2 【打开】对话框

（3）保存工作簿

单击快速访问工具栏中的【保存】按钮或单击【文件】选项卡 |【保存】命令，打开【保存】对话框，如图 5-3 所示，即可保存一个工作簿。保存工作簿是很重要的，对工作簿进行了修改，要及时保存。

在【文件】选项卡中还有一个【另存为】命令。前面已经打开的工作簿，再使用【保存】命令时就不会打开【另存为】对话框，而是直接保存到相应的文件中。但有时希望把当前的工作做一个备份，或者不想改动当前的文件，要把所做的修改保存在另外的文件中，这时就要用到【另存为】命令。单击【文件】选项卡 |【另存为】命令，打开【另存为】对话框，如图 5-3 所示。

（4）关闭工作簿

单击标题栏上的【关闭】按钮的作用是退出 Excel 2010。如果同时打开了两个工作簿，单击【关闭】按钮会同时将这两个工作簿都关闭。如果要关闭的只是当前编辑的一个，可以单击功能区中的【关闭窗口】按钮，工作簿就被关闭了。

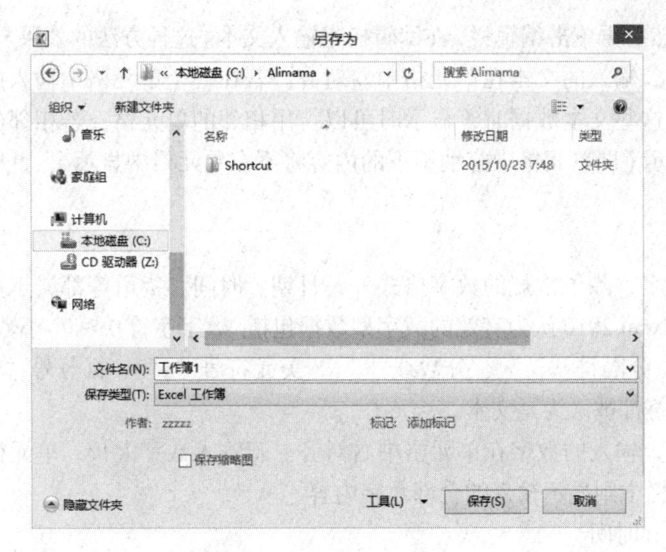

图 5-3 【另存为】对话框

2. 工作表

工作表是显示在工作簿窗口中由行和列构成的表格。它主要由单元格、行号、列标和工作表标签等组成。行号显示在工作簿窗口的左侧，依次用数字 1，2，…，1 048 576 表示；列标显示在工作簿窗口的上方，依次用字母 A，B，…，XFD 表示。默认情况下，一个工作簿包含 3 个工作表，用户可以根据需要添加或删除工作表。行号以数字表示，列标以字母表示。

3. 单元格

在工作表中每一行和每一列都有唯一的交叉点，称为单元格。用列标和行号来表示单元格的地址，称为单元格的引用，如 A3、B5 等。一张工作表是由若干个单元格组成的。单元格是存放数据的最小单元，它可以保存数值、文本或者公式。工作表的每个单元格最多可以包含 32 000 个字符。若想熟练运用 Excel 2010，就必须掌握单元格的各项操作。

5.2 使用 Excel 2010 处理表格

5.2.1 基本概念

1. 输入数据

选定工作表后，就可以输入数据了。要在某一单元格中输入数据，必须先使该单元格成为活动单元格。活动单元格能够识别文本型、数值型、日期时间型等常量数据。

（1）输入文本

文本是 Excel 2010 常用的一种数据类型，包括任何字母、汉字、数字和键盘符号的组合。文本不能进行数学运算。在工作表的所有单元格中，有一个带有黑色边框的单元格，称为活动单元格。要向单元格中输入文本，可选择下面任何一种方法：

单击单元格，然后直接在单元格内输入文本。使用这种方法，新输入的文本将覆盖掉单元格中原有的数据。

双击单元格，单元格中出现插入文本的光标。移动光标，可在单元格中任意位置输入文本。这种方法多用于修改单元格内的部分文本。

单击单元格，然后再单击编辑栏，在编辑栏中输入文本。这种方法的效果与第二种方法相同。

在默认情况下，输入的文本在单元格中左对齐。若在一个单元格中输入的文本太长，单元格的宽度容纳不下这些文本数据时，显示时可以占用相邻的单元格；若相邻的单元格中也有数据时，将会截断显示（即单元格中容纳不下的内容将不在单元格中显示）。此时须加大列宽以显示全部数据。

（2）输入数字

数字的类型很多，除了常规的数字格式外，日期、时间、货币等都属于数字类型。数字都可进行数学运算。Excel 2010认为有效的数字型数据包括：数字字符0～9、小数点“.”、正号“+”、负号“–”、千分位分隔符“，”、分数线“/”、美元符号“$”、百分号“%”等。其他的数字组合和非数字字符都被认为是文本。

在默认情况下，输入的数字在单元格中右对齐。若输入数字太长，单元格中会自动以科学计数法显示，编辑栏中则显示输入的全部数字内容。

（3）输入日期和时间

Excel 2010 支持多种日期和时间的输入格式，例如，2016/1/8、8/1/2016、2016–1–8、二○一六年一月八日；15:30、3:30PM、下午三时三十分等。默认日期格式为“月 / 日 / 年”，时间型数据的格式为“时 : 分 : 秒”。

一般来说，Excel 2010 使用“/”或“–”分隔日期的不同部分，使用“:”分隔时间的不同部分。要使用日期和时间的其他格式，最好先将单元格设置成日期和时间的格式。因为在单元格没有预先设置成日期和时间格式的情况下，Excel 2010 可能会辨认不出输入的时间和日期，而仅仅把它当成文本处理。在同一单元格中可以同时输入日期和时间，应该在两者之间加一空格。

若想在单元格中输入当前的系统日期，只要按【Ctrl+;（分号）】组合键即可；若输入当前的时间，只要按【Ctrl+Shift+:（冒号）】组合键即可。

若要使全部由数字组成的字符项作为文本输入，则在输入时在该数字前加上英文的单引号。如身份证号 000000198309230010，电话号码 86736758 或一些序号，如 001、028 等。输入的单引号不会出现在单元格中，在编辑栏中可以显示出来。

需要在一个单元格中输入几段内容，按【Enter】键的作用并不是在单元格中进行分段，在一段的结束按住【Alt】键后按【Enter】键，这样才能在一个单元格中使用几个段落。

2. 自动填充数据

在选定的单元格或区域的右下角有一个小方块，称为填充柄。当鼠标指向填充柄时，鼠标指针由空心十字变成实心十字。利用填充柄可以向单元格中填充相同的数据或输入系列数据。

（1）填充相同数据

通过拖动单元格填充柄，可将某个单元格的内容复制到同一行或同一列的其他单元格中。具体操作步骤如下：

① 先选定需要复制的单元格。

② 用鼠标拖动填充柄经过需要填充数据的单元格，然后释放鼠标按键。

（2）填充数据序列

基于所输入的内容，Excel 2010 可以自动延续一系列数字、数字 / 文本组合、日期或时间段。用鼠标拖动进行填充时可以向下进行填充，也可以向上、向左、向右进行填充，只要在填充时分别向下、上、左、右拖动鼠标即可。

除了使用鼠标拖动进行填充外，还可以使用命令进行填充：

选中要填充的单元格。

单击【开始】选项卡 |【编辑】组 |【填充】按钮，从打开的下拉菜单中选择填充的方向。

有时需要输入一些等比或等差数列，这时使用填充功能就很方便了，在上面输入“1”，下一个单元格输入“3”，然后从上到下选中这两个单元格，向下拖动第二个单元格的黑色方块进行填充，可以看到所填充出来就是一个等差数列了。等比数列的填充需要按以下步骤进行操作：

① 在单元格中填入数列的初始值。

② 选中要填充数列的单元格区域（包含初始值在内）。

③ 单击【开始】选项卡 |【编辑】组 |【填充】按钮，在打开的下拉菜单中选择【系列】命令，打开【序列】对话框。

④ 选择【等比序列】单选按钮，【步长值】设置为“2”，单击【确定】按钮。

在打开的【序列】对话框中还可以设置：系列产生的方向是按行方向还是列方向。

若在单元格输入初始值后没有选定要添加序列的区域，则可在【序列】对话框的【终止值】文本框中输入一个终止值，Excel 2010 将根据终止值自动决定填充到哪一个单元格。

3. 编辑单元格中的数据

对单元格数据的编辑主要包括修改、移动、复制、插入、删除等操作。这些操作既可对单元格进行，也可以对行和列进行。

（1）选定单元格

在对单元格进行数据输入和编辑时，首先要选定相应的单元格，选定单元格的方法如下：

① 选择单元格中的文本：选中并双击该单元格，再选取其中的文本。

② 选择单个单元格：单击相应的单元格，或按箭头键移动到相应的单元格。

③ 选择某个单元格区域：单击区域的第一个单元格，再拖动鼠标到最后一个单元格。

④ 选择较大的单元格区域：单击区域中的第一个单元格，再按住【Shift】键单击区域中的最后一个单元格。可以先滚动到最后一个单元格所在的位置。

⑤ 选择工作表中所有单元格：单击【全选】按钮。

⑥ 选择不相邻的单元格或单元格区域：先选中第一个单元格或单元格区域，再按住【Ctrl】键选中其他的单元格或单元格区域。

⑦ 选择整个行或列：单击行号或列标。

⑧ 选择相邻的行或列：在行号或列标中拖动鼠标。或者先选中第一行或第一列，再按住【Shift】键选中最后一行或最后一列。

⑨ 选择不相邻的行或列：先选中第一行或第一列，再按住【Ctrl】键选中其他的行或列。

⑩ 取消单元格选定区域：单击相应工作表中的选定区域之外的任意单元格。

（2）修改和清除单元格数据

在编辑单元格数据时，应该对数据中错误部分进行修改，对没有用的数据进行清除。修改单元格中的数据有两种情况，一种是重新输入，另一种是对已有数据进行编辑。如果要重新输入某单元格中的数据，只需要单击该单元格，然后，输入新的数据，输入完成后按【Enter】键，新的数据就会取代原有的数据。如果要编辑某单元格中的数据，可以采用以下任意一种方法：

① 双击要修改数据的单元格，在单元格中出现光标。可以像编辑 Word 文档一样编辑单元格中的数据。

② 单击要修改数据的单元格，在编辑栏中显示出单元格中待编辑的数据。单击编辑栏，在编辑栏中编辑单元格数据。

清除单元格数据的步骤如下：

① 选定要删除数据的单元格。

② 单击【开始】选项卡 |【编辑】组 |【清除】按钮，在打开的下拉菜单中有 4 个命令。可以根据需要选择其中的一个命令。

- 全部清除：清除单元格中的全部内容和格式。
- 清除格式：只清除单元格的格式，不改变单元格中的内容。
- 清除内容：只清除单元格中的内容，不改变单元格的格式。
- 清除批注：只清除单元格的批注，不改变单元格的格式和内容。

（3）插入与删除单元格、行、列

在编辑单元格数据时，有时会根据需要插入一些空的单元格。而对于没有用处的单元格可以将其删除。

插入单元格的操作步骤如下：

① 选中一个单元格并右击，在弹出的快捷菜单中选择【插入】命令，打开【插入】对话框。

② 选择【活动单元格右移】或【活动单元格下移】单选按钮，单击【确定】按钮，即可在当前位置插入一个单元格，而原来的数据将向右或向下移动。

注意：新插入的单元格与该列左边的单元格格式一致。

虽然在插入对话框中选择【整行】或【整列】单选按钮可以插入行或列，但更简单的插入行或列的操作如下：

① 选定要插入的行或列的位置并右击。

② 在弹出的快捷菜单中选择【插入】命令，则在选定行之上或选定列之左将插入一个空行或空列。

删除操作是指将选定的单元格或单元格区域移除，单元格或单元格区域原来所在的位置被其下或其右的单元格取代，同时还可以删除整行或整列。具体操作步骤如下：

① 选定要删除的单元格或单元格区域并右击。

② 在弹出的快捷菜单中选择【删除】命令，打开【删除】对话框

③ 根据需要选择其中一个选项，单击【确定】按钮。

对于整行或整列的删除，只需要在选定欲删除的行或列后右击，在弹出的快捷菜单中选择【删除】命令。

（4）移动与复制单元格数据

移动和复制是编辑单元格数据过程中常用的操作。它可以通过以下途径实现：

① 单击【开始】选项卡 |【剪贴板】组 |【剪切】【复制】【粘贴】按钮实现。

② 利用键盘的快捷键【Ctrl+X】（剪切）、【Ctrl+C】（复制）、【Ctrl+V】（粘贴）实现。

③ 使用鼠标拖放

第一种途径的具体步骤如下：

① 选中要移动或复制内容的单元格或单元格区域。

② 单击【开始】选项卡 |【剪贴板】组 |【复制】或【剪切】按钮。

③ 选中要复制或移动到的目标单元格，单击【开始】选项卡 |【剪贴板】组 |【粘贴】按钮。

用快捷方式的操作类似以上步骤。

使用鼠标拖放的操作步骤如下：

① 选中要复制或移动的单元格。

② 把鼠标移动到单元格区域边上，鼠标由空心十字形状变成双向箭头形状时，按下左键拖动，会看到一个虚框，这就表示移动的单元格到达的位置，在合适的位置松开左键，单元格就移动过来了。如果要复制单元格，则在拖动鼠标的同时按住【Ctrl】键，在目标位置松开鼠标左键，再释放【Ctrl】键就会实现单元格的复制。

（5）撤销和恢复

在操作中如果出现失误，可以利用 Excel 2010 中提供的保护措施进行恢复，Excel 2010 中最多可以恢复前 16 步操作。方法是：

单击快速访问工具栏中的【撤销】按钮，可撤销前一次的操作。如果这时又想恢复所进行的“撤销”操作，则可单击快速访问工具栏中的【恢复】按钮还原用“撤销”命令撤销了的操作。

注意： 在 Excel 2010 中某些操作无法撤销，如【文件】组中的所有命令以及对工作表的一些操作，如复制、删除、插入工作表等。

（6）调整行高和列宽

Excel 2010 设置了默认的行高和列宽，而实际在编制工作表的过程中，会根据需要适当地调整行高和列宽。可以使用鼠标拖动和菜单命令两种方法调整行高和列宽。

鼠标拖动方式通常用于行高或列宽不十分精确的情况。操作时将鼠标指针指向欲调整的列标右分隔线上或行号的下分隔线上，当鼠标指针变成双向箭头时，可以通过双击或拖动设置行高和列宽，这两种操作的区别在于：

双击双向箭头，行高或列宽将被设置成为最适合的行高或列宽。

拖动双向箭头，可按需要或喜好设置行高或列宽。

可以一次设置多行的行高或多列的列宽，此时只需要选中多行或多列即可。

对于需要设置精确的行高值或列宽值，使用菜单命令调整行高和列宽更为快捷，具体操作步骤如下：

① 选定欲调整行高的行。

② 单击【开始】选项卡|【单元格】组|【行高】按钮，打开【行高】对话框，设置好行高数值，单击【确定】按钮。

列宽的设置类似于行高的设置方法。

如果单击【开始】选项卡|【单元格】组|【自动调整行高】或【自动调整列宽】按钮，其效果和前面讲到的双击双向箭头操作结果相同。

（7）显示、隐藏行与列

如果工作表中的某些数据不希望被别人看到，可以将其隐藏起来。隐藏行或列的具体操作方法是：

选中要隐藏的那些行或列。

单击【开始】选项卡|【单元格】组|【隐藏和取消隐藏】|【隐藏行】或【隐藏列】命令即可。

说明： 右击要隐藏的行或列，在弹出的快捷菜单中选择【隐藏】命令更为方便。

要将隐藏的行或列显示出来，首先选择希望显示的隐藏的行或列两侧的行或列（即选中两行或两列），单击【开始】选项卡|【单元格】组|【隐藏和取消隐藏】|【取消隐藏行】或【取消隐藏列】命令即可。

（8）查找和替换数据

查找和替换是编辑数据的重要手段，它可以在指定的工作表或单元格区域中查找特定数据，还可以将找到的数据替换成另外的数据。单击【开始】选项卡|【编辑】组|【查找和选择】|【查找】或【替换】命令。

在进行查找和替换时，指定搜索区域是必需的。查找和替换操作的具体步骤如下：

选择要搜索的单元格区域。如果搜索整个工作表，可单击该工作表中的任何单元格。

① 单击【开始】选项卡|【编辑】组|【查找和选择】|【查找】命令，打开【查找和替换】对话框，选择【查找】选项卡。

② 在【查找内容】文本框中输入要查找的内容。

③ 单击【查找下一个】按钮。

如果要指定搜索格式，在【查找和替换】对话框中单击【格式】按钮，然后在【查找格式】对话框中进行设置。

替换操作与查找的操作步骤类似：

选择要搜索的单元格区域。如果搜索整个工作表，可单击该工作表中的任何单元格。

单击【开始】选项卡|【编辑】组|【查找和选择】|【替换】命令，打开【查找和替换】对话框，切换到【替换】选项卡。

在【查找内容】文本框中输入要查找的内容，在【替换为】文本框中输入替换字符，并在需要时输入特定格式。

单击【替换】或【全部替换】按钮完成替换操作。

（9）使用批注

批注是对单元格内容进行解释说明的辅助信息。为单元格添加批注可以帮助其他人理解、使用 Excel 2010 表格。给单元格添加批注的操作步骤如下：

① 单击要添加批注的单元格并右击。

② 在弹出的快捷菜单中选择【插入批注】命令。

③ 在弹出的批注框中输入批注文本。

输入文本后，单击批注框外部的工作表区域即可。

在弹出的快捷菜单中选择【编辑批注】命令时，可对打开单元格批注框进行编辑修改。批注的字形、字号、文字颜色、批注框底色均可以进行设置，设置类似于 Word 文本框中的文字格式设置。

在弹出的快捷菜单中选择【删除批注】命令清除单元格批注。

在弹出的快捷默认情况下，当单元格有批注时，在单元格右上角出现一个红点，称为批注标识符。只有光标移入单元格后才显示批注。

4. 工作表的编辑与格式化

（1）编辑工作表

① 选定工作表。对工作表的移动、复制、删除等操作必须是在选定工作表的前提下进行的。下面介绍选定工作表的方法：

- 选择单张工作表：单击工作表标签，如果看不到所需的工作表标签，那么单击标签滚动按钮可显示此工作表，然后单击它。
- 选择两张或多张相邻的工作表：先选中第一张工作表的标签，再按住【Shift】键，单击最后一张工作表的标签。

- 选择两张或多张不相邻的工作表：单击第一张工作表的标签，再按住【Ctrl】键，单击其他工作表的标签。
- 选择工作簿中所有工作表：右击工作表标签，在弹出的快捷菜单中选择【选定全部工作表】命令。若要取消对工作簿中多张工作表的选取，可单击工作簿中任意一个未选取的工作表标签。

② 插入、删除工作表。默认情况下，Excel 2010 只有三张工作表 Sheet1、Sheet2、Sheet3，用户可以根据需要在适当的位置插入一张工作表，也可以将无用的工作表删除。

插入一张工作表：单击工作表标签最右边的【插入工作表】按钮，则在工作表之后插入一空白工作表。

删除工作表：右击要删除的工作表，在弹出的快捷菜单中选择【删除】命令。

③ 移动、复制工作表。用户可以在同一个或多个工作簿中复制或移动工作表，其操作方式分菜单和鼠标操作两种。

使用菜单命令复制或移动工作表的具体操作步骤如下：

a. 若要将工作表移动或复制到其他工作簿，可打开用于接收工作表的工作簿。

b. 切换到包含需要移动或复制的工作表的工作簿，再选定工作表。

c. 单击【开始】选项卡 |【单元格】组 |【格式】|【移动或复制工作表】命令，打开【移动或复制工作表】对话框。

d. 在【工作簿】下拉列表框中，单击选定用来接收工作表的工作簿。若要将所选工作表移动或复制到新工作簿中，须选择“新工作簿”选项。

e. 在【下列选定工作表之前】列表框中，单击要在其前面插入移动或复制的工作表的工作表。若要复制而非移动工作表，须勾选【建立副本】复选框。

f. 单击【确定】按钮。

使用鼠标复制或移动工作表：

如果是在工作簿内复制或移动工作表，则使用鼠标操作更方便。

a. 单击要移动的工作表标签，然后拖动鼠标，在拖动鼠标的同时可以看到鼠标的箭头上多了一个文档的标记，同时在标签栏中有一个黑色的三角指示着工作表拖到的位置，在想要到达的位置松开鼠标左键，工作表的位置就改变了。

b. 如果要复制工作表，则用鼠标拖动要复制的工作表的标签，同时按住【Ctrl】键。此时，鼠标上的文档标记会增加一个小的加号，现在拖动鼠标到要增加新工作表的地方，达到目的地后释放鼠标按键，再放开【Ctrl】键。即可为选中的工作表制作一个副本。

④ 重命名工作表。默认情况下，Excel 2010 工作表的名称为 Sheet1、Sheet2 等，为了使工作簿的每张工作表的内容更一目了然，需要为工作表重新命名。以下方法均可以实现重命名工作表：

a. 双击要重命名的工作表标签，在反白显示的标签处输入新的工作表名。

b. 右击要重命名的工作表，在弹出的快捷菜单中选择【重命名】命令，然后在标签处输入新的工作表名。

c. 选中要重命名的工作表，然后单击【开始】选项卡 |【单元格】组 |【重命名工作表】按钮，也同样可以改变当前工作表的名称。

⑤ 拆分与冻结工作表窗口。工作表中有很多数据，要想同时看到工作表中相距较远的两部分数据，有时因窗口大小有限而只能看到部分数据，而另一部分数据还没有进入窗口。这时，

用户可以使用窗口拆分功能，将窗口拆分为几部分，在不同的窗口中显示工作表中不同数据，这样，用户就可以同时看到工作表相距较远的数据。

窗口拆分分为水平拆分和垂直拆分两种方式。垂直拆分的具体操作步骤如下：

a. 单击要垂直拆分位置的列标。

b. 单击【视图】选项卡 |【窗口】组 |【拆分】按钮可以看到窗口被垂直拆分，在窗口中移动工作表，能显示出列距较远的数据，水平拆分的具体方法与垂直拆分类似。

冻结窗口是将某一行上边的数据或者某一列左边的数据冻结，当利用滚动条滚动工作表时，被冻结的部分并不滚动。冻结窗口的具体操作步骤如下：

a. 单击要冻结部分的下面一行的行号。

b. 单击【视图】选项卡 |【窗口】组 |【冻结窗格】|【冻结拆分窗格】命令，窗格被冻结。

⑥ 显示与隐藏工作表。有时我们希望将某个工作表隐藏起来，就好像根本不存在该工作表一样，这就用到了隐藏工作表。而被隐藏的工作表也可以再显示出来。

隐藏工作表的步骤如下：

a. 选定要隐藏的工作表。

b. 单击【开始】选项卡 |【单元格】组 |【格式】|【隐藏和取消隐藏】|【隐藏工作表】命令，则选择的工作表从窗口中消失。

将隐藏的工作表显示出来的步骤如下：

a. 单击【开始】选项卡 |【单元格】组 |【格式】|【隐藏和取消隐藏】|【取消隐藏工作表】命令，打开【取消隐藏工作表】对话框。

b. 在【取消隐藏的工作表】列表框中选择要显示的工作表，单击【确定】按钮。

⑦ 保护工作表和工作簿。有时自己制作的表格不希望别人进行修改，这时就要对工作表进行保护。所谓保护工作簿、工作表，就是给工作簿、工作表加上密码或设置访问限制，以防止对工作簿、工作表进行查看、插入、删除、移动、隐藏、取消隐藏及重命名工作表等操作。

设置工作表保护的操作步骤如下：

a. 选择要进行保护的工作表。

b. 单击【审阅】选项卡 |【更改】组 |【保护工作表】按钮，打开【保护工作表】对话框。

c. 在【允许此工作表的所有用户进行】列表框中勾选允许用户进行的操作。

d. 在【取消工作表保护时使用的密码】文本框中输入密码。单击【确定】按钮，打开【确认密码】对话框。

e. 在【确认密码】对话框的【重新输入密码】文本框中再次输入刚才设置的密码，单击【确定】按钮，这样工作表就被保护起来了。

f. 在保护了的工作表中，只允许用户进行【允许此工作表的所有用户进行】列表框中选中了的操作，若试图更改被保护了的选项，如输入和修改单元格内容，将弹出提示信息框。

要撤销对工作表的保护，可进行如下操作：

a. 选定要撤销保护的工作表。

b. 单击【审阅】选项卡 |【更改】组 |【撤销工作表保护】按钮，打开【撤销工作表保护】对话框。

c. 在弹出的对话框中输入密码，单击【确定】按钮就可以继续修改工作表了。

以上是对工作表的保护，可以设置工作簿的保护，设置方法同工作表的保护基本相同，只是要选择单击【审阅】选项卡 |【更改】组 |【保护工作簿】按钮。

（2）格式化工作表

① 自定义格式化。

设置单元格字体。单击【开始】选项卡|【字体】组中的相应按钮和选择右键快捷菜单中的【设置单元格格式】命令两种方法设置单元格字体。使用右键快捷菜单设置单元格字体的步骤如下：

a．选定要设置字体的单元格并右击。

b．在弹出的快捷菜单中选择【设置单元格格式】命令，打开【设置单元格格式】对话框，选择【字体】选项卡，在【字体】【字形】【字号】列表框中选择要设置的单元格字体。

c．单击【确定】按钮。

也可单击【开始】选项卡|【字体】组中的相应按钮单击右下角的“扩展按钮”，在打开的对话框中设置单元格字体。与【设置单元格格式】对话框相比，这种方法可以更方便地设置单元格的字体。通过【字体】组中的【字体】下拉列表框、【字号】下拉列表框、【加粗】按钮、【倾斜】按钮、【下划线】按钮等，可设置单元格字体。

设置对齐格式。默认情况下，Excel 2010 根据输入的数据自动调节数据的对齐格式，如文本内容左对齐，数值内容右对齐等。有时为了制作的表格更加美观，用户需要重新设置单元格的对齐方式。单元格的对齐方式包括水平对齐和垂直对齐两种。设置单元格对齐方式的步骤如下：

a．选定要设置对齐格式的单元格并右击。

b．在弹出的快捷菜单中选择【设置单元格格式】命令，打开【设置单元格格式】对话框，选择【对齐】选项卡，根据对话框中的选项进一步进行设置，单击【确定】按钮。

c．在【水平对齐】下拉列表框中有 8 种对齐方式：常规、靠左、居中、靠右、填充、两端对齐、跨列居中和分散对齐。除了常规、填充和跨列居中外，其余 5 种方式与 Word 文本的对齐方式相同。常规、填充和跨列居中对齐方式的功能如下：

- 常规：Excel 2010 默认的对齐方式，在常规对齐方式下数字右对齐、文字左对齐、逻辑值和出错值居中。
- 填充：若单元格尚未被数据填满，则不断重复单元格的内容直到单元格填满。
- 跨列居中：文本在所选的几列中居中对齐。

选择一种水平对齐方式。若选择靠左、靠右或分散对齐选项，还需要在右侧的缩进微调框中输入缩进值。同时可在【垂直对齐】下拉列表框中选择一种垂直对齐方式。

若只是设置一些简单的水平对齐方式，还可以通过单击【开始】选项卡|【对齐方式】组中的相应按钮进行操作，如左对齐按钮、居中按钮、右对齐按钮和合并及居中按钮。

设置数字格式。利用【设置单元格格式】对话框中的【数字】选项卡，可以对单元格中的数字进行格式化。

【分类】列表框中列出的各种数字格式的释义如下：

- 常规：默认格式。数字显示为整数、小数或者数字太大单元格无法显示时用科学记数法。
- 数值：可以设置小数位数，选择每 3 位是否用逗号隔开，以及如何显示负数（用负号、红色、括号或者同时使用红色和括号）
- 货币：可以设置小数位数，选择货币符号，以及如何显示负数（用负号、红色、括号或者同时使用红色和括号）。这个格式每 3 位用逗号隔开。
- 会计专用：与货币格式的主要区别在于货币符号一般垂直排列。
- 日期：可以选择不同的日期显示模式。
- 时间：可以选择不同的时间显示模式。

• 百分比：可以选择小数位数并显示百分号。

• 分数：可以从 9 种分数格式中选择一种格式。

• 科学记数：用指数符号显示数字（用 E）：2.00E+05=200,000；2.05E+05=205,000。可以选择 E 左边的小数位数：

• 文本：当运用于数值时，Excel 2010 会把数值当作文本（尽管看起来像数值）。对一些项目，如局部数字，这个功能非常有用。

• 特殊：包括 3 种附加的数字格式（邮政编码、中文小写数字和中文大写数字）。

• 自定义：用户可以自己定义前面没有包括的数字格式类型。

合并及居中单元格。在制作表格时，若表格的标题需要占用多个单元格且位于中间。这时，就要用到对多个单元格的合并及居中。合并及居中单元格就是先将选定的单元格合并成一个大单元格，这个单元格中的文本将居中显示。

合并及居中的操作步骤如下：

a．选定要合并的单元格区域（为一连续区域）。

b．单击【开始】选项卡 |【对齐方式】组 |【合并及居中】按钮。

c．若取消单元格的合并及居中，只需先将合并后大的单元格选中，再单击【开始】选项卡 |【对齐方式】组 |【合并及居中】按钮即可。

设置单元格的填充颜色及图案。为了让表格更加美观，内容更醒目，用户可以根据需要为单元格填充颜色和图案。设置单元格填充颜色和图案的方法如下：

a．选择需要设置填充颜色和图案的单元格并右击。

b．在弹出的快捷菜单中选择【设置单元格格式】命令，打开【设置单元格格式】对话框，选择【填充】选项卡。

c．在【背景色】区域选择一种颜色，如果不设置底纹可选择【无颜色】，在【图案颜色】下拉列表框中选择底纹的图案，单击【确定】按钮。

d．对于简单的填充颜色也可单击【开始】选项卡 |【字体】组 |【填充颜色】按钮进行设置。

设置单元格的边框。在默认情况下，Excel 2010 并不打印出表格的边框线。用户可以根据需要设置单元格的边框线，使得表格更加美观。具体操作步骤如下：

a．选择要添加边框的单元格并右击。

b．在弹出的快捷菜单中选择【设置单元格格式】命令，打开【设置单元格格式】对话框，选择【边框】选项卡。

c．在【预置】区域单击相应的边框按钮，在所选单元格中添加相应边框，单击【无】按钮，可删除单元格边框。

d．单击【边框】区域的按钮以便对选定的单元格应用边框。也可在【边框】窗口中直接单击要添加边框的位置。

e．在【线条】区域选择相应选项，可为边框设置线条粗细和线型，如要更改现有边框的线条样式，可单击相应选项，然后在【边框】区域选择应用新样式的区域。

f．在【颜色】下拉列表框中选择一种颜色，最后单击【确定】按钮。

当然，对于简单的边框也可单击【开始】选项卡 |【字体】组 |【边框】按钮进行设置。

② 自动套用格式。除了自己设置工作表的格式外，用户还可以套用 Excel 2010 提供的多种工作表的格式。具体操作步骤如下：

a．选择要设置自动套用格式的区域。

b. 单击【开始】选项卡 |【样式】组 |【套用表格格式】按钮进行选择。

③ 复制与删除格式。如果已经为单元格设置了很多种格式，比如字号、字体、边框和底纹、数字格式等，则可以使用【格式刷】按钮将格式复制到其他单元格中。具体操作步骤如下：

a. 选中要复制格式的单元格或单元格区域。

b. 单击【开始】选项卡 |【剪贴板】组 |【格式刷】按钮。

c. 在要复制到的单元格上单击，鼠标变成✚🖌时，就可以把格式复制过来了。

d. 如果要将选定单元格或单元格区域中的格式复制到多个位置，在双击【格式刷】按钮后可连续不断地将选定格式复制到所选择的单元格。当完成复制格式时，再次单击【格式刷】按钮，终止格式复制。

同时也可以将先前设置好的格式删除掉。选中要删除格式的单元格，单击【开始】选项卡 |【编辑】组 |【清除】|【清除格式】命令，选中的单元格即可变成默认的格式。

④ 条件格式。条件格式就是根据不同的条件设置格式。它主要用于对选定区域各单元格中的数值在指定的条件为真时，Excel 2010 自动应用于单元格的格式，包括单元格底纹或字体颜色等。例如，在处理学生成绩时，对大于 85 分和不及格的成绩分别用不同的方式表示（如分别加红色图案和下画线等）。具体操作步骤如下：

a. 选定要设置格式的单元格区域。

b. 单击【开始】选项卡 |【样式】组 |【条件格式】|【新建规则】命令，在打开的【新建格式规则】对话框中选择规则类型，单击【格式】按钮，进行格式设置。

5.2.2　任务一　建立员工资料表

1. 任务引入

一个单位需要对员工进行管理，需建立一个简单的员工资料表，包括工号、姓名、部门、职务、性别、学历、年龄、何时加入公司、电话、邮箱、地址、工资。

2. 任务实现

① 单击 A1 单元格，输入“员工资料表”。

② 单击 A2 单元格，输入“工号”，用同样的方法在 B2:L2 单元格区域分别输入“姓名、部门、职务、性别、学历、年龄、何时加入公司、电话、邮箱、地址、工资”，如图 5-4 所示。

员工资料表

工号	姓名	部门	职务	性别	学历	年龄	何时加入公司	电话	邮箱	地址	工资
C1	景艳	行政企	经理	女	本科	22	2005-6-13	87462783	jossef××@contoso.com	新城路11号	¥3,800.00
C2	孙丽	人力资	总裁助理	女	本科	24	2004-9-4	39759387	suzan××@contoso.com	永丰路139号	¥3,000.00
C3	孙静	市场部	主管	女	本科	25	2004-8-21	39875759	laura××@contoso.com	世纪大道382号	¥6,000.00
C4	苗秋艳	产品研	文员	女	本科	25	2004-8-24	93893478	clair××@contoso.com	静林路33号	¥3,500.00
C5	李丽华	产品研	秘书	女	本科	25	2004-10-22	84750298	robert××@contoso.com	南京路78号	¥4,200.00
C6	林玫	市场部	秘书	女	本科	25	2004-10-22	85732577	jim××@contoso.com	通惠路51号	¥4,200.00
C7	赵建军	系统集	财务	男	硕士	25	2004-9-4	83476599	jan××@contoso.com	正成大街87号	¥5,000.00
C8	白雪	人力资	经理	女	专科	25	2004-10-22	83475699	deanna××@contoso.com	南台路32号	¥4,500.00
C9	李洋	人力资	专员	男	本科	27	2004-8-24	83675688	amy@××contoso.com	解放路86号	¥3,500.00
C10	唐景辉	人力资	专员	男	本科	28	2003-8-1	87469736	heater××@contoso.com	琴台路182号	¥4,500.00
C11	刘建	系统集	经理	男	硕士	28	2005-8-1	82765699	jolie××@contoso.com	静江路33号	¥4,200.00
C12	李文杰	技术服	助理	男	硕士	28	2006-9-4	84668990	tad××@contoso.com	长顺路46号	¥3,000.00
C13	向大海	系统集	策划	男	本科	29	2004-8-21	87648488	connie××@contoso.com	小南街27号	¥6,500.00
C14	赵敏	网络安	软件工程师	男	硕士	29	2004-8-24	84750298	paul××@contoso.com	八宝路55号	¥6,500.00
C15	王芳	产品研	软件工程师	女	硕士	30	2004-8-21	84363488	jon××@contoso.com	胜利路70号	¥6,600.00
C16	张红英	产品研	软件工程师	女	专科	31	2006-9-5	82345348	michal××@contoso.com	春天路113号	¥6,000.00
C17	章华玲	行政企	出纳	女	本科	32	2003-8-1	88365922	miles××@contoso.com	柴荆路226号	¥8,000.00
C18	苏芬	网络安	软件工程师	女	博士	33	2004-8-24	88323442	ken××@contoso.com	兰天路161号	¥8,800.00

图 5-4　员工资料表

③ 用自动填充功能快速输入工号。首先在 A3 中输入“C1”，然后按住 A3 右下角的填充柄向下拖动，则“工号”中的字母不变，数字自动加 1，为“C2，C3，……”。

④ 自定义有效性序列输入部门。在输入部门时，由于是固定的八个部门，而需要经常输入，可以通过设置数据的有效性来加快输入的速度，而且不会出现错误。选中需要输入部门的 C 列，单击【数据】选项卡 |【数据工具】组 |【数据有效性】|【数据有效性】命令，打开【数据有效性】对话框（如图 5–5），选择【设置】选项卡，单击【允许】下拉按钮，选中【序列】选项，在【来源】文本框中输入“行销企划部,人力资源部,系统集成部,市场部,财务部,产品研发部,网络安全部,技术服务部”（注意之间请用英文状态下的逗号），输入完成后，单击【确定】按钮退出。

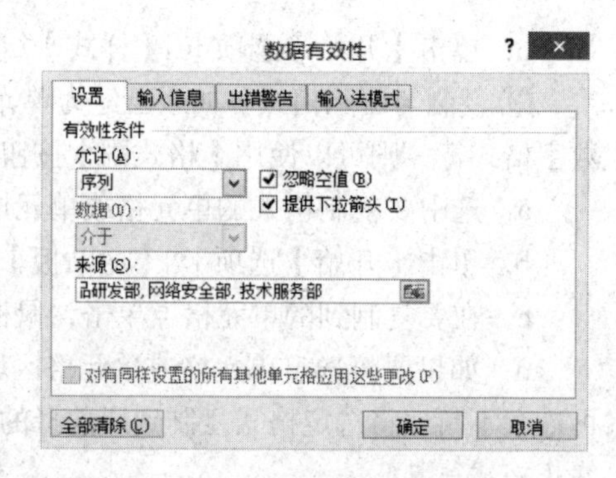

图 5–5 “数据有效性”对话框

这样，只要鼠标单击这一列中任意单元格，就会出现下拉箭头，出现下拉列表，即八个部门的名称，直接在其中选择即可，而不需要一个个地输入。

但是，作为表头的 C2 也出现了下拉按钮，这是由于也设置了数据有效性的原因，可以取消它，选中 C2，单击【数据】选项卡 |【数据工具】组 |【数据有效性】|【数据有效性】命令，在打开的【数据有效性】对话框中单击【全部清除】按钮，即可将 C2 单元格的数据有效性清除。然后，以同样的方法输入职务、性别、学历。

⑤ 选中 G3 单元格，输入数字；选中 H3 单元格并右击，在弹出的快捷菜单中选择【设置单元格格式】命令，打开【设置单元格格式】对话框，如图 5–6 所示，选中日期的类型，单击【确定】按钮，回到 H3 单元格输入日期中间用“/”分隔，按【Enter】键确认即可；选中 L3 单元格，用输入日期的方法输入货币型数字。

⑥ 完整输入所有数据。

⑦ 选中 A1 至 L1 单元格并右击，在弹出的快捷菜单中选择【设置单元格格式】命令，打开【设置单元格格式】对话框，选择【对齐】选项卡（见图 5–7），勾选【合并单元格】复选框，水平对齐和垂直对齐都选居中；选择【字体】选项卡，如图 5–8 所示选中字体为宋体，字形为常规，字号为 12，颜色为蓝色。

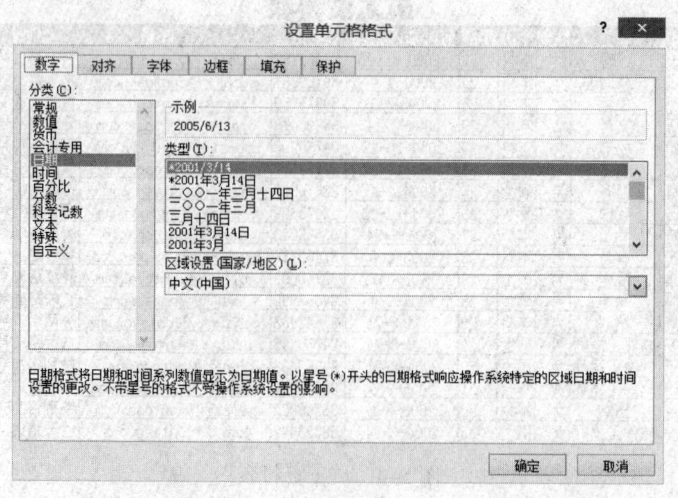

图 5–6 【设置单元格格式】对话框——【数字】选项卡

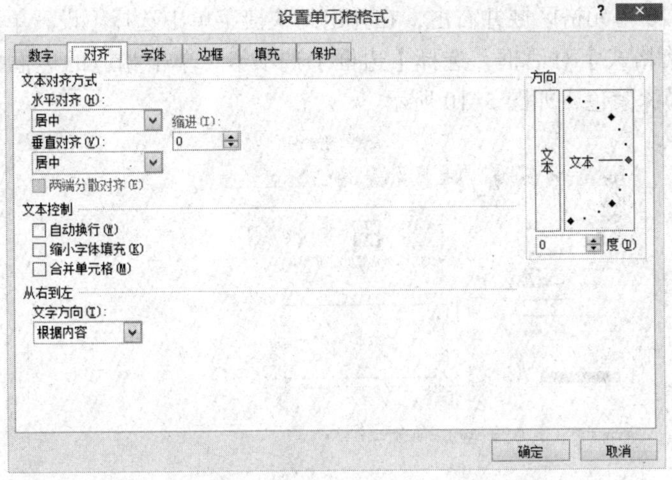

图 5-7　【设置单元格格式】对话框—【对齐】选项卡

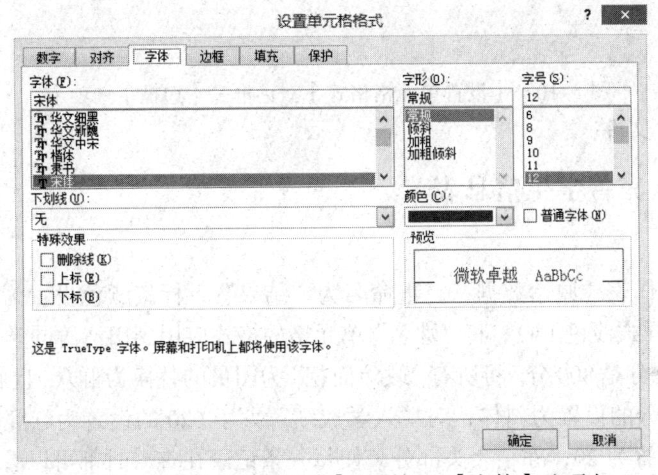

图 5-8　【设置单元格格式】对话框—【字体】选项卡

⑧ 选中 A2:L2 单元格区域并右击，在弹出的快捷菜单中选择【设置单元格格式】命令，打开【设置单元格格式】对话框，选择【填充】选项卡，在【背景色】区域选中深蓝色，如图 5-9 所示。

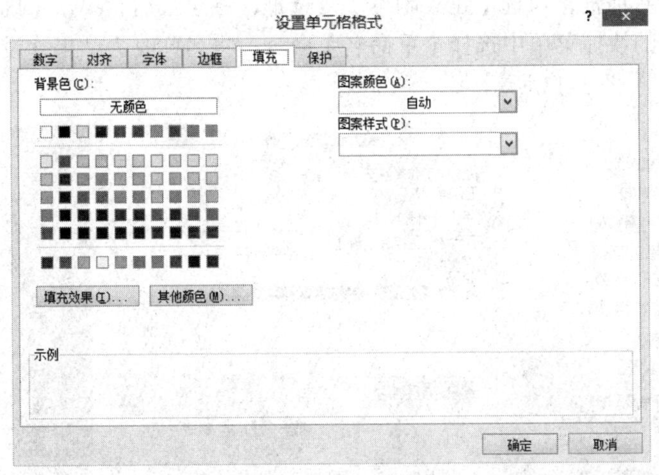

图 5-9　【设置单元格格式】对话框—【填充】选项卡

⑨ 选中 A3:L20 单元格区域并右击，在弹出的快捷菜单中选择【设置单元格格式】命令，打开【设置单元格格式】对话框，选择【边框】选项卡，单击相应的边框按钮，在【颜色】下拉列表框中选择深紫色，如图 5-10 所示。

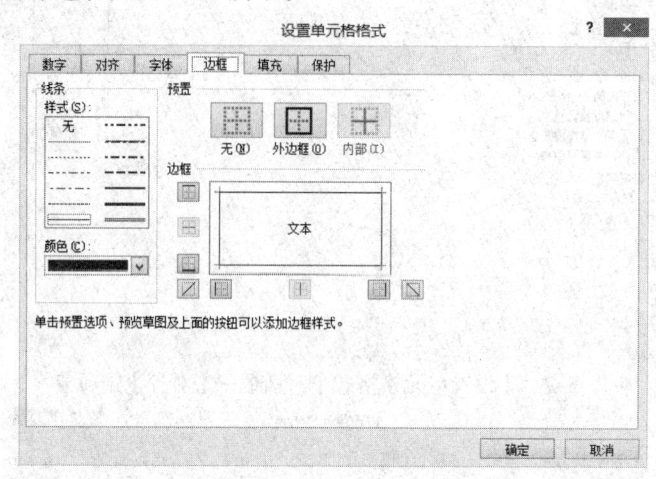

图 5-10 【设置单元格格式】对话框—【边框】选项卡

⑩ 完成后保存文件。

5.2.3 任务二 完善学生信息表

1. 任务引入

要求：复制工作表“原始数据”，重命名为“结果”，标签颜色设置为红色，对“结果”表按规定格式（表样式浅色 13）；将“姓名”单元格的格式应用到田清涛同学上，对“入学成绩”加批注，内容为：总分是 800 分；将所有“政治面貌”为团员的替换为群众，且底纹为黄色；对“入学成绩”小于 600 分的设置为斜体，对“入学成绩”大于 620 的设置为红底粗字；将所有行高设置为 20，列宽设置为 20；冻结表头部分，使每一条记录在查看时都可以看到表头；保护做好的结果工作表，密码设为：123456。

2. 实现方法

① 右击“原始数据”标签，在弹出的快捷菜单中选择【移动或复制工作表】命令，打开【移动或复制工作表】对话框，勾选【建立副本】复选框，移至最后，单击【确定】按钮；右击复制好的表，在弹出的快捷菜单中选择【重命名】命令，将名称改为结果；设置工作表标签颜色为红色。如图 5-11 ～图 5-13 所示。

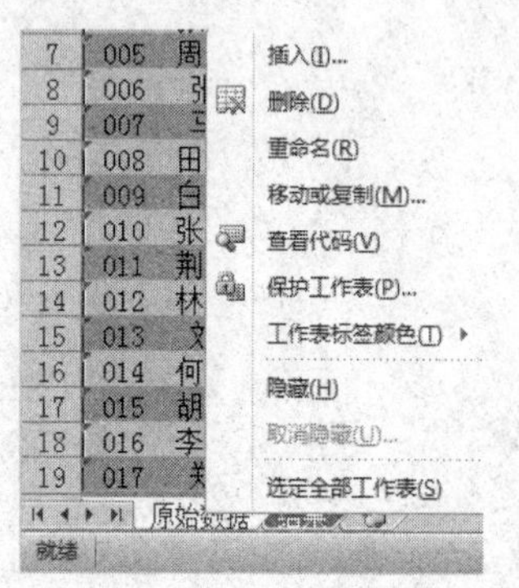

图 5-11 复制工作表（1）

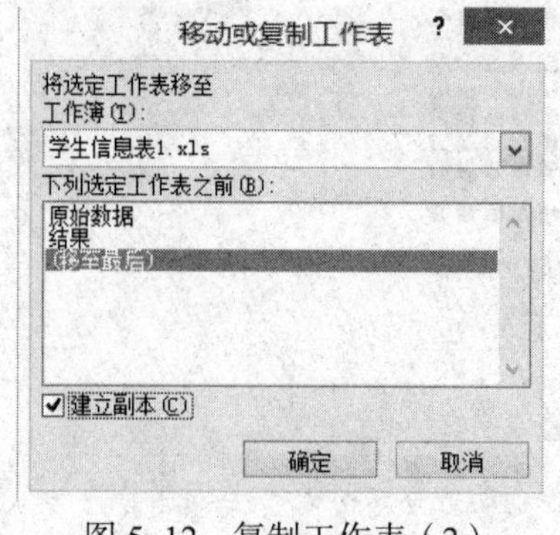

图 5-12 复制工作表（2）

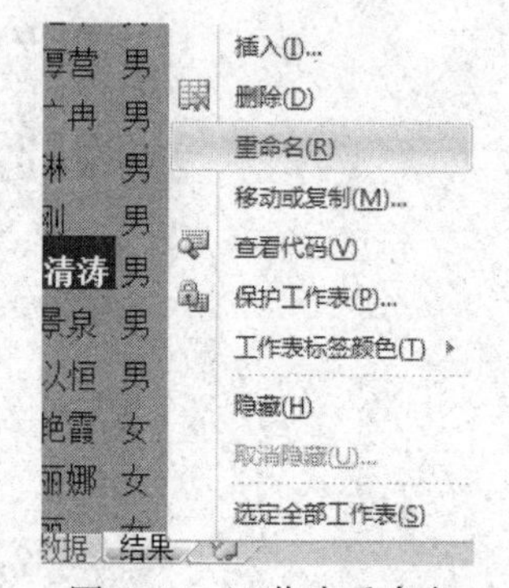

图 5-13 工作表重命名

② 套用表格格式。选中整张表格，单击【开始】选项卡 |【样式】组 |【套用表格格式】按钮，如图 5–14 所示。选择【表样式浅色 13】。

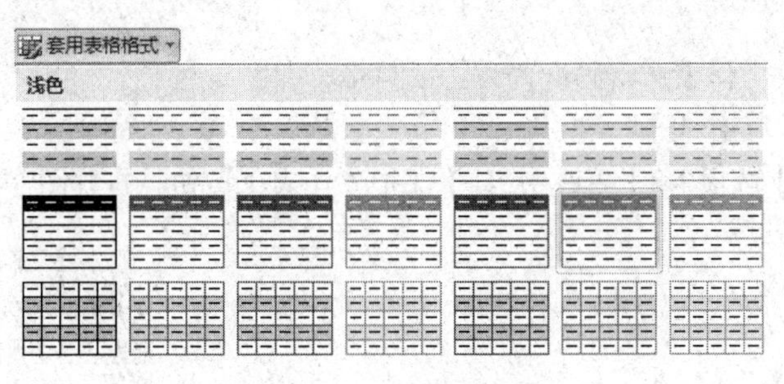

图 5–14　套用表格格式

③ 利用格式刷将“姓名”单元格的格式应用到田清涛同学上。选中 B2 单元格，单击【开始】选项卡 |【剪贴板】组 |【格式刷】按钮。找到田清涛单元格，鼠标变成✚🖌时单击。

④ 利用批注功能为“入学成绩”加批注。选中 H2 单元格，单击【审阅】选项卡 |【批注】组 |【新建批注】按钮，在弹出的批注框中输入批注文本：总分是 800 分。

⑤ 利用条件格式将“入学成绩”小于 600 分的设置为斜体，将“入学成绩”大于 620 的设置为红底粗字。

选定 H3:H19 单元格区域，单击【开始】选项卡 |【样式】组 |【条件格式】|【突出显示单元格规则】|【大于】命令，在打开的【大于】对话框中输入正确的条件值，选择【自定义格式】选项，进行格式设置，如图 5–15 所示。

选定 H3:H19 单元格区域，单击【开始】选项卡 |【样式】组 |【条件格式】|【突出显示单元格规则】|【小于】命令，在打开的【小于】对话框中输入正确的条件值，选择【自定义格式】选项，进行格式的设置，如图 5–15 所示。

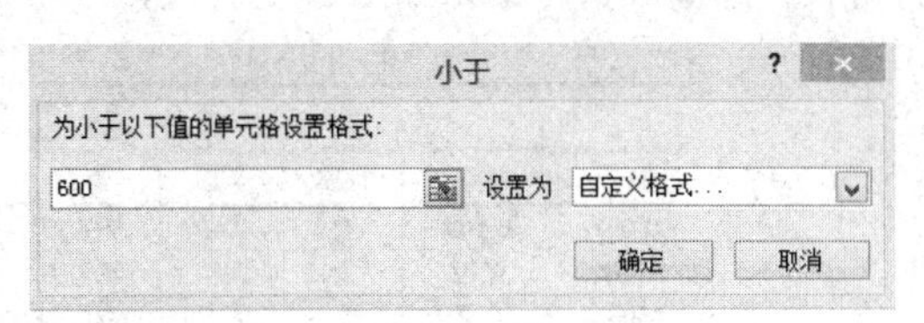

图 5–15　条件格式设置

⑥ 利用查找和替换功能完成政治面貌的修改。

a．选择要搜索的单元格区域 E2:E19。

b．单击【开始】选项卡 |【编辑】组 |【查找和选择】|【替换】命令，打开【查找和替换】对话框，选择【替换】选项卡，如图 5–16 所示。

c．在【查找内容】文本框中输入要查找的内容，在【替换为】文本框中输入替换字符，并在需要时输入特定格式。

d．单击【替换】或【全部替换】按钮完成替换操作。

⑦ 调整行高。

a．选定欲调整行高的行。

b．单击【开始】选项卡 |【单元格】组 |【格式】|【行高】命令，打开【行高】对话框，输入行高值 20。

c．单击【确定】按钮。

⑧ 冻结窗格。选中第三行，单击【视图】选项卡|【窗口】组|【冻结窗格】|【冻结拆分窗格】命令，窗格被冻结。

⑨ 保护“结果”工作表，密码设置为：123456。

a．选中“结果”工作表。

b．单击【审阅】选项卡|【更改】组|【保护工作表】按钮，打开图 5-17 所示的对话框。

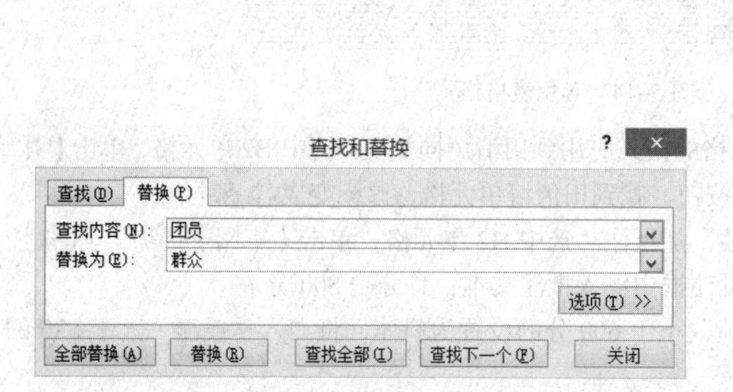

图 5-16 【查找和替换】对话框

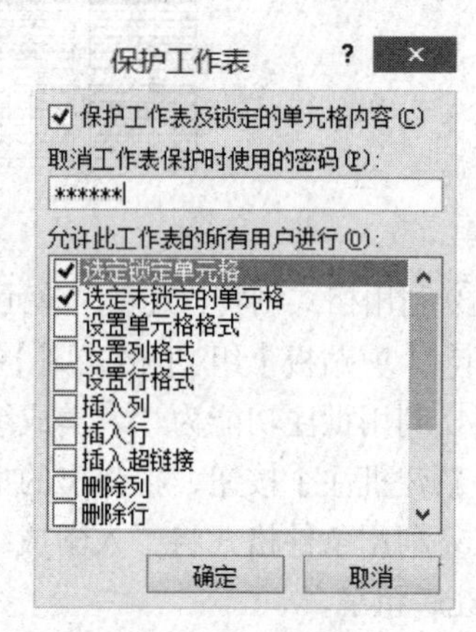

图 5-17 【保护工作表】对话框

c．在【允许此工作表的所有用户进行】列表框中勾选允许用户所进行的操作。

d．在【取消工作表保护时使用的密码】文本框中输入密码，单击【确定】按钮，这样工作表就被保护起来了。

【拓展练习 5-1】制作员工通讯录，表格格式如图 5-18 所示，将其中职务为职员的全部改为科长，冻结表头。结果如图 5-19 所示。

员工通讯录

编号	姓名	性别	学历	部门	职务	联系电话	Email地址
XS001	程小丽	女	大学	销售部	门市经理	24785625	cheng××@hotmail.com
XS002	张艳	女	大学	销售部	经理助理	24592468	zhang××@hotmail.com
XS003	卢红	女	大专	销售部	营业员	26859756	lu××@hotmial.com
XS004	李小蒙	女	大专	销售部	营业员	26895326	lixiao××@hotmial.com
XS005	杜月	女	大专	销售部	营业员	26849752	du××@hotmial.com
XS006	张成	男	大专	销售部	营业员	23654789	zhc××@hotmial.com
XS007	李云胜	男	大专	销售部	营业员	26584965	liyu××@hotmail.com
XS008	赵小月	女	大专	销售部	营业员	26598785	zhaoyue××@hotmail.com
QH001	刘大为	男	博士	企划部	经理	24598738	liuwei××@hotmail.com
QH002	唐艳霞	女	大学	企划部	处长	26587958	tang××@hotmail.com
QH003	张恬	女	大学	企划部	职员	25478965	zhangtian××@hotmai.com
QH004	李丽丽	女	大学	企划部	职员	24698756	lili××@hotmail.com
QH005	马小燕	女	大学	企划部	职员	26985496	ma××@hotmail.com
XZ001	李长青	男	大学	行政部	经理	25986746	chang××@hotmail.com
XZ002	张锦程	男	大学	行政部	处长	26359875	jin××@hotmail.com
XZ003	卢晓鸥	女	大学	行政部	职员	23698754	xiao××@hotmail.com
XZ004	李芳	女	大学	行政部	职员	26579856	lifang××@hotmai.com
XZ005	杜月	女	大学	行政部	职员	26897862	duyue××@hotmial.com

图 5-18 员工通讯录

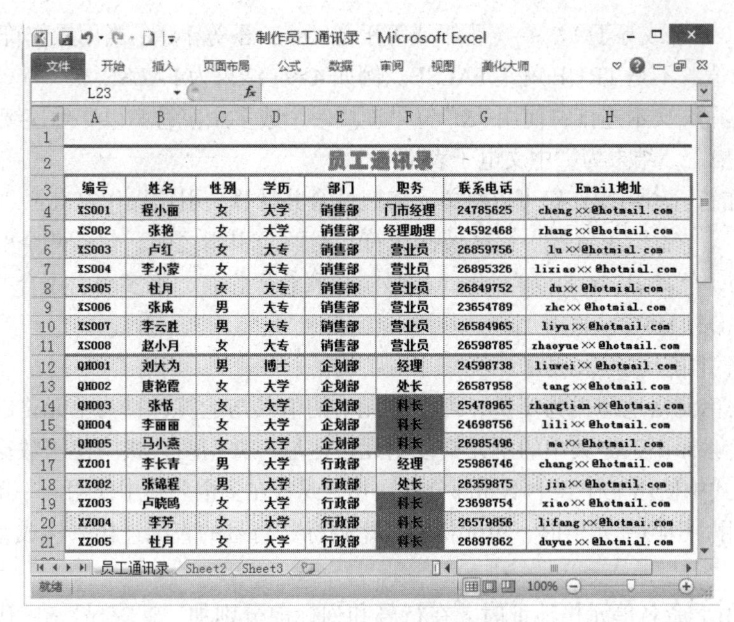

编号	姓名	性别	学历	部门	职务	联系电话	Email地址
XS001	程小丽	女	大学	销售部	门市经理	24785625	cheng××@hotmail.com
XS002	张艳	女	大学	销售部	经理助理	24592468	zhang××@hotmail.com
XS003	卢红	女	大专	销售部	营业员	26859756	lu××@hotmial.com
XS004	李小蒙	女	大专	销售部	营业员	26895326	lixiao××@hotmial.com
XS005	杜月	女	大专	销售部	营业员	26849752	du××@hotmial.com
XS006	张成	男	大专	销售部	营业员	23654789	zhc××@hotmial.com
XS007	李云胜	男	大专	销售部	营业员	26584965	liyu××@hotmail.com
XS008	赵小月	女	大专	销售部	营业员	26598785	zhaoyue××@hotmail.com
QH001	刘大为	男	博士	企划部	经理	24598738	liuwei××@hotmail.com
QH002	唐艳霞	女	大学	企划部	处长	26587958	tang××@hotmail.com
QH003	张恬	女	大学	企划部	科长	25478965	zhangtian××@hotmai.com
QH004	李丽丽	女	大学	企划部	科长	24698756	lili××@hotmail.com
QH005	马小燕	女	大学	企划部	科长	26985496	ma××@hotmail.com
XZ001	李长青	男	大学	行政部	经理	25986746	chang××@hotmail.com
XZ002	张锦程	男	大学	行政部	处长	26359875	jin××@hotmail.com
XZ003	卢晓鸥	女	大学	行政部	科长	23698754	xiao××@hotmail.com
XZ004	李芳	女	大学	行政部	科长	26579856	lifang××@hotmai.com
XZ005	杜月	女	大学	行政部	科长	26897862	duyue××@hotmial.com

图 5-19　员工通讯录替换结果

5.3　使用公式与函数

在大型数据报表中，计算、统计工作是不可避免的，Excel 2010 的强大功能靠公式和函数来完成。用户使用公式计算电子表格数据得到结果。当数据更新后，公式将自动更新结果。

5.3.1　基本概念

1. 公式

所谓公式，就是由一组运算符组成的序列。Excel 2010 规定，使用公式时必须以“=”开头，后面接着输入运算的数据和运算符。其中，运算的数据可以是常数、单元格引用、单元格名称和工作表函数。当在单元格中输入公式后，单元格中将显示最终的结果。

输入单元格的公式由下列几个元素组成：

运算符，如“+”（加）和“*”（乘）等。

单元格引用（包括定义了名称的单元格和区域）。

数值或文本。

工作表函数（如 SUM 或 AVERAGE）。

（1）公式中的运算符

运算符可实现对公式中的元素进行特定类型的运算。Excel 2010 包含四种类型的运算符：算术运算符、比较操作符、文本连接符和引用操作符。

① 算术运算符。算术运算符完成基本的数学运算。如加法、减法和乘法，连接数字和产生数字结果等，算术运算符有：+（加）、–（减）、*（乘）、/（除）、^（指数）、%（百分比）。使用算术运算符运算时，依照“先指数，再乘除，最后加减”的原则。例如，4^2*4+8，计算结果为 72。

② 比较操作符。比较操作符用来比较两个数据的大小。比较操作符有：=（等于）、>（大于）、

<（小于）、>=（大于或等于）、<=（小于或等于）、<>（不等于）。当用操作符比较两个值时，结果是一个逻辑值，不是 TRUE 就是 FALSE。例如 4>9，结果为 FALSE。

③ 文本连接符。文本连接符使用“&”符号连接一个或多个字符串以产生连续文本。例如“中文”&“电子表格”，结果为“中文电子表格”

④ 引用操作符。引用操作符可以将单元格区域合并计算。引用操作符有：“：”（冒号），“，”（逗号）。“：”（冒号）：区域操作符，对两个引用之间，包括两个引用在内的所有单元格进行引用。例如 B5:B15。“，”（逗号）：联合操作符，将多个引用合并为一个引用，如 SUM(B5:B15,D5:D15)。

（2）单元格引用

在公式中，单元格地址作为变量，可使单元格的值参与运算，称为单元格的引用。引用的作用在于，它能够标识工作表中的单元格或单元格区域，并指明公式中使用数据的位置。通过引用，可以在公式中使用工作表中不同部分的数据，或者在多个公式中使用同一单元格的数据。

① 相对引用。引用单元格时，单元格地址用列标、行号的直接连接来构成，则称为单元格的相对引用。

② 绝对引用。命名单元格地址时，在行号和列标前分别加“$”符号，则代表绝对引用。如 $A$4、$B$8、$F$2。公式复制时，绝对引用单元格将不随公式的位置变化而变化，即始终引用最初那个公式中所指的单元格。

③ 混合引用。引用的单元格的行和列中一个是相对的，一个是绝对的，这样的引用为混合引用。如 $B2、D$4。当公式单元因为复制或插入而引起行列变化时，公式的相对地址部分会随位置变化，而绝对地址部分不随位置而变化。

相对引用、绝对引用、混合引用之间是可以切换的。首先选定包含该公式的单元格，然后在编辑栏中选中要更改的引用，反复按【F4】键，即可实现引用类型的转换。例如，在公式中选择地址 $A$1 并按【F4】键，引用将变为 A$1。再一次按【F4】键，引用将变为 $A1，依此类推。

④ 多表间的引用。在同一工作簿中，可以引用其他工作表中的单元格，实现了不同工作表之间的数据访问。引用格式是：工作表！单元格。在不同工作簿中也可以进行单元格的引用，引用格式是：[工作簿]工作表！单元格。例如，引用工作簿 Book2.xlsx 中的单元格应写成：[Book2]Sheet2!B2。工作表的引用与单元格的引用之间用感叹号分隔。无论是不同工作簿的不同工作表中的单元格引用，还是同一工作簿的不同工作表中的单元格引用，感叹号“！”都是必需的。工作簿的引用必须用方括号分隔。

⑤ 名称的使用。用户可以在工作表中使用行号和列标引用单元格，也可创建描述性的名称来代表单元格、单元格区域，名称便于理解。定义名称的步骤如下：

选取要命名的单元格或单元格区域。单击编辑栏最左端的名称框，名称框中的内容在框内高亮度显示，键入为该区域命名的名称，按【Enter】键结束。或者单击【公式】选项卡 |【定义的名称】组 |【定义名称】|【定义名称】命令，打开【新建名称】对话框进行设置。

例如，用“张敏成绩”可以引用不易于理解的区域“成绩表 1!B3:D3”。在利用公式求学生的平均分时，公式“=AVERAGE(张敏成绩)”显然要比公式“=AVERAGE(B3:D3)”易于理解。

（3）输入公式

输入公式的步骤如下：

① 选定要输入公式的单元格。

② 输入“=”，然后输入运算符和运算数，即可建立一个公式。

③ 按【Enter】键，单元格的公式内容显示在编辑栏中，计算结果显示在单元格内。

（4）公式的复制和删除

Excel 2010 允许移动和复制公式。当移动公式时，公式中的单元格引用并不改变。当复制公式时，单元格绝对引用也不改变，但单元格相对引用将会改变。

使用菜单命令方式移动或复制公式的操作步骤如下：

① 选定包含待移动或复制公式的单元格。

② 要移动公式，单击【开始】选项卡 |【剪贴板】组 |【剪切】按钮，然后选定公式移动的目标单元格，单击【开始】选项卡 |【剪贴板】组 |【粘贴】按钮。

要复制公式，单击【开始】选项卡 |【剪贴板】组 |【复制】按钮，然后选定公式复制的目标单元格，单击【开始】选项卡 |【剪贴板】组 |【粘贴】|【公式】按钮。

使用鼠标移动或复制公式的步骤如下：

① 选定包含待移动或复制公式的单元格。

② 指向选定区域的边框。

如果要移动单元格，请把选定区域拖动到粘贴区域左上角的单元格中。Excel 2010 将替换粘贴区域中所有的现有数据。

公式的复制操作可以通过使用填充柄完成。先选定包含公式的单元格，再拖动填充柄，使之覆盖需要填充的区域，即可完成公式的复制。

删除公式的操作步骤如下：

① 选定要删除的公式所在的单元格。

② 单击【Delete】键将其删除，若是删除多个单元格中的公式，则可以选中多个单元格。再按【Delete】键即可删除单元格中的公式。

2. 使用函数

函数是一些预定义的公式，它通过使用一些特定数值按照特定的顺序和结构进行运算。Excel 2010 提供了 11 类函数，为用户对数据进行运算和分析带来了极大方便。这些函数包括常用函数、财务、日期与时间、统计、查找与引用、数据库、文本、逻辑、信息、数学函数等。

（1）函数的结构

Excel 2010 的函数结构以函数名开始，后面是左圆括号、以逗号分隔的参数和右圆括号。函数名说明函数的功能，即它将要执行的运算；参数指定函数使用的数值或单元格，相当于数学中函数的自变量。参数可以是数字、文本、逻辑值、数组、单元格引用。若参数多于一个时，用逗号把它们分隔开。如果函数以公式的形式出现，则输入公式时在函数名称前面输入等号“=”。

（2）输入函数

在输入函数时，可以直接向单元格中输入函数名和参数，也可以利用插入函数的方法输入函数，具体操作步骤如下：

① 选定要输入函数的单元格。

② 单击【公式】选项卡 |【函数库】组 |【插入函数】按钮（或单击编辑栏中的【插入函数】按钮），打开【插入函数】对话框。

③ 在【或选择类别】下拉列表框中选择函数的类别。然后在【选择函数】列表框中选择要插入的函数选项。若用户不清楚函数的类别，可在【搜索函数】项中进行描述，由 Excel 2010 的智能功能搜索出函数。

④ 单击【确定】按钮，打开【函数参数】对话框，

⑤ 在进行参数的设置时，可利用【折叠对话框】按钮将对话框折起，这样就不会妨碍区域的选取。选取完毕后，可再次利用【折叠对话框】按钮恢复该对话框。将该函数的参数设置完毕后，单击【确定】按钮，则先前选定的单元格中将显示出运算结果。

（3）将示例粘贴到工作表中

Excel 2010 具有“剪切和粘贴函数参数参考示例”的功能，通过该功能，用户可以方便地将帮助中的示例解释成有意义的工作表数据，从而更加便于理解。

将示例粘贴到工作表中的方法如下：

① 创建空白工作簿或工作表。

② 在【帮助】主题中选定示例（不要选取行和列标题），按【Ctrl+C】组合键。返回到工作表中，选定单元格 A1，再按【Ctrl+V】组合键，得到结果。

此时，可以检验示例在 Excel 2010 工作表中的实际效果，便于进一步理解示例。

5.3.2 任务三 公式和函数在教学系统中的应用

1. 任务引入

对学生成绩表进行各科成绩统计总分，平均分，排名，最高分，最低分等（见图 5-20 和图 5-21）。

	A	B	C	D	E	F	G	H	I	J	K	L
1					学 生 成 绩 表							
2	学生编号	姓名	高等数学	离散数学	大学英语	汇编语言	C语言	软件工程	总分	平均分	排名	班级
3	D050101	李x霞	78	75	87	88	98	87				
4	D050102	刘x	44	77	85	87	89	97				
5	D050103	李x璐	79	65	66	87	75	88				
6	D050104	刘欣x	54	25	78	75	77	87				
7	D050105	王风x	98	97	88	87	88	75				
8	D050106	刘x金	45	45	45	45	12	45				
9	D050107	李石x	45	42	12	12	1	1				
10	D050108	孟祥x	79	98	78	77	87	78				
11	D050109	周x洋	78	98	86	64	54	87				
12	D050110	贺x岩	77	87	87	85	85	97				
13	D050111	李x康	85	65	54	87	87	87				
14	D050112	寇佳x	5	5	7	8	5	2				

图 5-20 学生成绩表一

	高等数学	离散数学	大学英语	汇编语言	C语言	软件工程
优秀率						
及格率						
前三名						
最后三名						

	人数	高等数学平均	离散数学平均	大学英语平均	汇编语言平均	C语言平均	软件工程平均
1班							
2班							
3班							

图 5-21 学生成绩表二

2. 任务实现

① 计算总分。在 I3 单元格中输入公式：=SUM(C3:H3)，即可求出 D050101 号学生的总分，利用自动填充功能，填充至 I32，求出各同学的总分。

知识点：

```
SUM(number1,number2, ...)
```

number1, number2, ...　为 1 ～ 30 个需要求和的参数。

② 计算平均分。在 J3 单元格输入公式：=AVERAGE(C3:H3)，即可求出 D050101 号学生的平均分，利用自动填充功能，填充至 J32，求出各同学的平均分。

③ 利用总分排序。在 K3 单元格输入公式：=RANK(I3,$I$3:$I$32)，即可求出 D050101 号学生的排名，利用自动填充功能，填充至 K32，求出各同学的排名。

知识点：

```
RANK(number,ref,order)
```

number 为需要找到排位的数字。

ref　为数字列表数组或对数字列表的引用。Ref 中的非数值型参数将被忽略。

order　为一数字，指明排位的方式。

如果 order 为 0（零）或省略，Microsoft Excel 对数字的排位是基于 ref 为按照降序排列的列表。

如果 order 不为零，Microsoft Excel 对数字的排位是基于 ref 为按照升序排列的列表。

说明：

函数 RANK 对重复数的排位相同。但重复数的存在将影响后续数值的排位。例如，在一列按升序排列的整数中，如果整数 10 出现两次，其排位为 5，则 11 的排位为 7（没有排位为 6 的数值）。

④ 分班。如果排名在前十名，则分在 1 班，如果排名在前 25 名，则分在 2 班，25 名之后就分在 3 班了。在 L3 单元格中输入公式：=IF(K14<=10,"1 班 ",IF(K14<=25,"2 班 ","3 班 "))，即可求出 D050101 号学生的所在班级，利用自动填充功能，填充至 L32，求出各同学的所在班级。

知识点：

```
IF(logical_test,value_if_true,value_if_false)
```

logical_test　表示计算结果为 TRUE 或 FALSE 的任意值或表达式。函数 IF 可以嵌套七层。

⑤ 计算优秀率和及格率。成绩在 80 分以上为优秀，在 60 分以上为及格。

在 O3 单元格中输入公式：=COUNTIF(C3:C32,">=80")/COUNTA(C3:C32)，即可求出高等数学的优秀率，利用自动填充功能，填充至 T3，求出各科的优秀率。

在 O4 单元格中输入公式：=COUNTIF(C3:C32,">=60")/COUNTA(C3:C32)，即可求出高等数学的及格率，利用自动填充功能，填充至 T4，求出各科的及格率。

⑥ 计算前三名和最后三名。在 O5 单元格中输入公式：=MAX(C2:C32)，即可求出高等数学的最高分，利用自动填充功能，填充至 T5，求出各科的最高分。

在 O6 单元格中输入公式：=LARGE(C2:C32,2)，即可求出高等数学的第二高分，利用自动填充功能，填充至 T6，求出各科的第二高分。

在 O7 单元格中输入公式：=LARGE(C2:C32,3)，即可求出高等数学的第三高分，利用自动填充功能，填充至 T7，求出各科的第三高分。

在 O8 单元格中输入公式：=MIN(C2:C32)，即可求出高等数学的最低分，利用自动填充功能，填充至 T8，求出各科的最低分。

在 O9 单元格中输入公式：=SMALL(C2:C32,2)，即可求出高等数学的第二低分，利用自动填充功能，填充至 T9，求出各科的第二低分。

在 O10 单元格中输入公式：=SMALL(C2:C32,3)，即可求出高等数学的第三低分，利用自动填充功能，填充至 T10，求出各科的第三低分。

⑦ 利用数组公式求各班人数及各班各科平均分。在 O15 单元格中输入公式：{=SUM(IF($L$3:$L$32=$N15,1))}，即可求出 1 班总人数，利用自动填充功能，填充至 O17，求出各班总人数。在 P15 单元格输入公式：{=SUM(IF($L$3:$L$32=$N15,C$3:C$32))/$O15}，即可求出 1 班高等数学的平均分，利用自动填充功能，填充至 P17，求出各班高等数学的平均分，填充至 U15，则求出 1 班各科的平均分；选中 P16 单元格，填充至 U16，则求出 2 班各科的平均分；选中 P17 单元格，填充全 U17，则求出 3 班各科的平均分。

知识点：

数组公式是用于建立可以产生多个结果或对可以存放在行和列中的一组参数进行运算的单个公式。当公式输入完后，按【Ctrl+Shift+Enter】组合键，公式就会自动加上大括号 {} 成为数组公式。

5.3.3 任务四 公式和函数在财务工作中的应用

1. 任务引入

完善员工工资表（见图 5–22），发的各项都是已知的，但税及合计都是通过计算得出来的，税率表单独放在一张表中，表名为 tax（见图 5–23）。

	A	B	C	D	E	F	G	H	I	J	K	L	M
1	职员编号	部门名称	职员姓名	基本工资	浮动奖金	核定工资总额	交通/通讯等补助	迟到/旷工等扣减	养老/医疗/失业保险	合计应发	应纳税额	个人所得税	实发工资
2	C001	行销企划部	黄建强	2,500.00	1,290.00		150.00	0.00	-80.36				
3	C002	行销企划部	司马项	2,200.00	990.00		0.00	0.00	-80.36				
4	C003	人力资源部	黄平	2,350.00	2,780.00		150.00	0.00	-81.90				
5	C004	系统集成部	贾申平	2,135.00	870.00		0.00	0.00	-80.36				
6	C005	系统集成部	涂咏虞	3,135.00	3,480.00		0.00	-30.00	-80.36				
7	C006	系统集成部	俞志强	2,135.00	1,480.00		0.00	-30.00	-80.36				
8	C007	系统集成部	殷豫群	2,135.00	1,480.00		0.00	-30.00	-80.36				

图 5–22 员工工资表

	A	B	C	D	E
1	级数	应纳税额	上一范围上限	税率	扣除数
2	1	不超过500的	0	5%	
3	2	500元至2000部分	500	10%	
4	3	2000元至5000部分	2000	15%	
5	4	5000元至20000部分	5000	20%	
6	5	20000元至40000部分	20000	25%	
7	6	40000元至60000部分	40000	30%	
8	7	60000元至80000部分	60000	35%	
9	8	80000元至100000部分	80000	40%	
10	9	超过100000部分	100000	45%	

图 5–23 tax 表

2. 任务实现

① 打开 tax 表，选中 E2 单元格，在公式栏中输入“=C9*D9–C9*D8+E8”，按【Enter】键确定，自动填充至 E10。

扣除数 = 上一范围上限 × 本范围税率 – 上一范围上限 × 上一范围税率 + 上一范围扣除数

② 单击总表，选中 F2 单元格，在公式栏中输入“=D2+E2”，按【Enter】键确定，自动填

充至 F50。

核定工资总额 = 基本工资 + 浮动奖金

选中 J2 单元格，在公式栏中输入“= SUM(F2:I2)”，按【Enter】键确定，自动填充至 J50。

合计应发 = 额定工资总额 + 交通补贴 – 迟到等扣减 – 各项保险

选中 K2 单元格，在公式栏中输入“= IF(J2<1200,0,J2–1200)”，按【Enter】键确定，自动填充至 K50。

如果核定工资总额高于 1 200 元，则应纳税额 = 核定工资总额 –1 200，如果核定工资总额比 1 200 还少，则不用纳税。

③ 选中 L2 单元格，在公式栏中输入“=–(K2*VLOOKUP(VLOOKUP(K2,tax!$C$2:$C$10,1), tax!$C$2:$E$10,2)–VLOOKUP(VLOOKUP(K2,tax!$C$2:$C$10,1),tax!$C$2:$E$10,3))”，按【Enter】键确定，自动填充至 L50。

个人所得税 = 应缴税额 × 该范围税率 – 扣除数

该范围税率 = VLOOKUP(VLOOKUP(K2,tax!$C$2:$C$10,1),tax!$C$2:$E$10,2)

扣除数 = VLOOKUP(VLOOKUP(K2,tax!$C$2:$C$10,1),tax!$C$2:$E$10,3))

VLOOKUP(K2,tax!$C$2:$C$10,1) 的意思就是：在 tax 表的 C2:C10 范围也就是上一范围上限中找到与应纳税额相似的值，然后把该值取出来。

VLOOKUP(VLOOKUP(K2,tax!$C$2:$C$10,1),tax!$C$2:$E$10,2) 的意思是用上面解释的找到的值在 tax 表的 C2:E10 范围中找到相应的一行，对应的 D 列的值，即税率。

VLOOKUP(VLOOKUP(K2,tax!$C$2:$C$10,1),tax!$C$2:$E$10,3)) 的意思是用上面解释的找到的值在 tax 表的 C2:E10 范围中找到相应的一行，对应的 E 列的值，即扣除数。

知识点：

```
VLOOKUP(lookup_value,table_array,col_index_num,range_lookup)
```

lookup_value　为需要在数组第一列中查找的数值。lookup_value 可以为数值、引用或文本字符串。

table_array　为需要在其中查找数据的数据表。可以使用对区域或区域名称的引用，例如数据库或列表。

如果 range_lookup 为 TRUE，则 table_array 的第一列中的数值必须按升序排列：…、–2、–1、0、1、2、…、–Z、FALSE、TRUE；否则，函数 VLOOKUP 不能返回正确的数值。如果 range_lookup 为 FALSE，table_array 不必进行排序。

单击【数据】选项卡 |【排序和筛选】组 |【升序】按钮，可将数值按升序排列。

table_array 第一列中的数值可以为文本、数字或逻辑值。

文本不区分大小写。

④ 选中 M2 单元格，在公式栏中输入“=J2+L2”，按【Enter】键确定，自动填充至 M50。

5.3.4　任务五　公式和函数在个人投资上的应用

1. 任务引入

有一李姓三口之家，每月平均收入有 15 000 元左右，除去日常必须开支（伙食 2 000，育儿 1 000，赡养父母 1 000，其他 1 000），基本每月有近万元的盈余，投资成为该家庭的重要任务，而家庭投资基本是买楼、买车、买股票、买债券、买保险等，图 5-24 列出了示例数据，只需改动相关数据就能得到你想要的数据，使家庭投资有了一个非常忠实可靠的依据。

	A	B	C	D	E	F	G	H	I	J	K	L	M
1	买楼：												
2		年利率	期限	贷款额	每个月要偿还的本金和利息								
3		5.04%	10	200000	￥2,125.22								
4	买保险：												
5		险种	一次支付12万元。该保险可以在今后12年内每年回报2万元，假定投资回报率为14%，										
6		投资回报率	期限	每年回报	12年的总收益折算的现值								
7		14%	12	20000	￥113,205.84								
8	买车：												
9		年利率	期限	金额	现在该存入								
10		5%	5	100000	￥78,352.62								
11	投资教育(零存整取)：												
12		年利率	期限(年)	每月存入	到期收益								
13		5%	20	400	￥164,413.47								
14	存钱(整存整取)：		以年为单位,所以公式引用时利率不能除12										
15		年利率	期限(年)	总共存入	到期收益								
16		5%	5	15000	￥19,144.22								
17	投资国债(3年期利率为0.03,5年期利率为0.0252)：												
18		年利率	期限(年)	总共存入	到期收益								
19		3%	3	15000	￥16,350.00								
20		2.52%	5	15000	￥16,890.00								
21	投资股票：												
22		股票名称	买入价格	买入数量	买入金额	股票交易印花税	交易佣金	印花税率	佣金率	卖出价格	卖出数量	卖出金额	收益率
23		AAAAA	1.2	1000	1239	60	24	5%	2%	1.4	1000	1311	0.017067

图 5-24 家庭投资表

2. 任务实现

① 如果买楼，向银行贷款20万元，月利率0.42%按月偿还，还贷期数是120个月。则每个月要偿还的本金和利息是多少？选中E3单元格，输入公式：=PMT(B3/12,C3*12,D3,0,0)，则可以得到答案。

知识点：

PMT函数基于固定利率及等额分期付款方式，返回投资或贷款的每期付款额。PMT函数可以计算为偿还一笔贷款，要求在一定周期内支付完时，每次需要支付的偿还额，也就是我们平时所说的“分期付款”。比如借购房贷款或其他贷款时，可以计算每期的偿还额。

其语法形式为：PMT(rate,nper,pv,fv,type)。其中，rate为各期利率，是一固定值，nper为总投资（或贷款）期，即该项投资（或贷款）的付款期总数，pv为现值，或一系列未来付款当前值的累积和，又称本金，fv为未来值，或在最后一次付款后希望得到的现金余额，如果省略fv，则假设其值为零（例如，一笔贷款的未来值即为零），type为0或1，用以指定各期的付款时间是在期初还是期末。如果省略type，则假设其值为零。

② 购买一项保险年金，现在只需一次支付12万元。该保险可以在今后12年内每年回报2万元，假定投资回报率为14%，买不买？选中E6单元格，输入公式：=PV(B7,C7,D7,0,0)，将结果与一次性投资数进比较，则可以得到答案。

知识点：

PV函数用来计算某项投资的现值。年金现值就是未来各期年金现在的价值的总和。如果投资回收的当前价值大于投资的价值，则这项投资是有收益的。

其语法形式为：PV(rate,nper,pmt,fv,type)。其中，rate为各期利率。nper为总投资（或贷款）期，即该项投资（或贷款）的付款期总数。pmt为各期所应支付的金额，其数值在整个年金期间保持不变。通常pmt包括本金和利息，但不包括其他费用及税款。fv为未来值，或在最后一次支付后希望得到的现金余额，如果省略fv，则假设其值为零（一笔贷款的未来值即为零）。type用以指定各期的付款时间是在期初还是期末。

③ 希望在5年后有10万元好购入一部新车，若年利率为5%，则现在他需要一次性存入银行多少钱？选中E10单元格，输入公式：=PV(B10,C10,0,D10,0)，则可以得到答案。

④ 准备在今后20年内，每月末从收入中提取400元存入银行，以备将来小孩上学所需。若以年息5%计算，问20年后可积累多少钱？选中E13单元格，输入公式：=FV(B13/12,12*C13,D13,0,0)，则可以得到答案。

知识点：

FV 函数基于固定利率及等额分期付款方式，返回某项投资的未来值。

语法形式为 FV(rate,nper,pmt,pv,type)。其中，rate 为各期利率，是一固定值，nper 为总投资（或贷款）期，即该项投资（或贷款）的付款期总数，pv 为各期所应付给（或得到）的金额，其数值在整个年金期间（或投资期内）保持不变，通常 pv 包括本金和利息，但不包括其他费用及税款，pv 为现值，或一系列未来付款当前值的累积和，又称本金，如果省略 pv，则假设其值为零，type 为数字 0 或 1，用以指定各期的付款时间是在期初还是期末，如果省略 type，则假设其值为零。

⑤ 将 15 000 元存入银行，以备 5 年后另作他用。若以年息 5% 计算，则 5 年后有多少钱？选中 E16 单元格，输入公式：=FV(B16,C16,0,D16,0)，则可以得到答案。

⑥ 将 15 000 元购买 3 年期国债，年利率 3%，到期收益会是多少呢？将 15 000 元购买 5 年期国债，年利率 2.52%，到期收益会是多少呢？选中 E19 单元格，输入公式：=D19+D19*B19*C19，选中 E19 单元格，光标移动到右下角，光标变为黑色十字形状时拖动，将公式填充到 E20 单元格，这样则可以得到答案。

⑦ 购买某股票 1 000 股，单价 1.2，如果印花税率是 5%，佣金率是 2%，在 1.4 时抛出这 1000 股，收益率会是多少呢？选中 E23 单元格，输入公式：=C23*D23+F23+G23+5，得到买入金额；选中 F23 单元格，输入公式：=C23*D23*H23，得到股票交易印花税；选中 G23 单元格，输入公式：=C23*D23*I23，得到股票交易佣金；选中 L23 单元格，输入公式：=J23*K23–F23–G23–5，得到股票卖出金额；选中 M23 单元格，输入公式：=(L23–E23)/E23，得到股票收益率。

买入金额 = 买入价 × 买入数量 + 股票交易印花税 + 交易佣金 +5，“5”则是买入股票需要支付的手续费。

股票交易印花税 = 买入价 × 买入数量 × 印花税率

交易佣金 = 买入价 × 买入数量 × 佣金率

卖出金额 = 卖出价 × 卖出数量 –(股票交易印花税 + 交易佣金 +5)

收益率 =(卖出金额 – 买入金额)/ 买入金额

【拓展练习 5-2】对“钢笔销售”工作表（见图 5–25）计算每种钢笔的销售额、月总销售额、平均销售额、最大销售额及其每种钢笔销售额在月总销售额中所占百分比。

【拓展练习 5-3】对“数学成绩”工作表（见图 5–26），根据“总评成绩”列的数据，用 IF 函数在“等级评价”列中填入相应文字，要求 85 分以上：优秀，60 分以上：合格，60 分以下：不及格。

	A	B	C	D	E
1	一月份钢笔销售统计				
2	名称	零售价	销售量	销售额	在总销售额中所占的百分比
3	钢笔1	13.2	221		
4	钢笔2	15	180		
5	钢笔3	10.5	256		
6	钢笔4	21	124		
7	钢笔5	30	98		
8	钢笔6	25.8	113		
9			总销售额：		
10			平均销售额：		
11			最大销售额：		

图 5–25　钢笔销售表

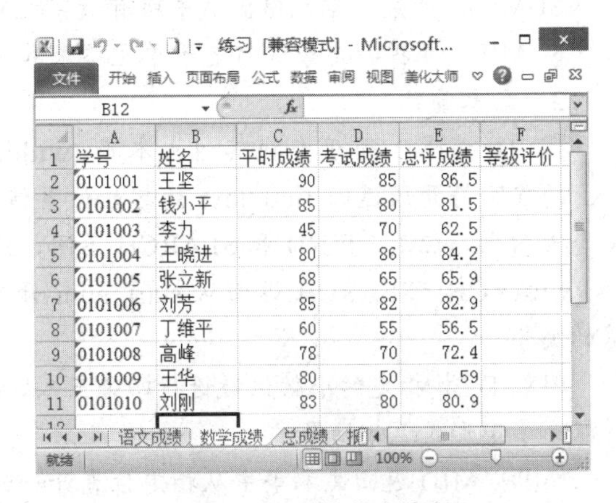

	A	B	C	D	E	F
1	学号	姓名	平时成绩	考试成绩	总评成绩	等级评价
2	0101001	王坚	90	85	86.5	
3	0101002	钱小平	85	80	81.5	
4	0101003	李力	45	70	62.5	
5	0101004	王晓进	80	86	84.2	
6	0101005	张立新	68	65	65.9	
7	0101006	刘芳	85	82	82.9	
8	0101007	丁维平	60	55	56.5	
9	0101008	高峰	78	70	72.4	
10	0101009	王华	80	50	59	
11	0101010	刘刚	83	80	80.9	

图 5–26　数学成绩表

【拓展练习 5-4】对“购买小食品表”工作表（见图 5–27）计算金额及总付款金额。

计算方法：同种食品购买数量大于 5 时，按批发价计算，否则按零售价计算。

【拓展练习 5-5】使用函数对“发表论文”工作表（见图 5–28）进行如下计算：发表论文的总篇数。所有讲师发表论文的篇数。年龄大于 40 岁的人数。

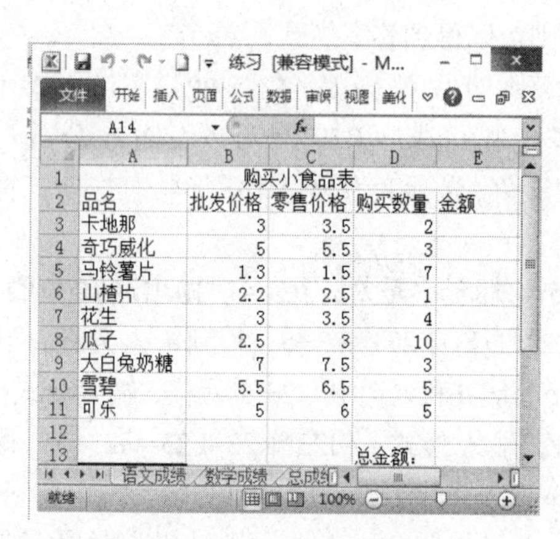

	A	B	C	D	E
1	购买小食品表				
2	品名	批发价格	零售价格	购买数量	金额
3	卡地那	3	3.5	2	
4	奇巧威化	5	5.5	3	
5	马铃薯片	1.3	1.5	7	
6	山楂片	2.2	2.5	1	
7	花生	3	3.5	4	
8	瓜子	2.5	3	10	
9	大白兔奶糖	7	7.5	3	
10	雪碧	5.5	6.5	5	
11	可乐	5	6	5	
12					
13				总金额：	

图 5–27 购买小食品表

	A	B	C	D	E	F
6	教师发表论文基本情况					
7	编号	姓名	性别	年龄	职称	发表篇数
8	10322	韦健	女	57	教授	46
9	10341	邓江东	男	36	副教授	12
10	10283	尹丽娟	女	33	讲师	25
11	10123	卢志佳	男	38	讲师	8
12	10222	冯轩	男	36	讲师	6
13	10146	古保全	女	34	讲师	11
14	10241	邝绮媚	男	51	副教授	42
15	10163	许驷	男	54	副教授	31
16	10140	许海荣	女	35	讲师	16
17	10291	林茅	男	53	副教授	21
18	10375	刘君颖	男	40	讲师	36
19	10238	刘颖	男	34	讲师	8
20	10117	刘利杭	女	36	助教	6
21	10162	刘华蓓	女	45	讲师	10
22	10309	李慧敏	男	45	副教授	41
23	10312	李叶蕃	男	29	教授	55
24	10271	李　民	男	39	讲师	14
25	10282	李鹏飞	女	44	副教授	64
26	10159	李继红	女	30	副教授	5
27						
28					发表论文的总篇数：	
29					所有讲师发表论文篇数：	
30					年龄大于40岁的人数：	

图 5–28 发表论文表

拓展知识

1. 数学函数

RAND：返回大于或等于 0 小于 1 的均匀分布随机数，每次计算工作表时都将返回一个新的数值。

INT：返回实数舍入后的整数值。

TRUNC：将数字的小数部分截去，返回整数。

MOD：返回两数相除的余数。结果的正负号与除数相同。

ROUND：返回某个数字按指定位数舍入后的数字。

SQRT：返回正平方根。

SUM：返回某一单元格区域中所有数字之和。

SUMIF：根据指定条件对若干单元格求和。

2. 文本函数

FIND：FIND 用于查找其他文本串 (within_text) 内的文本串 (find_text)，并从 within_text 的首字符开始返回 find_text 的起始位置编号。也可使用 SEARCH 查找其他文本串中的某个文本串，但是，FIND 和 SEARCH 不同，FIND 区分大小写并且不允许使用通配符。

SEARCH：SEARCH 返回从 start_num 开始首次找到特定字符或文本串的位置上特定字符的编号。

FIXED：按指定的小数位数进行四舍五入，利用句点和逗号，以小数格式对该数设置格式，并以文字串形式返回结果。

MID：MID 返回文本串中从指定位置开始的特定数目的字符，该数目由用户指定。

RIGHT：RIGHT 根据所指定的字符数返回文本串中最后一个或多个字符。

LEFT：LEFT 基于所指定的字符数返回文本串中的第一个或前几个字符。

VALUE：将代表数字的文字串转换成数字。

3. 逻辑函数

AND：所有参数的逻辑值为真时返回 TRUE；只要一个参数的逻辑值为假即返回 FALSE。

OR：在其参数组中，任何一个参数逻辑值为 TRUE，即返回 TRUE。

NOT：对参数值求反。当要确保一个值不等于某一特定值时，可以使用 NOT 函数。

IF：执行真假值判断，根据逻辑测试的真假值返回不同的结果。可以使用函数 IF 对数值和公式进行条件检测。

4. 统计函数

COUNTIF：计算给定区域内满足特定条件的单元格的数目。

COUNT：返回参数的个数。利用函数 COUNT 可以计算数组或单元格区域中数字项的个数。

COUNTA：返回参数组中非空值的数目。利用函数 COUNTA 可以计算数组或单元格区域中数据项的个数。

AVERAGE：返回参数平均值（算术平均）。

FREQUENCY：以一列垂直数组返回某个区域中数据的频率分布。例如，使用函数 FREQUENCY 可以计算在给定的值集和接收区间内，每个区间内的数据数目。由于函数 FREQUENCY 返回一个数组，必须以数组公式的形式输入。

MAX：返回数据集中的最大数值。

MIN：返回给定参数表中的最小值。

5. 时间及日期函数

DATE：返回代表特定日期的系列数。

DAY：返回以系列数表示的某日期的天数，用整数 1 到 31 表示。

YEAR：返回某日期的年份。返回值为 1900 到 9999 之间的整数。

MONTH：返回以系列数表示的日期中的月份。月份是介于 1（一月）和 12（十二月）之间的整数。

NOW：返回当前日期和时间所对应的系列数。

TIME：返回某一特定时间的小数值，函数 TIME 返回的小数值为从 0 到 0.99999999 之间的数值，代表从 0:00:00 (12:00:00 A.M) 到 23:59:59 (11:59:59 P.M) 之间的时间。

6. 查表函数

CHOOSE 可以使用 index_num 返回数值参数清单中的数值。使用函数 CHOOSE 可以基于索引号返回多达 29 个待选数值中的任一数值。例如，如果数值 1 到 7 表示一个星期的 7 天，当用 1 到 7 之间的数字作 index_num 时，函数 CHOOSE 返回其中的某一天。

7. 财务函数

PMT：基于固定利率及等额分期付款方式，返回投资或贷款的每期付款额。

PV：返回投资的现值。现值为一系列未来付款当前值的累积和。例如，借入方的借入款即为贷出方贷款的现值。

8. 数据库函数

Microsoft Excel 共有 12 个工作表函数用于对存储在数据清单或数据库中的数据进行分析，这些函数的统一名称为 Dfunctions，每个函数均有三个相同的参数：database、field 和 criteria。这些参数指向数据库函数所使用的工作表区域。

语法

```
Dfunction(database,field,criteria)
```

database 构成数据清单或数据库的单元格区域。

field 指定函数所使用的数据列。

criteria 为对一组单元格区域的引用。这组单元格区域用来设定函数的匹配条件。

DSUM：返回数据清单或数据库的指定列中，满足给定条件单元格中的数字之和。

DAVERAGE：返回数据库或数据清单中满足给定条件的数据列中数值的平均值。

DCOUNT：返回数据库或数据清单的指定字段中，满足给定条件并且包含数字的单元格数目。

DCOUNTA：返回数据库或数据清单的指定字段中，满足给定条件的非空单元格数目。

DMAX：返回数据清单或数据库的指定列中，满足给定条件单元格中的最大数值。

DMIN：返回数据清单或数据库的指定列中，满足给定条件单元格中的最小数值。

5.4 数据的图表化

数据的图表化就是将单元格中的数据以各种统计图表的形式表示，使得数据更加直观、易懂。当工作表中的数据源发生变化时，图表中对应项的数据也自动更新。

5.4.1 基本概念

1. 创建图表

Excel 2010 中的图表分两种，一种是嵌入式图表，它和创建图表的数据源放置在同一张工作表中，打印的时候也同时打印。另一种是独立图表，它是一张独立的图表工作表，打印时也将与数据表分开打印。Excel 2010 中的图表类型有十几类，有二维图表和三维立体图表。每一类又有若干种子类型。

创建图表时一般先选定创建图表的数据区域。正确地选定数据区域是能否创建图表的关键。选定的区域可以连续，也可以不连续，但须注意：若选定的区域不连续，第二个区域应和第一个区域所在行或所在列具有相同的矩形；若选定的区域有文字，则文字应在区域的最左列或最上行，作为说明图表中数据的含义。

（1）创建嵌入式图表

单击【插入】选项卡|【图表】组中的各类型图表按钮，如图 5-29 所示 。

（2）创建图表工作表

直接按【F11】键快速创建图表，该图表会自动存放在新建的工作表中。

图 5-29　图表组

2. 编辑图表

编辑图表是指对图表及图表中各个对象的编辑，包括数据的增加、删除、图表类型的更改、数据格式化等。

在 Excel 2010 中，单击图表即可将图表选中，然后可对图表进行编辑。注意：这时功能区会多一个【图表工具】，里面包含【设计】、【布局】和【格式】选项卡，【设计】选项卡中含有【类型】、【数据】、【图表布局】、【图表样式】及【移动】组，【布局】选项卡中含有【当前所选内容】、【插入】、【标签】、【坐标轴】、【背景】、【分析】、【属性】组，【格式】选项卡中含有【当前所选内容】、【形状样式】、【艺术字样式】、【排列】、【大小】组，使用这些工具可以完整实现对图表的修改。

（1）图表对象

① 一个图表中有许多图表项即图表对象，如果不能正确认识它，就难以对其进行编辑。对象名的显示有下列三种途径：

② 单击【图表工具/布局】选项卡|【当前所选内容】组下拉列表框中的对象名，该对象被选中。

③ 单击【图表工具/格式】选项卡|【当前所选内容】组下拉列表框中的对象名，该对象被选中。

鼠标指针停留在某对象上时，“图表提示”功能将显示该对象名。

（2）图表的移动、复制、缩放和删除

① 实际上，对选定的图表的移动、复制、缩放和删除操作与任何图形操作相同。

② 拖动图表进行移动。

③ 拖动 8 个控制柄之一进行缩放。

④ 按【Delete】键进行删除。

单击【开始】选项卡|【剪贴板】组|【复制】【剪切】和【粘贴】命令对图表在同一工作表或不同工作表间进行移动、复制。

（3）图表类型的改变

Excel 2010 中提供了丰富的图表类型，对已经创建的图表，可根据需要改变图表的类型。有下列方法：

① 单击【插入】选项卡|【图表】组中的按钮，在其下拉菜单中选择所需图表类型和子类型。

② 选中【图表工具 / 设计】选项卡|【类型】组|【更改图表类型】按钮，在打开的【更改图表类型】对话框中选择。

（4）图表中数据的编辑

当创建了图表后，图表和创建图表的工作表的数据区域之间建立了联系，当工作表中的数据发生了变化，则图表中对应的数据也自动更新。

① 删除数据系列。当要删除图表中的数据系列时，只要选定所需删除的数据系列，按【Delete】键即可把整个数据系列从图表中删除，但不影响工作表中的数据。若删除工作表中的数据，则图表中对应的数据系列也自然而然地被删除。

② 向图表添加数据系列。当要给嵌入式图表添加数据系列时，若要添加的数据区域连续，只需选中该区域，然后将数据拖动到图表即可；对添加的数据区域不连续的情况与独立图表添加数据系列操作相似。

③ 图表中数据系列次序的调整。有时为了便于数据之间的对比和分析，可以对图表的数据系列重新排列。

（5）图表中文字的编辑

文字的编辑是指对图表增加说明性文字，以便更好地说明图表的有关内容，也可删除或修改文字。

（6）显示效果的设置

显示效果的设置指对图表中的对象根据需要与否进行设置，包括图例、网格线、三维图表视图的改变等。

① 图例。图表上加图例用于解释图表中的数据。创建图表时，图例默认出现在图表的右边，用户可以根据需要对图例进行增加、删除和移动等操作。

增加图例：单击【图表工具 / 布局】选项卡 |【标签】组 |【图例】按钮，在打开的下拉菜单中选择某位置显示图例。

删除图例：选中图例，直接按【Delete】键。

移动图例：最方便的方法是选中图例，通过鼠标直接拖动到所需位置。

② 网格线。图表加网格线可以更清晰地显示数据。

③ 三维图表视角的改变。对于三维图表来说，观察角度不同，效果也是不同的。

3. 图表的格式化

图表的格式化是指对图表的各个对象的格式进行设置，包括文字和数值的格式、颜色、外观等。格式设置有如下三种方法：

① 选中图表中要设置的对象，单击【图表工具 / 格式】选项卡中的相应命令。

② 选中图表中要设置的对象并右击，在弹出的快捷菜单中选择相应的命令。

③ 双击欲进行格式设置的图表对象。

5.4.2 任务六 图表在销售公司中的应用

1. 任务引入

创建总公司销售计划表；修改图表标题和坐标轴标题；加网格线；改变三维图表视角；对图表进行格式化。

2. 任务实现

（1）创建总公司销售计划表

从图 5-30 所示工作表中选择要统计的数据区域。

单击【插入】选项卡 |【图表】组 |【柱形图】按钮，选择二维柱形图的第一个，在工作表中自动产生如图 5-31 所示的图表。

如果需要按行产生图表只需单击【图表工具 / 设计】选项卡 |【数据】组 |【切换行 / 列】按钮。按行产生的图表如图 5-32 所示。

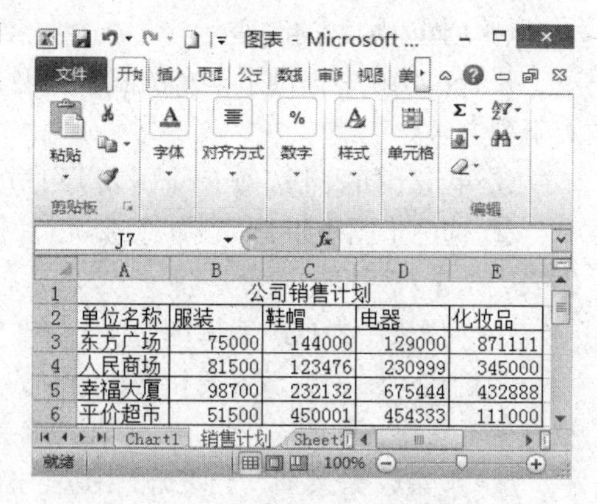

图 5-30 选择要统计的数据区域

（2）修改图表标题和坐标轴标题

选中图表标题对象，直接进行修改，完成后单击【图表工具 / 布局】选项卡 |【标签】组 |【图表标题】按钮，在打开的下拉菜单中选择将图表标题放在何处。

（3）加网格线

单击【图表工具 / 布局】选项卡 |【坐标轴】组 |【网格线】按钮，在打开的下拉菜单中分别选择【主要横网格线】和【主要纵网格线】|【主要网格线】命令，【无】命令为删除网格线。添加网格线的效果如图 5-33 所示。

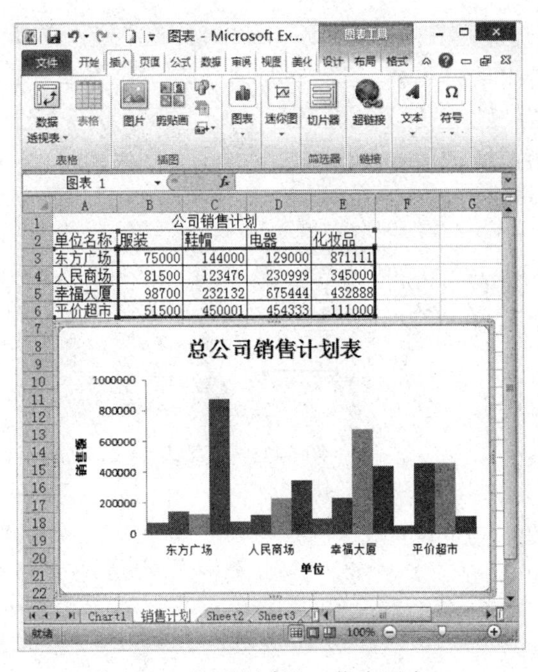

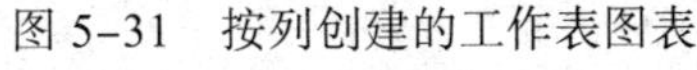
图 5-31　按列创建的工作表图表

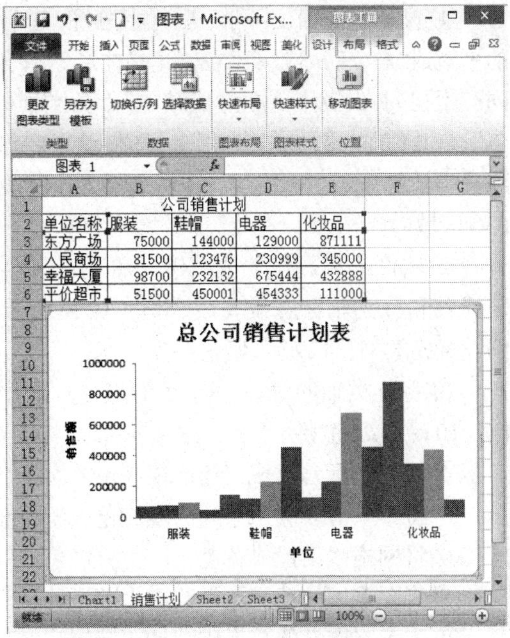

图 5-32　按行产生的图表

（4）改变三维图表视角

选中图表的绘图区时，单击【图表工具 / 布局】选项卡 |【背景】组 |【三维旋转】按钮，打开【设置图表区格式】对话框，如图 5-34 所示。在对话框中可以精确地设置三维图像的俯仰角和左右旋转角。如果只需进行粗略的设置，使用鼠标直接拖动绘图区的四个角来改变更为方便。

也可以右击图表，在弹出的快捷菜单中选择【三维旋转】命令，打开【设置图表区格式】对话框。

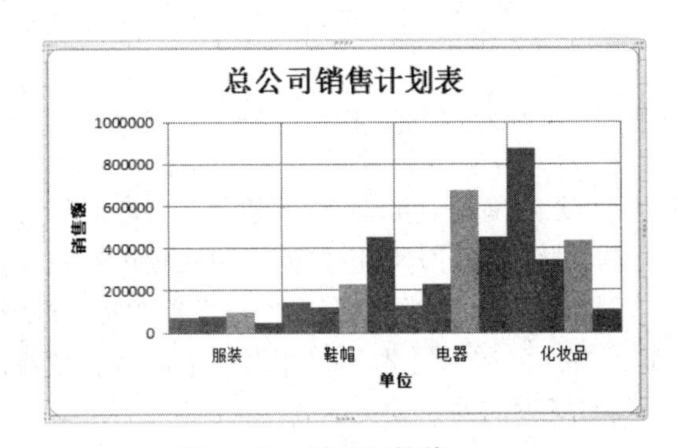

图 5-33　设置网格线

图 5-34 【设置图表区格式】对话框

（5）对图表进行格式化

单击【图表工具 / 格式】选项卡的各个组中的各个按钮对图表进行适当操作。

【拓展练习 5-6】打开“成绩表 1”工作表（见图 5-35），进行如下操作：

① 仅针对前四位同学(王坚、钱小平、李利、王晓进)的平时成绩、考试成绩建立“簇状柱形”图表，要求系列产生在列，图表标题为“成绩单”，分类轴标题为“姓名”，数值轴标题为“分数”，图例位于底部，数值轴和分类轴都显示主网格线，将图表插入工作表的 A15：F30 区域内。

② 将图表标题设置成黑体、18 磅、红色字，数值轴标题和分类轴标题设置成宋体、12 磅、蓝色字，图例设置成隶书、12 磅、紫色字。

③ 将分类轴的对齐方向设置成 45°，并设置成黑体、10 磅、绿色字。

学号	姓名	平时成绩	考试成绩	总评成绩
0101001	王坚	90	85	86.5
0101002	钱小平	85	80	81.5
0101003	李力	78	70	72.4
0101004	王晓进	80	86	84.2
0101005	张立新	68	65	65.9
0101006	刘芳	85	82	82.9
0101007	丁维平	65	70	68.5
0101008	高峰	78	70	72.4
0101009	王华	80	85	83.5
0101010	刘刚	83	80	80.9

图 5-35　成绩表 1

④ 将图表标题改成“英语成绩单”。

⑤ 将“平时成绩”系列的填充色设置成粉红色，边框设置成蓝色。

⑥ 将网格线设置成黄色。

⑦ 将图表区的填充色设置成大理石纹理。

⑧ 为王坚同学的总评成绩加一标注——最高分。

5.5　页面设置和打印

工作表创建好后，为了提交或者留存以方便查询，常常需要把它打印出来，有时可能只打印一部分。操作步骤如下：先进行页面设置（如果打印工作表一部分时，须先选定要打印的区域），再进行打印预览，认为合适后打印输出。

5.5.1　设置打印区域和分页

设置打印区域为将选定区域定义为打印区域，分页为人工设置分页符。

1. 设置打印区域

用户有时只想打印工作表中部分数据和图表，如果经常需要这样打印时，可以通过设置打印区域来解决。

设置方法：先选择要打印的区域，然后单击【页面布局】选项卡 |【页面设置】组 |【打印区域】|【设置打印区域】命令。

将在选定区域的边框上出现虚线，表示打印区域已设置好，如图 5-36 所示。打印时只有被选定的区域中的数据才打印，而且工作表被保存后，将来再打开时设置的打印区域仍然有效。以后打印时如果想改变打印区域，可以再次通过上述设置方法实现。如果要取消设置的打印区域，只需单击【页面布局】选项卡 |【页面设置】组 |【打印区域】|【取消打印区域】命令。另外，设置区域也可以通过分页预览直接修改。具体操作参见下面的“分页预览”。

2. 分页与分页预览

工作表较大时，Excel 2010 一般会自动为工作表分页，如果用户不满意这种分页方式，可以根据需要对工作表进行人工分页。

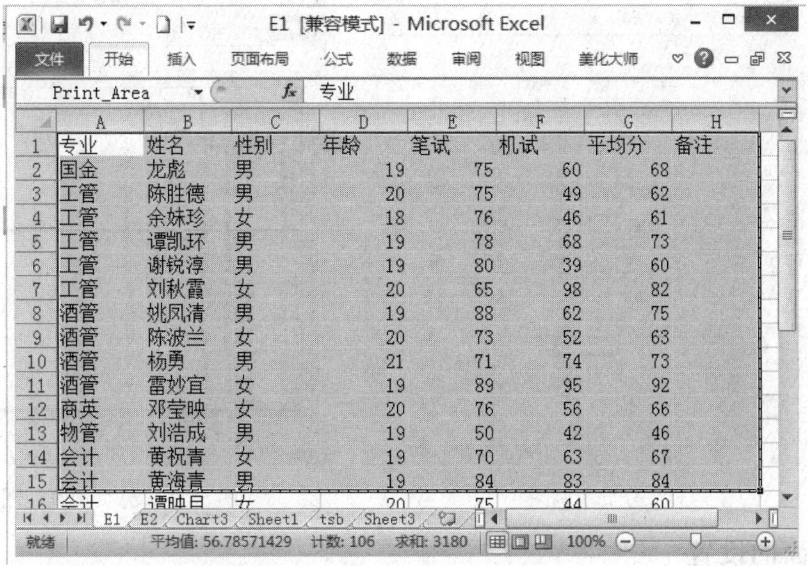

	A	B	C	D	E	F	G	H
1	专业	姓名	性别	年龄	笔试	机试	平均分	备注
2	国金	龙彪	男	19	75	60	68	
3	工管	陈胜德	男	20	75	49	62	
4	工管	余姝珍	女	18	76	46	61	
5	工管	谭凯环	男	19	78	68	73	
6	工管	谢锐淳	男	19	80	39	60	
7	工管	刘秋霞	女	20	65	98	82	
8	酒管	姚凤清	男	19	88	62	75	
9	酒管	陈波兰	女	20	73	52	63	
10	酒管	杨勇	男	21	71	74	73	
11	酒管	雷妙宜	女	19	89	95	92	
12	商英	邓莹映	女	20	76	56	66	
13	物管	刘浩成	男	19	50	42	46	
14	会计	黄祝青	女	19	70	63	67	
15	会计	黄海青	男	19	84	83	84	
16	会计	谭映日	女	20	75	44	60	

图 5-36　设置打印区域

（1）插入和删除分页符。

为了达到人工分页的目的，用户可手工插入分页符。分页包括水平分页和垂直分页。水平分页的操作步骤为：单击要另起一页的起始行行号（或选择该行最左边单元格），然后单击【页面布局】选项卡 |【页面设置】组 |【分隔符】|【插入分页符】命令，在起始行上端出现一条水平虚线表示分页成功。垂直分页时必须单击另起一页的起始列号（或选择该列最上端单元格），分页成功后将在该列左边出现一条垂直分页虚线。如果选择的不是最左或最上的单元格，插入分页符将在该单元格上方和左侧各产生一条分页虚线。如图 5-37 所示，E16 单元格的上方和左侧各出现一条分页虚线。

删除分页符的步骤：选择分页虚线的下一行或右一列的任一单元格，单击【页面布局】选项卡 |【页面设置】组 |【分隔符】|【删除分页符】命令。删除所有人工分页符的步骤：选中整个工作表，然后单击【页面布局】选项卡 |【页面设置】组 |【分隔符】|【重设所有分页符】命令。

（2）分页预览

分页预览可以在窗口中直接查看工作表分页的情况，它的优越性还体现在预览时，仍可以像平时一样编辑工作表，可以直接改变设置的打印区域大小，还可以方便地调整分页符号位置。分页后单击【视图】选项卡 |【工作簿视图】组 |【分页预览】按钮，进入图 5-38 所示的分页预览视图。视图中蓝色粗实线表示了分页情况，每页区域中都有暗淡色页码显示，如果事先设置了打印区域，可以看到最外边蓝色粗边框没有框住所有数据，非打印区域为深灰色背景，打印区域为浅色前景。分页预览时同样可以设置、取消打印区域、插入或删除分页符。

分页预览时，改变打印区域大小操作非常简单，将鼠标移动到打印区域的边界上，指针变为双箭头时，拖动鼠标即可调整分页符的位置。

单击【视图】选项卡 |【工作簿视图】组 |【普通】按钮可结束分页预览回到普通视图中。

图 5-37　分页示例图

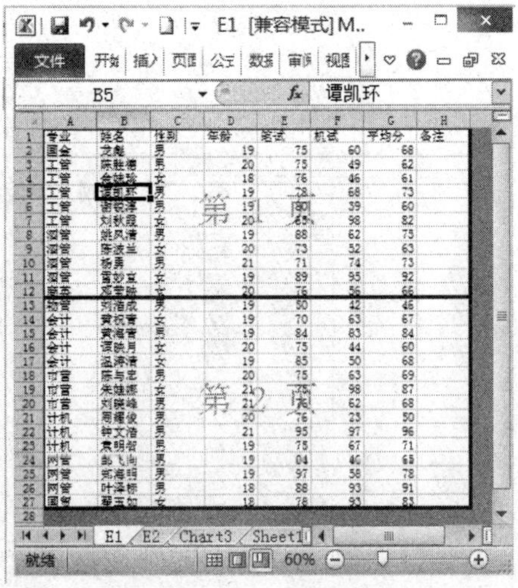

图 5-38　分页预览视图

5.5.2　页面的设置

1. 设置页面

Excel 2010 具有默认页面设置的功能，用户可以直接打印工作表。如有特殊要求，使用页面设置可以设置工作表的打印方向、缩放比例、纸张大小、页边距、页眉、页脚等。单击【文件】选项卡 |【打印】命令，在【打印】区域单击【页面设置】超链接，打开图 5-39 所示的对话框。

其中，【方向】区域和【纸张大小】下拉列表框与 Word 的页面设置相同。【缩放】区域用于放大或缩小打印工作表，其中【缩放比例】允许在 10 ～ 400 之间。100% 为正常大小，小于 100% 为缩小，大于 100% 为放大。【调整为】表示把工作表拆分为几部分打印，如调整为 3 页宽，2 页高表示水平方向截为 3 部分，垂直方向截为 2 部分，共 6 页打印。【起始页码】中输入打印的首页页码，后续页的页码自动递增。

2. 设置页边距

在【页面设置】对话框中选择【页边距】选项卡，如图 5-40 所示。该对话框用于设置打印数据在所选纸张的上、下、左、右留出的空白尺寸，可以设置打印数据在纸张上水平居中或垂直居中，默认为靠上靠左对齐。

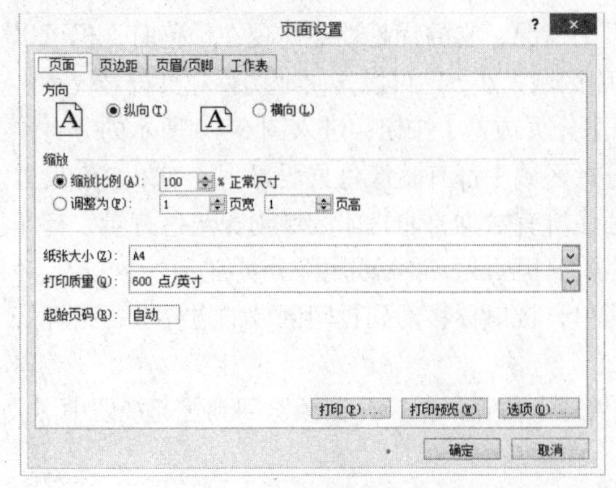

图 5-39　【页面设置】对话框
—【页面】选项卡

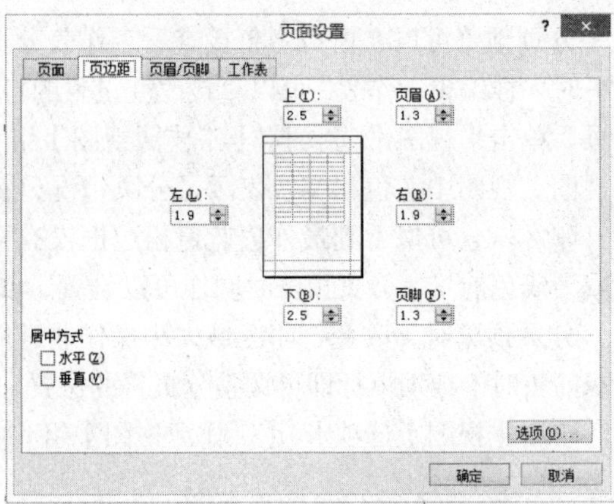

图 5-40　【页面设置】对话框
—【页边距】选项卡

3. 设置页眉 / 页脚

在【页面设置】对话框中选择【页眉 / 页脚】选项卡，如图 5-41 所示。

Excel 2010 在【页眉 / 页脚】选项卡中提供了许多定义的页眉、页脚格式。如果用户不满意，可单击【自定义页眉 / 页脚】按钮自行定义。如图 5-42 所示的自定义【页眉】对话框，可以输入位置为左对齐、居中、右对齐的三种页眉，图中左对齐输入“培正”，居中输入“学生成绩表”，右对齐插入当前日期。十个小按钮自左至右分别用于定义字体、插入页码、总页码、当前日期、当前时间、文件路径和名称、工作簿名、工作表名、图片、图片格式设置。

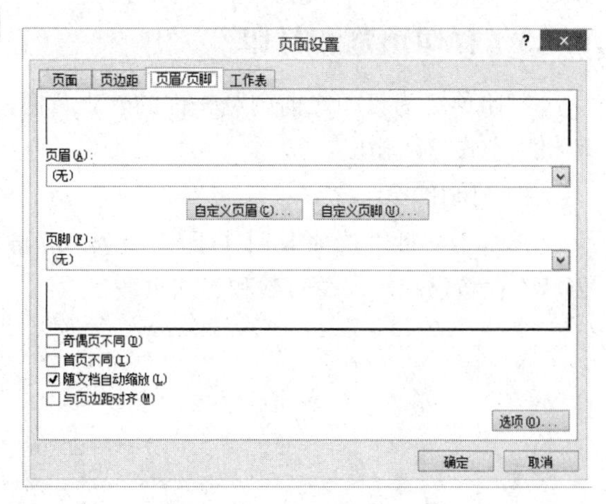

图 5-41 【页眉 / 页脚】选项卡

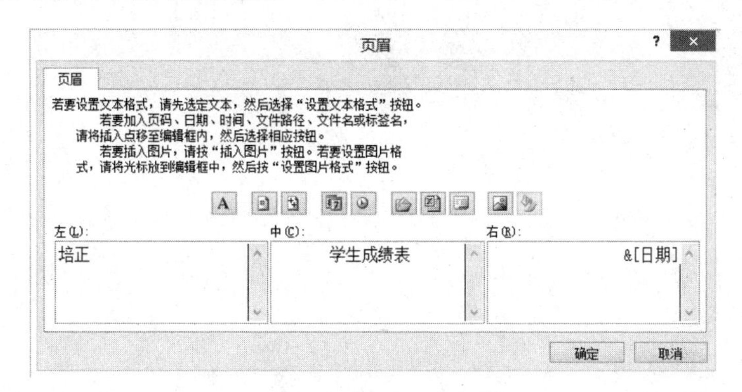

图 5-42 【页眉】对话框

4. 工作表

在【页面设置】对话框中选择【工作表】选项卡，如图 5-43 所示。其中：

【打印区域】文本框允许用户单击右侧对话框折叠按钮，选择打印区域。当工作表较大分成多页打印时，会出现除第一页外其余页要么看不见列标题，要么看不见行标题的情况。

【顶端标题行】和【左端标题列】用于指出在各页上端和左端打印的行标题和列标题，便于对照数据。

【网格线】复选框选中时用于指定工作表带表格线输出，否则只输出工作表数据，不输出表格线。

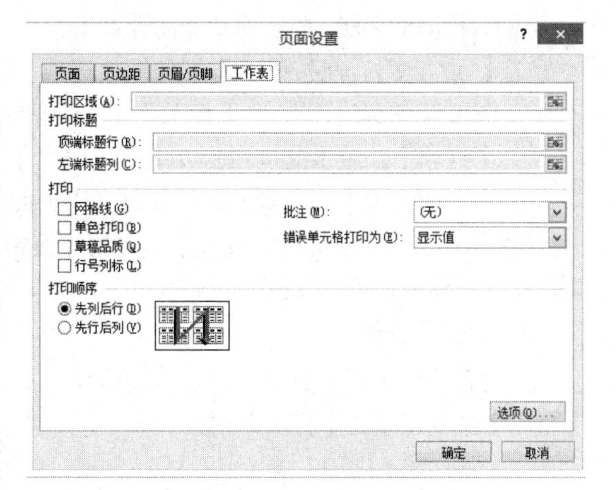

图 5-43 【工作表】设置对话框

【行号列标】复选框选中时允许用户打印输出行号和列标，默认不输出。

【草稿品质】可以加快打印速度但会降低打印质量。

如果工作表较大，超出一页宽和一页高时，【先列后行】规定垂直方向先分页打印完，再考虑水平方向分页，此为默认打印顺序。【先行后列】规定水平方向先分页打印。

5.5.3 打印预览和打印

打印预览为打印之前浏览文件的外观，模拟显示打印的设置结果。一旦设置正确即可在打印机上正式打印输出。

1. 打印预览

单击【文件】选项卡 |【打印】命令，屏幕显示“打印预览”界面如图 5-44 所示。界面下方状态栏将显示打印总页数和当前页数。

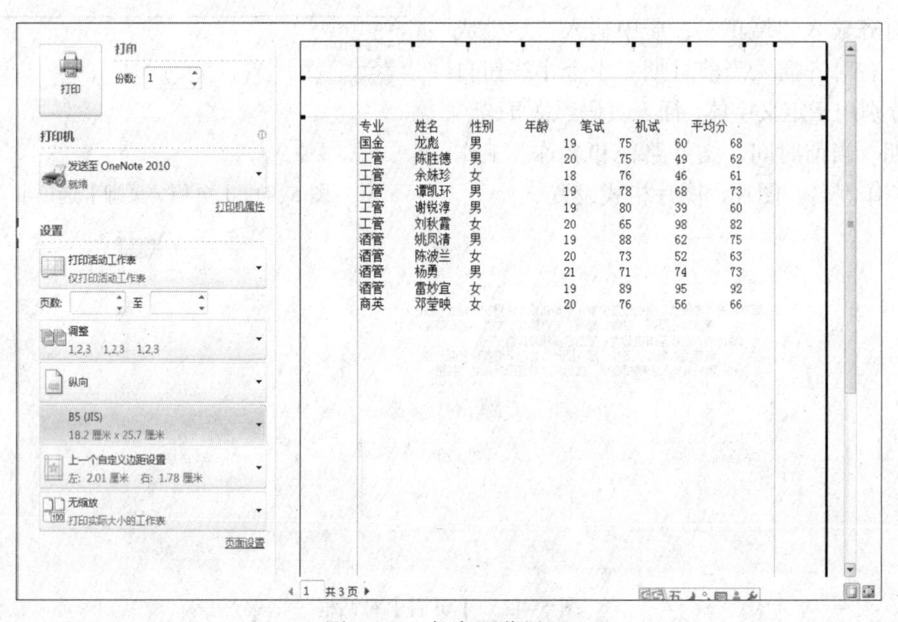

图 5-44　打印预览界面

【打印】区域的一些选项功能简介如下：

①【无缩放】：此按钮可有五种缩放选项“将所有行调整为一页”“将所有列调整为一页”“将工作表调整为一页”“无缩放”“自定义缩放选项”。

②【打印】：单击此按钮打开【打印内容】对话框。

③【页面设置】：单击此超链接打开【页面设置】对话框。

④【上一个自定义边距设置】：单击此按钮使预览视图出现虚线，表示页边距和页眉、页脚位置，鼠标拖动可直接改变它们的位置，比页面设置改变页边距直观得多。

2. 打印工作表

经设置打印区域、页面设置、打印机后，工作表就可以正式打印了。单击【文件】选项卡 |【打印】命令，单击【打印】按钮。

5.6 Excel 2010 的数据管理和分析

Excel 2010 具有强大的数据处理功能，用户既能在 Excel 2010 中建立大型的数据表格，也能通过“导入数据”使用在其他数据表软件中建立的数据表，如 Access、SQL Server、ODBC、Dbase 等。现在，可以更加方便地将 Web 中可刷新的数据导入 Excel 2010 中进行查看和分析。Excel 2010 具有许多操作和处理数据的强大功能，如排序、筛选、分类汇总、合并计算、数据透视表等。

5.6.1　基本概念

1. 数据列表

数据列表又称数据清单也可称为工作表数据库。它与一张二维数据表非常相似，数据列表的数据由若干列组成，每列有一个列标题，相当于数据库的“字段名”，列相当于“字段”，行相当于数据库的“记录”。

注意：数据列表与一般工作表的区别：

① 数据列表必须有列名，且每一列必须是同类型的数据。

② 避免在一张工作表中建立多个数据列表。

③ 在工作表的数据列表与其他数据之间至少留出一个空行和空列。

④ 避免在数据列表的各记录或各个字段之间放置空行和空列，因此可以说数据列表是一种特殊的工作表。

2. 数据排序

排序是指按照字母的升序或降序以及数值顺序来重新组织数据。在按升序排序时，Excel 2010 使用如下顺序：

① 数值从最小的负数到最大的正数排序。

② 文本和数字的文本按 0 ～ 9，a ～ z，A ～ Z 的顺序排列。

③ 逻辑值 False 排在 True 之前。

④ 所有错误值的优先级相同。

⑤ 空格排在最后。

在 Excel 2010 中排序时用户可以选择是否区分大小写，升序时，小写字母排在大写字母之前。Excel 2010 对汉字的排序，既可根据汉语拼音的字母排序又能根据汉字的笔画排序，取决于用户在排序对话框的【选项】设置。下面介绍几种排序方法。

（1）简单数据排序（按一列排序）

实际运用过程中，用户往往有按一定次序对数据重新排列的要求，比如用户想按平均分从高到低的顺序排列数据。对于这类需要按某列数据大小顺序排列的要求，最简单的方法是：单击要排序的字段列（如“平均分”列）任意单元格，再单击【数据】选项卡 |【排序和筛选】组 |【降序】按钮，即可将学生的数据按平均分从高到低的顺序排列。升序按钮的作用正好相反。

（2）复杂数据排序（按多列排序）

按一列进行排序时，可能会遇到这一列数据有相同部分的情况，如果想进一步排序，就要使用多列排序。Excel 2010 允许对不超过 3 列的数据进行排列。例如想先将同专业的学生排在一起，然后按平均分降序排列，此时排序不再局限于一列，必须单击【数据】选项卡 |【排序和筛选】组 |【排序】按钮。

3. 数据筛选

当数据列表中记录非常多时，用户如果只对其中一部分数据感兴趣时，可以使用 Excel 2010 的数据筛选功能，将不感兴趣的记录暂时隐藏起来，只显示感兴趣的数据。Excel 2010 有自动筛选器和高级筛选器，使用自动筛选器是筛选数据列表极简单的方法，而使用高级筛选器可以规定很复杂的筛选条件。

（1）简单自动筛选

单击【数据】选项卡 |【排序和筛选】组 |【筛选】按钮，则对每个数据列的表头都添加了下拉按钮，用户可以按条件自动筛选。

（2）高级筛选

单击【数据】选项卡 |【排序和筛选】组 |【高级筛选】按钮，在打开的对话框中按要求选定数据源区域、条件区域及结果区域，单击【确定】按钮则可在结果区域看到筛选的结果。

首先必须建立一个条件区域。条件区域用来指定筛选的数据必须满足的条件。在条件区域的首行中包含的字段名必须与数据列表中的字段名一致，必须拼写正确。条件区域中并不要求包含数据列表中所有的字段名，只要求包含作为筛选条件的字段名，条件区域的字段名下面紧接的行用于输入筛选条件。

注意，条件区域和数据区域至少用一个空行分开。

4. 分类汇总

实际应用中经常要用到分类汇总，例如仓库的库存管理，经常要统计各类产品的库存总量，商店的销售管理经常要统计各类商品的销售总量等。它们共同的特点是首先要进行分类，将同类别数据放在一起，然后再进行数量求和之类的汇总计算。Excel 2010 具有分类汇总的功能，但不只局限于求和，也可以进行计数、求平均值等其他运算。

（1）简单的分类汇总

使用分类汇总，必须具有字段名，即每一列都要有列标题。Excel 2010 使用列标题来决定如何进行数据分类以及如何汇总运算。注意：分类汇总前必须对分类字段进行排序。

（2）创建多级分类汇总

Excel 2010 中可以创建嵌套的分类汇总。

（3）分级显示数据

在进行分类汇总时，Excel 2010 会自动对列表中的数据进行分级显示，在工作表窗口左边会出现分级显示区，列出一些分级显示符号，允许对数据的显示进行控制。

在默认的情况下，数据分三级显示，可以通过单击分级显示区上方的 1、2、3 按钮进行控制。单击"1"按钮，只显示列表中的列标题和总计结果，单击"2"按钮显示各个分类汇总结果和总计结果，单击"3"按钮显示所有的详细数据。

"1"为最高级，"3"为最低级，分级显示区中有"+""."等分级显示符号。"+"表示高一级向低一级展开数据，"."表示低一级折叠为高一级数据。如"1"按钮下的"."将"2"按钮显示内容折叠为只显示总计结果。当分类汇总方式不止一种时，按钮会多于 3 个。

（4）清除分类汇总

清除分类汇总的方法很简单。操作步骤如下：单击【数据】选项卡 |【分级显示】组 |【分类汇总】按钮，在打开的对话框中单击【全部删除】按钮。

5. 数据透视表

前面介绍的分类汇总适合于按一个字段进行分类，对一个或多个字段进行汇总。如果用户要求按多个字段进行分类并汇总，则用分类汇总就有困难了。Excel 2010 为此提供了一个有力的工具即数据透视表来解决问题。

（1）建立数据透视表

在建立数据透视表之前，先介绍数据透视表的数据源。

数据透视表的数据源是透视表的数据来源。数据源可以是 Excel 2010 的数据表格，也可以是外部数据表和 Internet 上的数据源，还可以是经过多重合并计算的多个数据区域以及另一个数据透视表或透视图。

（2）编辑数据透视表

创建好数据透视表后，功能区会出现【数据透视表工具】，如图 5-45 所示，里面包含【选项】和【设计】两个选项卡，【选项】选项卡中含有【数据透视表】、【活动字段】、【分组】、【排序和筛选】、【数据】、【操作】、【计算】、【工具】和【显示】组；【设计】选项卡中含有【布局】、【数据透视表样式选项】和【数据透视表样式】组，使用组里这些工具可以完整实现对透视表的操作。

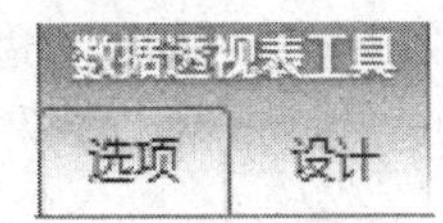

图 5-45　数据透视表工具

5.6.2　任务七　利用数据列表、排序、分类汇总、筛选功能管理数据

1. 任务引入

对 E1 表实现排序操作 [平均分升序和降序；先将同专业的学生排在一起，然后按平均分降序排列]；筛选 [所有男生的记录；所有笔试等于 76 的女生的记录；平均分在 60 ～ 80 之间的学生记录；笔试 80 分以上和机试 60 分以上的学生]；分类汇总 [各专业学生的计算机平均成绩；各专业学生的计算机平均成绩，及各专业中男、女生的语文平均成绩情况。]

2. 任务实现

（1）排序

① 平均分升序和降序。单击“平均分”列的任意单元格，再单击【数据】选项卡 |【排序和筛选】组 |【降序】按钮，即可将学生的数据按平均分从高到低的顺序排列。【升序】按钮的作用正好相反。

② 先将同专业的学生排在一起，然后按平均分降序排列

选择数据列表中的任一单元格。单击【数据】选项卡 |【排序和筛选】组 |【排序】按钮，打开【排序】对话框，如图 5-46 所示。

单击【主要关键字】下拉按钮，选择“专业”，选中【升序】按钮。单击【次要关键字】下拉按钮，选择“平均分”，选中【降序】按钮。为避免字段名也成为排序对象，可选中【数据包含标题】复选框，单击【确定】按钮，排序结果如图 5-47 所示。

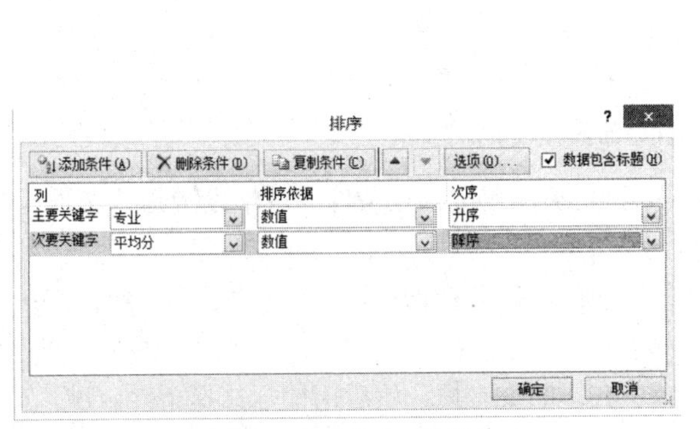

图 5-46 【排序】对话框

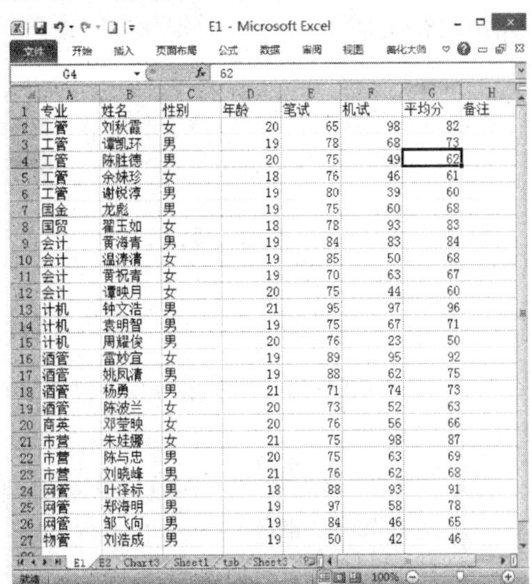

专业	姓名	性别	年龄	笔试	机试	平均分	备注
工管	刘秋霞	女	20	65	98	82	
工管	谭凯环	男	19	78	68	73	
工管	陈胜德	男	20	75	49	62	
工管	余妹珍	女	18	76	46	61	
工管	谢锐淳	男	19	80	39	60	
国金	龙彪	男	19	75	60	68	
国贸	翟玉如	女	18	78	93	83	
会计	黄海青	男	19	84	83	84	
会计	温涛清	女	19	85	50	68	
会计	黄祝青	女	19	70	63	67	
会计	谭映月	女	20	75	44	60	
计机	钟文浩	男	21	95	97	96	
计机	袁明智	男	19	75	67	71	
计机	周耀俊	男	20	76	23	50	
酒管	雷妙宜	女	19	89	95	92	
酒管	姚凤清	男	19	88	62	75	
酒管	杨勇	男	21	71	74	73	
酒管	陈波兰	女	20	73	52	63	
商英	邓莹映	女	20	76	56	66	
市营	朱娃娜	女	21	75	98	87	
市营	陈与忠	男	20	75	63	69	
市营	刘晓峰	男	21	76	62	68	
网管	叶泽标	男	18	88	93	91	
网管	郑海明	男	19	97	58	78	
网管	邹飞向	男	19	84	46	65	
物管	刘浩成	男	19	50	42	46	

图 5-47　排序结果

（2）筛选

① 所有男生的记录：单击数据列表中的任一单元格。单击【数据】选项卡 |【排序和筛选】组 |【筛选】按钮。

在每个列标题右边出现一个向下的筛选按钮，单击“性别”列的筛选按钮，选择下拉列表中的“男”。筛选结果如图 5-48 所示，只显示男生记录。

注意：筛选并不意味着删除不满足条件的记录，而只是暂时隐藏。如果想恢复被隐藏的记录，只需在筛选列的下拉列表中选择“全部”即可。

② 所有笔试等于 76 的女生的记录：单击数据列表的任一单元格。单击【数据】选项卡 |【排序和筛选】组 |【筛选】按钮。

在每个列标题右边出现一个向下的筛选按钮，单击“性别”列的筛选按钮，选择下拉列表中的“女”，单击“笔试”列的筛选按钮，选择下拉列表中的“76”，结果如图 5-49 所示。

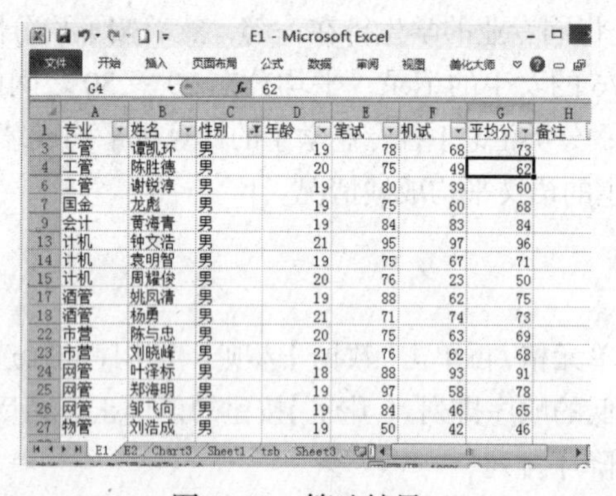

	专业	姓名	性别	年龄	笔试	机试	平均分	备注
3	工管	谭凯环	男	19	78	68	73	
4	工管	陈胜德	男	20	75	49	62	
6	工管	谢锐淳	男	19	80	39	60	
7	国金	龙彪	男	19	75	60	68	
9	会计	黄海青	男	19	84	83	84	
13	计机	钟文浩	男	21	95	97	96	
14	计机	袁明智	男	19	75	67	71	
15	计机	周耀俊	男	20	76	23	50	
17	酒管	姚凤清	男	19	88	62	75	
18	酒管	杨勇	男	21	71	74	73	
22	市营	陈与忠	男	20	75	63	69	
23	市营	刘晓峰	男	21	76	62	68	
24	网管	叶泽标	男	18	88	93	91	
25	网管	郑海明	男	19	97	58	78	
26	网管	邹飞向	男	19	84	46	65	
27	物管	刘浩成	男	19	50	42	46	

图 5-48　筛选结果

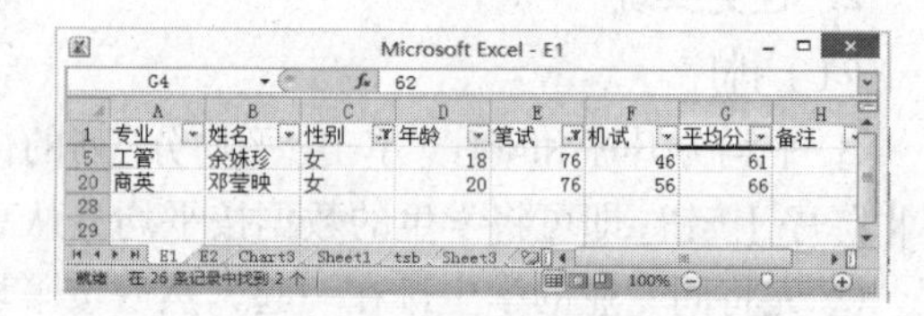

	专业	姓名	性别	年龄	笔试	机试	平均分	备注
5	工管	余妹珍	女	18	76	46	61	
20	商英	邓莹映	女	20	76	56	66	

图 5-49　多条件筛选结果

③ 平均分在 60～80 之间的学生记录：单击数据列表的任一单元格。单击【数据】选项卡 |【排序和筛选】组 |【筛选】按钮。

单击“平均分”列的筛选按钮，在下拉列表中选择【数字筛选】|【自定义筛选】命令，打开图 5-50 所示的【自定义自动筛选方式】对话框，按图设置，注意选中【与】单选按钮。筛选结果如图 5-51 所示。

图 5-50　【自定义自动筛选方式】对话框

④ 笔试 80 分以上和机试 60 分以上的学生：建立条件区域，在条件区域中设置筛选条件，如图 5-52 所示。

单击数据列表中任一单元格，再单击【数据】选项卡 |【排序和筛选】组 |【高级】按钮，打开图 5-53 所示的对话框。

在【高级筛选】对话框中，单击【条件区域】右边的文本框，然后用鼠标选择条件区域。

	专业	姓名	性别	年龄	笔试	机试	平均分	备注
3	工管	谭凯环	男	19	78	68	73	
4	工管	陈胜德	男	20	75	49	62	
5	工管	余妹珍	女	18	76	46	61	
7	国金	龙彪	男	19	75	60	68	
10	会计	温涛清	女	19	85	50	68	
11	会计	黄祝青	女	19	70	63	67	
14	计机	袁明智	男	19	75	67	71	
17	酒管	姚凤清	男	19	88	62	75	
18	酒管	杨勇	男	21	71	74	73	
19	酒管	陈波兰	女	20	73	52	63	
20	商英	邓莹映	女	20	76	56	66	
22	市营	陈与忠	男	20	75	63	69	
23	市营	刘晓峰	男	21	76	62	68	
25	网管	郑海明	男	19	97	58	78	
26	网管	邹飞向	男	19	84	46	65	

在 26 条记录中找到 15 个

图 5–51　自定义自动筛选结果

	专业	姓名	性别	年龄	笔试	机试	平均分	备注	I	J
2	工管	刘秋霞	女	20	65	98	82			
3	工管	谭凯环	男	19	78	68	73			
4	工管	陈胜德	男	20	75	49	62			
5	工管	余妹珍	女	18	76	46	61			
6	工管	谢锐淳	男	19	80	39	60			
7	国金	龙彪	男	19	75	60	68			
8	国贸	翟玉如	女	18	78	93	83			
9	会计	黄海青	男	19	84	83	84		笔试	机试
10	会计	温涛清	女	19	85	50	68		>80	>60
11	会计	黄祝青	女	19	70	63	67			
12	会计	谭映月	女	20	75	44	60			
13	计机	钟文浩	男	21	95	97	96			
14	计机	袁明智	男	19	75	67	71			
15	计机	周耀俊	男	20	76	23	50			
16	酒管	雷妙宜	女	19	89	95	92			
17	酒管	姚凤清	男	19	88	62	75			
18	酒管	杨勇	男	21	71	74	73			
19	酒管	陈波兰	女	20	73	52	63			
20	商英	邓莹映	女	20	76	56	66			
21	市营	朱娃娜	女	21	75	98	87			
22	市营	陈与忠	男	20	75	63	69			
23	市营	刘晓峰	男	21	76	62	68			
24	网管	叶泽标	男	18	88	93	91			
25	网管	郑海明	男	19	97	58	78			
26	网管	邹飞向	男	19	84	46	65			
27	物管	刘浩成	男	19	50	42	46			

图 5–52　条件区域

单击【确定】按钮。筛选结果如图 5–54 所示。

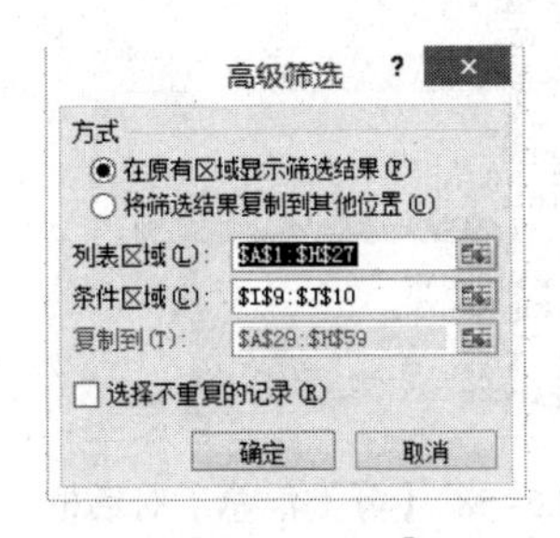

图 5–53 【高级筛选】对话框

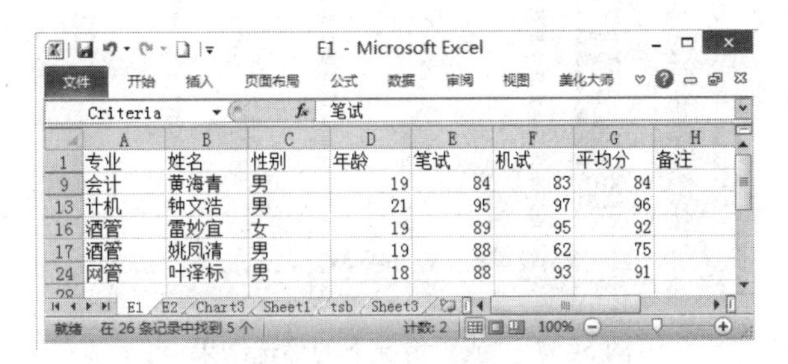

	专业	姓名	性别	年龄	笔试	机试	平均分	备注
9	会计	黄海青	男	19	84	83	84	
13	计机	钟文浩	男	21	95	97	96	
16	酒管	雷妙宜	女	19	89	95	92	
17	酒管	姚凤清	男	19	88	62	75	
24	网管	叶泽标	男	18	88	93	91	

图 5–54　高级筛选结果

在高级筛选中还可以把筛选结果一次性复制到表的其他位置，既在工作表中显示原始数据，又显示筛选后的结果。如上例，只需在【高级筛选】对话框中选中【将筛选结果复制到其他位置】单选按钮，单击【复制到】文本框右侧的按钮，在数据区域和条件区域所在行外单击任一区域。结果如图 5–55 所示。

注意：如果要求通过高级筛选选出笔试80分以上或机试60分以上的学生。条件区域设置就应该变为图5–56所示，筛选结果如图5–57所示。

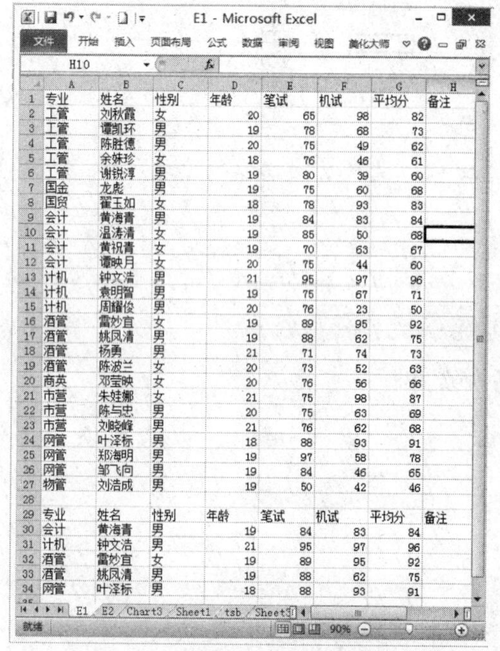

	A	B	C	D	E	F	G	H
1	专业	姓名	性别	年龄	笔试	机试	平均分	备注
2	工管	刘秋霞	女	20	65	98	82	
3	工管	谭凯环	男	19	78	68	73	
4	工管	陈胜德	男	20	75	49	62	
5	工管	余妹珍	女	18	76	46	61	
6	工管	谢锐淳	男	19	80	39	60	
7	国金	龙彪	男	19	75	60	68	
8	国贸	翟玉如	女	18	78	93	83	
9	会计	黄海青	男	19	84	83	84	
10	会计	温涛清	女	19	85	50	68	
11	会计	黄祝青	女	19	70	63	67	
12	会计	谭映月	女	20	75	44	60	
13	计机	钟文浩	男	21	95	97	96	
14	计机	袁明智	男	19	75	67	71	
15	计机	周耀俊	男	20	76	23	50	
16	酒管	雷妙宜	女	19	89	95	92	
17	酒管	姚凤清	男	19	88	62	75	
18	酒管	杨勇	男	21	71	74	73	
19	酒管	陈波兰	女	20	73	52	63	
20	商英	邓莹映	女	20	76	56	66	
21	市营	朱娃娜	女	21	75	98	87	
22	市营	陈与忠	男	20	75	63	69	
23	市营	刘晓峰	男	21	76	62	68	
24	网管	叶泽标	男	18	88	93	91	
25	网管	郑海明	男	19	97	58	78	
26	网管	邹飞向	男	19	84	46	65	
27	物管	刘浩成	男	19	50	42	46	
28								
29	专业	姓名	性别	年龄	笔试	机试	平均分	备注
30	会计	黄海青	男	19	84	83	84	
31	计机	钟文浩	男	21	95	97	96	
32	酒管	雷妙宜	女	19	89	95	92	
33	酒管	姚凤清	男	19	88	62	75	
34	网管	叶泽标	男	18	88	93	91	

图5–55　复制到其他位置的筛选结果

	A	B	C	D	E	F	G	H	I	J
1	专业	姓名	性别	年龄	笔试	机试	平均分	备注		
2	工管	刘秋霞	女	20	65	98	82			
3	工管	谭凯环	男	19	78	68	73			
4	工管	陈胜德	男	20	75	49	62			
5	工管	余妹珍	女	18	76	46	61			
6	工管	谢锐淳	男	19	80	39	60			
7	国金	龙彪	男	19	75	60	68			
8	国贸	翟玉如	女	18	78	93	83			
9	会计	黄海青	男	19	84	83	84		笔试	机试
10	会计	温涛清	女	19	85	50	68		>80	
11	会计	黄祝青	女	19	70	63	67			>60
12	会计	谭映月	女	20	75	44	60			
13	计机	钟文浩	男	21	95	97	96			
14	计机	袁明智	男	19	75	67	71			
15	计机	周耀俊	男	20	76	23	50			
16	酒管	雷妙宜	女	19	89	95	92			
17	酒管	姚凤清	男	19	88	62	75			
18	酒管	杨勇	男	21	71	74	73			
19	酒管	陈波兰	女	20	73	52	63			
20	商英	邓莹映	女	20	76	56	66			
21	市营	朱娃娜	女	21	75	98	87			
22	市营	陈与忠	男	20	75	63	69			
23	市营	刘晓峰	男	21	76	62	68			
24	网管	叶泽标	男	18	88	93	91			
25	网管	郑海明	男	19	97	58	78			
26	网管	邹飞向	男	19	84	46	65			
27	物管	刘浩成	男	19	50	42	46			

图5–56　“或”的关系设置

（3）分类汇总

① 各专业学生的计算机平均成绩：首先对整个数据按专业排序，然后单击【数据】选项卡|【分级显示】组|【分类汇总】按钮，在打开的【分类汇总】对话框中进行设置，如图5–58所示。

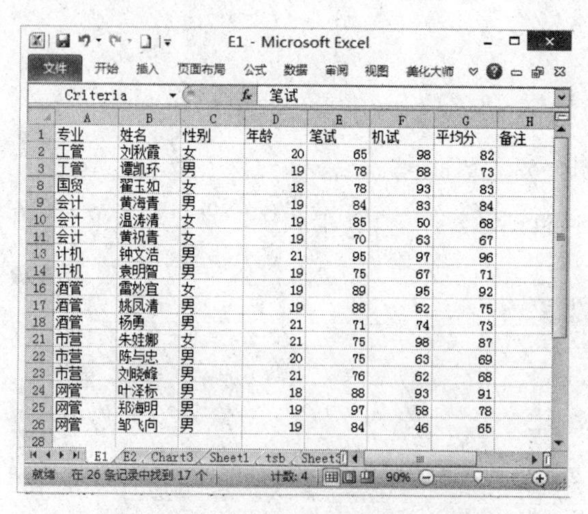

	A	B	C	D	E	F	G	H
1	专业	姓名	性别	年龄	笔试	机试	平均分	备注
2	工管	刘秋霞	女	20	65	98	82	
3	工管	谭凯环	男	19	78	68	73	
8	国贸	翟玉如	女	18	78	93	83	
9	会计	黄海青	男	19	84	83	84	
10	会计	温涛清	女	19	85	50	68	
11	会计	黄祝青	女	19	70	63	67	
13	计机	钟文浩	男	21	95	97	96	
14	计机	袁明智	男	19	75	67	71	
16	酒管	雷妙宜	女	19	89	95	92	
17	酒管	姚凤清	男	19	88	62	75	
18	酒管	杨勇	男	21	71	74	73	
21	市营	朱娃娜	女	21	75	98	87	
22	市营	陈与忠	男	20	75	63	69	
23	市营	刘晓峰	男	21	76	62	68	
24	网管	叶泽标	男	18	88	93	91	
25	网管	郑海明	男	19	97	58	78	
26	网管	邹飞向	男	19	84	46	65	

图5–57　“或”情况下的筛选结果

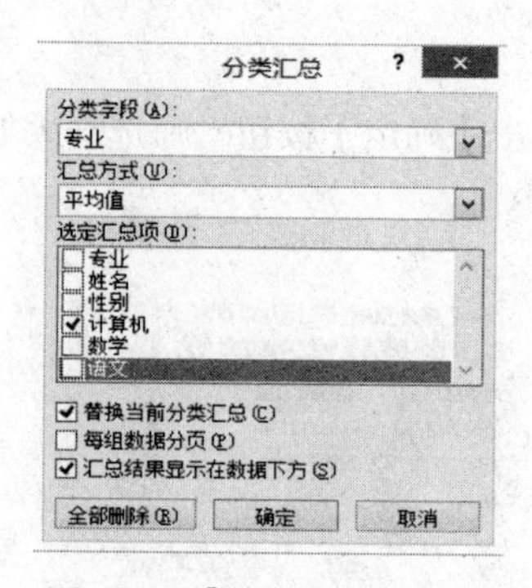

图5–58　【分类汇总】对话框

【分类字段】选择“专业”，【汇总方式】选择“平均值”，【选定汇总项】选择“计算机”，选择【汇总结果显示在数据下方】复选框表示汇总结果显示在每个分组的下方，否则显示在分组的上方。

单击【确定】按钮。结果如图5–59所示。

② 各专业学生的计算机平均成绩，及各专业中男、女生的语文平均成绩情况。

单击【数据】选项卡 |【分级显示】组 |【分类汇总】按钮，在打开的【分类汇总】对话框中按照上例设置后，单击【确定】按钮。

再次单击【数据】选项卡 |【分级显示】组 |【分类汇总】按钮，在打开的【分类汇总】对话框中设置，如图 5-60 所示。

	A	B	C	D	E	F
1	专业	姓名	性别	计算机	数学	语文
2	电子商务	袁明智	男	75	67	71
3	电子商务	黄静	女	76	23	50
4	电子商务	余妹珍	女	76	46	61
5	电子商务	钟文浩	男	95	97	96
6	**电子商务 平均值**			80.5		
7	网络管理	张少冲	男	75	44	60
8	网络管理	张梅文	女	76	66	49
9	网络管理	邹飞向	男	84	46	65
10	网络管理	叶泽标	男	88	93	91
11	网络管理	郑海明	男	97	58	78
12	**网络管理 平均值**			84		
13	信息管理	翟玉如	女	73	93	83
14	信息管理	朱娃娜	男	75	65	70
15	信息管理	姚凤清	男	88	62	75
16	**信息管理 平均值**			78.66667		

图 5-59　分类汇总的结果

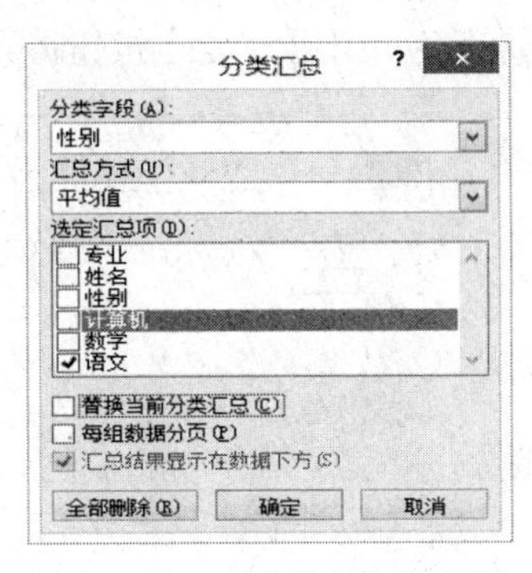

图 5-60　再次分类汇总设置

【分类字段】选择“性别”，【汇总方式】选择“平均值”，【选定汇总项】选择“语文”，取消选择【替换当前分类汇总】复选框。

单击【确定】按钮。结果如图 5-61 所示，建立了二级分类汇总。

	A	B	C	D	E	F
1	专业	姓名	性别	计算机	数学	语文
2	电子商务	袁明智	男	75	67	71
3			**男 平均值**			71
4	电子商务	黄静	女	76	23	50
5	电子商务	余妹珍	女	76	46	61
6			**女 平均值**			55.5
7	电子商务	钟文浩	男	95	97	96
8			**男 平均值**			96
9	**电子商务 平均值**			80.5		
10	网络管理	张少冲	男	75	44	60
11			**男 平均值**			60
12	网络管理	张梅文	女	76	66	49
13			**女 平均值**			49
14	网络管理	邹飞向	男	84	46	65
15	网络管理	叶泽标	男	88	93	91
16	网络管理	郑海明	男	97	58	78
17			**男 平均值**			78
18	**网络管理 平均值**			84		
19	信息管理	翟玉如	女	73	93	83
20			**女 平均值**			83
21	信息管理	朱娃娜	男	75	65	70
22	信息管理	姚凤清	男	88	62	75
23			**男 平均值**			72.5
24	**信息管理 平均值**			78.66667		
25			**总计平均值**			70.75
26						
27	**总计平均值**			81.5		
28						

图 5-61　二级分类汇总结果

5.6.3 任务八 数据透视表的应用

1. 任务引入

对图 5-62 所示的基本工资表统计各个地方男女的平均基本工资情况，此时既要按籍贯分类，又要按性别分类。

2. 任务实现

① 单击数据列表中任一单元格，单击【插入】选项卡 |【表格】组 |【数据透视表】|【数据透视表】命令，打开图 5-63 所示的【创建数据透视表】对话框，在【请选择要分析的数据】区域选择【选择一个表或区域】单选按钮，在【选择放置数据透视表的位置】区域选择【新工作表】单选按钮，单击【确定】按钮得到的结果如图 5-64 所示。

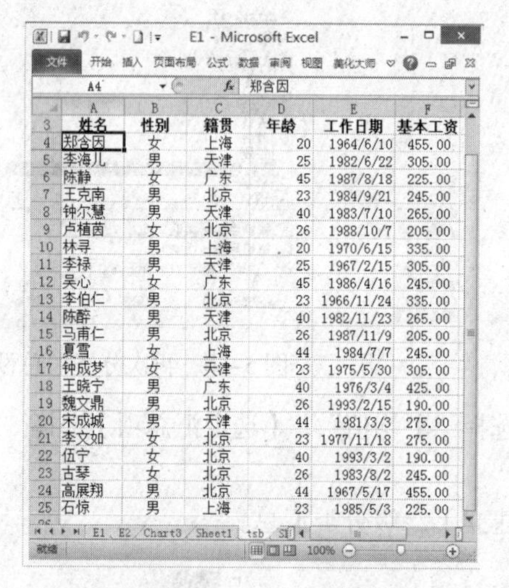

	A	B	C	D	E	F
3	姓名	性别	籍贯	年龄	工作日期	基本工资
4	郑含因	女	上海	20	1964/6/10	455.00
5	李海儿	男	天津	25	1982/6/22	305.00
6	陈静	女	广东	45	1987/8/18	225.00
7	王克南	男	北京	23	1984/9/21	245.00
8	钟尔慧	男	天津	40	1983/7/10	265.00
9	卢植茵	女	北京	26	1988/10/7	205.00
10	林寻	男	上海	20	1970/6/15	335.00
11	李禄	男	天津	25	1967/2/15	305.00
12	吴心	女	广东	45	1986/4/16	245.00
13	李伯仁	男	北京	23	1966/11/24	335.00
14	陈醉	男	天津	40	1982/11/23	265.00
15	马甫仁	男	北京	26	1987/11/9	205.00
16	夏雪	女	上海	44	1984/7/7	245.00
17	钟成梦	女	天津	23	1975/5/30	305.00
18	王晓宁	男	广东	40	1976/3/4	425.00
19	魏文鼎	男	北京	26	1993/2/15	190.00
20	宋成城	男	天津	44	1981/3/3	275.00
21	李文如	女	北京	23	1977/11/18	275.00
22	伍宁	女	北京	40	1993/3/2	190.00
23	古琴	女	北京	26	1983/8/2	245.00
24	高展翔	男	北京	44	1967/5/17	455.00
25	石惊	男	上海	23	1985/5/3	225.00

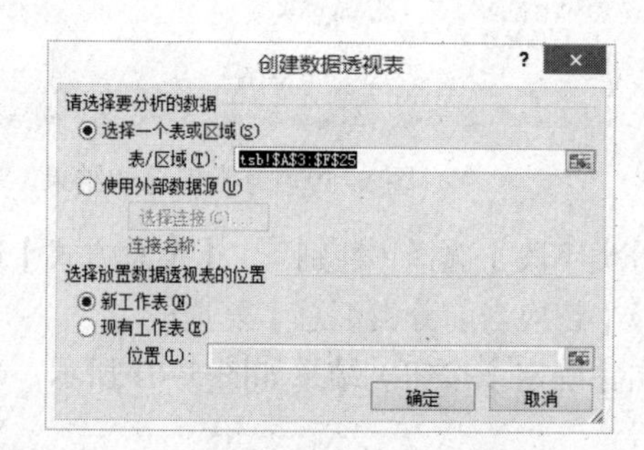

图 5-62 基本工资表　　图 5-63 【创建数据透视表】对话框

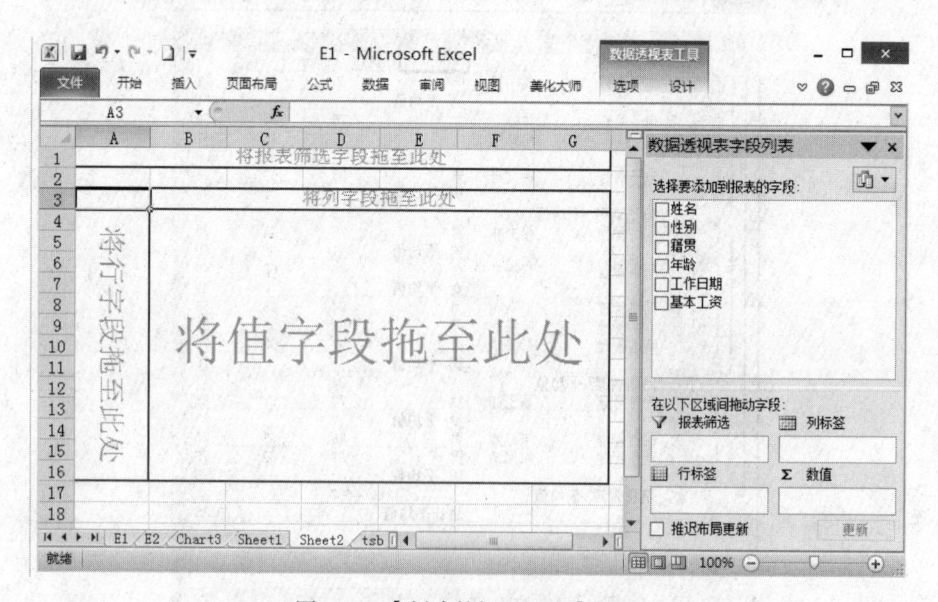

图 5-64 【创建数据透视表】结果

② 决定数据透视表的布局。按图 5-65 所示，将右边【性别】字段拖到【行标签】处，将【籍

贯】字段拖到【列标签】处，将【基本工资】拖到【数值】处，即可得到结果，如图 5–66 所示。

性别	北京	广东	上海	天津	总计
男	1430	425	560	1415	3830
女	915	470	700	305	2390
总计	2345	895	1260	1720	6220

图 5–65　布局后结果

注意：拖入数据区的汇总对象如果是非数字型字段则默认为计数，如为数字型字段则默认为求和。

③ 单击图 5–66 右下角的【数值】下拉按钮，选择【平均值项】，然后单击【确定】按钮，结果如图 5–66 所示。

④ 排序。选中数据透视表行标题任一单元格，单击【数据透视表工具 / 选项】选项卡 |【排序和筛选】组 |【升序】或【降序】按钮，将会实现自动排序；如单击【排序】按钮，在打开的对话框中选择字段用来排序。

⑤ 显示“基本工资”的明细数据，操作步骤如下：双击数据透视表行字段（或行标题任一单元格），将会在新表中显示明细数据，比如双击 B4 单元格，将在新表中显示所有北京男生的明细数据，如图 5–67 所示。

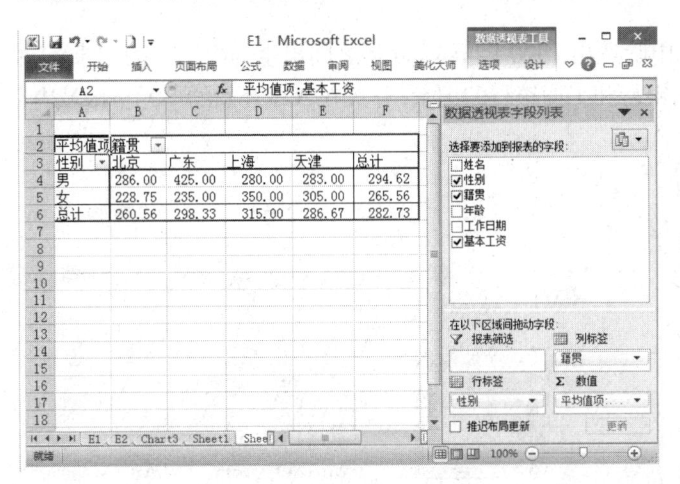

平均值项	籍贯				
性别	北京	广东	上海	天津	总计
男	286.00	425.00	280.00	283.00	294.62
女	228.75	235.00	350.00	305.00	265.56
总计	260.56	298.33	315.00	286.67	282.73

图 5–66　改变汇总方式结果

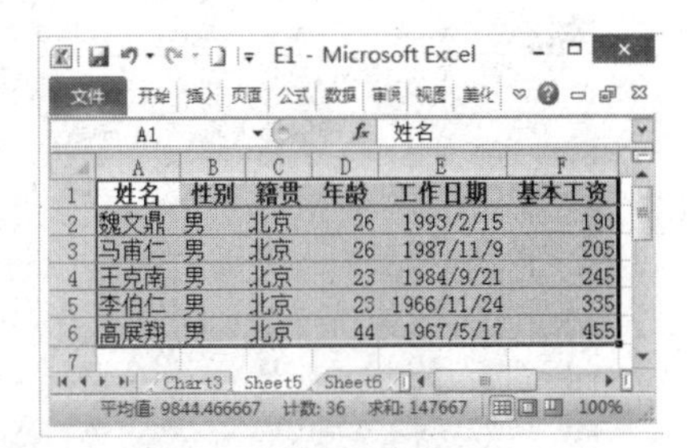

姓名	性别	籍贯	年龄	工作日期	基本工资
魏文鼎	男	北京	26	1993/2/15	190
马甫仁	男	北京	26	1987/11/9	205
王克南	男	北京	23	1984/9/21	245
李伯仁	男	北京	23	1966/11/24	335
高展翔	男	北京	44	1967/5/17	455

图 5–67　明细数据

⑥ 使用数据透视表绘制动态图表。单击数据透视表外区域的任一单元格，单击【数据透视表工具 / 选项】选项卡 |【工具】组 |【数据透视图】按钮，打开【插入图表】对话框，如图 5-68 所示，选择图表类型后，单击【确定】按钮即可，如图 5-69 所示。

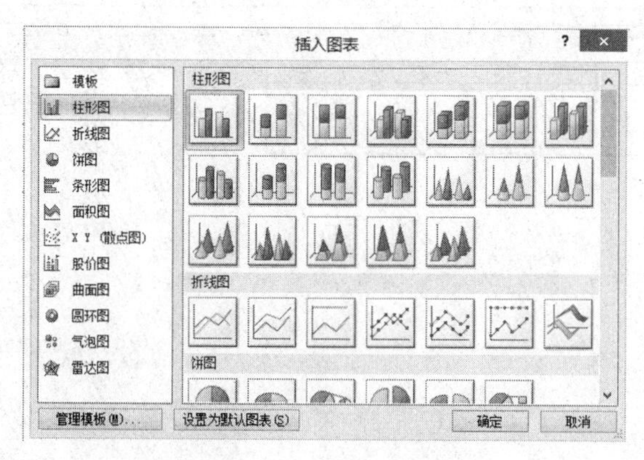

图 5-68 【插入图表】对话框

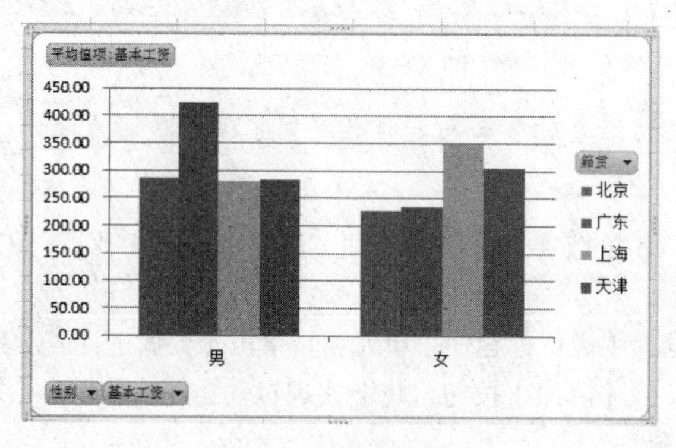

图 5-69 绘图效果

【拓展练习 5-7】完成下列操作。

① 排序。对"成绩表 2"工作表中的数据清单按"平时成绩"降序排序，"平时成绩"相同时，按"学号"降序排列，如图 5-70 所示。

② 数据的筛选。在"教师表 2"中筛选出 1970 年至 1980 年之间出生的男同志的记录，如图 5-71 所示。在 Sheet1 中，筛选出中国银行和工商银行的记录，存放在 A23 开始的单元格区域内，如图 5-72 所示。

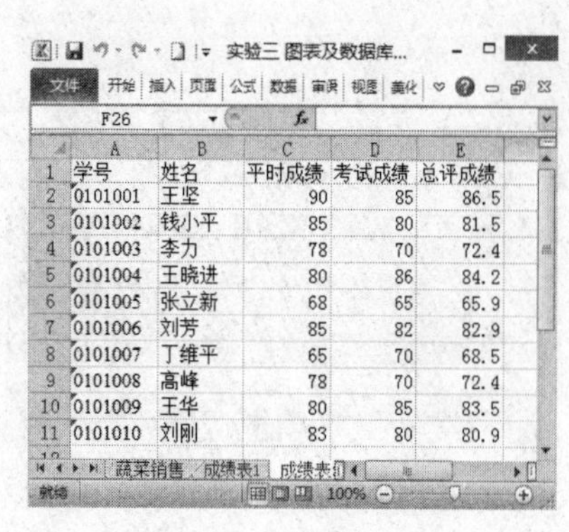

学号	姓名	平时成绩	考试成绩	总评成绩
0101001	王坚	90	85	86.5
0101002	钱小平	85	80	81.5
0101003	李力	78	70	72.4
0101004	王晓进	80	86	84.2
0101005	张立新	68	65	65.9
0101006	刘芳	85	82	82.9
0101007	丁维平	65	70	68.5
0101008	高峰	78	70	72.4
0101009	王华	80	85	83.5
0101010	刘刚	83	80	80.9

图 5-70 成绩表 2

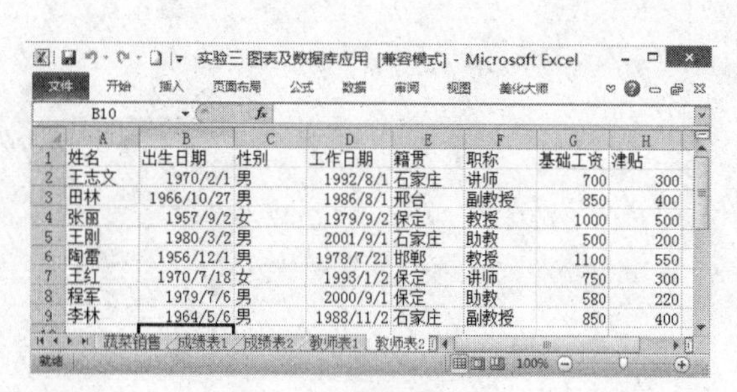

姓名	出生日期	性别	工作日期	籍贯	职称	基础工资	津贴
王志文	1970/2/1	男	1992/8/1	石家庄	讲师	700	300
田林	1966/10/27	男	1986/8/1	邢台	副教授	850	400
张丽	1957/9/2	女	1979/9/2	保定	教授	1000	500
王刚	1980/3/2	男	2001/9/1	石家庄	助教	500	200
陶雷	1956/12/1	男	1978/7/21	邯郸	教授	1100	550
王红	1970/7/18	女	1993/1/2	保定	讲师	750	300
程军	1979/7/6	男	2000/9/1	保定	助教	580	220
李林	1964/5/6	男	1988/11/2	石家庄	副教授	850	400

图 5-71 教师表 2

③ 分类汇总。对“教师表 3（与教师表 2 相同内容）”工作表，统计不同职称人员基础工资的平均值。

④ 数据透视表。对“工资表”（见图 5-73）在 J4 位置建立数据透视表，行字段为“部门”，列字段为“性别”，统计最低奖金。

存入日	期限	年利率	金　额	到期日	本　息	银　行
1999/04	1	2.25	2200.00	2000/4/1	2,249.50	农业银行
1999/09	1	2.25	1800.00	2000/9/1	1,840.50	建设银行
1999/10	1	2.25	5000.00	2000/10/1	5,112.50	工商银行
2000/05	1	2.25	2800.00	2001/5/1	2,863.00	中国银行
1999/02	3	2.70	2500.00	2002/2/1	2,702.50	中国银行
1999/05	3	2.70	1600.00	2002/5/1	1,729.60	农业银行
1999/07	3	2.70	3600.00	2002/7/1	3,891.60	中国银行
1999/08	3	2.70	2800.00	2002/8/1	3,026.80	中国银行
1999/12	3	2.70	3800.00	2002/12/1	4,107.80	建设银行
2000/01	3	2.70	2200.00	2003/1/1	2,378.20	农业银行
2000/03	3	2.70	4200.00	2003/3/1	4,540.20	农业银行
2000/06	3	2.70	1800.00	2003/6/1	1,945.80	建设银行
2000/08	3	2.70	4000.00	2003/8/1	4,324.00	工商银行
1999/01	5	3.14	1000.00	2004/1/1	1,157.00	工商银行
1999/03	5	3.14	3000.00	2004/3/1	3,471.00	建设银行
1999/06	5	3.14	4200.00	2004/6/1	4,859.40	农业银行
1999/11	5	3.14	2400.00	2004/11/1	2,776.80	工商银行
2000/02	5	3.14	1600.00	2005/2/1	1,851.20	农业银行
2000/04	5	3.14	3600.00	2005/4/1	4,165.20	中国银行
2000/07	5	3.14	5000.00	2005/7/1	5,785.00	工商银行

图 5-72　Sheet1

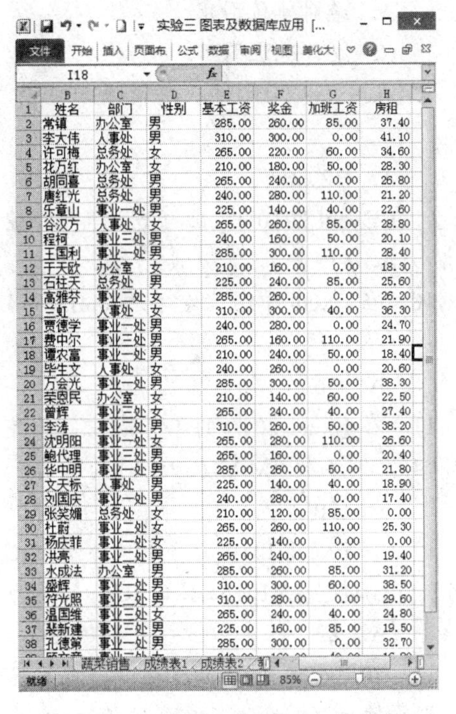

姓名	部门	性别	基本工资	奖金	加班工资	房租
常镇	办公室	男	285.00	260.00	85.00	37.40
李大伟	人事处	男	310.00	300.00	0.00	41.10
许可梅	总务处	女	265.00	220.00	60.00	34.60
花万红	办公室	女	210.00	180.00	50.00	28.30
胡同喜	总务处	男	265.00	240.00	0.00	26.80
唐红光	总务处	男	240.00	280.00	110.00	21.20
乐章山	事业一处	男	225.00	140.00	40.00	22.60
谷汉方	人事处	女	265.00	260.00	85.00	28.80
程柯	事业三处	男	240.00	160.00	50.00	20.10
王国利	事业一处	男	285.00	300.00	110.00	28.40
于天欧	办公室	女	210.00	160.00	0.00	18.30
石柱天	总务处	男	225.00	240.00	85.00	25.60
高雅芬	事业二处	女	285.00	260.00	0.00	26.20
兰虹	人事处	女	310.00	300.00	40.00	36.30
贾德学	事业一处	男	240.00	280.00	0.00	24.70
费中尔	事业三处	男	265.00	160.00	110.00	21.90
谭农富	事业一处	男	210.00	240.00	50.00	18.40
毕生文	人事处	女	240.00	260.00	0.00	20.60
万会光	事业一处	男	285.00	300.00	50.00	38.30
荣恩民	办公室	女	210.00	140.00	60.00	22.50
曾辉	事业三处	女	265.00	240.00	40.00	27.40
李涛	事业二处	男	310.00	260.00	50.00	38.20
沈明阳	事业一处	女	265.00	280.00	110.00	26.60
鲍代理	事业三处	男	265.00	160.00	0.00	20.40
华中明	事业一处	男	285.00	260.00	50.00	21.80
文天标	人事处	男	225.00	140.00	40.00	18.90
刘国庆	事业一处	男	240.00	280.00	0.00	17.40
张笑媚	总务处	女	210.00	120.00	85.00	0.00
杜蔚	事业二处	女	265.00	260.00	110.00	25.30
杨庆菲	事业一处	女	225.00	140.00	0.00	0.00
洪亮	事业二处	男	265.00	240.00	0.00	19.40
水成法	办公室	男	285.00	260.00	85.00	31.20
盛辉	事业一处	男	310.00	300.00	60.00	38.50
符光照	事业二处	男	310.00	280.00	0.00	29.60
温国维	事业三处	女	265.00	240.00	40.00	24.80
裴新建	事业三处	男	225.00	160.00	85.00	19.50
孔德第	事业一处	男	285.00	300.00	0.00	32.70

图 5-73　工资表

习　题

单项选择题

1. Excel 2010 是（　　）。

   A. 数据库管理软件　　B. 文字处理软件

   C. 电子表格软件　　D. 幻灯片制作软件

2. Excel 2010 工作簿文件的默认扩展名为（　　）。

   A. docx　　B. xlsx　　C. pptx　　D. mdbx

3. 在 Excel 2010 中，每张工作表是一个（　　）。

   A. 一维表　　B. 二维表　　C. 三维表　　D. 树表

4. 在 Excel 2010 工作表的单元格中，如想输入数字字符串 070615（学号），则应输入（　　）。

   A. 00070615　　B. "070615"　　C. 070615　　D. '070615

5. 在 Excel 2010 中，电子工作表的每个单元格的默认格式为（　　）。

   A. 数字　　B. 常规　　C. 日期　　D. 文本

6. 在 Excel 2010 中，假定一个单元格的地址为 D25，则该单元格的地址称为（　　）。

A. 绝对地址　　B. 相对地址　　C. 混合地址　　D. 三维地址

7. 在 Excel 2010 中，使用地址 $D$1 引用工作表第 D 列（即第 4 列）第 1 行的单元格，这称为对单元格的（　　）。

A. 绝对地址引用　　B. 相对地址引用

C. 混合地址引用　　D. 三维地址引用

8. 在 Excel 2010 中，若要表示当前工作表中 B2 到 G8 的整个单元格区域，则应书写为（　　）。

A. B2 G8　　B. B2:G8　　C. B2;G8　　D. B2,G8

9. 在 Excel 2010 中，在向一个单元格输入公式或函数时，则使用的前导字符必须是(　　)。

A. =　　B. >　　C. <　　D. %

10. 在 Excel 中，假定单元格 B2 和 B3 的值分别为 6 和 12，则公式 =2*(B2+B3) 的值为（　　）。

A. 36　　B. 24　　C. 12　　D. 6

11. 在 Excel 2010 的工作表中，假定 C3:C6 单元格区域内保存的数值依次为 10、15、20 和 45，则函数 =MAX(C3:C6) 的值为（　　）。

A. 10　　B. 22.5　　C. 45　　D. 90

12. 在 Excel 2010 工作表中，假定 C3:C6 单元格区域内保存的数值依次为 10、15、20 和 45，则函数 =AVERAGE(C3:C6) 的值为（　　）。

A. 22　　B. 22.5　　C. 45　　D. 90

13. 在 Excel 2010 工作表中，假定 C3:C8 单元格区域内的每个单元格中都保存着一个数值，则函数 =COUNT(C3:C8) 的值为（　　）。

A. 4　　B. 5　　C. 6　　D. 8

14. 在 Excel 2010 单元格中，输入函数 =SUM(10,25,13)，得到的值为（　　）。

A. 25　　B. 48　　C. 10　　D. 28

15. 在 Excel 2010 中，假定 B2 单元格的内容为数值 15，则公式 =IF(B2>20," 好 ",IF(B2>10," 中 "," 差 ")) 的值为（　　）。

A. 好　　B. 良　　C. 中　　D. 差

第6章 中文 PowerPoint 2010 的应用

本章导读

PowerPoint 是 Office 软件中的演示文稿制作软件，利用它可以方便地制作出图、文、声、画并茂的演示文稿，制作好的演示文稿可以通过投影设备进行播放。

通过对本章内容的学习，应该能够做到：

- 了解：PowerPoint 的基本功能和各种视图，演示文稿的打包。
- 理解：演示文稿的母版和模板，幻灯片的排练计时。
- 应用：创建演示文稿，制作幻灯片，熟练掌握幻灯片的复制、删除、移动等操作，使用幻灯片主题和背景对演示文稿进行修饰，在幻灯片中加入图片、图表、声音、视频等对象，设置演示文稿的放映效果。

6.1 PowerPoint 2010 概述

PowerPoint 2010 是 Microsoft 公司套装办公软件 Office 中的演示文稿制作软件。它是集文字、图形、图像、声音以及视频剪辑等多媒体元素于一体的软件工具。专家做报告、教师授课、学生论文答辩、公司在推介产品时均用到演示文稿，制作的演示文稿可以通过计算机屏幕或投影机播放。

6.1.1 任务一 新建“校园文化艺术节”演示文稿

1. 任务引入

学院组织校园文化艺术节，此次艺术节由几项活动内容和项目构成，已经将有关事项通知到各分团委、各学生组织（社团）了。为了更好地组织这届艺术节，院团委特制作了一个介绍“校园文化艺术节”演示文稿。考虑到该演示文稿色彩、图案等要突出学院的特色，因此在新建演示文稿时并未使用模板新建文件。

2. 任务分析

这个任务主要是使用 PowerPoint 2010 新建一个演示文稿，以“校园文化艺术节 .pptx”为文件名保存在 F 盘的试卷文件夹下。这需要制作者熟悉 PowerPoint 软件环境以及基本操作，本节 6.1.2 ~ 6.1.5 将对这部分内容进行逐一讲解。

6.1.2 PowerPoint 2010 启动与退出

1. PowerPoint 2010 的启动

PowerPoint 2010 的启动有如下几种方法：

（1）利用【开始】菜单启动

选择【开始】|【所有程序】|【Microsoft Office】|【Microsoft PowerPoint 2010】命令，即可启动 PowerPoint 2010。

（2）利用桌面上的快捷方式启动

如果桌面上有 PowerPoint 2010 的快捷方式，也可以直接双击快捷方式图标启动 PowerPoint 2010。

（3）利用已有的演示文稿启动

在【资源管理器】（或【计算机】）窗口中双击扩展名为 .pptx 的文件，即可启动 PowerPoint 2010。

2. PowerPoint 2010 的退出

单击【文件】选项卡|【退出】命令，或双击 PowerPoint 2010 标题栏左上角的控制菜单图标，也可以单击标题栏右上角的【关闭】按钮。

6.1.3 PowerPoint 2010 常用术语和工作环境

1. PowerPoint 2010 常用术语

演示文稿：使用 PowerPoint 生成的文件称为演示文稿，扩展名为 .pptx。一个演示文稿由若干个幻灯片及相关的备注和演示大纲等内容组成。

幻灯片：幻灯片是演示文稿地组成部分，演示文稿中的每一页就是一张幻灯片，幻灯片由标题、文本、图形、图像、剪贴画、声音以及图表等多个对象组成。

演示文稿大纲：用于分层次地列出演示文稿的文本内容，帮助作者掌握演示文稿的全貌。

观众讲义：为便于观众加深对演示文稿的理解，将幻灯片按照不同的形式打印在纸上，就是“观众讲义”，也可以理解为讲义是幻灯片缩放之后的打印件，可供观众观看演示文稿放映时参考。

演讲者备注：每张幻灯片有一个备注页，用于书写当前幻灯片中的简要观点、演讲时应该注意的事项等，演讲者备注通常情况下观众是看不到的。

2. PowerPoint 2010 窗口介绍

启动中文 PowerPoint 2010 后，其窗口界面如图 6-1 所示。

① 标题栏：显示软件的名称（Microsoft PowerPoint）和当前文档的名称；在其左侧是快速访问工具栏，右侧是【最小化】【最大化 / 还原】【关闭】按钮。

② 功能区：是用户对幻灯片进行设置、编辑和查看效果的命令区，相当于 PowerPoint 2003 及更早版本中的菜单和工具栏。功能区中的常用命令主要分布在 9 个选项卡中，每个选项卡下有若干个选项组，每个组由若干个命令或按钮组成。

③ 幻灯片 / 大纲窗格：该窗格包括幻灯片窗格和用于显示幻灯片文本的大纲窗格。在【幻灯片】窗格中可查看幻灯片的缩略图，也可通过拖动缩略图来调整幻灯片的位置。而在【大纲】窗格中，仅显示幻灯片的标题和主要文本信息，用户可以在【大纲】窗格中直接创建、编排和组织幻灯片。

④ 幻灯片窗格：该窗格是幻灯片的编辑区，用户在其中对幻灯片进行编辑和格式化，例如，输入和编辑文本、插入各种媒体以及添加各种效果等。

⑤ 备注窗格：用于显示或添加对当前幻灯片的注释信息。

⑥ 状态栏：显示当前文档相应的某些状态要素。

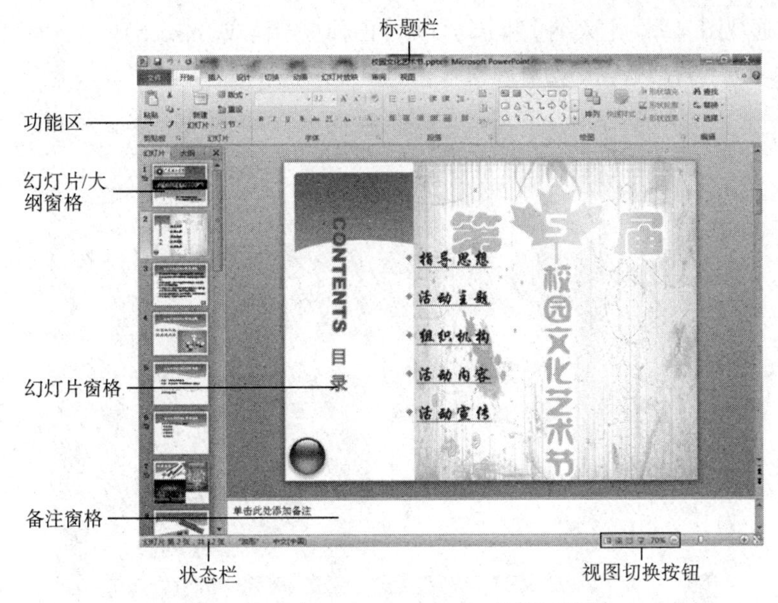

图 6-1　中文 PowerPoint 2010 的窗口组成

⑦ 视图切换按钮：在不同的视图之间切换。

6.1.4　PowerPoint 2010 的视图方式

在 PowerPoint 中，给出了 5 种视图模式：普通视图、幻灯片浏览视图、阅读视图、幻灯片放映视图和备注页视图，可以通过【视图切换按钮】和【视图】选项卡|【演示文稿视图】组中的不同的视图按钮进行切换。

1. 普通视图

打开一个演示文稿，单击窗口左下角视图切换按钮中的【普通视图】按钮（注意观察光标尾部的按钮的中文注释），看到的就是普通视图窗口，如图 6-2 所示。

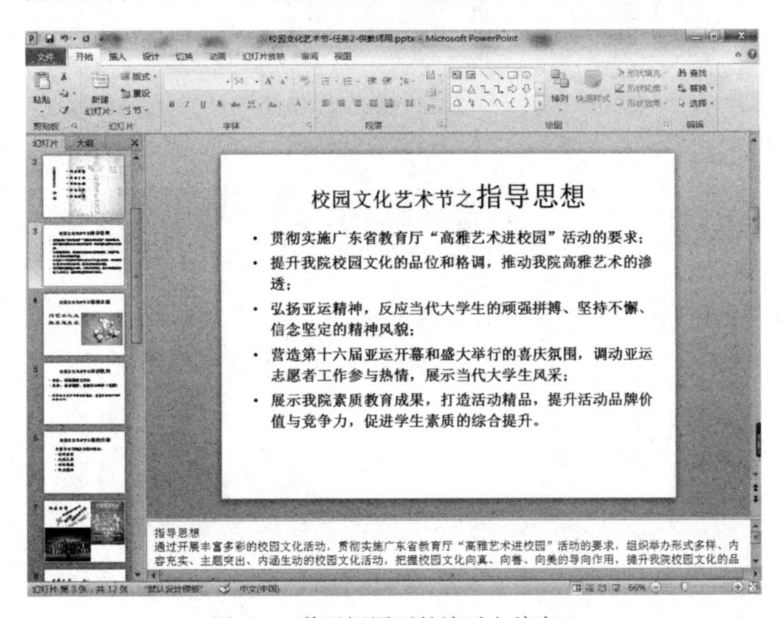

图 6-2　普通视图下的演示文稿窗口

此外，普通视图又分为【大纲】和【幻灯片】两种视图模式。单击幻灯片 / 大纲窗格中的【幻灯片】选项卡，进入普通视图的幻灯片模式，如图 6–3 所示。

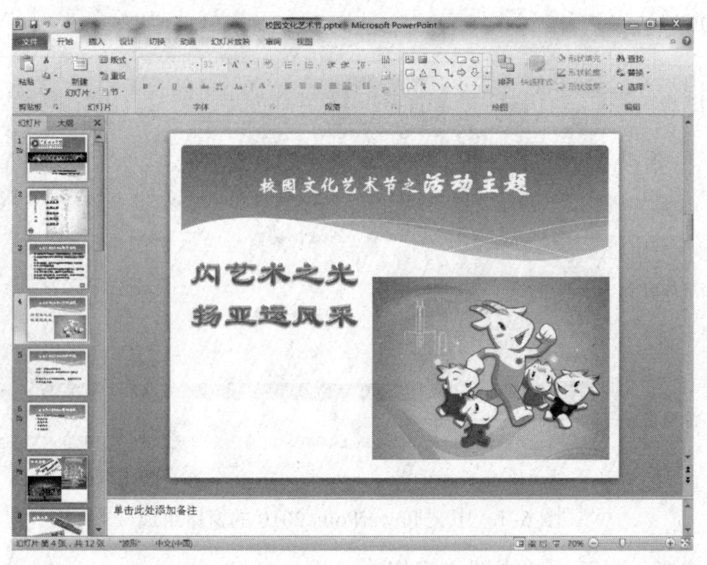

图 6–3　普通视图的幻灯片模式

幻灯片模式是调整、修饰幻灯片的最好显示模式。在幻灯片模式窗口中显示的是幻灯片的缩略图，在每张图的前面有该幻灯片的序列号，如果幻灯片设置了动画效果或者切换效果等，缩略图前还会出现动画播放按钮 。单击缩略图，即可在右边的幻灯片编辑窗口中进行编辑修改。单击播放动画按钮 ，可以浏览幻灯片动画播放效果。此外，还可拖动缩略图，改变幻灯片的位置，调整幻灯片的播放次序。

在演示文稿的普通视图窗口中，单击幻灯片 / 大纲窗格中的【大纲】选项卡，进入普通视图的大纲模式，如图 6–4 所示。由于普通视图的大纲方式具有特殊的结构，因此在大纲视图模式中，更便于改变标题和文本的级别、展开或折叠正文等。

图 6–4　普通视图的大纲模式

2. 幻灯片浏览视图

在演示文稿窗口中，单击视图切换按钮中的【幻灯片浏览视图】按钮，可切换到幻灯片浏览视图窗口，如图 6–5 所示。在这种视图方式下，演示文稿中的所有幻灯片以缩略图的方式排列在屏幕上，幻灯片的序号会出现在每张幻灯片的右下方，用户可以从整体上浏览所有幻灯片的效果，但不能直接对幻灯片内容进行编辑或修改。如果要修改幻灯片的内容，则可双击某个幻灯片，切换到普通视图，在幻灯片编辑窗口中进行编辑。

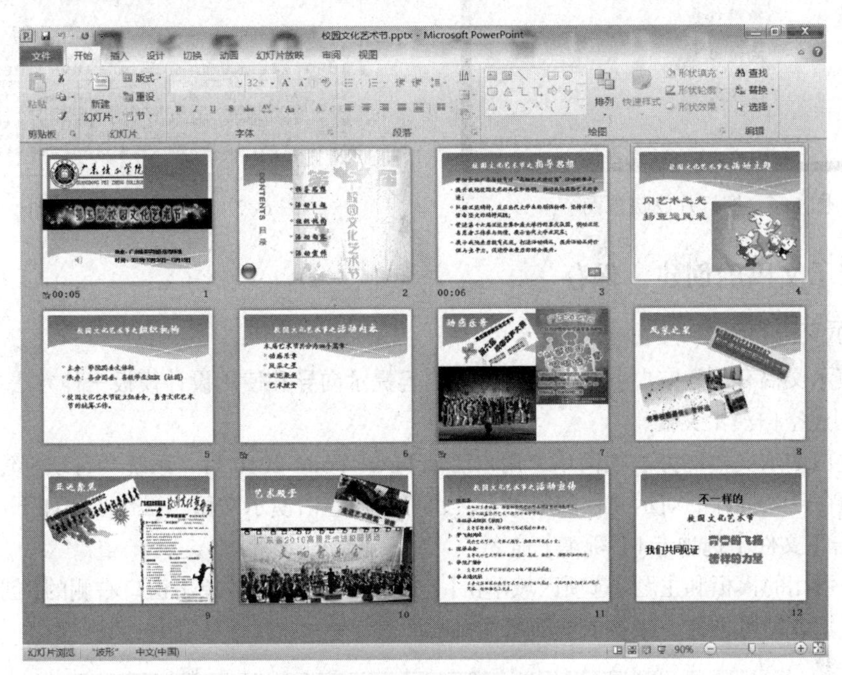

图 6–5　幻灯片浏览视图

3. 阅读视图

在演示文稿窗口中，单击视图切换按钮中的【阅读】按钮，切换到阅读视图窗口。在阅读视图中显示的是观众将来看到的效果，如果只是想审阅演示文稿，但又不想使用全屏的幻灯片放映视图，就可以使用阅读视图。这种视图通常用于只是个人查看演示文稿的场合，而非通过大屏幕向观众放映演示文稿的场合。

4. 幻灯片放映视图

在演示文稿窗口中，单击视图切换按钮中的【幻灯片放映】按钮，切换到幻灯片放映视图窗口，如图 6–6 所示。在这种视图下，幻灯片会占据整个屏幕，且可以看到图形、时间、影片、动画元素以及幻灯片切换效果，若要退出幻灯片放映视图，可以按【Esc】键。

5. 备注页视图

在演示文稿窗口中，单击【视图】选项卡 |【演示文稿视图】组 |【备注页】按钮，切换到备注页视图窗口，如图 6–7 所示。备注页视图是系统提供用来编辑备注页的，备注页由两部分构成，上半部分是幻灯片的缩小图像，下半部分是文本预留区。可以一边观看幻灯片的缩小图像，一边在文本预留区内输入幻灯片的备注内容。打印演示文稿时，可以选择只打印备注页。

图 6-6　幻灯片放映视图

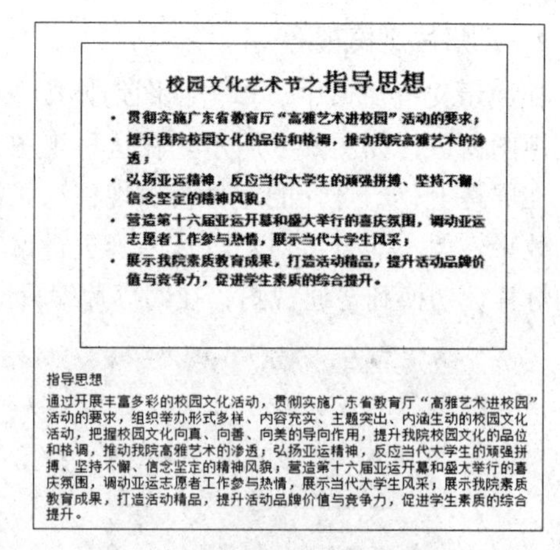

图 6-7　幻灯片备注页视图

6.1.5　演示文稿的创建、保存

1. 演示文稿的创建

创建演示文稿有创建空白演示文稿、使用内容提示向导和使用设计模板三种方法。

（1）创建空白演示文稿

创建空白演示文稿的方法很简单，用户启动 PowerPoint 2010 后，系统会自动创建一个空白演示文稿。在已经打开的演示文稿的基础上，也可创建空白演示文稿，操作步骤如下：

① 单击【文件】选项卡 |【新建】命令。

② 在【可用的模板和主题】选项区域单击【空白演示文稿】，并单击窗口右侧的【创建】按钮，如图 6-8 所示，即可创建一张空白的演示文稿。

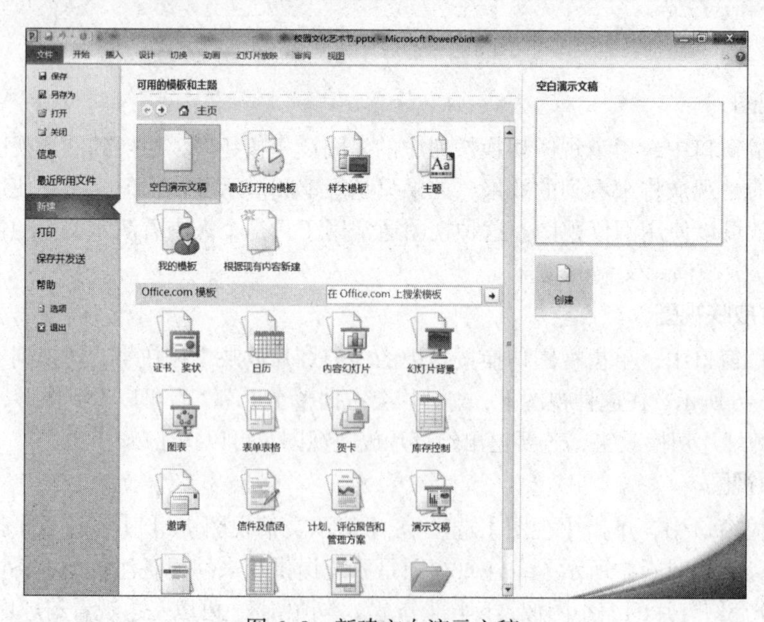

图 6-8　新建空白演示文稿

③ 可以直接在幻灯片窗格内对幻灯片进行文本、图形的编辑。

④ 单击【文件】选项卡 |【保存】命令，可将新建的演示文稿保存下来。

（2）根据主题创建演示文稿

主题是包含演示文稿样式的文件，包括项目符号、文本的字体和字号、占位符的大小和位置、背景设计、配色方案等。PowerPoint 提供了多种主题，以便为演示文稿设计完整专业的外观。利用主题创建演示文稿的操作步骤如下：

① 单击【文件】选项卡 |【新建】命令。

② 在【可用的模板和主题】选项区域单击【主题】，在显示的已安装的主题列表中选择所需的主题，例如选择【奥斯汀】，单击窗口右侧的【创建】按钮，即可创建一个应用了该主题的演示文稿，如图 6–9 所示。

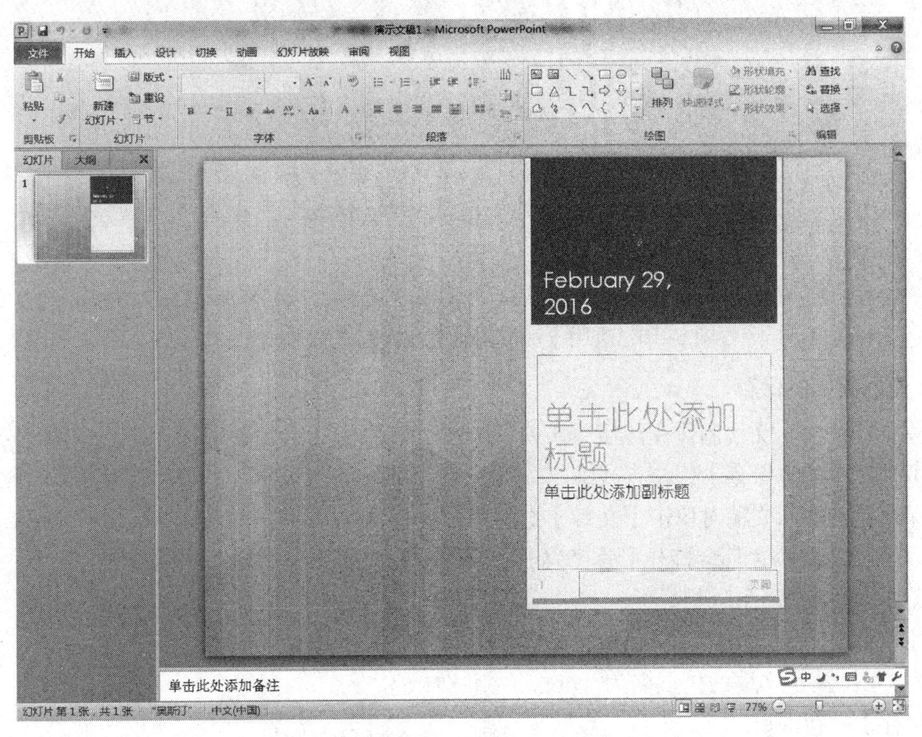

图 6–9　包含了【奥斯汀】主题的演示文稿

（3）根据样本模板创建演示文稿

样本模板是专业设计人员针对各种不同用途精心制作的演示文稿示例。PowerPoint 2010 提供的“样本模板”选项允许用户利用系统提供的演示文稿模板创建自己的演示文稿。设计模板包含幻灯片配色方案、标题及字体样式等。操作步骤如下：

① 单击【文件】选项卡 |【新建】命令。

② 在【可用的模板和主题】选项区域单击【样本模板】，在显示的已安装的样本模板列表中选择所需的模板，例如选择【都市相册】，单击窗口右侧的【创建】按钮，即可创建一个应用了该样本模板的演示文稿，如图 6–10 所示。

该演示文稿中幻灯片的级别内容、版式和背景等都已经设计好了，用户根据需要修改其中的内容，或者添加新的幻灯片，即可得到自己所需的演示文稿。

除上述三种创建演示文稿的方法之外，还可根据现有内容新建演示文稿和从 Office.com 下载模板并创建演示文稿，用户可以自行创建。

图 6-10　应用【都市相册】模板创建的演示文稿

2. 演示文稿的保存

在一个新的演示文稿制作完成后单击快速访问工具栏中的【保存】按钮，或编辑先前已经保存过的演示文稿时单击【文件】选项卡|【另存为】命令，都会打开【另存为】对话框，如图 6-11 所示。

在【文件名】文本框中输入文件名，选择保存类型，演示文稿的扩展名为“.pptx”单击【保存】按钮即可。

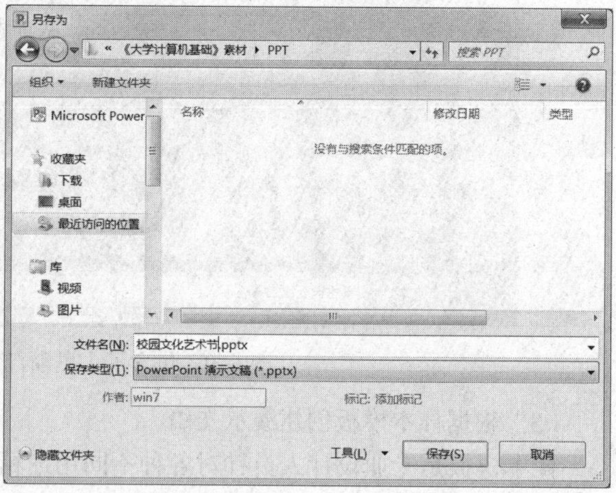

PowerPoint 可以保存多种不同的文件类型，在【保存类型】下拉列表框中选择即可，如演示文稿、演示文稿模板、演示文稿放映等。

图 6-11　【另存为】对话框

（1）演示文稿文件（*.pptx）

用户编辑和制作的演示文稿需要将其保存起来，所有在演示文稿窗口中完成的文件都保存为演示文稿文件（*.pptx），这是系统默认的保存类型。

（2）演示文稿放映文件（*.ppsx）

将演示文稿保存成固定以幻灯片放映方式打开的 PPSX 文件格式。当双击 .ppsx 文件时，演示文稿将直接呈现为放映视图，观众可以直接看到幻灯片的动画元素、切换效果及多媒体效果。

（3）演示文稿模板文件（*.potx）

PowerPoint 提供几十种演示文稿模板，包括颜色、背景、主题、大纲结构等内容，供用户使用。此外，用户也可以把自己制作的比较独特的演示文稿，保存为设计模板，以便将来制作相同风格的其他演示文稿。

6.2　演示文稿中幻灯片的制作

演示文稿中的每一页称为一张幻灯片，每张幻灯片都是演示文稿中既相互独立又相互联系的内容，制作演示文稿实际上就是制作一张张幻灯片的过程。

6.2.1　任务二　制作“校园文化艺术节”中的幻灯片

1. 任务引入

在任务一中，已经新建了一个名为“校园文化艺术节 .pptx”的空白演示文稿，任务二就是要为该演示文稿逐张地制作幻灯片。本任务需要制作的幻灯片共 12 张，文字和图片素材均在“第 6 章 PowerPoint 素材”文件夹下，每张幻灯片的内容如图 6–12 所示。

2. 任务分析

制作一个演示文稿的过程是：确定方案→准备素材→初步制作→装饰处理→预演播放。

制作者根据演示文稿表现的主题和内容首先要确定方案，并准备好相应的素材。而第三步“初步制作”正是我们这个任务需要解决的问题。本任务内容看似较多，其实对于已经熟练掌握 Word 2010、Excel 2010 等内容及操作技巧的人员来说，学习和掌握本任务内容则相对简单。在 6.2.2 ~ 6.2.3 中分别来学习有关的知识点。

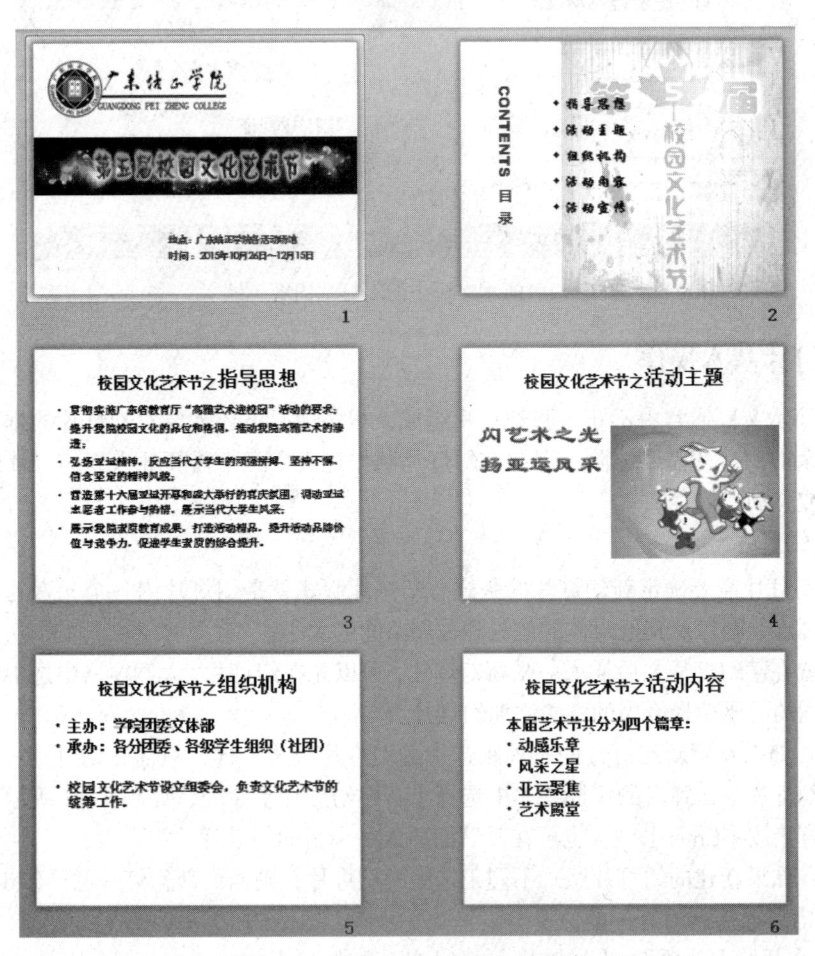

图 6–12　演示文稿中的幻灯片内容

图 6–12　演示文稿中的幻灯片内容（续）

6.2.2　幻灯片基本操作

制作的演示文稿通常由不止一张幻灯片组成，很多情况下还需要对幻灯片的排列顺序进行调整，而多余的幻灯片需要删除，因此在幻灯片制作过程中经常需要插入新幻灯片或者删除幻灯片、复制或移动幻灯片。

1. 插入幻灯片

插入新幻灯片需要确定新幻灯片的版式。幻灯片版式就是幻灯片内各个元素的布局方案，包括文字、图形、图片及其他媒体的位置和占用空间的大小。

如果需要在某幻灯片之后插入一张新幻灯片，可以先在幻灯片 / 大纲窗格中选中该幻灯片，然后根据不同的需要选择恰当的方法添加幻灯片。

方法一：如果希望新幻灯片的版式跟选中的幻灯片版式一样，只需在幻灯片 / 大纲窗格中右击选中的幻灯片，在弹出的快捷菜单中选择【新建幻灯片】命令，如图 6–13 所示。或者在选中幻灯片后直接按【Enter】键，也可在其后面插入一个新的幻灯片。

方法二：如果新建的幻灯片版式不同于选中的幻灯片，则插入新幻灯片的操作步骤如下：

① 选中需要插入新幻灯片的位置。

② 单击【开始】选项卡 |【幻灯片】组 |【新建幻灯片】按钮，在打开的下拉列表中选择新

建幻灯片的版式，即可在当前幻灯片之后插入一张新幻灯片。

③ 如果需要修改幻灯片版式，则单击【开始】选项卡 |【幻灯片】组 |【版式】按钮，在下拉列表中选取所需要的版式，如图 6–14 所示。

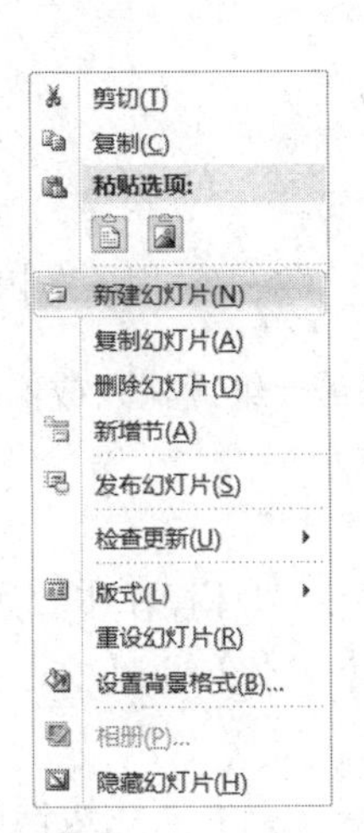

图 6–13　利用快捷菜单新建幻灯片

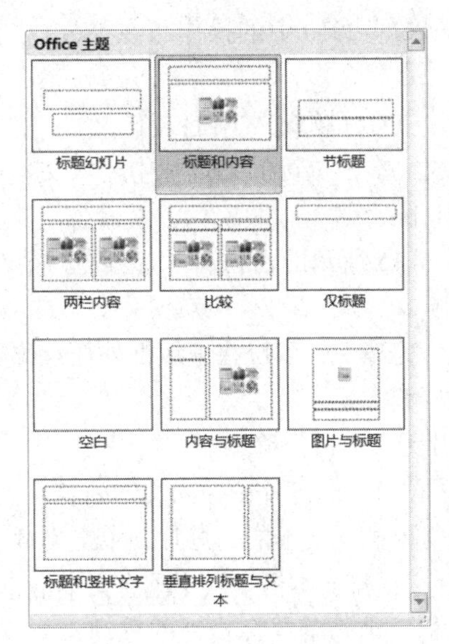

图 6–14 【版式】下拉列表

2. 删除幻灯片

右击要删除的幻灯片，在如图 6–13 所示的快捷菜单中选择【删除幻灯片】命令，或者选中要删除的幻灯片后按【Delete】键即可。

3. 移动和复制幻灯片

在演示文稿的排版过程中，可以通过移动或复制幻灯片，来重新调整幻灯片的排列次序，也可以将一些已设计好版式的幻灯片复制到其他演示文稿中。

在【幻灯片浏览视图】和【普通视图】下，均可以很方便地实现幻灯片移动或复制的操作。选中要移动的幻灯片，然后按住鼠标左键拖动到适当位置释放即可，复制幻灯片，则需要按住【Ctrl】键不放，同时按下鼠标左键拖动到适当位置释放即可。也可以选中要移动或复制的幻灯片，单击【开始】选项卡 |【剪贴板】组 |【剪切】或【复制】按钮，然后移动光标到适当位置，单击【开始】选项卡 |【剪贴板】组 |【粘贴】按钮，粘贴时可以按照需要进行粘贴选项的选择。此外，按【Ctrl+X】或【Ctrl+C】组合键进行剪切或复制，在到目标位置按【Ctrl+V】组合键进行粘贴，也可实现幻灯片的移动和复制。

若对演示文稿的幻灯片进行了插入和删除、移动和复制等操作，如果想撤销，均可单击【快速访问工具栏】中的【撤销】按钮。

6.2.3　幻灯片的制作

幻灯片是演示文稿的基本组成单位，而每张幻灯片是由若干“对象”组成的，对象是幻灯片重要的组成元素。在幻灯片中可以插入的对象元素包括文字、图片、表格、艺术字、组织结构图、声音和视频等。用户可以选择对象，修改对象的内容，移动、复制或者删除对象，还可以改变对象的属性，如颜色、阴影、边框等。因此，制作一张幻灯片的过程，实际上是制作其中每一个被指定的对象的过程。

1. 文本的输入与编辑

文本是幻灯片内容的重要组成部分。文本的输入与编辑，在 PowerPoint 2010 中的操作与在 Word 中操作基本相同。

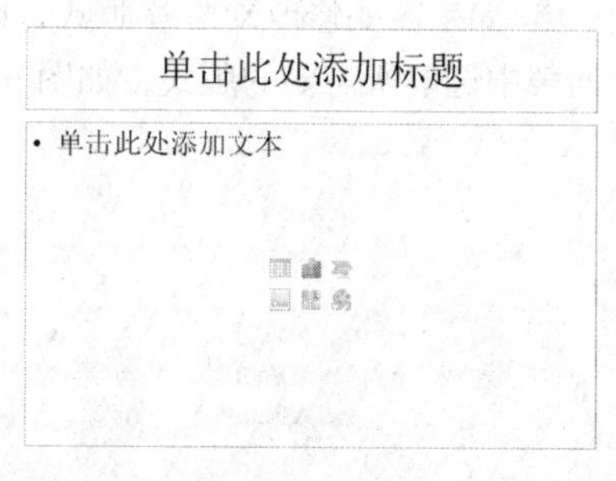

图 6-15 幻灯片中的占位符

（1）幻灯片中有标题或文本占位符

在有标题或文本占位符的幻灯片中输入文本内容的具体操作步骤如下：

① 单击图 6-15 所示的占位符（虚线框），输入所需文本。

② 文字输入完毕后，可以在虚线框外任意位置单击。如果需要继续输入或修改，在文字上单击，便可继续编辑。

（2）幻灯片无文本占位符

在无文本占位符的幻灯片中输入文本内容，需要使用文本框。具体操作步骤如下：

① 定位到需要插入文本的幻灯片，单击【插入】选项卡 |【文本】组 |【文本框】按钮，在下拉列表中选择【横排文本框】或【垂直文本框】命令。

② 拖动鼠标，则随着鼠标指针的移动，幻灯片上将出现一个具有实线边框的方框，当方框大小合适时，释放鼠标左键，则幻灯片上将出现一个可编辑的文本框，在文本框内输入文本内容。

③ 如果需要设置文本框的格式属性，需要切换到【绘图工具 / 格式】选项卡下，在相应的组中进行设置，设置方法和 Word 文本框一致，此处不再赘述。

2. 对象的插入与编辑

除了可在幻灯片中输入文本内容外，还可插入图片、图表、艺术字、表格、组织结构图、声音和视频等对象。

（1）插入剪贴画

如果幻灯片中无剪贴画占位符，插入剪贴画的操作步骤如下：

① 选择要插入图片的幻灯片，单击【插入】选项卡 |【图像】组 |【剪贴画】按钮，在右侧打开【剪贴画】任务窗格，如图 6-16 所示。

② 选择一种剪贴画类型，如“办公室”类别，将出现所有该类别的剪辑图片，从中选择一幅单击，图片将插入到幻灯片中。

还可以利用指定幻灯片版式中含有剪贴画的布局来插入剪贴画，如将幻灯片版式指定为【内容与标题】，如图 6-17 所示，按占位符的提示，单击剪贴画图标，打开【剪贴画】任务窗格，选择一幅剪贴画单击，即可实现插入剪贴画的操作。

对于剪贴画的格式属性设置和 Word 中讲的操作方法一致，此处不再赘述。

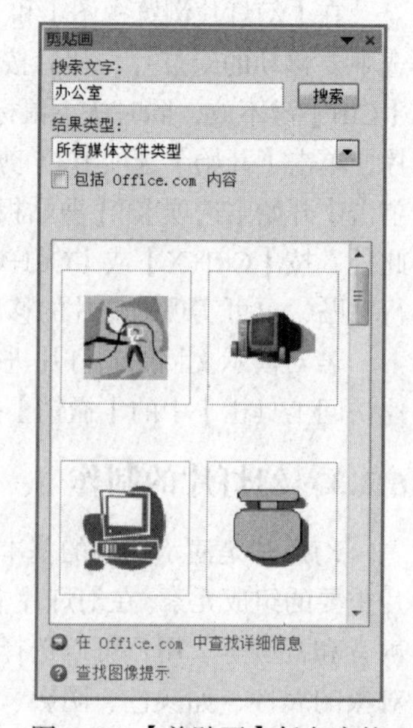

图 6-16 【剪贴画】任务窗格

（2）插入来自文件的图片

插入来自文件的图片的操作步骤如下：

① 选择需要插入图片的幻灯片。

② 单击【插入】选项卡 |【图像】组 |【图片】按钮，打开【插入图片】对话框，如图 6–18 所示。

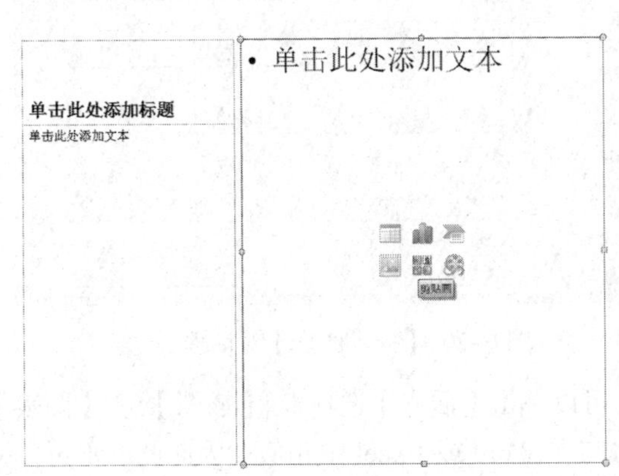

图 6–17 【内容与标题】版式的幻灯片

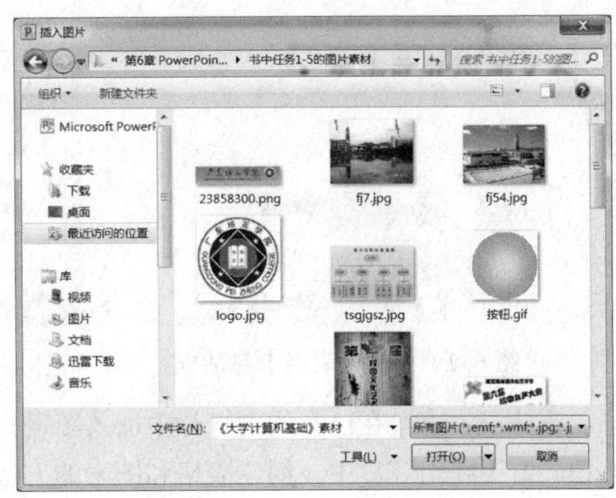

图 6–18 【插入图片】对话框

③ 打开图片文件所在文件夹，选中该图片文件的文件名，单击【打开】按钮，即可插入图片。

（3）插入形状

PowerPoint 还提供了基本的形状，可以在幻灯片中插入内置的形状，如圆、矩形、线条、流程图等。单击【插入】选项卡 |【插图】组 |【形状】按钮，在下拉列表中选择所需的形状，在幻灯片中拖动鼠标，即可创建相应的形状。

（4）插入艺术字

PowerPoint 还提供了一个艺术字处理程序，可以编辑各种艺术字效果。插入艺术字的方法是：单击【插入】选项卡 |【文本】组 |【艺术字】按钮，在打开的【艺术字库】下拉列表中选择艺术字的样式，然后在艺术字编辑框中输入文字，艺术字的格式属性设置和 Word 中相同。

（5）插入 SmartArt 图形

SmartArt 提供了许多诸如列表、流程图、组织结构图和关系图等不同的图形类型，每种图形类型又包含了若干种布局。在 PowerPoint 中还可以插入 SmartArt 图形。

插入 SmartArt 图形的方法是：选中需要插入 SmartArt 图形的幻灯片，单击【插入】选项卡 |【插图】组 |【SmartArt】按钮，在打开的【选择 SmartArt 图形】对话框中，选择所需的布局，然后单击【确定】按钮，SmartArt 图形将插入到幻灯片中，再在各个形状中输入对应文字即可。对于 SmartArt 图形的格式设置和 Word 中相同，此处不再赘述。

（6）插入表格和图表

在幻灯片中，表格的插入方法有两种，一是插入新幻灯片后，在幻灯片版式中选择含有表格占位符的版式，应用到新的幻灯片，然后单击幻灯片中表格占位符标识，在打开的【插入表格】对话框中输入列数和行数，如图 6–19 所示，单击【确定】按钮即可插入表格，再在单元格中输入内容即可；二是直接在已有的幻灯片中加入表格，可以单击【插入】选项卡 |【表格】组 |【表格】按钮，在下拉列表中拖选表格的行列，快速建立一个表格。

在幻灯片中使用图表可以更好地演示和比较一些数据，插入图表的方法有两种。

方法一：在幻灯片版式中含有图表占位符，单击幻灯片中图表占位符标识，在打开的【插入图表】对话框中选择图表类型及子类型，如图 6–20 所示，单击【确定】按钮即可插入图表。

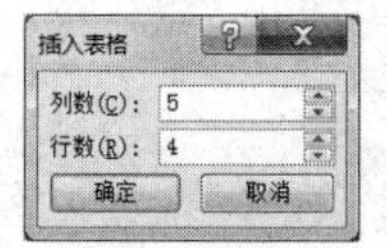

图 6-19 【插入表格】对话框

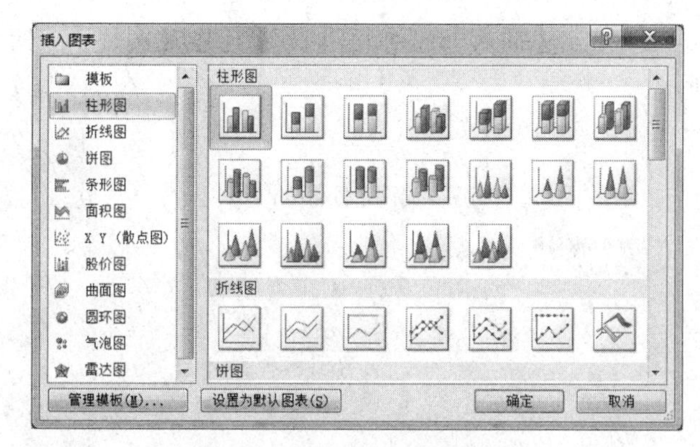

图 6-20 【插入图表】对话框

方法二：直接在已有的幻灯片中加入图表，可以单击【插入】选项卡 |【插图】组 |【图表】按钮。由于在幻灯片中，创建表格和图表的方法与在 Word 或 Excel 中相似，因此此处不再一一赘述。

（7）插入影片和声音

PowerPoint 提供了在幻灯片放映时播放声音、音乐和影片的功能，使演示文稿声色俱佳。

在幻灯片中插入声音和音乐的操作步骤如下：

① 在普通视图下，选择要插入影片或声音的幻灯片。

② 单击【插入】选项卡 |【媒体】组 |【音频】按钮，下拉列表中有三项关于插入声音的命令，如图 6-21 所示，它们的具体含义是：

- 如果要使用已有的声音，则选择【文件中的音频】命令；
- 如果使用“剪辑库”中的声音和音乐，则选择【剪贴画音频】命令；
- 如果要录制自己的声音，可选择【录制音频】命令；

此处以插入“文件中的音频”为例，进入到第③步骤。

③ 在打开的【插入声音】对话框中选择需要插入的声音文件，单击【插入】按钮，如图 6-22 所示，就完成了音频文件的插入操作，此时，在幻灯片上会出现表示声音的喇叭图标。

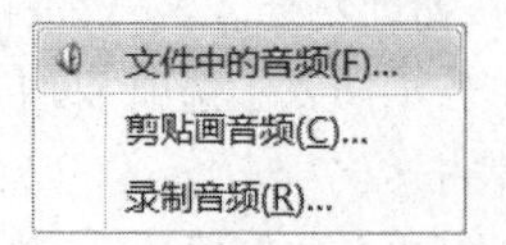

图 6-21 【音频】下拉列表

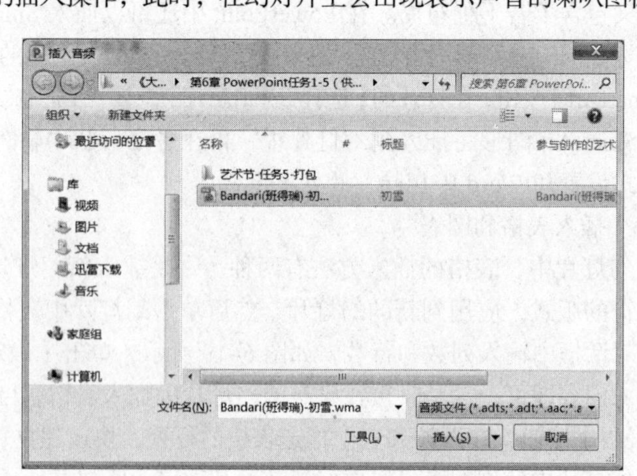

图 6-22 【插入音频】对话框

④ 如果要设置幻灯片中声音的播放，先选中喇叭图标，再切换到【音频工具 / 播放】选项卡，在【编辑】组和【音频选项】组中进行相应设置，如图 6-23 所示。

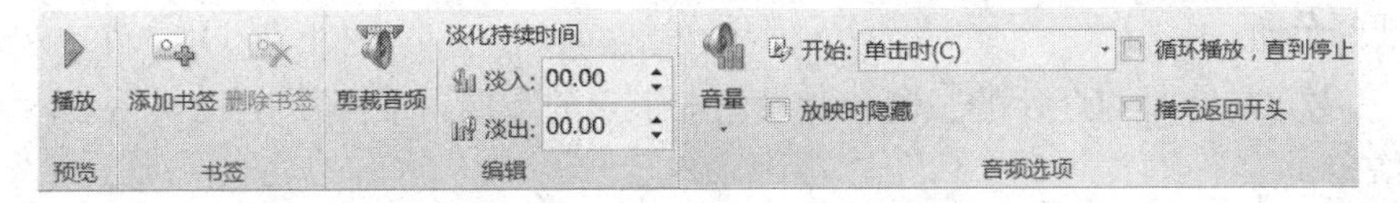

图 6–23 【音频工具 / 播放】选项卡

在幻灯片中插入视频的操作步骤如下：

① 在普通视图下，选择要插入影片的幻灯片。

② 单击【插入】选项卡 |【媒体】组 |【视频】按钮，在其下拉列表中可以选择插入视频的方式，如图 6–24 所示，选择【文件中的视频】或【剪贴画视频】命令，操作与插入音频的方法相似，这里不再展开介绍。若选择【来自网站的视频】命令，则打开【从网站插入视频】对话框，将网络视频的代码输入到此对话框中，单击【插入】按钮，可插入网络上的视频。

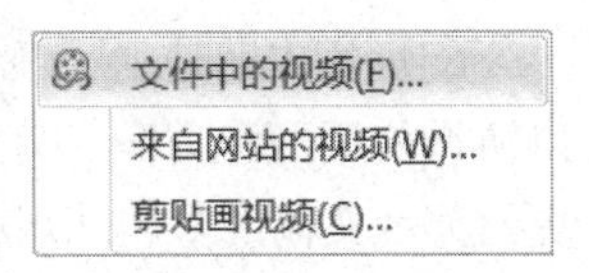

图 6–24 【视频】下拉列表

6.3　演示文稿的格式化和修饰

为了使演示文稿能更加吸引观众，针对不同的演示内容、不同的观众对象，采用不同风格的幻灯片外观是十分必要的。丰富的文字效果、协调的色彩更能够表现出讲演者的创意和观点。

演示文稿的格式化包括文字格式化、段落格式化、对象格式化、设置幻灯片的主题和背景等内容。对于文字格式、段落格式及对象格式和 Word 中的操作方法相似，此处不再赘述，这里仅对幻灯片主题和背景加以介绍。

6.3.1　任务三　“校园文化艺术节”的修饰

1. 任务引入

在上一个任务中，已经完成了“校园文化艺术节”幻灯片的制作，本任务是对其中的幻灯片进行修饰，进而掌握 PowerPoint 中如何设置幻灯片的主题和背景。

任务三要求将“校园文化艺术节”的所有幻灯片应用“波形”主题，将第 6 张幻灯片的背景设置为渐变填充，在幻灯片浏览视图中的效果如图 6–25 所示。

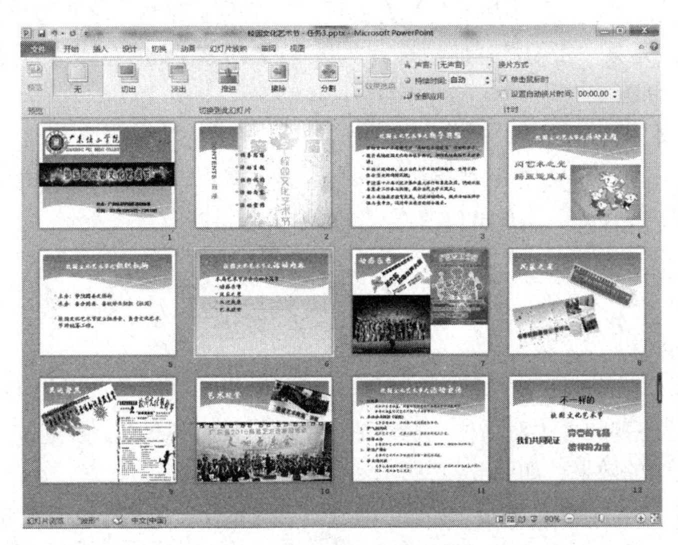

图 6–25　任务三的效果图

2. 任务分析

任务三主要是针对幻灯片的主题和背景的知识点的掌握，下面在 6.3.2 ~ 6.3.4 中分别来学习有关的知识点。

6.3.2 设置幻灯片主题

幻灯片主题是主题颜色、主题字体和主题效果三者的结合。PowerPoint 提供了多种设计主题，以协调使用配色方案、背景、字体样式和占位符位置。使用预先设计的主题，可以轻松快捷地更改演示文稿的整体外观。默认情况下，PowerPoint 会将普通 Office 主题应用于新的空演示文稿，但可以通过应用不同的主题来改变演示文稿的外观。

1. 快速应用主题

默认情况下，新建的演示文稿主题是“空白页”，这样显得比较单调和呆板，可以快速应用 Office 内置的主题，操作步骤如下：

① 选中需要应用主题的幻灯片，单击【设计】选项卡 |【主题】组中的【其他】按钮。

② 在下拉列表中选择一款合适的主题样式，例如选择蓝色风格的“波形”，如图 6-26 所示。

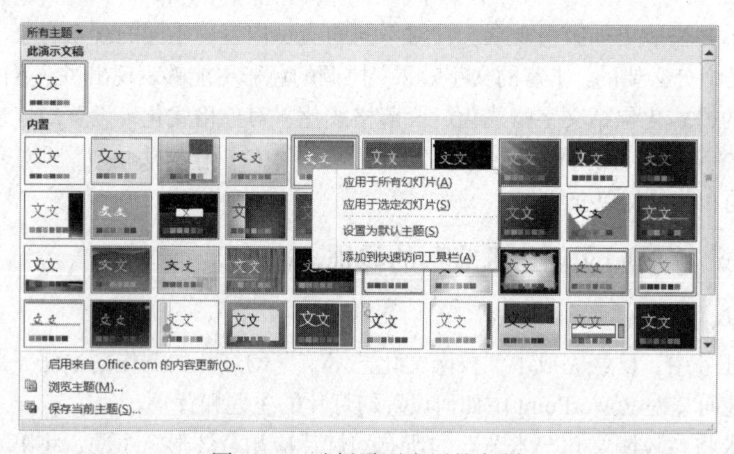

图 6-26 选择需要应用的主题

③ 更改主题后，演示文稿中所有幻灯片的图形、颜色和字体、字号等也变成了新更换的主题中样式，如果仅仅是某一张幻灯片使用选定主题，则右击该主题，在弹出的快捷菜单中选择【应用于选定幻灯片】命令。

2. 自定义主题

PowerPoint 2010 中的主题是可以更改的。每一种风格的主题都可以变换若干种颜色、字体或者线条与填充效果等样式，用户可以保存自己的自定义主题。

（1）更改主题颜色

主题颜色包含 4 种文本和背景颜色、6 种强调文字颜色以及 2 种超链接颜色，更改主题颜色的操作步骤如下：

① 单击【设计】选项卡 |【主题】组 |【颜色】按钮，在下拉列表中选择【新建主题颜色】命令。

② 打开【新建主题颜色】对话框，在对话框中可以设置各种主题颜色，在右侧的“示例”中可以看到所做更改的效果，如图 6-27 所示。

③ 在【名称】文本框中，为新主题颜色输入适当的名称，单击【保存】按钮。

（2）更改主题字体

更改现有主题的标题和正文文本字体，旨在使其与演示文稿的样式保持一致，更改主题字体的操作步骤如下：

① 单击【设计】选项卡 |【主题】组 |【字体】按钮，在下拉列表中选择【新建主题字体】命令。

② 打开【新建主题字体】对话框，在对话框的【标题字体】和【正文字体】下拉列表框中，选择要使用的字体，在右侧的【示例】窗口中可以看到所做更改的效果，如图 6-28 所示。

图 6-27 【新建主题颜色】对话框

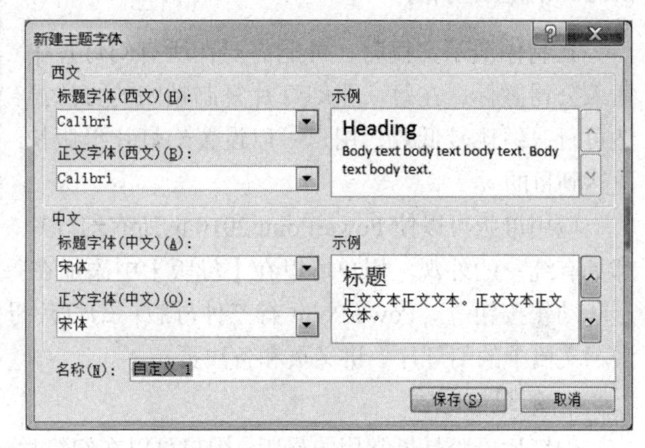

图 6-28 【新建主题字体】对话框

③ 在【名称】文本框中，为新主题字体输入适当的名称，单击【保存】按钮。

（3）选择一组主题效果

主题效果是线条与填充效果的组合，用户无法创建自己的主题效果集，但可以选择要在自己的演示文稿主题中使用的效果，单击【设计】选项卡 |【主题】组 |【效果】按钮，在列表中选择要使用的效果即可。

（4）保存主题

保存对现有主题的颜色、字体或者线条与填充效果的更改，便可以将该主题应用到其他演示文稿中，保存主题的操作步骤如下：

① 单击【设计】选项卡 |【主题】组中的【其他】按钮。

② 在下拉列表中选择【保存当前主题】命令，打开【保存当前主题】对话框。

③ 在对话框中为主题输入适当的名称，单击【保存】按钮。

6.3.3　幻灯片背景

用户可以为幻灯片设置颜色、图案或者纹理等背景，也可以使用图片作为幻灯片背景，需要注意的是幻灯片的背景要与幻灯片的主题颜色搭配协调。

设置幻灯片背景的操作步骤如下：

① 选中要设置背景颜色的幻灯片，本任务要选中第 6 张幻灯片，单击【设计】选项卡 |【背景】组 |【背景样式】按钮，在下拉列表中选择“设置背景格式”命令，打开【设置背景格式】对话框，如图 6-29 所示。

② 若要使用纯色填充，则选择【纯色填充】单选按钮，在下方【填充颜色】选项区域的【颜色】下拉列表中选取颜色，同时还可以设置透明度。

③ 除纯色填充外，还可以设置幻灯片的渐变效果背景、图案效果背景、纹理效果背景和

图片效果背景。

④ 在【设置背景格式】对话框中设置完毕后，单击【关闭】按钮，可将设置应用到当前幻灯片；单击【全部应用】按钮，则表示背景设置应用到演示文稿中所有的幻灯片；单击【重置背景】按钮，代表将对话框中的设置还原到打开时的状态。

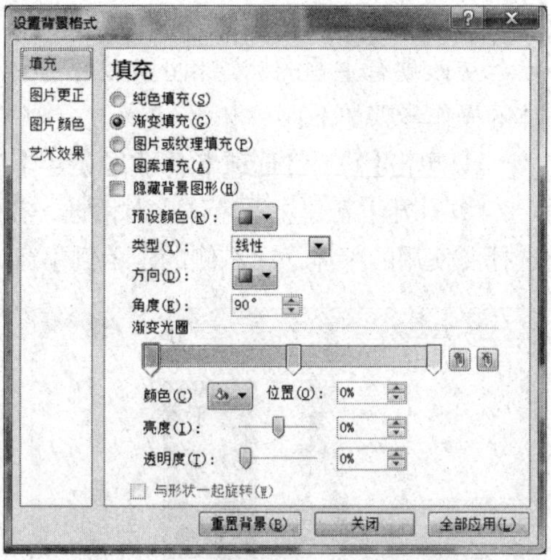

图 6-29 【设置背景格式】对话框

6.3.4 应用母版

在制作演示文稿时，可能需要在所有幻灯片中插入公司徽标，在每一张幻灯片复制粘贴的方法虽然可行，但比较低效，用户可以设置幻灯片母版快速达到目的。

应用母版可以使 PowerPoint 2010 的所有幻灯片都具有统一的外观。用户可以在【母版】中添加在每张幻灯片上都出现的元素，例如文本、图形和动作按钮等。PowerPoint 有三种母版：幻灯片母版、讲义母版和备注母版，分别用于控制演示文稿中的幻灯片、讲义页和备注页。

1. 幻灯片母版

幻灯片母版是最常用的母版，用户可以在幻灯片母版上更改字体或项目符号、插入图片等。设置幻灯片母版的操作步骤如下：

① 打开要应用幻灯片母版的演示文稿。

② 单击【视图】选项卡 |【母版视图】组 |【幻灯片母版】按钮，即可进入幻灯片母版视图，如图 6-30 所示。同时，功能区自动增加【幻灯片母版】选项卡，如图 6-31 所示。

③ 使用【幻灯片母版】选项卡相应功能按钮可以对幻灯片主题、背景、页面进行设置。

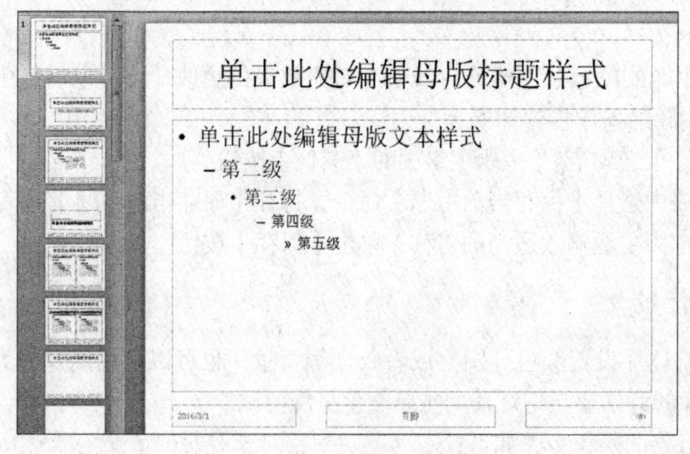

图 6-30 幻灯片母版视图

图 6-31 【幻灯片母版】选项卡

④ 单击幻灯片母版视图左侧的第一张缩略图，可以对幻灯片母版加以设置，主要包含标题文本和五个级别的正文文本、版式（包含文本和页脚信息的虚线框的位置）以及背景进行设置。

⑤ 单击幻灯片母版视图左侧的【标题幻灯片版式】，即第二张缩略图，可以对标题幻灯片母版进行设置，这些样式包括背景设计、颜色、标题和副标题文本以及版式。

⑥ 设置完毕，单击【讲义母版】选项卡 |【关闭】组 |【关闭母版视图】按钮，切换到原来的视图方式。

2. 讲义母版

讲义母版用于设置打印演示文稿时每页打印的幻灯片张数，以及每页纸上的页眉页脚等信息，设置讲义母版的操作步骤如下：

① 打开要设置讲义母版的演示文稿。

② 单击【视图】选项卡 |【母版】组 |【讲义母版】按钮，即可进入讲义母版视图，如图 6-32 所示。

③ 在讲义母版视图下，功能区会自动切换到【讲义母版】选项卡，如图 6-33 所示。其中【页面设置】组可以设置每页讲义上显示的幻灯片张数、讲义方向等，图 6-34 和图 6-35 所示为对讲义进行页面设置和设置每页幻灯片数量。

图 6-32　讲义母版视图

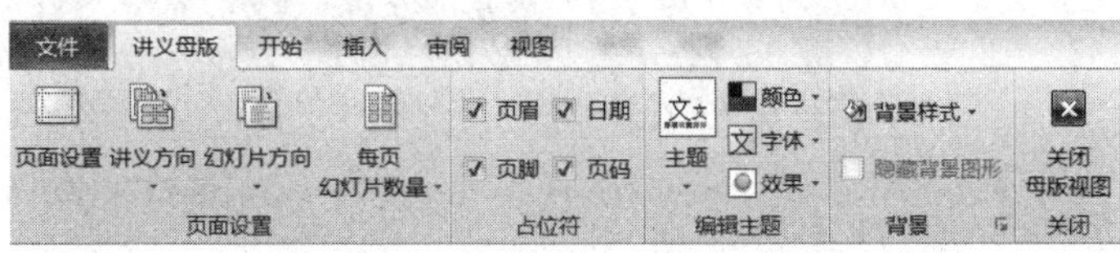

图 6-33 【讲义母版】选项卡

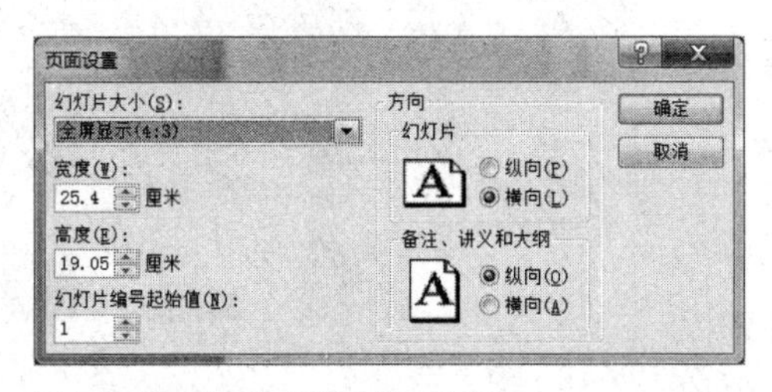

图 6-34　【页面设置】对话框

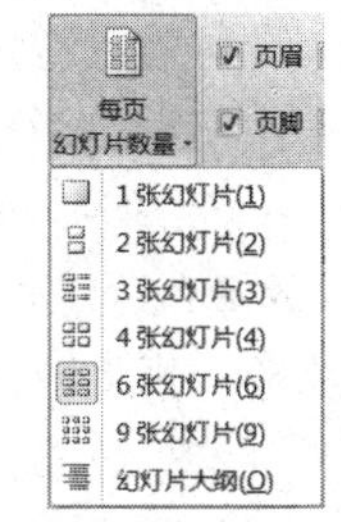

图 6-35　设置每页幻灯片数量

④ 在功能区【讲义母版】选项卡 |【占位符】组，可以设置讲义打印时是否显示页眉、页脚、日期和页码。单击讲义母版的页眉占位符，即可输入讲义页眉的内容。

⑤ 设置完毕，单击【讲义母版】选项卡 |【关闭】组 |【关闭母版视图】按钮，切换到原来

的视图方式。

3. **备注母版**

备注母版用于控制备注页的版式以及备注文字的格式。操作步骤如下：

① 打开要应用幻灯片母版的演示文稿。

② 单击【视图】选项卡 |【母版】组 |【备注母版】按钮，即可进入备注母版视图。

③ 在备注母版视图下，功能区会自动切换到【备注母版】选项卡，利用该选项卡的页面设置、占位符、编辑主题和背景在打开的【备注母版】视图中进行相应设置。

④ 单击【备注母版】选项卡 |【关闭】组 |【关闭母版视图】按钮。

【拓展练习 6-1】对“校园文化艺术节 .pptx”演示文稿进行幻灯片母版的设置，完成后另存为“校园文化艺术节 – 母版 .pptx”，要求完成后的演示文稿在幻灯片浏览视图中的效果如图 6–36 所示。

图 6–36　应用母版后的幻灯片浏览视图

具体操作步骤如下：

① 单击【视图】选项卡 |【母版视图】组 |【幻灯片母版】按钮，即可进入幻灯片母版视图。

② 单击左侧第一张缩略图，在正文幻灯片母版中插入“绿叶 2.jpg”图片，如图 6–37 所示。

图 6–37　插入图片

③ 修改图片的颜色为【冲蚀】，调整图片大小至整个幻灯片大小，再将图片的叠放次序设置为【置于底层】，得到背景效果；修改母版中标题样式为华文琥珀、44 号、加粗、深蓝色，母版中的文本样式设置为一级项目符号为◆，二级项目符号为➢，如图 6–38 所示。

④ 单击左侧第二张缩略图，设置演示文稿的

标题幻灯片母版，对标题母版插入“绿叶 1.jpg”，修改图片的颜色为【冲蚀】，调整图片大小至整个幻灯片大小，再将图片的叠放次序设置为【置于底层】，得到背景效果，再对主标题和副标题加以设置，如图 6-39 所示。

图 6-38　改变后的母版标题样式及文本样式

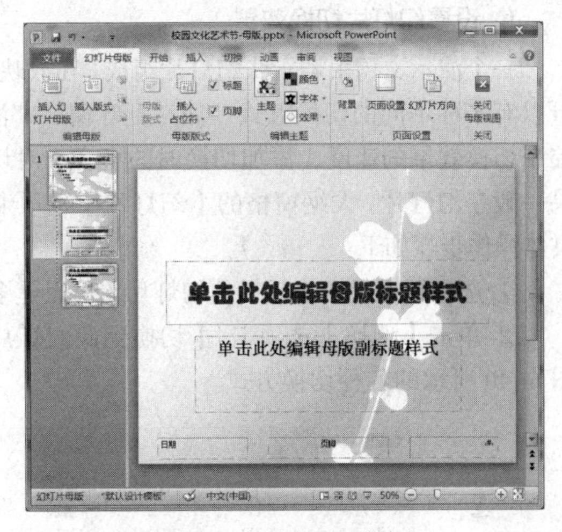

图 6-39　标题母版的修改

⑤ 单击【幻灯片母版】选项卡 |【关闭】组 |【关闭母版视图】按钮。

6.4　演示文稿的放映

幻灯片放映是将幻灯片直接显示在计算机的屏幕上，可以在幻灯片之间增加美妙动人的切换方式，甚至可以让幻灯片上的对象动起来，更加吸引观众的注意力。

6.4.1　任务四 “校园文化艺术节”的放映

1. 任务引入

在任务三结束时，“校园文化艺术节”演示文稿制作并修饰就完成了，接下来的任务就是对其进行放映前的准备工作。本任务主要是围绕幻灯片放映时的一些动画设置及交互设置展开的，具体要求是：

- 幻灯片切换时要有不同的切换效果；
- 每张幻灯片中的文字或者图片依先后顺序出现；
- 设置一些文字或者图片的超链接，并添加动作按钮，以控制幻灯片的放映顺序；
- 实现自动放映幻灯片，并在放映时有背景音乐播放。

2. 任务分析

分析该任务，主要就是对幻灯片切换效果及幻灯片的动画效果进行设置，以及采用超链接和动作设置控制幻灯片播放顺序，此外在放映幻灯片阶段能自始至终地自动播放背景音乐，并且能够按照预先设置好的【排练计时】实现幻灯片的自动循环放映。下面在 6.4.2 ～ 6.4.4 中分别来学习有关的知识点。

6.4.2　设置演示文稿的演示效果

演示文稿的演示效果包括幻灯片的切换效果和幻灯片的动画效果。幻灯片切换与幻灯片动画是两个不同的概念。幻灯片切换是指在演示文稿放映期间，幻灯片进入和离开屏幕时产生的视觉效果，而幻灯片动画是设置幻灯片中的文本、图片、形状、表格、SmartArt 图形以及其他对象在进入、退出、大小或颜色变化甚至移动等视觉效果。

1. 设置幻灯片切换效果

一个演示文稿由若干张幻灯片组成。在放映过程中，由一张幻灯片转换到另一张幻灯片时，可以有多种不同的切换方式，如“百叶窗”“淡出”“摩天轮”等切换效果。PowerPoint 允许控制切换效果的速度，添加切换时的声音，对切换效果的属性进行自定义。设置幻灯片切换效果一般在幻灯片 / 大纲窗格的【幻灯片】选项卡中进行，也可以在【幻灯片浏览】视图进行，具体操作步骤如下：

① 选择要设置切换效果的幻灯片（可以是多张）。

② 单击【切换】选项卡 |【切换到此幻灯片】组中的【其他】按钮，在下拉列表中出现图 6-40 所示的各种切换方式。

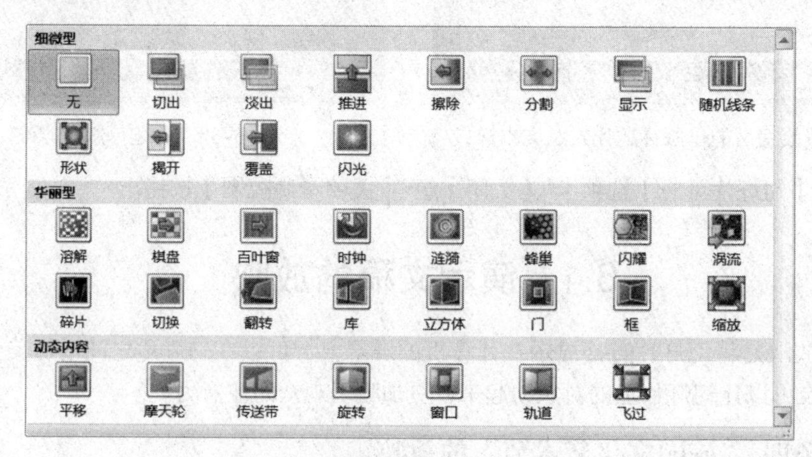

图 6-40 【切换幻灯片】下拉列表

③ 当选中某切换效果后，还可以修改切换的效果选项，单击【切换】选项卡 |【切换到此幻灯片】组 |【效果选项】按钮，在下拉列表中选择具体效果，图 6-41 所示是切换效果为【涟漪】的效果选项列表。

④ 除了幻灯片的切换方式，在【计时】组中还可以设置切换效果的其他属性，如图 6-42 所示。其中，单击【声音】下拉按钮可选择切换时所需的声音，如“风铃”“爆炸”等；通过设置【持续时间】的秒数控制切换速度。全部设置完成后，单击【全部应用】按钮，则可将切换效果应用到所有幻灯片上，否则只应用到当前选定的幻灯片上。

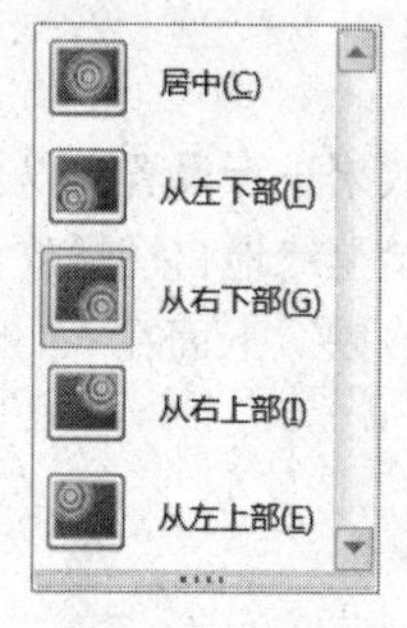

图 6-41 【涟漪】的效果选项列表

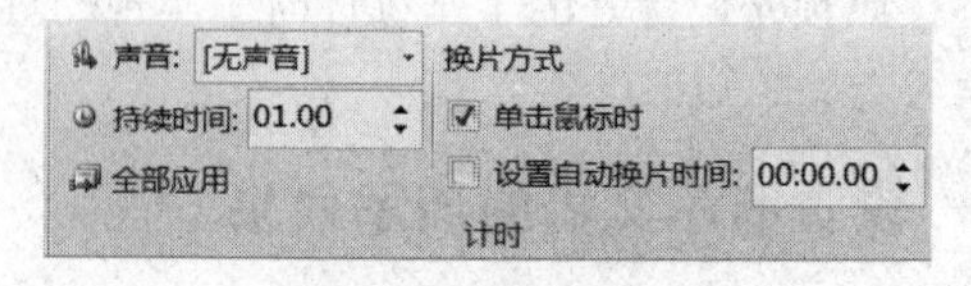

图 6-42 【计时】组

温馨提示

在【换片方式】选项区域有两种换片方式，一种是单击鼠标换片；另一种是自动换片。自动换片要输入放映两张幻灯片之间间隔的秒数。当两个复选框都选中时，如选择的时间到了，则自动切换到下一张，如选择的时间未到而用鼠标单击了幻灯片，也将切换到下一张。

2. 设置幻灯片动画效果

切换效果是针对整张幻灯片，而动画效果则是对幻灯片中的某些对象（如文本、图片、形状、表格、SmartArt 图形以及其他对象等）设置的。这样可以突出重点，控制信息的流程，提高演示的趣味性。设置各个对象间的动画顺序，达到特殊的动画效果，比如可设定对象的进入、强调和退出的效果，甚至可以自己绘制对象的动作路径。

以设置第 7 张幻灯片中的“动感乐章”文字和三张图片的动画为例，具体操作步骤如下：

① 选中需要设置动画的对象，例如第 7 张幻灯片文字“动感乐章”，单击【动画】选项卡|【动画】组中的【其他】按钮，在打开的动画效果下拉列表中选择进入、强调、退出或者动作路径的动画效果，如图 6-43 所示。其中，【无】表示删除已经设置的动画；【进入】区域设置对象出现的动画效果；【强调】区域是对已出现的对象再次以动画的效果显示，起到突出和强调的作用；【退出】区域设置对象消失的动画效果；【动作路径】区域给对象添加某种路径的动画效果。也可通过列表框下方的【更多进入效果】【更多强调效果】【更多退出效果】【其他动作路径】命令进行更多选择。

② 当选中某动画效果后，还可以修改动画效果选项，单击【动画】选项卡|【动画】组|【效果选项】按钮，在效果选项列表中可以设置动画出现的方向和序列，图 6-44 所示是动画效果为【飞入】的效果选项列表。其中，【序列】区域中的【作为一个对象】是将选择的所有对象作为一个整体制作并播放动画；【整批发送】是将选择的对象分别制作动画但同时播放；【按段落】是将文本对象以段落作为单位，逐段播放动画。

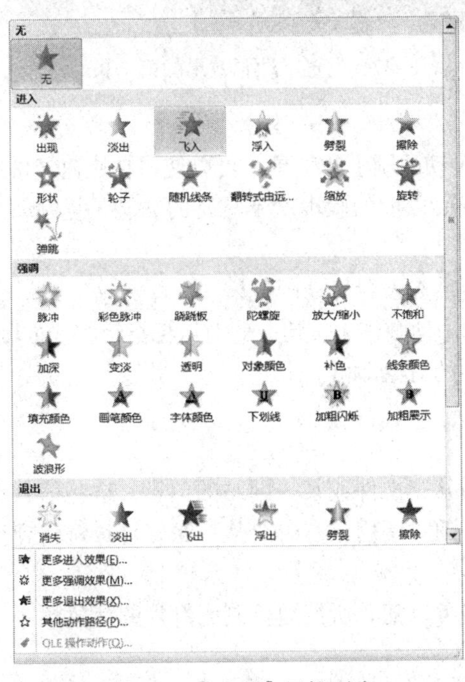

图 6-43 【动画】下拉列表

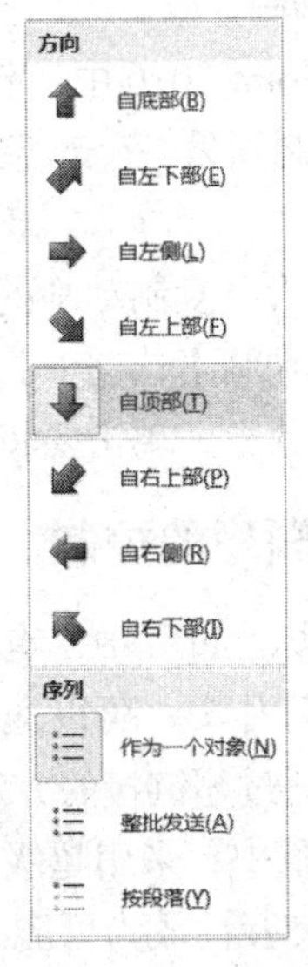

图 6-44 【飞入】的效果选项列表

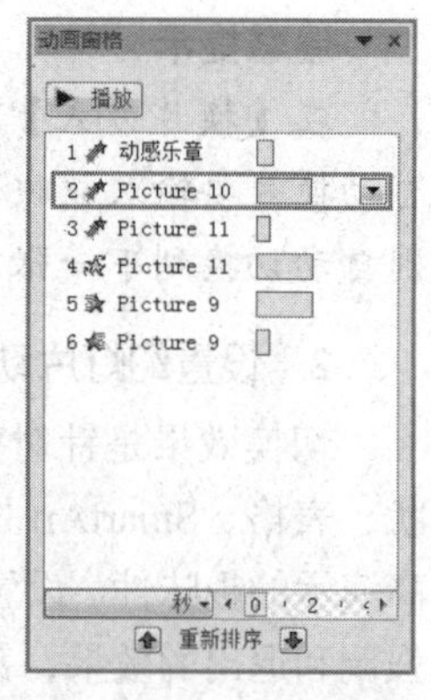

图 6–45　动画窗格

③ 如果要为一个对象应用多个动画效果，则单击【动画】选项卡|【高级动画】组|【添加动画】按钮，在下拉列表中选择动画即可。

④ 单击【动画】选项卡|【高级动画】组|【动画窗格】按钮，打开【动画窗格】任务窗格，如图 6–45 所示。该窗格显示有关动画效果的重要信息，如效果的类型、多个动画效果之间的相对顺序，动画对象的名称以及效果的持续时间等。可通过单击【动画窗格】下方的【重新排序】或按钮，调整所选对象播放的顺序；也可在动画列表中直接拖动对象以调整播放顺序。在【动画窗格】任务窗格中选中某个对象，单击右侧的下拉按钮，打开如图 6–46 所示的下拉菜单，可以设置动画开始的方式，以及更多的动画效果和动画计时方面的设置，对不需要的动画可以进行删除。

⑤ 完成“动感乐章”的动画设置后，用同样的方法为其他三个图片对象设置它们的进入、强调、退出或者动作路径的动画设置，如图 6–47 所示。幻灯片窗格中用 1 ～ 6 表示对象动画的顺序，其中左下角的图片设置了【进入】和【强调】的动画效果，右上角的图片设置了【进入】和【退出】的动画效果。

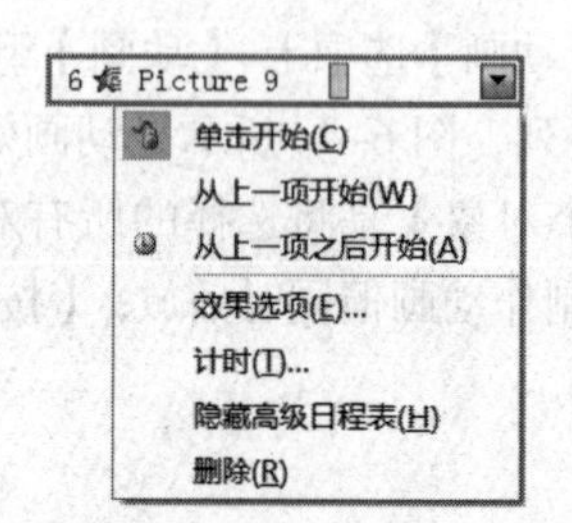

图 6–46　某对象的动画下拉菜单

图 6–47　设置了动画效果的第 7 张幻灯片

3. 复制动画

在 PowerPoint 2010 中，新增了一个名为【动画刷】的工具，可以使用它快速轻松地将动画从一个对象复制到另一个对象，这是 PowerPoint 以前的版本所不具备的功能。复制动画的操作步骤如下：

① 选择包含要复制动画的对象，该对象要事先设置好动画效果。

② 单击【动画】选项卡|【高级动画】组|【动画刷】按钮，此时鼠标指针将变成刷子形状。

③ 在幻灯片上，单击要将动画复制到其中的对象即可。

6.4.3　放映顺序的控制

在放映幻灯片过程中，有时希望中间穿插某一文件或某一网站的信息，这些信息不一定要放在自己的幻灯片中，可以通过超链接的方法随时调用；有时要从一张幻灯片跳转到另一张幻灯片，也可以通过超链接的方法实现。

在演示文稿中，采用超级链接和动作按钮可以随心所欲地控制幻灯片的播放顺序，使幻灯片的放映更具交互性成为可能。

1. 插入超链接

以为第 2 张幻灯片中的文字插入超链接为例，具体操作步骤如下：

① 选中要链接的对象（文字或者其他对象，本例选中第 2 张幻灯片中的“指导思想”），单击【插入】选项卡 |【链接】组 |【超链接】按钮，打开“插入超链接”对话框，如图 6-48 所示。

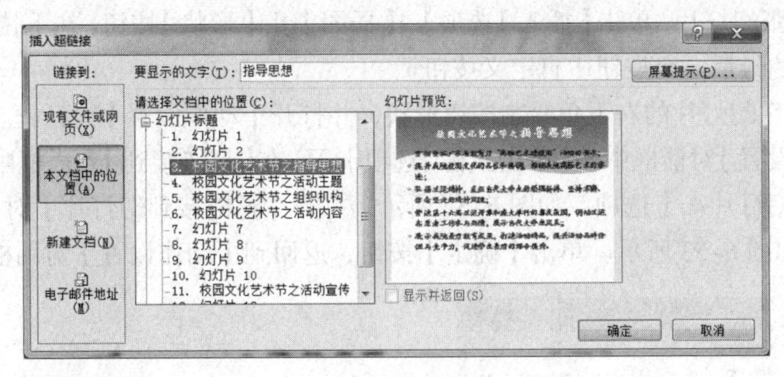

图 6-48 【插入超链接】对话框

② 在该对话框中，选择【本文档中的位置】链接类型，在【请选择文档中的位置】列表框中选择【3. 校园文化艺术节之指导思想】，单击【确定】按钮，超链接就创建好了。

用户还可以根据实际需要选择链接到【原有文件或网页】【新建文档】【电子邮件地址】等进行设置。

若要编辑或删除已建立的超链接，可以在幻灯片视图中，右击超链接的文本或对象，在弹出的快捷菜单中选择【编辑超链接】命令或【删除超链接】命令。

按上述方法逐一对“活动主题”“组织机构”“活动内容”“活动宣传”进行超链接设置，设置完毕后的效果如图 6-49 所示。按默认的配色方案，超链接以蓝色显示，可以将“超链接”和“已访问的超链接”的配色方案加以修改，如图 6-50 所示，最终得到修改配色方案之后的超链接效果，如图 6-51 所示。

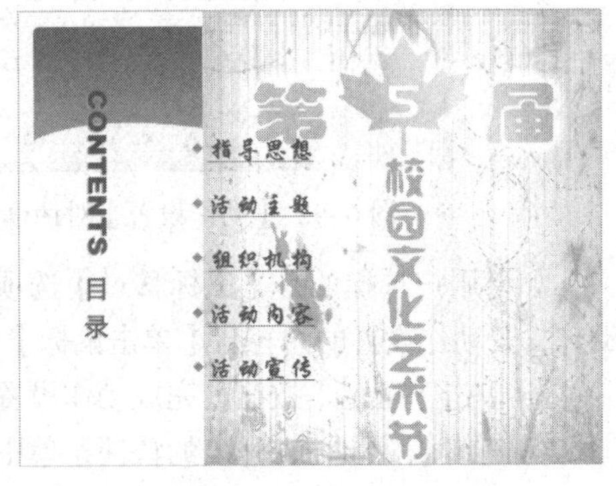

图 6-49　为文字设置超链接

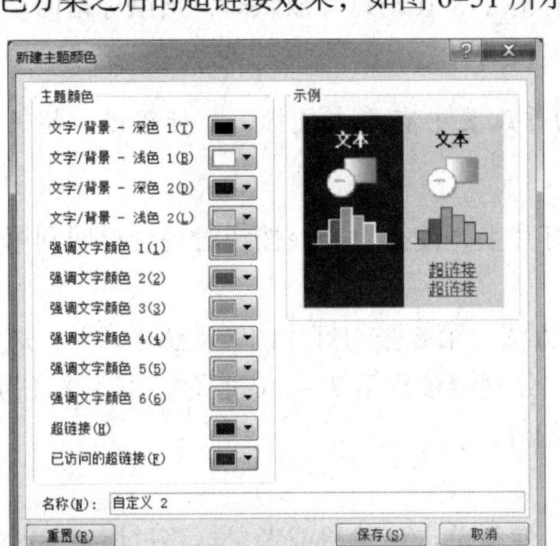

图 6-50　修改主题颜色

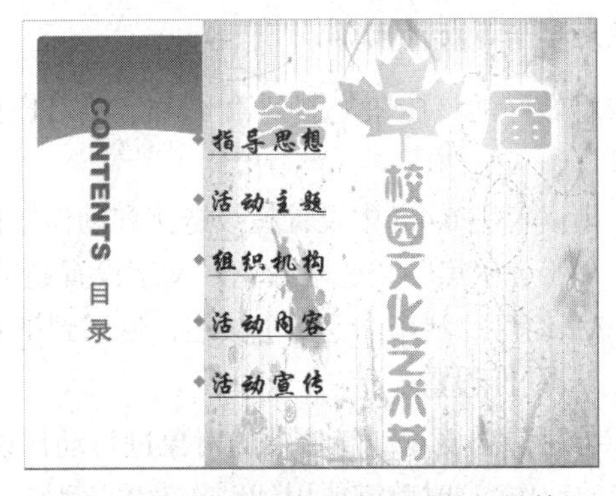

图 6-51　修改配色方案之后的超链接和已访问超链接的效果

2. 动作按钮

动作按钮是指可以添加到演示文稿中的位于形状库中的内置按钮形状，可为其定义超链接，从而在鼠标单击或者鼠标移过时执行相应的动作。例如，为第 3 ~ 6 张、第 11 张幻灯片添加一个【返回】动作按钮，单击该按钮，返回到第 2 张幻灯片，具体操作步骤如下：

① 选中第 3 张幻灯片，单击【插入】选项卡 |【插图】组 |【形状】按钮，在下拉列表中选择【动作按钮】区域中的最后一个按钮（自定义按钮）。

② 拖动鼠标在幻灯片的右下角绘制按钮形状，并打开【动作设置】对话框。

③ 在【动作设置】对话框中的【单击鼠标】选项卡下，在【超链接到】列表框中选择跳转目标。此处应该选择【幻灯片 ...】选项，如图 6–52 所示，打开【超链接到幻灯片】对话框，从中选择第 2 张幻灯片，如图 6–53 所示。单击【确定】按钮，返回到【动作设置】对话框。

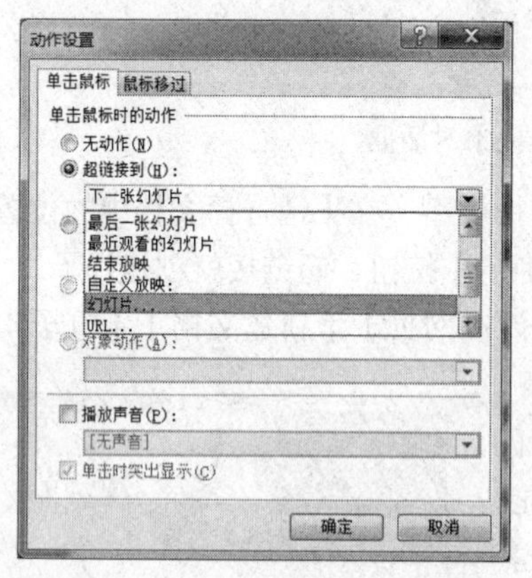

图 6–52 【动作设置】对话框

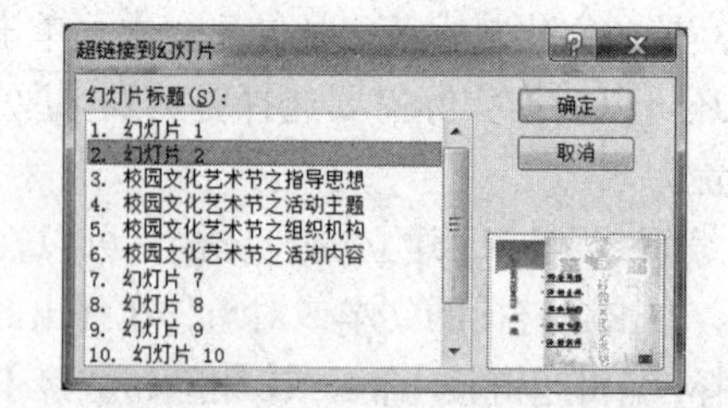

图 6–53 【超链接到幻灯片】对话框

如果用户选择的是【鼠标移过】选项卡，是表示放映时当鼠标指针移过选定对象时发生的动作，其动作设置的内容与【单击鼠标】选项卡完全一样。

④ 单击【确定】按钮，完成动作设置。

⑤ 右击该按钮，在弹出的快捷菜单中选择【编辑文字】命令，为按钮输入文字“返回”。

这样，一个具有文字的自定义动作按钮就制作好了，在幻灯片放映时，当鼠标指向动作按钮时，会变成 形状，单击鼠标，就会跳转到所链接的对象上。

注意：动作设置与插入超链接的不同点，动作设置中有单击鼠标、鼠标移过，超链接默认就是单击鼠标的动作。

将做好的该按钮复制到第 4、5、6、11 张幻灯片上，使得单击该按钮时均会返回到第 2 张幻灯片。

请读者用 6.4.3 中设置超级链接和动作按钮的方法为第 6 张幻灯片的“动感乐章”“风采之星”“亚运聚焦”“艺术殿堂”文字设置超链接，分别链接到第 7 ~ 10 张幻灯片，并且为第 7 ~ 10 张幻灯片制作【返回】按钮，返回到第 6 张幻灯片。

3. 动作设置

有时，需要对幻灯片中的对象进行动作设置，使得单击该对象或者鼠标移过该对象时执行指定的动作，这时就需要用到动作设置。例如，在第 2 张幻灯片上插入一个图片，当单击该图片时，跳转到最后一张幻灯片。进行动作设置的步骤如下：

① 切换到第 2 张幻灯片，单击【插入】选项卡 |【图像】组 |【图片】按钮，在打开的【插入图片】对话框中找到要插入的图片“按钮 2.jpg”，单击【插入】按钮，并将该图片移动到幻灯片的左下角。

② 选中该图片，单击【插入】选项卡 |【链接】组 |【动作】按钮，打开【动作设置】对话框，如图 6–54 所示。

③ 在【单击鼠标】选项卡中选择【超链接到】单选按钮，在【超链接到】列表框中选择超链接对象。本例要求链接到最后一张幻灯片，则在列表框中应该选择【最后一张幻灯片】选项，单击【确定】按钮，完成动作设置。

4. 声音的自定义动画设置

前面第 2 节已经讲到了如何在幻灯片中插入声音，在任务四中要求在整个放映幻灯片阶段能自动播放背景音乐，这需要对声音进行自定义动画下的效果选项的设置，具体操作步骤如下：

① 在普通视图下，选择第 1 张幻灯片。

② 单击【插入】选项卡 |【媒体】组 |【音频】按钮，在下拉列表中选择【文件中的音频】命令，在如图 6–55 所示的对话框中选择要插入的音频文件，单击【插入】按钮，在幻灯片上会出现表示声音的【喇叭】图标。

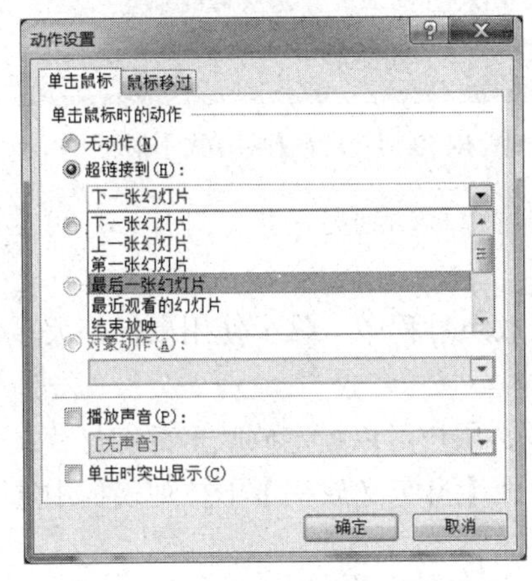

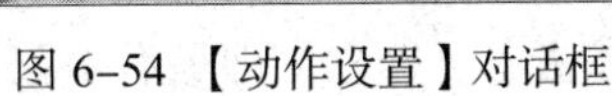
图 6–54 【动作设置】对话框

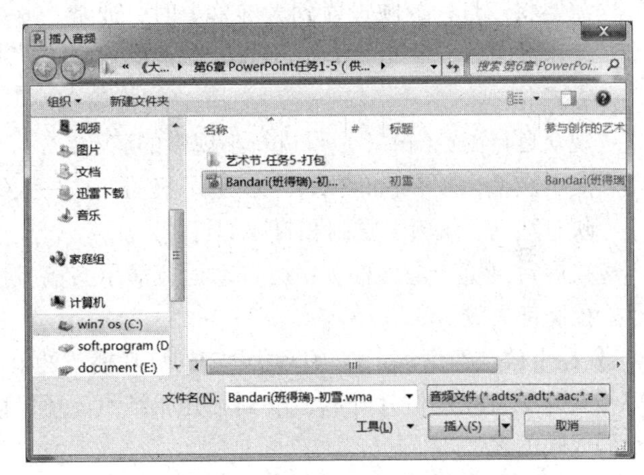

图 6–55 【插入音频】对话框

③ 选中【喇叭】图标，切换到【音频工具 / 播放】选项卡，将【音频选项】组中的各个选项加以设置。【开始】设置为【自动 (A)】，勾选【放映时隐藏】【循环播放，直到停止】【播完返回开头】复选框，如图 6–56 所示。

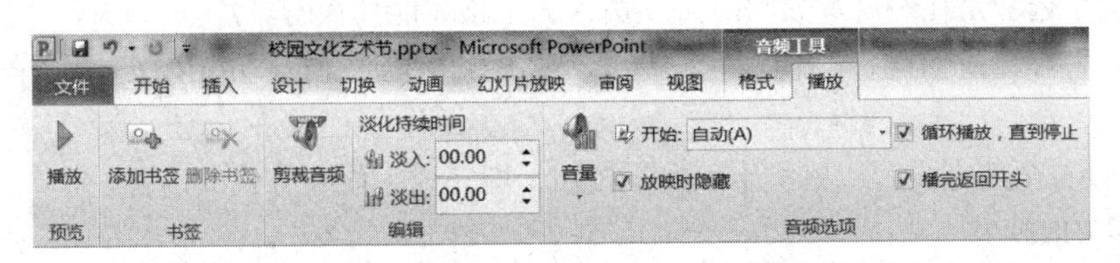

图 6–56 【音频工具 / 播放】选项卡中【音频选项】组的设置

④ 选中【喇叭】图标，单击【动画】选项卡 |【动画】组右下角的“扩展按钮”，打开【播放音频】对话框，在【效果】选项卡中的【停止播放】选项区域选中【在 1 张幻灯片后】单选按钮，

并将数字修改为12，即在第12张幻灯片之后才停止播放音乐，如图6-57所示。

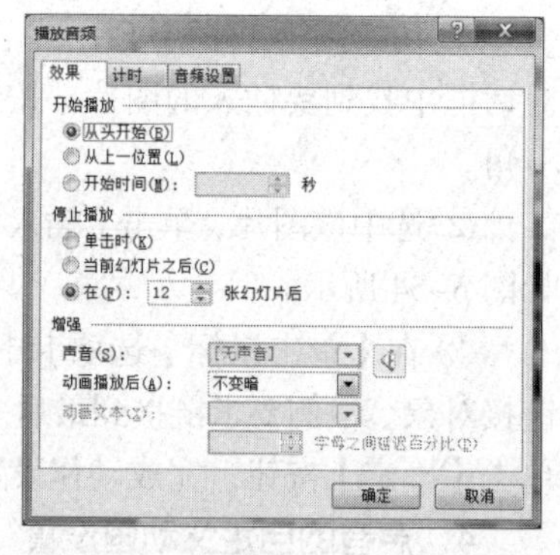

图6-57 【播放音频】对话框

6.4.4 放映演示文稿

演示文稿制作完毕后，在放映之前还需要根据放映环境设置放映的方式，当选择的放映方式为演讲者放映时，在放映过程中可通过鼠标或键盘控制播放时间和顺序。

1. 设置放映方式

用户根据演示文稿的用途和放映环境，可设置三种放映方式，具体操作步骤如下：

① 单击【幻灯片放映】选项卡|【设置】组|【设置幻灯片放映】按钮，打开【设置放映方式】对话框，如图6-58所示。

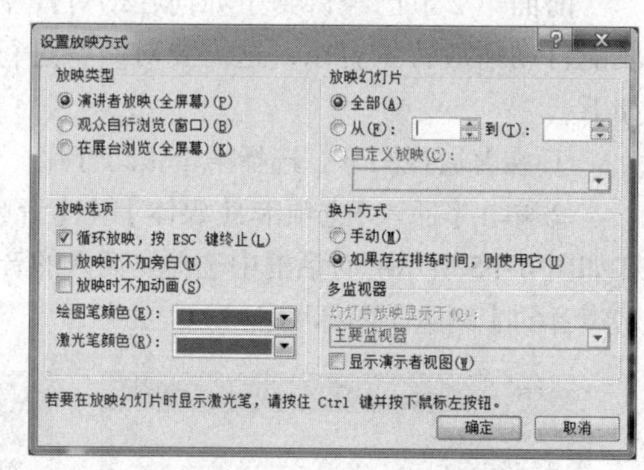

图6-58 【设置放映方式】对话框

② 在【放映类型】选项区域选择放映类型。

- 演讲者放映（全屏幕）：演讲者具有完整的控制权，并可采用自动或人工方式进行放映。需要将幻灯片放映投射到大屏幕上时，通常使用此方式，它也是PowerPoint默认的放映方式。
- 观众自行浏览（窗口）：可进行小规模的演示，演示文稿出现在窗口内，可以使用滚动条从一张幻灯片移动到另一张幻灯片，并可在放映时移动、编辑、复制和打印幻灯片。
- 在展台浏览（全屏幕）：可自动运行演示文稿。在放映过程中，除了使用鼠标，大多数控制都失效。

③ 在【放映幻灯片】选项区域设定幻灯片播放的范围，用户可以指定放映全部幻灯片，也可以指定从第几张幻灯片开始放映到第几张结束，还可以在【自定义放映】下拉列表框中选择自动的放映方案。

④ 在【放映选项】选项区域选中【循环放映，按Esc键终止】复选框，即最后一张幻灯片放映结束后，自动转到第一张继续播放，直至按【Esc】键才能终止。如果选中“放映时不加动画”复选框，则在放映幻灯片时，原先设定的动画效果失去作用，但动画效果的设置参数依然有效。

⑤ 在【换片方式】选项区域选择人工或使用排练时间。

- 【手动】选项是在幻灯片放映时必须由人为干预才能切换幻灯片。
- 【如果存在排练时间，则使用它】选项是指幻灯片播放时按事先设定好的排练时间自动放映。

⑥ 上述设置全部完成后，单击【确定】按钮，即完成了放映方式的设置。

2. 自定义放映

设置自定义放映可以将同一个演示文稿针对不同的观众编排成多种不同的演示方案，而不必再花费精力另外制作演示文稿。自定义放映的具体操作步骤如下：

① 打开需要自定义放映的演示文稿。

② 单击【幻灯片放映】选项卡|【开始放映幻灯片】组|【自定义幻灯片放映】按钮，在下

拉列表中选择【自定义放映】命令，打开【自定义放映】对话框。

③ 单击【新建】按钮，在打开的【定义自定义放映】对话框中设置幻灯片放映名称，如图 6-59 所示，从左侧的【在演示文稿中的幻灯片】列表框中选择需要添加的幻灯片，单击【添加】按钮，添加到右侧【在自定义放映中的幻灯片】列表框中，也可以单击【删除】按钮将自定义放映中的幻灯片列表中的幻灯片删除，使用右侧的绿色箭头可以调整幻灯片播放的顺序，单击【确定】按钮，完成新建自定义放映的设置，返回到【自定义放映】对话框。

④ 在【自定义放映】对话框中单击【确定】按钮，完成自定义放映的设置。此时在【幻灯片放映】选项卡 |【开始放映幻灯片】组 |【自定义幻灯片放映】下拉列表中出现刚才新建的“我的放映 1”，如图 6-60 所示，单击即可按既定幻灯片数量及顺序放映。

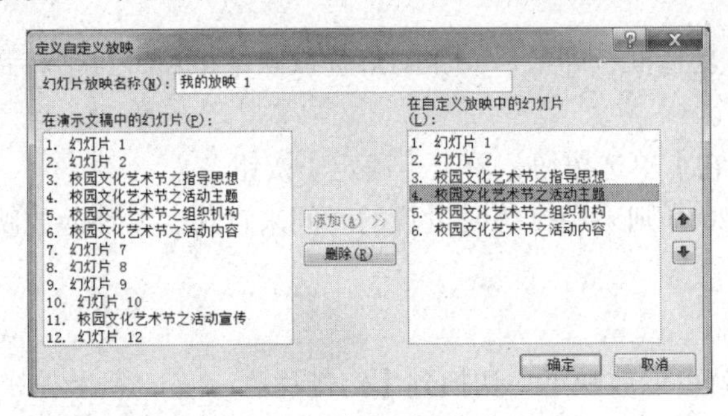

图 6-59 【定义自定义放映】对话框

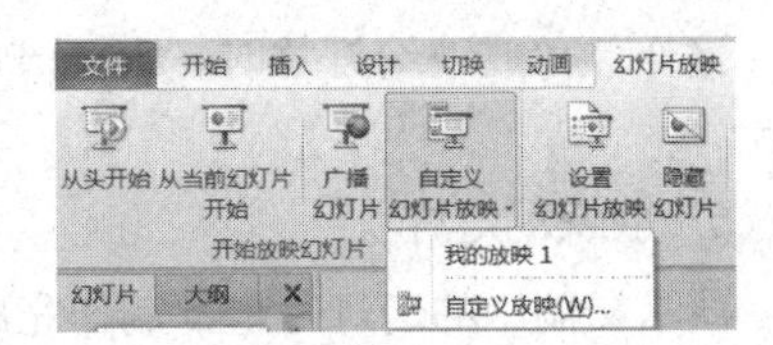

图 6-60 【自定义幻灯片放映】下拉列表

3. 隐藏幻灯片

有时在进行演示文稿放映时，会面向不同的听众对象，我们希望根据不同的听众层次采用不同的讲解方式，当听众水平较高时，进行比较深入的讲解；而在进行普及性讲座时，一些过于专业的问题可以避而不谈，相应的幻灯片也就不希望显示出来，这时就可以使用【隐藏幻灯片】功能。

隐藏幻灯片的操作步骤如下：

① 选择要隐藏的幻灯片。

② 单击【幻灯片放映】选项卡 |【设置】组 |【隐藏幻灯片】按钮，即可完成隐藏幻灯片的设置，被隐藏的幻灯片的编号上出现一个【划去】符号。

如果某张幻灯片不需要再隐藏，则再次单击【幻灯片放映】选项卡 |【设置】组 |【隐藏幻灯片】按钮，即可取消隐藏。

4. 排练计时

在制作自动放映演示文稿时，最难掌握的就是幻灯片何时切换，切换是否恰到好处，这取决于设计者对幻灯片放映时间的控制，即控制每张幻灯片在演示屏幕上滞留时间，既不能太快，没有给观众留下深刻印象，也不能太慢，使观众感到厌烦。

排练计时是指演讲者模拟演讲的过程，系统会将每张幻灯片的播放时间记录下来，放映时就根据设置的【排练计时】设定好的时间进行放映，排练计时设置的具体操作步骤如下：

① 单击【幻灯片放映】选项卡 |【设置】组 |【排练计时】按钮。

② 在全屏放映的幻灯片的左上角出现【录制】对话框，如图 6-61 所示，表示进入排练计时方式，其中，在【幻灯片放映时间】文本框中显示了当前幻灯片的放映时间，右侧的【总放映时间】文本框中显示整个幻灯片的放映时间；【下一项】按钮可以播放下一张幻灯片，【暂停录制】按钮可以暂停计时，【重复】按钮可以重复设置排练计时。

③ 录制完毕后，出现消息框，如图 6-62 所示，单击【是】按钮，则接受放映时间；否则，

单击【否】按钮不接受该时间，取消本次排练计时。

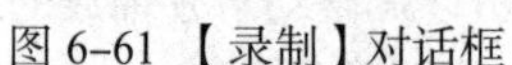

图 6-61 【录制】对话框

图 6-62 【确认排练时间】消息框

在任务四中，最后的要求就是将预先设置好的“排练计时”时间设置为自动放映时间，同时实现幻灯片的循环放映，实现的具体操作步骤如下：

① 单击【幻灯片放映】选项卡 |【设置】组 |【设置放映方式】按钮，打开【设置放映方式】对话框。

② 选中【循环放映，按 Esc 键终止】复选框，即最后一张幻灯片放映结束后，自动转到第一张继续播放，直至按【Esc】键才能终止。

③ 选中【如果存在排练时间，则使用它】单选按钮，单击【确定】按钮。

这样，在放映幻灯片时，PowerPoint 2010 则采用排练时设置的时间来自动、循环地放映幻灯片。

5. 放映幻灯片

演示文稿中的幻灯片全部制作完成后就可以放映了。切换到【幻灯片放映】选项卡，在【开始放映幻灯片】组中，PowerPoint 提供了 4 种开始放映的方式：【从头开始放映】【从当前幻灯片开始放映】【广播幻灯片】【自定义幻灯片放映】，其中【广播幻灯片】是 PowerPoint 2010 的一项新功能，它可以使用户通过 Internet 向远程观众广播演示文稿，当用户在 PowerPoint 中放映幻灯片时，远程观众可以通过 Web 浏览器同步观看。

放映时，在屏幕上右击，可弹出控制幻灯片放映的快捷菜单，如图 6-63 所示，演讲者利用这些命令可以轻松控制幻灯片的放映过程。

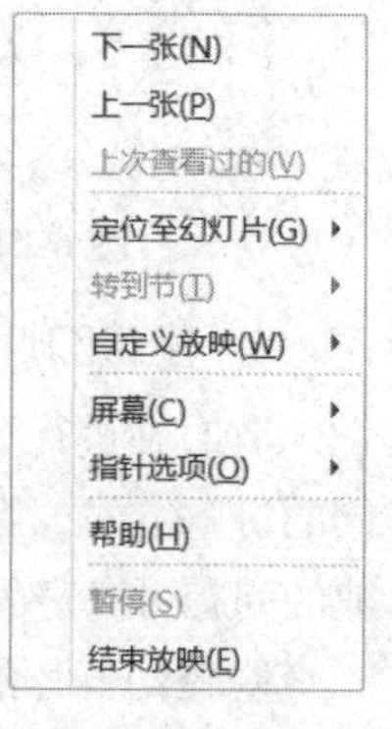

图 6-63 控制幻灯片放映的快捷菜单

- 下一张：选择此命令可以切换到演示文稿的下一张幻灯片。
- 上一张：选择此命令可以切换到演示文稿的上一张幻灯片。
- 定位至幻灯片：这是一个子菜单。通过选择该子菜单中的命令可以切换到指定的幻灯片。
- 自定义放映：可按照事先创建的自定义放映来播放幻灯片。
- 屏幕：在【屏幕】子菜单中有 4 个命令，选择【黑屏】/【白屏】命令，可使整个屏幕变为黑色 / 白色，直到单击鼠标为止；选择【显示 / 隐藏墨迹标记】命令，可将绘图笔涂写的内容显示或隐藏起来；选择【切换程序】命令，可以切换到其他应用程序。
- 指针选项：这是一个子菜单，用来设置绘图笔形式、墨迹颜色和箭头选项，绘图笔可以直接在屏幕上进行标注，在放映过程中对幻灯片中的内容进行强调或进一步讲解。
- 结束放映：选择该命令可结束演示。实际上，在任何时候，用户都可按【Esc】键退出幻灯片放映视图

【拓展练习 6-2】打开“论文答辩文字素材 .docx”，为第四章的素材“毕业论文”制作“论文答辩 .pptx”演示文稿，设计要求如下：

① 使用统一的模板，模板自定；也可以设置个性化的母版。

② 幻灯片间要有一定的交互性，适当使用超链接及动作设置。

③ 设置必要的幻灯片切换效果

【拓展练习 6-3】公司员工小李需要制作一个“公司介绍 .pptx”演示文稿，设计要求如下：

① 利用“公司介绍文字素材 .docx”和“公司介绍素材”文件夹中图片，制作“公司介绍 .pptx”的演示文稿。

② 幻灯片使用统一模板，具有风格的一致性。

③ 自选图形绘制、图形的编辑与组合。

④ 幻灯片间的交互性，设置有效的动画效果。

⑤ 插入声音文件，实现音乐的自动播放。

⑥ 设置排练计时，并最终实现无人干预的情况下自动循环放映幻灯片。

6.5　演示文稿的输出

6.5.1　任务五　“校园文化艺术节”的输出

1. 任务引入

“校园文化艺术节”演示文稿基本完成了，要带到艺术节闭幕式的会场上去放映了。如果只是将该“校园文化艺术节 .pptx”文件拷贝到 U 盘带到会场，假如会场的计算机中没有安装 PowerPoint 应用程序，或者由于版本太低以及系统没有安装某些字体等问题，则前面的辛苦都是徒劳的。任务五就是要实现在别人的计算机上能顺利放映制作好的演示文稿。

2. 任务分析

演示文稿制作好后，由于没有自播放功能，只能在那些已经安装了 PowerPoint 的计算机中播放，这就可能出现一些问题。例如，制作好的演示文稿复制到需要演示的计算机上时，却发现有些漂亮的字体不见了，或者某些特殊效果无法显示，或者根本无法播放，等等，这是因为演示的计算机上安装的 PowerPoint 的版本较低，或者根本没有安装 PowerPoint 应用程序。

本任务主要是预防上述情况发生，考虑到实际工作中，制作演示文稿和播放演示文稿的环境可能不是同一台计算机，为了保证演示文稿能在任何一台计算机上顺利播放，则需要进行创建视频、创建为 PDF/XPS 或者打包的操作。下面的 6.5.3 中主要围绕着这些的知识点进行展开。

6.5.2　演示文稿的打印

制作完成的演示文稿不仅可以放映，还可以选择彩色、灰度或纯黑白打印整份演示文稿的幻灯片、大纲、演讲者备注以及讲义，也可以打印在投影胶片上，通过投影机放映。不论打印的内容如何，基本过程都是相同的。

1. 页面设置

幻灯片的页面设置决定了幻灯片、备注页、讲义以及大纲在打印纸上的尺寸和放置方向，用户可以任意改变这些设置。具体操作步骤如下：

① 打开要设置页面的演示文稿。

② 单击【设计】选项卡 |【页面设置】组 |【页面设计】按钮，打开【页面设置】对话框，如图 6–64

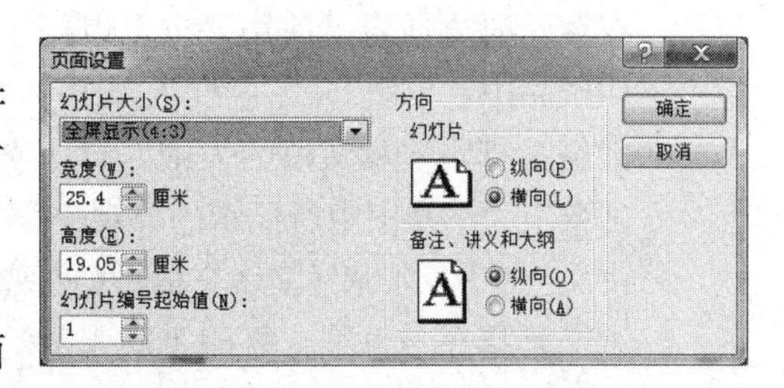

图 6–64 【页面设置】对话框

所示。

③ 在【幻灯片大小】下拉列表框中选择幻灯片尺寸，如【全屏显示】【A4 纸张】【35 毫米幻灯片】【自定义】等。如果选择【自定义】选项，可以在【宽度】和【高度】文本框中输入值。

④ 在【幻灯片编号起始值】文本框中输入合适的数字，可以改变幻灯片的起始编号。

⑤ 在【幻灯片】选项区域选中【纵向】或【横向】单选按钮。系统默认为【横向】。演示文稿中所有幻灯片方向必须保持一致。

⑥ 在【备注、讲义和大纲】选项区域选中【纵向】或【横向】单选按钮。系统默认为【纵向】。即使幻灯片设置为横向，也可以纵向打印备注、讲义和大纲。

⑦ 设置完成后，单击【确定】按钮。

2. 设置打印选项

设置好幻灯片打印尺寸后，就可以打印了。单击【文件】选项卡 |【打印】命令，会切换到演示文稿的打印选项窗口，如图 6-65 所示。在窗口中可以进行打印内容、打印范围、打印份数以及颜色等设置。

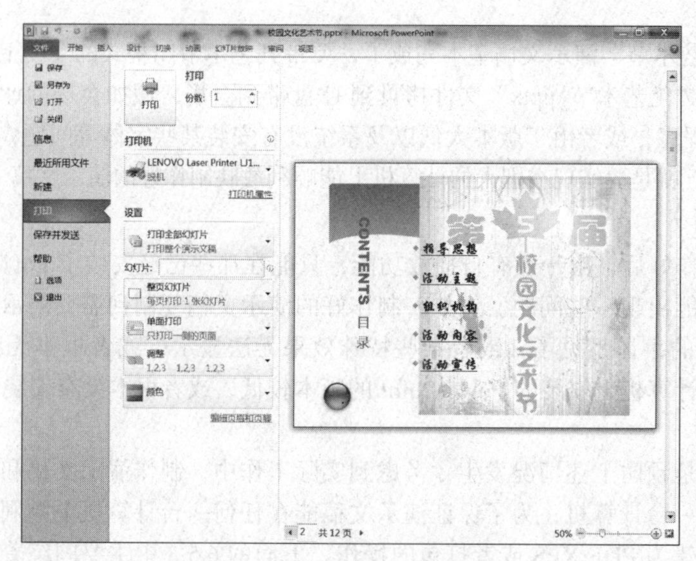

图 6-65 演示文稿的打印选项窗口

打印内容设置可以有【整页幻灯片】【备注页】【大纲】【讲义】四种类型供选择，如图 6-66 所示，其中：

- 整页幻灯片：像在屏幕上显示的一样，每页纸上只打印一张幻灯片。可以打印在纸或透明胶片上。
- 备注页：将幻灯片内容和备注信息一起打印出来，在演示时方便自己使用，也可以用于发给听众的印刷品中。
- 大纲：打印演示文稿的大纲。打印出来的大纲与屏幕上大纲视图中所显示的外观完全相同。
- 讲义：为进一步阐述演示文稿，可向观众提供讲义。讲义是指在一页纸上打印不同张数幻灯片的缩略图，当每页幻灯片数量设置为 3 时，每张幻灯片

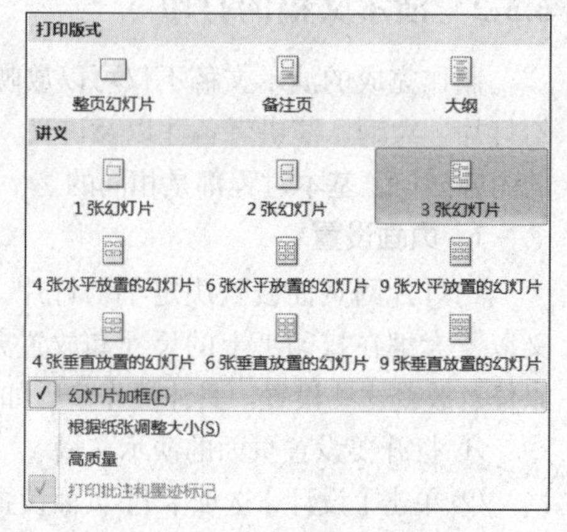

图 6-66 选择【打印内容】列表

的旁边会出现可填写信息的空行，方便听众进行记录。

打印范围的设置包括全部、所选、当前及自定义，如果选择【自定义范围】，则需在【幻灯片】文本框中输入各幻灯片编号列表或范围，各个编号须用英文逗号隔开，如 1,3,5–12。当打印的份数多于 1 份时，还可设置是否逐份打印幻灯片。在【颜色】选项中选择合适的颜色模式，如灰度幻灯片、黑白幻灯片等。全部设置完毕，单击【打印】按钮开始打印。

6.5.3　演示文稿的保存并发送

1. 将演示文稿保存为视频

在 PowerPoint 2010 中，可以将演示文稿创建为视频格式的文件，该文件为全保真视频，包含所有录制的计时、旁白，包括幻灯片放映中未隐藏的所有幻灯片，保留动画、切换和媒体。该视频可以通过光盘、Web 或者电子邮件方便地分发。具体操作步骤如下：

① 打开“校园文化艺术节 .pptx”。

② 单击【文件】选项卡 |【保存并发送】命令，切换到演示文稿的保存并发送窗口，单击【创建视频】命令，如图 6–67 所示。

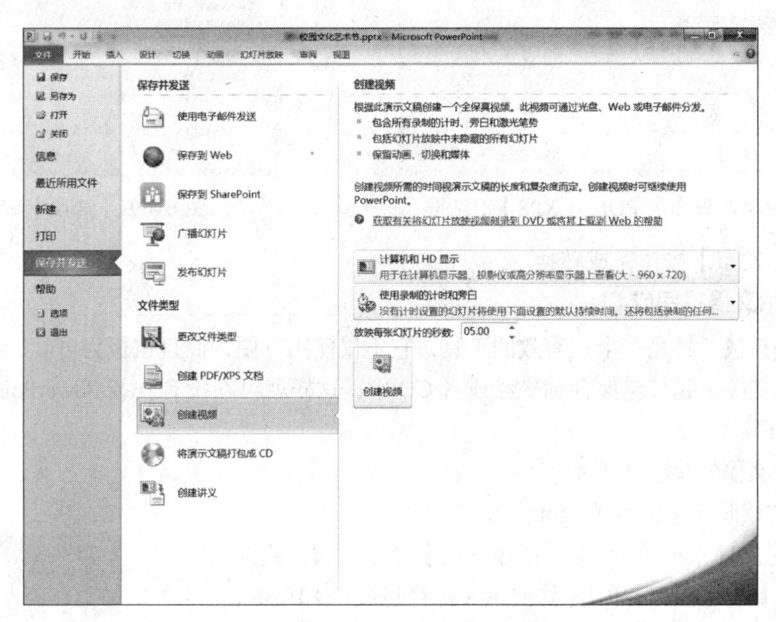

图 6–67 【创建视频】选项窗口

根据需要选择视频质量和大小选项，单击窗口右侧的【计算机和 HD 显示】右侧的下拉按钮，在列表中选择其中一种：

- 计算机和 HD 显示：创建的视频质量比较高，相应的文件也会比较大。
- Internet 和 DVD：创建具有中等文件大小和中等质量的视频。
- 便携式设备：创建文件最小的视频，其质量相对较低。

③ 单击【创建视频】按钮，在打开的【另存为】对话框中选择保存路径、保存文件名，单击【保存】按钮。

2. 将演示文稿保存为 PDF/XPS

将演示文稿保存为 PDF 或 XPS 文档的好处在于这类文档在绝大多数计算机上其外观是一致的，字体、格式和图像不会受到操作系统版本的影响，且文档内容不容易被轻易修改。另外，在 Internet 上有许多此类文档的免费查看程序。具体操作步骤如下：

① 打开“校园文化艺术节 .pptx”。

② 单击【文件】选项卡 |【保存并发送】命令，切换到演示文稿的保存并发送窗口，单击【创建 PDF/XPS 文档】命令，在窗口右侧再单击【创建 PDF/XPS】按钮，打开【发布为 PDF 或 XPS】对话框，在其中设置保存路径、保存文件名及保存类型，如图 6–68 所示。

③ 单击【选项】按钮，打开图 6–69 所示的【选项】对话框，可以针对范围或者发布选项进行设置，单击【确定】按钮，完成设置，返回到【发布为 PDF 或 XPS】对话框。

图 6–68 【发布为 PDF 或 XPS】对话框

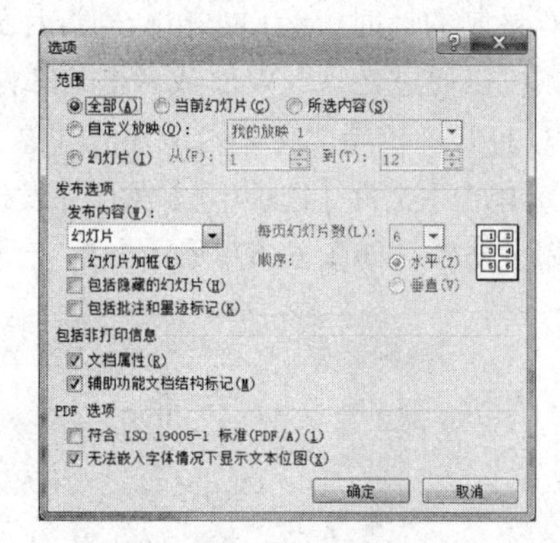

图 6–69 【选项】对话框

④ 单击【发布】按钮完成转换。

3. 将演示文稿打包成 CD

演示文稿打包工具是一个很有效的工具，它不仅使用方便，而且也极为可靠，可以将演示文稿和所链接的文件一起打包保存到磁盘或者 CD 中，这样就可在没有安装 PowerPoint 的计算机上播放此演示文稿。

打包演示文稿的步骤如下：

① 打开“校园文化艺术节 .pptx”。

② 单击【文件】选项卡 |【保存并发送】命令，切换到演示文稿的保存并发送窗口，单击【将演示文稿打包成 CD】命令，在窗口右侧再单击【打包成 CD】按钮，打开【打包成 CD】对话框，如图 6–70 所示。

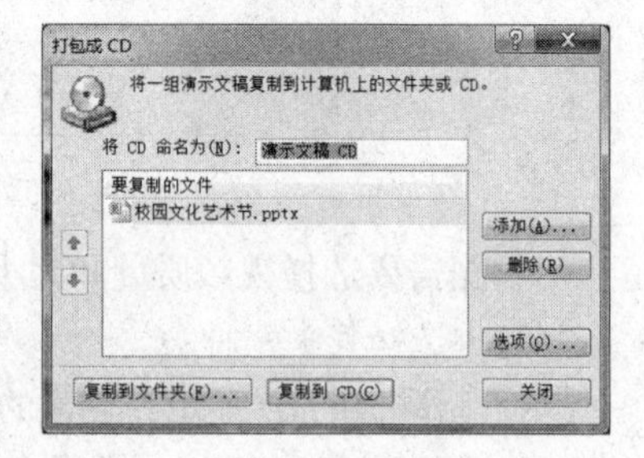

图 6–70 【打包成 CD】对话框

③ 默认情况下，所打包的 CD 将包含演示文稿中的链接文件和一个名为 Presentation Package 的文件夹。如需更改默认设置，在对话框中单击【选项】按钮，打开图 6–71 所示的【选项】对话框，如果在打包的演示文稿中使用了 TrueType 字体，则选中【嵌入的 TrueType 字体】复选框；还可以设置打开和修改文件的密码，单击【确定】按钮，则返回到【打包成 CD】对话框。

④ 若计算机配有刻录机，在图 6–70 所示的对话框中单击【复制到 CD】按钮，否则单击【复制到文件夹】按钮，打开【复制到文件夹】对话框，如图 6–72 所示。单击【浏览】按钮，选择打包文件要保存的位置，完成设置后，单击【确定】按钮，程序开始打包，打包工作完成后，

则返回到【打包成 CD】对话框。

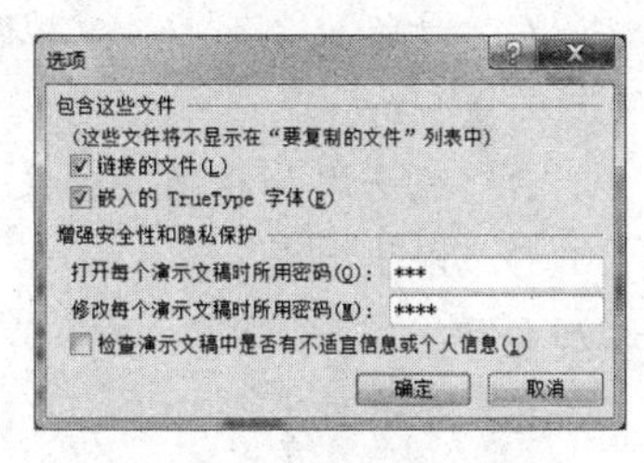

图 6-71 【选项】对话框

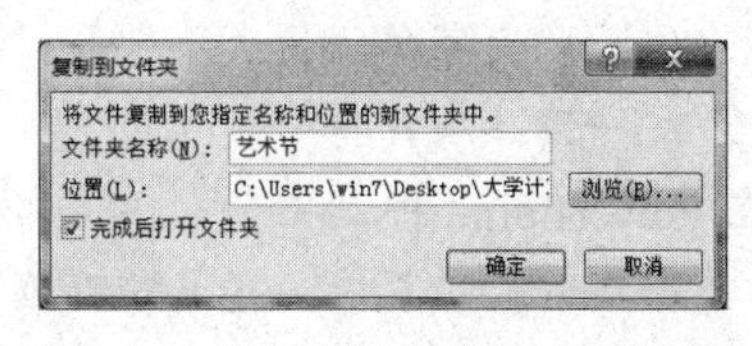

图 6-72 【复制到文件夹】对话框

⑤ 单击【关闭】按钮，退出打包程序。

习　　题

单项选择题

1. PowerPoint 2010 的默认文件扩展名为（　　）。

A. ppta　　B. pptx　　C. ppsx　　D. potx

2. PowerPoint 的各种视图中，显示单个幻灯片以进行文本编辑的视图是（　　）。

A. 普通视图　　B. 浏览视图　　C. 放映视图　　D. 大纲视图

3. PowerPoint 提供了多种新建演示文稿的方法，下面不能新建演示文稿的是（　　）。

A. 根据现有演示文稿创建　　B. 根据模板创建

C. 根据主题创建　　D. 根据母版创建

4. PowerPoint 中，插入幻灯片的操作可以在（　　）下进行。

A. 列举的三种视图方式　　B. 普通视图

C. 幻灯片浏览视图　　D. 大纲视图

5. PowerPoint 提供了多种（　　），它包含了相应的配色方案、母版和字体样式等，可供用户快速生成风格统一的演示文稿。

A. 版式　　B. 母版　　C. 模板　　D. 幻灯片

6. 在 PowerPoint 大纲窗格中创建的演示文稿大纲，可以在大纲视图中进行（　　）编辑它们。

A. 更改大纲的段落次序　　B. 更改大纲的层次结构

C. 折叠与展开大纲　　D. 以上都是

7. 在 PowerPoint 中，新建幻灯片时，下面（　　）对象占位符不会出现在内容版式中。

A. 表格　　B. 图表　　C. 形状　　D. SmartArt

8. 下面的选项中，不属于 PowerPoint 的窗口部分的是（　　）。

A. 播放区　　B. 大纲区　　C. 备注区　　D. 幻灯片区

9. 在 PowerPoint 中，当要为文字加上"光晕"效果时，需使用以下（　　）方法。

A. 在【绘图】组中使用【快速样式】

B. 在【绘图】组中使用【图案】

C. 在【形状样式】组中使用【形状效果】

D. 在【艺术字样式】组中使用【文字效果】

10. 在 PowerPoint 中，要打印内容幻灯片，下面不可以打印的是（　　）。
A. 幻灯片　　B. 讲义　　C. 母版　　D. 备注
11. 在 PowerPoint 中，利用母版可以实现的是（　　）。
A. 统一改变字体设置　　B. 统一添加相同的对象
C. 统一修改项目符号　　D. 以上都是
12. 在 PowerPoint 中，以下（　　）对象可以添加文字。
A. 形状　　B. 剪贴画　　C. 外部图片　　D. 以上都是
13. PowerPoint 的【超链接】命令的作用是（　　）。
A. 实现演示文稿幻灯片的移动　　B. 中断幻灯片放映
C. 在演示文稿中插入幻灯片　　D. 实现幻灯片内容的跳转
14. 给 PowerPoint 幻灯片中添加图片，可以通过（　　）来实现。
A. 插入 / 图片 / 剪贴画　　B. 插入 / 图片 / 图片
C. 插入 / 图片 / 屏幕截图　　D. 以上均可以
15. 下列哪一项不能在绘制的形状上添加文本，（　　），然后输入文本。
A. 在形状上单击鼠标右键，选择【编辑文字】命令
B. 使用【插入】选项卡中的【文本框】命令
C. 只需在该形状上单击
D. 单击该形状，然后按【Enter】键
16. 在幻灯片视图窗格中，要删除选中的幻灯片，不能实现的操作是（　　）。
A. 按【Delete】键
B. 按【BackSpace】键
C. 按下功能区上的隐藏幻灯片按钮
D. 右击后在弹出的快捷菜单中选择【删除幻灯片】命令
17. 在 PowerPoint 中，超链接只有在（　　）视图中才能被激活。
A. 幻灯片视图　　B. 大纲视图
C. 幻灯片浏览视图　　D. 幻灯片放映视图
18. 在 PowerPoint 中，幻灯片放映时某个对象按照一定的路径轨迹运动的动画效果，应选择（　　）动画效果设置。
A. 动作路径　　B. 强调　　C. 退出　　D. 进入
19. PowerPoint 的一大特色就是可以使演示文稿中的幻灯片具有一致的外观，一般采用（　）方法来实现。
A. 母版的使用　　B. 主题的使用
C. 幻灯片背景的设置　　D. 以上方法都是
20. 在“自定义动画”的设置中，（　　）是正确的。
A. 只能用鼠标来控制，不能用时间来设置控制
B. 只能用时间来控制，不能用鼠标来设置控制
C. 既能用鼠标来设置控制，也能用时间设置控制
D. 鼠标和时间都不能设置控制

第7章 计算机网络基础与应用

本章导读

计算机网络是计算机技术和通信技术高度发展、紧密结合的产物。它的出现给整个世界带来了翻天覆地的变化，从根本上改变了人们的工作与生活方式。计算机网络在当今社会中起着非常重要的作用，已经成为人们社会生活中的重要组成部分。本章主要介绍计算机网络的基本知识、Internet 的基本应用、小型局域网组建和网络的基本维护。

通过对本章内容的学习，应该能够做到：

- 了解：计算机网络的基本概念和组成。
- 理解：计算机网络的类型和有关的网络协议。
- 应用：Internet 的基本应用、小型局域网的组建及网络的基本维护。

7.1 计算机网络的基本知识

计算机网络是信息社会的基础设施，是信息交换、资源共享和分布式应用的重要手段。一个国家的信息基础设施和网络化程度已成为衡量其现代化水平的重要标志。

7.1.1 计算机网络的基本概念

1. 计算机网络的定义

随着计算机网络应用的不断深入，人们对计算机网络的定义也在不断地变化和完善中。简单来说，计算机网络就是相互连接但又相互独立的计算机集合。具体来说，计算机网络就是将位于不同地理位置、具有独立功能的多台计算机系统，通过通信设备和线路互相连接起来，使用功能完整的网络软件来实现网络资源共享的大系统。

2. 计算机网络的功能

计算机网络的功能主要体现在信息交换、资源（硬件、软件、数据）共享、分布式处理和提高可用性及可靠性四个方面。

（1）信息交换（数据通信）

网络上的计算机间可进行信息交换。例如，可以利用网络收发电子邮件、发布信息，进行电子商务、远程教育及远程医疗等。

（2）资源共享

用户在网络中，可以不受地理位置的限制，在自己的位置使用网络上的部分或全部资源。

例如，网络上的各用户共享网络打印机，共享网络杀毒软件，共享数据库中的信息。

（3）分布式处理

在网络操作系统的控制下，使网络中的计算机协同工作，完成仅靠单机无法完成的大型任务。

（4）提高可用性及可靠性

网络中的相关主机系统通过网络连接起来后，各主机系统可以彼此互为备份。如果某台主机出现故障，它的任务可由网络中的其他主机代为完成，这就避免了系统瘫痪，提高了系统的可用性及可靠性。

3. 计算机网络的分类

根据不同的分类标准，可以将计算机网络划分为不同的类型。例如：按传输介质，可分为有线网络和无线网络；按传输技术，可分为广播式网络和点到点式网络；按使用范围，可分为公用网和专用网；按信息交换方式，可分为报文交换网络和分组交换网络；按服务方式，可分为客户机/服务器网络和对等网；按网络的拓扑结构，可分为总线、星状、环状、树状和网状网络等；按通信距离的远近，可分为广域网、城域网和局域网。

在上述分类方式中，最主要的一种划分方式就是按网络覆盖的地理范围进行分类。

（1）局域网

局域网（Local Area Network，LAN）是指将较小地理范围内的各种计算机网络设备互连在一起而形成的通信网络，可以包含一个或多个子网，通常局限在几千米的范围内。局域网中的数据传输速率很高，一般可达到 100 ~ 1000 Mbit/s，甚至可达到 10 Gbit/s。

（2）城域网

城域网（Metropolitan Area Network，MAN）是介于局域网和广域网之间的一种大型LAN，又称城市地区网络。它以光纤为主要传输介质，其传输速率为 100 Mbit/s 或更高。覆盖范围一般为 5 ~ 100 km，城域网是城市通信的主干网，它充当不同局域网之间的通信桥梁，并向外连入广域网。

（3）广域网

广域网（Wide Area Network，WAN）覆盖的范围为数十千米至数千千米。广域网可以覆盖一个国家或地区。广域网的通信子网一般利用公用分组交换网、卫星通信网和无线分组交换网，将分布在不同地区的计算机系统互连起来，以达到资源共享和互通信息。在广域网中，数据传送速率比局域网低，广域网的典型速率是从 56 kbit/s 到 155 Mbit/s，已有 622 Mbit/s、2.4 Gbit/s 甚至更高速率的广域网。

7.1.2 计算机网络的组成

从资源构成的角度来讲，计算机网络是由硬件和软件组成的，硬件包括各种主机、终端等用户端设备，以及交换机、路由器等通信控制处理设备，而软件则由各种系统程序和应用程序以及大量的数据资源组成。从逻辑功能上可以将计算机网络划分为资源子网和通信子网。

1. 计算机网络的逻辑组成

计算机网络的逻辑组成包括资源子网和通信子网两部分。

资源子网是计算机网络中面向用户的部分，负责数据处理工作。它包括网络中独立工作的计算机及其外围设备、软件资源和数据资源。

通信子网则是网络中的数据通信系统，它由用于信息交换的网络结点处理机和通信链路组成，主要负责通信处理工作。

2．计算机网络的物理组成

计算机网络的物理组成包括网络硬件和网络软件两部分。

在计算机网络中，硬件是物理基础，软件是支持网络运行、提高效率和开发资源的工具。

（1）计算机网络硬件

- 主机：可独立工作的计算机是计算机网络的核心，也是用户主要的网络资源。
- 网络设备：网卡、调制解调器、集线器、中继器、网桥、交换机、路由器、网关等。
- 传输介质：按其特性可分为有线通信介质和无线通信介质。如双绞线、同轴电缆和光缆；短波、微波、卫星通信和移动通信等。

（2）计算机网络软件

- 网络系统软件：网络系统软件是控制和管理网络运行、提供网络通信、管理和维护共享资源的网络软件。它包括网络操作系统、网络通信和网络协议软件、网络管理软件和网络编程软件等。
- 网络应用软件：网络应用软件一般是指为某一应用目的而开发的网络软件，它为用户提供了一些实际的应用。

7.1.3　计算机网络的体系结构

为了使互连的计算机之间很好地进行相互通信，将每台计算机互连的功能划分为定义明确的层次，规定了同层次进程通信的协议及相邻层之间的接口服务。将这些同层进程间通信的协议以及相邻层接口统称为网络体系结构。因此，计算机网络的体系结构是计算机网络的各层及其协议的集合，是对这个计算网络及其部件所应完成功能的精确定义。

1．网络协议

（1）网络协议的概念

网络协议就是为在网络结点之间进行数据交换而建立的规则、标准或约定。当计算机网络中的两台设备需要通信时，双方应遵守共同的协议才能进行数据交换。也就是说，网络协议是计算机网络中任意两结点间的通信规则。

（2）网络协议的三要素

① 语法：即数据与控制信息的结构或格式；

② 语义：即需要发出何种控制信息，完成何种动作以及做出何种响应；

③ 同步：即事件实现顺序的详细说明。

为了降低网络协议设计的复杂性、便于网络维护、提高网络运行效率，国际标准化组织制定的计算机网络协议系统采用了层次结构。层次划分时所遵循的分层原则包括：

- 各层相对独立；
- 层次数量适中；
- 每层具有特定功能；
- 低层对高层提供服务与低层完成服务的方式无关；
- 相邻层次之间的接口应有利于标准化。

2．典型的网络体系结构

世界上著名的网络体系结构有：

（1）ARPANET 网络体系

美国国防部高级研究计划管理局的网络体系结构，是互联网的前身，其核心是 TCP/IP 网络协议。

（2）SNA 集中式网络

IBM 公司的网络体系结构，是国际标准化组织 ISO 制定 OSI 参考模型的主要基础。

（3）DNA 网络体系

DEC 公司的网络体系结构。

（4）OSI 参考模型

国际标准化组织 ISO 制定的全球通用的国际标准网络体系结构。

3. OSI 参考模型

开放系统互连参考模型（Open System Interconnection Reference Model，OSI/RM）是国际标准化组织 ISO 在 1980 年颁布的全球通用的国际标准网络体系结构。OSI 不是实际物理模型，而是对网络协议进行规范化的逻辑参考模型，它根据网络系统的逻辑功能将其分为七层，如图 7–1 所示。OSI 参考模型规定了每层的功能、要求和技术特性等内容。

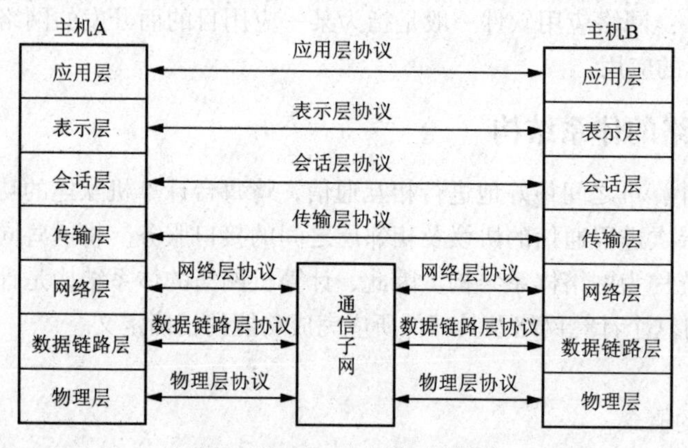

图 7–1　OSI 七层参考模型

在 OSI 七层参考模型中，每层协议都建立在下一层之上，信赖下一层，并向上一层提供服务。其中第 1 ~ 3 层属于通信子网层，提供通信功能；第 5 ~ 7 层属于资源子网层，提供资源共享功能；第 4 层（传输层）起着衔接上下三层的作用。每一层的主要功能简述如下：

（1）物理层

定义传输介质的物理特性，实现比特流的传输。

（2）数据链路层

帧同步、差错控制、流量控制、链路管理，实现数据从链路一端到另一端的可靠传输。

（3）网络层

编址、路由选择、拥塞控制，实现异种网络互连。

（4）传输层

建立端到端的通信连接，流量控制、实现透明可靠的传输。

（5）会话层

在网络结点间建立会话关系，并维持会话的畅通。

（6）表示层

解决数据格式转换。

（7）应用层

负责应用管理和执行应用程序，提供与用户应用有关的功能。

7.2　Internet 基本知识

7.2.1　Internet 概述

1. 什么是 Internet

Internet 即“因特网”，是由全人类共有、规模最大的国际性网络集合。实际上，Internet 本身不是一种具体的物理网络，而是一种逻辑概念。它是把世界各地已有的各种网络（包括计算机网络、数据通信网、公用电话交换网等）相互连接起来，组成了一个世界范围内的超级网络，是连接网络的网络。Internet 的前身是美国国防部高级研究计划管理局在 1969 年作为军用实验网络建立的 ARPANET，其核心是 TCP/IP 网络协议。

2. Internet 的组成

Internet 主要由通信线路、路由器、主机与信息资源等部分组成。

（1）通信线路

通信线路是 Internet 的基础设施，它负责将 Internet 中的路由器与主机连接起来。Internet 中的通信线路归纳起来主要有两类：有线线路（如光缆、同轴电缆等）和无线线路（如卫星、无线电等）。对于通信线路的传输能力通常用“数据传输速率”来描述，一般单位为 bit/s；另一种更为形象的描述通信线路的传输能力的术语叫“带宽”（即频带宽度）。

（2）路由器

路由器是 Internet 中最重要的设备之一，它负责将 Internet 中的各个网络连接起来。当数据从一个网络传输到路由器时，需要根据数据所要到达的目的地，通过路径选择算法为数据选择一条最佳的输出路径。如果路由器选择的输出路径比较拥挤，路由器还负责管理数据传输的等待队列。

（3）服务器与客户机

所有连接在因特网上的计算机统称为主机，接入因特网的主机按在因特网中扮演的角色不同分成两类，即服务器和客户机，服务器就是因特网服务与信息资源的提供者，而客户机则是因特网服务和信息资源的使用者。

服务器借助于服务器软件向用户提供服务和管理信息资源，用户通过客户机中装载的访问各类因特网服务的软件访问因特网上的服务和资源。

因特网中的服务种类很多，如 WWW 服务、电子邮件、文件传输服务等，用户可以通过各种服务来获取资料、搜索信息、相互交流、网上购物、发布信息和进行娱乐等。

（4）信息资源

信息资源是用户最关心的问题，它影响到 Internet 受欢迎的程度。Internet 的发展方向是更好地组织信息资源，使用户快捷地获得信息。

在 Internet 中存在多种类型的信息资源，例如文本、图像、声音与视频等多种信息类型，涉及社会生活的各个方面。

3. Internet 的服务功能

Internet 是全球数字化信息库，它提供了全面的信息服务，如浏览、检索、电子邮件、文件传输、信息交流等各种服务。这些服务主要功能可划分为 5 个方面：万维网服务（WWW）、电子邮件（E-mail）、文件传输（FTP）、远程登录（Telnet）、即时通信（IM）。

（1）万维网服务

WWW（World Wide Web）万维网，将位于全世界互联网上不同网址的相关数据信息有机地联系在一起，通过浏览器向用户提供一种友好的信息查询界面。WWW 遵从超文本传输协议（Hyper Text Transfer Protocol，HTTP），采用客户机 / 服务器工作模式，当用户连接到 Internet 后，如果在自己的计算机中运行 WWW 的客户端程序（一般称为 Web 浏览器，例如 Internet Explorer），提出查询请求，这些请求信息就会通过网络介质传送给 Internet 上相应站点的 Web 服务器（运行 WWW 服务器程序的计算机），然后服务器做出“响应”，再把查询结果（网页信息）传送给客户计算机。

（2）电子邮件（E-mail）

与传统的邮件传递系统相比，电子邮件（E-mail）系统不但省时、省钱，而且在需要时，用户还能确定收件人是否已收到邮件。这种方便、快捷、经济的信息传递服务给人们的工作、生活带来了深刻的影响，是目前最常用的通信方式之一。

用户发送和接收电子邮件与实际生活中邮局传送普通邮件的方式相似。如图 7-2 所示，先将需要发送的信息放在邮件中；再通过电子邮件系统发送到网络上的一个邮件服务器（发送端电子邮箱所在的邮件服务器）；然后通过网络传送到另一个邮件服务器（接收端电子邮箱所在的邮件服务器），这类似于普通邮件的运送过程中，邮车把邮件从一个邮局送到另一个邮局；接收方的邮件服务器收到邮件后，再转发到接收者的电子邮箱中，这相当于邮差将信件投递到收信者的信箱里；最后接收方在自己的电子邮箱中收取到电子邮件。

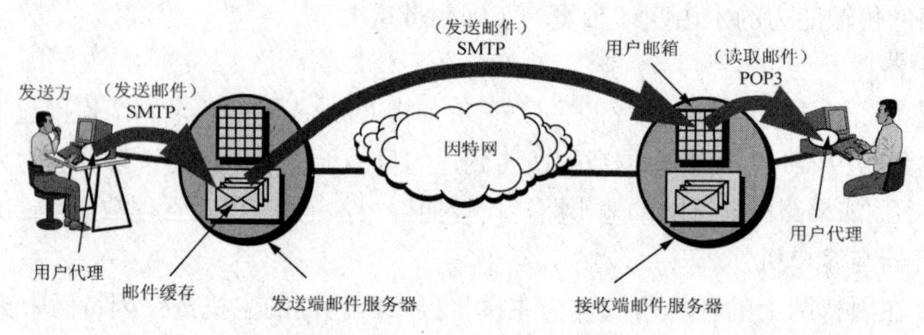

图 7-2 电子邮件的发送与接收

发送电子邮件时遵循 SMTP（Simple Mail Transfer Protocol，简单邮件传输协议），而接收电子邮件时则遵循 POP3（Post Office Protocol 3，邮局协议）。

（3）文件传输（FTP）

用户一般不希望在远程联机的情况下浏览存放在远程计算机上的文件，而是更愿意先将这些文件下载到自己的计算机中，这样不仅可以节省联机时间和联机费用，还可以更加从容地阅读和处理这些文件。Internet 提供的文件传输服务 FTP 就正好满足了用户的这一需求。

文件传输是指在计算机网络上的主机之间传送文件。若是将本地计算机的数据传送到远程计算机上，则这个过程称为上传，反之，从远程计算机上接收数据到本地计算机上就称为下载。上传和下载都是在文件传输协议（File Transfer Protocol，FTP）的支持下进行的。

Internet 上的两台计算机，无论地理位置相距多远，只要两者都支持 FTP 协议，就可以将一台计算机上的文件传送到另一台计算机上。常用的文件传输软件有基于 DOS 环境的 ftp.exe 和基于 Windows 环境的 3D-FTP、CuteFTP。

（4）远程登录（Telnet）

远程登录是 Internet 提供的基本服务之一。远程登录是在网络通信协议 Telnet 的支持下，使本地计算机暂时成为远程计算机仿真终端的过程。用户可以通过程序 Telnet.exe，实现对远程计算机的访问和控制。远程登录一般有两种形式：一是使用用户账号与口令登录；二是匿名登录。登录成功后，用户便可以使用远程计算机上的信息资源，享受远程计算机与本地终端同样的权力。

（5）即时通信（IM）

即时通信（Instant Messaging，IM）是一种基于互联网的即时交流消息的业务，是一个终端服务，允许两人或多人使用网络即时传递文字、图片、文档、语音与视频的交流方式。即时通信服务往往都具有 Presence Awareness 的特性——显示联络人名单、在线状态等。

按使用用途，即时通信可分为企业即时通信和网站即时通信；按装载的对象，又可分为手机即时通信和 PC 即时通信。

即时通信的常用软件有：腾讯 QQ、微信、阿里旺旺、Skype、新浪 UC、米聊、移动飞信、微软 MSN、e–Link 等。

7.2.2　TCP/IP 协议与层次模型

1. TCP/IP 协议

TCP/IP 协议是互联网络信息交换规则、规范的集合体（包含 100 多个相互关联的协议，TCP 和 IP 是其中最为关键的两个协议）。

（1）IP（Internet Protocol）协议

IP 协议是网际协议，它是 Internet 协议体系的核心，定义了 Internet 上计算机网络之间的路由选择。

（2）TCP（Transmission Control Protocol）协议

TCP 协议是传输控制协议，面向“连接”，规定了通信双方必须先建立连接，才能进行通信；在通信结束后，终止它们的连接。

（3）其他常用协议

Telnet：远程登录服务；

FTP：文件传输协议；

HTTP：超文本传输协议；

SMTP：简单邮件传输协议；

DNS：域名解析服务。

2. TCP/IP 层次模型

与 OSI 七层参考模型不同，TCP/IP 层次模型采用四层结构：应用层、传输层、网际层和网络接口层。图 7–3 所示为 TCP/IP 层次模型与 OSI 参考模型之间的对应关系。

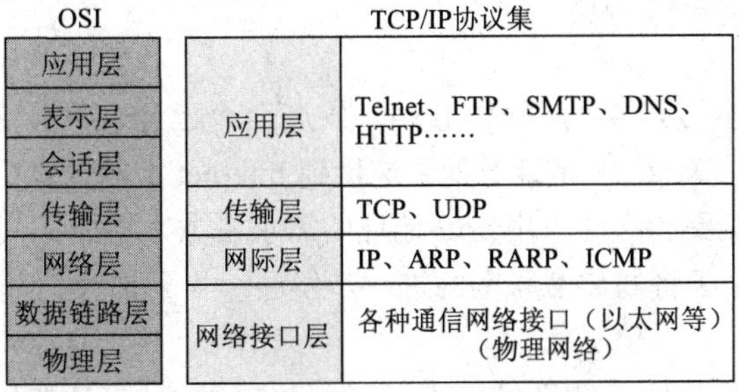

OSI	TCP/IP协议集	
应用层	应用层	Telnet、FTP、SMTP、DNS、HTTP……
表示层		
会话层		
传输层	传输层	TCP、UDP
网络层	网际层	IP、ARP、RARP、ICMP
数据链路层	网络接口层	各种通信网络接口（以太网等）（物理网络）
物理层		

图 7–3　TCP/IP 层次模型与 OSI 参考模型的对应关系

7.2.3 IP 地址与域名系统

1. IP 地址概述

（1）IP 地址

IP 地址是 Internet 上一台主机或一个网络结点的逻辑地址，是用户在 Internet 上的网络身份证，由 4 个字节共 32 位二进制数字组成。在实际使用中，每个字节的数字常用十进制来表示，即每个字节数的范围是 0 ~ 255，且各数之间用点隔开。例如 32 位的 IP 地址 11001010011100000000000000100100，就可以简单方便地表示为 202.112.0.36。

众所周知，日常生活中的电话号码包含两层信息：前若干位代表地理区域，后若干位代表电话序号。与此相同，32 位二进制 IP 地址也由两部分组成，分别代表网络号和主机号。IP 地址的结构如图 7–4 所示。

网络号	主机号

图 7–4　IP 地址的结构

（2）IP 地址的分类

为了充分利用 IP 地址空间，Internet 委员会定义了 5 种 IP 地址类型以适合不同容量的网络，即 A ~ E 类，如表 7–1 所示，用于规划因特网上物理网络的规模。其中 A、B、C 三类最为常用。

表 7–1　IP 地址的分类

网络类别	第一段值	网络位	主机位	适用于
A	0 ～ 127	前 8	后 24	大型网络
B	128 ～ 191	前 16	后 16	中型网络
C	192 ～ 223	前 24	后 8	小型网络
D	224 ～ 239		多点广播	
E	240 ～ 255		保留备用	

（3）IP 地址的配置原则

① 不能将 0.0.0.0 或 255.255.255.255 配置给某一主机。这两个 32 位全 0 和全 1 的 IP 地址保留下来，用于解释为本网络和本网广播。

② 配置给某一主机的网络号不能为 127。如 IP 地址 127.0.0.1 用作网络软件测试的回送地址。

③ 一个网络中的主机号应是唯一的。例如，在同一个网络中，不能有两个 192.168.15.1 IP 地址。

被保留的地址仅作为特殊用途。

（4）IPv6

目前，IP 协议的版本号是 4，简称为 IPv4，发展至今已经使用了 30 多年。IPv4 的地址位数为 32 位，也就是说最多有 2^{32} 个地址分配给连接到 Internet 上的计算机等网络设备。

由于因特网的蓬勃发展和广泛应用，IP 地址的需求量愈来愈大，其定义的有限地址空间将被耗尽，地址空间的不足必将妨碍互联网的进一步发展。为了扩大地址空间，IPv6 重新定义了网络地址空间。

IPv6 采用 128 位地址长度，几乎可以不受限制地提供地址，同时，IPv6 还考虑了在 IPv4 中解决不好的其他问题，主要有端到端 IP 连接、服务质量（QoS）、安全性、多播、移动性、即插即用等。

2. 域名系统

（1）域名

由于 IP 地址是用一串数字来表示的，用户很难记忆，为了方便记忆和使用 Internet 上的服务器或网络系统，就产生了域名（Domain Name，又称域名地址），也就是符号地址。相对于 IP 地址这种数字地址，利用域名更便于记忆互联网中的主机。

域名和 IP 地址是 Internet 地址的两种表示方式，它们之间是一一对应的关系。域名和 IP 地址的区别在于：域名是提供用户使用的地址，IP 地址是由计算机进行识别和管理的地址。例如，北京大学的域名就是 www.pku.edu.cn，它对应的 IP 地址为 124.205.79.6。

（2）域名层次结构

域名采用层次结构，一般含有 3 ~ 5 个字段，中间用“.”隔开。从左至右，级别不断增大（若自右至左，则是逐渐具体化），图 7-5 表示了广东培正学院域名的层次结构及含义。

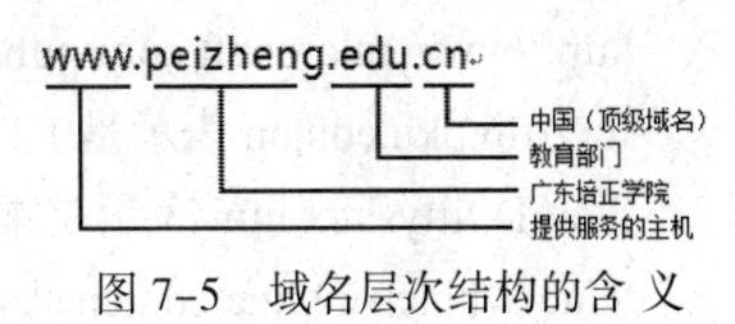

图 7-5　域名层次结构的含 义

由于 Internet 起源于美国，所以一级域名在美国用于表示组织机构，美国之外的其他国家或地区用于表示地域。常用的一级域名如表 7-2 所示。

表 7-2　常用顶级域名一览表

域　名	含　义	域　名	含　义
com	商业部门	cn	中国
net	大型网络	us	美国
gov	政府部门	uk	英国
edu	教育部门	au	澳大利亚
mil	军事部门	jp	日本
org	组织机构	ca	加拿大

在一级域名下，继续按机构性和地理性划分的域名，就称为二、三级域名。如北京大学的域名 www.pku.edu.cn 中的 .edu、上海热线域名 www.online.sh.cn 中的 .sh 等。

温馨提示

域名使用中，大写字母和小写字母是没有区别的；域名的每部分与 IP 地址的每部分没有任何对应关系。

（3）域名系统（Domain Name System，DNS）

虽然域名的使用为用户提供了极大方便，但主机域名不能直接用于 TCP/IP 协议进行路由选择。当用户使用主机域名进行通信时，必须首先将其转换成 IP 地址，这个过程称为域名解析。

把域名转换成对应 IP 地址的软件称为域名系统。装有域名系统软件的主机就是域名服务器（Domain Name Server）。DNS 提供域名解析服务，从而帮助寻找主机域名所对应的网络和可以识别的 IP 地址。

（4）URL 与信息定位

WWW 的信息分布在各个 Web 站点，为了能在茫茫的信息海洋中准确找到这些信息，就必须先对因特网上的所有信息进行统一定位。统一资源定位器（Uniform Resource Locator，URL）就是用来确定各种信息资源位置的，俗称“网址”。其功能是描述浏览器检索资源所用的协议、主机域名及资源所在的路径与文件名。

例如，http://home.microsoft.com.cn/tutorial/default.htm 就是一个典型的 URL 格式。它由三部分组成，格式如下：

资源类型 :// 存放资源的主机域名 / 资源文件名

① URL 地址中表示的资源类型：

HTTP：超文本传输协议。

FTP：文件传输协议。

Telnet：与主机建立远程登录连接。

Mailto：提供 E-mail 功能。

② URL 示例：

http://www.microsoft.com/pub/index.html 表示是 HTTP 服务器上的资源。

ftp://ftp.pku.edu.cn 表示是 FTP 服务器上的资源。

file://D:/mysitex.htm 表示是本地磁盘文件上的资源。

telnet://bbs.tsinghua.edu.cn 表示是 Telnet 服务器上的资源。

7.2.4 常见的 Internet 接入方式

随着网络技术的发展和网络的普及，用户接入 Internet 的方式已从过去常用的电话拨号、ISDN 综合数字业务网等低速接入方式，发展到目前主要通过局域网、宽带 ADSL、有线电视网、光纤接入、无线接入等高速接入方式。

1. 局域网接入

通过网卡，利用数据通信专线（双绞线、光纤等）将用户计算机连接到某个已与 Internet 相连的局域网（如园区网）。

2. ADSL 接入

ADSL（非对称数字用户线路）是一种利用既有的电话线实现高速、宽带上网的方法。采用 ADSL 接入，需要在用户端安装 ADSL Modem 和网卡。所谓“非对称”是指与 Internet 的连接具有不同的上行和下行速度。上行是指用户向网络上传信息，而下行是指用户从 Internet 下载信息。目前 ADSL 上行传输速率可达 1 Mbit/s，下行最高传输速率可达 8 Mbit/s。

3. 有线电视接入

有线电视接入是指通过中国有线电视网（CATV）接入 Internet，其传输速率可达 10 Mbit/s。采用 CATV 接入需要在用户端安装 Cable Modem（电缆调制解调器）。

4. 光纤接入方式

光纤接入方式是为居住在已经或便于进行综合布线的住宅、小区和写字楼的较集中的用户，以及有独享光纤需求的大企事业单位或集团用户高速上网需求提供的，传输带宽 2 ~ 155 Mbit/s 不等。可根据用户群体对不同速率的需求，实现高速上网或企业局域网间的高速互连。同时由于光纤接入方式的上传和下传都有很高的带宽，尤其适合开展远程教学、远程医疗、视频会议等对外信息发布量较大的网上应用。

5. 无线接入

无线接入是指从用户终端到网络交换结点采用或部分采用无线手段的接入技术。

无线接入 Internet 的技术分成两类，一类是基于移动通信的无线接入，如：GPRS（利用手机 SIM 卡上网，以数据流量计费）、EDGE（稍快于 GPRS，是向 3G 的过渡技术）、3G（即第三代移动通信技术，现共有四种技术标准：CDMA2000，WCDMA，TD-SCDMA，WiMAX）；4G（即第四代移动通信技术，从目前全球范围 4G 网络运行结果看，4G 网络速度大致比 3G 网络快 10 倍）；另一类是基于无线局域网技术的无线接入，无线局域网又称 WLAN，它作为传统布线网络的一种替代方案或延伸，利用无线技术在空中传输数据、话音和视频信号，目前，无线局域网有许多标准，比如 IEEE 802.11、IEEE 802.11b、IEEE 802.11a、IEEE 802.11g、蓝牙、HomeRF 等，其中智能手机、平板电脑、笔记本式计算机常用 Wi-Fi 无线上网，就是其中一个基于 IEEE 802.11 系列的技术标准。

当前，无线接入已经成为接入 Internet 的一个热点应用。

7.3　Internet 的基本应用

7.3.1　IE 浏览器的使用和管理

在 WWW 中，信息以网页方式进行组织，如果把 WWW 比作 Internet 上的大型图书馆，则每个 Web 站点就是一本书，而每个网页就是一页书，主页就是书的封面和目录。

IE（Internet Explorer）浏览器是一款用于连接 WWW，并与之通信的浏览器软件。下面以 IE 浏览器为例，介绍如何浏览 Internet 上的各种信息。

1. 网页的浏览

利用 IE 浏览网页时，在其地址栏中直接输入网址（IP 或域名）即可打开对应的网站。如图 7-6 所示，在地址栏中输入 www.peizheng.edu.cn 并按【Enter】键，即打开“广东培正学院”的网站首页，单击该主页上的各标题超链接，可以进一步访问网站中提供的相关信息。

温馨提示

一般情况下，输入目标网址时不必输入前面的“http://”，IE 会自动补上这部分。

另外，在 IE 中，还可使用以下几种方法来浏览网页：

① 单击地址栏右端的下拉按钮，在下拉列表框中选择最近浏览过的网页；

② 利用收藏中心，查看收藏夹和历史记录中的网页；

③ 使用搜索工具查找欲浏览的网页。

2. IE 收藏夹

收藏夹是一个文件夹，用于存放用户所喜爱的、需要经常访问的站点网址。浏览网页时，选择【收藏夹】|【添加到收藏夹】命令，可随时将自己喜爱的站点添加到收藏夹中；对于收藏夹中的已有站点，只要单击【收藏夹】菜单或者单击【收藏夹】按钮或按【Alt+C】组合键，在展开的收藏菜单中单击相应的站点名称，就能快速打开该站点；而选择【收藏夹】|【整理收藏夹】命令，还可以方便地对收藏夹进行整理（如新建、移动、删除、重命名等）。

3. 设置默认主页

启动 IE 时，同时打开的网页称为默认页面或主页，用户可以根据自己的喜好将相关网页设置为主页，以便快速浏览。设置默认主页的具体步骤如下：

图 7–6　IE 浏览器浏览网页

① 选择【工具】|【Internet 选项】命令，打开图 7–7 所示的对话框。

在【常规】选项卡中的“主页”区域，可以进行如下操作：

- 直接输入某个网址，然后单击【应用】按钮，将该网址设为主页。如 www.peizheng.edu.cn，将广东培正学院网站首页作为主页；
- 单击【使用当前页】按钮，将当前正在浏览的页面作为主页；
- 单击【使用默认值】按钮，将“微软中国主页”作为主页；
- 单击【使用空白页】按钮，设置空白网页（about:blank）作为默认主页。

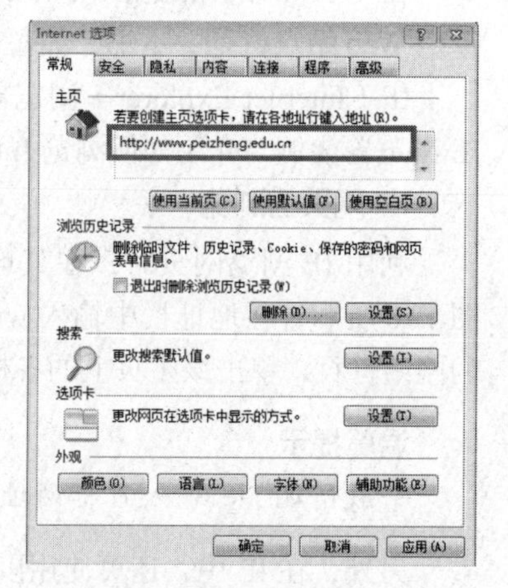

图 7–7　设置 IE 的默认主页

② 单击【确定】按钮完成主页的设置。

4. 保存网页

如果在浏览某些页面内容后，希望将其保存下来备用，可以执行【文件】|【另存为】命令，打开【保存网页】对话框，输入文件名，选择保存类型和保存位置，单击【保存】按钮将其保存。

7.3.2　信息检索的应用

Internet 中的信息资源非常丰富，如何快速、准确地在网上找到自己所需要的信息已变得越来越重要。借助于搜索引擎，我们可以很容易地找到自己所需要的信息。

1. 搜索引擎

搜索引擎（Search Engine）是指根据一定的策略、运用特定的计算机程序从 Internet 上搜集信息，在对信息进行组织和处理后，为用户提供检索服务，将用户检索的相关信息展示给用户的系统。对用户而言，搜索引擎实际上是一个提供信息检索服务的网站，它使用某些程序把 Internet 上的信息进行归类，以帮助人们在信息海洋中找到自己所需要的信息。一些常用搜索引擎网站的网址如表 7–3 所示。

表 7-3　常用搜索引擎

搜索引擎名称	URL 地址	说　明
Baidu 百度	http://www.baidu.com	全球最大的中文搜索引擎
Haosou 好搜	http://www.haosou.com	360 公司推出的搜索引擎
Sogou 搜狗	http://www.sogou.com	搜狐、腾讯共同推出的中文搜索引擎
Youdao 有道	http://www.youdao.com	网易自主研发的搜索引擎
Bing 必应	http://cn.bing.com	微软公司推出的中文搜索引擎

2. 常用搜索技巧

① 合理选择关键字。

② 使用组合关键字（不同关键字之间用空格隔开）。

③ 高级搜索。

【拓展练习 7-1】通过百度搜索引擎搜索有关“广州计算机等级考试报名”信息的网站。

具体搜索步骤如下：

① 把“广州计算机等级考试报名”分解为“广州”“计算机等级考试”“报名”3 个关键字。

② 在 IE 浏览器地址栏中，输入百度网址：www.baidu.com，按【Enter】键打开百度主页。

③ 在百度检索框中输入要检索信息的关键字“广州 计算机等级考试 报名”，如图 7-8 所示。

④ 单击【百度一下】按钮，开始搜索。

另外，还可使用高级搜索功能进行搜索，在百度主页中选择【设置】|【高级搜索】命令，如图 7-9 所示。采用高级搜索功能的方法进行搜索，往往能更容易得到合乎需要的搜索结果。

图 7-8　百度搜索

图 7-9　使用高级搜索

百度搜索网站，还为用户提供了更加个性化的、方便的搜索服务功能，比如，单击“知道”超链接，进入“知道”搜索页面，输入相关问题的关键字后，再单击【搜索答案】按钮，就可以寻求解答或直接找到相应问题的已有解答。另外，在百度主页中单击 MP3 链接，将进入 MP3 搜索页面。在搜索栏中输入歌曲名或歌手名，可以查找到所想要的 MP3 曲目。在查找到的结果中，单击要播放的歌曲，即可播放歌曲并显示歌词。同样，单击其他功能项可以分别了解相关类别的资讯内容，如新闻、图片、视频、百科、文库等。

7.3.3　文献检索的应用

文献检索（Information Retrieval）是指根据学习和工作的需要获取文献的过程。宋代朱熹认为“文指典籍，献指熟知史实的贤人”，近代认为文献是指具有历史价值的文章和图书或与某一学科有关的重要图书资料，随着现代网络技术的发展，文献检索更多通过计算机技术完成。在 Internet 中进行文献检索是科研人员的一项必备技能。

1. 文献数据库

为了方便利用计算机进行文献检索，Internet 中建立了许多文档型的数据库，存放已经数字化的文献信息，这些信息通常以 PDF 的格式存储，用户可以按照文献的发表年份、文献中的关键词等内容从数据库中查找相关文献。

普通用户可以在网络上检索文献数据库，并免费获取书目、摘要，甚至还可能获得文献的全文。各高校的图书馆也陆续引进了一些大型文献数据库，如国外的 IEEE 数据库、国内的万方数据库和维普中文科技期刊全文数据库等。这些电子资源一般以镜像站点的形式链接在校园网上供校内师生使用。常用的文献数据库如表 7-4 所示。

表 7-4 常用文献数据库

数据库名称	说　明
万方数据库	由中国科技信息研究所和万方数据集团公司开发的网上数据库联机检索系统，内容涉及自然科学和社会科学的各个专业领域。它是一个集学术期刊、学位论文、会议论文、中外专利、科技成果、中外标准、法律法规、查询服务为一体的数据资源系统
维普中文科技期刊全文数据库	重庆维普资讯有限公司的数据库产品，包含了 1989 年至今的 8000 余种期刊刊载的文献，涵盖社会科学、自然科学、工程技术、农业、医药卫生、经济、教育和图书情报等学科
中国学术期刊全文数据库	我国第一个以电子期刊方式按月连续出版的大型集成化学术期刊原版全文数据库。它将学科内容相关的期刊文献分为理工（A、B、C）、农业、医药卫生、文史哲（双月刊）、经济政治与法律、教育与社会科学、电子与信息等专辑
超星数字图书馆	目前世界上最大的中文在线数字图书馆，拥有百万余种中文电子图书资源
IEEE/IET Electronic Library (IEL) 数据库	IEL 数据库内容包括自 1988 年以来美国电气电子工程师学会（IEEE）和英国工程技术学会（IET）出版的所有期刊、会议录和标准的电子版全文信息，部分期刊还可以看到预印本

2. 文献检索方法

利用百度学术搜索引擎（http://xueshu.baidu.com/），可在 Internet 上快速查找文献。百度学术搜索引擎的使用方法与一般的搜索引擎相同，但利用【高级搜索】中的选项，可以按照文献的作者、关键词、刊物名称和发表时间等内容进行搜索，如图 7-10 所示。

另外，可以使用专业的文献数据库进行检索。使用时，首先要选择合适的数据库，然后通过高校图书馆的数据库镜像链接进入该数据库的主页，在主页中指定相应的关键词进行检索。例如：在维普期刊数据库中检索 2010—2016 年期间核心期刊发表的有关“网络安全”的论文，可以通过高校图书馆网站内的“电子期刊”文献资源中的“维普中文科技期刊数据库”镜像超链接，进入维普期刊数据库检索页面，然后选择时间段、期刊范围，输入关键词“网络安全”，单击【检索】按钮即可进行相应检索，如图 7-11 所示。

温馨提示

在 Internet 上利用百度学术搜索等方法检索到的文献，大多都是需要付费下载的，因此可以将上面的两种方法结合起来使用。首先通过百度学术搜索找到文献的地址，然后再到学校图书馆的数据库中检索并下载全文。

图 7-10　百度学术高级搜索页面

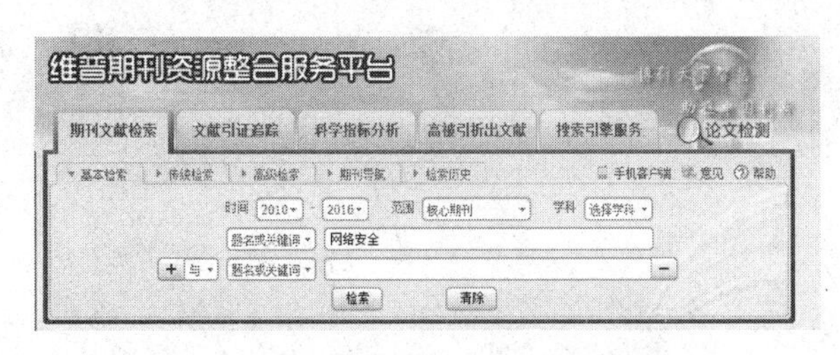

图 7-11　维普期刊数据库检索页面

7.3.4　电子邮件的操作

电子邮件极大地方便了人们的沟通与交流，人们在生活和工作中常常会用到电子邮件。收发电子邮件主要有以下两种方式：

- Web 方式（在线操作方式）。这种方式是通过浏览器直接连接邮件服务器，在浏览器显示的邮件服务器页面中输入用户名和密码后，登录进入已注册的邮箱，在邮箱网页中在线进行电子邮件的相关操作。
- 邮件客户端方式（离线操作方式）。这种方式是在本地客户机中运行电子邮件客户端程序进行电子邮件的收发，如 foxmail 邮件客户端。使用电子邮件客户端时，应先对客户端程序进行接收服务器和发送服务器的设置，然后才能进行电子邮件的收发。这种方式只在收信和发信时客户端程序才进行网络连接，其他时间都是离线的，因此邮件客户端方式又称离线操作方式。

对于大多数网络用户而言，一般都采用 Web 方式进行电子邮件的收发，好处是显而易见的，因为只要有浏览器就可以很方便地使用电子邮件，免去了设置客户端的麻烦。

1. 电子邮箱的地址

电子邮箱是用来存储电子邮件的网络存储空间，由电子邮件服务机构为用户提供。电子邮箱的地址格式为：用户名 @ 邮件服务器主机域名。其中的符号 @ 表示英文单词 at，读作 [ət]，中文含义是“在”的意思。例如：电子邮箱地址 pzxyjsj@163.com 的意思就是：在 163.com 上用户名为 pzxyjsj 的用户邮箱。

2. 电子邮箱的注册

目前，很多互联网服务商（Internet Service Provider，ISP）都提供了电子邮箱服务。其中，既有收费的电子邮箱，也有免费的电子邮箱，可供不同需求的单位用户和个人用户申请使用。比较著名的电子邮箱服务商有：网易 163 邮箱、网易 126 邮箱、QQ 邮箱等。下面以 163 网易免费邮为例，介绍在 Web 方式下电子邮箱的注册操作过程。

启动浏览器，在地址栏中输入 http://www.163.com 进入网易主页，然后单击【注册免费邮箱】超链接，进入“注册网易免费邮箱”页面，如图 7–12 所示。

图 7–12　网易电子邮箱注册页面

在注册页面中可以选择【注册手机号码邮箱】或【注册字母邮箱】（【注册 VIP 邮箱】为收费邮箱），根据页面提示，输入“手机号码”“图片验证码”“短信验证码”“密码”和“确认密码”，选中同意服务条款复选框，单击【立即注册】按钮，完成邮箱注册。

温馨提示

注册页面表单中带 * 号的内容项为必填项。对于用户名，要求在同一邮件服务器上是唯一的，所以如果注册时输入的用户名已经被他人先行注册，将被提示重新输入用户名。建议使用比较有特色的用户名，也可以考虑使用手机号码注册邮箱，使用手机号注册比较有特色且不会重名，不仅获取验证码方便，如果忘记邮箱密码，取回或更改密码也方便。

3. 电子邮箱的操作

完成了邮箱注册后，就可以开始使用该邮箱收发电子邮件。在网易首页中，单击“邮件”图标，在打开的下拉列表中输入用户名和密码，单击【登录】按钮，然后选择【进入我的邮箱】选项，即可进入邮箱界面，如图 7–13 所示。

（1）电子邮箱的基本功能

在图 7–13 所示的邮箱界面中，单击【收信】按钮可以用于接收电子邮件，单击【写信】按钮可以进入写信页面。邮箱界面中左侧显示的是邮箱的常用功能，右侧则是选取某项功能后显示的相关内容。现将其中最常用的基本功能介绍如下：

图 7–13　163 网易免费邮箱界面

①【收件箱】是默认的接收邮件文件夹，该文件夹内存放已接收的电子邮件。单击【收件箱】后，右侧显示的是该邮箱所收到的邮件，已读邮件用正常字体显示邮件发件人和主题，未读邮件用粗体方式显示。

②【草稿箱】是用来存放已写但还未发送的电子邮件，如果在写电子邮件的过程中，因各种原因中断时，可以把未完成的邮件存放在草稿箱中，方便以后继续完成，不致使所做工作白费。

③【已发送】是用来保存已经发出的电子邮件。

④【已删除】是用来存放被删除的电子邮件，其作用相当于 Windows 中的回收站，如遇误删情况，还可以进行取回。

（2）写信与发信操作

在登录后的邮箱界面中，单击【写信】按钮，打开图 7–14 所示的写信界面，在该界面中可进行如下操作：

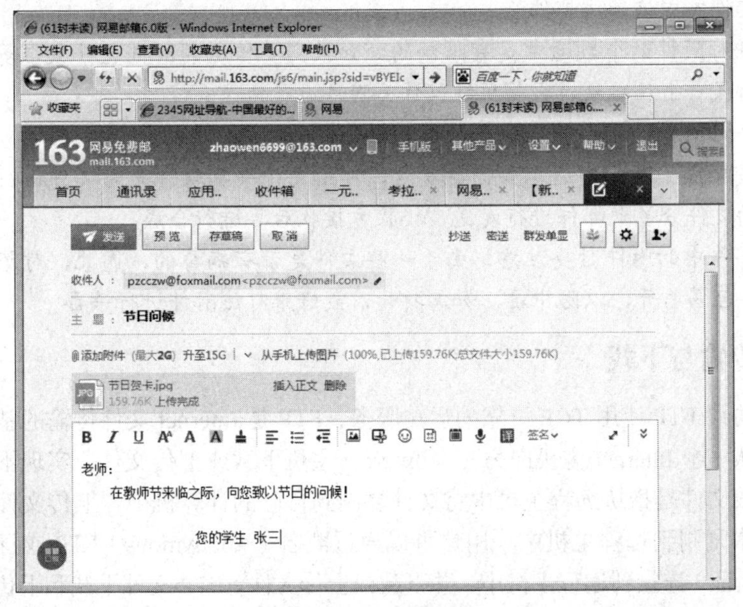

图 7–14　写信界面

① 收件人：在此处填写收件人的电子邮箱地址。

② 抄送：如该邮件还想抄送给收件人之外的其他人员，可单击【抄送】按钮并填写。

③ 密送：如想将该邮件秘密发送给除收件人和抄送人之外的联系人，可单击【密送】按钮并填写，收件人和抄送人不会看到密送人。

④ 主题：在此处填写邮件的主题，以方便收件人了解邮件内容。

⑤ 添加附件：如邮件有其他文本、图片、音频、视频等文件要随邮件主体一起发送，可以单击【添加附件】按钮，把相关文件添加进来作为附件随主体邮件同时发送。

⑥ 在界面的下方有个较大的空白区域是邮件内容编辑区，可以在此处输入、编辑邮件内容。

⑦ 完成邮件的写作后，单击【发送】按钮，就可将电子邮件发出，并且该邮件同时也会保存到【已发送】文件夹中。

（3）收信与回信操作

在邮箱界面中，单击【收件箱】或【收信】按钮，即可进入收件箱，邮箱中收到的邮件将列出在收件箱的右侧，在该界面中可进行如下操作：

① 阅读邮件：单击需要阅读的邮件主题即可打开该邮件，看到该邮件的内容。如果该邮件有附件，则会有附件提示，单击【查看附件】，选择相应附件，在显示的对话框中可以选择【下载】【预览】【存网盘】等操作。

② 回复邮件：单击【回复】按钮，打开邮件回复界面，在回复内容编辑区输入相应回信内容后，单击【发送】按钮即可对来信进行回复。

③ 转发邮件：在邮件打开状态，也可单击【转发】按钮，在“收件人”文本框中输入需要转发的联系人邮箱地址，即可将该邮件转发给相应的联系人。

④ 删除邮件：邮件阅读完毕，如果该邮件无须保存，则可单击【删除】按钮，删除该邮件。

温馨提示

- 在邮件阅读状态，单击【删除】按钮将邮件删除后，该邮件并未真正删除，如属误删，可到【已删除】文件夹中恢复该邮件。
- 电子邮件对附件的个数通常是有限制的，如果需要传送的附件文件数很多，可以将这些文件先打成一个压缩包，再将压缩包作为附件进行传送。
- 电子邮件对附件的大小是有限制的（不同的邮件服务器限制也不相同），超过了服务器的限制，邮件将不能发送。如仍要发送，可用文件分割软件先对文件进行分割后，再对分割后的文件分多个邮件进行发送，接收方接收后再进行合成。
- 在接收邮件中的附件时要注意，由于一些文件是带有病毒的，因此，对陌生人发送邮件一般不要轻易打开，以防中毒。如需打开，最好先对该附件进行杀毒。

7.3.5 文件传输与下载

文件传送协议 FTP 使用 TCP 可靠的运输服务，FTP 是 Internet 文件传输的基础，通过该协议，用户可以从一个 Internet 主机向另一个 Internet 主机下载或上传文件，实现不同计算机间的文件传送。下载文件是指从远程主机中将文件复制到自己的计算机中，上传文件则是将文件从自己的计算机中复制到远程主机中。用户可以通过匿名（Anonymous）FTP 或身份验证（通过用户名及密码验证）连接到远程主机中，并下载或上传文件。FTP 文件下载和上传的方式很多，择要介绍如下：

1. 使用浏览器

在浏览器的地址栏中直接输入 FTP 服务器的地址。例如在 IE 浏览器的地址栏中输入 ftp://ftp.tup.tsinghua.edu.cn/（清华大学出版社 ftp 服务器地址），打开图 7-15 所示的窗口。

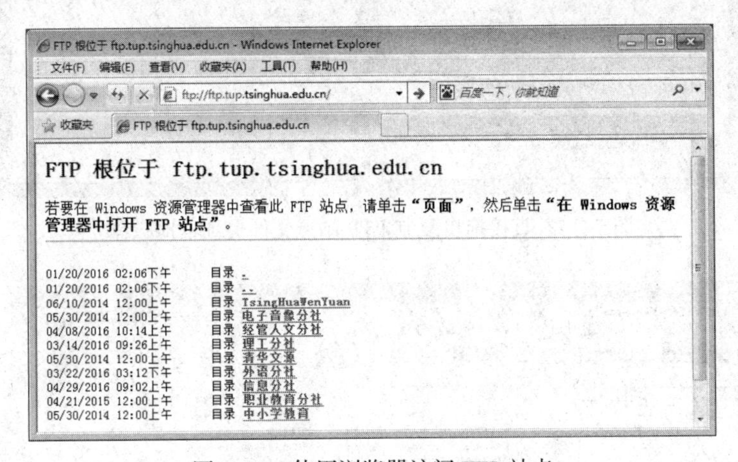

图 7-15　使用浏览器访问 FTP 站点

在图 7-15 所示窗口中，如要下载某个文件夹或文件，首先右击该文件夹或文件，在弹出的快捷菜单中选择【目标另存为】命令，打开【另存为】对话框，在对话框中选择要保存的文件或文件夹在磁盘中的位置，单击【保存】按钮下载所需内容。

2. 使用资源管理器

在 Windows 资源管理器的地址栏中输入 FTP 服务器的地址，如输入 ftp://ftp.tup.tsinghua.edu.cn/（清华大学出版社 ftp 服务器地址），打开图 7-16 所示的窗口。

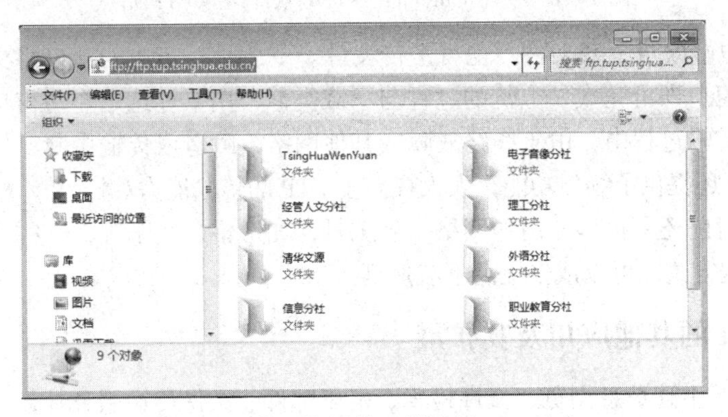

图 7-16　使用资源管理器访问 FTP 站点

在图 7-16 所示窗口中，如要下载某个文件夹或文件，可以把该窗口中的资源当成本地磁盘一样操作，如把 FTP 站点中的“理工分社”这个文件夹复制到本地磁盘中可以直接将“理工分社”这个文件夹拖曳到本地磁盘相应位置即可实现文件夹复制，如图 7-17 所示。

3. 使用 FTP 客户端软件

也可以使用 FTP 客户端软件进行文件资源的下载与上传，如使用 CuteFTP 客户端软件。CuteFTP 客户端软件具有类似资源管理器的窗口，操作方便、功能强大。启动 CuteFTP 客户端软件后，会看到图 7-18 所示的软件界面。

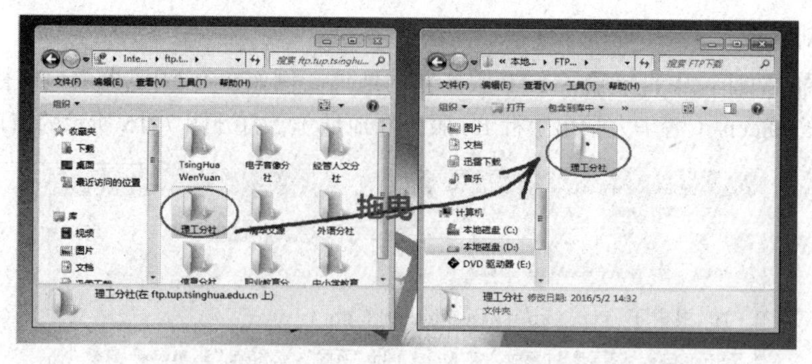

图 7-17　直接拖曳复制 FTP 站点文件夹到本地磁盘

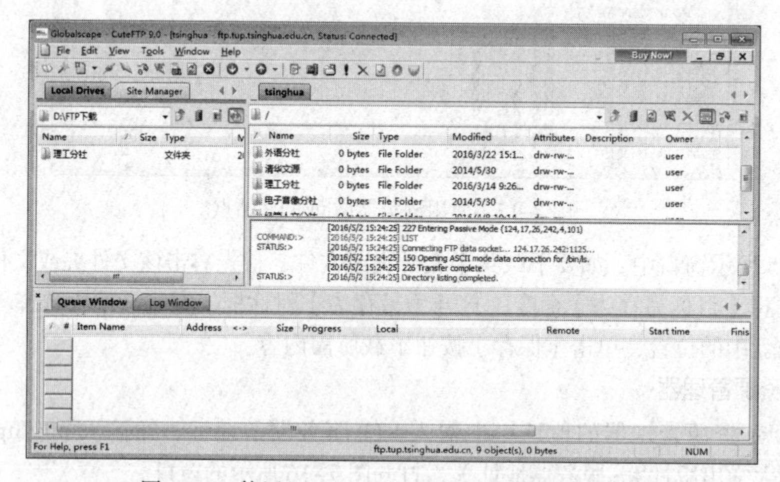

图 7-18　使用 CuteFTP 客户端软件访问 FTP 站点

CuteFTP 客户端既可下载文件，也可上传文件。下载是在右边的窗口将文件用鼠标选定，然后拖曳到左边窗口即可完成。上传的过程与下载类似，用鼠标选定左边窗口的文件拖曳到右边窗口即可。在传输过程中，由于线路故障或其他网络故障造成传输中断，使文件的下载或上传失败，CuteFTP 还提供了续传功能，大大提高了 FTP 的传输能力。

除此之外，目前还有很多专门的网络下载工具，如迅雷、快车等，这些专门的网络下载工具大多采用多线程方式，可以成倍提高下载速度。

7.3.6　Internet 的其他应用及其扩展

Internet 上除了上述信息浏览、文件检索、电子邮件、文件传输服务外，还有很多深受大众欢迎的服务功能，如远程登录（Telnet）、BBS、网络电话、电子商务等，目前正蓬勃发展的物联网及应用也离不开 Internet。

1. 电子商务

电子商务是采用数字化电子方式进行商务数据交换和开发商务业务活动，它是指整个贸易或商品交易活动全面实现电子化。电子商务系统将参加商务活动的各方，包括商家、企业、顾客、金融机构、信用卡公司或证券公司、政府等，利用计算机网络密切结合起来，处在电子商务统一体中，全面实现在线交易和交易电子化。

电子商务与传统商务的本质区别，在于它是以数字化计算机网络为基础进行商品、货币和服务交易，其产生和发展是与 Internet 技术的发展和日益成熟分不开的。

2. BBS 和虚拟社区

BBS（Bulletin Board System，公告牌系统）是 Internet 上的一种信息服务系统。

BBS 像日常生活中的黑板报一样，按不同的主题划分很多个栏目，栏目设立依据大多数 BBS 使用者的要求和喜好而定。使用者可以阅读他人关于某个主题的最新看法，也可以将自己的想法毫无保留地贴到公告栏中。同样，别人对你的观点的回应也是很快的。

3. 网络电话

网络电话又称 IP 电话，它是一种让用户利用计算机通过 Internet 连接到另一台计算机或者电话的应用。无论双方相距多远都能让他们互通语音信息，或者传送视频、语音邮件及其他资料文件。IP 电话由于其通话成本远远低于传统长途电话，因而具有广阔的发展前景。

4. 远程登录

远程登录就是一台计算机连接到远方的另一台计算机，并可以利用其资源、运行其系统程序。远程登录可以使用户的计算机通过 Internet 登录到世界上任何一台计算机上，让用户操纵和使用它。通过远程登录，用户可以实时地使用远程计算机系统对外开放的全部资源。很多大型计算机中心都通过 Internet 对外提供科学计算机服务，本地计算机可通过远程登录向远程主机提交科学计算程序和数据。一些大学的图书馆也允许用户通过远程登录方式查询藏书目录等。

5. 博客

博客（Blog）是 Web 和 log 的组合词。博客是网络上个人信息的一种流水记录形式，它既具有传统日记随时记录感想、摘抄有用信息的功能，又有 BBS 的分享和交流作用。它简单易用，技术门槛低，具备及时编辑、及时发布、按时间排序和自动管理、简单易用等特点。一个博客就是一个网页，它通常是由简短而且经常更新的帖子构成，不同的博客其内容和目的有很大的不同。

除了博客，网络目前还出现了非常流行的微博客，即微博。从字面上可以把微博理解为“微型博客”，但是微博的特点绝不仅仅是“微型的博客”这么简单。微博具有简单便捷、互动性强、强实效性和现场感的特点，简而言之，就是让用户在网站上写短消息。

6. 维客与威客

（1）维客

维客的原名为 Wiki（又译为维基），据说 WikiWiki 一词来源于夏威夷语的 wee kee wee kee，原意为“快点快点”。它其实是一种新技术，一种超文本系统。这种超文本系统支持面向社群的协作式写作，同时也包括一组支持这种写作的辅助工具。也就是说，这是多人协作的写作工具。而参与创作的人，也被称为维客。

（2）威客

威客是英文 Wikey（智慧的钥匙）的谐音，意思是：通过互联网互动问答平台（威客网站）让智慧、知识和专业、专长通过网络转换成实际收入的人，即在网络上通过互动问答平台出卖自己无形资产（知识商品）的人，或者说是在网络上做知识（商品）买卖的人。在网络时代，凭借自己的创造能力（智慧和创意）在互联网上帮助别人，而获得报酬的人就是威客。

7. 物联网

物联网的概念是在 1999 年提出的。物联网的英文名称叫“The Internet of things”，顾名思义，物联网就是“物物相连的互联网”。这有两层意思：第一，物联网的核心和基础仍然是互联网，是在互联网基础上的延伸和扩展的网络；第二，其用户端延伸和扩展到了任何物品与物品之间，进行信息交换和通信。严格而言，物联网的定义是：通过射频识别（RFID）、红外感应器、全球定位系统、激光扫描器等信息传感设备，按约定的协议，把任何物品与互联网连接起来，进行信息交换和通信，以实现智能化识别、定位、跟踪、监控和管理的一种网络。

7.4 局域网技术及局域网组建

局域网的覆盖范围较小，通常应用于公司、校园、厂区或一个建筑物内。决定局域网特性的三个技术要素是：网络拓扑结构、传输介质与介质访问控制方法。

7.4.1 局域网的工作模式

局域网的工作模式有两种：客户机 / 服务器（C/S）模式和对等模式。

1. 客户机 / 服务器模式

能够提供和管理共享资源的计算机称为服务器（Server），而使用服务器上共享资源的计算机称为客户机（Client）。对于服务器，需要运行某种网络操作系统，例如 Windows Server 2008、Novell Netware、UNIX 等。对于客户机，它们除了能运行自己的应用程序外，还应该通过网络连接到某一台服务器上，获得该服务器提供的网络服务。在这种以服务器为中心的网络中，一旦服务器出现故障或者关闭，整个网络将无法正常运行。

2. 对等模式

对等网中不使用服务器。在这种网络系统中，所有计算机无主从之分，都处于平等地位，一台计算机既可以作为服务器，也可以作为客户机。例如，当用户从其他用户的计算机上获取信息时，该用户的计算机就成为网络客户机；如果是其他用户访问该用户的计算机资源，那么该用户的计算机就成为服务器。由于不需要专门的服务器，网络中的各个用户就可以方便地共享文件、打印机等软、硬件资源，所以对等网的组建及维护成本较低。在对等网中，无论哪台计算机出现故障或者被关闭，都不会影响网络的运行。

7.4.2 局域网的设备组成

如图 7-19 所示，虚线框内为一个典型的局域网示意图。组成局域网的主要设备有服务器、工作站、传输介质（如双绞线）、连接设备（如网卡、集线器或交换机）等。另外，局域网通过调制解调器（如 ADSL Modem），还可以方便地与广域网进行连接。

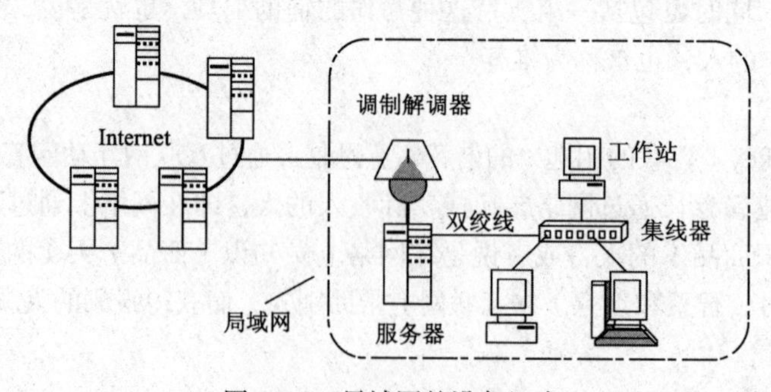

图 7-19 局域网的设备组成

7.4.3 以太网

1. 什么是以太网

以太网（Ethernet）是中等区域范围内实现计算机通信的局域网技术规范。按 Ethernet 规范组建的计算机网络即为以太网。以太网适用于办公自动化、分布式数据处理、终端访问等。以太网是当前局域网中最通用的通信协议标准。以太网的数据传输速率一般为 10 Mbit/s ~ 1 000 Mbit/s，高速以太网可达 10 000 Mbit/s，以太网采用 CSMA/CD 介质访问控制方法。

2. CSMA/CD 访问控制方法

载波侦听多路访问/冲突检测（Carrier Sense Multiple Access/ Collision Detect，CSMA/CD）是以太网中使用的介质访问控制方法，应用于以太网数据链路层。CSMA/CD 介质访问控制方法适用于总线结构的局域网，可有效解决多站点在共享传输介质中的信道争用问题。

在采用 CSMA/CD 方法的局域网上，每个站点想要利用线路发送数据时，首先要监听线路的忙、闲状态（如果线路上已有数据在传输，即线路忙，否则线路闲）。只有当线路空闲时，站点才可以发送数据。但如果此时有两个或更多站点要发送数据，就可能造成冲突，如图 7-20 所示，致使数据被破坏和丢失。为了解决信道的争用冲突，站点需要暂停发送数据，随机延迟后再重新发送。

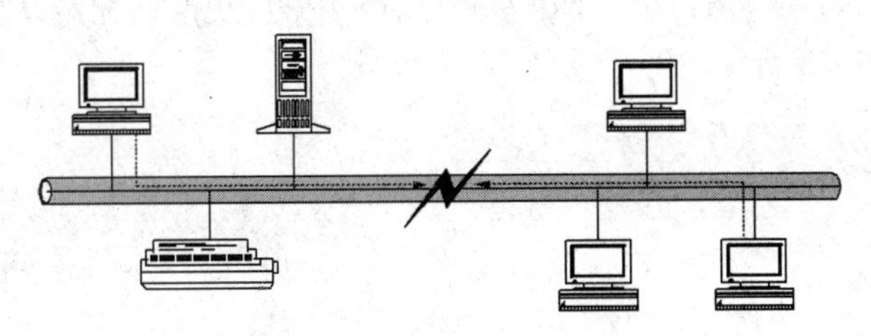

图 7-20　网络传输冲突示意图

CSMA/CD 的工作过程可以归纳为：先听后发、边听边发、冲突停止、随机重发。

7.4.4　小型局域网的组建

局域网规模各不相同，组建的方式也各有特色。现在以组建一个小型的宿舍局域网为例，介绍对等网的组建方法和步骤，以及在局域网中实现资源共享的方法。

1. 连接硬件设备

首先确定需要组建的网络拓扑结构。这里采用星状网络拓扑结构，如图 7-21 所示，以交换机（集线器或路由器）作为网络的中心结点，用双绞线（两端有 RJ-45 接口）将所有计算机的网卡与中心结点设备进行物理连接。

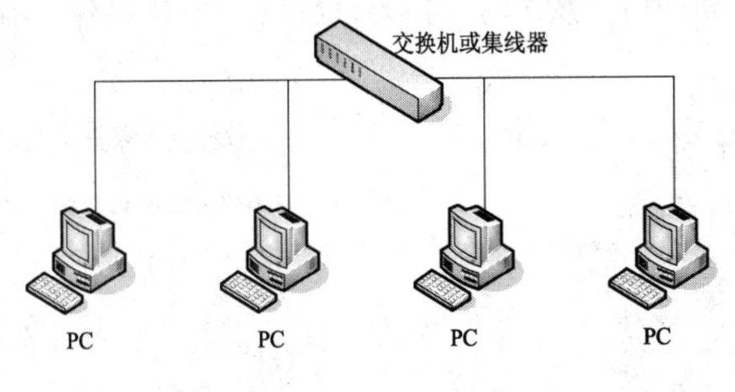

图 7-21　宿舍局域网

2. 网卡驱动、协议与服务的安装和配置

（1）安装网卡驱动程序和 TCP/IP 协议

现在使用的计算机及附属设备一般都支持“即插即用”功能，所以安装了即插即用的网卡后，第一次启动计算机时，Windows会检测到网卡，并打开“发现新硬件并安装驱动程序”的提示信息，并且会自动安装网卡驱动程序和TCP/IP协议。如遇到特殊网卡，系统不能自动识别时，就需要用户手动安装该网卡的驱动程序。

温馨提示

手动安装驱动程序时，请注意正确选择驱动程序。同一个品牌的网卡通常包括一系列的规格型号，安装驱动程序时请选择对应的规格型号。另外，驱动程序对于不同的操作系统也不相同（同一操作系统也还分为32位和64位操作系统），应注意区分。

（2）配置TCP/IP属性

设置IP地址、子网掩码、默认网关、DNS服务器地址。

① 单击【开始】|【控制面板】|【网络和Internet】|【网络和共享中心】超链接，打开【网络和共享中心】窗口，如图7–22所示。

② 在【网络和共享中心】窗口中，单击左侧导航栏中的【更改适配器设置】超链接，打开【网络连接】窗口，如图7–23所示。

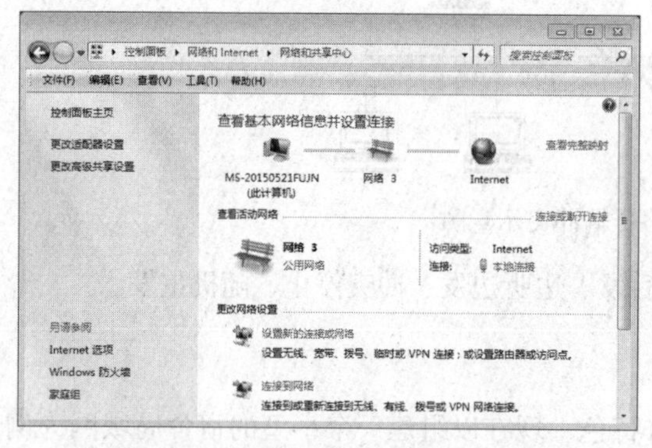

图7–22 【网络和共享中心】窗口

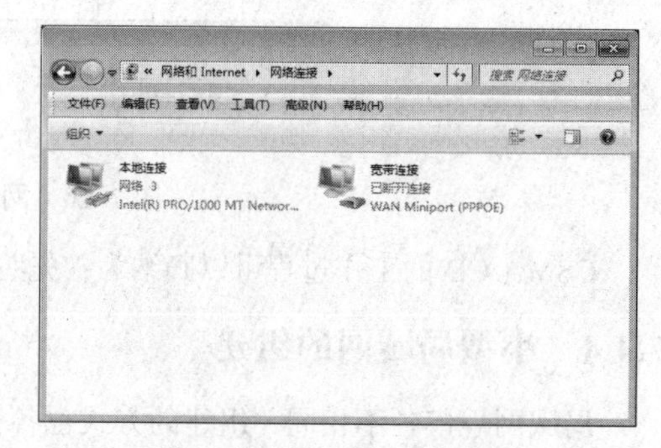

图7–23 【网络连接】窗口

③ 右击【本地连接】图标，在弹出的快捷菜单中选择【属性】命令，打开图7–24所示的“本地连接 属性”对话框。

④ 选择【Internet协议版本4（TCP/IPv4）】选项，单击【属性】按钮，打开【Internet协议版本4（TCP/IPv4）属性】对话框。在该对话框中选择【使用下面的IP地址】单选按钮，手动配置【IP地址】【子网掩码】【默认网关】以及设置【首先DNS服务器】【备用DNS服务器】地址，如图7–25所示。

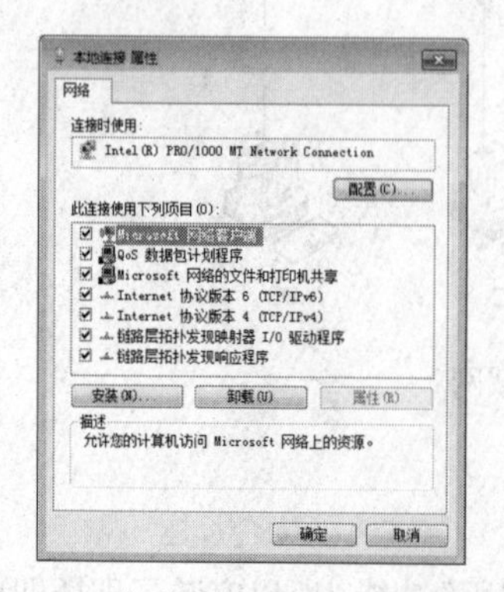

图7–24 【本地连接 属性】对话框

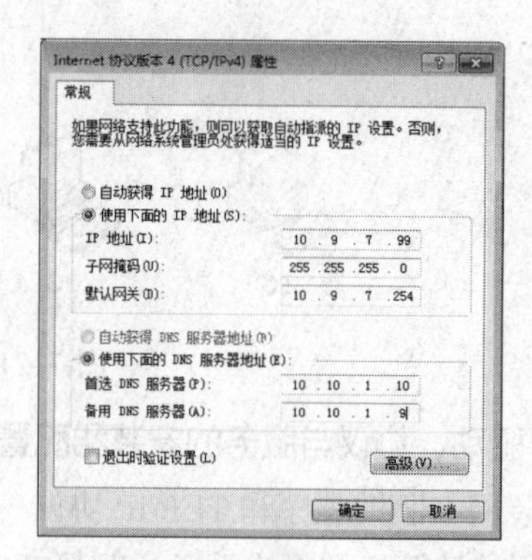

图7–25 【Internet协议版本4（TCP/IPv4）属性】

⑤ 单击【确定】按钮，完成网络参数的配置。

在设置参数时，各台计算机的 IP 地址应具有唯一性且在同一网段（网络号相同）；如果此网络与园区网相连，而园区网中有 DHCP（Dynamic Host Configuration Protocol）服务器，那么也可以在该对话框中选择【自动获得 IP 地址】及【自动获得 DNS 服务器地址】单选按钮，让系统自动获得网络相关参数。

（3）设置计算机名及工作组名称

右击桌面上的【计算机】图标，在弹出的快捷菜单中选择【属性】命令，打开【系统】对话框，单击【计算机名称、域和工作组设置】右侧的【更改设置】按钮，打开【系统属性】对话框，在【计算机名】选项卡中，单击【更改】按钮，打开【计算机名 / 域更改】对话框，输入计算机与工作组名称之后，单击【确定】按钮并重启计算机。

温馨提示

同一网络中的计算机名和 IP 地址的设置必须遵守唯一性原则，否则将会发生计算机名、IP 地址冲突。

（4）安装网络客户端

在图 7-24 所示的对话框中，单击【安装】按钮，在弹出的对话框中选择【客户端】，单击【添加】按钮，并选择【网络客户端】，然后单击【确定】按钮。

（5）配置共享和打印服务

单击【开始】|【控制面板】|【网络和 Internet】|【网络和共享中心】|【更改高级共享设置】超链接，打开【高级共享设置】窗口，选择【启用文件和打印机共享】等单选按钮，最后单击【保存修改】按钮，如图 7-26 所示。

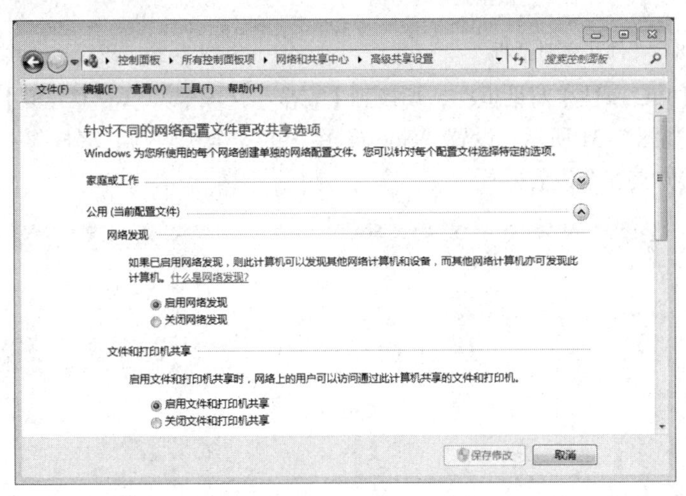

图 7-26　配置共享和打印服务

3. 共享文件和文件夹

（1）设置共享资源

连入局域网后，用户可以将自己计算机上的文件、文件夹以及打印机共享到网络上，供他人使用。但出于安全性考虑，一般只将需要的文件夹共享给网络上的其他用户。

【拓展练习 7-2】将 D 盘中的【PIC】文件夹设置为网络共享。

具体操作如下：

① 在【计算机】的 D 盘中找到或新建一个【PIC】文件夹。

② 右击该文件夹，在弹出的快捷菜单中选择【属性】命令。

③ 在打开的【PIC 属性】对话框中，切换到图 7-27 所示的【共享】选项卡，单击【共享】按钮。

④ 在图 7-28 所示的【文件共享】对话框中，在【共享名】组合框中选择或输入要共享的用户名，如输入“guest”，单击【添加】按钮。

⑤ 如图 7-29 所示，进一步选择给该用户的共享权限，单击【共享】按钮，确认共享，如图 7-30 所示，共享文件夹权限设置完成。

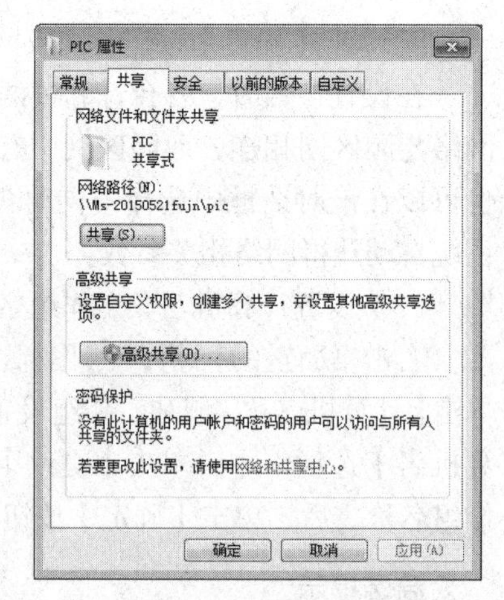

图 7-27 【PIC 属性】对话框

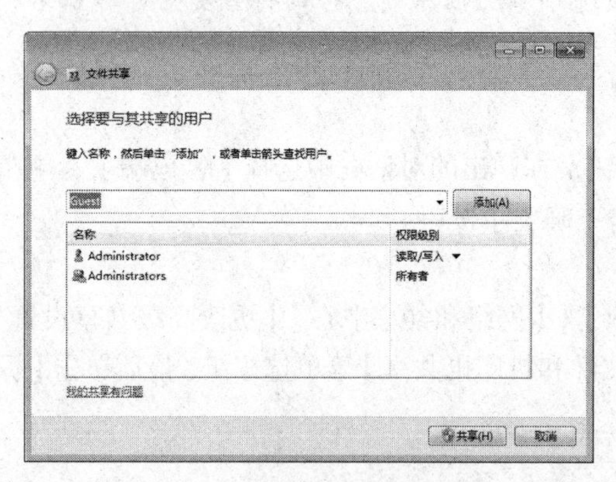

图 7-28 文件共享对话框

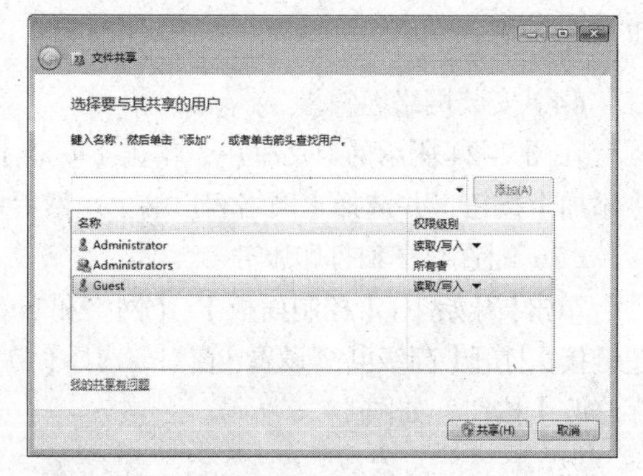

图 7-29 设置文件共享的权限

⑥ 在打开的【PIC 属性】对话框中，切换到【安全】选项卡，单击【编辑】按钮，打开“PIC 的权限”对话框，如图 7-31 所示，设置“Guest”用户的安全权限与共享权限一致，单击【确定】按钮，完成共享文件夹安全设置。

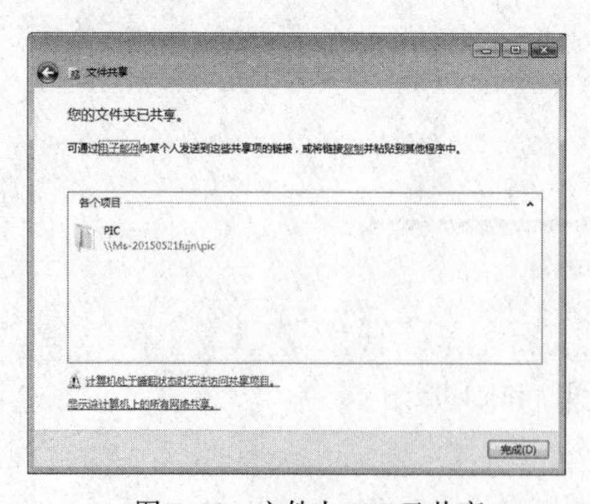

图 7-30 文件夹 PIC 已共享

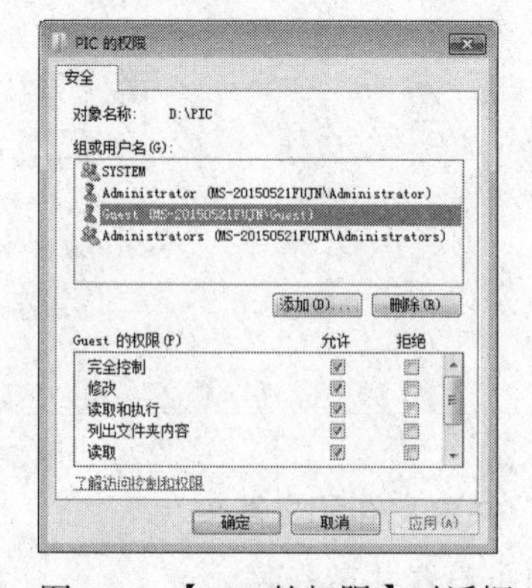

图 7-31 【PIC 的权限】对话框

⑦ 启用 Guest 账户。右击【计算机】图标，在弹出的快捷菜单中选择【管理】命令，打开【计算机管理】窗口，选择【系统工具】|【本地用户和组】|【用户】选项，在右侧窗口中右击【Guest】，在弹出的快捷菜单中选择【属性】命令，取消选择【账户已禁用】复选框，如图 7-32 所示。

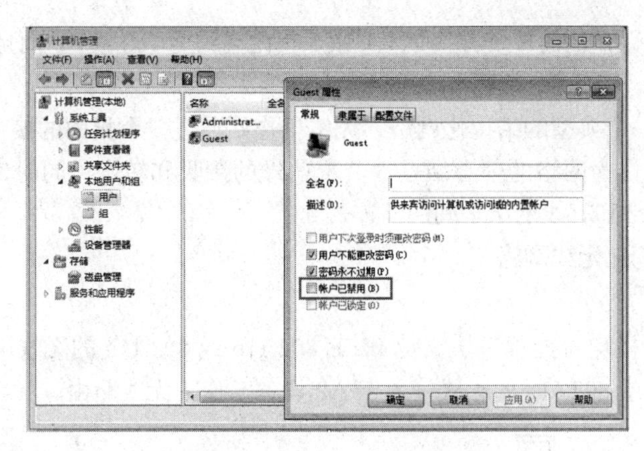

图 7–32　启用 Guest 账户

（2）访问共享资源

将计算机连接到网络中后，可以很方便地访问网络上的共享资源。在 Windows 中访问局域网上的共享资源，与浏览本地计算机中的资源一样方便。要显示局域网中某计算机下的共享资源，可以使用以下两种方法。

① 在“资源管理器”或 IE 浏览器的地址栏中直接输入 IP 地址（或 \\ 计算机名）进行访问。这时窗口中将显示该计算机下的所有共享资源，双击共享文件夹，将显示其内容。这时，就可以像操作本地文件夹或文件那样使用共享资源。

② 通过【网上邻居】进行访问。在【网上邻居】中依次选择邻近的计算机，查看工作组计算机，找到要查看的计算机，即可浏览其中共享的文件夹及文件内容。

7.4.5　小型无线局域网的组建

1. 无线局域网的特点

无线局域网利用电磁波在空中发送和接收数据，这不仅满足了移动和特殊应用领域网络接入的需要，还能解决有线网络因布线问题而难以涉及的范围。无线局域网的传输速率较高、安装便捷、使用灵活、易于扩展。目前无线局域网的传输速率为 11 Mbit/s 和 54 Mbit/s，传输距离也得到了较大的提高，可达 20 km。无线局域网作为有线网络的一种补充和扩展，在未来的信息化社会将会得到更广泛的使用，如构建无线城市等。

（1）安装便捷

如图 7–33 所示，无线局域网一般只需要安放一个或多个接入点（Access Point，AP）设备，就可以建立覆盖整个建筑或地区的无线局域网络，这样就免去了组建有线局域网时繁杂的布线工作。

（2）使用灵活

只要在无线局域网的信号覆盖区域内，带有无线网卡的计算机在任何位置都可以接入网络，并可以方便移动。目前，一些公共场所都提供了无线局域网服务，如机场、图书馆。

（3）易于扩建

只要安放合适的接入点 AP 设备，就能够方便地扩建无线局域网，支持少则几个用户，多则上千个用户的联网需求。

2. 无线局域网的拓扑结构

（1）对等网络

网络中的用户直接通过无线网卡连接，不必使用接入点 AP 设备，主要用于几个用户（最多为 48 个）之间进行短距离的简单资源共享（有效通信距离约为 100 m），而且不能接入有线网络。

（2）结构化网络

图 7–34 所示为一个典型的结构化网络，无线工作站通过一个集中的接入设备无线路由进行网络通信。无线路由作为网络的中心结点，负责信号的接收和转发；同时，无线路由还作为一个桥梁，实现无线网络和有线网络之间的互连。

3. 组建小型结构化无线网络

（1）硬件准备

首先，每台计算机均需配置一块支持 IEEE 802.11b 或 802.11g 的无线网卡。其次，还要具备支持 IEEE 802.11b 或 802.11g 的无线接入点 AP 设备，作为无线路由。

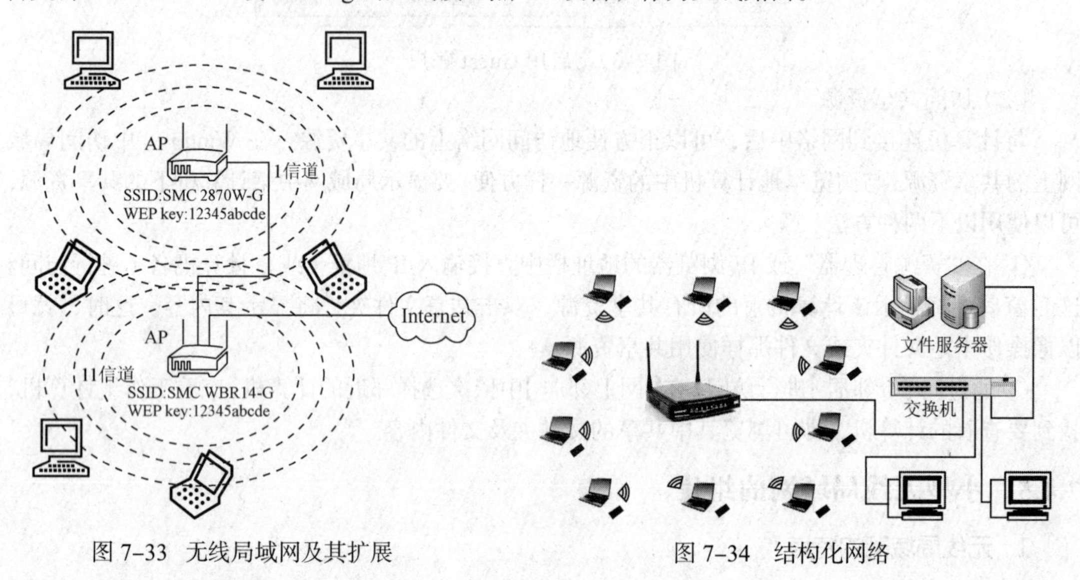

图 7–33 无线局域网及其扩展　　　　图 7–34 结构化网络

（2）配置无线路由与无线网卡

首先，按照无线路由产品说明书的要求和步骤，配置无线路由器，包括网络名称 SSID（Service Set Identifier）、工作信道、IP 地址和子网掩码、WEP key 等参数。然后，在装有无线网卡的计算机上，配置无线网卡，注意与无线路由的 SSID 保持一致，使用相同工作信道和同一网段的 IP 地址。

7.5 网络的基本维护

7.5.1 几个常用的网络测试命令

用户在访问 Internet 时，有时偶尔会发现存在网络不通的现象。那么判断网络故障原因和故障所在位置，快速排除故障，及时恢复网络正常运行，是我们最为关心的。一般操作系统都会提供一些诊断网络故障的命令。在 Windows 操作系统的命令提示符下，微软为用户提供了一些常用的网络测试命令，这些命令不区分大小写，以命令行方式运行。

1. Ipconfig 命令

命令格式：ipconfig [/?][/all][/renew][/release]

主要功能：显示网络适配器的物理地址、主机的 IP 地址、子网掩码、默认网关以及 DNS 等 IP 协议的具体配置信息。

参数含义：

/? 当命令的参数记不清时，可以用此参数进行救助；

/all 显示与 TCP/IP 协议相关的所有细节。包括主机名、DNS 服务器、结点类型、是否启用 IP 路由、网络适配器的物理地址、主机的 IP 地址、子网掩码以及默认网关等；

/renew 向 DHCP 服务器重新申请租用一个 IP 地址；

/release 将本地计算机租用的 IP 地址释放，归还给 DHCP 服务器。

使用 ipconfig 命令可显示当前的 TCP/IP 配置的设置值。这些信息一般用来检验手动配置的 TCP/IP 设置是否正确。但是，如果我们的计算机和所在的局域网使用了动态主机配置协议（DHCP），这时，ipconfig 命令可以让我们了解自己的计算机是否成功租用到一个 IP 地址，如果租用到则可以了解它目前分配到的是什么地址。了解计算机当前的 IP 地址、子网掩码和缺省网关实际上是进行网络测试和故障分析的必要提前。

当使用 ipconfig 时不带任何参数选项，那么它为每个已经配置了的接口显示 IP 地址、子网掩码和缺省网关值。

ipconfig /all

当使用 all 选项时，ipconfig 能为 DNS 和 WINS 服务器显示它已配置且所要使用的附加信息（如 IP 地址等），并且显示内置于本地网卡中的物理地址（MAC）。如果 IP 地址是从 DHCP 服务器租用的，ipconfig 将显示 DHCP 服务器的 IP 地址和租用地址预计失效的日期。

ipconfig /release 和 ipconfig /renew

这是两个附加选项，只能在向 DHCP 服务器租用其 IP 地址的计算机上起作用。如果输入 ipconfig /release，那么所有接口的租用 IP 地址便重新交付给 DHCP 服务器（归还 IP 地址）。如果输入 ipconfig /renew，那么本地计算机便设法与 DHCP 服务器取得联系，并租用一个 IP 地址。请注意，大多数情况下网卡将被重新赋予和以前所赋予的相同的 IP 地址。

【拓展练习 7-3】用 ipconfig 命令查看本机 TCP/IP 协议配置。

操作步骤如下：

① 选择【开始】|【所有程序】|【附件】|【命令提示符】命令，打开【命令提示符】窗口，如图 7-35 所示。

② 在【命令提示符】下输入 inconfig 按【Enter】键即可查看本机 TCP/IP 协议配置情况，如图 7-36 所示。

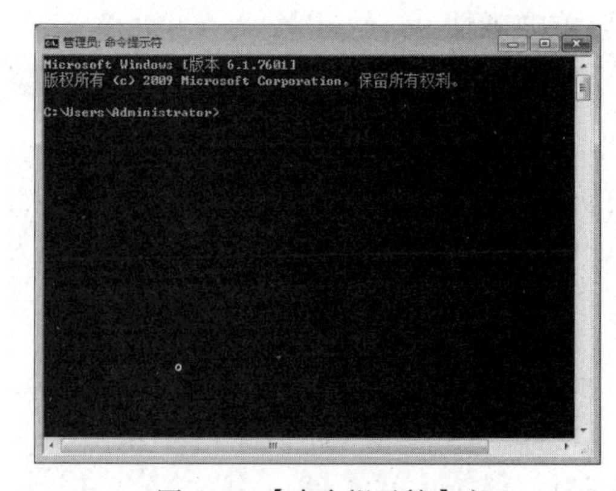

图 7-35 【命令提示符】窗口

图 7-36　查看本机 TCP/IP 协议配置

在图 7-36 中可以查看到，本机的 IP 地址为：192.168.150.139；子网掩码为：255.255.

255.0；默认网关为：192.168.150.2。

2. ping 命令

命令格式：ping 目的地址 [–t][–a][–n count][–l size]

其中：目的地址是指目的主机的 IP 地址或主机名或域名。

主要功能：用于向目标主机（地址）发送一个回送请求数据包，要求目标主机收到请求后给予答复，从而判断网络的响应时间和本机是否与目标主机（地址）连通。

参数含义：

–t 不停地向目标主机发送数据，直到用户按【Ctrl+C】组合键中止；

–a 以 IP 地址格式显示目标主机的网络地址；

–n count 指定要 ping 多少次，具体次数由 count 来指定，默认值为 4；

–l size 指定发送到目标主机的数据包大小，默认值为 32，最大值为 65 527。

ping 是个使用频率极高的实用程序，用于确定本地主机是否能与另一台主机交换（发送与接收）数据包。根据返回的信息，可以推断 TCP/IP 参数是否设置得正确以及运行是否正常。需要注意的是：成功地与另一台主机进行一次或两次数据包交换并不表示 TCP/IP 配置就是正确的，必须执行大量的本地主机与远程主机的数据包交换，才能确信 TCP/IP 的正确性。

简单地说，ping 就是一个测试程序，如果 ping 运行正确，大体上就可以排除网络访问层、网卡、MODEM 的输入/输出线路、电缆和路由器等存在的故障，从而减小了问题的范围。但由于可以自定义所发数据包的大小及无休止的高速发送，ping 也被某些别有用心的人作为 DDOS（拒绝服务攻击）的工具，例如许多大型网站就是被黑客利用数百台可以高速接入互联网的电脑连续发送大量 ping 数据包而瘫痪的。

按照缺省设置，Windows 上运行的 ping 命令发送 4 个 ICMP（网间控制报文协议）回送请求，每个 32 字节数据，如果一切正常，我们应能得到 4 个回送应答。ping 能够以毫秒为单位显示发送回送请求到返回回送应答之间的时间量。如果应答时间短，表示数据包不必通过太多的路由器或网络连接速度比较快。ping 还能显示 TTL（Time To Live，存在时间）值，可以通过 TTL 值推算数据包已经通过了多少个路由器：源地点 TTL 起始值（就是比返回 TTL 略大的一个 2 的乘方数）– 返回时 TTL 值。例如，返回 TTL 值为 119，那么可以推算数据包离开源地址的 TTL 起始值为 128，而源地点到目标地点要通过 9 个路由器网段（128–119）；如果返回 TTL 值为 246，TTL 起始值就是 256，源地点到目标地点要通过 9 个路由器网段。

【拓展练习 7-4】用 ping 命令查看本机与百度网站的连通性。

操作步骤如下：

① 打开【命令提示符】窗口；

② 在【命令提示符】下输入 “ping www.baidu.com ” 按【Enter】键即可查看本机与百度网站的连接情况，如图 7–37 所示。

在图 7–37 中可以查看到，百度网站的 IP 地址为 14.215.177.38，连通性很好，丢包率为 0%。

图 7–37 查看本机与百度网站的连通性

3. tracert 命令

命令格式：tracert 目的地址 [–d][–h maximum_hops][–j host_list][–w timeout]

主要功能：一个路由跟踪实用程序，用于判断数据包到达目标主机所经过的路径、显示数据包经过的中继节点清单和到达时间。

参数含义：

–d 不将地址解析为主机名；

–h maximum_hops 指定搜索到目标地址可经过的最大跳跃数；

–j host_list 按照主机列表中的地址释放源路由；

–w timeout 指定超时时间间隔，程序默认的时间单位是毫秒。

如果有网络连通性问题，可以使用 tracert 命令检查到达目标 IP 地址的路径并记录结果。tracert 命令显示用于将数据包从计算机传递到目标位置的一组 IP 路由器，以及每个跃点所需的时间。如果数据包不能传递到目标，tracert 命令将显示成功转发数据包的最后一个路由器。当数据包从我们的计算机经过多个网关传送到目的地时，tracert 命令可以用来跟踪数据包使用的路由（路径）。该实用程序跟踪的路径是源计算机到目的地的一条路径，不能保证或认为数据包总遵循这个路径。如果我们的配置使用 DNS，那么我们常常会从所产生的应答中得到城市、地址和常见通信公司的名字。tracert 是一个运行得比较慢的命令（如果我们指定的目标地址比较远），每个路由器大约需要给它 15 s。

tracert 的使用很简单，只需要在 tracert 后面跟一个 IP 地址或 URL，tracert 会进行相应的域名转换。

tracert 最常见的用法：

tracert IP address [–d] 该命令返回到达 IP 地址所经过的路由器列表。通过使用 –d 选项，将更快地显示路由器路径，因为 tracert 不会尝试解析路径中路由器的名称。

tracert 一般用来检测故障的位置，可以用 tracert IP 检测在哪个环节上出了问题，虽然无法确定是什么问题，但它已经告诉了我们问题所在的地方。

【拓展练习 7-5】用 tracert 命令查看本机与百度网站连接所经过的路径。

操作步骤如下：

① 打开【命令提示符】窗口；

② 在【命令提示符】下输入“tracert www.baidu.com”按【Enter】键即可查看本机与百度网站连接所经过的路径如图 7–38 所示。

图 7–38　查看本机与百度网站连接所经过的路径

在图 7–38 中可以查看到，本机与百度网站连接经过了 12 跳，其中有 3 个节点请求超时，最终到达百度网站的 IP 地址为：14.215.177.37。

7.5.2　网络常见故障的诊断与排除

1. 网卡硬件故障排除

（1）网卡设置错误

原因：错误的驱动程序、IRQ 或 I/O 端口地址设错了、OS 不支持这块网卡或卡上的某些功能。

解决办法：先用网卡附带软件检测当前的设置，再检查系统设置是否与其相符。

（2）接线故障或接触不良

原因：双绞线的头没顶到 RJ–45 接头顶端、双绞线未按照标准脚位压入接头、接头规格不符或者是内部的双绞线断了。

解决办法：检查双绞线颜色和 RJ–45 接头的脚位是否与标准相符；双绞线的头是否顶到 RJ–45 接头顶端；观察 RJ–45 侧面，金属片是否已刺入双绞线之中，若没有，极可能造成线路不通；是否使用剥线工具时切断了双绞线；换好的网线试一试。

（3）交换机（集线器）有问题

原因：交换机（集线器）有的端口有故障，或整个交换机（集线器）故障。

解决办法：换到交换机其他的端口试试；换一个交换机（集线器）试试。

（4）网卡故障

原因：网卡与主板插槽接触不良，网卡本身故障。

解决办法：指示灯观察（打开计算机电源，Power/Tx 灯便会亮，在数据传输时，此灯还会闪烁）；重新接插网卡；换一块好网卡试一试。

2. 网络故障诊断

（1）使用 ping 命令

① ping 127.0.0.1：不通。原因：网卡安装或 TCP/IP 协议配置有问题。

② ping 网卡的 IP 地址：不通。原因：网络配置不正确或 IP 冲突。

③ ping 一个同网段的其他主机 IP 地址：不通。原因：地址配置问题、计算机与网络之间的硬件问题（网线或者 HUB 端口故障）、ARP 缓冲区崩溃。

④ ping 你的默认网关地址：不通。原因：网关地址错误、网关上坏端口、网关没工作、配置错误。

⑤ ping 一个远程 IP 地址：不通。原因：网关设备配置错误、网关设备没有正常工作、子网掩码配置不正确。

⑥ ping 一个规范的 IP 主机域名：不通。DNS 配置错误、DNS 服务器没有正常工作或未开机。

（2）使用 tracert 命令

它能精确定位网络互连问题中故障发生的地方。

（3）使用 ipconfig 命令

它能方便地检查 TCP/IP 栈的配置。

习　题

单项选择题

1. 计算机网络能够提供的共享资源有（　　）。

A. 软件资源和数据资源　　B. 硬件资源和软件资源

C. 数据资源　　D. 硬件资源、软件资源和数据资源

2. 在数据通信中，信号传输的信道可分为（　　）和逻辑信道。

A. 物理信道　　B. 无线信道　　C. 数据信道　　D. 连接信道

3. 数据通信中传输速率一般用（　　）和波特率表示。

A. 可靠度　　B. 比特率　　C. 宽带　　D. 差错率

4. 数字信号传输时，传送速率 bit/s 是指（　　）。

A. 每秒字节数　　B. 每秒并行通过的字节数

C. 每分钟字节数　　D. 每秒串行通过的位数

5. 为进行网络中的数据交换而建立的规则、标准或约定称为（ ）。
   A. 网络协议 B. 网络系统 C. 网络拓扑结构 D. 网络体系结构
6. OSI参考模型将整个网络的通信功能划分为七个层次，其中最高层称为（ ）。
   A. 应用层 B. 物理层 C. 表示层 D. 网络层
7. 在OSI七层结构模型中，数据链路层属于（ ）。
   A. 第7层 B. 第4层 C. 第2层 D. 第6层
8. Internet上使用的最基本的两个协议是（ ）。
   A. TCP和Telnet B. IP和Telnet C. TCP和SMTP D. TCP和IP
9. TCP/IP协议集的IP协议位于（ ）。
   A. 网络层 B. 网络接口层 C. 传输层 D. 应用层
10. 下列给出的协议中，属于TCP/IP协议结构的应用层是（ ）。
    A. TCP B. UDP C. IP D. Telnet
11. 在Internet上，为每个网络和上网的主机都分配唯一的地址，这个地址称为（ ）。
    A. WWW地址 B. DNS地址 C. TCP地址 D. IP地址
12. 目前常用的IP地址的二进制位数为（ ）位。
    A. 8 B. 16 C. 32 D. 64
13. 用于完成IP地址与域名地址映射的服务器是（ ）。
    A. IRC服务器 B. WWW服务器 C. FTP服务器 D. DNS服务器
14. FTP的主要功能是（ ）。
    A. 在网上传送文件 B. 远程登录 C. 浏览网页 D. 收发电子邮件
15. （ ）是利用有线电视网进行数据传输的宽带接入技术。
    A. ADSL B. ISDN C. Cable Modem D. 56kbit/s Modem
16. 在数据通信的系统模型中，发送数据的设备属于（ ）。
    A. 数据源 B. 发送器 C. 数据宿 D. 数据通信网
17. 将本地计算机的文件传送到远程计算机上的过程称为（ ）。
    A. 浏览 B. 上传 C. 下载 D. 登录
18. 下列传输媒体（ ）属于有线媒体。
    A. 光纤 B. 红外传输 C. 微波线路 D. 卫星线路
19. 一个学校组建的有专用服务器的计算机网络，按分布距离分类应属于（ ）。
    A. 城域网 B. 对等网 C. 局域网 D. 广域网
20. 下列关于对等网的说法中，不正确的是（ ）。
    A. 对等网上各台计算机无主从之分
    B. 网上任意结点也可以作为工作站，以分享其他服务器的资源
    C. 当网上一台计算机有故障时，全部网络瘫痪
    D. 网上任意结点计算机都可以作为网络服务器，为其他计算机提供资源

第8章 多媒体技术基础与应用

本章导读

多媒体技术是通过计算机对文字、声音、图像、影像、动画等多种媒体信息进行综合处理和管理，使用户可以通过多种感官与计算机进行实时信息交互的技术。多媒体技术的应用对传统传媒产生了巨大的影响，也对传统的计算机系统、音视频设备和通信系统带来了方向性变革，促进了社会信息化的发展。本章将对多媒体与多媒体技术、多媒体素材及数字化、平面图像处理及平面动画制作等方面进行介绍。

通过对本章内容的学习，应该能够做到：

- 了解：多媒体及多媒体技术的概念。
- 理解：多媒体素材类型及其数字化处理。
- 应用：平面图像处理技术及平面动画制作技术。

8.1 多媒体技术概述

8.1.1 媒体和多媒体

1. 媒体与多媒体的含义

媒体是人们实现信息交流的中介，是信息的载体，又称媒介。在计算机行业里，媒体有两重含义：一是指存储信息的实体，如磁带、磁盘、光盘等；二是指传播信息的载体，如数字、文字、图形、音频、视频等。多媒体（Multimedia）是多种媒体的综合。在计算机系统中，多媒体指组合两种或两种以上媒体的人机交互式信息交流和传播媒体。

多媒体技术是指使用计算机或者其他由微处理器控制的终端设备综合处理文本、声音、图形、图像、动画、视频等各种类型媒体信息的技术，其实质是通过进行数字化采集、获取、压缩/解压缩、编辑、存储等处理，再以单独或合成形式加以表现的一体化处理技术。

2. 多媒体技术的特性

在多媒体技术中，综合处理多媒体信息的突出特性是信息载体的多样性、交互性、协同性、实时性和集成性。

（1）多样性

信息载体的多样性是指信息载体的多样化。多媒体的信息多样性不仅指输入和输出信息的多样化，还指输入和输出信息的转换和处理。对多媒体的创作和综合可以丰富信息的表现力，从而使用户更全面、更准确地接收信息。

（2）交互性

交互就是通过各种媒体信息，使参与的各方（不论是发送方还是接收方）都可以进行编辑、控制和传递。交互性将为用户提供更加有效地控制和使用信息的手段和方法，同时也为应用开辟了更加广阔的领域。交互可做到自由地控制和干预信息的处理，增加对信息的注意力和理解，延长信息的保留时间。

（3）协同性

每一种媒体都有其自身规律，各种媒体之间必须有机地配合才能协调一致。多种媒体之间的协调以及时间、空间的协调是多媒体的关键技术之一。

（4）实时性

实时就是当用户给出操作命令时，相应的多媒体信息都能够得到实时控制。在人的感官系统允许的情况下，进行多媒体交互，就好像面对面一样，图像和声音都是连续的。

（5）集成性

多媒体技术的集成性是指把单一的、零散的媒体有效地集成在一起，即信息载体的集成，它使计算机信息空间相对地得到完善，并能充分得以利用。另外，集成性还充分表现在多媒体系统硬件和软件的集成上。

8.1.2　多媒体计算机

1. 多媒体系统

多媒体系统是指由多媒体终端设备、多媒体网络设备、多媒体服务系统、多媒体软件和多媒体数据等构成的有机整体。多媒体系统分为多媒体计算机系统和多媒体通信系统两大组成部分，其中，多媒体计算机系统负责多媒体信息的处理和加工，而多媒体通信系统则负责多媒体信息的传输。

多媒体计算机系统由多媒体硬件系统和多媒体软件系统两部分组成。其中多媒体硬件系统主要包括：计算机主要配置和各种外围设备以及与各种外围设备的控制接口卡（其中包括多媒体实时压缩和解压缩电路），软件系统包括多媒体驱动软件、多媒体操作系统、多媒体数据处理软件、多媒体创作工具软件和多媒体应用软件。在多媒体应用中，基本上都采用多媒体数字化技术，即计算机信息处理技术，因此计算机是一切多媒体计算机系统的核心。

多媒体计算机系统是对基本计算机系统的软、硬件功能的扩展，作为一个完整的多媒体计算机系统，包括五个层次的结构，如表 8-1 所示。

表 8-1　多媒体计算机系统的层次结构

第五层	多媒体应用系统
第四层	多媒体著作工具及软件
第三层	多媒体应用程序接口（API）
第二层	多媒体操作系统
	多媒体通信软件
第一层	多媒体输入/输出控制卡及接口
	多媒体计算机硬件
	多媒体外围设备

2. 多媒体计算机硬件系统

多媒体计算机最初是在原有的 PC 上增加多媒体套件升级为 MPC。升级套装主要有声卡、光盘驱动器及解压卡等，继而安装驱动程序和软件环境。由于计算机技术标准和性能指标不断提高，多媒体计算机和一般的计算机在硬件组成上已没有太大差别，多媒体计算机只是针对多媒体信息高速、实时处理的要求，进行了相应的功能扩展。例如，如进行图像处理，则配有数码照相机、扫描仪和打印机等；如进行视频处理，则配有大容量、高速的硬盘、摄像机和视频卡等。

多媒体计算机硬件系统主要包括多媒体主机、多媒体输入设备（如摄像机、录像机、扫描仪、光盘驱动器等）、多媒体输出设备（如打印机、音箱、高分辨率显示屏等）、多媒体存储设备（如光盘、硬盘、声像磁带等）、多媒体功能卡（如视频卡、声卡、压缩卡、通信卡等）、操纵控制设备（如鼠标、键盘、操纵杆等）。

多媒体计算机硬件系统构成如图 8-1 所示。

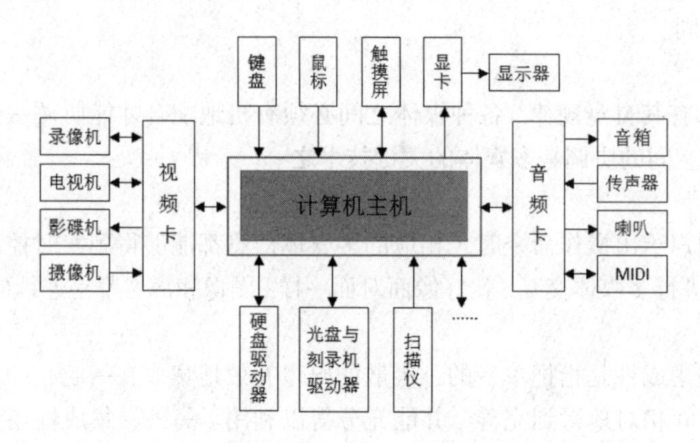

图 8-1　多媒体计算机的硬件构成

3. 多媒体计算机软件系统

多媒体计算机软件系统是计算机系统所使用的各种程序的总体。软件系统和硬件系统共同构成实用的计算机系统，两者相辅相成。多媒体计算机软件系统包括多媒体驱动软件，多媒体操作系统，多媒体数据处理软件，多媒体创作工具软件和多媒体应用软件。

（1）多媒体驱动软件

MPC 软件系统在最底层硬件的软件支持是多媒体设备驱动程序。设备驱动程序是连接操作系统和多媒体硬件设备的桥梁，通过驱动程序对硬件设备进行操作，如完成设备的初始化、各种针对设备的操作、设备的打开和关闭、基于硬件的压缩 / 解压缩、图像快速变换及功能调用等来驱动 、控制多媒体设备。驱动程序通常随硬件产品一同提供，常驻于内存。在启动系统时，这些驱动程序会把设备的状态、型号、工作模式等信息提供给操作系统，供系统调用。

（2）多媒体操作系统

多媒体操作系统是多媒体系统的核心。多媒体的各种软件都要运行于多媒体操作系统平台（如 Windows、Linux、UNIX 等）上，它不仅具有综合使用各种媒体、灵活调用多媒体数据进行信息传输和处理的能力，而且将各类繁多的硬件有机地组织在一起，使用户能灵活控制多媒体硬件设备，并组织、操作、管理多媒体数据，尤其要反映多媒体技术的特点，如数据压缩、媒体硬件接口的驱动与集成 、新型的交互方式。多媒体操作系统是一个实时多任务系统，控制和管理所有设备和软件协调工作、处理输入/输出方式和信息、提供软件维护工具等。进入网络时代后，分布式多媒体操作系统成为主流操作系统。

（3）多媒体数据处理软件

随着多媒体系统的日益复杂和庞大，出现了大量的数据和复杂的数据格式，使传统的多媒体数据管理方式的弊端逐渐显现出来，在多媒体系统中引入专业的多媒体数据库已成为必需的工作。多媒体信息的结构特点使传统的关系数据库已不适用于多媒体信息的管理，需要从多媒体数据模型、数据压缩和解压缩的格式、媒体数据管理、存取方法及用户界面等方面研究多媒体数据库。

（4）多媒体创作工具软件

多媒体创作工具分为多媒体素材制作工具和开发多媒体应用系统创作工具。多媒体素材制作软件是为多媒体应用程序进行数据准备的程序，主要是多媒体数据采集软件，包括数字化音频的录制、编辑软件 ,MIDI 文件的录制、编辑软件，图像扫描及预处理软件，全动态视频采集软件，动画生成与编辑软件等等。多媒体创作工具和开发环境主要用于编辑生成特定领域的多媒体应用软件，是多媒体设计人员在多媒体操作系统上进行开发的软件工具。根据所用工具的类型，有脚本语言及解释系统，有基于图标导向的编辑系统，还有基于时间导向的编辑系统。

（5）多媒体应用软件

多媒体应用软件是用于解决各种实际问题以及实现特定功能的程序，通常由应用领域的专家和多媒体开发人员共同协作、配合完成。开发人员利用开发平台、创作工具制作和组织各种多媒体素材，生成最终的多媒体应用程序，并在应用过程中测试和完善，最终成为多媒体产品，如图像处理软件、网页制作软件、游戏软件和杀毒软件等。

8.2　多媒体素材及数字化

8.2.1　文字素材的采集和保存

在多媒体素材中，文字信息的地位十分重要。文字描述事物给人更多的想象空间，更适合表达抽象的内容。与其他媒体相比，计算机中的文字处理最简便，占用空间最少。

1. 文字素材的采集

（1）键盘输入

键盘输入是文字素材的常规采集方法。汉字输入是在英文键盘的基础上开发的各种汉字输入法，每种输入法都对应一套编码规则，因此，使用键盘输入汉字需要记住编码规则，这也是文字采集的一个障碍。

（2）手写输入

手写输入系统是使用输入笔在写字板上写字，用压敏或电磁感应等方式将笔在运动过程中的坐标输入计算机，计算机中的识别软件根据所采集的笔迹之间的位置关系和时间关系等信息识别所写的文字，并把结果显示在屏幕上。输入笔有两种类型，一种是与写字板相连的有线笔，一种是无线笔，无线笔携带方便，是输入笔的发展方向。写字板分为电阻式和感应式两种类型。

（3）扫描输入

扫描输入是通过扫描仪将印刷后的文字变成计算机可处理的信息。扫描仪的工作过程和复印机相似，当机械传动机构带动光学系统和扫描头扫过文稿时，将文稿信息全部扫入，扫描仪会按照先后顺序把图像数据传输到计算机中，经过识别编辑软件处理后，将完整的文稿显示在屏幕上或转换成文档并按照文字处理、电子表格或数据库文件的格式存储。

（4）语音输入

语音输入是将所需输入的文字用规范的语音朗读出来，通过传声器等输入设备送入计算机中，然后经语音识别系统进行阅读，再转换成文本文件显示和存储。语音输入最终的目标是实现无限量词汇、非特定人的连续语音识别系统，实现人机自然交互。

（5）互联网获取

通过互联网可以搜索到很多有价值的文字内容，在不侵犯版权的前提下，从互联网上获取有用的文字也是文字素材采集的一种有效方法。

2. 文字素材的数字化

文字是从语言发展而来的，是表达语言的符号形式。每个文字都是一个符号，具有特定的发音和含义，一系列具有上下文关系的字符串就组成了文本。在多媒体素材中，文字与其他媒体相比具有：字符组成字符集，形式简单；输入容易，处理简便；文件小，占用存储空间小，存取速度快；样式多，表达准确等特点。

由于文字字符数量的有限性，计算机处理文字信息就是把语言中所有文字字形的信息存放在字库文件中，为每个字形赋予一个代码，再将这些字形代码与文字输入设备之间建立一一对应的关系。计算机采用代码方式输入和存储文字信息的规范化符号处理方法既方便编辑，又节省存储空间。因此，文字信息的数字化可归结为建立、存储字形和对文字进行编码。

为了使计算机输入、输出汉字，必须存储汉字字形。汉字字形的产生有母体字形和数字字形两种模式。母体字形采用原字字形，字形美观、分辨率高，多用于电子照排系统。数字字形是非常适合计算机处理的字形，不仅可以充分利用计算机存储技术和软件控制技术提高速度，而且随着技术的进步，成本会不断降低。数字字形有点阵式和矢量式两种表现方式。

8.2.2 音频素材及数字化

在多媒体制作中，音频是不可或缺的元素。音频的种类繁多，如人的语音、乐器的乐音、风雨雷电的声音以及汽车、机器发出的噪声等。这些声音既有共性，又各有特性，在多媒体制作中巧妙地利用这些声音，可以起到其他媒体无法替代的作用。声音的采集和播放是由声卡完成的，而音频处理软件可以对音频信号进行编辑处理，以获得精彩的声音效果。

1. 音频的基本概念

声音是通过空气传播的一种连续振动的波，称为声波。声音的三要素是音调、响度和音色。

音调：指声音的高低，与声源的频率成正比。通常情况下，女性的单调比男性的单调高，小孩的单调比成人的单调高。

响度：指声音的强弱，与声源的振幅成正比，并与声源的远近有关。

音色：指声音的品质特性，与声源的振动规律有关，不同的声源振动的规律不同，因此其音色也不同。不同的乐器发出不同的声音、“闻声识人”就是因为不同的乐器、不同的人发声的音色不同。

人类最常用的声音是语音和音乐，声音是多媒体系统中使用最多的信息。声音所携带的信息量大，精细而准确。音频信号的物理结构可分为模拟音频和数字音频两种，多媒体计算机应用的是数字音频。数字音频除了音乐、语音之外，还包括各种音响效果。将数字音频信号集成到多媒体中，可提供其他媒体所不能取代的效果，不仅烘托气氛，而且增加活力，特别是增强了对其他类型媒体所表达信息的理解。

2. 音频的数字化

声波是一种随时间连续变化的机械波，可以通过传声器等转换装置转化成电流的一种信号，这种电信号所反映的是声波的波形随时间连续变化的情况，把这种在时间和幅度上都连续的信号称为模拟音频。模拟音频的存储和应用过程非常复杂，受时间和环境变化的影响很大，同时也不能由计算机直接处理，需要将其进行数字化。经数字化处理后的音频就是数字音频，数字音频在时间和幅度上都是离散、不连续的。数字音频能像文字和图形信息一样在计算机中进行存储、检索、编辑等处理。

模拟音频转换为数字音频的数字化过程是通过对模拟信号进行采样、量化和编码来实现的，如图 8-2 所示。

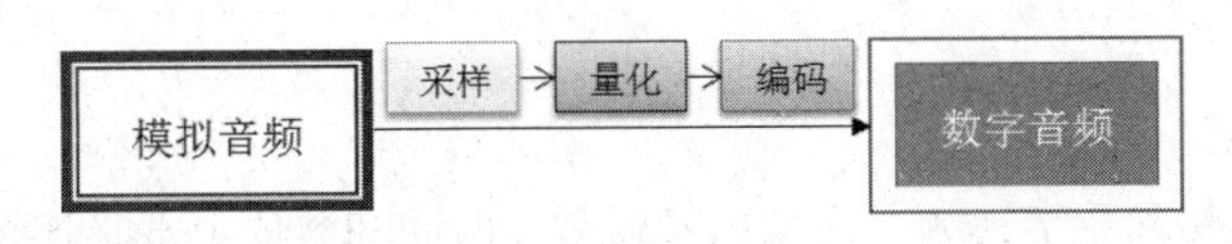

图 8-2　音频数字化过程

3. 数字音频的文件格式

① WAV 文件：由声卡采样所获得的一种未经压缩的格式，回放声音的效果较好，但文件的数据量大。

② MIDI 文件：是指乐器数字接口，是由乐器厂商建立的数字音乐国际标准，其文件格式为 .mid。MIDI 文件数据量小，可用于处理较长的音乐，且编辑修改十分灵活。

③ CDA 文件：激光唱盘音频文件，可提供高质量的音源，声音直接通过光盘由光盘驱动器中的特定芯片处理后发出。

④ MP3 文件：采用先进的 MPEG 第三层压缩标准获得高压缩比（10:1 ～ 20:1）的数字音频文件。MP3 文件数据量较小，音质较好，是目前最为流行的音频格式文件。

⑤ ASF、WMA 文件：微软开发的流媒体数字音频文件，具有音质好、数据量小、适合网络流式传输。

⑥ RAM、RA 文件：RealNetworks 开发的流媒体数字音频文件，能随带宽的不同而改变音质，在保证大多数人听到流畅声音的前提下，带宽宽裕的听众获得较好的音质，适合低网速的实时传输。

4. 常用的音频编辑软件

（1）Adobe Audition：专业的数字音乐编辑器，具有高品质的音乐采样能力，支持多种音乐文件格式，具有先进的音频混合、编辑、控制和效果处理功能。Audition 是一个完善的多声道录音室，可提供灵活的工作流程并且使用简便。无论是录制音乐、无线电广播，还是为视频配音，Audition 均提供恰到好处的工具，以创造高质量的音效。

（2）Gold Wave：功能强大的数字音乐编辑器，是一个集声音编辑、播放、录制和转换等多功能于一体的音频工具。支持许多格式的音频文件，内含丰富的音频处理特效，从一般特效如多普勒、回声、混响、降噪到高级的公式计算，充分满足多媒体创作的需要。

（3）TC Native Reverb：无限轨道、顶级混响效果器。其混响效果仅次于少数高档专业硬件混响效果器。

（4）Sound Forge：功能极其强大的专业化数字音频处理软件。Sound Forge 能够非常方便、直观地实现对音频文件以及视频文件中的声音部分进行各种处理，满足从最普通用户到最专业的录音师的所有用户的各种要求，是多媒体开发人员首选的音频处理软件之一。

8.2.3 视频素材及数字化

1. 视频的基本概念

视频是一系列按一定顺序排列的静态图像，当连续变化的图像超过每秒24幅以上时，由于视觉暂留原理，人眼无法辨别出单幅的静态画面，从而产生平滑连续的视觉效果，这种连续变化的画面组称为视频或者动态图像。每一幅图像称为帧，每秒播放的帧数称为帧频，单位是帧/秒。

2. 视频的数字化

视频分为模拟视频和数字视频。模拟信号通常在时间和数值上都是连续的，模拟信号中包含的信息数量是无限的。视频数字化就是将视频信号经过视频采集卡转换成数字视频信号，数字视频信号可以长时间保存，无限次不失真复制，并且能够在计算机等设备上进行编辑加工。

模拟视频经过扫描、采样、量化、编码等一系列过程转换为数字视频，如图8-3所示。

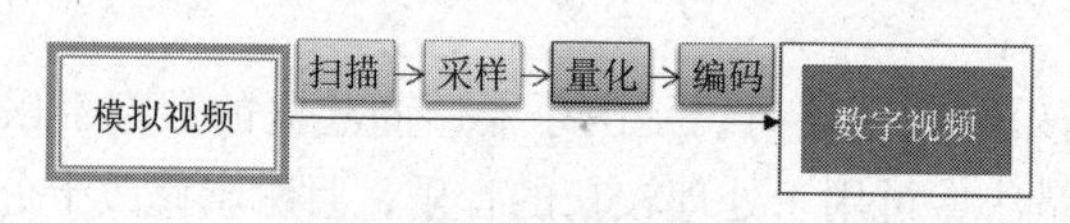

图8-3 视频数字化过程

3. 数字视频格式

① AVI文件：由Intel和IBM公司共同研发的视频图像文件格式，现为多种操作系统支持。AVI格式允许音频和视频交错在一起同步播放，支持256色和RLE压缩，但未限定压缩标准。

② MPEG文件：是运动图像压缩算法的国际标准，MPEG标准包括MPG视频、MPEG音频和MPEG系统（视频、音频同步）三部分，MP3音频文件就是MPEG音频的一个典型应用。MPEG的平均压缩比为50:1，最高可达200:1，压缩率非常高，同时图像和音响的质量也非常好。

③ MOV文件：MOV即QuickTime影片格式，是Apple公司开发的一款音频、视频文件格式，用于存储常用数字媒体类型。QuickTime用于保存音频和视频信息，为Apple Mac OS、Microsoft Windows等主流操作系统支持。

④ RM文件：是RealNetworks公司开发的一种流媒体视频文件格式，可以根据网络数据传输的不同速率制定不同的压缩比率，从而实现低速率的Internet上进行视频文件的实时传送和播放。它主要包含RealAudio、RealVideo和RealFlash三部分。

8.2.4 图形、图像素材及数字化

多媒体中的图分为图形和图像两大类。图形是指在一个二维空间中可以用轮廓划分出若干空间的形状，图形是空间的一部分，不具有空间的延展性，是局限的可识别的形状，其关键技术是图形的制作和再现。图像是客观对象的一种相似性的、生动性的描述或写真，包含了被描述对象的有关信息。图像是人类社会活动中最常用的信息载体。

1. 图像数字化

图像分为模拟图像和数字图像两类：模拟图像是指空间上连续/不分割、信号值不分等级的图像；数字图像是指空间上被分割成离散像素，信号值分为有限个等级、用数码0和1表示的图像。

图像数字化是将连续色调的模拟图像经采样量化后转换成数字影像的过程。图像数字化是进行数字图像处理的前提。图像数字化必须以图像的电子化作为基础，把模拟图像转变成电子

信号，随后才将其转换成数字图像信号。图像的数字化过程主要分采样、量化与编码三个步骤。

2. 矢量图和位图

根据图像信息表示方式的不同，可将图像分为矢量图和位图。

矢量图使用直线和曲线来描述图形，这些图形的元素是一些点、线、矩形、多边形、圆和弧线等，它们都是通过数学公式计算获得的。矢量图文件占用空间较小，因为这种类型的图像文件包含独立的分离图像，可以自由无限制地重新组合。它的特点是放大后图像不会失真，和分辨率无关，适用于图形设计、文字设计和一些标志设计、版式设计等。常见的矢量图处理软件有 CorelDRAW、Illustrator 和 FreeHand 等。

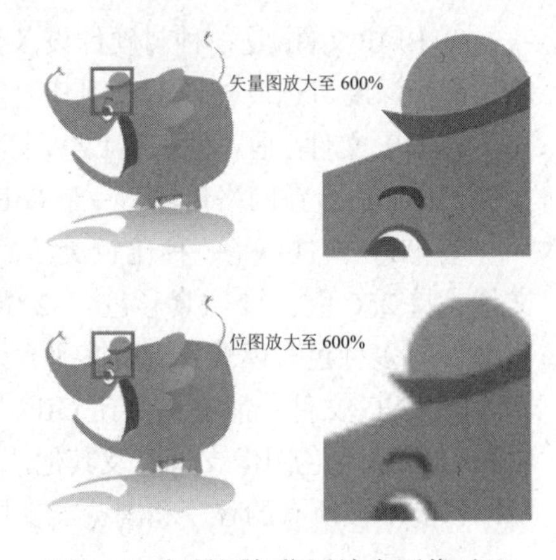

图 8-4　矢量图与位图放大图像对比

位图又称点阵图，是由一系列像素构成的图像，每个像素都需用亮度、色度等参数来描述。位图可包含丰富的色彩，可逼真地表现自然界景物。但当放大位图图像时，像素点也放大，而每个像素点表示的颜色是单一的，所以位图放大后线条和形状会显得参差不齐，也就是我们常说的马赛克状。常用的位图处理软件有 Windows 附件中的“画图”或 Photoshop 图像处理软件等。

矢量图和位图放大后图像效果对比如图 8-4 所示。

3. 图像的主要参数

① 图像分辨率：是指图像在单位长度内含有的像素点的数目。对于相同大小的图像，其构成像素数目越多，图像的分辨率越高，看起来就越清晰、逼真；相反，图像就越粗糙。图像分辨率的单位是 dpi，即每英寸显示的像素数。

② 图像深度：是指描述图像中每个像素的数据所占的位数。图像的每个像素对应的数据通常是 1bit 或多位字节，用来存放该像素点的颜色、亮度等信息。数据位数越多，所对应的颜色种数也越多。

③ 图像大小：指图像在磁盘上存储所占的空间。计算公式为：

$$图像字节数 =（高 \times 宽 \times 图像深度）/8$$

④ 色调：又称色相，是指光所呈现的颜色，如红、绿、蓝……

⑤ 饱和度：指色彩的纯度，饱和度值为 0 时即为灰色。最大饱和度时是每一色调最纯色光。对于同一色调的彩色光，饱和度越高，其颜色越深。白色、黑色及灰色都没有饱和度。

⑥ 亮度：是指图像彩色所引起的人眼对明暗程度的感觉。亮度为 0 即为黑，最大亮度是色彩最鲜明的状态。

4. 图像格式

① PSD 文件：是 Photoshop 图像处理软件的专用文件格式，可以支持图层、通道、蒙版和不同色彩模式的各种图像特征，是一种非压缩的原始文件保存格式。PSD 文件可以保存部分作品的创建过程，便于设计再次修改，且兼容性相当好。但此格式文件比较大。

② JPEG 文件：最常用的图像文件格式，是一种有损压缩格式，能够将图像压缩在很小的存储空间，图像中重复或不重要的信息会被丢失，因此容易造成图像数据的损伤。但是 JPEG 压缩技术十分先进，它用有损压缩方式去除冗余的图像数据，在获得极高的压缩率的同时能展现十分丰富生动的图像。

③ BMP文件：是一种与硬件设备无关的图像文件格式，使用非常广。它采用位映射存储格式，除了图像深度可选以外，不采用其他任何压缩，因此，BMP文件所占用的空间很大。

④ GIF文件：是一种基于LZW算法的连续色调的无损压缩格式，其压缩率一般在50%左右，文件很小，适合在网络传输。一个GIF文件可以保存多幅彩色图像，可构成一种最简单的动画。

⑤ TIFF文件：是一种比较灵活的图像格式，具有图像格式复杂、存储信息多的特点。TIFF文件支持256色、24位真彩色、32位色、48位色等多种色彩位，同时支持RGB、CMYK以及YCbCr等多种色彩模式，支持多平台。

⑥ PNG文件：能够提供比GIF小30%的无损压缩图像文件。PNGY文件可以同时提供24位和48位真彩色图像支持以及其他诸多技术性支持。由于PNG文件是一种比较新的图像格式，所以目前不被所有的程序和浏览器支持。

8.2.5 动画素材及数字化

动画是通过连续播放一系列画面，造成连续变化的图画感觉，是对事物运动、变化过程的模拟。动画的基本原理与电影、电视一致，都是视觉暂留原理。

1. 动画素材的采集

① 利用多媒体制作软件的动画制作功能模块制作，如PowerPoint中的自定义动画可设定对象飞入、飞出等几十种动画效果。

② 利用专业动画制作软件来制作，如二维动画制作软件Animatior、Flash，三维动画制作软件3ds Max等。

③ 从已有的动画素材库或互联网中获取。

2. 动画文件格式

① GIF文件：GIF（Graphics Interchange Format，图形交换格式）格式的特点是压缩比高，在网络上广泛应用。

② SWF文件：SWF是动画制作软件Flash的专用动画格式。能用比较小的文件表现丰富的多媒体形式，并且还可以与HTML文件完美融合。Flash动画是用矢量技术制作，画面放大不会影响画面的清晰流畅，非常适合描述由几何图形组成的动画，如教学演示等。Flash动画是一种准流式文件，可以边下载边观看。另外，Flash动画具有交互功能。

③ FLIC（FLI/FLC）文件：FLIC格式由Autodesk公司研制而成，在Autodesk公司出品的Autodesk Animatior、AnimatorPro和3D Studio等动画制作软件中均采用了这种彩色动画文件格式。

8.3 Photoshop CS6 平面设计

8.3.1 Photoshop 基本操作

在众多的图像处理软件中，Adobe公司的Photoshop以其强大的功能、灵活的操作成为世界一流的专业图像处理软件之一。

1. Photoshop CS6 的工作界面

Photoshop CS6的工作界面主要由菜单栏、工具栏、选项栏、浮动面板、文档窗口，状态栏等几部分构成，如图8-5所示。

图 8–5　Photoshop CS6 工作界面

2. Photoshop CS6 的基本操作

（1）新建文件

选择菜单栏中的【文件】|【新建】命令（或按【Ctrl + N】组合键），打开图 8–6 所示的【新建】对话框，在此对话框中，需要设置文档的相关信息：名称、图像宽度和高度、图像分辨率、图像颜色模式和位深、图像背景颜色等。另外，单击【高级】选项区域的按钮，展开高级选项，还可以设置颜色配置文件、像素长宽比属性。

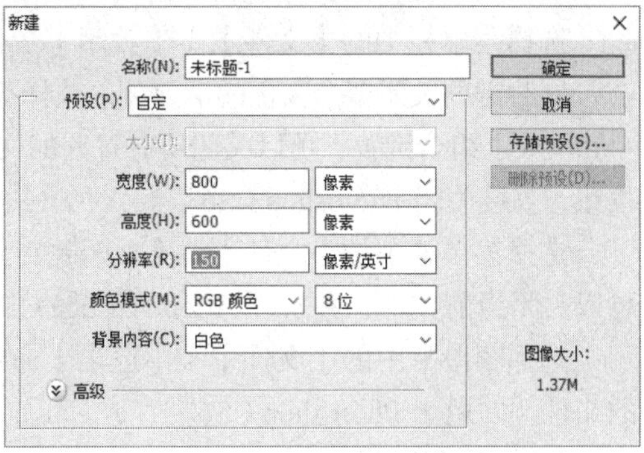

温馨提示

在设置文档的宽度、高度及分辨率时，一定要注意其单位，500 像素与 500 厘米或 500 英寸相差很大。

图 8–6 【新建】对话框

（2）打开文件

选择菜单栏中的【文件】|【打开】命令（或按【Ctrl + O】组合键），可以打开不同文件格式的图像，而且可以同时打开多个图像文件，如图 8–7 所示。

（3）保存文件

在 Photoshop CS6 中，保存文件分为【存储】和【存储为】两个命令。【存储】命令的作用是按原文件名和类型进行文件保存，文件保存在原位置。【存储为】命令的作用是将修改后的文件保存在其他位置或保存为其他的文件名或文件类型，图 8–8 所示为【存储为】对话框。新建的文件第一次保存时，则【存储】和【存储为】均会打开图 8–8 所示的对话框。

图 8-7 【打开】对话框

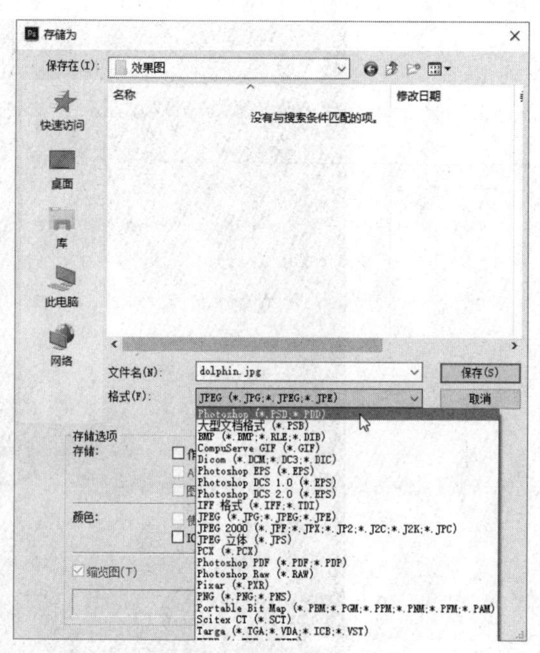

图 8-8 【存储为】对话框

温馨提示

保存图像文件时，除选择正确的保存目录、填写合适的主文件名外，图像格式的选择也很重要。

（4）关闭文件

当完成对文件的操作编辑后，可以使用下列方法进行关闭：

选择菜单栏中的【文件】|【关闭】命令（或按【Ctrl + W】组合键），可关闭当前文件。

同时需要关闭多个文件的话，可以选择菜单栏中的【文件】|【关闭全部】命令（或按【Ctrl + Alt + W】组合键），可以关闭所有打开的文件，或者可以单击 Photoshop CS6 右上角的【关闭】按钮，直接关闭 Photoshop CS6。

选择菜单栏中的【文件】|【关闭并转到 Bridge】命令（或按【Ctrl + Shift +W】组合键），可以关闭当前文件，并打开 Adobe Bridge CS6。

选择菜单栏中的【文件】|【退出】命令（或按【Ctrl + Q】组合键），直接关闭所有打开的文件，并退出 Photoshop CS6。

3. 认识工具箱

Photoshop CS6 的工具箱包括选择工具、绘图工具、填充工具、编辑工具、颜色选择工具、屏幕视图工具、快速蒙版工具等，如图 8-9 所示。

4. 选区

在处理图像时，除了对整幅图编辑外，往往还需要对图像的局部区域进行单独操作，因此，创建选区是进行图像处理的基础。Photoshop CS6 提供了选框、套索、快速选择等选区工具。

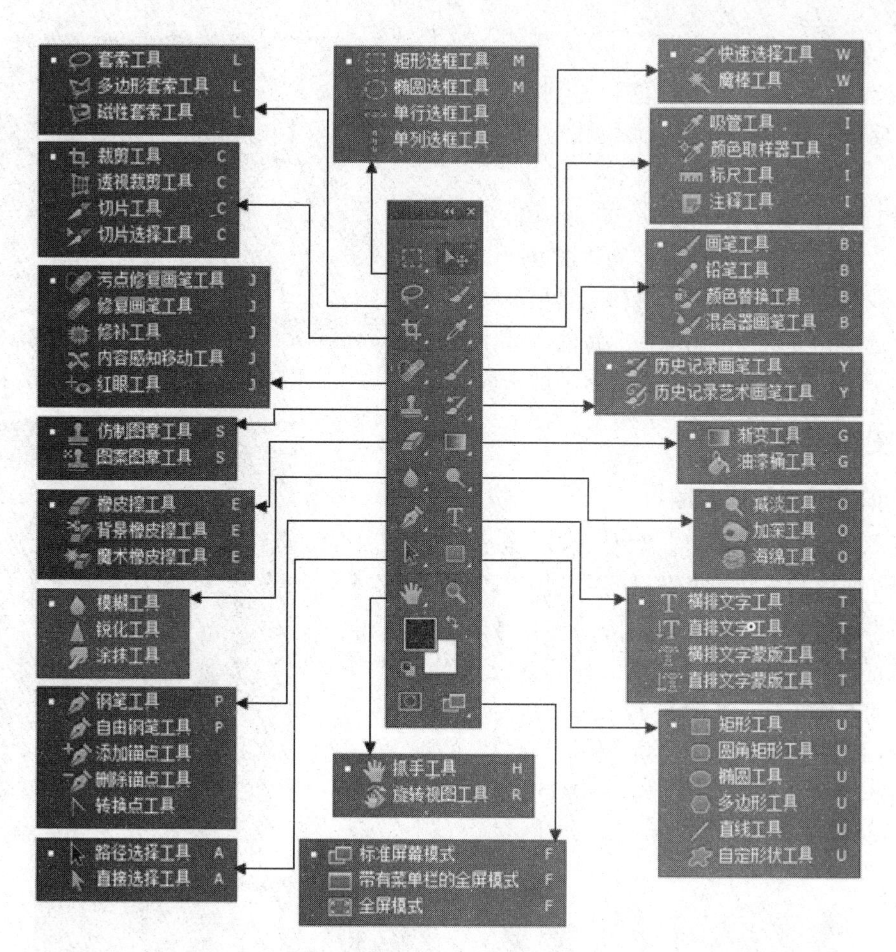

图 8-9　Photoshop CS6 工具箱

（1）选框工具

选框工具组可以创建比较规则的选区，包括矩形选框工具、椭圆选框工具、单行选框工具和单列选框工具。

矩形选框工具可在图像上创建矩形选区，配合【Shift】键，可创建正方形选区。椭圆选框工具可创建椭圆选区，配合【Shift】键，可创建圆选区。单行选框工具可创建一个高度为 1 像素的选区，单列选择工具可创建一个宽度为 1 像素的选区，如图 8-10 所示。

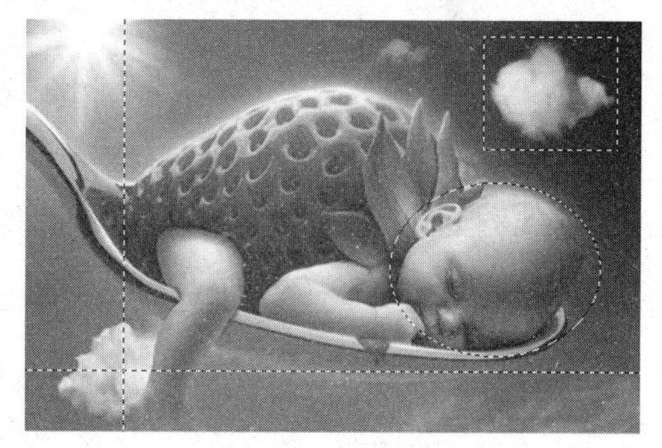

图 8-10　选框工具选区示例

（2）套索工具

套索工具组可创建不规则的图像选区，包括套索工具、多边形套索工具和磁性套索工具。

套索工具用于创建任意不规则选区；多边形套索工具适合选取边缘比较规整、直线段较多的图像区域；磁性套索工具是一个比较智能的选区工具，适合创建边缘比较清晰，且与背景颜色相差比较大的图像选区，如图 8-11 所示。

（3）快速选择工具

快速选择工具组是基于色彩差别能够智能查找图像边缘的选区方法，包括快速选择工具和魔棒工具。

快速选择工具利用可调整的圆形画笔笔尖快速绘制选区，拖动时选区会向外扩展并根据所设定的参数自动查找和跟踪图像边缘。魔棒工具根据颜色的相似度进行选择，可以选择出颜色一致的区域，而不用跟踪其轮廓，适合色彩相似的图像区域的选取。

图 8-11 套索工具选区示例

8.3.2 图像制作

1. 制作玫瑰水晶球效果

打开图像文件“第 8 章 | 素材 | crystal.jpg”，此图中除水晶球外，底座及背景均曝光不足，首先需调亮这些区域。在工具箱中选择【磁性套索工具】，在水晶球边缘拖动鼠标，将整个水晶球选中，选择【选择】|【反向】命令，选中水晶球以外的图像区域，如图 8-12 所示。

图 8-12 反选水晶球

选择【图像】|【调整】|【色阶】命令，在打开的对话框中，输入适当的参数值，确定后，按【Ctrl+D】组合键取消选区，如图 8-13 所示。

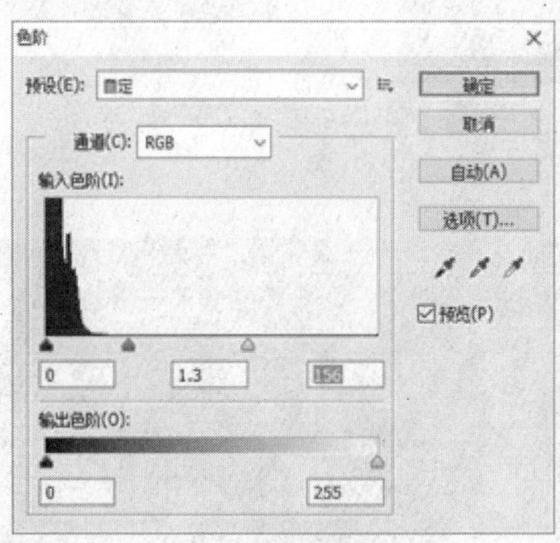

图 8-13 色阶参数设置及图像效果

打开图像文件“第 8 章 | 素材 | flower.jpg”，在工具箱中选择【魔棒工具】，设置选项栏中的【容差】值为 32，在图像白色区域单击，除花以外的绝大部分白色背景被选中，这时在选项栏中选择【添加到选区】按钮，再用魔棒工具在花叶的间隙处单击，直至选中所有白色背景，如图 8-14 所示。

选择【选择】|【反向】命令，选中花朵区域，按【Ctrl + C】组合键，将花朵复制。然后，激活图像“crystal.jpg”，按【Ctrl + V】组合键，将花朵粘贴至此图像中。选择【编辑】|【自由变换】命令（或按【Ctrl + T】组合键），调整花朵大小及位置，如图 8-15 所示。

图 8-14　用魔棒工具选择白色背景

图 8-15　复制花朵并调整大小位置

选中花朵所在图层，选择【图像】|【调整】|【色相 / 饱和度】命令，在打开的对话框中设置参数使得花朵的色彩更饱满、艳丽，如图 8-16 所示。

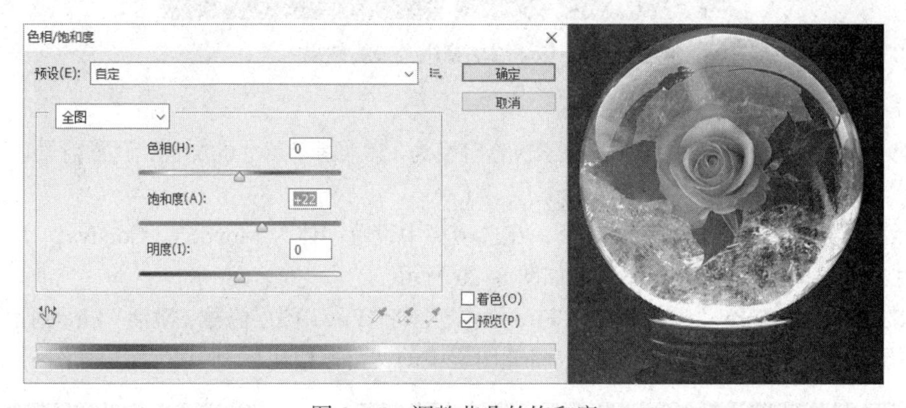

图 8-16　调整花朵的饱和度

为了表现花朵在水晶球内产生的折射效果，将对其进行突出变形操作以增强真实感。选择【滤镜】|【扭曲】|【球面化】命令，在打开的对话框中设置数量值为 100%，如图 8-17 所示。

复制“背景”图层，得到“背景 副本”图层，将其移动到花朵所在图层的上方，并调整其混合模式为【滤色】，如图 8-18 所示。

此时，已有花朵置于水晶球内部的效果，但由于整个图层应用了滤色，所以除花朵外其余部分效果反而不如之前，比如球体内部的絮状感增强，通透感减弱。鉴于此，“背景 副本”图层的滤色只需应用于花朵部分即可，可以通过添加图层蒙版的方法实现这种局部滤色效果。

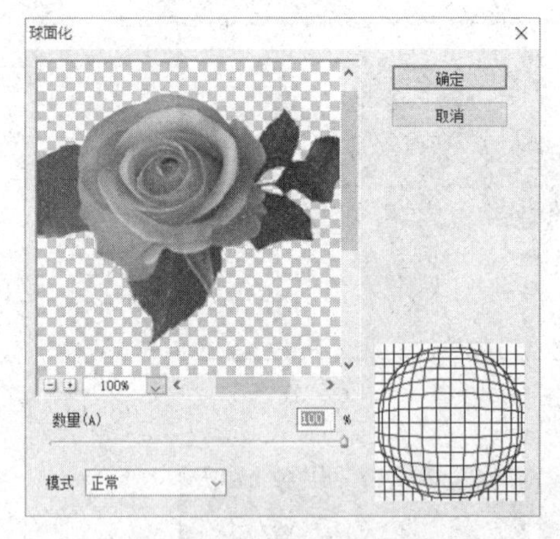

图 8-17　花朵球面化设置

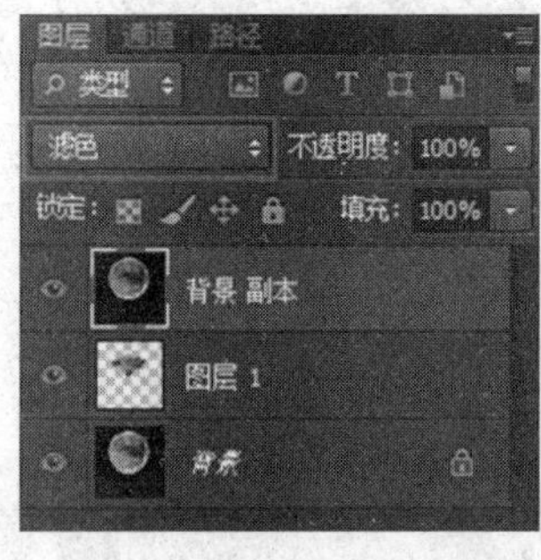

图 8-18　调整图层混合模式

激活“图层 1”，选择【选择】|【载入选区】命令（或按住【Ctrl】键的同时单击“图层 1”的缩略图），将花朵区域载入选区，再激活“背景 副本”图层，单击图层面板下方的【添加图层蒙版】按钮 即可，如图 8-19 所示。

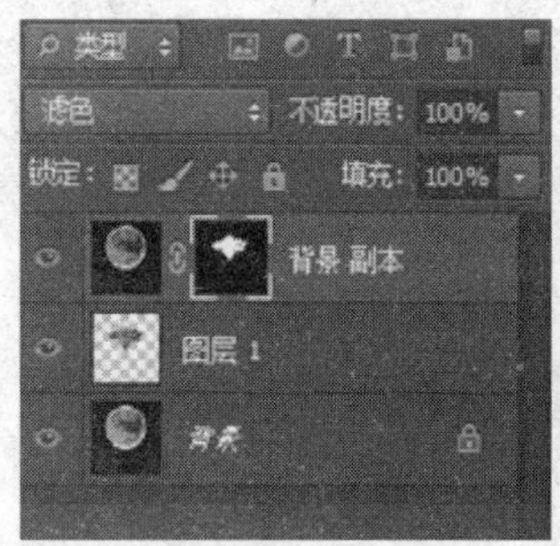

图 8-19　添加蒙版及最终效果

2. 制作梦幻霓虹字

新建一个大小为 800 像素 ×400 像素，分辨率为 150 像素 / 英寸的文档，设置前景色为黑色，按【Alt + Delete】组合键以黑色填充背景层。

选择工具箱中的【横排文字工具】，在选项栏中设置字体为 Monotype Corsiva，字号为 120 点，颜色为白色，输入文字“Fire”，如图 8-20 所示。

复制文本图层“Fire”，得到图层“Fire 副本”，将“Fire”图层隐藏，激活“Fire 副本”图层，选择【图层】|【栅格化】|【文字】命令，将此图层中的文字栅格化。“图层”面板如图 8-21 所示。

图 8-20　输入文本

图 8-21　“图层”面板

选择【滤镜】|【模糊】|【高斯模糊】命令，在打开的【高斯模糊】对话框中设置半径值为 10 像素，如图 8–22 所示。

在工具箱中选择【涂抹工具】，调整选项栏中的强度为 40%，对模糊后的文字涂抹，如图 8–23 所示。

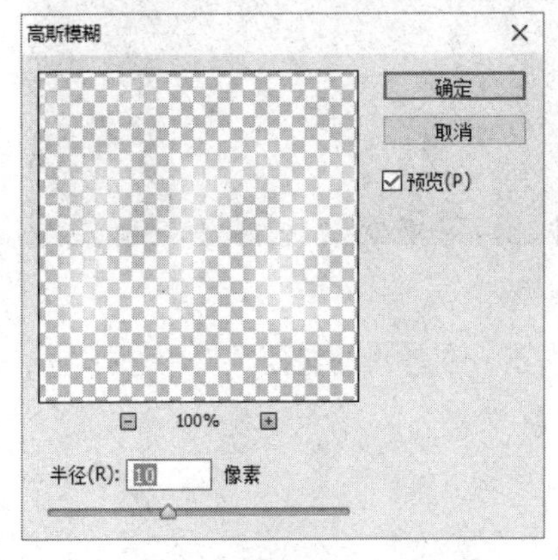

图 8–22　【高斯模糊】对话框

图 8–23　涂抹文字

为当前图层添加“外发光”图层样式，设置发光颜色为淡紫色（RGB：197，126，255），不透明度为 60%，大小为 80 像素，如图 8–24 所示。

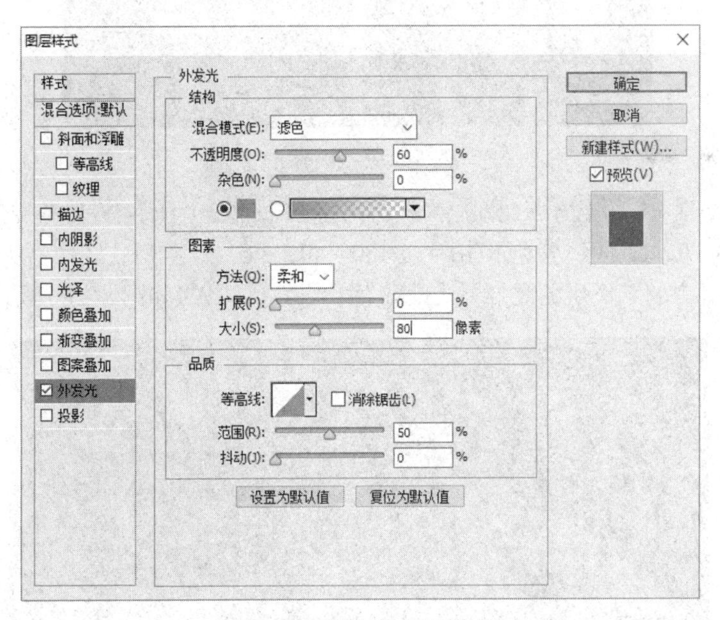

图 8–24　添加外发光样式

显示“Fire”图层，选择【选择】|【载入选区】命令（或按住【Ctrl】键的同时单击图层缩略图），将文字轮廓载入选区。新建图层并重命名为“描边”，选择【编辑】|【描边】命令，在打开的对话框中，设置宽度为 1 像素，颜色为白色，如图 8–25 所示。

按【Ctrl + D】组合键取消选区，再次隐藏“Fire”图层。复制图层“描边”两次，得到“描边 副本”及“描边 副本 2”两个图层，分别对两个复制的图层应用【自由变换】命令（按【Ctrl + T】组合键），对文字描边稍稍调整角度，效果如图 8–26 所示。

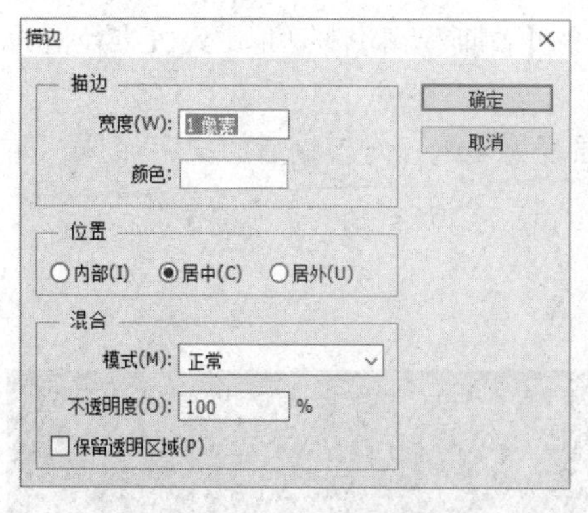

图 8–25　设置描边参数

图 8–26　文字描边效果

选择“描边”“描边 副本”“描边 副本 2”三个图层并右击，在弹出的快捷菜单中选择【合并图层】命令将其合并为一个图层“描边 副本 2”，如图 8–27 所示。

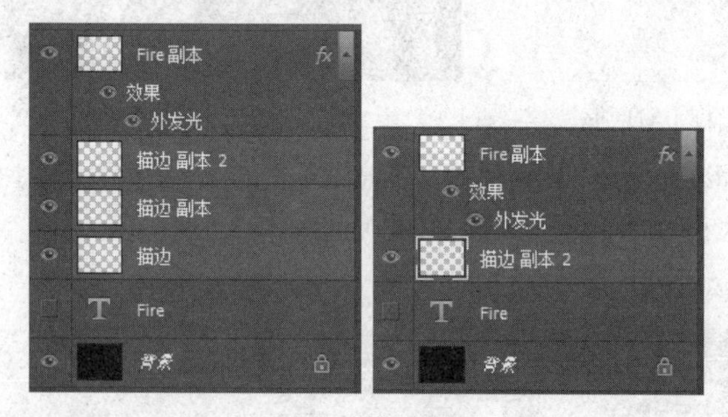

图 8–27　合并图层

在图层“Fire 副本”的上方新建图层“渐变”，选择【渐变工具】，设置渐变色为蓝 – 紫 – 蓝，蓝色 RGB 为（0，0，120），紫色 RGB 为（180，40，255），然后在图像上从中上部往下拖动鼠标填充渐变色，并将该图层的混合模式设置为【柔光】，效果如图 8–28 所示。

图 8–28　添加渐变图层

新建图层“彩色”，选择【画笔工具】，设置画笔的硬度为 0，不透明度为 20% ～ 30%，用红色、蓝色、黄色、绿色等颜色进行涂抹（颜色不定，涂出满意效果即可），并设置此图层混合模式为【叠加】。效果如图 8–29 所示。

图 8–29　添加彩色叠加图层

选择【画笔工具】，打开【画笔】面板，在【画笔笔尖形状】栏设置画笔大小为 12 像素，硬度为 0，间距为 150%；在【形状动态】栏设置大小抖动为 100%；在【散布】栏设置散布值为 800%，并勾选“两轴”复选框，数量值为 4，如图 8–30 所示。

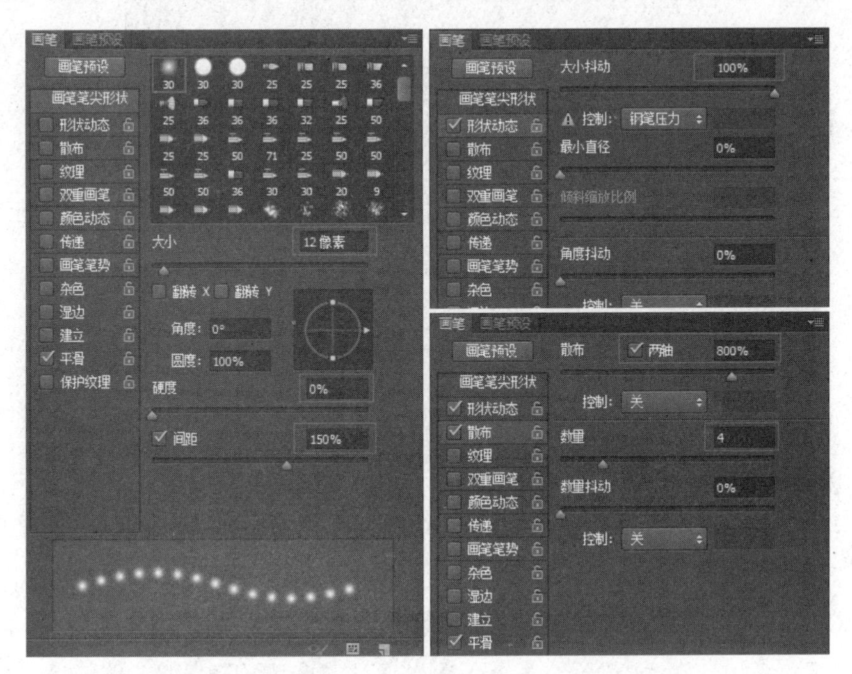

图 8–30　动态画笔设置

在选项栏中设置画笔的不透明度为 100%，新建图层“光点”，在文字边缘随意单击，绘制星星点点的效果，如图 8–31 所示。

图 8–31　添加光点效果

8.4 Flash 动画设计

8.4.1 Flash 基本操作

Flash 是目前影响最广泛的动画设计与制作软件，具备了从绘制图形、制作动画、控制编程以及最后输出动画的整套功能，完全可以满足用户对动画的绘制、设计、制作以及发布等要求。

1. Flash CS6 的工作界面

Flash CS6 的操作界面由以下几部分组成：菜单栏、工具箱、时间轴、场景和舞台、属性面板以及浮动面板等。如图 8-32 所示。

图 8-32 Flash CS6 工作界面

2. 认识工具箱

Flash 工具箱分为 4 个区域：选择工具区、绘图工具区、颜色填充工具区、查看工具及选项区，如图 8-33 所示。

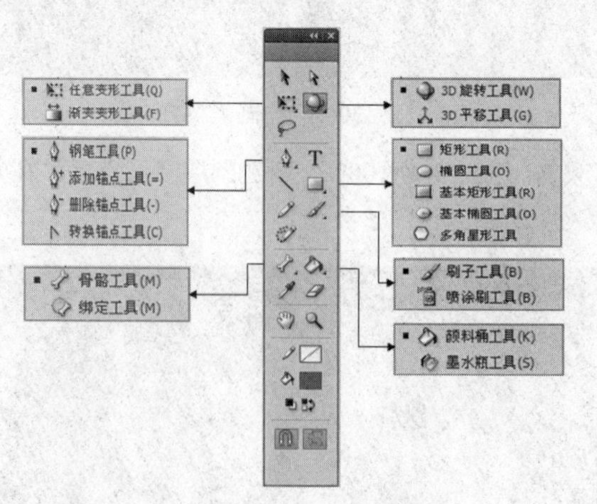

图 8-33 Flash CS6 工具箱

3. 绘制图形

新建文档，在工具箱中选择【椭圆工具】，单击工具箱底部的【对象绘制】按钮，在属性面板中设置笔触颜色为黑色，笔触高度为 3。按下【Shift】键拖动鼠标，创建一个圆形，如图 8-34 所示。

选择圆对象，在【颜色】面板中设置填充色为“径向渐变”，调整 4 个色块的色彩值及透明度分别为（#FDE99B，50%）、（#FDEB66，80%）、（#F9BE3D，100%）、（#F5A023，100%），如图 8-35 所示。

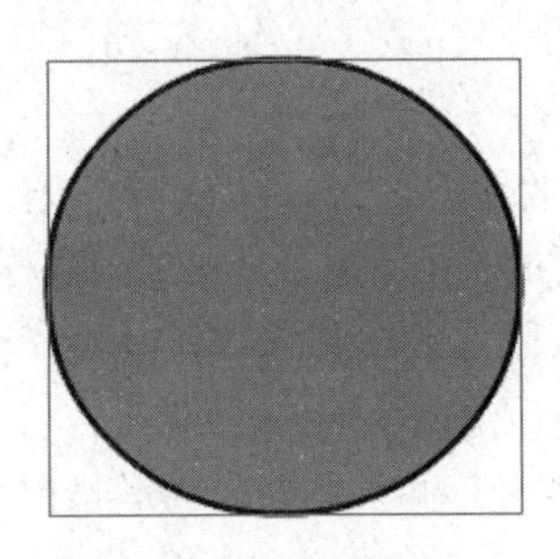

图 8-34　绘制圆形

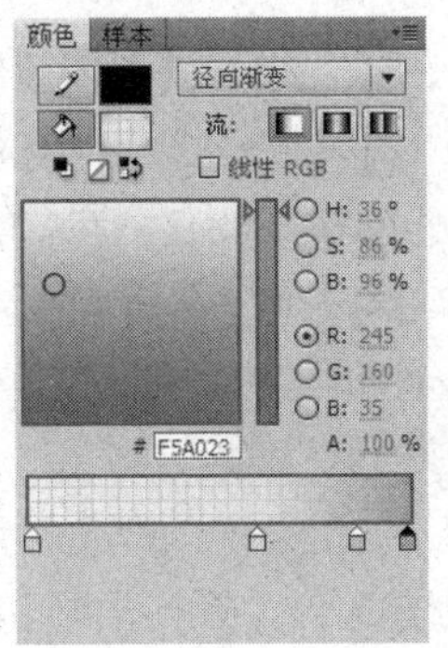

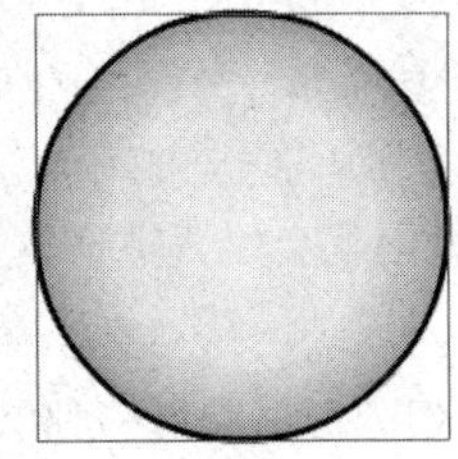

图 8-35　用渐变色填充圆形

在工具箱中选择【渐变变形工具】，调整圆形的高光形状及位置，如图 8-36 所示。

选择【椭圆工具】，设置填充色为白色，禁用笔触色，在圆的顶部创建一个椭圆形，并设置颜色填充为径向渐变，渐变色为：alpha 为 70% 的白色及 alpha 为 15% 的白色，如图 8-37 所示。

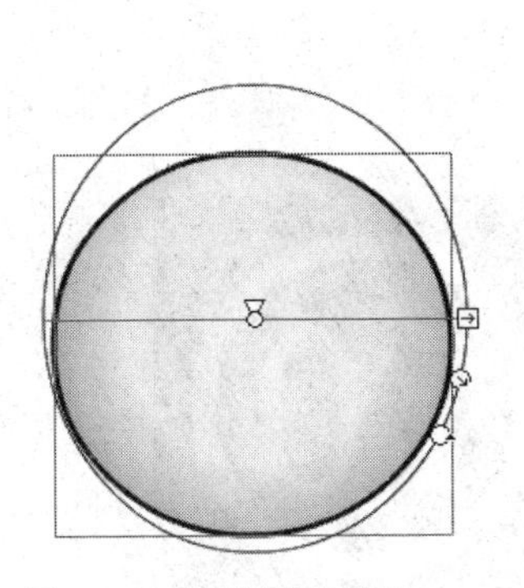

图 8-36　调整渐变效果

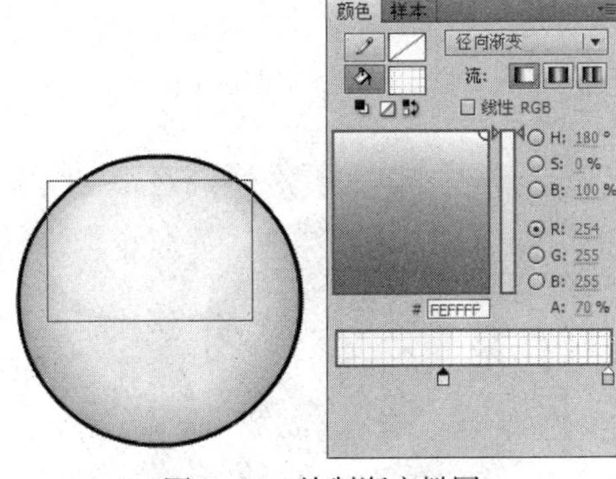

图 8-37　绘制渐变椭圆

绘制黑色椭圆作为眼睛，并用任意变形工具对其进行旋转，按住【Alt】键的同时移动椭圆，可将其复制，调整位置及角度，如图 8-38 所示。

绘制两个不同颜色及大小的椭圆，并将其上半部分重叠，选中这两个椭圆，按【Ctrl+B】组合键将其分离，然后选择上方的椭圆并按【Delete】键将其删除，即可得到嘴巴形状，如图 8-39 所示。

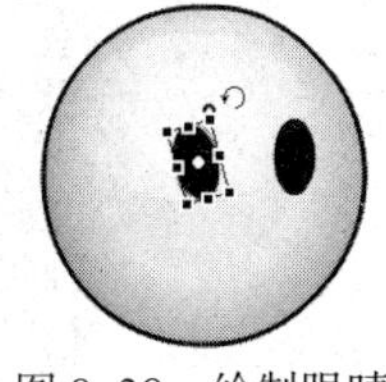

图 8-38　绘制眼睛

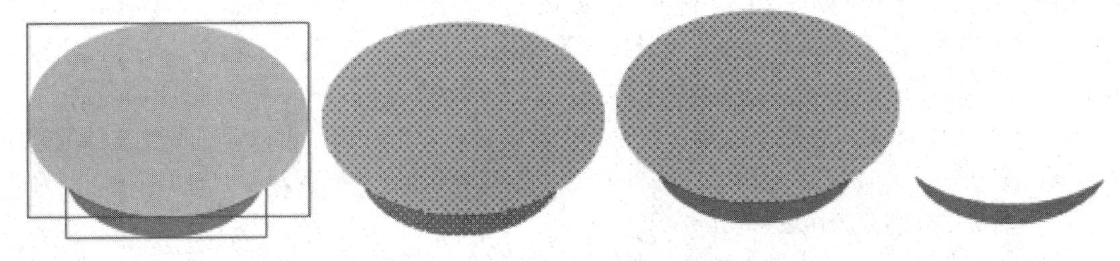

图 8-39　绘制嘴巴

按【Ctrl + G】组合键将嘴巴图形转换为组，然后将其移动到笑脸上，并用任意变形工具进行旋转。至此，笑脸图形绘制完毕，如图 8-40 所示。

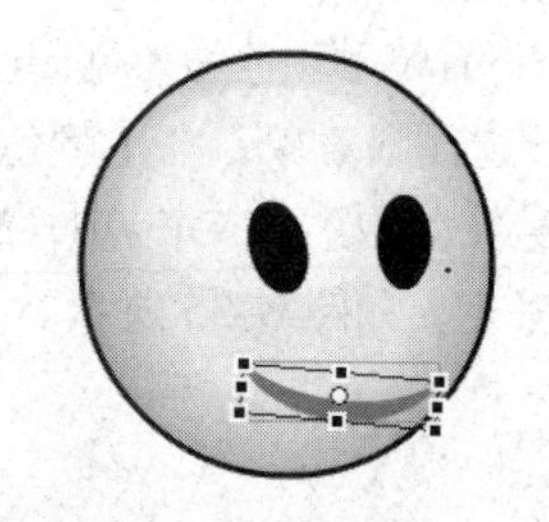

图 8-40　调整嘴巴的位置及角度

8.4.2　动画制作

人类具有视觉暂留的特点，即人眼看到物体或画面后，在 1/24 s 内不会消失。利用这一原理，在一幅画没有消失之前播放下一幅画，就会给人造成流畅的视觉变化效果。所以，动画就是通过连续播放一系列静止画面，给视觉造成连续变化的效果。在 Flash CS6 中，这一系列单幅的画面称为帧，它是 Flash CS6 动画中最小时间单位里出现的画面。每秒显示的帧数称为帧频，如果帧频太慢就会给人造成视觉上不流畅的感觉。所以，按照人的视觉原理，一般将动画的帧频设为 24 f/s。

Flash 动画根据创建动画的方式分为逐帧动画和补间动画，补间动画又分为形状补间、传统补间和补间动画。

1. 逐帧动画

（1）创建逐帧动画

新建文档，设置舞台大小为 200 × 200，背景色为深蓝色。在“图层 1”上绘制一个无填充色、轮廓色为白色、笔触大小为 12 的圆，并与舞台中央对齐，在第 11 帧按【F5】键插入帧，如图 8-41 所示。

新建“图层 2”，在第 1 帧上用【文本工具】输入数字 10，并与圆圈对齐，如图 8-42 所示。

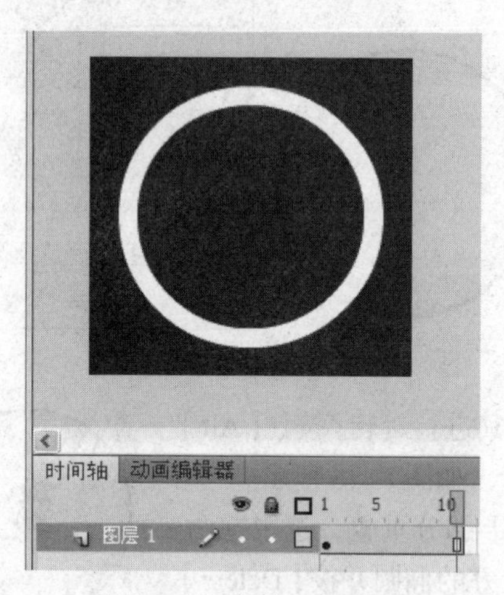

图 8-41　绘制白色圆圈

图 8-42　输入数字并对齐

在“图层 2”的第 2 帧按【F6】键插入关键帧，并将数字 10 改为 9，如图 8-43 所示。

选择第 3 帧，按下【Shift】键的同时选择第 11 帧，将 3 ～ 11 帧全部选中，按【F6】键，将第 3 ～ 11 帧均插入关键帧，并将每个关键帧的数字依次改为 8、7……0，如图 8-44 所示。

按【Ctrl + Enter】组合键测试影片，会发现动画播放得特别快，可以通过调整文档的帧频将速度调慢一些，比如将帧频调为 12。如果想要得到每秒跳动一个数字，也可以将帧频调整为 1。

（2）通过序列图像制作逐帧动画

选择【文件】|【导入】|【导入到舞台】命令，打开【导入】对话框，选择“zh4501.png”文件，

选择【打开】按钮，会弹出一个对话框，询问是否导入序列中的所有图像，单击【是】按钮，将把同序列的所有图像文件导入到舞台，并分别放置在连续的帧上，如图 8-45 ～图 8-47 所示。

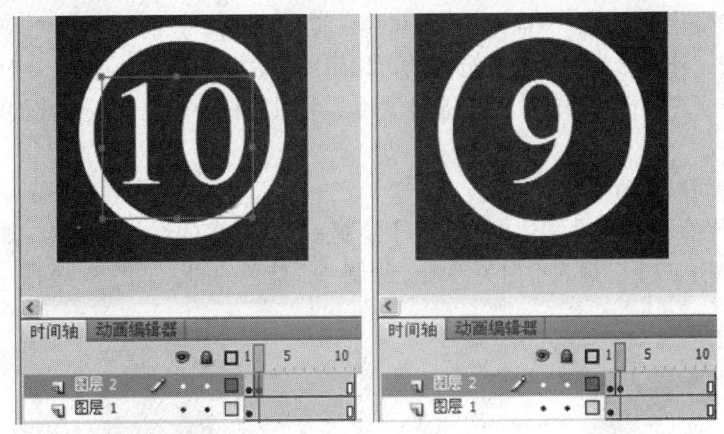

图 8-43　插入关键帧

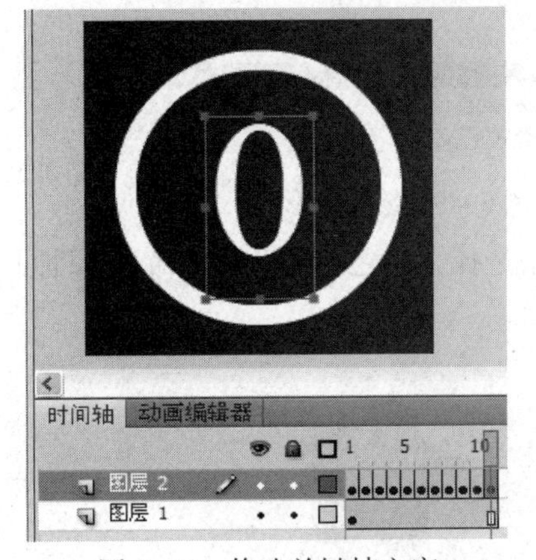

图 8-44　修改关键帧文字

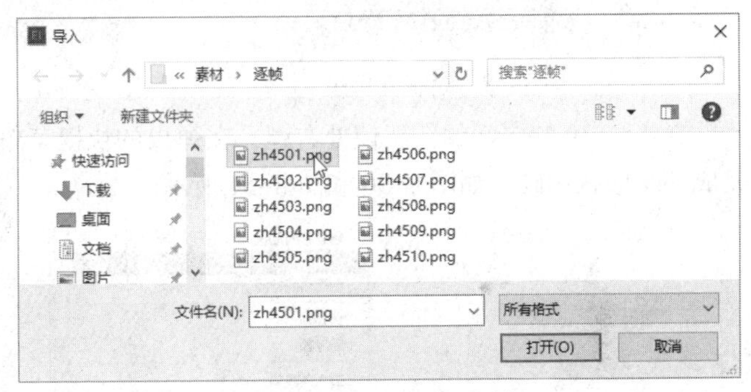

图 8-45　选择导入图像

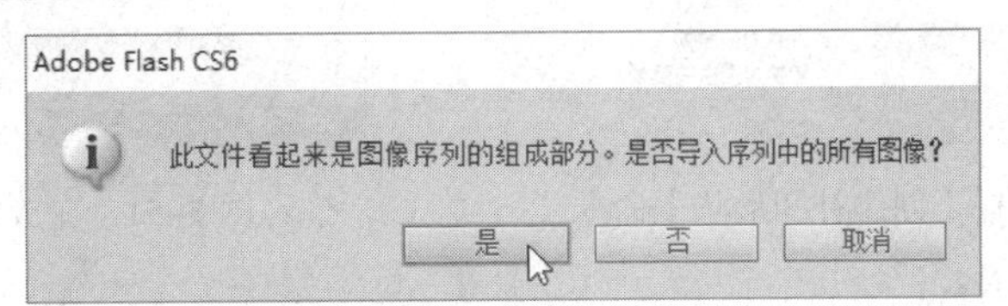

图 8-46　选择导入图像序列

图 8-47　导入十幅连续动作的图像

2. 形状补间动画

形状补间动画可完成对图像的移动、缩放、形状渐变、色彩渐变（填充色）、变化速度等动画，根据对象的形状变化来实现，只需给出动画的第一帧和最后一帧的对象形状，中间的动画过程由系统自动生成。补间形状的对象是分离的可编辑图形，如果实例、文字、组合等对象需要进行补间形状，必须先执行【修改】|【分离】命令，将其打散，使之变成分离的图形，然后才能进行变形。

（1）创建补间形状动画

新建文档，在第 1 帧用【多边星形工具】绘制一个无轮廓的红色五角星，如图 8–48 所示。

在第 30 帧按【F7】键插入空白关键帧，绘制一个蓝色的圆，如图 8–49 所示。

图 8–48 绘制五角星

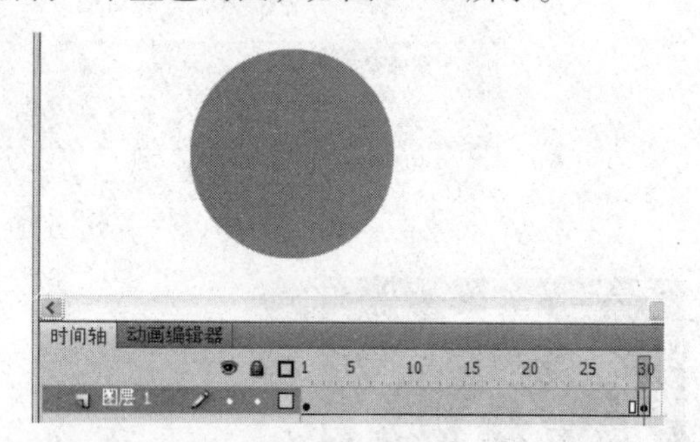

图 8–49 绘制圆形

在 1 ～ 30 帧之间的任意帧处右键，在弹出的快捷菜单中选择【创建补间形状】命令，即可完成补间形状动画，如图 8–50 和图 8–51 所示。

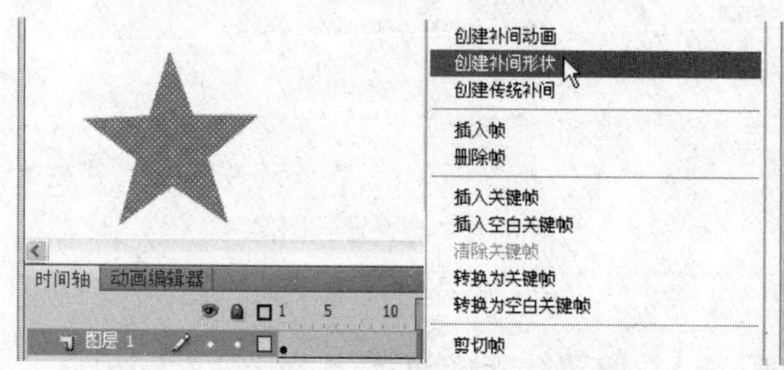

图 8–50 选择【创建补间形状】命令

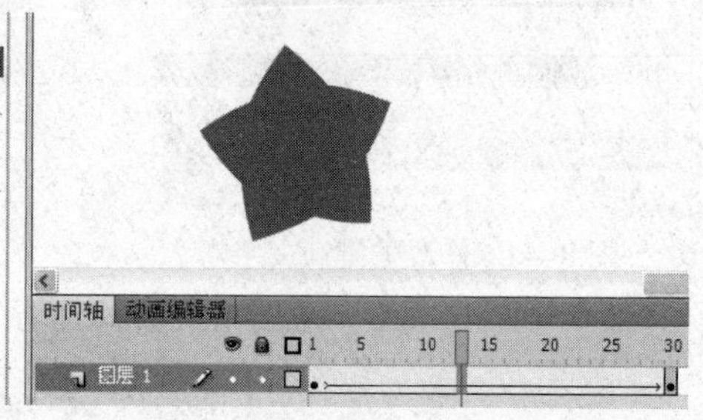

图 8–51 完成的补间形状动画

（2）使用形状提示

补间形状动画的变形过渡是随机的，使用形状提示可以控制图形间对应部位的变形，即让一个图形上的某一点变换到另一个图形上的某一点，使得对象之间的变形过渡具有一定的规律。

形状提示包含从 a 到 z 的字母（最多可以使用 26 个字母），用于标识起始形状和结束形状中对应的点。起始关键帧中的形状提示为黄色，结束关键帧中的形状提示为绿色，当不在一条曲线上时为红色。

在前面完成的形状补间动画中，选择起始关键帧（即第 1 帧），选择【修改】|【形状】|【添加形状提示】命令，添加形状提示，此时图形上出现一个写着字母 a 的红色形状提示。可以将形状提示拖放到一个适当的位置，如图 8–52 所示。

图 8–52 添加形状提示

选择结束关键帧，同样图形上出现红色的形状提示 a，将其移动到 a 点变形的目标位置，如图 8–53 所示。

同样的方法，再添加更多的形状提示，并调整其位置，如图 8–54 所示。

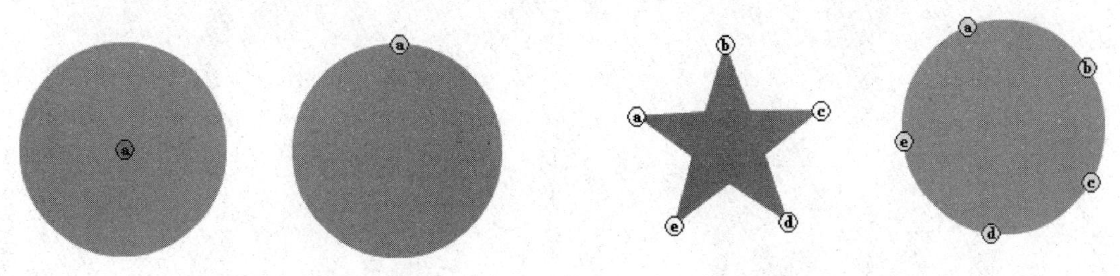

图 8–53　改变提示位置　　　　图 8–54　添加更多形状提示

3. 传统补间动画

传统补间动画可完成对图像的位移、缩放、旋转、变速等内容的动画处理。相对于逐帧动画，运动补间动画适合做一些有规律、相对简单的动画。传统补间动画的作用对象为元件的实例、群组对象及文字对象，分散的图形不能完成传统补间。

新建文档，在舞台上绘制一个五角星并右击，在弹出的快捷菜单中选择【转换为元件】命令，将其转换为名为“star”的影片剪辑元件，如图 8–55 所示。

在第 30 帧插入关键帧，将五角星移到舞台的右侧，并将其适当缩小、更改实例的颜色，如图 8–56 所示。

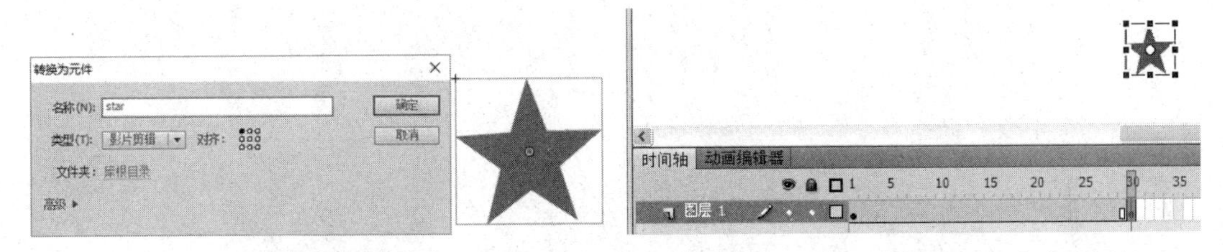

图 8–55　绘制五角星并转换为元件　　　　图 8–56　改变元件的位置、大小及颜色

在 1 ～ 30 帧之间的任意帧处右击，在弹出的快捷菜单中选择【创建传统形状】命令，即可完成传统补间动画，如图 8–57 和图 8–58 所示。

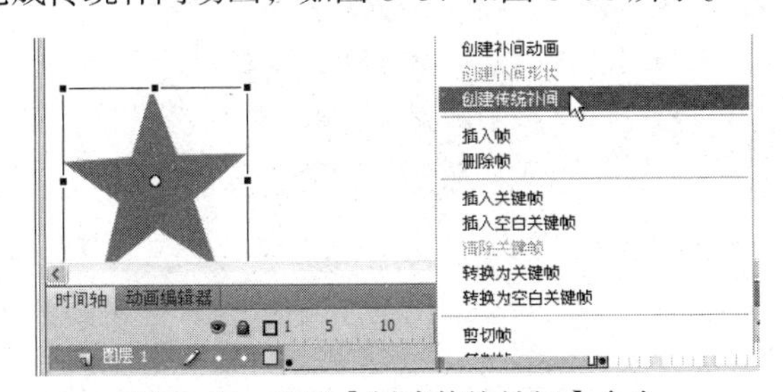

图 8–57　选择【创建传统补间】命令　　　　图 8–58　完成的传统补间动画

4. 补间动画

补间动画以元件对象为核心，一切补间的动作都是基于元件的。因此，在创建补间动画前，首先要创建元件，作为起始关键帧中的内容。

打开文件“第 8 章 | 素材 | 补间动画 .fla”，新建图层，并命名为“蝴蝶”，将库面板里的影片剪辑元件“蝴蝶动画”拖入至舞台左下角，如图 8–59 所示。

图 8-59 将元件置入舞台

在第一帧处右击，在弹出的快捷菜单中选择【创建补间动画】命令。Flash 将包含补间对象的图层转换为补间图层，并在该图层中创建补间范围，如图 8-60 所示。

图 8-60 创建补间动画

温馨提示

如果仅在第一帧包含元件实例，那么补间范围的长度等于 1 秒所播放的帧数，默认帧频是 24 f/s，因此补间范围就是 24 帧。如果帧频小于 5 f/s，则补间范围为 5 帧。如果元件实例存在于多个连续的帧中，则补间范围将包含该对象所占用的帧数。

将蝴蝶图层的第 24 帧拖动到第 50 帧，然后在 50 帧处右击，在弹出的快捷菜单中选择【插入关键帧】|【位置】命令，即会在第 50 帧插入一个菱形的属性关键帧。将元件实例拖动到舞台右侧，并显示补间动画的运动路径，如图 8-61 所示。

图 8-61　修改关键帧对象属性

可以使用【选择】【部分选取】【添加锚点】【转换锚点】等工具对补间动画运动路径进行修改编辑，如图 8-62 所示。

图 8-62　修改运动路径

习　　题

单项选择题

1. 以下选项中（　　）不是多媒体技术的主要特性。

   A. 多样性　　B. 便利性　　C. 交互性　　D. 实时性

2. 多媒体信息不包括（　　）。

   A. 音频、视频　　B. 动画、图像

   C. 声卡、光盘　　D. 文字、图像

3. 在计算机中，多媒体信息都是以（　　）形式存储的。

   A. 数字信号　　B. 模拟信号　　C. 连续信号　　D. 文字

4. 数字音频采样和量化过程所用的主要硬件是（　　）。

   A. 数字编码器　　B. 数字解码器

   C. 模拟到数字的转换器（A/D 转换器）

   D. 数字到模拟的转换器（D/A 转换器）

5. 以下关于图形图像的描述中（　　）是正确的。
   A. 位图图像的分辨率是不固定的
   B. 位图图像是以指令的形式来描述图像的
   C. 矢量图形中保存有每个像素的颜色
   D. 矢量图形放大后不会产生失真
6. 视频信息的最小单位是（　　）。
   A. 帧　　B. 位　　C. 比率　　D. 秒
7. MPEG 是数字存储（　　）图像压缩编码和伴音编码标准。
   A. 静态　　B. 动态　　C. 点阵　　D. 矢量
8. （　　）不是多媒体中的关键技术。
   A. 信息传输技术　　B. 视频处理技术
   C. 音频处理技术　　D. 数据压缩和编码技术
9. 声音的三要素是指（　　）。
   A. 音调、音色、音频　　B. 音调、音量、音频
   C. 音调、响度、音色　　D. 音色、响度、音频
10. 一个 1 GB 的优盘，大约可以存储（　　）张 1024×768 真彩色（32 位）的照片。
   A. 34　　B. 170　　C. 340　　D. 500
11. 与其他媒体相比，计算机中的（　　）处理最简便、占用空间最少。
   A. 声音　　B. 图片　　C. 视频　　D. 文字
12. 在进行图像处理时，为便于再编辑应将文件保存为（　　）格式。
   A. GIF　　B. PSD　　C. JPEG　　D. PGN
13. 构成位图图像的基本单位是（　　）。
   A. 点　　B. 帧　　C. 像素　　D. 线
14. 常见的各种媒体信息有文本、图形、图像、声音、动画片和视频。其中（　　）可以使要表现的内容更加生动，还能把抽象的、难以理解的内容形象化。
   A. 文字　　B. 图形图像　　C. 声音　　D. 动画
15. 图像分辨率是指（　　）。
   A. 屏幕上能够显示的像素数目
   B. 用像素表示的数字化图像的实际大小
   C. 用厘米表示的图像的实际尺寸大小
   D. 图像所包含的颜色数

第9章 常用工具软件的应用

本章导读

在使用计算机的过程中，每个用户都会使用到工具软件。计算机工具软件是为了辅助用户更好地使用、维护和管理计算机而专门开发的计算机应用程序，它可以让用户更加轻松地使用计算机。工具软件具有实用性强、操作方便、功能专一等特点，能显著提高计算机的工作效率。本章主要介绍系统与安全工具、文件压缩与阅读工具和其他一些常用的工具软件。

通过对本章内容的学习，应该能够做到：

- 了解：工具软件的性质和特点。
- 理解：工具软件的功能特性和应用范围。
- 应用：熟练掌握常用工具软件的使用方法。

9.1 系统与安全工具

9.1.1 系统备份与还原工具——Ghost

Ghost是Norton公司开发的硬盘备份与克隆工具，称为“克隆精灵”，提供功能强大的系统升级、备份和恢复，软件分发，PC移植等解决方案。Ghost软件安装非常简单，只要将ghost.exe文件复制到硬盘或U盘双击即可执行。

1. 相关概念

① 镜像文件：此处泛指Ghost软件制作成的压缩文件，以.gho为扩展名。

② 源盘：将要备份的磁盘。一般情况下泛指操作系统盘C盘。

③ 镜像盘：存放备份镜像的磁盘。一般情况下泛指文件存放盘D盘或E、F、G盘。

④ 打包制作镜像文件：通常是指将操作系统盘C盘经压缩后存放在其他盘，如D盘。

⑤ 解包还原镜像文件：通常在系统盘C盘出现错误或中病毒木马后，将存放在其他盘里面的镜像文件还原到系统盘内，以恢复干净良好的操作系统。

2. 使用Ghost注意事项

① 在备份系统时，如果是对FAT32的分区格式进行备份，建议单个备份文件最好不要超过2GB。

② 在备份系统前最好将一些无用的文件（如Windows的临时文件）删除以减少Ghost文件

的体积。镜像文件应尽量保持“干净”，应用软件安装得越多，系统被修改得越严重，安装新软件也就越容易出错，所以在制作镜像文件前千万不要安装过多的应用软件。

③ 在备份系统前要对磁盘进行碎片整理，整理源盘和镜像盘，以加快备份速度。

④ 在备份系统及恢复系统前，源盘和镜像盘要进行磁盘错误检查并修复磁盘错误；系统备份之前要升级杀毒软件，并查杀病毒；如有可能，尽量为系统打好最新的安全补丁，并确定系统运行正常和安全后，再进行系统备份。

⑤ 在恢复系统时，最好先检查一下要恢复的目标盘是否有重要的文件要进行转移，因为目标盘上的原有数据在恢复系统时会被全部覆盖。

⑥ 在选择压缩率时，建议最好不要选择最高压缩率。因为最高压缩率非常耗时且压缩率又没有明显提高。

⑦ 通常建议计算机上保存两个或以上的镜像文件，在新安装了软件和硬件后最好重新制作镜像文件。

3. 打包制作镜像文件

Ghost 软件具有磁盘备份与分区备分的功能，这里只介绍分区备份部分。

① 进入 Ghost 系统主界面，如图 9-1 所示。

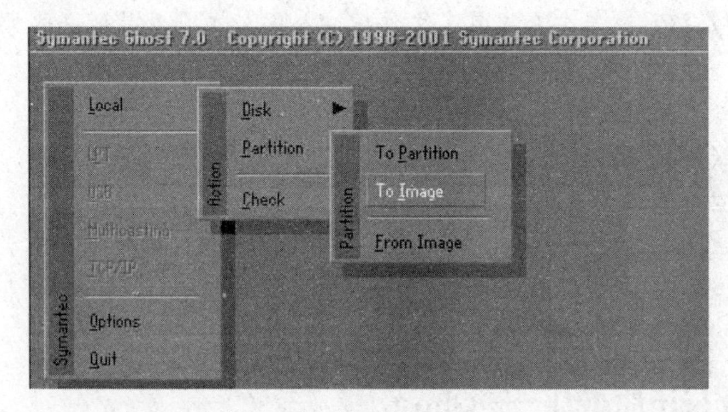

图 9-1　分区备份主界面

② 选择【Local】|【Partition】|【To Image】命令或按【Enter】键，打开图 9-2 所示的对话框。

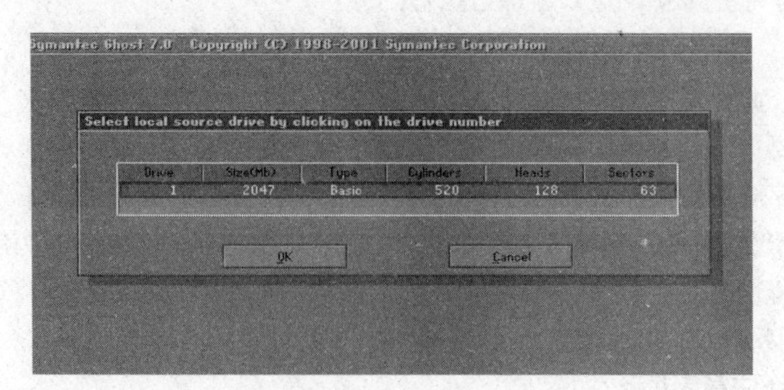

图 9-2　选择磁盘

温馨提示

如果要进行磁盘备份，那么计算机则需要安装两块硬盘，这样才能把其中一块磁盘数据

整体备份到另一块磁盘中。在图 9-1 所示界面中选择【Local】|【Disk】|【To Image】命令启动磁盘备份方式。

③ 选择硬盘后单击【OK】按钮或按【Enter】键，打开图 9-3 所示的对话框。图 9-2 显示的是第一个硬盘的信息，如果有两个硬盘，则会出现两个硬盘的信息选项，通常只选择一个硬盘。

④ 在图 9-3 所示的对话框中选择要备份的分区，通常选择 C 盘，也就是系统盘。

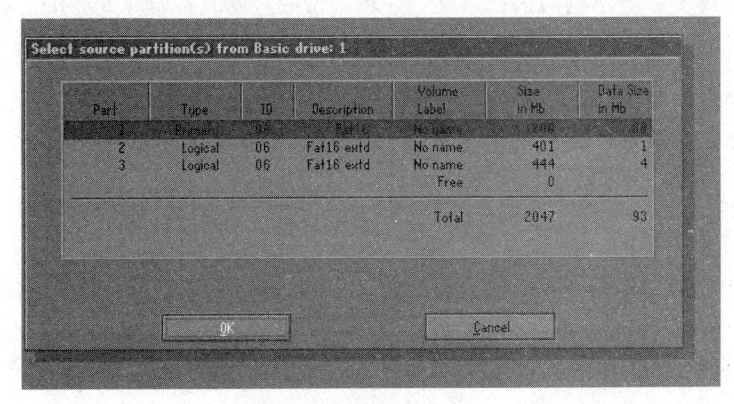

图 9-3　选择需要备份的分区

⑤ 系统打开图 9-4 所示的对话框，此处需要输入备份文件名及选择备份文件保存的位置。

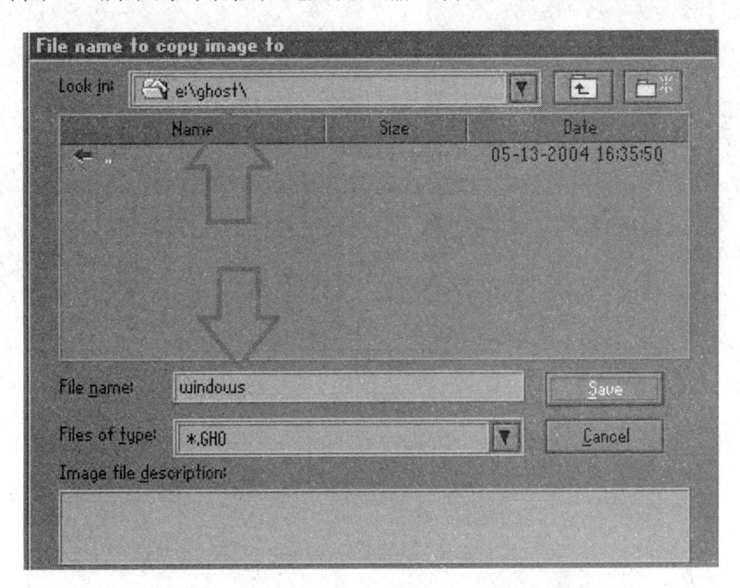

图 9-4　设置备份文件保存的位置及文件名

⑥ 输入后单击【Save】按钮或按【Enter】键就会进入图 9-5 所示的对话框，有 3 个按钮：【No】表示不压缩；【Fast】表示适量压缩；【High】表示高压缩率。通常单击【Fast】按钮，选择使用适量压缩方式。

⑦ 打开图 9-6 所示的对话框，单击【Yes】按钮开始备份。

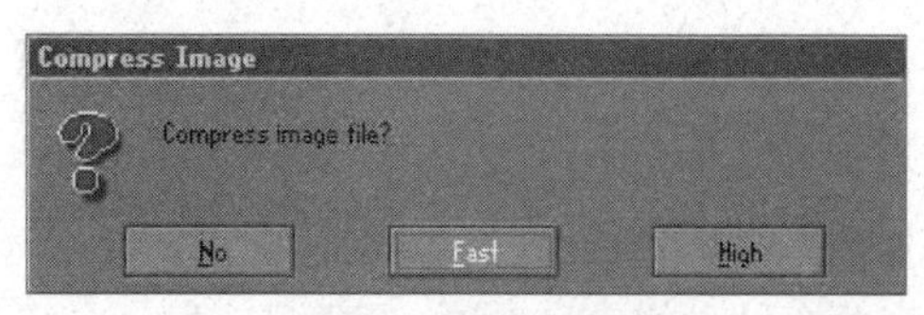

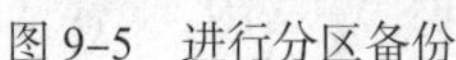
图 9–5　进行分区备份

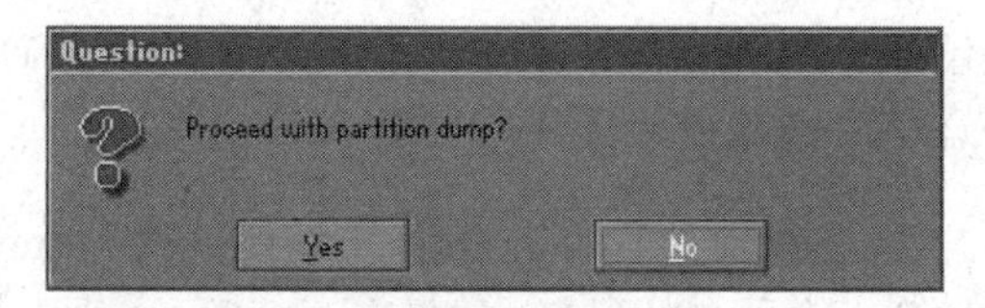

图 9–6　确认备份

⑧ 接着打开图 9–7 所示的对话框，此处显示备份的进度。备份完成后按【Enter】键，备份文件的扩展名为 .gho。

温馨提示

在 Ghost 进行备份的过程中，请不要做任何操作（不要按键盘和鼠标、不要关机），耐心等待备份完成，否则都会带来不可预见的后果。

4. 解包还原镜像文件

在使用 Ghost 软件恢复系统时，切勿半途中止。如果在恢复过程中重新启动了计算机，那么计算机将无法启动。

① 在图 9–8 所示的界面中，选择【Local】|【Partition】|【From Image】命令，选定后按【Enter】键。

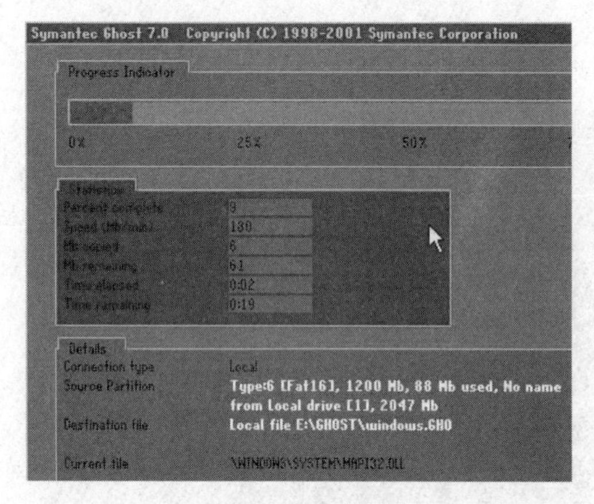

图 9–7　备份进度

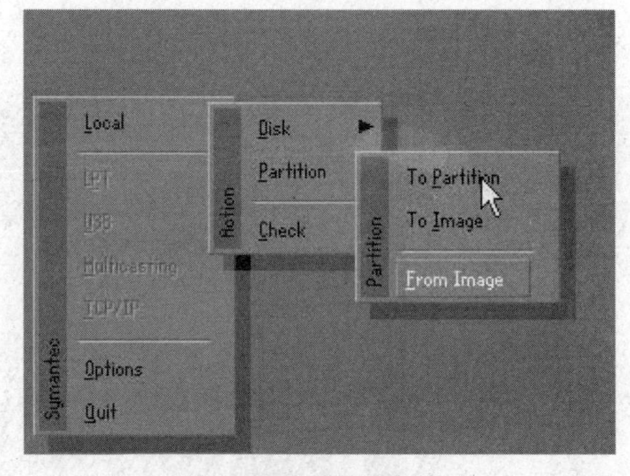

图 9–8　分区恢复主界面

② 打开图 9–9 所示的对话框。此处按提示选择需要还原的镜像文件，单击【OK】按钮或按【Enter】键。在图 9–9 所示的对话框中显示分区信息，如不需要处理直接单击【OK】按钮或按【Enter】键即可。

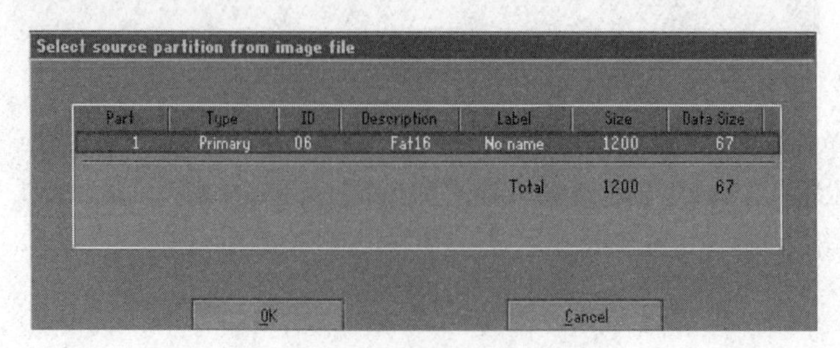

图 9–9　选择恢复分区

③ 进入图 9–10 所示的对话框，显示硬盘信息，如不需要处理直接单击【OK】按钮或按【Enter】键即可。

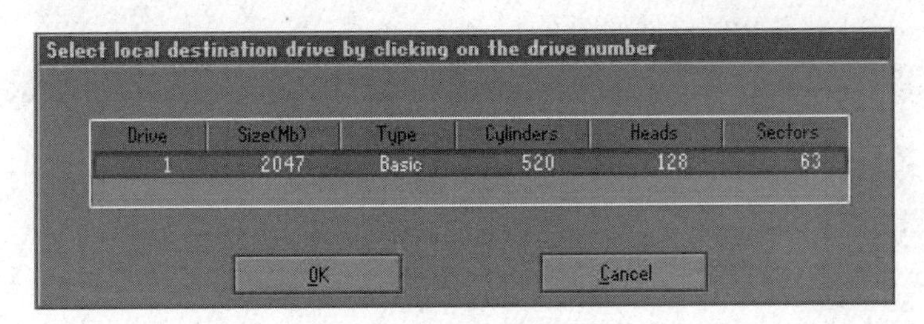

图 9–10　选择恢复磁盘

④ 进入图 9–11 所示的对话框，显示分区信息，提示需要还原到哪一个分区，默认是还原第一个分区，也就是 C 盘系统盘，如果要还原到此分区，不需要处理直接单击【OK】按钮或按【Enter】键。

⑤ 进入图 9–12 所示的窗口，是为了防止误操作，再次提醒是否一定要还原镜像文件。单击【No】按钮可以退出到起始界面。单击【Yes】按钮，将进行还原操作，此操作到了此处已经不可逆转，此处需要用方向键选择，按【Enter】键，或直接单击【Yes】按钮。接着 Ghost 开始还原镜像文件，直到进度条显示完成恢复操作。

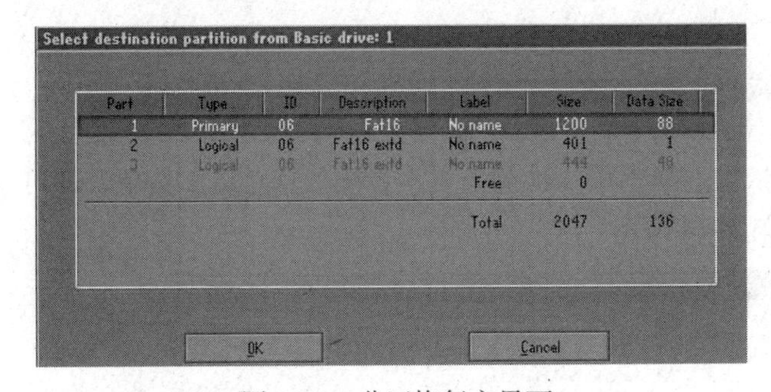

图 9–11　分区恢复主界面

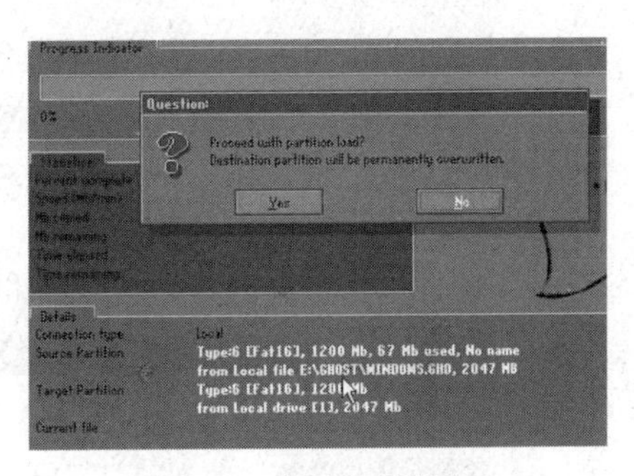

图 9–12　分区恢复操作

温馨提示

在 Ghost 进行还原镜像的过程中，此时不要进行任何操作（不要按键盘和鼠标、不要关机），请耐心等待还原完成，否则将会带来不可预见的后果。

9.1.2　系统优化工具——Windows 优化大师

Windows 优化大师是国内知名的系统优化软件，是一款功能强大的系统辅助软件。它提供了全面有效且简便安全的系统检测、系统优化、系统清理、系统维护四大功能模块。具体包括：磁盘缓存优化、桌面菜单优化、文件系统优化、网络系统优化、开机速度优化、系统安全优化、系统个性设置、后台服务优化等功能。使用 Windows 优化大师，能够有效地帮助用户了解自己的计算机软硬件信息；简化操作系统设置步骤；提升计算机运行效率；清理系统运行时产生的垃圾；修复系统故障及安全漏洞；维护系统的正常运转。本书使用 Windows 优化大师 V7.99.13.604 版本进行介绍。

1. 系统检测

（1）系统信息总览

① 启动 Windows 优化大师软件如图 9–13 所示。

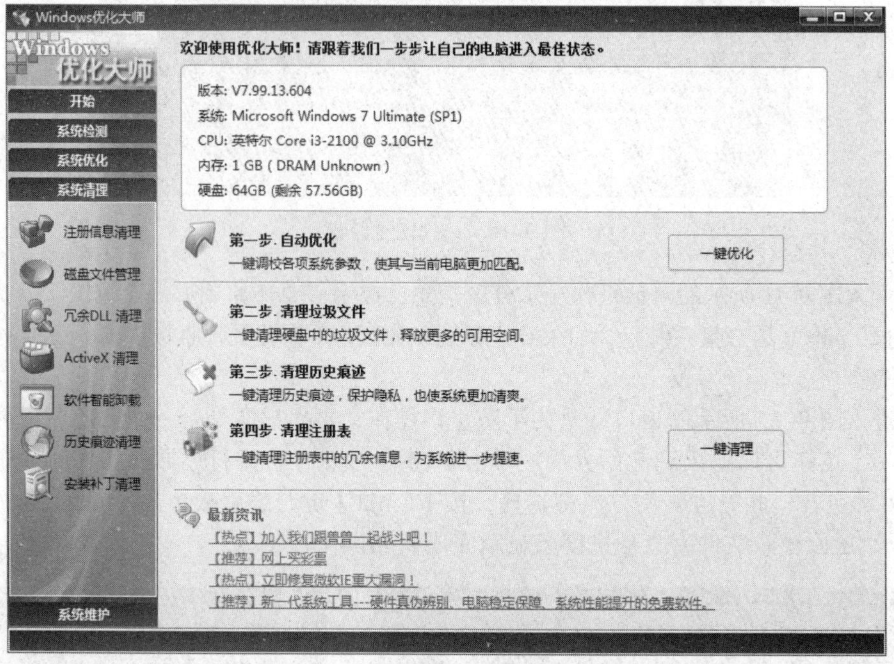

图 9–13　Windows 优化大师主界面

② 在图 9–13 页面左侧的列表中，依次选择【系统检测】|【系统信息总览】选项，即可轻松地了解计算机系统的总览信息，如图 9–14 所示。

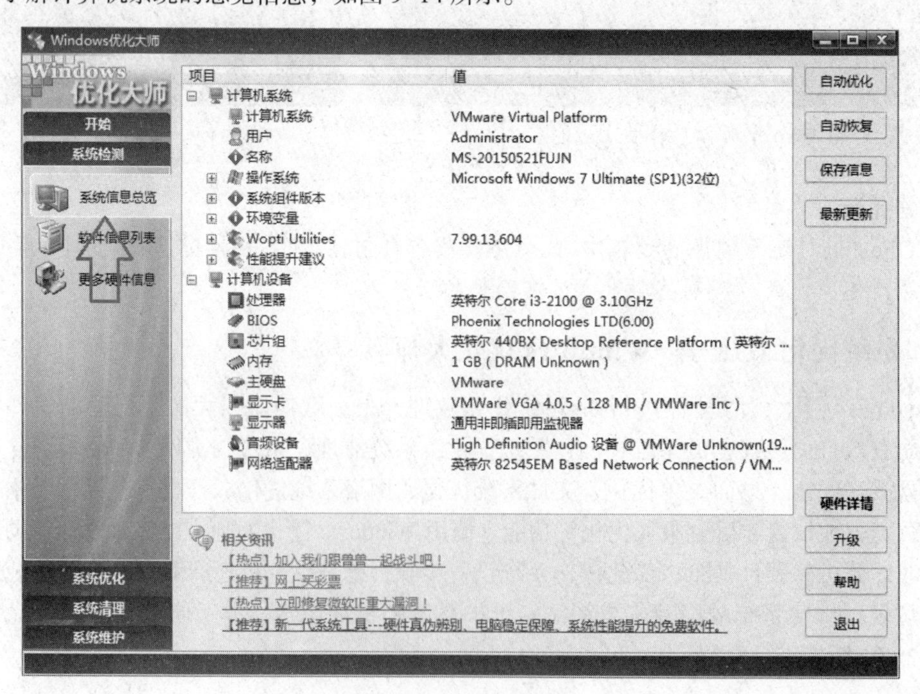

图 9–14　系统信息总览

（2）软件信息列表

如想了解计算机软件信息，可在图 9-14 所示界面中选择【软件信息列表】选项，如图 9-15 所示。

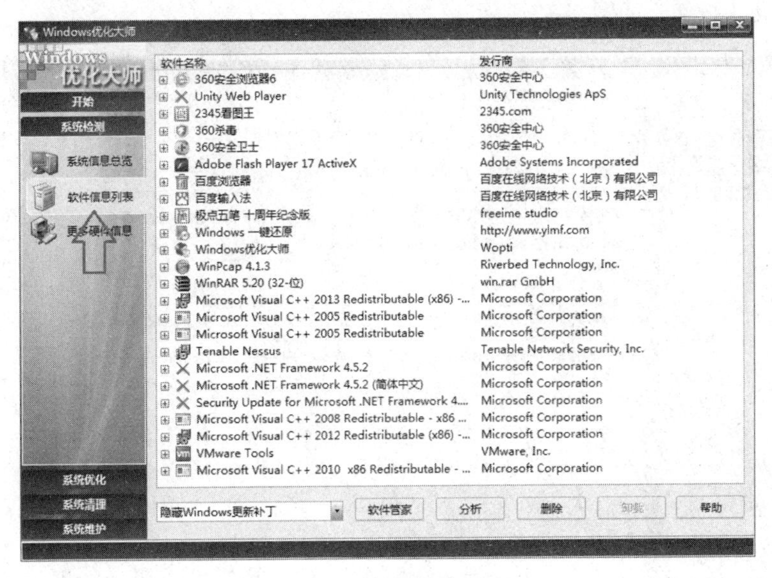

图 9-15　软件信息列表

（3）更多硬件信息

如想更多地了解计算机硬件的详细信息，可在图 9-14 所示界面中选择【更多硬件信息】选项，Windows 优化大师会给出专业易用的硬件检测工具——鲁大师的官方网址，下载安装鲁大师即可进行专业的硬件检测。

2. **系统优化**

在图 9-15 所示界面左侧单击【系统优化】导航按钮，打开“系统优化”二级导航，如图 9-16 所示。

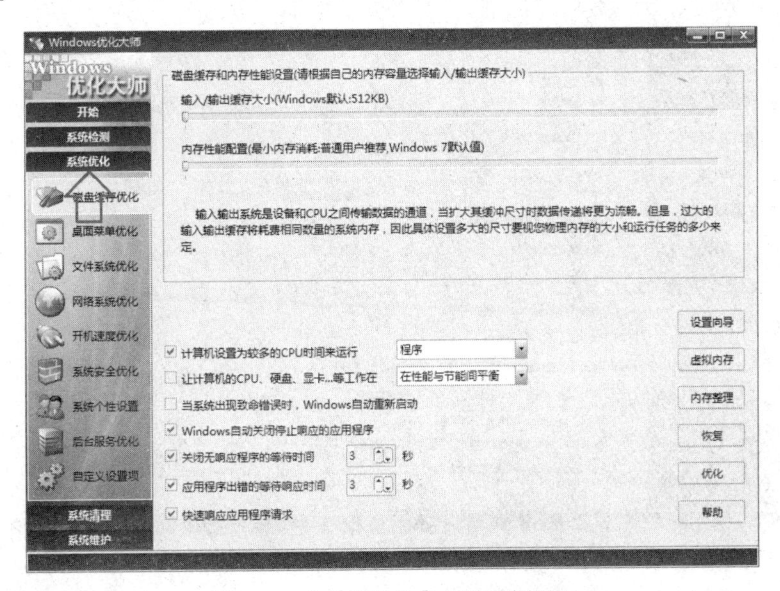

图 9-16 【系统优化】二级导航界面

（1）开机速度优化

在图 9–16 所示界面下，选择【开机速度优化】选项，将【启动信息停留时间】滑块拖向“快”侧，在【请勾选开机时不自动运行的项目】列表框中勾选除杀毒、系统保护软件外的所有选项，然后单击【优化】按钮，如图 9–17 所示。

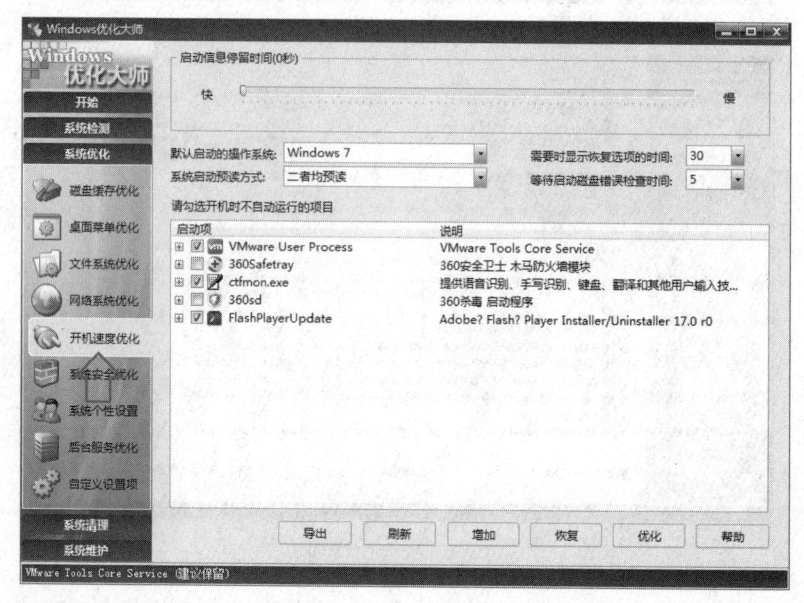

图 9–17　开机速度优化

（2）系统安全优化

① 在图 9–16 所示界面下，选择【系统安全优化】选项，勾选【禁止自动登录】【每次退出系统（注销用户）时，自动清除文档历史记录】【当关闭 Internet Explorer 时，自动清空临时文件】【禁止光盘、U 盘等所有磁盘自动运行】复选框，然后单击【更多设置】按钮，如图 9–18 所示。

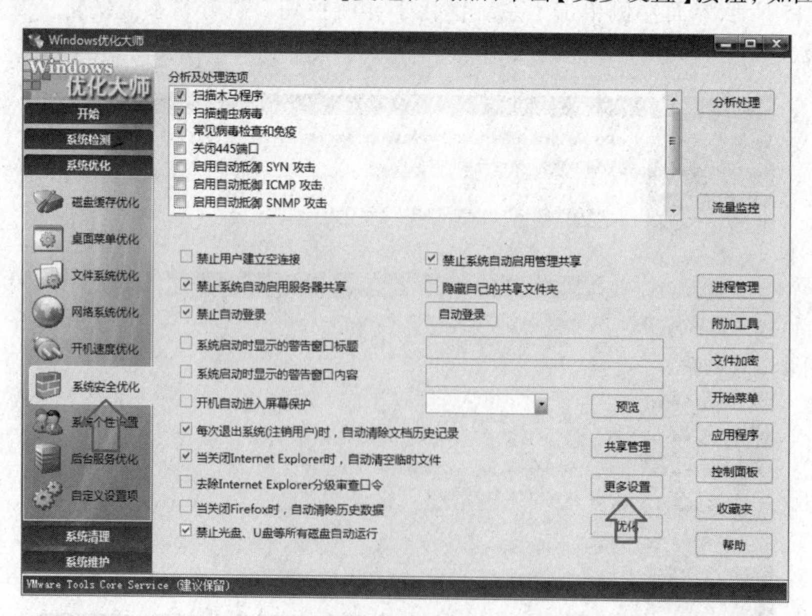

图 9–18　系统安全优化

② 打开【更多的系统安全设置】对话框，勾选【禁用注册表编辑器 RegEdit】【禁止执行注册表脚本文件】复选框，在【请选择要隐藏的驱动器】列表框中勾选要隐藏的分区盘符，然后单击【确定】按钮，如图 9-19 所示。

③ 打开信息对话框，提示系统安全设置成功，必须重新启动计算机才能生效，单击【确定】按钮。

④ 返回 Windows 优化大师窗口，退出 Windows 优化大师并重新启动计算机使设置生效。

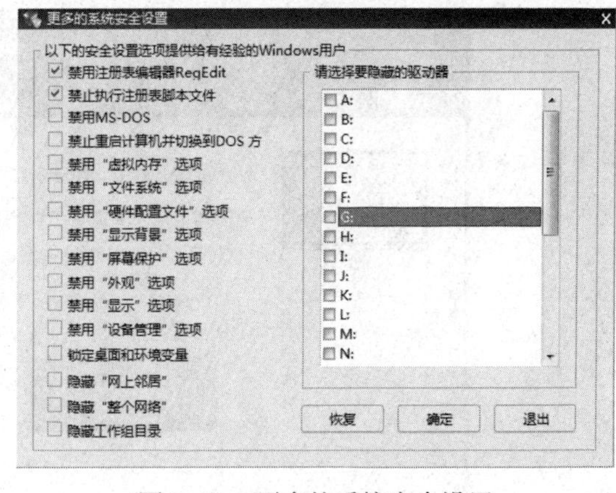

图 9-19 更多的系统安全设置

（3）系统的其他优化

在图 9-16 所示界面下，单击左侧二级导航的相应列表，如【磁盘缓存优化】【桌面菜单优化】【文件系统优化】【网络系统优化】【系统个性设置】【后台服务优化】【自定义设置项】等，打开相应的设置界面，根据设置界面的提示和【设置向导】，进行相应的设置即可完成相应的项目优化。

3. 系统清理

Windows 优化大师还可以进行系统清理，可清理的项目有【注册信息清理】【磁盘文件管理】【冗余 DLL 清理】【ActiveX 清理】【软件智能卸载】【历史痕迹清理】【安装补丁清理】等，设置方法与【系统优化】类似。

4. 系统维护

Windows 优化大师也还可以进行系统维护，可维护的项目有【系统磁盘医生】【磁盘磁片整理】【驱动智能备份】【其他设置选项】【系统维护日志】等，设置方法与【系统优化】类似。

9.1.3 网络安全工具——360 安全卫士

360 安全卫士是奇虎 360 科技有限公司推出的一款免费安全软件，拥有查杀木马、清理插件、修复漏洞、电脑体检等多种功能，并独创了“木马防火墙”功能，依靠抢先侦测和云端鉴别，可全面、智能地拦截各类木马，保护用户的账号、隐私等重要信息。本书使用 360 安全卫士 9.2.0.2002 版本进行介绍。

1. 软件首页面

360 安全卫士软件的首页面是【电脑体检】，体检可以让用户快速全面地了解计算机的安全状态，并且可以提醒用户对计算机做一些必要的维护。如木马查杀、垃圾清理、漏洞修复等，如图 9-20 所示。

360 安全卫士分【故障检测】【垃圾检测】【速度检测】【安全检测】【系统强化】等步骤检测计算机是否存在问题，发现问题后，单击【一键修复】即可修复计算机。

2. 木马查杀

360 安全卫士提供了【快速扫描】【全盘扫描】【自定义扫描】3 种方式扫描木马，可以根据自己的需要选择其中一种扫描方式，如图 9-21 所示。

图 9–20　电脑体检

图 9–21　木马查杀

3. 系统修复

系统修复可以检查用户计算机中多个关键位置是否处于正常状态。当检查出浏览器主页、开始菜单、桌面图标、文件夹、系统设置等存在异常时，可以帮助用户找出问题出现的原因并修复问题。系统修复分为【常规修复】和【漏洞修复】，如图 9–22 所示。

4. 电脑清理

电脑清理是 360 安全卫士的特色功能之一，【电脑清理】提供了【一键清理】【清理垃圾】【清理软件】【清理插件】【清理痕迹】等全面的清理功能，如图 9–23 所示。

图 9–22　系统修复

图 9–23　电脑清理

（1）一键清理

【一键清理】为用户提供了对计算机的快速清理功能，它包含了【清理电脑中的 Cookie】【电脑中的垃圾】【使用电脑和上网产生的痕迹】【注册表中的多余项目】【电脑中不必要的插件】等清理项目，使用非常方便。

（2）清理垃圾

清理垃圾不仅可以增加系统可用空间，还可提升系统运行速度。【清理垃圾】选项为用户提供了清理垃圾的分类选择，如【上网浏览产生的缓存文件】【看视频听音乐产生的垃圾文件】等。

（3）清理软件

软件安装太多是计算机变慢的原因之一，360 安全卫士的【清理软件】功能可以根据软件的使用频率，识别出不常用的软件，一键瞬间批量清理，轻松给计算机减负。

（4）清理插件

清理插件是 360 安全卫士始终保持的特色功能，清理插件可以给系统和浏览器减负，提高系统和浏览器运行的速度。

（5）清理痕迹

浏览网页、打开文档、观看视频等都会留下使用痕迹，使用 360 安全卫士的【清理痕迹】功能可以清除这些痕迹，保护个人隐私。

5. 优化加速

360 优化加速是指整理和关闭一些计算机不必要的启动项、清理垃圾文件、优化系统设置和内存配置、应用软件服务和系统服务，以达到计算机干净整洁、运行速度提升的效果。【优化加速】包括【一键优化】【深度优化】【我的开机时间】【启动项】等优化模块，如图 9–24 所示。

图 9–24　优化加速

（1）深度优化

【深度优化】模块通过优化硬盘智能加速、整理磁盘碎片等方法，提高硬盘传输效率。

（2）我的开机时间

【我的开机时间】模块实际上就是开机时间管理模块，可以通过禁止开机启动项目来缩短开机时间。

（3）启动项

可以通过【启动项】模块开启 / 禁止启动项，提高计算机的启动速度。

6. 电脑救援

【电脑救援】模块提供在线电脑救援服务，解决用户经常遇到的“上网异常”“游戏环境”“电脑卡慢”“视频声音”“软件问题”等各种计算机问题，如图 9–25 所示。

图 9–25　电脑救援

7. 手机助手

【手机助手】模块可以通过 USB 数据线或无线连接网络把手机与 360 安全卫士软件连接起来，以方便对手机的管理，如图 9–26 所示。

图 9–26　手机助手

8. 软件管家

【软件管家】模块可以非常方便地对计算机中的各种软件进行安装、升级和卸载等管理，如图 9–27 所示。

图 9–27　软件管家

9.2　文件压缩与阅读工具

9.2.1　文件压缩 / 解压工具——WinRAR

WinRAR 是最流行和最好用的压缩工具之一，其内置程序可以解开 CAB、ARJ、LZH、TAR、GZ、ACE、UUE、BZ2、JAR、ISO、Z 和 7Z 等多种类型的档案文件、镜像文件和 TAR 组合型文件。通过使用新的压缩和加密算法，压缩率进一步提高，而资源占用相对较少，并可针对不同的需要保存不同的压缩配置。固定压缩和多卷自释放压缩以及针对文本类、多媒体类和 PE 类文件的优化算法是很多压缩工具所不具备的。本书使用 WinRAR5.20（32 位）版本进行介绍。

图 9–28 所示为 WinRAR 的主窗口。文件的压缩和解压都可以在此窗口完成。

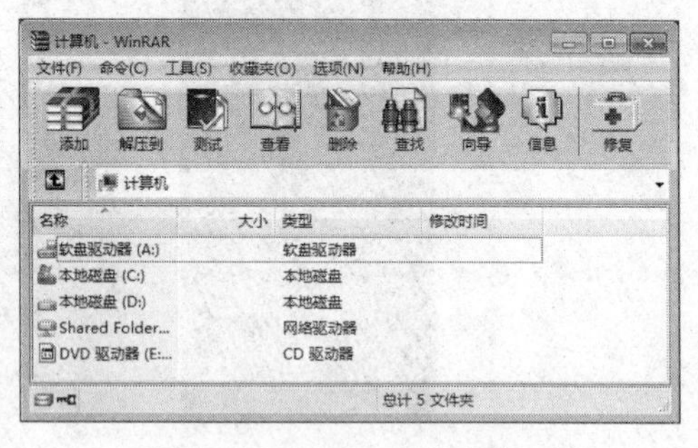

图 9–28　WinRAR 的主窗口

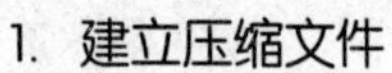

1. 建立压缩文件

（1）传统方法

① 启动 WinRAR 后，单击工具栏中的【添加】按钮。

② 打开【压缩文件名和参数】对话框，选择【常规】选项卡，如图 9–29 所示。设置压缩文件名、压缩文件所存放的文件夹、压缩格式、压缩选项等参数。

③ 选择【文件】选项卡，如图 9–30 所示，添加需要压缩的文件或文件夹。

④ 单击【确定】按钮，完成压缩。

（2）快捷方法

① 在资源管理器或【计算机】窗口中选择要压缩的文件，然后在文件名上右击，在弹出的

快捷菜单中选择【添加压缩文件】命令。

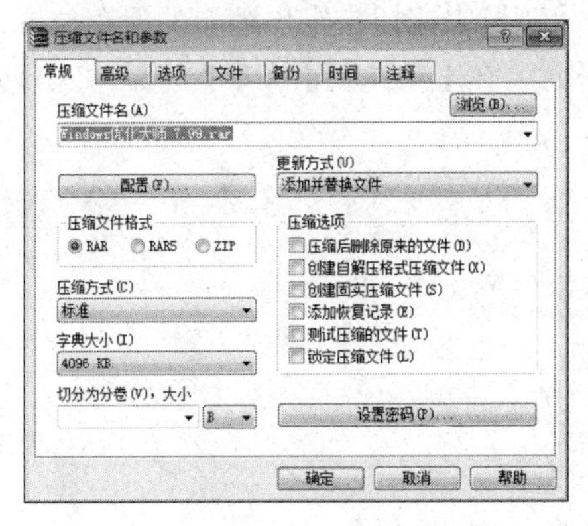

图 9–29 【常规】选项卡

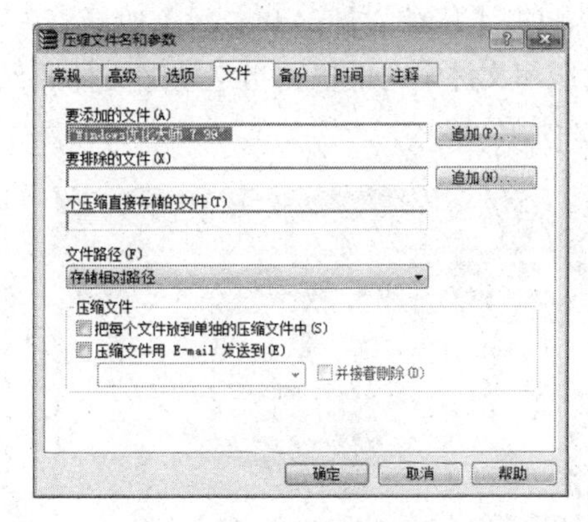

图 9–30 【文件】选项卡

温馨提示

如果是将多个文件或文件夹通过右键快捷菜单压缩，压缩文件名将以这多个文件所在文件夹或其中一个文件的名称命名。

② 打开图 9–29 所示的【压缩文件名和参数】对话框。

③ 设置压缩文件名、压缩文件所存放的文件夹、压缩格式、压缩选项等参数，单击【确定】按钮完成压缩。

2. 打开压缩文件

（1）传统方法

启动软件，选择【文件】|【打开压缩文件】命令，打开【查找压缩文档】对话框，选择好压缩文件后，单击【打开】按钮即可。

（2）快捷方法

在资源管理器或【计算机】窗口中双击压缩文件名，即可启动 WinRAR 打开一个已经存在的压缩文件。

3. 解压缩文件

（1）传统方法

在资源管理器或【计算机】窗口中找到需解压的压缩文件，在压缩文件上双击，即启动 WinRAR，单击【解压到】按钮，在打开的对话框中选择解压缩的文件存放的位置等参数后，单击【确定】按钮完成解压缩。

（2）快捷方法

在资源管理器或【计算机】窗口中选择好要解压缩的文件并右击，在弹出的快捷菜单中选择【解压到当前文件夹】或【解压到某文件夹】命令，即可将文件解压。

4. 分卷压缩并添加密码与注释

有时我们在发送电子邮件或在论坛中上传附件时，会发现电子邮件或论坛对上传的附件大小有限制，而要上传的附件文件大小超过了限制要求，因而不能上传，那么怎样解决这个问题呢？如果能把超过限制的大文件分割成多个不超过限制的小文件，即可解决大小限制问题。WinRAR 压缩工具能进行分卷压缩，解决这一难题。具体操作方法如下：

① 右击需要压缩的文件夹，在弹出的快捷菜单中选择【添加到压缩文件】命令，如图 9–31

所示。

② 打开【压缩文件名和参数】对话框，单击【浏览】按钮指定压缩包的保存位置，打开【查找压缩文件】对话框，指定压缩文件的保存位置，在【文件名】文本框中输入文件名，如图 9-32 所示。

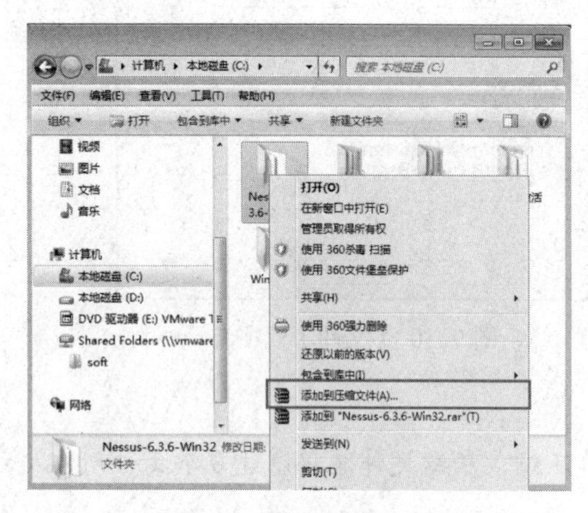

图 9-31　添加到压缩文件

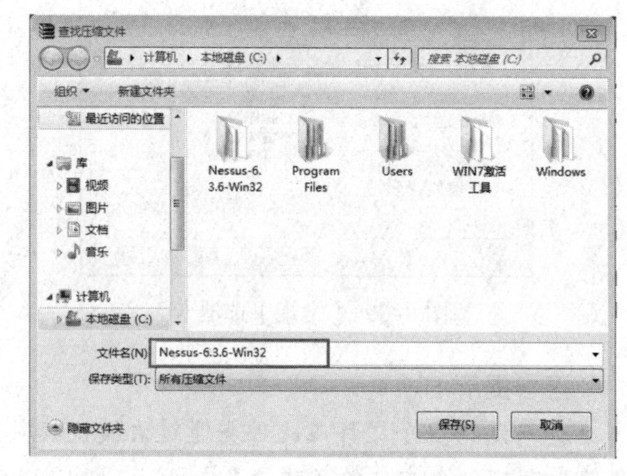

图 9-32　确定压缩包的保存位置及文件名

③ 单击【确定】按钮，返回【压缩文件名和参数】对话框，在【切分为分卷，大小】下拉列表框中选择“100MB”，如图 9-33 所示。

④ 单击【设置密码】按钮，在打开的【输入密码】对话框中输入解压密码，如图 9-34 所示。

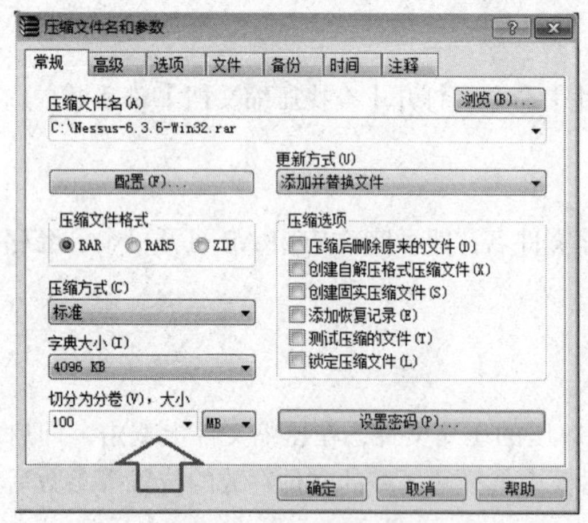

图 9-33　设置分卷大小

图 9-34　设置解压密码

⑤ 单击【确定】按钮，返回【压缩文件名和参数】对话框。

⑥ 选择【注释】选项卡，在【手动输入注释内容】文本框中输入注释，如图 9-35 所示。

温馨提示

如果在创建压缩包时反复添加相同的注释内容或是文本内容较多时，可以采用先将注释保存为文本文件，然后使用【从文件中加载注释】的方法简化操作。

⑦ 单击【确定】按钮开始创建压缩包，分卷压缩完成后如图 9-36 所示。该压缩文件被分为两部分，第 1 部分在主文件名中加“.part1”，第 2 部分在主文件名中加“.part2”。

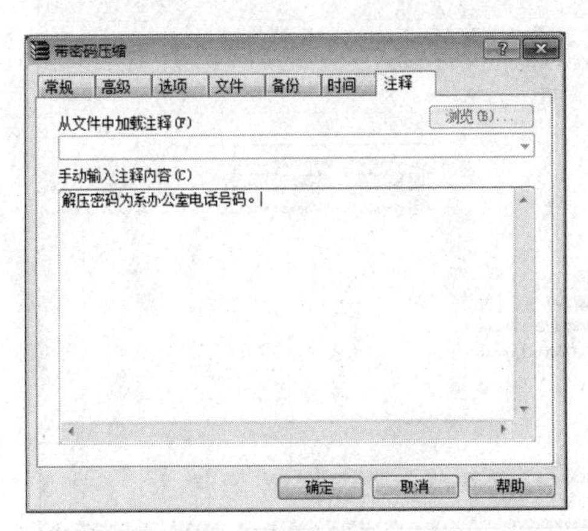

图 9-35 手动输入注释内容

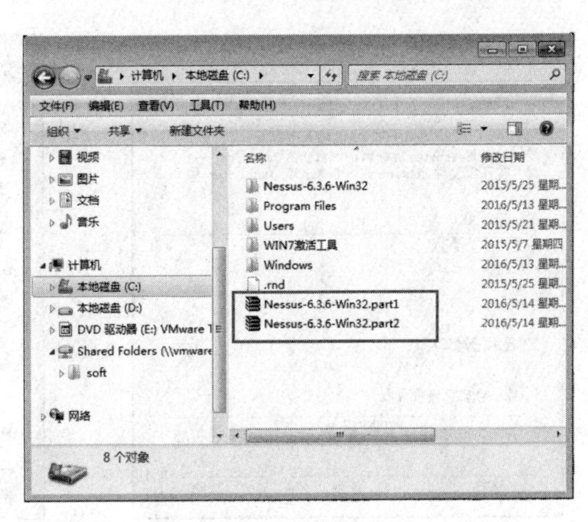

图 9-36 分卷压缩完成

5. 分卷解压缩文件

具体操作方法如下：

① 将分卷压缩文件的各部分下载后放在同一文件夹中，右击其中一个卷（如本例中的“Nessus-6.3.6-Win32.part1.rar”），在弹出的快捷菜单中选择【解压文件】命令，如图 9-37 所示。

② 打开【解压路径和选项】对话框，选择该文件解压后的存放位置，如图 9-38 所示。

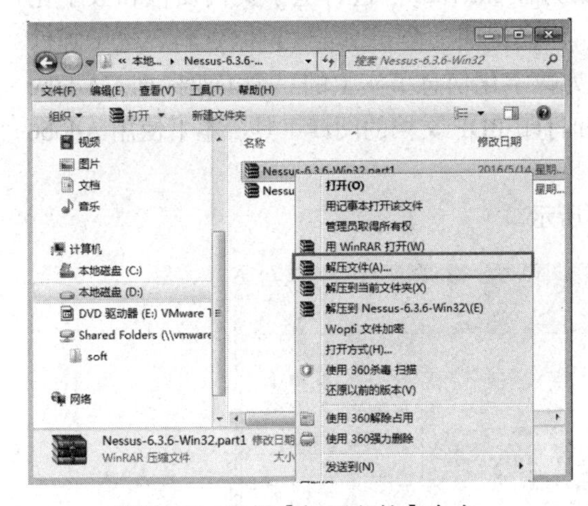

图 9-37 选择【解压文件】命令

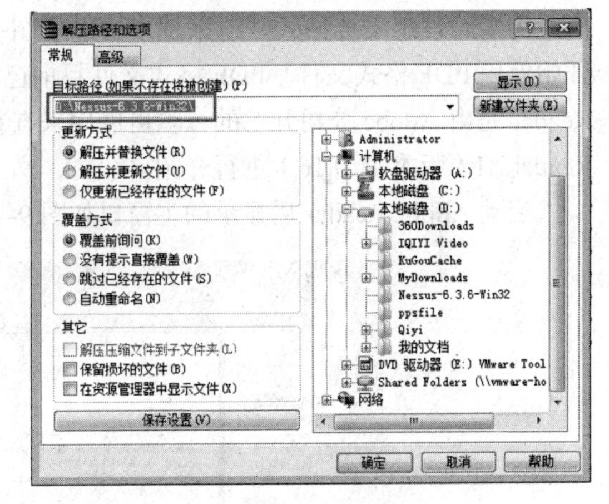

图 9-38 设置解压路径

③ 单击【确定】按钮，打开【输入密码】对话框，输入解压密码，如图 9-39 所示。

温馨提示

只有加了密的压缩文件在解压时才会弹出【输入密码】对话框，要求输入解压密码，解压密码不正确将不能进行文件解压。

④ 单击【确定】按钮，WinRAR 软件开始解压，解压完成后，打开解压文件夹即可浏览其中的文件内容，如图 9-40 所示。

温馨提示

由于将所有压缩分卷文件放在同一个文件夹中，所以解压过程自动完成。如果各压缩分卷文件不在同一文件夹中，解压过程中当解压到相关压缩分卷文件时，压缩软件会弹出相应对话框，要求用户指定该压缩分卷文件的存放位置。

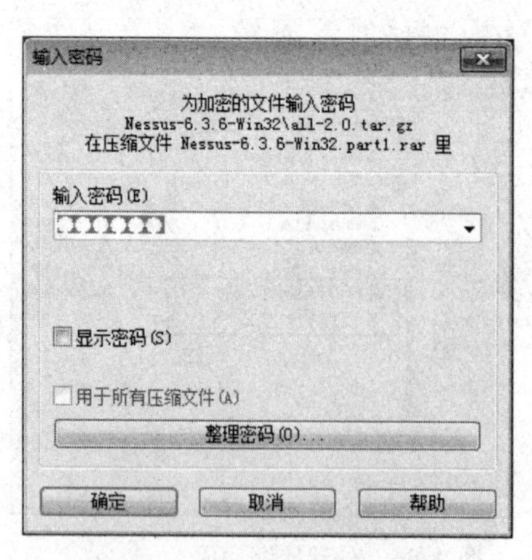

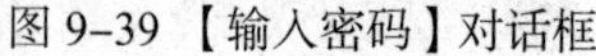
图 9-39 【输入密码】对话框

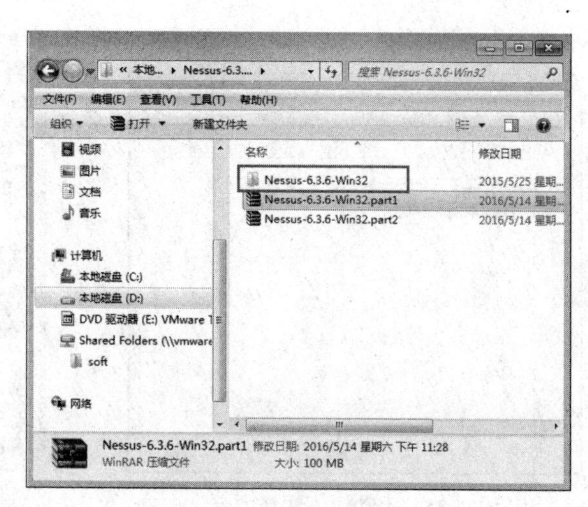

图 9-40 分卷解压完成

9.2.2 PDF 文档阅读工具——Adobe Reader

PDF（Portable Document Format）文件格式是 Adobe 公司开发的电子文件格式。这种文件格式与操作系统平台无关，也就是说，PDF 文件不管是在 Windows，UNIX 还是在苹果公司的 Mac OS 操作系统中都是通用的。这一特点使它成为在 Internet 上进行电子文档发行和数字化信息传播的理想文档格式。越来越多的电子图书、产品说明、公司文告、网络资料、电子邮件开始使用 PDF 格式文件。PDF 格式文件目前已成为数字化信息事实上的一个工业标准。Adobe Reader 是由 Adobe 公司开发的一款可以用来查看和打印 PDF 文档的阅读工具。本书使用 Adobe Reader XI（版本 11.0.16）进行介绍。

启动 Adobe Reader 后显示的主窗口如图 9-41 所示。

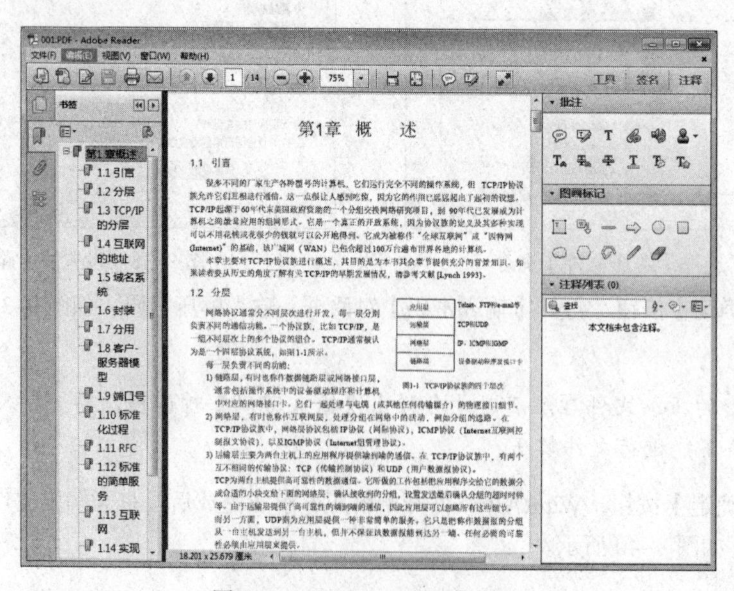

图 9-41 Adobe Reader 主窗口

1. 阅读 PDF 文档

Adobe Reader 安装完成后，阅读器会自动关联扩展名为 PDF 格式的文档，因此双击 PDF

文件即可启动 Adobe Reader 并打开 PDF 文档。可以在工具栏中输入页码跳转到指定的页面，也可通过窗口左侧的导航窗格定位阅读位置，如通过书签定位；还可通过鼠标滚轮，窗口右侧的垂直滑块选择阅读页面，通过缩放图标来调整视图大小，如图 9–42 所示。在菜单【视图】中，还可选择【阅读模式】或【全屏模式】进行 PDF 文档的阅读。

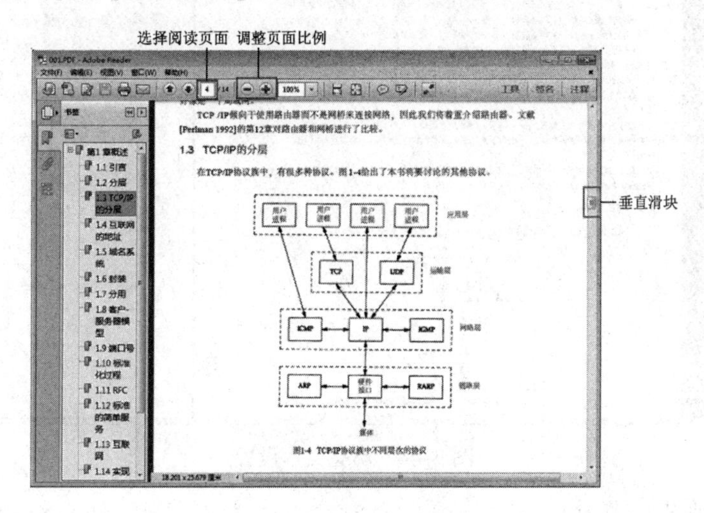

图 9–42　阅读参数调整

2. 文档注释

单击工具栏图标右侧【注释】按钮，可为 PDF 文档添加各种形式的批注，【批注】栏的图标依次为【添加附注】【高亮文本】【添加文本注释】【附加文件】【录音】【添加图章】【在指针位置插入文本】【添加附注至替换文本】【删除线】【下画线】【添加附注到文本】【文本更正标记】，通过这些批注工具，用户可以在 PDF 文稿上做笔记、做批注、批阅文章、校对文稿等。

（1）添加附注

单击【批注】栏中的【添加附注】图标，可以将添加附注图标放置到文中需要批注的位置后，出现附注框，在附注框中输入附注内容即可，如图 9–43 所示。

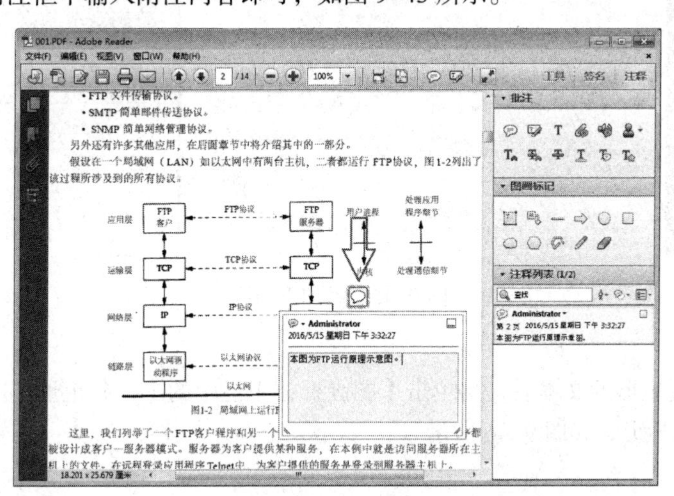

图 9–43　添加附注

（2）高亮文本

选择需要高亮标注的文本后，再单击【批注】栏中的【高亮文本】图标，即可对文稿中选中的文本进行高亮显示，如图 9–44 所示。

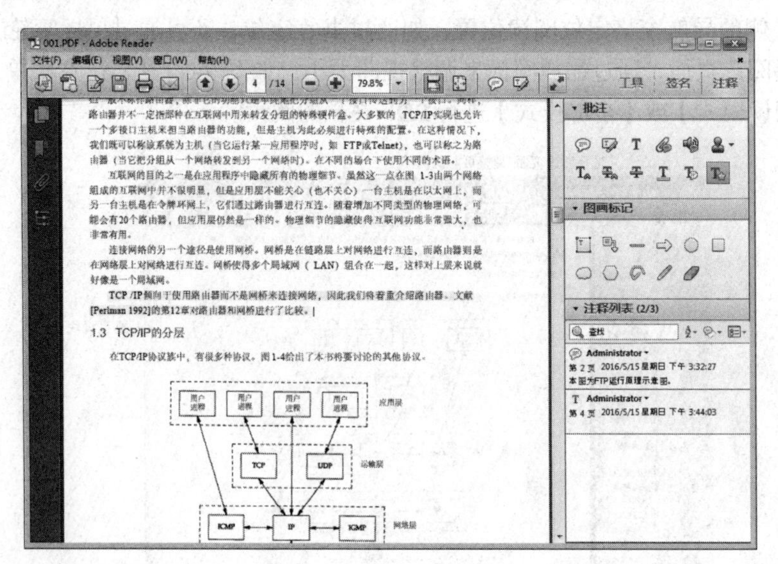

图 9–44　高亮文本设置

（3）设置下画线

选择需要设置下画线的文本后，再单击【批注】栏中的【下画线】图标，即可对文稿中选中的文本添加下画线，如图 9–45 所示。

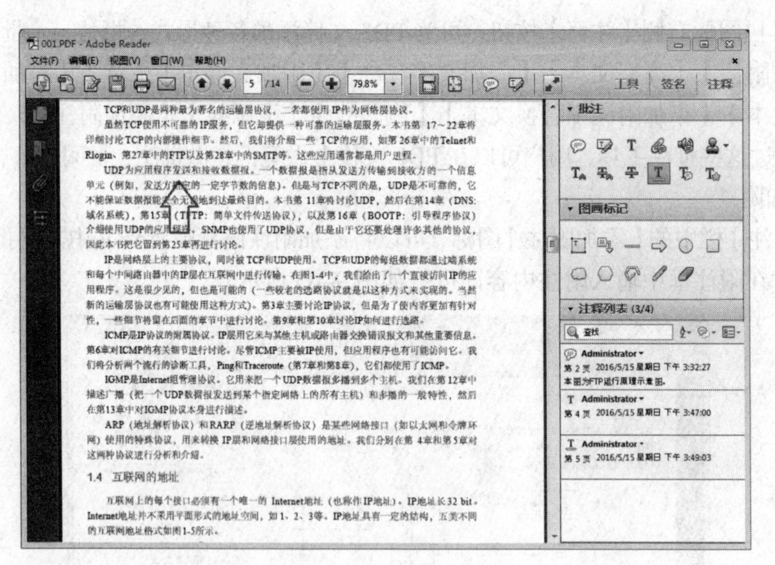

图 9–45　添加下画线

（4）绘制矩形

选择需要设置矩形的文本后，再单击【图画标记】栏中的【绘制矩形】图标，即可对文稿中选中的文本添加矩形，如图 9–46 所示。

温馨提示

【批注】和【图画标记】栏中的其他图标操作，可参照上述的【添加附注】和【绘制矩形】操作方法。

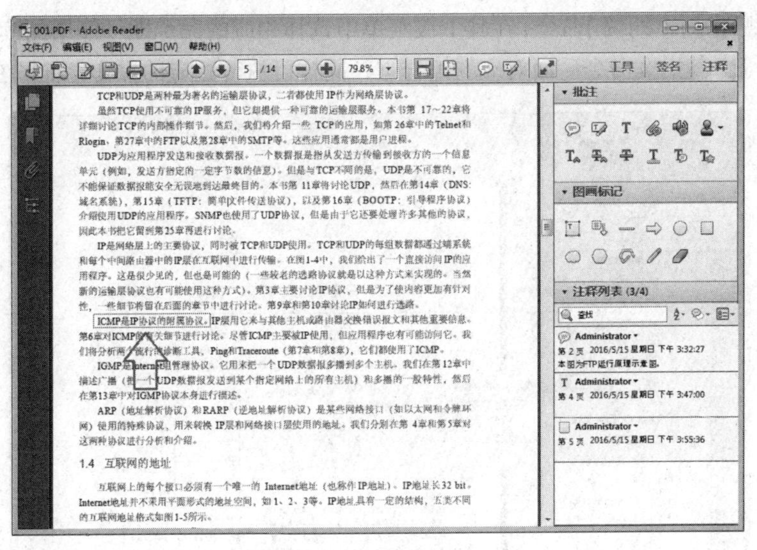

图 9-46　添加矩形

3. 选择和复制文本

在待选文本区右击，在弹出的快捷菜单中选择【选择工具】命令，在待选文本的起始处单击，拖动至待选文本的末尾处，选定特定文本；或者在待选文本的起始处单击，然后在待选文本的末尾处按住【Shift】键并单击，选定特定文本。选定文本后按【Ctrl+C】组合键即可复制文本到剪贴板，然后按【Ctrl+V】组合键粘贴该文本到其他应用程序。

4. 朗读文档

① 用 Adobe Reader 打开 PDF 文档后，选择【视图】|【朗读】|【启用朗读】命令，或按【Shift+Ctrl+Y】组合键启动朗读，此时将光标定位到某个段落中，即可朗读该段内容，如图 9-47 所示。

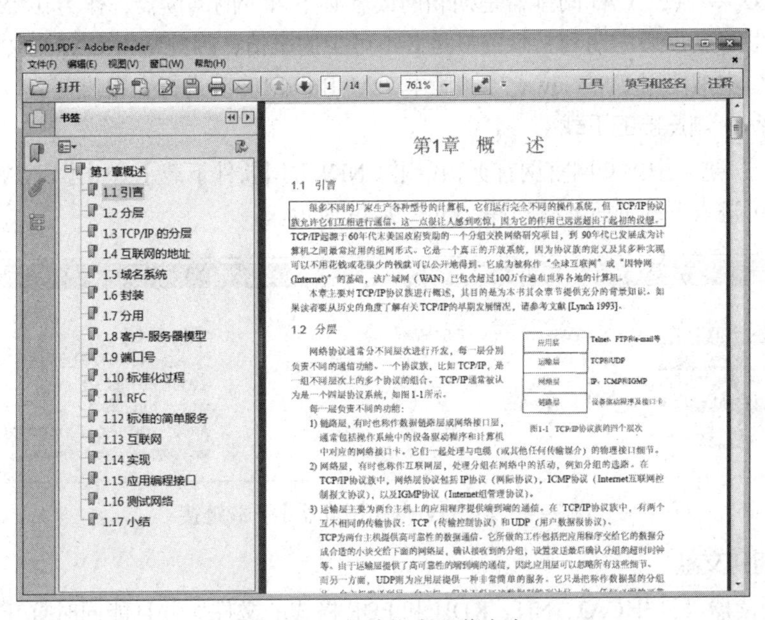

图 9-47　朗读指定段落内容

② 选择【视图】|【朗读】命令，在其下级菜单中选择相应的命令即可停用朗读、仅朗读本页、朗读整个文档等，其中按命令后面对应的组合键，同样可执行相应的操作，如图 9-48 所示。

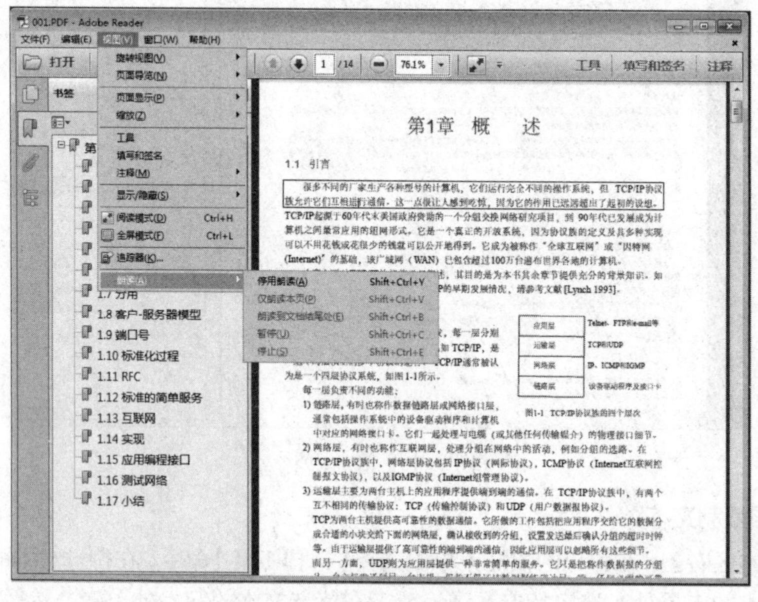

图 9-48　选择相应朗读命令

9.2.3　全文格式阅读器——CAJViewer

CAJ 全文浏览器是中国期刊网的专用全文格式阅读器，与超星阅读器类似，CAJ 浏览器也是一个电子图书阅读器，CAJ 浏览器支持中国期刊网的 CAJ、NH、KDH 和 PDF 格式文件阅读。CAJ 全文浏览器可配合网上原文的阅读，也可以阅读下载后的中国期刊网全文，并且它的打印效果与原版的效果一致。CAJ 阅读器是期刊网读者必不可少的阅读器，作为在校大学生，上期刊网阅读和下载最新出版的期刊文献资料是必不可少的事情，因此掌握 CAJ 全文浏览器的使用方法是必需的。本书使用 CAJViewer7.2（版本 7.2.0 Build 103）进行介绍。

1. CAJViewer 浏览器的下载

打开浏览器，进入中国知网官网首页，找到【CNKI 常用软件下载】，单击【CAJViewer 浏览器】下载链接，即可进入下载页面下载软件，如图 9-49 所示。

图 9-49 【CAJViewer 浏览器】下载链接

2. 阅读期刊文献

用 CAJ 阅读器可打开 CAJ、NH、KDH 和 PDF 格式的文件，并且能同时打开多篇文献，各文献可通过选项卡切换，如图 9-50 所示。

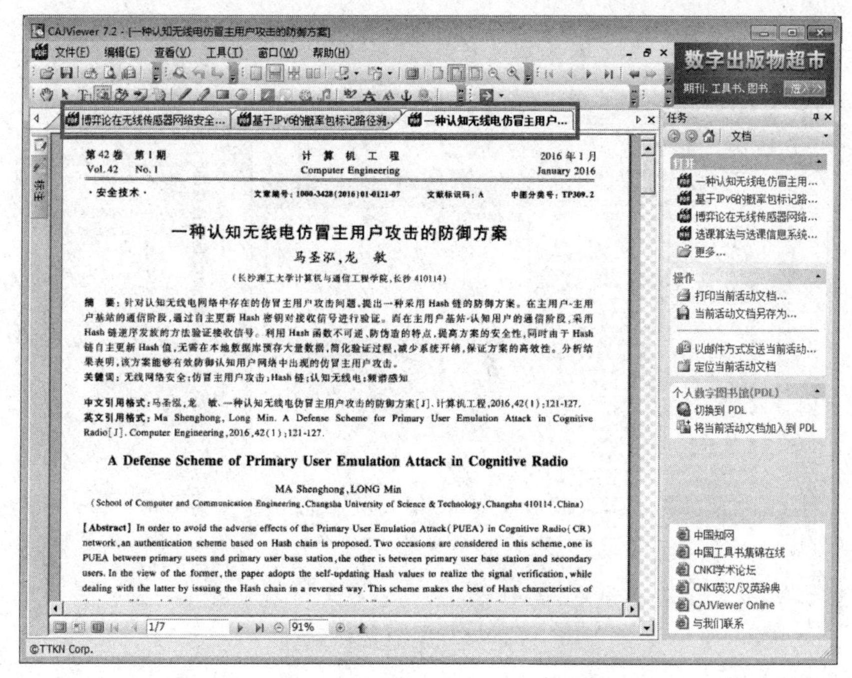

图 9-50 【CAJViewer 浏览器】同时打开多篇文献

3. 设置书签

单击【添加书签】按钮，可在文献中设置书签，如图 9-51 所示。

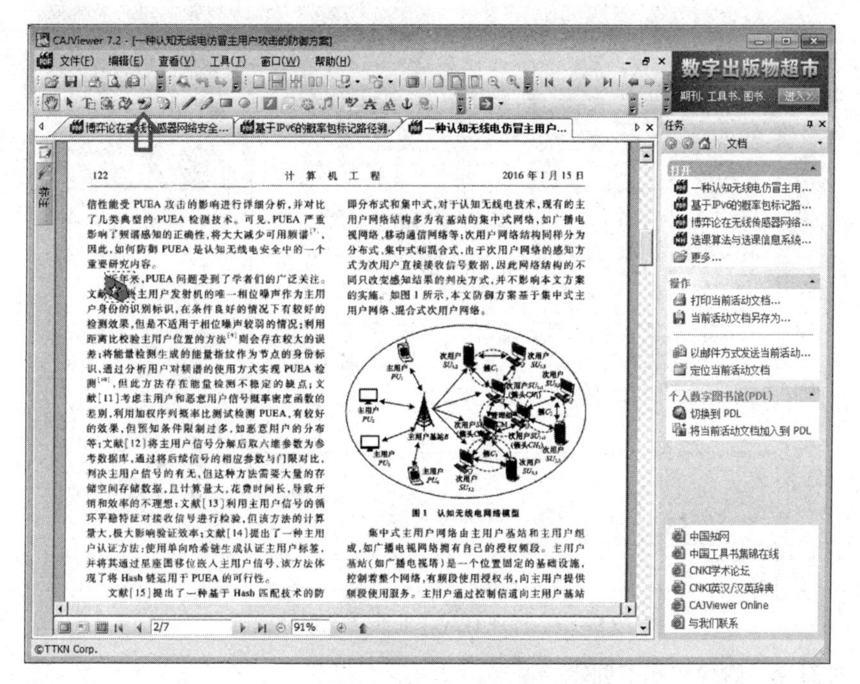

图 9-51 添加书签

4. 标注注释

单击【注释工具】按钮，可在文献中标注注释，如图 9-52 所示。

图 9-52 标注注释

5. 标注直线、曲线、矩形和椭圆

同上，单击【直线工具】【曲线工具】【矩形工具】【椭圆工具】按钮，可在文献中相应标注直线、曲线、矩形和椭圆，如图 9-53 所示。

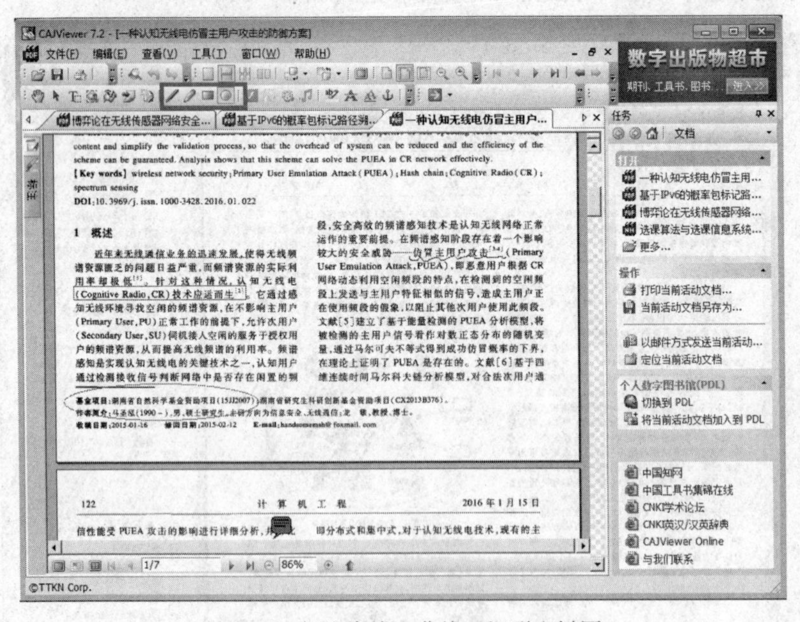

图 9-53 标注直线、曲线、矩形和椭圆

6. 标注高亮、删除线和下划线

同上，单击【高亮】【删除线】【下划线】按钮，可在文献中相应标注高亮、删除线和下划线，如图 9-54 所示。

7. 其他功能

单击图 9-55 中矩形框内的相应按钮，可在文献中相应进行页面显示、旋转、全屏及页面缩放等调节功能。

图 9-54　标注高亮、删除线和下划线

图 9-55　页面显示、旋转、全屏及页面缩放等调节功能区

9.3　其他常用工具

9.3.1　网络下载工具——迅雷

迅雷是一款下载软件，支持同时下载多个文件，是下载电影、视频、软件、音乐等文件所需的理想软件。迅雷使用先进的超线程技术，它基于网格原理，能够将存在于第三方服务器和

计算机上的数据文件进行有效整合，通过这种先进的超线程技术，用户能够以更快的速度从第三方服务器和计算机中获取所需的数据文件。这种超线程技术还具有互联网下载负载均衡功能，在不降低用户体验的前提下，迅雷网络可以对服务器资源进行均衡，有效降低了服务器负载。本书使用迅雷 7.9.43.5054 版本进行介绍。

1. 软件主界面

启动迅雷软件后，主界面如图 9–56 所示。

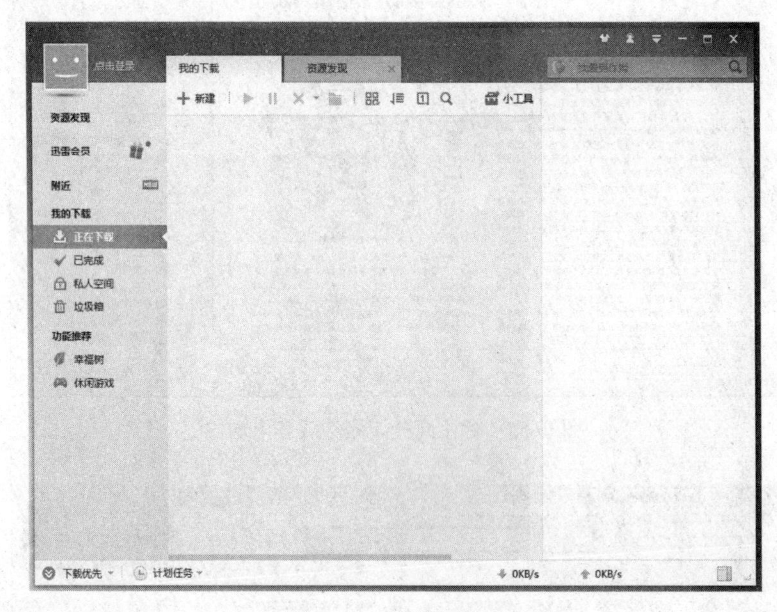

图 9–56　迅雷主界面

2. 系统设置

① 在图 9–57 所示主菜单中选择【系统设置】命令，打开【系统设置】对话框，如图 9–58 所示。

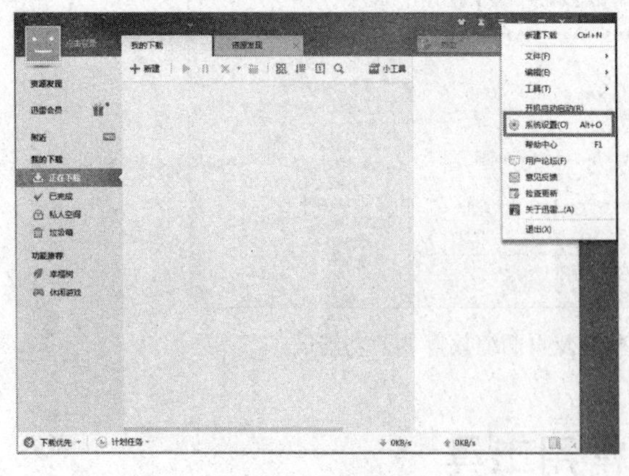

图 9–57　主菜单

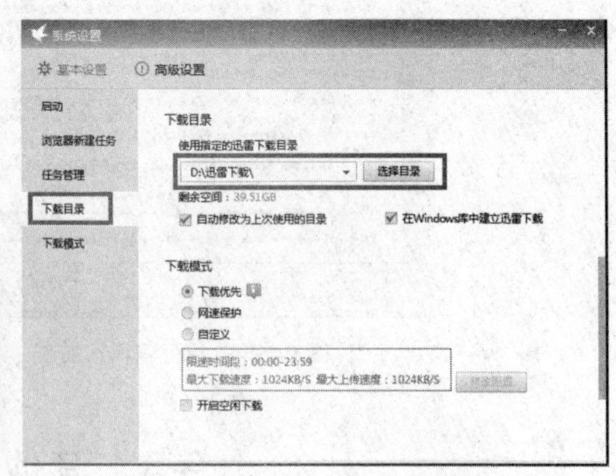

图 9–58 【系统设置】对话框

② 在图 9–58 所示【系统设置】对话框中，在左侧选择【下载目录】选项，然后在对话框右侧单击【选择目录】按钮设置下载目录。

3. 软件下载

下面以在多特软件站下载迅雷 7 软件为例：

（1）右键下载

① 首先在浏览器中打开多特迅雷 7 的下载页面，在下载地址栏右击任一下载点，在弹出的快捷菜单中选择【使用迅雷下载】命令，如图 9-59 所示。

② 打开【新建任务】对话框，如图 9-60 所示。此为默认下载目录，用户可自行更改文件下载目录，目录设置好后单击【立即下载】按钮即可。

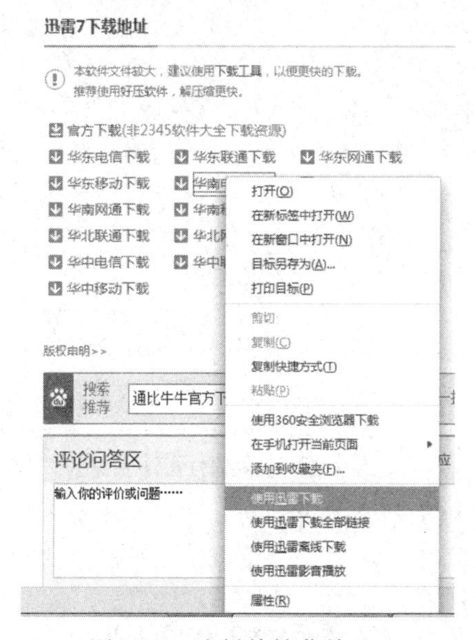

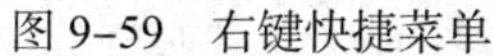
图 9-59　右键快捷菜单

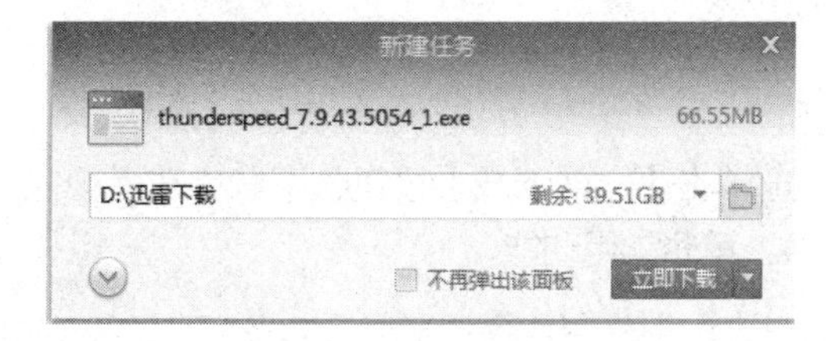

图 9-60 【新建任务】对话框

③ 下载完成后的文件会显示在左侧【已完成】目录中，在中间工作区用户可单击【运行】按钮立即运行下载后的文件，单击【目录】按钮则打开下载文件所在目录，如图 9-61 所示。

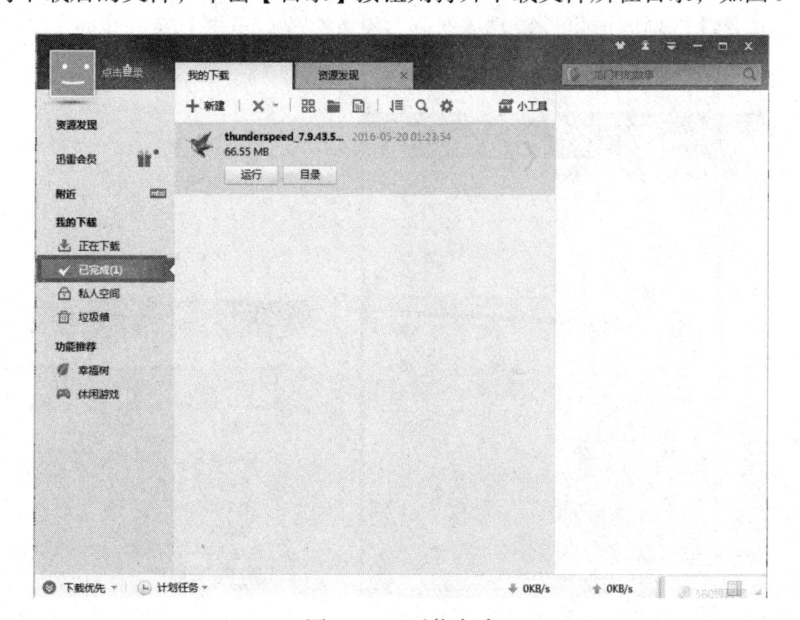

图 9-61　下载完成

（2）直接下载

① 如果你知道一个文件的绝对下载地址，例如 http://3.duote.com.cn/thunder.exe 这样的，那么可以先复制此下载地址，复制之后迅雷会自动感应出来并弹出【新建任务】对话框，如图 9-62 所示。

② 也可以单击迅雷主界面中的【新建】按钮，打开【新建任务】对话框，再将刚才复制的下载地址粘贴到新建任务栏中，如图 9-63 所示。

图 9-62　自动感应后弹出的【新建任务】对话框

图 9-63　【新建任务】对话框

③ 单击【立即下载】按钮，下载完成后会显示在图 9-61 左侧【已完成】目录中。

4. 其他常用功能

（1）添加计划任务

① 单击迅雷主界面左下角的【计划任务】按钮，在打开的菜单中选择【添加计划任务】命令，如图 9-64 所示。

② 在打开的【添加计划任务】对话框中可选任务状态，【执行操作】下拉列表框中有多个选择项，【开始时间】选项区域可设置具体时间，设置完成后单击【确定计划】按钮，如图 9-65 所示。

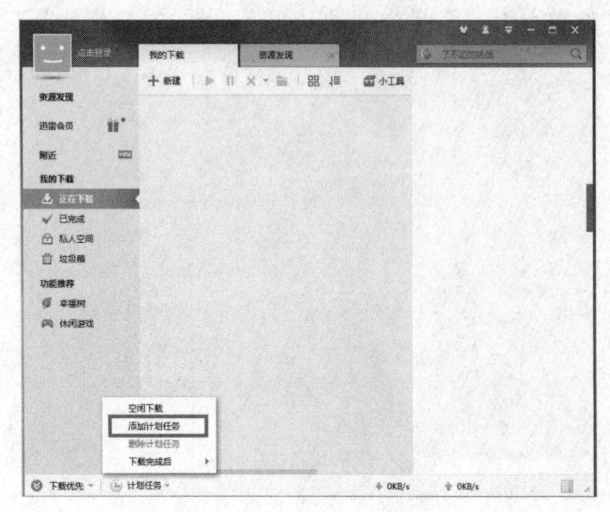

图 9-64　【计划任务】菜单

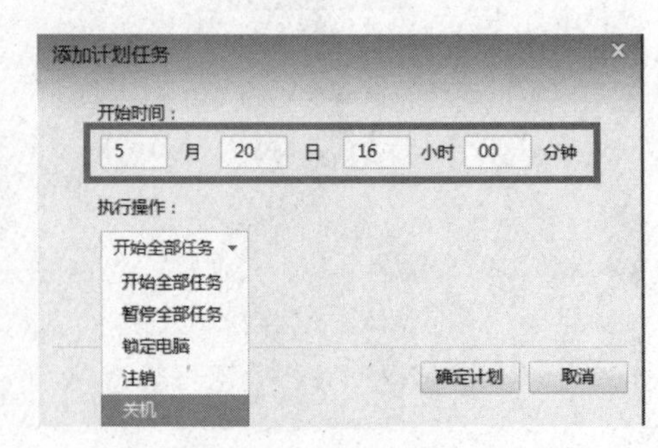

图 9-65　【添加计划任务】对话框

③ 或者可直接在迅雷左下角选择【计划任务】|【下载完成后】子菜单中相应命令进行设定即可，如图 9-66 所示。

（2）设置下载优先

① 单击迅雷主界面左下角的【下载优先】按钮，在打开的菜单中有【网速保护】【自定义限速】【网速保护设置】三个命令，如图 9-67 所示。

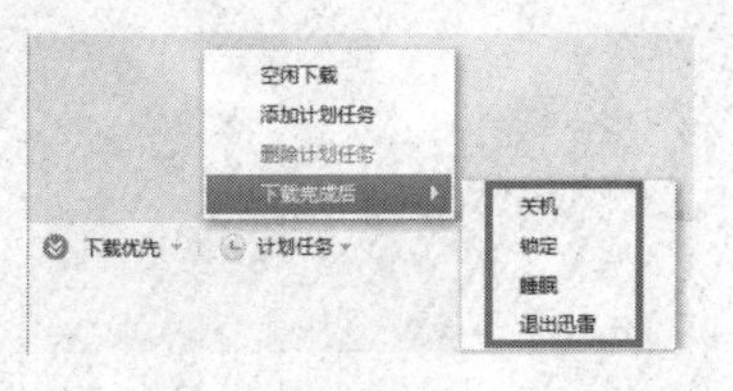

图 9-66 【计划任务】选择菜单

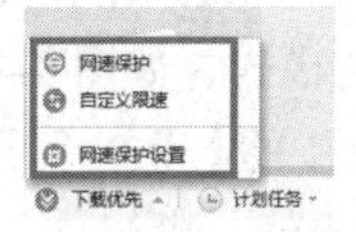

图 9-67 【下载优先】菜单

② 用户根据需要，选择相应的命令，在其打开的对话框中进行设置即可。

9.3.2 看图工具——ACDSee

ACDSee 是目前非常流行的看图工具之一。它提供了良好的操作界面，简单人性化的操作方式，优质的快速图形解码方式，支持丰富的图形格式，具有强大的图形文件管理功能，等等。ACDSee 是使用最为广泛的看图工具软件，大多数计算机爱好者都使用它来浏览图片，它的特点是支持性强，它能打开包括 ICO、PNG、XBM 在内的二十余种图像格式，并且能够高品质地快速显示它们，甚至近年在互联网上十分流行的动画图像文件都可以利用 ACDSee 来欣赏。它还有一个特点是快，与其他图像观赏器比较，ACDSee 打开图像文件的速度相对较快。本书使用 ACDSee 官方免费版（2.1.2.769）进行介绍。

1. 主界面

启动 ACDSee：双击桌面上的 ACDSee 快捷图标或单击任务栏快速启动栏中的 ACDSee 图标，或选择【开始】|【所有程序】|【ACD Systems】|【ACDSee 官方免费版】命令，可启动 ACDsee。其主界面窗口分为标题栏、菜单栏、工具栏、地址栏、文件夹窗格、预览窗格、文件列表窗格等，如图 9-68 所示。

图 9-68　ACDSee 主界面窗口

2. 浏览图片

① 单击左侧文件夹窗格中的树形目录，找到要浏览图片的文件夹，右侧文件列表窗格中将显示文件夹中的所有图片。

② 单击右侧文件列表窗格中一幅图片，预览面板中将显示图片内容。

③ 双击图片，则会放大单独显示该幅图片，使图片处于查看模式，如图 9-69 所示。

④ 单击图 9-69 中的【上一个】【下一个】超链接或滚动鼠标滚轮，可以向上或向下浏览查看图片。

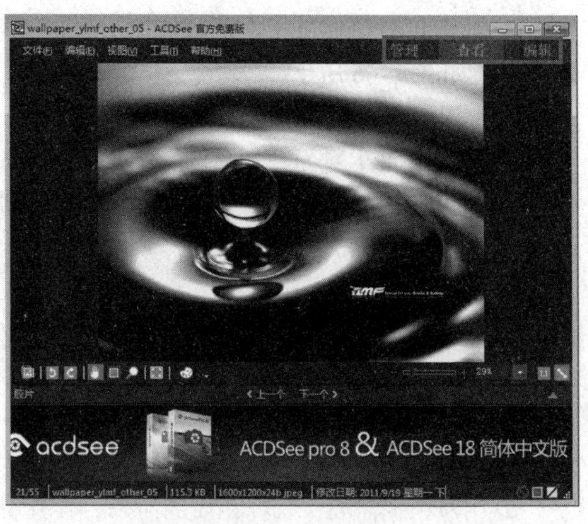

图 9-69　图片查看模式

3. 编辑图片

（1）图片翻转

① 单击图 9-69 中的【编辑】按钮，即可进入图片编辑状态，如图 9-70 所示。

② 单击图 9-70 左侧的【翻转】按钮，并设置为“水平翻转”，即可将图片水平翻转 180°，如图 9-71 所示。

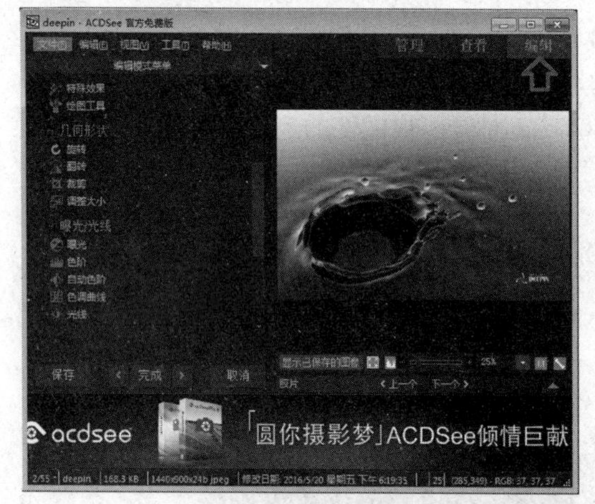

图 9-70　图片编辑

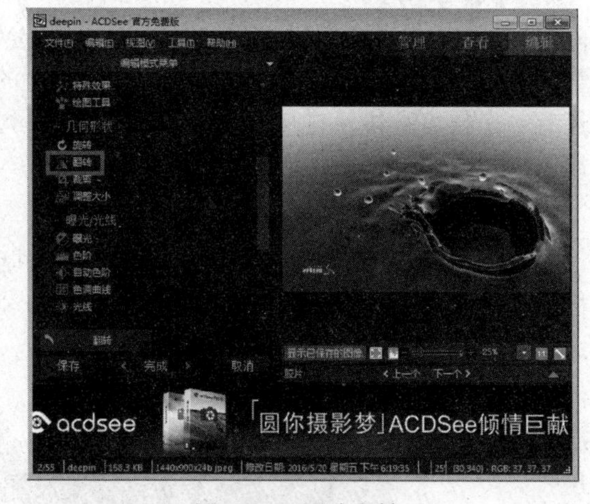

图 9-71　图片翻转

③ 如设置为“垂直翻转”，即可将图片垂直翻转 180°。

（2）图片旋转、裁剪、调整大小

同理，单击图 9-70 左侧的【旋转】【裁剪】【调整大小】按钮，并进行相应的设置，即可将图片“旋转”“裁剪”“调整图片大小”。

4. 幻灯放映

可以利用 ACDSee 把图片以幻灯片形式显示出来，还可以进行背景文字和音乐的添加，极大地增强了演示效果，操作方法如下：

① 在主窗口左侧的文件夹窗格中，选择将要设置成幻灯片的图片资料文件夹后，选择【工具】|【配置幻灯放映】命令，打开【幻灯放映属性】对话框，如图 9-72 所示。

② 在图 9-72 中的【基本】选项卡中，可设置【选择转场效果】【变化】【效果】【背景颜色】【幻灯持续时间】等选项。

③ 在图 9–72 中的【高级】选项卡中，可进行【常规设置】【幻灯顺序】【音乐目录】设置。

④ 在图 9–72 中的【文本】选项卡中，可进行【显示页眉文本】【显示页脚文本】设置。

⑤ 在图 9–72 中的【选择文本】选项卡中，勾选【对于这种类型的选择，总是使用这些内容并自动开始幻灯放映】复选框，设置完成后，单击【确定】按钮，即可开始幻灯放映，如图 9–73 所示。

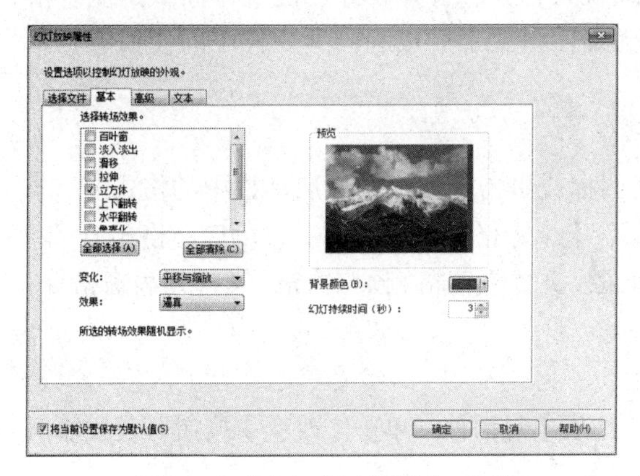

图 9–72 【幻灯放映属性】对话框

图 9–73 “选择文件”选项卡

5. 批量处理

① 启动 ACDSee 到浏览方式，找到照片所在的文件夹，同时选中所有要更改文件名的图片。

温馨提示

可按【Ctrl+A】组合键全选；如果是连续选择，也可在选定第一张照片后，按住【Shift】键不放，再选择最后一张照片；如是间隔选择，可在选定第一张照片后，按住【Ctrl】键不放，再一张张选择所需要的照片。

② 选择【工具】|【批量】命令，根据需要批量处理的照片参数进行相应选择，如【转换文件格式】【调整大小】【重命名】等，然后再根据软件的提示，进行相应设置，即可完成相应的批量处理功能，如图 9–74 所示。

图 9–74 批量处理

9.3.3 多媒体格式转换工具——格式工厂

格式工厂（Format Factory）是一款万能的多媒体格式转换器，它提供以下功能：所有类型视频转到 MP4/3GP/MPG/AVI/WMV/FLV/SWF。所有类型音频转到 MP3/WMA/MMF/AMR/OGG/M4A/WAV。用户可以在格式工厂中文版界面的左侧列表中看到软件提供的主要功能，如视频转换、音频转换、图片转换、DVD/CD/ISO 转换，以及视频合并、音频合并、混流等高级功能。格式工厂强大的格式转换功能和友好的操作性，无疑使格式工厂成为同类软件中的佼佼者。本书使用格式工厂 3.9.0 版本进行介绍。

1. 主界面

启动格式工厂：双击桌面中的格式工厂快捷图标或单击任务栏快速启动栏中的格式工厂图标，或选择【开始】|【所有程序】|【格式工厂】|【格式工厂】命令，可启动格式工厂。其主界面窗口分为标题栏、菜单栏、工具栏、地址栏、文件夹窗格、预览窗格、文件列表窗格等，如图 9–75 所示。

2. 选项设置

① 在主界面中，单击【选项】按钮，打开【选项】对话框，单击【改变】按钮可设置输出文件夹路径，如图 9–76 所示。

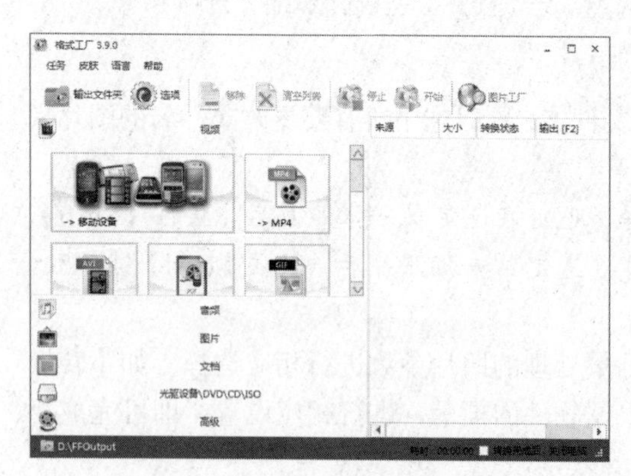

图 9–75 主界面

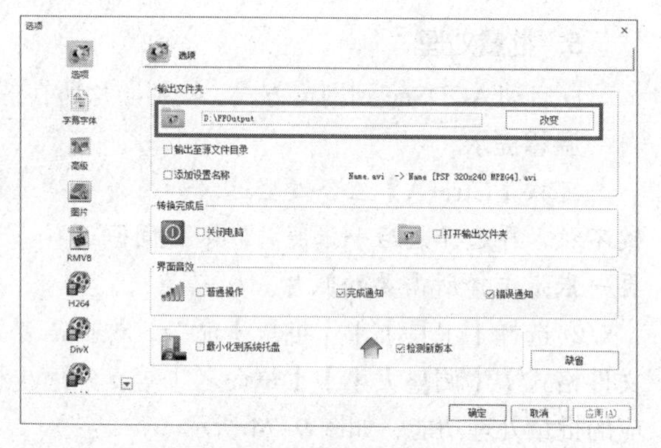

图 9–76 【选项】对话框

② 其他【选项】设置，如【字幕字体】【高级】【图片】等，可在图 9–76 左侧导航区单击相应的导航按钮，在打开的窗口中进行相应设置即可。

3. 格式转换

（1）图片格式转换

例如，将非 PNG 格式转换为 PNG 格式，可进行如下操作：

① 在主界面的左侧把转换类型选为【图片】，如图 9–77 所示。

② 在【图片】列表中选择【->PNG】选项，打开添加文件对话框，如图 9–78 所示。单击【输出配置】按钮，可以进行输出图片参数的设置；单击【添加文件】按钮，可以添加需要转换格式的图片文件；单击【添加文件夹】按钮，可以添加需要转换格式的图片文件夹；单击【改变】按钮，可以更改输出文件夹路径；最后，单击【确定】按钮；

③ 在图 9–79 中，单击【开始】按钮，开始进行格式转换，如图 9–80 所示，转换完成后，【转换状态】显示为“完成”。

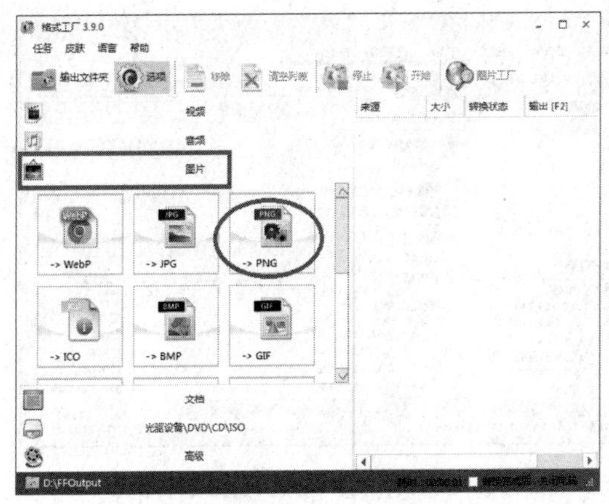

图 9-77　图片格式转换

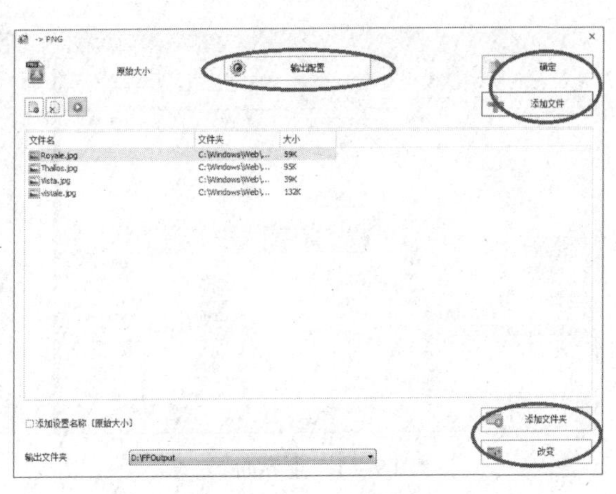

图 9-78　添加文件及设置参数

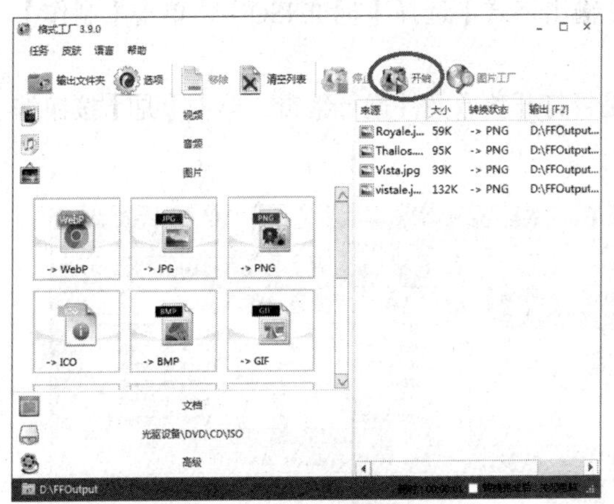

图 9-79　图片格式转换就绪

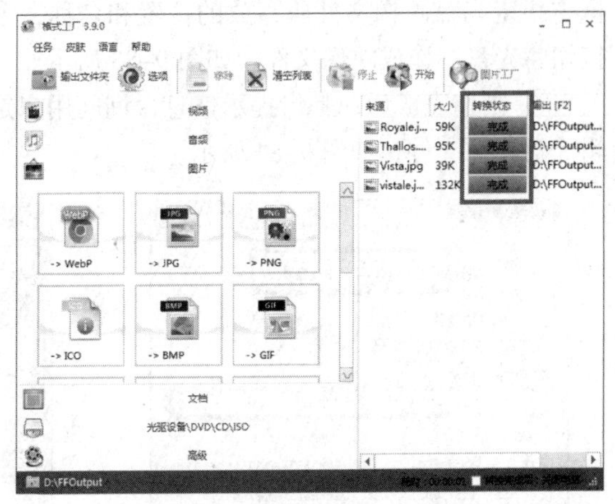

图 9-80　图片格式转换完成

（2）视频、音频格式转换

视频、音频格式转换操作方法与图片格式转换类似，不做详细介绍。

9.3.4　U 盘光盘工具——UltraISO

UltraISO 是一款功能强大而又方便实用的光盘映像文件制作/编辑/转换工具，它可以直接编辑 ISO 文件和从 ISO 中提取文件和目录，也可以从 CD-ROM 制作光盘映像或者将硬盘上的文件制作成 ISO 文件。同时，用户也可以处理 ISO 文件的启动信息，从而制作可引导光盘。使用 UltraISO，用户可以随心所欲地制作 / 编辑 / 转换光盘映像文件，配合光盘刻录软件刻录出自己所需要的光盘。本书使用 UltraISO 9.3.2.2656 版本进行介绍。

1. 主界面

启动 UltraISO：双击桌面上的 UltraISO 快捷图标或单击任务栏快速启动栏中的 UltraISO 图标，或选择【开始】|【所有程序】|【UltraISO】命令，可启动 UltraISO。其主界面窗口分为标题栏、菜单栏、工具栏、光盘目录窗格、本地目录窗格、文件列表窗格等，如图 9-81 所示。

2. 制作光盘映像文件

① 启动 UltraISO，将光盘插入光驱，选择【工具】|【制作光盘映像文件】命令，如图 9-82 所示。

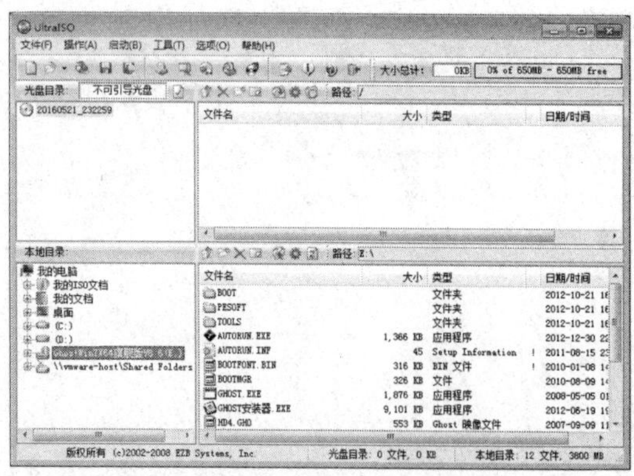
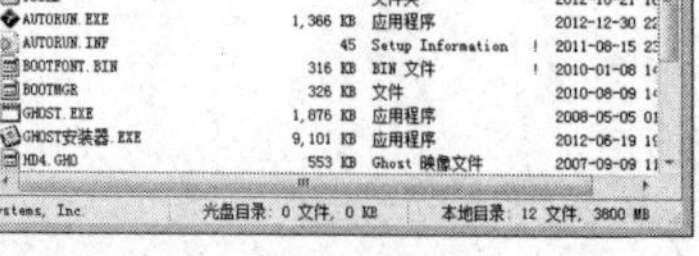

图 9–81　主界面

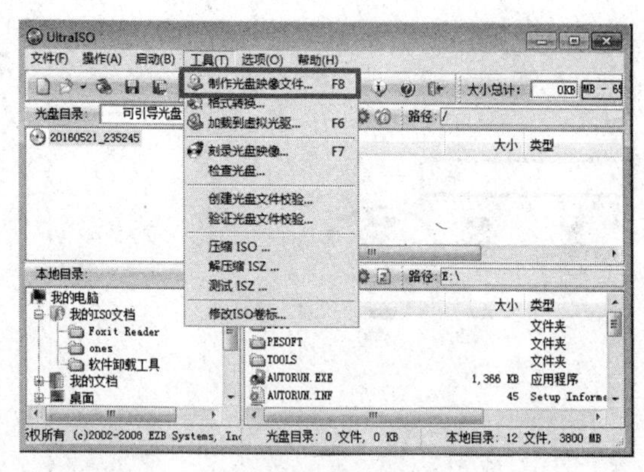

图 9–82　选择【制作光盘映像文件】命令

② 在【制作光盘映像文件】对话框中，选择放有光盘的光驱，在【输出映像文件名】文本框中指定光盘映像文件所存放的位置和名称，【输出格式】选择【标准 ISO】，单击【制作】按钮将光盘制作成映像文件，如图 9–83 所示。

③ 制作完成后，弹出提示信息，询问用户是否打开映像文件进行编辑，单击【是】按钮编辑光盘映像文件，如图 9–84 所示。

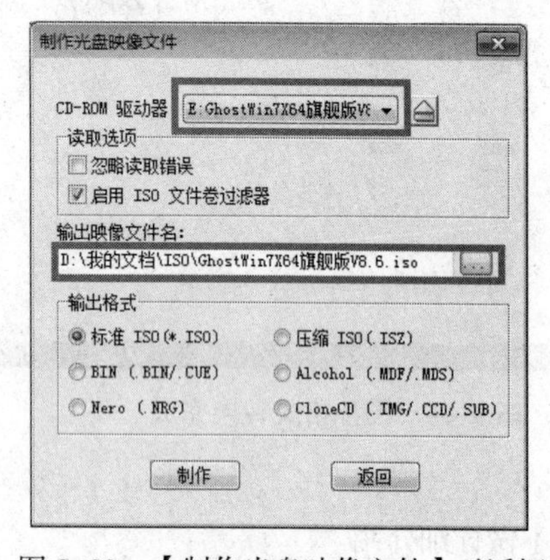

图 9–83　【制作光盘映像文件】对话框

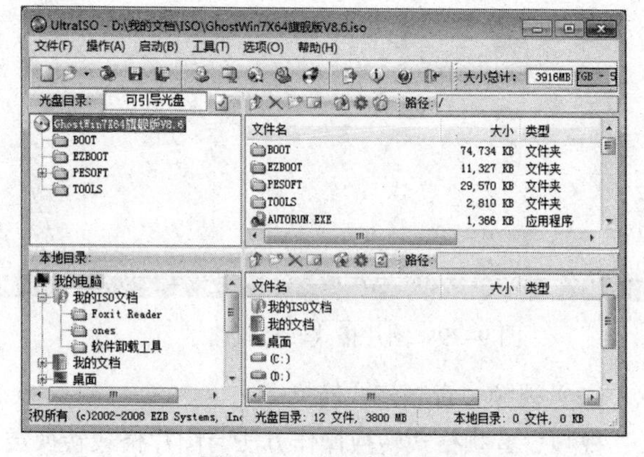

图 9–84　编辑光盘映像文件

3. 刻录光盘映像文件

① 在主界面中，选择【工具】|【刻录光盘映像】命令，如图 9–85 所示。

② 在【刻录光盘映像】对话框中，选择刻录机，在【映像文件】文本框中选择要刻录的光盘映像文件，勾选【刻录校验】复选框，单击【刻录】按钮开始刻录，如图 9–86 所示。

③ 刻录完成后，观察【消息】对话框内最后一条消息，如果是“验证成功”，说明所刻光盘没有问题。如果想继续刻录当前这个光盘映像文件，单击【刻录】按钮即可，否则单击【返回】按钮返回到主界面。

4. 创建数据光盘映像

① 在主界面中，选择【文件】|【新建】|【数据光盘映像】命令，如图 9–87 所示。

② 进入新映像文件编辑状态后，选择【文件】|【属性】命令，如图 9–88 所示。

③ 打开【属性】对话框，在【介质】下拉列表框中选择介质类型并勾选【优化文件】复选框，如图 9–89 所示。

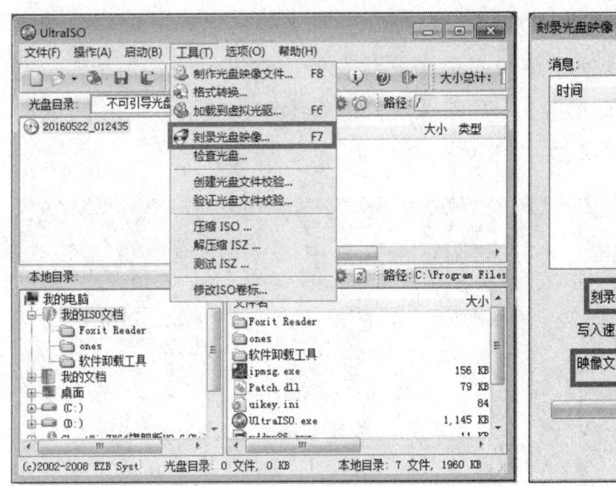

图 9-85　选择【刻录光盘映像】命令

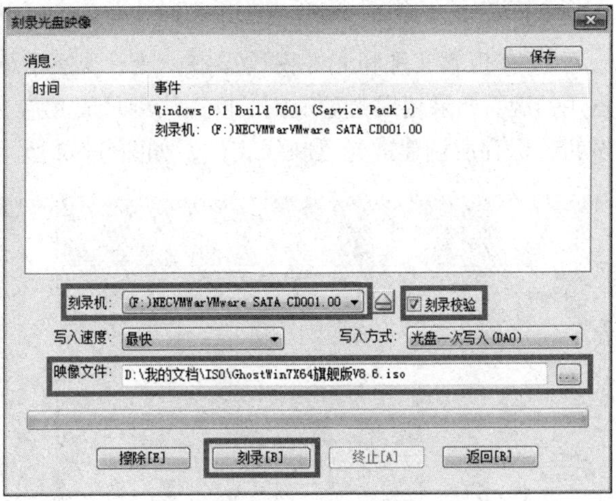

图 9-86　指定并刻录光盘映像文件

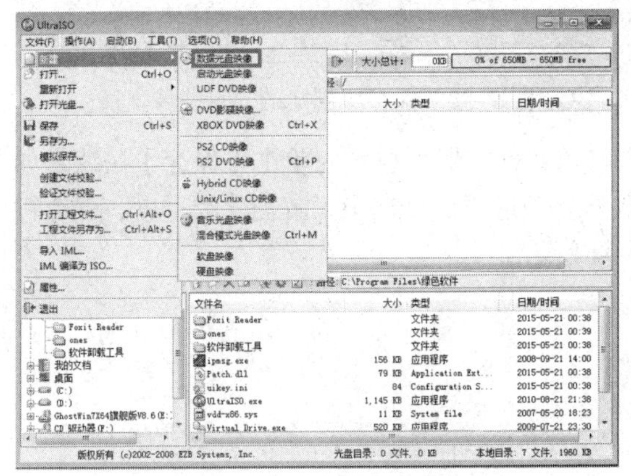

图 9-87　新建数据光盘映像

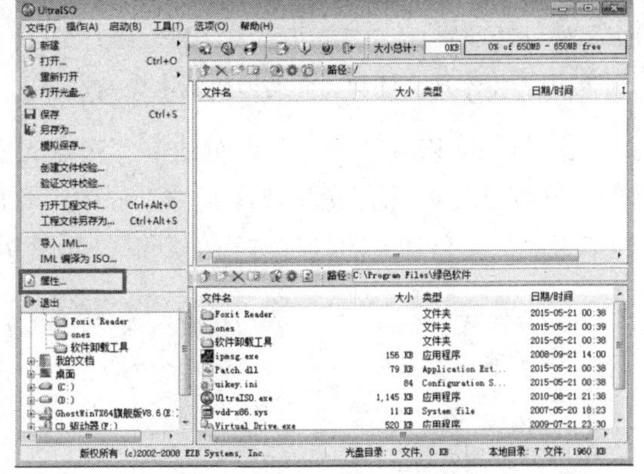

图 9-88　选择【属性】命令

④ 选择【标签】选项卡，在【标签】文本框中设置光盘标签，然后单击【确认】按钮，如图 9-90 所示。

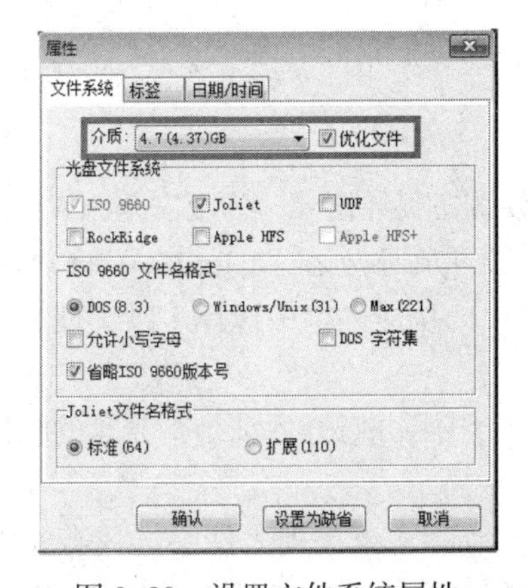

图 9-89　设置文件系统属性

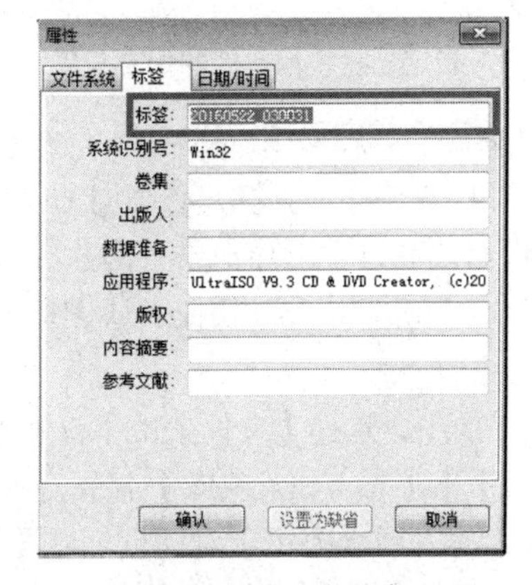

图 9-90　设置光盘标签

⑤ 返回主界面，在本地目录栏中选择需要创建成光盘映像文件的文件和文件夹，并将所选

择的文件和文件夹拖放到【光盘目录】列表框中，如图 9–91 所示。

⑥ 在拖放文件和文件夹过程中，注意观察主窗口右上角的状态条，它显示的是光盘容量的占用情况，如果超出光盘范围，将无法刻录成光盘。光盘映像文件内容编辑完成后，单击【保存】按钮，保存所创建的光盘映像文件，如图 9–92 所示。

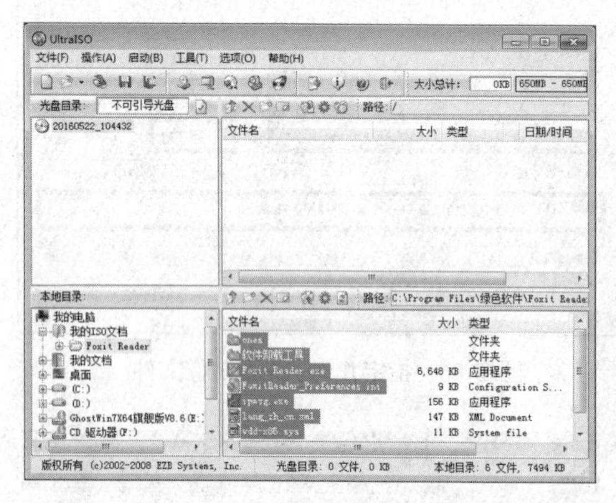

图 9–91　将本地文件和文件夹拖放到【光盘目录】

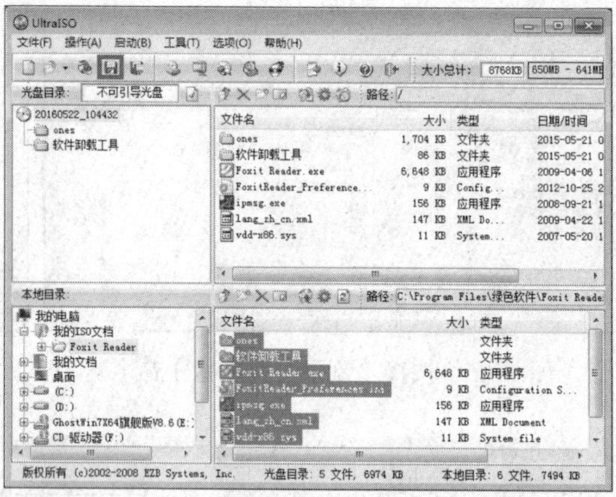

图 9–92　保存所创建的光盘映像文件

⑦ 打开【ISO 文件另存】对话框，指定光盘映像文件的保存位置，单击【保存】按钮，如图 9–93 所示。在保存光盘映像文件过程中，可以从处理进程信息框中了解创建的进度，保存进程结束后，会自动关闭处理进程信息框，如图 9–94 所示。

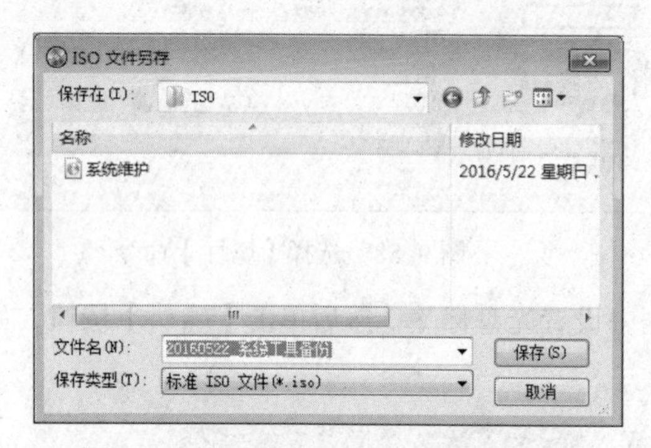

图 9–93　指定光盘映像文件的保存位置

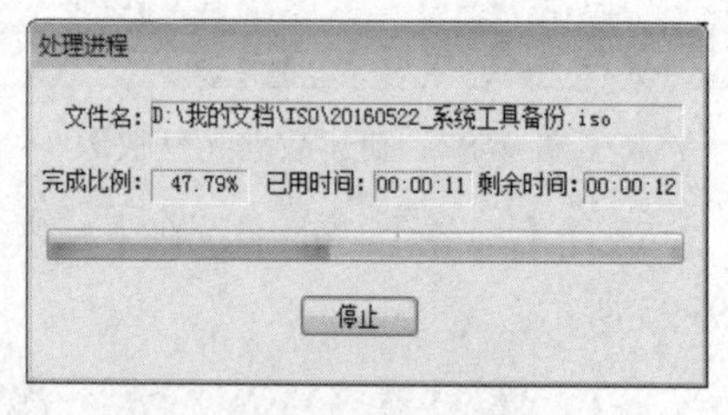

图 9–94　正在保存光盘映像文件

5. 将 U 盘制作成启动维护盘

① 若要用 U 盘启动计算机，必须向 U 盘写入硬盘主引导记录，为了安全，Windows 7 只允许管理员可以修改硬盘主引导记录。因此，必须用管理员身份运行 UltraISO，才可以制作 U 盘启动维护工具。右击 UltraISO 快捷方式图标，在弹出的快捷菜单中选择【以管理员身份运行】命令，如图 9–95 所示。

② 在主界面中，选择【文件】|【打开】命令，找到并打开启动维护光盘的映像文件，然后选择【启动】|【写入硬盘映像】命令，如图 9–96 所示。

③ 打开【写入硬盘映像】对话框，在【硬盘驱动器】下拉列表框中选择需要制作成启动维护盘的 U 盘，然后选择【便捷启动】|【写入新的硬盘主引导记录】|【USB–HDD+】命令，如图 9–97 所示。

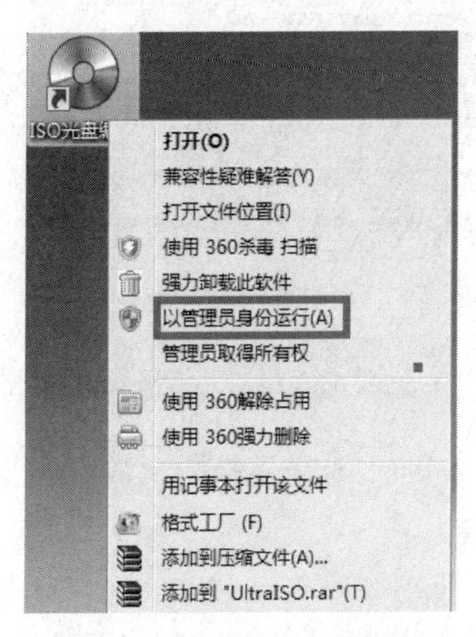

图 9-95　以管理员身份运行

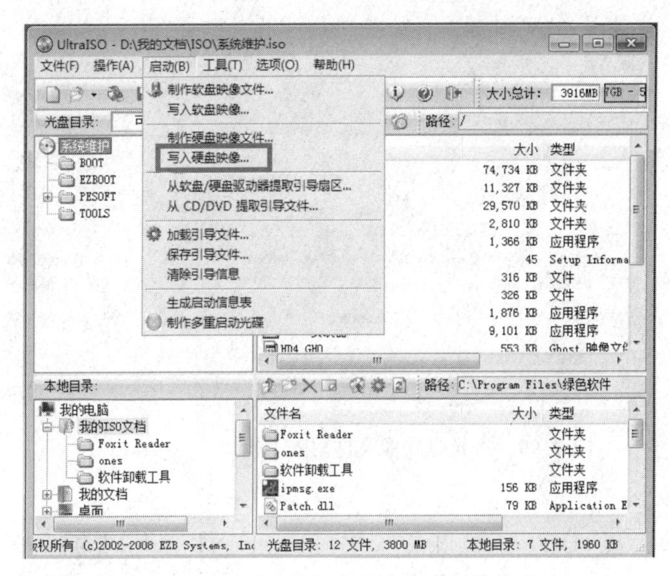

图 9-96　选择【写入硬盘映像】命令

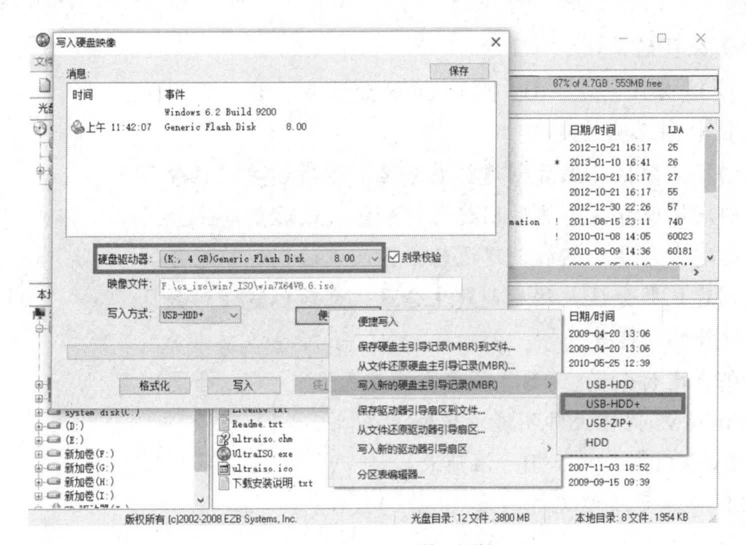

图 9-97　写入硬盘映像

④ 写入硬盘主引导记录是一项危险操作，若写错系统可能不能启动，甚至会导致整块硬盘的数据丢失。为避免操作失误，在将 USB-HDD+ 主引导记录写入 U 盘前，会出现一个提示对话框，让用户确认写入对象，单击【是】按钮，如图 9-98 所示。

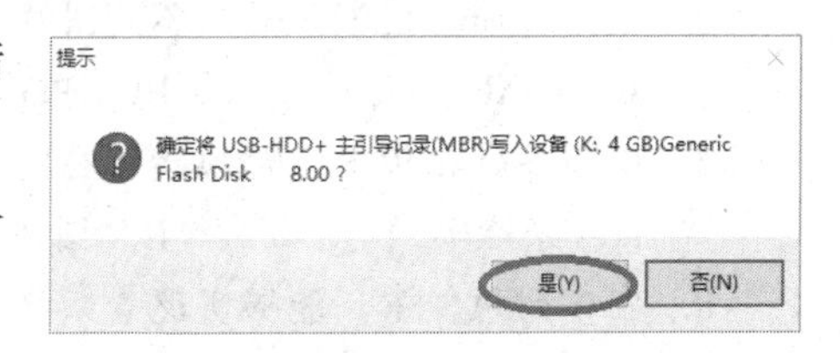

图 9-98　确认 MBR 写入操作

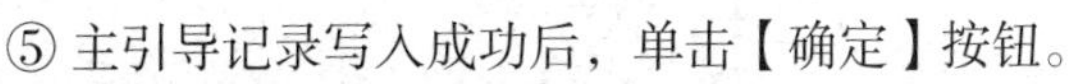

⑤ 主引导记录写入成功后，单击【确定】按钮。

⑥ 返回【写入硬盘映像】对话框，单击【写入】按钮，将光盘映像文件写入 U 盘，如图 9-99 所示。

⑦ 为了防止 U 盘数据丢失，在写入操作之前，UltraISO 再次弹出提示对话框，让用户确认，单击【是】按钮继续。

⑧ 写入完成后，如图 9-100 所示，单击【返回】按钮即可返回 UltraISO 主界面，任务完成。

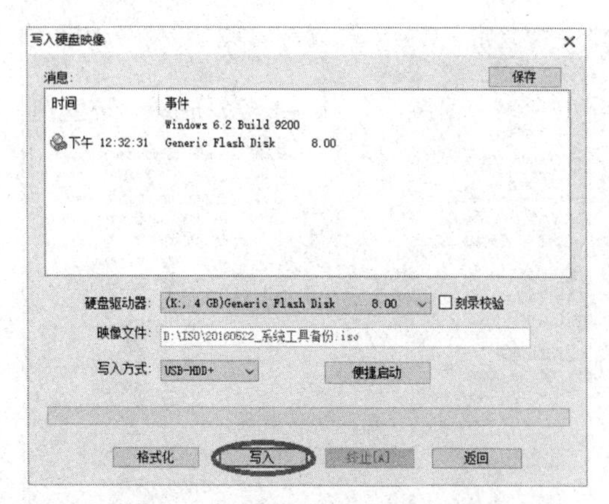

图 9-99　将光盘映像文件写入 U 盘

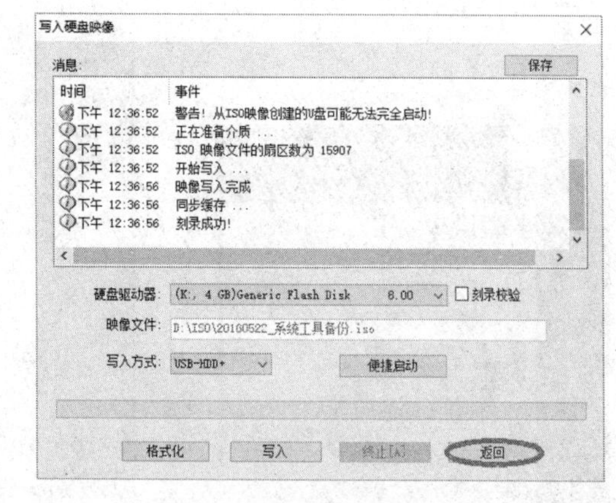

图 9-100　完成写入操作

习　题

单项选择题

1. 不是硬盘分区的是（　　）。

   A. 主 DOS 分区　　B. 逻辑 DOS 分区　　C. 活动分区　　D. 扩展分区

2. 创建分区顺序正确的是（　　）。

   A. 先创建主分区，然后创建扩展分区，最后创建逻辑分区
   B. 先创建扩展分区，然后创建逻辑分区，最后创建主分区
   C. 先创建主分区，然后创建逻辑分区，最后创建扩展分区
   D. 先创建扩展分区，然后创建主分区，最后创建逻辑分区

3. Ghost 软件的功能是（　　）。

   A. 对磁盘进行分区　　B. 磁盘备份与克隆　　C. 修复磁盘　　D. 整理磁盘碎片

4. 利用 Windows 优化大师不能清理的是（　　）。

   A. ActiveX　　B. 注册表　　C. 系统日志　　D. 冗余 DLL

5. 下列文件中属于压缩文件的是（　　）。

   A. fit.exe　　B. test.rar　　C. trans.doc　　D. map.htm

6. 下列文件类型中，哪个不是图片文件（　　）。

   A. BMP　　B. JPG　　C. PNG　　D. TXT

7. 以下参数指标中，哪项指标与图像质量无关（　　）。

   A. 分辨率　　B. 图像深度　　C. 颜色类型　　D. 存放位置

8. 在下列软件中，能够实现音频格式转换的工具是（　　）。

   A. Windows 录音机　　B. 格式工厂
   C. RealOne Player　　D. Windows Media Player

9. 下面哪个类型的文件是光盘映像文件（　　）。

   A. TXT 文件　　B. WAV 文件　　C. ISO 文件　　D. DOC 文件

10. 计算机网络的安全是指（　　）。

    A. 网络中设备设置环境的安全　　B. 网络使用者的安全
    C. 网络中信息的安全　　D. 网络的财产安全

习题参考答案

第1章

1. D　2. B　3. C　4. D　5. A　6. C　7. B　8. A　9. B　10. A

第2章

1. D　2. C　3. D　4. C　5. A　6. C　7. B　8. C　9. B　10. C
11. C　12. B　13. D

第3章

1. B　2. D　3. B　4. B　5. A　6. B　7. B　8. C　9. C　10. C
11. B　12. D　13. C　14. A　15. D

第4章

1. C　2. C　3. B　4. A　5. D　6. A　7. B　8. A　9. D　10. B
11. D　12. C　13. D　14. C　15. A　16. B　17. D　18. C　19. A　20. C

第5章

1. C　2. B　3. B　4. D　5. B　6. B　7. A　8. B　9. A　10. A
11. C　12. B　13. C　14. B　15. C

第6章

1. B　2. D　3. D　4. B　5. C　6. D　7. C　8. A　9. D　10. C
11. D　12. A　13. D　14. D　15. C　16. C　17. D　18. A　19. D　20. C

第7章

1. D　2. A　3. B　4. D　5. A　6. A　7. C　8. D　9. A　10. D
11. D　12. C　13. D　14. A　15. C　16. A　17. B　18. A　19. C　20. C

第8章

1. B　2. C　3. A　4. C　5. D　6. A　7. B　8. A　9. C　10. C
11. D　12. B　13. C　14. D　15. B

第9章

1. C　2. A　3. B　4. C　5. B　6. D　7. D　8. B　9. C　10. C

参 考 文 献

[1] 崔彦君，黎红，等 . 大学计算机基础 [M]. 北京 : 中国铁道出版社，2011.
[2] 柴欣，史巧硕，等 . 大学计算机基础教程：Windows 7+Office 2010[M]. 北京 : 中国铁道出版社，2014.
[3] 简超，羊清忠，等 . 中文版 Windows 7 从入门到精通 [M]. 北京 : 清华大学出版社，2010.
[4] 张红，白祎花 .Windows 7 无师自通 [M]. 北京 : 清华大学出版社，2012.
[5] 贾宗福，齐景嘉，等 . 新编大学计算机基础教程 [M].3 版 . 北京 : 中国铁道出版社， 2014.
[6] 蒋加伏 . 计算机应用基础 [M].3 版 . 北京 : 中国铁道出版社，2014.
[7] 曾一，郭松涛 . 大学计算机基础 [M]. 北京 : 中国铁道出版社，2015.
[8] 高巍巍，腾树江，等 . 大学计算机基础 [M].3 版 . 北京 : 中国水利水电出版社， 2015.
[9] 苏林萍，谢萍，等 . 大学计算机基础 [M]. 北京 : 人民邮电出版社，2015.
[10] 孙家启，万家华 . 新编大学计算机基础教程 [M].2 版 . 北京 : 北京理工大学出版社，2015.
[11] 成林娜，谢国强 . 计算机应用基础：Windows 7+Office 2010[M]. 上海 : 上海交通大学出版社，2015.
[12] 谢希仁 . 计算机网络 [M].6 版 . 北京 : 电子工业出版社，2013.
[13] 黄骁，崔冬，等 . 常用工具软件实训教程 [M].3 版 . 北京 : 海洋出版社，2013.